图书在版编目(CIP)数据

核动力工程优秀论文集:2010—2020 / 中国核动力研究设计院编. —西安:
西安交通大学出版社,2021.10

ISBN 978-7-5693-2143-2

Ⅰ.①核… Ⅱ.①中… Ⅲ.①核动力-文集 Ⅳ.①TL99-53

中国版本图书馆 CIP 数据核字(2021)第 196798 号

书　　名	核动力工程优秀论文集(2010—2020)
编　　者	中国核动力研究设计院
策划编辑	田　华　曹　昳
责任编辑	陈　昕
责任校对	郭鹏飞
封面设计	任加盟

出版发行	西安交通大学出版社
	(西安市兴庆南路 1 号　邮政编码 710048)
网　　址	http://www.xjtupress.com
电　　话	(029)82668357　82667874(发行中心)
	(029)82668315(总编办)
传　　真	(029)82668280
印　　刷	陕西龙山海天艺术印务有限公司

开　　本　889 mm×1194 mm　1/16　印张　22.75　字数　609 千字

版次印次　2021 年 10 月第 1 版　　2021 年 10 月第 1 次印刷

书　　号　ISBN 978-7-5693-2143-2

定　　价　128.00 元

砥砺奋进四十载,恪守初心再扬帆

在全面建成小康社会和"十三五"规划圆满收官的 2020 年,《核动力工程》迎来了 40 岁的生日。我谨代表《核动力工程》主办单位、编委会和编辑部,向一直关心、支持、帮助、陪伴本刊的编委、审稿专家、作者、读者等表示亲切的慰问、衷心的感谢和最美好的祝愿!

回首往昔,峥嵘岁月。在赵仁凯、彭士禄、姜圣阶、徐銤、章宗耀、杨岐等老一批专家的帮助和支持下,顺应改革开放大潮,《核动力工程》于 1980 年应运而生。40 个春秋,《核动力工程》坚持"发布和记录科研成果、推动学术争鸣、激发创新思维、引领学科发展,为科技强国服务"的宗旨,记载着一代代核工业学者铿锵的足迹、辉煌的征程,先后发表了大量著名专家的学术文稿,在核能动力领域引起了强烈的反响。

"十三五"期间,《核动力工程》坚持创新驱动发展,在提升知识时效性、阅读便捷性和展现丰富性等方面进行了不懈探索:建立了期刊数字化采编平台,实现了作者、编辑、审稿专家、编委四位一体的协作化、网络化、角色化的稿件采编、审读、网络出版及出版管理;与中国知网共建了期刊网络首发平台,更快、更好地确立了作者的科研成果首发权,全面提高了学术论文的传播效率和利用价值;依托重点实验室建立增强出版平台,通过语音、视频、高清图片、数据、表格等增强材料更加立体化地展示和传播科研成果;建立了期刊微信公众号,为高水平论文的展现提供了平台,引领着学科发展;实施了编辑深入科研一线计划,使编辑专业化迈开了新的步伐。

"十三五"期间,编委团队、编辑同仁、审稿专家、作者、读者踏着时代发展的脉搏,共享核能科技进步的绚烂,携手同行、超越自我,共同谱写了《核动力工程》新的篇章:以编辑质量和学术质量为根本,5 年间刊发稿件 1588 篇,各项指标稳居核科学技术行业期刊前列(2019 年学术影响力指数列国内核科技类期刊第 1 名);匠心策划和精心组织了华龙一号、数字核能、核反应堆系统设计、核反应堆热工水力、核动力技术创新、核工程与力学、反应堆故障诊断等专题;保持被 EI、CA、JST、CSCD、CJCR 等知名数据库 100% 收录;连续 8 次入选中文核心期刊,列原子能技术(TL)类 Q1 区(北大《中文核心期刊要目总览》);积极发挥学术期刊的学术枢纽作用,承/协办学术会议,为展现我国核能科技领域的最新科研成果、增进学术交流搭建了良好平台。

为纪念《核动力工程》创刊 40 周年,见证期刊与学界同发展、与学者同成长的历史,展现核动力科技人员的学术能力,分享《核动力工程》发表的优秀学术成果,进一步推动核动力事业蓬勃发展,《核动力工程》编辑部推出著作《核动力工程优秀论文集(2010—2020)》。本书由《核动力工程》编辑部根据被引量和下载量推荐 100 篇已刊出的优秀论文,再经专家评审后推荐 60 篇结集出版,中国核动力研究设计院编,西安交通大学出版社出版。

展望未来,任重道远。《核动力工程》将践行党的十九届五中全会提出的"坚持创新是我国现代化全局的核心地位,把科技自立自强作为国家发展的战略支撑"和习近平总书记在科学家座谈会上的讲话中提出的"要办好一流学术期刊和各类学术平台"的要求,站在新的起点,努力再次扬帆,将坚持编辑出版工作与学术研究生态相结合，专注核能科技领域的最新研究成果和动向，聚焦核能科技领域前沿学术和工程重大进展，注重科研诚信和出版伦理建设，进一步提升办刊水平，推动创新发展，促进学术交流，引领学术进步，促进科技成果转化。

希望编委团队履职尽责，学界同仁多赐佳作，让我们一起把握机遇、迎接挑战，为助力我国核能科技事业的蓬勃发展，推动核能科技领域创新与进步贡献更大的力量！

祝愿《核动力工程》的明天更美好！

王丛林

2021 年 1 月 1 日

目　　录

超临界二氧化碳在核反应堆系统中的应用

黄彦平,王俊峰

中国核动力研究设计院中核核反应堆热工水力技术重点实验室,成都,610041

摘要:本文基于超临界二氧化碳布雷顿循环的基本原理,分析其应用于核反应堆系统的主要优势,介绍目前国际上超临界二氧化碳应用于核反应堆系统的相关研究进展,对超临界二氧化碳工质在我国未来先进核能技术研发中潜在的应用对象进行探讨,并提出相关建议。

关键词:超临界二氧化碳;布雷顿循环;核反应堆;应用

中图分类号:TL343　　　　**文献标志码**:A

0 引 言

目前,在役的核电厂主要采用二代和二代改进型压水堆技术,随着第三代核电厂开始进入建设阶段,追求更高安全性和经济性、更少废物排放和可有效抑制核扩散的第四代先进核能系统的研究工作已逐渐成为世界各核电强国的研发热点。在实现第四代核能系统主要技术指标方面,采用气体冷却剂,避免了临界热流密度等热工安全限制,易于实现堆芯出口温度提升、系统结构简化以及快谱堆芯设计等,具有特殊的优势。

从物理化学稳定性的角度考虑,一般气冷堆采用氦气作为冷却剂。但氦气低密度带来的压缩功耗过大问题降低了氦气冷堆的净效率,因此氦气冷却的反应堆要求堆芯出口温度较高(一般要求在800~1000 ℃)以保证其经济性,这对目前的材料及工业制造技术提出了挑战[1]。

采用超临界流体作为堆芯冷却剂,利用超临界流体拟临界区物性突变现象,将压缩机运行点设置在拟临界温度附近的大密度区,将反应堆运行点设置在拟临界温度之后的低密度区,可以在保证气体冷却的前提下,降低压缩功耗,实现气冷堆在中等堆芯出口温度下达到较高效率的目标[2]。超临界流体的这一性质使其在作为核反应堆二回路能量转换工质时同样具有明显的优势。二氧化碳(CO_2)由于其临界压力相对适中(7.38 MPa),具有较好的稳定性和核物理性质,在反应堆堆芯冷却剂的温度范围内表现出惰性气体的性质,以及无毒、储量丰富、天然存在等特性,被认为是核反应堆内最具应用前景的能量传输和能量转换工质之一[3]。由于超临界二氧化碳($S-CO_2$)在核反应堆运行参数范围内密度较大且无相变,因此以 $S-CO_2$ 为工质的压缩机、气轮机等动力系统设备结构紧凑、体积较小,可降低核电厂的建造成本,实现模块化建造技术,缩短核电厂建造周期[4]。

本文基于 $S-CO_2$ 基本热力循环,通过对 $S-CO_2$ 冷却的气冷堆和 $S-CO_2$ 能量转换系统的调研和分析,评述 $S-CO_2$ 工质应用于核反应堆系统的国际研究现状,并结合我国先进核能技术研发情况,探讨 $S-CO_2$ 工质在我国先进核能技术研发中潜在的应用对象。

1 $S-CO_2$ 布雷顿循环基本原理

$S-CO_2$ 工质用于核反应堆一般采用布雷顿热力循环模式。布雷顿循环一般包括绝热压缩、定压加热、绝热膨胀、定压放热四个基本过程,其基本循环温熵图如图1所示。

对于核反应堆内的 $S-CO_2$ 布雷顿循环,其最简单、最基本的系统流程如图2所示,主要由压缩机、

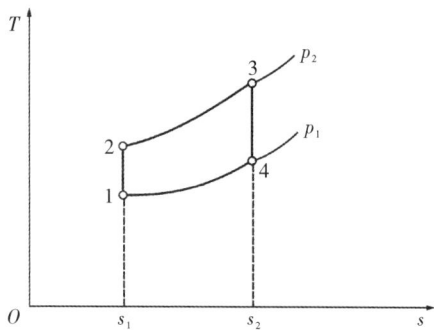

T—温度;s—熵;p—压力。

图 1　基本布雷顿循环温熵图

Fig. 1　T－s Diagram of Simple Brayton Cycle

回热器、气轮机、冷却器和热源构成[5]。直接循环条件下的热源是堆芯,间接循环下的热源是反应堆一、二回路之间的换热器。低温低压的气体经压缩机升压,再经回热器高温侧流体预热后进入热源,吸收热量后直接进入气轮机做功,做功后的乏气经回热器低温侧流体冷却后,再由冷却器冷却至所需的压缩机入口温度,进入压缩机形成闭式循环。由于这种循环可以将压缩机入口温度控制在流体的拟临界温度附近,使流体密度增大,流体压缩性较好,从而降低了压缩功耗,提高了热力系统净效率。

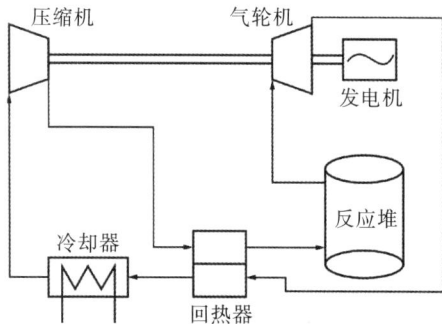

图 2　最简布雷顿循环流程图

Fig. 2　Flow Chart for Simple Brayton Cycle

现有研究表明,在图 2 所示的 S－CO$_2$ 热力循环方案中,回热器高、低温侧工质比热容不同引起回热器存在"夹点"的问题将对循环效率造成较大影响;为提高效率,加入中间冷却、分流、再压缩等热力过程[6];S－CO$_2$ 布雷顿循环用于核反应堆的堆芯最佳出口温度在 450～650 ℃,最佳堆芯进、出口温差

在 150～200 ℃[7];S－CO$_2$ 布雷顿循环设备简化、体积小,有利于降低投入成本和实现模块化建造技术。

2　S－CO$_2$ 用于核反应堆的研究现状

CO$_2$ 的临界压力为 7.38 MPa,对应的临界温度为 31 ℃,从这一性质并结合核反应堆的工作温度可以看出,以 S－CO$_2$ 为冷却剂的核反应堆既不同于采用液体冷却的传统压水堆,也不同于液态和超临界状态共存的超临界水冷堆,而是一种堆芯整体完全由超临界低密度冷却剂冷却的气冷堆概念。尽管英国已经投入运行的先进气冷堆(AGR)也采用 CO$_2$ 作为冷却剂,且出口运行温度已达到 650 ℃,但其运行压力约为 4.2 MPa,仍属亚临界条件,压缩机功耗相对较大,设备体积也相对庞大[8]。针对采用 S－CO$_2$ 作为堆芯冷却剂的先进气冷堆,以美国、日本为主的核能发达国家目前已开展了一些研究,美国能源部下属几大国家实验室及部分高校还开展了 S－CO$_2$ 用作核反应堆二回路能量转换工质的相关研究。

2.1　美国研究现状

美国对 S－CO$_2$ 工质用于核反应堆的研究主要基于三个方面的需求:①代替现有的氦气冷却剂实现气冷堆在中等出口温度下保持较高效率的目标,解决氦气气冷堆的高温材料问题;②利用 S－CO$_2$ 气冷堆相对较高的出口温度在中短期内实现核能制氢;③以 S－CO$_2$ 布雷顿循环代替蒸汽兰金循环,实现动力转换系统的高效率和小型化,为多功能中小型模块化反应堆的开发提供支持。

2.1.1　S－CO$_2$ 气冷堆概念研究

美国早在 20 世纪 50、60 年代就研究了 S－CO$_2$ 用于核反应堆的可行性,并提出了一些初步的概念。S－CO$_2$ 用于核反应堆系统时,压缩机入口温度在拟临界温度 31 ℃附近,堆芯出口温度在 500 ℃以上,回热器的回热量约为堆芯释热量的 2 倍,回热器必须足够高效、紧凑。但受限于当时的工业技术和高性能换热器设计制造技术水平,被迫放弃这一方案[5]。随着 20 世纪 90 年代高性能换热器设计制造技术的突破,美国从 21 世纪初重新开始了 S－CO$_2$ 工质用于核反应堆系统的探索研究。

美国开展 S-CO₂冷却的气冷堆概念研究主要集中在麻省理工学院(MIT)、爱达荷国家实验室(INL)、阿贡国家实验室(ANL)、桑迪亚国家实验室(SAND)等研究机构[9-16],其中 MIT 的研究比较深入且较有代表性,因此本节将重点论述 MIT 的研究进展。MIT 针对用于核反应堆的 S-CO₂循环,在早期 Feher 循环的基础上通过去掉 CO₂冷凝过程并以压缩机代替泵等方面的改进,形成了 S-CO₂再压缩直接循环模式(图3)。

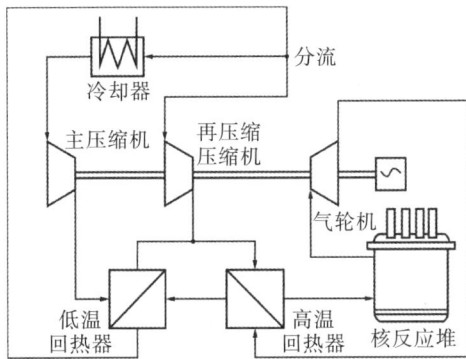

图 3 再压缩布雷顿循环流程图

Fig. 3 Flow Chart for Recompression Brayton Cycle

相比最简布雷顿循环,MIT 提出的循环模式设置了高、低温回热器并增加了再压缩压缩机,以解决由于回热器高、低温侧比热不同导致的换热器"夹点"问题,并降低冷却器带走的热量,以提高循环效率。在该循环中,高、低温回热器以及冷却器均采用 Heatric 公司设计制造的高效紧凑印刷电路板式换热器(PCHE)。

MIT 在循环优化分析的基础上,提出了三种热力循环参数方案:①基本设计方案,最高压力20 MPa,堆芯出口温度550 ℃,净效率达43%;②先进设计方案,最高压力 20 MPa,堆芯出口温度650 ℃,净效率达47%;③高性能设计方案,最高压力20 MPa,堆芯出口温度700 ℃,净效率可达49%。MIT 分析认为,先进设计方案既能满足高效率要求,也与近期的工业技术水平相适应,是一种可行的方案。

MIT 针对先进设计方案,提出了 S-CO₂冷却快堆(GFR)的总体方案。反应堆热功率为2400 MW,电功率约1200 MW,采用2环路或4环路设置,设计寿命60 a;系统热效率51%,净效率47%;堆芯进、出口温度分别为 485.5 ℃、650 ℃,运行压力20 MPa。核电厂总体布置简图如图4 所示。

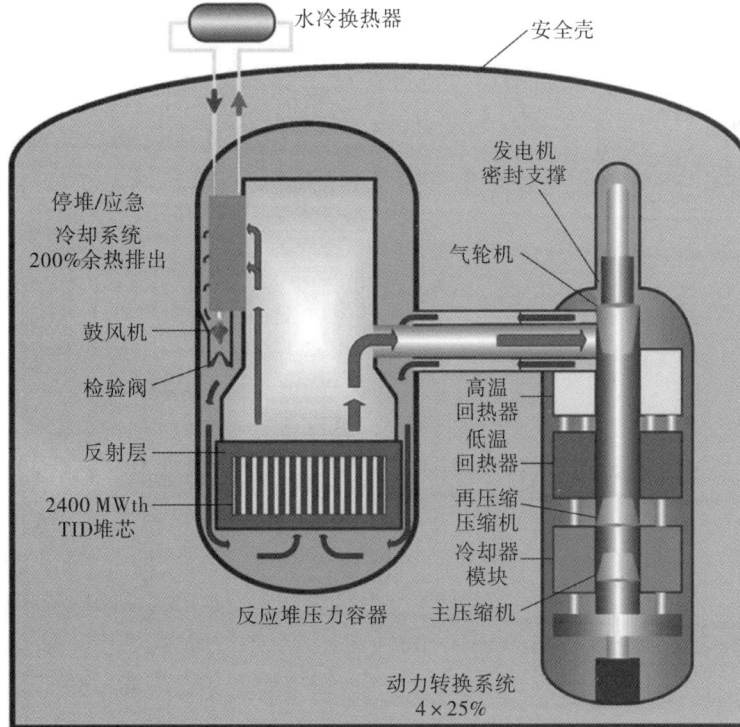

图 4 MIT GFR 整体系统布置图

Fig. 4 GFR Layout Proposed by MIT

在堆芯设计方面,MIT采用柱状堆芯结构,考虑到抑制核扩散问题,去掉了传统快堆堆芯设计中的钚增殖层。这种设计必须增大燃料中可裂变材料的体积份额,因此MIT在传统气冷堆块型燃料组件的基础上,创新性地提出了一种TID(tube-in-duct)燃料组件结构,以满足这方面的要求。这种燃料的元件外形为正六边形,内部圆孔为冷却剂流道,冷却剂流道与元件外表面之间填充二氧化铀/氧化铍燃料,冷却剂与燃料之间的包壳材料采用ODS MA956,多个燃料元件叉排构成一个燃料组件,如图5所示。

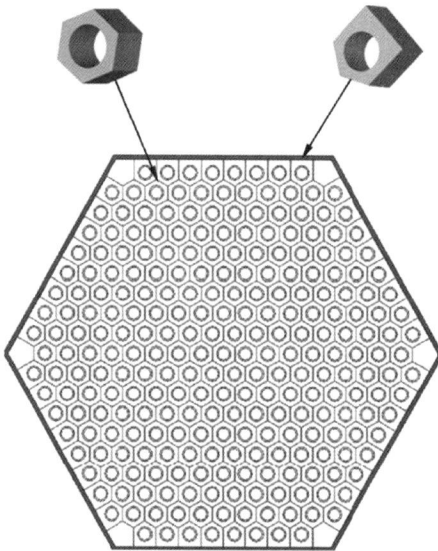

图 5　TID 燃料组件横截面示意图

Fig. 5　Schematic Diagram for Cross-Section of TID Fuel Assembly

MIT针对这种堆芯结构开展了较为细致的中子物理分析及热工水力分析,提出了采用在燃料中加氧化铍并利用高压 S-CO_2 作为径向反射层的方案,基本解决了快堆设计中正空泡反应性的难题。MIT还开展了压缩机、气轮机、PCHE 等关键设备的论证设计以及能动与非能动余热排出系统、控制系统等方面的设计与分析,特别比较了 S-CO_2 气轮机与目前使用的蒸汽轮机和氦气轮机的体积(图6),进一步证实了 S-CO_2 气轮机系统在缩小体积方面的优势。

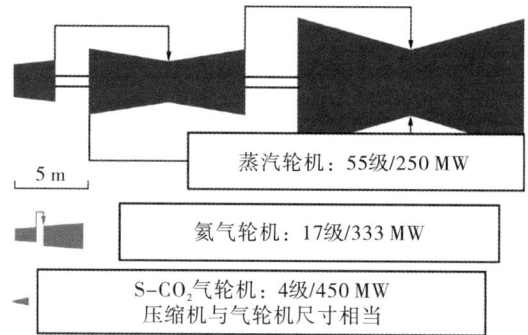

图 6　不同汽/气轮机体积的比较

Fig. 6　Comparison of Different Turbine Size

2.1.2　S-CO_2能量转换系统研究

美国对 S-CO_2 用作核反应堆二回路能量转换工质的研究主要也集中在 MIT 及 ANL、INL、SAND 等国家实验室[17-21]。以 S-CO_2 作为二回路能量转换工质的核反应堆一般采用液态金属或气体冷却,以达到较高的堆芯出口温度。美国对这方面的研究主要是利用 S-CO_2 动力系统高效率、设备简化紧凑等特点开发多功能模块化中小型核反应堆。

INL 与 MIT 联合开发了以 S-CO_2 作为动力转换工质的铅-铋合金冷却反应堆,该反应堆堆芯出口温度为 555 ℃,S-CO_2 动力回路的最高运行压力为 20 MPa,反应堆净效率为 41%。ANL 开展了 S-CO_2 再压缩循环用于一种安全可运输式反应堆——液态金属冷却反应堆(Star-LM reactor)的评估工作。该堆堆芯采用液态铅作为冷却剂,运行压力为 0.1 MPa,冷却剂以完全自然循环的方式带走堆芯热量并在中间换热器(IHX)进行热量交换。二回路工质为 S-CO_2,最高运行压力为 20 MPa,其总体流程及参数设计见文献[17]。

MIT 在研究 S-CO_2 气冷快堆的同时,对 S-CO_2 布雷顿循环用于先进核反应堆动力转换系统也进行了研究,对 300 MW 电功率的直接循环和间接循环核反应堆系统的经济性、核电厂总体布置以及动力转换系统设计进行了分析研究,对 20 MW 电功率的简单循环模式进行了初步设计。

2.2　日本研究现状

日本开展 S-CO_2 气冷堆概念研究主要是基于中短期内可实现的先进气冷快堆发电和制氢技术。

日本针对 S-CO₂ 冷却的气冷堆研究主要集中在东京工业大学(TIT)[22-25]。TIT 在热力循环分析与优化的基础上,提出了 S-CO₂ 部分预先冷却直接循环(partial pre-cooling direct cycle)模式,该模式主要是在图 2 所示的最简模式上增加了分流、中间压缩和中间冷却过程,以降低冷却器带走的热量,提高循环效率,其流程如图 7 所示。

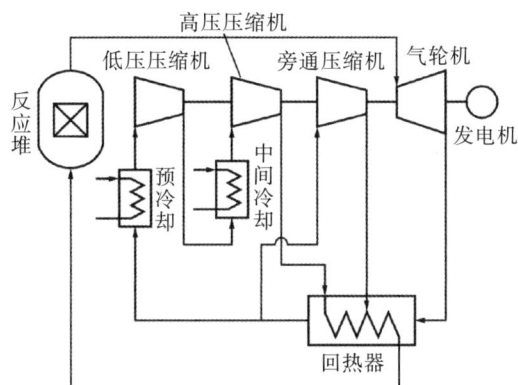

图 7 部分预先冷却直接循环流程图

Fig. 7 Flow Chart for Partial Pre-Cooling Cycle

TIT 经过综合分析与论证,确定反应堆热功率为 600 MW,堆芯出口温度为 650 ℃,反应堆出口运行压力约为 7 MPa,系统效率为 45.8%,并初步给出了核反应堆系统的总体布置图(图 8)。TIT 初步分析认为,目前在传统气冷堆中使用的球型燃料和块型燃料均能在 S-CO₂ 冷却的堆芯中使用,若采用传统的棒型燃料,316 不锈钢可作为包壳材料。TIT 对堆内隔热材料也进行了相应的分析与论证。

PCHE 是 S-CO₂ 循环中最大的设备,其热工水力性能对整个反应堆系统的效率及体积有着直接的影响。TIT 在 PCHE 的设计、改进方面开展了大量的工作,对 PCHE 通道结构、通道内扩展表面的设置等方面进行了大量的设计优化。为获得可用于 S-CO₂ 气冷堆内运行环境的堆内材料,TIT 最近还建成了 S-CO₂ 腐蚀考验回路,并正在开展候选材料的筛选验证试验。

2.3 其余各国研究概况

除美国和日本外,许多国家也开展了 S-CO₂ 工质用于核反应堆的相关研究工作,但这些研究主要是针对一些局部问题,缺乏整体概念的支撑。

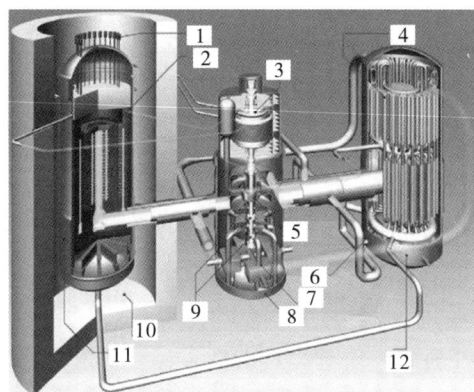

1—控制棒;2—堆芯;3—发电机;4—回热器;5—气轮机;6—中间冷却器;7—预先冷却器;8—气轮机压力容器;9—压缩机;10—反应堆腔;11—反应堆压力容器;12—回热器压力容器。

图 8 TIT 提出的反应堆系统布置图

Fig. 8 Gas Turbine Reactor Layout Proposed by TIT

欧盟的捷克技术大学(CTU)早在 1997 年就开展了 S-CO₂ 循环用于新一代反应堆的相关研究,并对循环中的涡轮系统进行了论证[7,26]。韩国原子能研究院(KAERI)分析了 S-CO₂ 循环与钠冷快堆结合的可行性,并对 S-CO₂ 循环中使用的 PCHE 进行了优化设计和分析,计划进一步开展 PCHE 热工水力性能的实验研究[27,28]。最近,国内清华大学核能与新能源技术研究院基于 MIT 提出的再压缩循环模式对 S-CO₂ 热力循环进行了初步分析,并对 INL 提出的柱状堆芯结构开展了初步的物理计算分析[29,30]。

3 S-CO₂ 布雷顿循环的潜在应用对象

从国外对 S-CO₂ 工质用于核反应堆系统的相关研究可以看出,S-CO₂ 作为目前氦气冷堆的替代冷却工质,在当前及中短期内的工业水平条件下具有比较突出的优势,作为动力转换工质更容易实现动力系统效率高、系统简化、体积小以及模块化建造等目标。结合我国先进核能系统的发展情况,笔者认为 S-CO₂ 工质的应用将为我国未来在气冷堆、钠冷快堆、熔盐堆等先进反应堆技术研发领域内的技术攻关提供思路和方案。

3.1　高温气冷堆

CO_2 工质用作高温气冷堆堆芯冷却剂在英国早期的 Magnox 气冷堆及以此为基础改良的 AGR 上已有大量的运行经验,且 AGR 的运行温度已超过 650 ℃。采用 $S-CO_2$ 作为冷却剂可解决传统气冷堆冷却剂密度低、压缩功耗大的缺点,使其在中等堆芯出口温度下可获得与第四代堆同等的效率,降低了对反应堆材料及相关高温技术的要求;同时其密度相对较大的特点可进一步缩小动力转换系统相关设备的体积,降低投入成本,在保证高温气冷堆固有安全性的同时,进一步提高其经济竞争力。

3.2　钠冷快堆

钠水反应是钠冷快堆中最主要的安全问题之一。虽然目前的钠冷快堆一般设置一个中间钠回路以防止蒸汽发生器传热管破裂时钠水反应危及堆芯,但钠水反应产生氢气仍然是钠冷快堆主要的安全隐患,而增加中间钠回路也会削弱钠冷快堆的热效率。以 $S-CO_2$ 作为动力转换工质则可在原理上避免钠水反应。已有研究表明,CO_2 与钠发生作用的主要产物是氧化钠、碳酸钠、碳等固体物质,基本不会产生爆炸性气体[27]。同时,$S-CO_2$ 动力转换系统相比蒸汽动力系统在体积、效率上的优势可进一步提高钠冷快堆的经济性。

3.3　熔盐堆

现有研究表明,$S-CO_2$ 布雷顿循环热源最高温度在 450～650 ℃ 时的循环效率具有明显优势,高于同等条件的蒸汽兰金循环和氦气布雷顿循环,且动力系统设备简化、体积小,可降低投入成本[6]。因此,针对我国目前已开展的钍基熔盐堆研发工作,采用 $S-CO_2$ 布雷顿循环的动力转换系统可能是一种具有较强竞争力的方案。

4　结束语

利用 $S-CO_2$ 代替目前氦气冷堆的堆芯冷却工质以及传统蒸汽动力转换工质是近十年来国际上新概念核反应堆研究的重要内容之一。美国、日本等核能发达国家对 $S-CO_2$ 布雷顿循环用于核反应堆系统的相关研究进行了较大的投入,已获得的研究结果表明,$S-CO_2$ 布雷顿循环用于出口温度在 450～650 ℃ 的核反应堆系统时,具有热效率高、系统简化紧凑、设备体积小、模块化技术易实现等方面的优势,可降低传统气冷堆对堆芯出口温度的苛刻要求,降低投入成本,提高经济性;$S-CO_2$ 布雷顿循环用于液态金属冷却反应堆的动力转换系统也极具竞争力。

结合我国先进核能技术研发进展,$S-CO_2$ 布雷顿循环在原理上可作为解决部分关键技术难题或优化原有设计的一种可行方案,如利用 $S-CO_2$ 解决氦气冷堆中压缩功耗过大及大功率压缩机设计制造困难等问题,利用 $S-CO_2$ 动力循环解决钠冷快堆中钠水反应的问题等。因此,开展 $S-CO_2$ 布雷顿循环用于核反应堆系统的论证与研究,对于解决我国先进核能技术研发中遇到的技术难题、优化原有设计方案、加快工业化应用的进程具有重要的指导意义。目前中国核动力研究设计院在国家相关经费的资助下正在开展研究工作。

参考文献:

[1] EL-WAKIL M M. Nuclear energy conversion[M]. Toronto:Intext Educational Publishers,1971.

[2] KWOK-SUN. The feasibility of using supercritical carbon dioxide as a coolant for the CANDU reactor[D]. Vancouver:University of British Columbia,1975.

[3] HEJZLAR P,DOSTAL V,DRISCOLL M J,et al. Assessment of gas cooled fast reactor with indirect supercritical CO_2 cycle [J]. Nuclear Engineering and Technology(Special Issue on ICAPP 05),2006,38(2):109-118.

[4] WADE D A. Optimizing economy of scale for the STAR energy supply architecture[Z]. Miami:IAEA 2nd CRP Meeting on Small Reactors without Onsite Refueling,2007.

[5] DOSTAL V,DRISCOLL M J,HEJZLAR P. A supercritical carbon dioxide cycle for next generation nuclear reactors:MIT-ANP-TR-100 [R]. [S. l.]:Advanced Nuclear Power Technology Program,2004.

[6] PARMA E J,WRIGHT S A,VERNON M E,et al. Supercritical CO_2 direct cycle gas fast reactor (SC-GFR) concept:SAND2011-2525 [R]. Oak Ridge,TN:Sandia Report,2011.

[7] PETR V, KOLOVRATNIK M. A study on application of a closed cycle CO_2 gas turbine in power engineering[R]. Prague: Czech Technical University, 1997.

[8] SHROPSHIRE D E. Lessons learned from GEN I carbon dioxide cooled reactors[C]//Anon. 12th international conference on nuclear engineering 2004 Vol. 1. Miami: INEEL, 2004.

[9] POPE M A. Reactor physics design of supercritical CO_2-cooled fast reactor[D]. Cambridge, MA: Massachusetts Institute of Technology, 2004.

[10] POPE M A. Thermal hydraulics design of a 2400 MWth direct supercritical CO_2-cooled fast reactor[D]. Cambridge, MA: Massachusetts Institute of Technology, 2006.

[11] HANDWERK C S, DRISCOLL M J, HEJZLAR P. Core design and performance assessment for a supercritical CO_2-cooled fast reactor: MIT-ANP-TR-113[R]. [S. l.: s. n.], 2007.

[12] CARSTENS N A, HEJZLAR P, DRISCOLL M J. Control system strategies and dynamic response for supercritical CO_2 power conversion cycle: MIT-GFR-038[R]. Cambridge, MA: Topical Report of Center for Advanced Nuclear Energy Systems in MIT Nuclear Engineering Department, 2006.

[13] POPE M A, LEE J I, HEJZLAR P, et al. Thermal hydraulic challenges of gas cooled fast reactors with passive safety features[J]. Nuclear Engineering and Design, 2009, 239: 840 – 854.

[14] SARKAR J. Second law analysis of supercritical CO_2 recompression Brayton cycle[J]. Energy, 2009, 34: 1172 – 1178.

[15] WANG Y, DOSTAL V, HEJZLAR P. Turbine design for supercritical CO_2 Brayton cycle[Z]. New Orleans: Proc. of GLOBAL'03, 2003.

[16] POPE M A, YARSKY P J, DRISCOLL M J, et al. An advanced vented fuel assembly design for GFR application [J]. Transactions of the American Nuclear Society, 2005, 92: 289 – 295.

[17] MOISSEYTSEV A, SIENICKI J J. Supercritical CO_2 Brayton cycle control strategy for autonomous liquid metal-cooled reactor[Z]. Miami Beach, Florida: Americas Nuclear Energy Symposium, 2004.

[18] CHANG O, THOMAS L, WILLIAM W, et al. Development of a supercritical carbon dioxide Brayton cycle: improving PBR efficiency and testing material compatibility: INEEL/EXT – 04 –02437[R]. Miami: INEEL Report, 2004.

[19] ELDER R, ALLEN R. Nuclear heat for hydrogen production: coupling a very high/high temperature reactor to a hydrogen production plant[J]. Progress in Nuclear Energy, 2009, 51: 500 – 525.

[20] GIBBS J P. Power conversion system design for supercritical carbon dioxide cooled indirect cycle nuclear reactors[D]. Cambridge, MA: Massachusetts Institute of Technology, 2008.

[21] HERRING J S, STOOTS C M, O'BRIEN J E, et al. Recent progress in high temperature electrolysis[Z]. Salt Lake City: AIChE Annual Meeting, 2007.

[22] KATO Y, NIKTAWAKI T, YOSHIZAWA Y. A carbon dioxide partial condensation direct cycle for advanced gas cooled fast and thermal reactors[Z]. Paris: Processing of Global 2001, 2001.

[23] KATO Y, NITAWAKI T, MUTO Y. Medium temperature carbon dioxide gas turbine reactor[J]. Nuclear Engineering and Design, 2004, 230: 195 – 207.

[24] TSUZUKI N, KATO Y, ISHIDUKA T. High performance printed circuit heat exchanger[J]. Applied Thermal Engineering, 2007, 27: 1702 – 1707.

[25] NIKITIN K, KATO Y, NGO L. Printed circuit heat exchanger thermal-hydraulic performance in supercritical CO_2 experimental loop[J]. International Journal Refrigeration, 2006, 29: 807 – 814.

[26] PETR V, KOLOVRATNIK M, HANZAL V. On the use of CO_2 gas turbine in power engineering[R]. Prague: Czech Technical University, 1999.

[27] EOH J H, JEONG J Y, HAN J W, et al. Numerical simulation of a potential CO_2 ingress accident in a SFR employing an advanced energy conversion system[J]. Annals of Nuclear Energy, 2008, 33: 2172 – 2185.

[28] CHA J E, LEE T H, KIM S O, et al. Development of a supercritical CO_2 Brayton energy conversion system for KALIMER[Z]. Gyeongju, Korea: Transactions of the Korean Nuclear Society Spring Meeting, 2008.

[29] 段承杰,杨小勇,王捷. 超临界二氧化碳布雷顿循环的参数优化[J]. 原子能科学技术,2011,45(12): 1489 – 1494.

[30] 颜见秋,李富,周旭华,等. 气冷快堆燃料组件均匀化初步研究[J]. 原子能科学与技术,2009,43(7): 626 – 629.

Applications of Supercritical Carbon Dioxide in Nuclear Reactor System

Huang Yanping，Wang Junfeng

CNNC Key Laboratory on Nuclear Reactor Thermal-Hydraulics Technology，Nuclear Power Institute of China，Chengdu，610041，China

Abstract：The applications of supercritical carbon dioxide Brayton cycle in nuclear reactor systems have attracted worldwide attention in recent years. In this paper，the advantages of employing supercritical carbon dioxide Brayton cycle in nuclear reactors were analyzed based on its fundamental conception. The investigations on supercritical carbon dioxide Brayton cycle were reviewed. The potential application area of supercritical carbon dioxide in Chinese advanced nuclear energy technology were analyzed and discussed，and some associated suggestions were proposed.

Key words：Supercritical carbon dioxide，Brayton cycle，Nuclear reactor，Application

作者简介：

黄彦平(1968—)，男，研究员。2002 年毕业于西安交通大学核能与热能工程系核能科学与工程专业，获博士学位。现主要从事反应堆热工水力及新概念反应堆相关研究。

中国核电发展现状与展望

赵 成 昆

中国核能行业协会,北京,100037

摘要:本文主要介绍我国在建、在运核电机组的基本状况和最新进展,以及我国在提升核设施安全水平方面的相关措施。在国家能源局印发的《能源技术创新"十三五"规划》要求之下,我国推出一系列先进核能和小型堆的发展计划,开展了"海洋核动力平台示范工程建设"并建立相关标准。最后总结了中国核电目前面临的挑战和未来的展望。

关键词:三代核电;核安全;"十三五"规划;挑战;展望

中图分类号:TL4　　　　**文献标志码:**A

0　概　述

中国核电虽然起步较晚,但经过 30 余年的发展,取得了举世瞩目的成就,不仅建成了一批技术先进、安全性好、运行业绩优良的核电厂,实现了从二代核电向三代核电的技术跨越,而且形成了核电发展完整的产业链和保障体系。

1　中国核电发展现状

1.1　在运和在建核电机组

截至目前,中国在运核电机组 39 台,装机容量约 3.8×10^7 kW。2017 年核能发电约占总发电量的 4%,全部分布在东南沿海;预计 2018 年新增装机容量 6×10^6 kW,包括田湾核电 3 号机组(VVER)、阳江核电 5 号机组(二代改进型)、三门核电 1 号机组(AP1000)、海阳核电 1 号机组(AP1000)和台山核电 1 号机组(EPR)。

在建核电机组 17 台,装机容量约 2×10^7 kW。其中三代核电机组 10 台,包括 4 台 AP1000、2 台 EPR 和 4 台华龙一号。华龙一号是自主设计的三代核电技术,采用 177 堆芯、能动与非能动结合的安全系统,单堆布置,抗大飞机撞击,具有比较完善

的严重事故预防和缓解能力。福清和防城港各两台华龙一号机组工程建设进展总体顺利。福清华龙一号首堆工程主管道已安装就位,目前进入堆内构件安装阶段。

1.2　最新进展

首台三代核电机组 AP1000 和 EPR 在首次装料后均实现并网发电。目前正在进行商业运行前的一系列试验工作。浙江三门的 AP1000 计划于 2018 年 9 月投入商业运行,为 AP1000 后续机组安排创造条件。

自主设计的 6×10^5 kW 示范快堆于 2017 年 12 月在福建霞浦开工建设。它是我国"热堆—快堆—聚变堆"技术发展路线的一个重要中间环节,也是在我国试验快堆基础上向大型商用快堆跨越的一项重要示范项目,难度不小,意义很大。

具有第四代特征的华能山东石岛湾高温气冷堆核电站示范工程项目于 2012 年底开工建设,现已进入工程后期,有望 2020 年建成投运。

1.3　在提升核电厂安全水平方面作出的努力

我国政府和核能行业始终把确保安全作为核能发展的前提,特别是日本福岛核电站事故后,我国在立法、核安全监管、核应急能力建设、安全研发投入等方面作出了重大的努力,不断提升我国核设施的安全水平。相关举措包括:

（1）全面落实国家核安全局 2012 年发布的《福岛核事故后核电厂改进行动通用技术要求》，特别是在防止极端外部事件能力方面。

（2）2017 年我国生态环境部发布《核安全与放射性污染防治"十三五"规划及 2025 年远景目标》，该规划不仅强调要达到的目标，而且明确了实现目标的具体措施。其中特别提出，要通过设计，达到实质上消除核电站大规模放射性释放的可能性。

（3）2017 年，国家能源局、发改委、核安全局、国防科工局开展"核电安全管理提升年"专项调研检查活动。

（4）汲取福岛核事故经验教训和国际良好实践经验，修订《核电厂设计安全规定》，将安全改进项纳入新建核电厂设计标准，对严重事故的预防和缓解措施提出了更加明确的要求，增加了抗大型商用飞机恶意撞击的能力要求等。

（5）深入开展各电厂之间建设、运行、概率安全评价（PSA）及严重事故管理同行评估活动，通过对标，提高核电厂运行和建设的管理水平，提高 PSA 技术在核电厂安全运行中的应用水平和严重事故管理水平。

（6）开工建设国家核与辐射安全监管技术研发基地，基本形成全国辐射环境监测网络。结合华龙一号和 CAP1400 的开发，建成了一批试验和工程验证设施。

（7）开展核应急能力建设，形成统一调度的核事故应急工程抢险力量。

（8）2014 年，国家核安全局、能源局和国防科工局联合发布《核安全文化政策声明》，积极推进有关政府管理部门和核能行业核安全文化建设。

（9）2017 年，国家颁布《中华人民共和国核安全法》，从法律层面为我国核设施的安全提供支撑和保障。

1.4　继续保持核电良好运行业绩

中国在运核电机组保持安全稳定运行，没有发生国际核事件分级表界定的 2 级及以上运行事件，也未对周围环境和公众造成不良影响，与世界核电运营者协会（WANO）规定的性能指标对照，总体处于中等偏上水平，部分机组运行业绩达到先进水平。

2018 年 1—6 月，我国商业运行核电机组累计发电量为 1.29994×10^{11} kW·h，约占全国累计发电量的 4.07%，比 2017 年同期上升 12.5%。核电设备平均利用小时数为 3546.59 h，设备平均利用率为 81.64%。1—6 月环境监测结果表明，各商运核电厂放射性流出物的排放量均低于国家标准限值，环境空气吸收剂量率在当地辐射水平正常范围内。

1.5　在建核电项目建造质量受控

我国同时开工的核电机组数较多，特别是引进的三代核电机组较多，在安全监管方面面临挑战。通过建造过程的严格监督和广泛的国际合作，在建核电项目建造质量受控。

1.6　2018 年有望新开工的核电项目

在 AP1000 首台机组建成投产后，可能陆续安排 AP1000 的后续机组，如浙江三门二期、山东海阳二期、辽宁徐大堡、广东陆丰等。

在消化吸收 AP1000 技术基础上进行自主设计的 CAP1400 项目，目前已具备开工条件。随着 AP1000 投入商业运行，CAP1400 示范工程也可能近期开工建设。

国家能源局同时要求，扎实推进一批厂址条件好、公众基础好的沿海核电项目的前期工作。

华龙一号首堆虽列为示范工程，但基于它是在安全性和业绩良好的二代改进堆基础上发展起来，技术成熟、工业基础好、具有完全自主知识产权，业内也有较强的呼声。华龙一号也应着手安排后续项目，而不必等示范工程建成投产。

1.7　三代核电装备产业链和工程建造能力

核电装备产业布局已经形成，建成了以东北、上海和四川为代表的三大核电装备制造基地，并形成了一批为核电配套的装备和零部件生产企业。核 2、3 级泵阀的配套能力逐步提高，大型锻件、核级锆材、690U 形管、核级焊材等实现自主制造，压力容器、蒸汽发生器、堆内构件、控制棒驱动机构等关键设备已实现国产化，并已形成每年 8～10 套的供货能力。

建造企业已全面掌握了建造核心技术和管理能力，具备同时建造 20～30 台的能力。

1.8　燃料保障能力不断增强

核燃料保障供应体系已初步建立，形成国内生产、海外开发和国际贸易并举的天然铀供应保障能力,满足 2030 年我国核电发展需求。现有燃料元件制造产能可满足 4×10^7 kW 以上的装机需求。

为充分利用铀资源,我国对核电厂乏燃料采用后处理技术路线。目前已建成 50 t/a 的后处理中试厂,目的在于掌握技术、积累经验。为满足我国核电发展需要,考虑引进建造大型后处理厂,该项目尚处于谈判阶段。

2　先进核能和小型堆的发展

我国陆域和海域、自然和生态环境多样,多功能模块化小型堆具有广泛的应用前景。过去几年,在小型化核电机组、热电联供、城市区域供热等领域加大了开发力度,取得了一批成果,并积极推进工程项目的前期准备。

为贯彻能源发展规划总体要求,进一步推进能源技术革命,发挥科技创新在全面创新中的引领作用,2017 年国家能源局组织编制了《能源技术创新"十三五"规划》,规划要求"开展海洋核动力平台示范工程建设",建立标准规范体系。目前中国核工业集团有限公司、中国广核集团有限公司、国家电力投资集团有限公司分别与船舶制造集团开展"核-船合作",推出各自技术方案,并积极推进。

中美通过成立合资公司共同开发行波堆技术。此外,铅基堆、熔盐堆等先进核能技术也在积极推进之中。

3　中国核电面临的挑战和展望

3.1　挑　战

中国核电虽然起步较晚,但在党中央和国务院的正确领导和大力支持下,取得了举世瞩目的成绩,为我国经济发展注入了新的动力。但目前也面临诸多挑战。

近年来,由于国家产业结构调整,电力增长需求趋缓,以及来自风电、太阳能发展的竞争,出现核电降负荷、降电价问题,为核电营运单位带来一定困难。

装备制造业出现产能过剩。近年来核电开工项目减少,目前总体上呈现产能过剩态势,为企业经营带来压力。

公众对核电的接受度面临挑战,"邻避现象"较为普遍,对新核电项目的开工带来一定影响,特别是严重地推后了内陆核电的发展。

风能、太阳能等清洁能源发展很快,并且随着技术进步,造价不断降低。而三代核电由于不断提高安全水平等原因造价增加,在经济性竞争方面面临挑战。

3.2　展　望

全球目前正面临气候变暖带来的严重环境、生态问题,中国承受着更大的压力和挑战。我国发展核电,近期目的是满足经济社会发展对能源的需求,远期目标是实现清洁能源的替代,减少化石能源的比重。这是推动能源革命的一项重要举措。

中国在 2015 年 12 月巴黎气候变化大会上重申,到 2030 年前后,二氧化碳排放量达到峰值并争取尽早达峰,非化石能源占一次能源消费比重达到 20%。作为清洁能源,核能将在其中发挥重要的、不可替代的作用。

我国《能源发展"十三五"规划》中提出继续推进非化石能源的规模发展,规划建设一批水电、核电重大项目,稳步发展风电、太阳能等可再生能源。据有关单位预测,到 2030 年前后,我国核电装机规模应达到 1.5×10^8 kW 左右,年均新增 8 台套三代百万千瓦级核电机组,每年可减少约 8×10^8 t 二氧化碳排放。

4　总　结

虽然我国短期内面临一些挑战,包括风能、太阳能的有力竞争,但核电持续发展的大好机遇在相当长的一段时期内始终存在。问题在于我国核电界如何争取让国家确立一个长期、稳定的核电发展规划,加强技术创新,通过标准化、批量化的发展模式,确保核电安全,增加经济竞争力,把机遇变成现实。

Development Status and Outlook for Nuclear Power in China

Zhao Chengkun

China Nuclear Energy Association，Beijing，100037，China

Abstract：This paper introduces the basic situation and the latest progress of nuclear power units in China，as well as the related measures of improving the safety level of nuclear facilities. Under the requirement of the "national energy administration's 13th five-year plan for energy technology innovation"，China has launched a series of development plans for nuclear power and small modular reactors，carried out the demonstration construction project of marine nuclear power platform，and established relevant standards. At last，it summarizes the current challenges and future outlook for nuclear power in China.

Key words：Third-generations of nuclear power，Nuclear safety，13th five-year plan，Challenge，Outlook

作者简介：

赵成昆(1941—)，男，研究员级高级工程师，现任中国核能行业协会专家委常务副主任，先后担任中国核动力研究设计院院长、国家核安全局局长、国家核电技术公司筹备组顾问、中国核能行业协会副理事长等职务。

中国发展小型堆核能系统的可行性研究

陈文军，姜胜耀

清华大学核能与新能源研究院，北京，100084

摘要：小型堆核能系统具有厂址要求低、应用灵活、核安全风险低、操控简单、建造周期短、一次性投资小等优点。本文从我国社会经济发展的角度，分析小型堆核能系统在节能减排、海洋开发、出口海外等方面的市场需求，并结合我国小型堆核能系统发展现状，分析了其在技术和经济性上的可行性。

关键词：小型反应堆；核能；经济性；安全性

中图分类号：TL413　　　　　**文献标志码**：A

0 引　言

根据反应堆功率的大小，国际原子能机构将电功率在 300 MW 以下的核反应堆机组定义为小型堆，美国核管会将电功率小于 350 MW 的反应堆通称为小型模块反应堆。随着我国全面建设小康社会对能源多样性、环境保护、可持续发展要求的增加，以及核能技术的进步，在发展大型核电系统的同时，我国也对小型堆核能系统具有强烈的需求。本文在分析小型堆核能系统应用前景和市场需求的基础上，结合我国小型堆核能系统的发展现状，分析了其在技术性和经济性上的可行性。

1 市场需求分析

1.1 环境保护

随着我国工业化、城镇化进程加快和消费结构升级，能源需求呈刚性增长，节能减排工作难度不断加大。根据《节能减排"十二五"规划》，为了实现节能减排目标，调整优化产业结构将是重要手段之一。其中对淘汰落后产能，关停小火电机组；调整能源消费结构，在确保安全的基础上有序发展核电等进行了明确要求。

根据规划要求关停的高耗能、低效率的小火电

机组中相当部分处在电网的末端或者是独立电网，承担着当地的主要供电任务。特别是西部偏远地区远离电力主干线，城镇又比较分散，大电网远距离供电的经济性差、电网安全性低，采用自动化程度高、安全性好、换料周期长的小型电力机组供电是比较好的选择。但我国大约 1/3 的地区需要冬季供暖，供暖期达 4～6 个月。随着经济的发展和城市化进程加快，对采暖能量的需求量越来越大。目前我国仍以燃煤作为主要供暖方式，煤炭在燃烧过程中产生的有害气体和烟尘污染是北方城市冬季 PM2.5 增高、雾霾天气增多的主要因素之一，燃煤供热严重污染着环境，威胁着人们的健康。发展小型堆模块化核供热系统是解决我国城市供热问题的重要途径之一，有利于资源的合理应用，有利于环境保护，减轻运输压力。

1.2 海洋开发

我国要成为海洋强国，必须加强海洋资源的保护和开发。海洋开发尤其是深海资源开发需要稳定、大容量的电能与热能。由于环境和用途的特殊性，小型堆核能系统是海洋开发最具优势的热、电能源系统。将小型核电、热供应站装载于输送船或移动平台上为不同海域资源的开发提供电力和海水淡化的热能，具有非常良好的市场前景。因为，小型堆换料周期为 2 年或更长，可长时间提供充足可靠的电和热。此外，小型堆核能系统还可以为海

上破冰船和其他船舶提供动力。

我国目前大约有 300 个城市缺水,其中 110 个城市严重缺水,这些城市大多集中于东北部沿海地区。我国政府已经将海水淡化技术列入《中国 21 世纪议程》。海水淡化技术是实现水资源持续利用的推广示范技术和优先发展项目。该技术还能应用于我国内陆苦咸水地区,这些地区由于缺水而不得不长距离运水,费用高昂。利用海水淡化技术进行低成本的苦咸水淡化具有广阔的市场空间。

1.3　出口海外

随着我国从核能大国逐渐发展为核能强国,我国核能技术应该走出国门,为世界核能和平利用作出应有的贡献,扩大我国核能应用的国际影响力。小型堆核能系统很可能成为一个突破口。

一方面,我国的小型堆核能系统研发起步早,研发水平处于国际先进水平,具有完全的自主知识产权;另一方面,小型堆核能系统具有广阔的国际市场。进入 21 世纪后,在能源供应安全和气候环境变化双重压力下,国际社会对发展核电给予了高度的重视和关注,尤其是发展中国家。据国际原子能机构统计,截至 2008 年底,有 43 个新兴核电国家表达了建设核电厂的愿望,他们中的大多数是发展中国家,对中小型核电机组的需求强烈。

小型堆的市场主要体现在以下三方面:

(1)电网容量小,不适宜建造大型核电机组而又有意向发展核电的国家或地区。因为这些国家发展核能态度积极,国家或地区所需的能源和投资能力有限,采用大型机组往往会造成电力过剩,影响电力能源的经济性,因此选择小型核电机组比较合适。

(2)偏远地区、远离水源的地区、孤立海岛、军事基地等。这类地区采用小型堆核能系统比较理想。再者,岛屿淡水比较缺乏,利用核能发电的同时,兼顾核能海水淡化,是一举两得的方案。

(3)发达或发展中国家里将来需要比较灵活、自由的电力市场的地方,可选择中小型核电机组。这些地方不需要长期稳定的大型电力供应,采用中小规模的电力供应比较节省成本和投入,大型机组会造成电力过剩,影响电厂的经济性。

2　技术可行性分析

小型反应堆的开发已经有几十年的历史,21 世纪 90 年代以来,清华大学完成了大庆 200 MW 核供热堆等项目的关键技术攻关、工程可行性研究、初步设计和工程前期准备等工作[1-3]。此外,通过与国际原子能机构开展合作,清华大学在 1998 年完成了以核供热堆为热源与采用竖管式高温多效蒸馏(VTFE)海水淡化工艺相耦合的摩洛哥 10 MW 核能海水淡化厂可行性研究[4]。

在核能系统的研发过程中,逐渐形成了两种技术途径,即改进(进化)设计和革新设计[5,6]。改进设计是通过采用已经验证的、成熟的技术对核动力系统、部件进行局部范围的调整和增减,从而达到提高系统安全性、降低风险的目的,所采用的改进措施是建立在大量运行经验和新科学技术突破的基础上的。革新设计是从新需求、新技术突破和反应堆内在的固有安全性等角度出发,设计新型反应堆技术,提高反应堆的固有安全性水平。

我国经过几十年的发展建设,已经建立起了完整的核工业体系,为我国自主研发、设计、建设、运行小型堆核能系统奠定了技术基础。随着我国核动力装置运行经验的积累以及装备制造工艺水平的不断提高,我国已经具备了一体化小型压水堆实际应用和工程设计的能力[7-10],如清华大学提出的低温供热堆、中国核工业集团有限公司提出的 CAP100 等都是比较典型的一体化小型压水堆设计。目前我国研究中的小型堆从技术水平、核安全、换料周期、经济性等方面来看都属于世界先进的技术。

小型堆核能系统的固有安全性超过现在的大型堆。以目前广泛采用的一体化小型压水堆为例,其在安全性方面具有以下技术特点:

(1)取消了主冷却系统内大尺寸管道,从根本上消除威胁反应堆安全的大破口失水事故,这是提高核反应堆固有安全性的主要因素。

(2)将反应堆堆芯放置在压力容器内的底部偏上,压力容器中下部不开孔,确保在系统破口失水时压力容器内的堆芯处于被淹没状态。

（3）在主冷却剂系统设计中采用自然循环原理,堆芯衰变热的排出既可以采用能动余热排出,还可采用非能动余热排出,同时允许反应堆采用自然循环功率运行模式,提高运行的安全性。

（4）降低中子注量率,降低运行期间裂变中子和射线对压力容器材料的辐照脆化效应,提高压力容器的使用寿命。

（5）采用改进的耐高温燃料和结构材料,增加反应堆安全裕量,使堆芯在无保护的瞬态超负荷过程中不受损坏。

（6）简化系统设计,减少不必要的阀门和管道,以提高安全性,减小投资和运行成本。

（7）采用先进的自动化控制系统,自动化控制技术覆盖整个运行过程。

3　经济可行性分析

小型堆核能系统真正推广到市场应用,必须具有良好的经济性。小型堆可以满足多种用途的需要,可以通过设计、建造和运行策略来降低投资和运行成本,特别在热电联共、非发电领域的应用可能会更有前景和竞争力。

3.1　研发成本

我国围绕小型堆核能系统已经开展了多年的基础与应用研究,不存在技术瓶颈的问题,也可以广泛地开展国际合作。小型堆核能系统虽说是属于革新设计,但在开发过程中有许多共性的成熟技术可参考借鉴,如燃料组件、内置蒸汽发生器、控制棒驱动机构、主泵等方面的相关技术都是我国目前已经掌握的成熟技术。这将有效地降低小型堆核能系统的研发成本。

3.2　建造成本

小型堆核能系统由于设备部件体积小,因此可以大幅度地降低制造难度,减少对大型锻件的锻造要求,尤其是反应堆压力容器,为优化制造提供了方便。根据我国现有的核电设备制造加工能力,可以在很大程度上或完全实现设备的国产化,这将大大提高设备制造方面的经济性,同时降低了对设备运输方面的限制和要求,以及设备运输成本。

小型堆核能系统更容易实现模块化设计建造和批量化制造。将系统分成多个模块,每个模块在一个更可控的工厂环境下制造,然后运回厂址做最后的组装,这样就可缩短建造周期、有效控制进度、减少建造成本。同时,批量化有利于质量控制,将增强电厂的安全性和可靠性。

小型堆核能系统相对于大型核反应堆系统,较低的投资成本和较短的建造周期会大大降低成本,可以在短时间内获得投资回报,提高资本投资效益。

文献[11]基于简单的经济模式给出了相同装机容量不同堆型方案(连续建造4台小型反应堆核电机组和只建造1台大型核电机组)的现金支出。结果是小型反应堆核电机组最大经济支出大约只有大型机组电厂的50%。在一个更为严格的模型中,如考虑在建设时因为较低资金风险带来更多的折扣率,结论是小型堆核电厂的最大现金支出应该接近大型机组电厂的35%,并且可以通过推迟后续机组的建设进一步降低这个值。可以预计其动态投资经济效益与大型机组相比具有竞争力。

3.3　运行成本

运行成本通常由运行维护成本和燃料消耗成本构成。小型堆核能系统简化了系统设备,减少了系统的运行维护成本;可以通过灵活的运行参数选择、燃料循环优化,减少燃料消耗成本。同时小型堆核能系统还可以通过灵活多变的运行模式,提高系统的运行效率,进而降低运行成本。

小型堆核能系统用于发电可以更好地协调电厂输出功率和满足不同用户的需求,并且小型堆的运行参数范围相对比较宽,对运行参数的选择比较灵活,为业主提供了操作的灵活性,增强电厂的经济性;用于供热运行成本也较低,特别是随着煤炭价格的大幅上涨,据测算核供热成本优势已经明显地显现出来;另外,核供热堆还可以采用其他灵活多样的运行方式开展综合应用,进一步提高热能利用率和经济性,如发展热电联供、低温核制冷,直接供应工业企业低温工艺热及蒸汽等;用于海水淡化与化石燃料相比也具有可竞争性。国际原子能机构针对不同能源海水淡化所进行的全面经济研究结果表明,核能海水淡化的产品水成本与化石燃料方案的成本在相同的范围内,当淡化设备的规模加大时,核能的优势便比较明显。因为从长期来看,化石燃料的成本明显要高于核燃料。

4　结　论

综上所述,无论是从我国社会经济的要求,还是核能技术自身发展的需求看,发展小型堆核能系统都有较为广阔的市场前景。更为重要的是,我国核能技术的发展,使得小型堆核能系统的技术可行性、核安全性、开发经济性等都具有可比较的优势。然而,小型堆核能系统要推向市场,还要经过原型堆和商业示范堆建设与运行的验证。其间还将会受到国家相关政策、公众可接受性、核燃料供应体系、核安全保障体系等因素的制约。

因此,建议借鉴有关国家经验,在国家层面,将小型堆研发纳入中长期科技发展规划,在资金、政策等方面提供必要的支持和引导。在研发组织上,采取政府引导,适当支持小型堆关键与共性技术研发。支持以企业投入为主,与研究院所、高校联合开发,优势互补,加快研发进程,抢占小型堆核能系统研究的国际高点,促进我国核能产业的升级发展。

参考文献:

[1] 姜胜耀,张佑杰,贾海军,等. 大庆 200 MW 低温堆换热器水力学模拟实验研究[J]. 原子能科学技术,1997,31(5):418-422.

[2] 姜胜耀,张佑杰,马进,等. 200 MW 核供热堆燃料组件阻力特性模拟实验[J]. 核动力工程,1998,19(4):302-307.

[3] 郑文祥,张亚军. 核供热堆安全壳设计方案的探讨[J]. 核动力工程,1999,20(5):424-427.

[4] 郑文祥. 摩洛哥坦坦地区核能海水淡化示范项目[J]. 核动力工程,2000,21(1):48-51.

[5] IAEA. Natural circulation in water cooled nuclear power plants:phenomena,models,and methodology for system reliability assessments:IAEA - TECDOC - 1474 [R]. Vienna:IAEA,2005:6-11,26-27.

[6] 林城格. 非能动安全先进压水堆核电技术[M]. 北京:原子能出版社,2010.

[7] 张亚军,王秀珍. 200 MW 低温核供热堆研究进展及产业化发展前景[J]. 核动力工程,2003,24(2):180-183.

[8] 陈淑林,冷贵君,张森如,等. 固有安全一体化 UZrHx 动力堆 INSURE - 100 初步研究[J]. 核动力工程,1994,15(4):289-293.

[9] 秦忠. 中国一体化反应堆核电厂创新安全壳设计研究[J]. 核动力工程,2006,27(6):91-93.

[10] 彭钢,李冬生. 一体化先进压水堆小型核电站堆芯燃料管理设计[J]. 核动力工程,2008,29(2):39-42.

[11] INGERSOLL D T. Deliberately small reactors and the second nuclear era[J]. Progress in Nuclear Energy,2009,51(4-5):589-603.

Feasibility Study on Development of Small Nuclear Power Reactors in China

Chen Wenjun, Jiang Shengyao

Institute of Nuclear and New Energy Technology, Tsinghua University, Beijing, 100084, China

Abstract: Small nuclear power reactors have many advantages like low site requirements, flexible applications, low nuclear safety risks, easy operation, short construction period and low one-time investment. From the perspective of social and economic development in China, this paper analyzes the market requirements of small nuclear power reactors in energy saving and emission reduction, ocean development, and overseas export, and then analyzes the feasibility in technology and economy by combining with the development situation of small nuclear power reactors in China.

Key words: Small nuclear power reactor, Nuclear energy, Economy, Safety

作者简介：

陈文军(1976—)，男，博士研究生。2000 年毕业于清华大学工程物理系，获硕士学位。

AP1000 反应堆控制系统特点分析

张小冬[1],刘 琳[2]

1. 中核集团三门核电有限公司,浙江三门,317112;
2. 中国核工业集团公司,北京,100822

摘要:本文通过对核电机组常见的控制模式以及 AP1000 采用的控制模式的介绍,总结出各种模式的优缺点,并分析 AP1000 所采取的控制模式的先进性,对三门核电厂首台机组及后续机组的运行控制模式提出建议;结合 AP1000 反应堆功率控制系统的特点,对在正常运行期间可能遇到的问题加以分析,并提出相应的对策。

关键词:反应堆功率控制;A 模式;G 模式;AP1000;负荷跟踪

中图分类号:TL36   **文献标志码:**A

0 引 言

目前国内的核电机组一般都是带基本负荷运行,只有在用电淡季才会按照电网的要求在短时间内降低到一定负荷,核电机组基本不参与负荷调节与跟踪。随着核电在电力生产中所占的比重越来越大,核电机组将不能只带基本负荷运行,电网也需要核电机组通过参与负荷调节和频率调节等来提高电网的稳定性及供电质量,这对核电机组的控制提出了更高的要求。早期核电机组的控制模式一般为 A 模式。随着核电的发展,法国法马通公司提出了 G 模式,目前法国国内大型核电机组(功率不小于 1300 MW)一般都采用 G 模式,部分机组采用 A 模式与 G 模式配合运行。与 A 模式相比,G 模式在负荷调节速率方面有了较大的改善,但仍存在一些问题,需要进一步改善。全球首台 AP1000 核电机组的反应堆控制模式将不同于 A 模式及 G 模式,AP1000 控制模式采用革新的功率水平与功率分布独立控制思想,提高了机组运行的灵活性和安全性。

1 常见控制模式及其优缺点

1.1 A 模式

A 模式运行的特点是机组带基本负荷运行,反应堆保持额定功率或接近额定功率运行,电厂不参与电网调峰。A 模式的运行控制目标是保持反应堆的额定功率输出,并在正常运行及瞬态下通过控制轴向功率偏差保证堆芯燃料组件安全。在 A 模式下,用来控制功率和功率分布的手段主要包括:

(1)移动控制棒(A、B、C、D 组)。该方式的特点是调节速度快,但由于 A 模式中控制棒均为吸收中子能力较强的黑棒,因此单纯的控制棒调节会导致功率在轴向分布的畸变,长时间运行可能危及燃料组件的安全。为确保堆芯安全,实现恒定轴向功率偏移(AO)的控制目标,必须把控制棒的移动限制在一定范围之内。

(2)调节反应堆冷却剂中硼酸的浓度。该方式的调节速度较慢,且会导致大量废液的产生。尤其是在寿期末接近换料时,由于硼酸浓度比较低,产生的废液量更大。

在实际运行中,为了满足反应性控制要求,控制棒的移动必须与硼酸浓度的调节联合运行,即在功率变化初期通过反应性变化量预测值来增加或减小冷却剂中硼酸的浓度,以补偿功率亏损及氙毒效应引起的反应性变化,从而缩小控制棒的移动范围。

通过 A 模式的运行特点及其调节手段的介绍,总结出了 A 模式的优缺点。

优点:①在正常运行时,只需要调节硼酸浓度来补偿燃耗和调节轴向功率偏差使其在运行梯形图的运行带之内,机组在额定功率运行,经济性较好;②棒控系统控制设计较为简单,便于控制。

缺点:①在反应堆升降功率时,都需要投入化学和容积控制系统来调节硼酸浓度,以补偿反应性变化,但硼酸浓度的调节速率受到稀释及硼化流量的限制,较为被动。而且随着寿期的深入,当硼酸浓度变得很小时,升功率速率变得很慢且产生大量的废液,不仅加重废液处理系统的负担,废液量的接收能力还受到废液处理系统设计能力的限制。②控制棒移动时,同时对功率水平及功率分布产生影响,需要对硼酸浓度进行调节,以满足轴向功率偏差的控制要求。③在满功率运行时,轴向功率偏差的运行范围较窄,而轴向功率偏差不能自动控制,需要操纵员及时监视其动作趋势,存在人因隐患。

1.2　G 模式

如果机组需要进行快速负荷跟踪或参与电网的频率调节,就必须具备快速负荷调节能力。在目前的技术条件下,快速的负荷调节必须通过控制棒(M 棒)来实现。为了使 M 棒对功率进行快速调节时不对功率分布产生过大的扰动,引入了灰棒。采用灰棒可以在较快调节功率的同时实现功率分布的控制目标,这种模式即为 G 模式。在 G 模式下,反应性功率效应的补偿通过 M 棒(包括黑棒和灰棒)来完成,较慢的反应性效应(如燃耗及氙毒效应等)则由硼酸浓度的调节来完成。G 模式具有以下优缺点。

优点:①由灰棒进行功率反应性补偿,使机组具备快速负荷跟踪能力,同时能够保证机组功率分布的控制目标;②在功率下降后的功率回升过程中,不存在硼稀释困难的问题。

缺点:①由于 M 棒与硼酸浓度的调节相互独立,在降负荷后不能使用控制棒补偿由氙毒效应引起的功率效应,使得运行灵活性降低。在寿期末,当硼酸浓度很小时,仍然会出现稀释量大且速率慢的问题。②功率水平控制与轴向功率分布控制相互影响,使得反应堆的自动化控制变得较为复杂。③在满功率运行时,轴向功率偏差的运行范围较窄,而轴向功率偏差不能自动控制,因此需要操纵员及时监视其动作趋势,与 A 模式存在同样的人因隐患。

2　AP1000 控制模式及其优缺点

AP1000 反应堆控制模式与上面提到的两种模式有所不同,其最大的特点在于将功率水平的控制与功率分布的控制区分开,采用不同的控制回路分别控制各自的控制对象,且两个控制回路之间不产生干扰。AP1000 反应堆功率控制系统包括功率水平控制系统和功率分布控制系统。

2.1　功率水平控制系统

功率水平控制系统有两个控制通道:①闭环调节通道;②前馈通道。

闭环调节通道通过实测平均温度与参考平均温度之间的偏差来进行控制。实测平均温度表征一回路功率,参考平均温度表征二回路功率。平均温度控制系统的执行机构为 M 棒组,棒控系统根据温度偏差信号的大小及极性来确定控制棒的移动速度及移动方向。为了防止控制棒的频繁移动,平均温度的控制设置了一定的死区,在不同运行模式(负荷跟踪、频率调节、带基本负荷)下,控制系统的死区是不一样的,负荷跟踪和频率调节模式下的死区比带基本负荷模式下的死区宽,有助于利用反应堆自身的反应性反馈来稳定反应堆,可以减少控制棒的移动,减缓控制棒磨损。

功率水平控制系统的另外一个控制通道为前馈通道,此通道的输入信号为核功率与汽轮机功率失配信号。这个控制信号使得控制系统能够在功率失配时迅速反应,为控制系统提供超前调节,从而减小瞬态峰值。如在甩负荷工况下,负荷突然降低,核功率与电功率失配,此时前馈通道的作用可以使系统在一回路平均温度变化之前让控制棒适当动作。

在低功率下,当汽轮机停机而蒸汽排放系统启动来控制一回路平均温度时,通过操纵员手动输入目标功率值及功率变化速率直接对反应堆的功率进行控制。

2.2 功率分布控制系统

AP1000采用单独的功率分布控制系统,通过设置轴向功率偏移控制棒(AO棒)来进行功率分布控制。轴向功率偏差控制系统的主要功能是,在负荷跟踪及电网频率改变的瞬态下,将轴向功率偏移控制在规定范围内。当轴向功率偏移测量值超出预定范围时,系统发出控制信号使AO棒移动,从而达到功率分布的控制目标。AO棒分为两组:一组包含4束控制棒;另一组包含5束控制棒。这两组AO棒在上提和下插的过程中遵循交替移动的原则。

为了防止M棒与AO棒之间可能出现的干扰,当二者控制信号出现冲突时,M棒控制信号占主导地位,M棒移动时,AO棒被闭锁移动。在瞬态下的调节过程中,如果M棒与AO棒之间的闭锁功能不完善,则可能出现二者动作相互干扰而引起控制的混乱,使得功率分布出现较大的变化。鉴于逻辑的复杂性及国内电厂曾经出现过的文件审查方面的问题,在进行系统审查和调试时,要制订完整的计划,确定试验项目,确保系统的可用性及可靠性。

另外,AP1000反应堆控制系统中设置了快速降功率系统,保证机组在大幅度降负荷(超过50%)时一、二回路功率能够快速匹配,稳定机组的运行。快速降负荷系统的功能是在汽轮机负荷大幅降低时下插一定数量的控制棒,降低核功率,使得一、二回路功率得以快速匹配,这使得机组能够接受50%以上的大幅负荷降低。当功率减小值小于50%时,启动蒸汽排放系统来匹配一、二回路。当探测到大幅负荷降低时,系统发出信号控制预先选定的M棒下落,使得反应堆核功率快速降低大约50%。在大幅负荷降低的同时启动蒸汽排放系统,并向功率控制系统发出功率失配信号。在选定的控制棒释放后,功率控制系统将继续控制其他的控制棒来调节一回路平均温度,操纵员可以按照预定的程序将电厂再带回正常状态。快速降负荷系统降低了蒸汽

旁路排放能力的设计值,减少了蒸汽排放阀的数量,简化了控制。

在AP1000的控制模式下,棒控系统接收来自功率控制系统的控制信号,根据棒速信号及方向信号移动相应的控制棒。控制棒包括M棒及AO控制棒,具体配置信息如表1所示。

表1　AP1000控制棒配置信息

Table 1　Control Rod Configuration

控制棒组件	数量	控制棒组件	数量
灰棒组件A(MA)	4	轴向偏移控制组(AO件)	9
灰棒组件B(MB)	4	停堆组件1(SD1)	8
灰棒组件C(MC)	4	停堆组件2(SD2)	8
灰棒组件D(MD)	4	停堆组件3(SD3)	8
黑棒组件1(M1)	4	停堆组件4(SD4)	8
黑棒组件2(M2)	8		

AP1000的控制模式具有以下优缺点。

优点:①采用灰棒进行功率反应性补偿,机组具备快速负荷跟踪能力。②功率水平的调节与功率分布的调节相互独立,功率分布为AO棒的单值函数,可实现功率分布的自动控制,降低了运行时由于人因而发生某些事件的可能性;另外,在功率调节过程及其他瞬态下,这种控制方式可保证功率分布不发生畸变,不会出现堆芯热点,从而保障燃料组件的安全。③由于负荷跟踪是通过M棒来完成的,跟踪时不需要进行硼稀释操作,因此跟踪速度较快。硼酸浓度的调节主要是用来补偿燃耗及氙毒引起的反应性变化。AP1000采用M棒进行功率调节的方法既能发挥M棒控制灵活的特点,又能使M棒的作用与硼酸浓度的调节作用相结合,使反应堆的控制更为灵活。

缺点:①该控制模式在已有的电厂机组中应用较少,国内还没有此方面的经验。此种控制模式对堆芯燃料布置、控制棒本身及运行提出了更高的要求,要特别重视此方面的设计审查工作,并要求西屋公司给出充分的证据来证明其设计的合理性。②按照西屋公司的设计,功率水平控制与功率分布控制之间不会产生干扰,但目前国内没有这方面的

运行经验。在实际运行中,如果二者之间的干扰作用比较明显,则需要运行人员临时应变或指定相应的预案。

3 三种控制模式的比较

表2给出了 A 模式、G 模式及 AP1000 控制模式的不同。通过对 A 模式、G 模式及 AP1000 控制模式优缺点的分析,可以看出,机组快速负荷跟踪能力的强弱,主要取决于在特定情况下机组对快速的功率效应所采取的补偿方法。如采用调节硼酸浓度的方法进行补偿,会使得机组的负荷跟踪能力十分有限,从经济性及安全性的角度考虑也是不现实的。G 模式虽然也采用控制棒来进行补偿,提高了反应性调节速率,但没有从根本上解决功率水平控制与功率分布控制之间的矛盾,具有一定的局限性。AP1000 的控制模式使得本身复杂的控制系统变为几个简单的控制回路,很大程度上降低了控制对象之间的耦合程度,使得反应堆的自动化控制程度更高,有利于数字化自动控制系统的应用,同时减少了运行操纵员的工作,降低了发生人因事故的概率。

表 2 控制模式比较

Table 2 Comparison of Control Modes

项目	A 模式	G 模式	AP1000 模式
功率水平调节	黑棒＋调节硼酸浓度	灰棒＋黑棒	灰棒＋黑棒
功率调节速率	慢	快	快
功率分布调节	移动控制棒或调节硼酸浓度	移动控制棒或调节硼酸浓度	采用 AO 棒独立调节
自动化程度	需要操纵员定期监视功率分布并进行调节	需要操纵员定期监视功率分布并进行调节	自动化闭环控制

4 结 论

按照 AP1000 功率控制方案的设计,三门核电厂首台机组可以满足日负荷跟踪、电网频率调节及带基本负荷运行等工况。但是,考虑到目前核电在国内的实际应用情况、发展趋势以及新技术应用的一些不确定因素,尽管 AP1000 具有快速的负荷跟踪能力,仍建议 AP1000 首台机组以带基本负荷运行为主,少量参与一定的负荷跟踪运行。在首台机组运行一定时间,运行人员及相关技术人员积累了一定的经验之后,可以有计划地使后续机组逐渐参与负荷跟踪及频率调节。对于反应堆功率控制系统,AP1000 的功率水平控制与功率分布控制相互独立,大大提高了反应堆的自动化程度,同时对堆芯设计、控制棒设计及运行前和后续换料后的装料提出了更高的要求。另外,鉴于新技术的不确定性,在实际运行前,运行人员一定要提前作好充分的风险分析,以应对在运行过程中出现的各种问题。

Analysis of AP1000 Reactor Power Control System

Zhang Xiaodong[1], Liu Lin[2]

1. CNNC Sanmen Nuclear Power Co., Ltd., Sanmen, Zhejiang, 317112, China;

2. China National Nuclear Corporation, Beijing, 100822, China

Abstract: The reactor power control modes applied by common nuclear power plants and AP1000 is introduced briefly. The advantages and shortcomings are compared and summarized. Advice is also made to the control strategy of the first and continued SMNPC plants. Additionally, the characteristics of the AP1000 reactor control system are summarized and problems which the operators will probably encounter are also analyzed.

Key words: Reactor power control, A mode, G mode, AP1000, Load following

作者简介:

张小冬(1981—),男,工程师。2004 年毕业于天津大学,获学士学位。现从事核电厂运行工作。

世界先进小型压水堆发展状况

陈培培[1]，周　赟[2]

1. 国家核电技术公司，北京，100029；

2. 哈佛大学，波士顿，美国，02138

摘要：先进小型压水堆是优化核电厂安全性、经济性和灵活性的结果，主要面对非主干网电力系统，可以比较经济和高效地替代中小型火电机组。本文讨论了小型压水堆的概念、优势、发展历史及目前的发展状况，并重点介绍美国两种主要小型压水堆的设计理念，意在为国内核能行业人士提供及时的核电科技信息，并推动我国在先进小型压水堆科研项目上的进一步探讨。

关键词：小型反应堆；先进压水堆；模块化反应堆

中图分类号：TL4　　　　**文献标志码**：A

0　概　述

进入 21 世纪后，西方及亚洲核电发达国家提出了加快先进小型反应堆研发工作的战略。先进小型反应堆大都采用模块化设计，与第三代反应堆相比，具有更高的安全性和灵活性，对总投资的要求也比较低。这些特性使得小型反应堆尤其适合在主干网电力补充、中小型火电机组替代和海水淡化等方面应用。

满足国际原子能机构（IAEA）定义[1]，电功率输出小于 300 MW 的先进小型反应堆设计主要有压水堆、气冷堆、钠冷快堆和铅冷快堆。其中发展最快、技术最成熟、影响力最大的是先进小型压水堆。因此，本文将只讨论小型压水堆的发展和应用状况。

目前以美国、日本和韩国为首的几个主要核工业发达国家都在进行先进小型压水堆的技术研究和工程开发工作。本文将从小型压水堆技术的发展历史和国际核电市场的背景出发，全面回顾先进小型压水堆在西方国家的发展过程，并重点介绍正在进行的美国先进小型压水堆发展计划及几种典型设计。

1　先进小型压水堆的发展背景

核电厂输出功率的优化问题在 20 世纪 90 年代发展第三代反应堆技术时就已经成为西方核工业界的主要争论话题。以法国（EPR）和日本（APWR 和 ABWR）为代表的一方，推行大型化设计，通过提高输出功率来获取更大的规模效益。在核电厂安全性方面，以增加系统冗余度为主要方法。这种设计的输出功率大（1400 MW 以上）、规模经济好，但初期投资高、建造周期长、项目风险大。以美国为代表的另一方（AP600 和 AP1000）更重视核电厂的总体经济性和建造灵活性，提出了以非能动为核心的安全设计原则，通过系统简化来达到经济性和安全性的优化。这种设计的总投资少、建造周期短、运行成本低，但由于受到非能动安全设备的限制，现有设计的输出功率还没有达到法国、日本大型压水堆的水平，在规模经济上可能存在一些劣势。

2010 年美国能源部提出了先进商用小型压水堆 10 年发展计划，并全面展开与其相关的研发工作。

另一方面，新兴工业国家和部分发展中国家的电力需求因为大规模工业化和生活标准的提高而迅速增长。IAEA 在 2007 年的报告中预测,到 2050 年,全球 55% 的电力增长需求将来自于发展中国家[2]。大多数发展中国家普遍面临基础设施差、电网设备落后、资金缺乏、技术力量薄弱等问题。在这些国家建设大型火电站和配套输变电系统将面临很多困难。近 10 年来,温室气体排放导致的全球气候变化越来越受到重视,广大发展中国家在平衡经济发展和降低碳排放上面临着巨大的挑战。因此,模块化小型核电厂建造灵活、投资要求低和原料供应链简单的优势就在发展中国家体现得更加明显。IAEA 在 2005—2008 年连续 4 年间发布了一系列的小型反应堆发展报告[1-4],努力推动小型反应堆技术的开发和研究,并大力提倡小型核电厂在发展中国家的应用。日本和韩国从 20 世纪 90 年代末就意识到了小型核电厂的潜在国际市场,并积极开展了针对发展中国家需要的小型反应堆研究,以便将来在国际市场上占据优势[5]。

2　先进小型压水堆的发展历史和现状

2.1　诞生阶段——20 世纪 80 年代

美国三里岛核事故之后,美国核管理委员会(NRC)对电厂的设计和运行要求迅速提高。20 世纪 80 年代中期,部分学者在研究三里岛核事故原因和美国核电市场的发展状况后,提出了先进小型压水堆概念。1985 年,前美国橡树岭国家实验室主任 Weinberg 总结了 70 年代末以来美国核电发展的停滞和倒退现象,认为其主要原因是建造大型轻水堆所需的巨额资金负担和核电厂工程的不确定性[6]。Weinberg 认为大型轻水反应堆过于复杂和难于控制,在核电厂安全标准不断上升的情况下,很难兼顾安全性和经济性。他同时提出,下一代商用反应堆应该向小型化、模块化方向发展。同年,IAEA 启动了先进中小型反应堆研究项目[7];1991 年,经济合作与发展组织下的原子能机构发布了第一份有关小型反应堆的研究报告,总结了西方各国 80 年代在先进小型反应堆方面取得的进展[8]。其中最引人瞩目的设计是由美国燃烧工程公司(Combustion Engineering,CE)提出的安全一体化压水堆(SIR)[9]。这种新型压水堆概念采用一体化

设计,即把主回路的所有部件,包括堆芯、稳压器、主泵和蒸汽发生器都放在一个大的压力容器里,从根本上消除发生主管道大破口事故的可能性,极大地降低堆芯熔毁概率,提高了系统安全性能。

2.2　发展阶段——20 世纪 90 年代

由于先进小型压水堆在安全性和灵活性上的优势,进入 90 年代后,有多个国家和国际组织开展了小型压水堆的研发。这些先进小型压水堆的一般特征是:①电功率输出在 300 MW 以下;②主回路一体化结构;③大量采用非能动安全设计;④大部分主回路部件能在工厂同时完成制造和安装,无特殊运输要求。

美国能源部在 2001 年向美国国会提交了小型模块化反应堆(SMR)报告,总结了 90 年代以来各国发展小型模块化反应堆的状况,阐述了这种新型反应堆在安全审核与监管上可能带来的问题和挑战[10]。除此之外,该报告还提交了一份对边远地区(夏威夷和阿拉斯加)建造小型核电厂的可行性分析,比较了小型核电厂千瓦时输出成本和当地其他电力提供方式的市场价格,认为 50 MW 级小型核电厂在以上地区有一定的竞争力,建议国会继续保持对先进小型反应堆,特别是小型压水堆研究项目的支持。

2.3　成熟阶段——21 世纪

进入 21 世纪后,美国凭借在 AP600 和 AP1000 研发和安全评审过程中积累的经验,特别是针对 AP600 的一系列综合测试结果和分析,对非能动安全系统的瞬态特性和设计原则有了很深刻的认识。多种先进小型压水堆方案开始从概念阶段走向全面工程设计和安全评估阶段。表 1 列出了美国能源部支持的国际革新安全反应堆(IRIS)项目和 2011 年竞标美国能源部先进小型压水堆计划的两种设计和一些技术指标。这三种先进小型压水堆都采用了一体化压水堆方案、模块化设计,单堆热输出功率为 135～1000 MW。

2.3.1　IRIS

IRIS 项目从 1999 年开始,是由美国西屋公司设计,多国参与的先进压水堆研究项目。它是最早进入全面工程设计和安全评估的先进小型压水堆设

表 1　美国部分先进小型压水堆设计参数

Table 1　Design Parameters of Various Advanced Small PWRs

设计名称	IRIS	SMR	NuScale
开发单位	西屋	西屋	NuScale
种类	压水堆	压水堆	压水堆
主回路循环方式	主泵循环	主泵循环	自然循环
主回路结构	一体式	一体式	一体式
热工率输出/MW	1000	200	135
压力容器直径/m	6.2	3.5	2.7
压力容器高度/m	22.2	24.7	13.7
燃料	UO_2/MOX	UO_2/MOX	UO_2/MOX
富集度/%	<5	<5	<5
换料周期/a	3.5~7	2~2.5	2~2.5

计,之后其他的先进小型压水堆方案大多都参考了 IRIS 设计原则和安全评估方法。IRIS 的一些设计方案基本成为了现有先进小型压水堆的设计标准。

IRIS 的主要设计理念是,在反应堆运行上采用现有成熟技术(普通 5% UO_2 燃料、标准 17×17 燃料组件、传统控制棒驱动机构等),在安全设计上大量采用非能动设计。IRIS 大规模使用了"设计安全"的概念,通过设计优化从根本上消除或尽可能降低对反应堆安全构成威胁的事故工况。

由于使用了主回路一体化设计,排除了设计基准事件中最严重的大破口事故。在小破口事故的应对策略上,AP600 和 AP1000 主要依靠自动卸压系统(ADS)泄压和压力容器直接注水,通过传质交换达到堆芯冷却。这种"失水—注水"的策略与第二代压水堆没有本质区别,只不过在"注水"上采用了非能动原理;而 IRIS 抛弃了"失水—注水"的被动策略,采用了"减小失水"的设计安全原则。IRIS 依靠加大压力容器储水量和使用蒸汽发生器参与自然循环来减少主回路冷却剂损失,以防止堆芯裸露。

在安全壳冷却上,IRIS 采用了多种方式实现安全壳压力控制和最终热阱。IRIS 采用了类似沸水堆的紧凑型压力壳和安全壳自动泄压系统(PPS)。IRIS 的球状压力壳的耐压能力是大型压水堆干式

压力壳的 3 倍以上,而 PPS 可以在破口事故初期大大降低安全壳的峰值压力。由于蒸汽发生器是非能动堆芯冷却系统的一部分,蒸汽发生器热阱——换料水箱布置在安全壳外,因此在长期冷却的过程中可以通过蒸汽发生器把安全壳内的能量有效地传到壳外热阱。

核电厂安全的根本目标是减少放射性物质的释放,降低反应堆对公众和工作人员健康的负面影响。反应堆内放射性物质的总量和电厂输出功率基本成正比关系;电厂的输出功率越大,所需中子裂变的数量就越多,产生的放射性物质也就越多。随之而来的安全标准,比如电厂屏蔽的要求,厂区和应急计划区(EPZ)的大小都由放射性物质总量决定。IRIS 较小的输出功率和所采用的"设计安全"大大降低了堆芯融毁概率和放射性物质释放概率,因此 IRIS 可以有效地减少电厂对周围环境的影响,减小应急计划区,提高核电厂综合安全水平。跟大型压水反应堆相比,IRIS 组件小、管道少、整体结构紧凑,具有先天的抗震优势。而且 IRIS 采用了半埋式安全壳,上层建筑矮小,进一步提高了电厂的整体抗撞和抗震性能。

2.3.2　NuScale

NuScale 是由原美国俄勒冈州立大学 Reyes 等人在进行美国能源部多用途小型压水堆(MASLWR)研究项目中提出的一种新型模块化压水堆[11]。该项目 2007 年结束后,研究人员获得了风险投资基金的支持,成立了 NuScale 公司,继续完成其工程设计和安全分析。

NuScale 最大的特点是全自然循环运行和深度模块化。该设计保留了 IRIS 一体化主回路、耐压安全壳和自然循环冷却等特征。NuScale 没有主泵,完全依靠堆芯-蒸汽发生器温度差形成的自然循环作为一回路冷却剂驱动方式。另外,NuScale 的整个耐压金属安全壳都浸没在水中。在发生破口事故时,这些水既可冷却安全壳,又可通过蒸汽发生器作为反应堆热阱。NuScale 最大的革新在于把非能动原理的应用从反应堆安全系统推广到反应堆运行系统,简化了主回路和反应堆应急冷却系统,降低了单堆建造成本。

除此之外,NuScale 的厂房采用了深度模块化

设计,每个电厂可容纳 6～12 个单堆,很多设备可以在 6 机组或 12 机组中共享。由于压力容器外径只有 2.7 m,长度 13.7 m,整个压力容器和堆内组件(包括蒸汽发生器、稳压器、堆芯构件和控制棒机构)都可以在工厂完成制造和组装,并通过灵活的交通运输方式(海运、河运、一般民用公路和铁路)运到电厂,进行下一步的安装和调试。这种深度模块化设计可以大大减少新机组在电厂的安装和调试时间,缩短了电厂建造工期;另一方面,电厂可根据实际需要逐步增加机组数量,甚至可以做到"安装、运行、发电"同步进行。这种模块化建造和运行方式有效地增加了电厂规划的灵活性,提高了资金的使用效率。

3　结束语

先进小型压水堆是优化核电厂安全性、经济性和灵活性的结果,主要面对非主干网电力系统,可以比较经济和高效地替代中、小型火电机组。现有的几种先进小型压水堆设计方案普遍采用模块化和一体化设计,并大量使用非能动安全系统。这些特点有效地提高了反应堆的安全性和经济性。先进小型压水堆突出的灵活性既可作为现有核电大国电厂分布和更新的有力补充,又为今后以发展中国家为主的国际核能市场提供了新的解决方案。本文讨论了小型压水堆的概念、优势、发展历史及目前状况,重点介绍了目前美国的两种主要小型压水堆的设计理念,意在为国内核能行业人士提供及时的核电科技信息,并推动我国在先进小型压水堆

科研项目上的进一步探讨。

参考文献:

[1] KUZNETSOV V. Innovative small and medium sized reactors: design features, safety approaches and R & D rends [R]. Vienna: IAEA, 2005.

[2] ADAMOVICH L, BANERJEE S, BOLSHUNKHIN M A, et al. Status of small reactor designs without on-site refueling[R]. Vienna: IAEA, 2007.

[3] AGENCY I. Status of innovative small and medium sized reactor designs 2005 reactors with conventional refuelling schemes[R]. Vienna: IAEA, 2006.

[4] IAEA. Passive safety design options for SMRs[R]. Vienna: IAEA, 2008.

[5] KIM S H. A preliminary economic feasibility assessment of nuclear desalination in madura island [J]. International Journal of Nuclear Desalination, 2005, 1(4): 466 – 476.

[6] WEINBERG A M. The second nuclear era[M]. New York: Praeger Publisher, 1985.

[7] IAEA. Small and medium power reactors: project initiation study phase I [R]. Vienna: IAEA, 1985.

[8] Organisation for Economic Co-operation and Development. Small and medium reactors [R]. Paris: Nuclear Energy Agency, 1991.

[9] HAYNS M. The SIR project[M]. [S. l.]: Vinna Atom, 1989.

[10] Office of Nuclear Energy, Science and Technology. Report to congress on small modular reactors[R]. Washington: U. S. Department of Energy, 2001.

[11] REYES J N. Testing of the multi-application small light water reactor (MASLWR) passive safety systems [J]. Nuclear Engineering and Design, 2007, 237: 1999 – 2005.

Status of Advanced Small Pressurized Water Reactors

Chen Peipei[1] ,Zhou Yun[2]

1. State Nuclear Power Technology Corporation，Beijing，100029，China；

2. Harvard University，Boston，MA，02138，USA

Abstract：In order to expand the nuclear power in energy and desalination，increase competitiveness in global nuclear power market，many developed countries with strong nuclear energy technology have realized the importance of small modular reactor（SMR）and initiated heavy R & D programs in SMR. The advanced small pressurized water reactor （ASPWR）is characterized by great advantages in safety and economy and can be used in remote power grid and replace mid/small size fossil plant economically. This paper reviews the history and current status of SMR and ASPWR，and also discusses the design concept，safety features and other advantages of ASPWR. The purpose of this paper is to provide an overall review of ASPWR technology in western countries，and to promote the R & D in ASPWR in China.

Key words：Small reactors，Advanced pressurized water reactors，Modular reactors

作者简介：

陈培培(1977—)，男。2007 年毕业于美国伊利诺伊大学核工程专业，获博士学位。现主要从事反应堆热工、两相流以及核能源安全与政策的研究工作。

三维颗粒有序堆积多孔介质内强制对流换热数值研究

杨　剑[1]，曾　敏[1]，闫　晓[2]，王秋旺[1]

1. 西安交通大学动力工程多相流国家重点实验室，西安，710049；
2. 中国核动力研究设计院空泡物理和自然循环国家级重点实验室，成都，610041

摘要：采用 N-S 方程和 RNG $k-\varepsilon$ 湍流模型及比例缩放的壁面函数法对三维圆球颗粒有序堆积多孔介质孔隙内的强制对流换热进行了数值研究。详细研究了 Re 数变化及不同颗粒堆积方式对多孔介质强制对流换热性能的影响。计算结果表明：在相同条件下，通过对颗粒进行合理有序堆积，可以使相应多孔介质内的压降显著降低，其综合换热效率明显提高；传统经验公式用于颗粒有序堆积多孔介质须进行合理修正；在不同堆积方式中，简单立方体均匀堆积(SC)模型的综合换热效率最高；在相同堆积方式下，均匀颗粒堆积多孔介质内的综合换热性能明显高于非均匀颗粒堆积多孔介质。

关键词：颗粒；有序堆积；多孔介质；强制对流换热；数值模拟

中图分类号：TK124　　　　**文献标志码**：A

0　引　言

颗粒无序堆积模型因其构造简单、成本低廉，在实际工程中得到了广泛的应用。但是，颗粒无序堆积多孔介质内的流动换热性能并不理想，其流动阻力大且综合换热效率较低。为此，近年来已有学者开始对颗粒有序堆积多孔介质内的对流换热展开了相关的研究。研究表明，通过对颗粒进行合理有序堆积，其流动阻力可以显著降低，综合换热效率也有一定提高[1-3]，这对改善和优化颗粒堆积多孔介质内的对流换热具有重要意义。目前尚未见到有不同尺寸颗粒共同堆积孔隙内对流换热的研究报道，有必要对其开展更为深入的研究。本文对三维圆球颗粒有序堆积多孔介质孔隙内的强制对流换热进行了数值研究，详细分析了 Re 变化及不同颗粒堆积方式对多孔介质内对流换热性能的影响，并对相应宏观流动换热模型进行修正和完善，从而为深入理解和优化颗粒有序堆积多孔介质内强制对流换热提供一定的理论依据。

1　物理模型及数值方法

如图 1(a)所示，多孔介质方形通道由圆球颗粒有序排列堆积构成，通道四壁绝热，颗粒温度维持恒定 T_p，通道入口冷流体温度和流速保持恒定。受当前计算条件限制，对多孔介质颗粒孔隙内的对流换热进行整场模拟尚不可行。本文选取如图 1(b)所示的颗粒堆积通道作为研究对象，包括入口段、颗粒堆积通道和出口段。颗粒堆积单元模型如图 2 所示，包括简单立方体均匀堆积(SC)、体中心立方体均匀和非均匀堆积(BCC 和 BCC-1)，以及面中心立方体均匀堆积(FCC)。

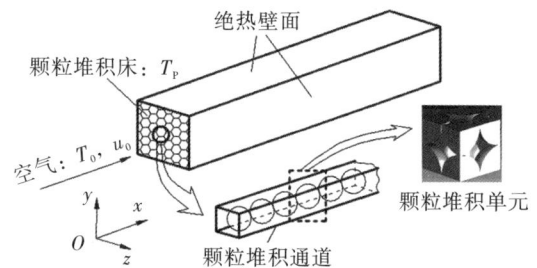

(a)颗粒有序堆积床

基金项目：空泡物理和自然循环国家级重点实验室基金资助项目(9140C7102010804)。

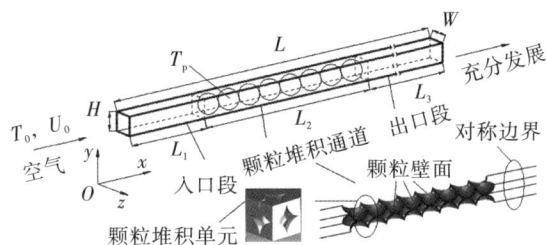

（b）颗粒有序堆积通道

图 1　物理模型

Fig. 1　Physical Model

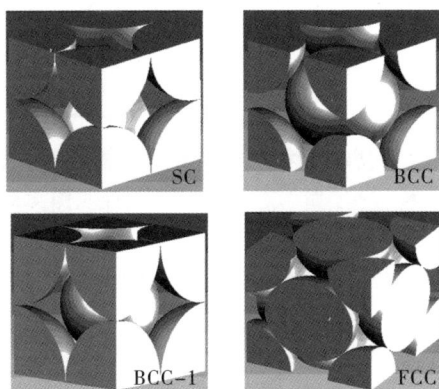

图 2　不同堆积模型

Fig. 2　Different Packing Models

采用三维 N-S 方程和 RNG k-ε 湍流模型（$Re>300$）及比例缩放的壁面函数法进行模拟，控制方程如下。

连续性方程：

$$\nabla \cdot \boldsymbol{V} = 0 \tag{1}$$

动量方程：

$$\rho_{\mathrm{f}}(\boldsymbol{V} \cdot \nabla \boldsymbol{V}) = -\nabla p + \nabla \cdot \{(\mu_{\mathrm{f}} + \mu_{\mathrm{t}}) \cdot [\nabla \boldsymbol{V} + (\nabla \boldsymbol{V})^{\mathrm{T}}]\} \tag{2}$$

能量方程：

$$\rho_{\mathrm{f}}(\boldsymbol{V} \cdot \nabla T) = \nabla \cdot \left[\left(\frac{k_{\mathrm{f}}}{c_p} + \frac{\mu_{\mathrm{t}}}{\sigma_{\mathrm{T}}}\right)(\nabla T)\right] \tag{3}$$

式中，$\boldsymbol{V}$ 为速度矢量；ρ_{f} 为流体密度；μ_{f} 为流体动力黏性系数；T 为温度；k_{f} 为流体导热系数；c_p 为流体定压比热。

RNG k-ε 湍流方程：

$$\rho_{\mathrm{f}}(\boldsymbol{V} \cdot \nabla k) = \nabla \cdot \left[\left(\mu_{\mathrm{f}} + \frac{\mu_{\mathrm{t}}}{\sigma_{\mathrm{k}}}\right) \cdot \nabla k\right] + P_{\mathrm{k}} - \rho_{\mathrm{f}}\varepsilon \tag{4}$$

$$\rho_{\mathrm{f}}(\boldsymbol{V} \cdot \nabla \varepsilon) = \nabla \cdot \left[\left(\mu_{\mathrm{f}} + \frac{\mu_{\mathrm{t}}}{\sigma_{\varepsilon}}\right) \cdot \nabla \varepsilon\right] + \frac{c_{\varepsilon 1}\varepsilon}{k}P_{\mathrm{k}} - c_{\varepsilon 2}\rho_{\mathrm{f}}\frac{\varepsilon^2}{k} \tag{5}$$

式中，P_{k} 为湍流产生项；μ_{t} 为湍流黏性系数；$c_{\varepsilon 1}$，$c_{\varepsilon 2}$，σ_{T}，σ_{k} 和 σ_{ε} 为湍流常数，其定义及取值如下：

$$P_{\mathrm{k}} = \mu_{\mathrm{t}}\frac{\nabla \boldsymbol{V} + (\nabla \boldsymbol{V})^{\mathrm{T}}}{\nabla \boldsymbol{V}}, \mu_{\mathrm{t}} = \rho_{\mathrm{f}}c_{\mu}\frac{k^2}{\varepsilon}$$

$$c_{\mu} = 0.085, c_{s1} = 1.42 - f_{\eta}, f_{\eta} = \frac{\eta\left(1 - \frac{\eta}{4.38}\right)}{1 + 0.012\eta^3}$$

$$\eta = \frac{P_{\mathrm{k}}}{\rho_{\mathrm{f}}c\bar{\omega}\varepsilon}, c_{s2} = 1.68, \sigma_{\mathrm{T}} = 1.0, \sigma_{\mathrm{k}} = \sigma_{\varepsilon} = 0.718$$

边界条件：

$$x = 0: T = T_0, u = u_0; v = w = 0, k = k_0; \varepsilon = \varepsilon_0$$

$$x = L: \frac{\partial T}{\partial x} = \frac{\partial u}{\partial x} = \frac{\partial v}{\partial x} = \frac{\partial w}{\partial x} = \frac{\partial k}{\partial x} = \frac{\partial \varepsilon}{\partial x} = 0$$

$$y = 0, \frac{h}{2}: \frac{\partial T}{\partial y} = \frac{\partial u}{\partial x} = \frac{\partial w}{\partial x} = \frac{\partial k}{\partial x} = \frac{\partial \varepsilon}{\partial x} = 0; v = 0$$

$$z = 0, \frac{W}{2}: \frac{\partial T}{\partial z} = \frac{\partial u}{\partial x} = \frac{\partial v}{\partial x} = \frac{\partial k}{\partial x} = \frac{\partial \varepsilon}{\partial x} = 0; w = 0$$

颗粒壁面：$T = T_{\mathrm{p}}; u = v = w = k = \varepsilon = 0$

采用 ICEM 和 CFX10 进行建模和计算，对流项采用高阶精度格式离散，连续性方程和动量方程采用全隐式耦合方法求解。最终用于计算的网格单元总数为 625795（表 1）。另外，经计算考核[4,5]看到（图 3），本文所采用的计算模型和方法正确可行。

表 1　不同网格下 SC 堆积模型中的总压降及总换热量（$Pr=0.7$, $Re=101000$）

Table 1　Total Pressure Drop and Heat Quantity for SC Packing with Different Grids

参数名	参数值		
网格（总单元数）	513393	625795	819694
$\Delta P_{\mathrm{total}, Re}$/Pa	0.0527	0.0539	0.0546
$Q_{\mathrm{total}, Re}$/W	0.0175	0.0179	0.0182
$\Delta P_{\mathrm{total}, Re=1000}$/Pa	35.110	36.261	36.625
$Q_{\mathrm{total}, Re=1000}$/W	0.897	0.915	0.930

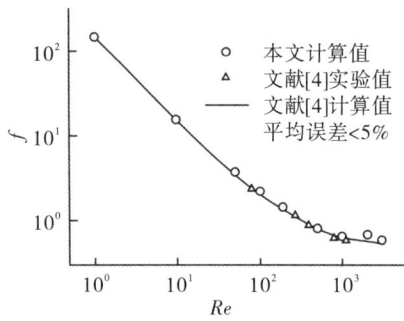

(a)阻力系数

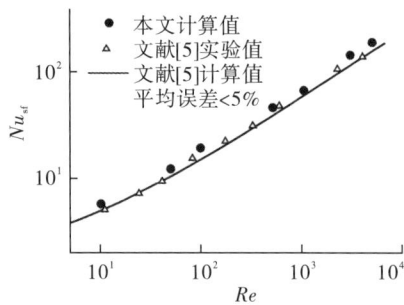

(b)颗粒壁面 Nu

图 3　阻力系数及颗粒壁面 Nu 变化

Fig. 3　Variations of Friction Factor and Nusselt Number of Particle to Fluid

2　结果与讨论

2.1　基本流动及换热关联式

多孔介质内宏观流动及换热特性通常可以表述如下[6,7]:

$$\frac{\Delta p}{\Delta x} = f \frac{1}{2} \rho_f \left(\frac{V_D}{\phi} \right)^2 \frac{1}{d_h} \qquad (6)$$

$$f = \frac{c_1}{Re} + c_2$$

$$Nu_{sf} = \frac{h_{sf} d_p}{k_f} = a_1 + a_2 Pr^{1/3} Re^n \left(\frac{d_p}{d_h} \phi \right)^n \qquad (7)$$

式中,f 为阻力系数;c_1、c_2 为阻力系数常数;h_{sf} 为颗粒壁面对流换热系数;a_1、a_2 和 n 为换热系数常数;Re 为孔隙雷诺数;d_h 为孔隙水力直径;d_p 为颗粒直径。

综合换热效率(γ)的定义如下:

$$\gamma = h_{sf} / \Delta p \qquad (8)$$

2.2　颗粒堆积方式变化对多孔介质内对流换热性能的影响

首先,对颗粒堆积方式的影响进行研究,包括 SC、BCC 和 FCC 均匀堆积模型(图 2),其中,$Re = 1 \sim 5000$,$Pr = 0.7$,$T_0 = 293$ K,$T_p = 333$ K。

不同堆积方式下颗粒孔隙内温度分布如图 4 所示。各堆积方式下(SC、BCC 和 FCC)第 6 堆积单元内流体平均温度分别为 308 K、317 K 和 327 K。这表明 FCC 堆积多孔介质内流体换热最强,而 SC 堆积模型最弱。

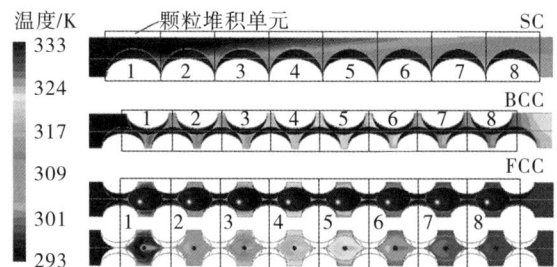

图 4　不同堆积模型中心对称轴截面温度分布($Re = 1000$)

Fig. 4　Temperature Fields in Middle Diagonal Cross-Sections of Different Packings

不同堆积方式下多孔介质内压降($\Delta p / \Delta x$)和阻力系数(f)变化如图 5 所示。从图 5(a)可以看到,Ergun 公式计算结果明显大于实际计算结果,不同堆积模型压降变化不同,其中 FCC 模型压降最大,而 SC 模型压降最小。从图 5(b)可以看到,随 Re 增大,不同堆积模型阻力系数先增大然后逐渐趋于常数($Re > 3000$),与通常的研究结论相吻合。$Re < 10$ 时,不同堆积模型阻力系数基本相同;而当 $Re > 10$,其差异逐渐增大。SC 模型阻力系数最大;FCC 模型阻力系数最小。阻力系数常数 c_1、c_2 计算值示于表 2。从表 2 可以看到,各堆积模型的 c_1 值较为接近,而 c_2 值差别较大;其中,SC 模型 c_2 值最大,而 FCC 模型 c_2 值最小。

不同堆积方式下多孔介质内颗粒壁面 Nu 数(Nu_{sf})及综合换热效率(γ)变化如图 6 所示。从图 6(a)可以看到,Wakao 公式计算得到的 Nu_{sf} 明显高于实际计算结果。不同堆积模型 Nu_{sf} 变化不同,其中,FCC 模型 Nu_{sf} 最大,而 SC 堆积模型 Nu_{sf} 最小。

换热系数常数 a_1、a_2 和 n 计算值见表3。从表3可见，不同堆积模型 a_1 和 n 的值较为接近，而 a_2 值差别较大；其中，FCC 模型 a_2 值最大，而 SC 模型 a_2 值最小。从图6(b)可见，随 Re 增大，各堆积模型综合换热效率降低；其中，SC 模型综合换热效率最高，而 FCC 模型综合换热效率最低。

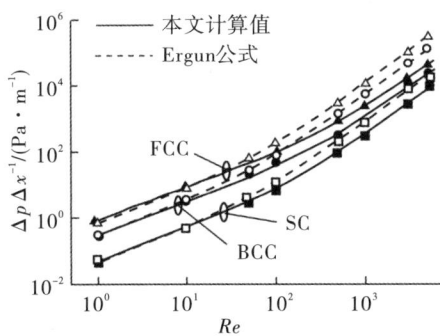

（a）压降

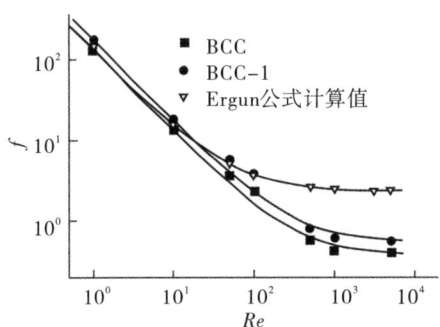

（b）阻力系数

图5 不同堆积模型中压降及阻力系数变化

Fig. 5 Variations of Pressure Drops and Friction Factors for Different Packing Forms

表2 c_1、c_2 的计算值（均匀堆积）

Table2 Calculation Values of c_1, c_2

堆积模型	ϕ	d_h/mm	c_1	c_2
SC	0.492	7.75	143.88	0.882
BCC	0.340	4.12	129.81	0.374
FCC	0.282	3.14	164.12	0.297
无序堆积[8]	—	—	133	2.33

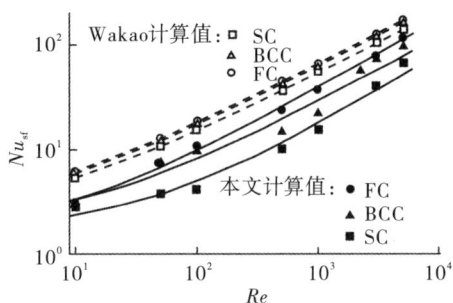

（a）颗粒壁面 Nu

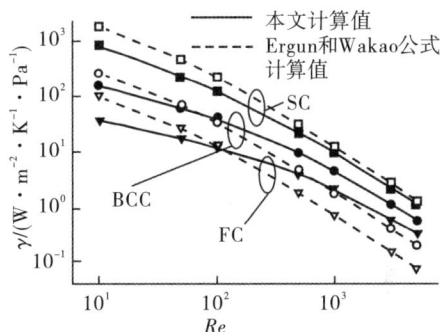

（b）综合换热效率

图6 不同堆积模型中颗粒壁面 Nu
及综合换热效率变化

Fig. 6 Variations of Nusselt Numbers and Overall Heat Transfer Efficiencies of Particle to Fluid for Different Packing Forms

表3 a_1、a_2 及 n 的计算值（均匀堆积）

Table 3 Calculation Values of a_1, a_2 and n

堆积模型	ϕ	d_h/mm	d_p/mm	a_1	a_2	n
SC	0.492	7.75	12.00	1.73	0.16	0.70
BCC	0.340	4.12	12.00	1.80	0.40	0.63
FCC	0.282	3.14	12.00	1.60	0.41	0.67
无序堆积[7]	—	—	—	2.00	1.10	0.60

2.3 颗粒均匀及非均匀堆积多孔介质内对流换热性能对比

采用 BCC 均匀及非均匀堆积模型作为研究对象。其中，BCC 模型代表均匀堆积，BCC-1 代表非均匀堆积(图2)，$Re = 1 \sim 5000$，$Pr = 0.7$，$T_0 = 293$ K，$T_p = 333$ K。

BCC 及 BCC-1 模型颗粒孔隙内温度分布如图7所示。从图7可见，BCC-1 模型颗粒孔隙内流体沿主流方向温度上升明显快于 BCC 模型,这表明 BCC-1 模型流体换热更强。BCC 及 BCC-1 模型多孔介质内 $\Delta p/\Delta x$ 和 f 变化如图 8 所示。从图 8(a)可见,BCC-1 模型多孔介质内压降明显大于 BCC 模型。从图 8(b)可见,BCC-1 模型多孔介质内阻力系数明显大于 BCC 模型。阻力系数常数 c_1、c_2 计算值示于表 4。从表 4 可见,BCC-1 模型阻力系数常数 c_1、c_2 计算值大于 BCC 模型。

表 4　c_1、c_2 的计算值(BCC)

Table 4　Predicted Values of c_1, c_2(BCC)

堆积模型	ϕ	d_h/mm	c_1	c_2
BCC	0.340	4.12	129.81	0.374
BCC-1	0.293	3.00	172.53	0.540
无序堆积[3]	—	—	133	2.33

BCC 及 BCC-1 模型多孔介质内颗粒壁面 Nu 数(Nu_{sf})及综合换热效率(γ)变化如图 9 所示。从图 9(a)可以看到,BCC-1 堆积模型 Nu_{sf} 明显大于 BCC 模型。换热系数常数 a_1、a_2 和 n 计算值见表 5。从表 5 可见,BCC-1 堆积模型 a_1 和 n 的计算值与 BCC 模型相同;而 a_2 值却明显大于 BCC 模型。从图 9(b)可以看到,随 Re 增大,BCC 及 BCC-1 模型多孔介质内综合换热效率降低,BCC 模型的综合换热效率明显高于 BCC-1 模型。

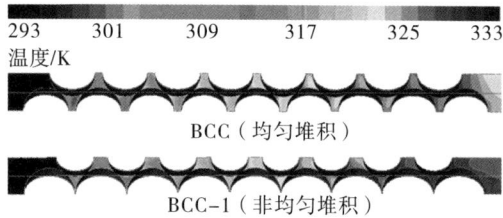

图 7　均匀及非均匀堆积模型中心对称轴
截面温度分布($Re=1000$)

Fig. 7　Temperature Fields in Middle Diagonal Cross-Sections for Uniform and Non-Uniform Packings($Re=1000$)

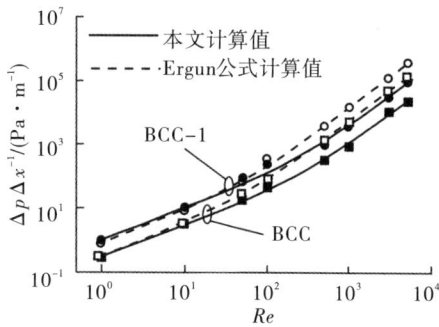

(a)压降

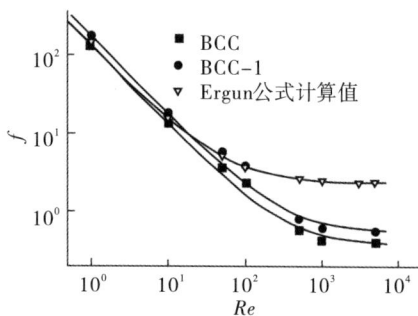

(b)阻力系数

图 8　均匀及非均匀堆积模型中压降及阻力系数变化

Fig. 8　Variations of Pressure Drops and Friction Factors for Uniform and Non-Uniform Packings

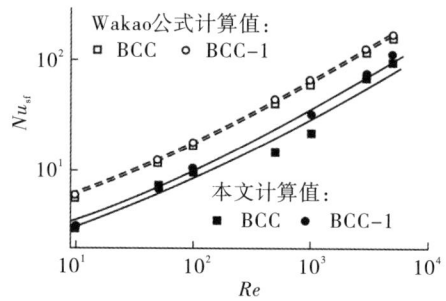

(a)颗粒壁面 Nu

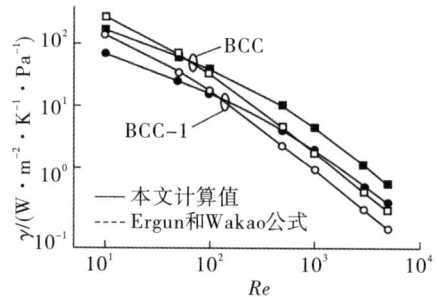

(b)综合换热效率

图 9　均匀及非均匀堆积模型中颗粒壁面
Nu 及综合换热效率变化

Fig. 9　Variation of Particle Wall Nusselt Numbers and Overall Heat Transfer Efficiencies for Uniform and Non-Uniform Packings

表 5 a_1、a_2 及 n 的计算值（BCC）

Table 5 Calculation Values of a_1, a_2 and n

堆积模型	ϕ	d_h/mm	d_p/mm	a_1	a_2	n
BCC	0.340	4.12	12.00	1.80	0.40	0.63
BCC-1	0.293	3.00	10.64	1.80	0.49	0.63
无序堆积[4]	—	—	—	2.00	1.10	0.60

3 结 论

（1）通过对颗粒进行合理有序堆积，可以使相应多孔介质内的压降显著降低，其综合换热效率明显提高。

（2）通过对颗粒孔隙内计算结果进行非线性拟合获得了新的流动换热关联式，其形式与传统经验公式吻合良好，但部分模型参数（如 c_2 和 a_2）明显低于传统经验公式。

（3）不同颗粒有序堆积模型中，SC 模型多孔介质内综合换热效率最高，在相同堆积模型中，非均匀堆积可以强化多孔介质内部换热，但其综合换热效率较均匀堆积有所降低。

参考文献：

[1] NIJEMEISLAND M, DIXON A G. CFD study of fluid flow and wall heat transfer in a fixed bed of spheres[J]. AIChE Journal, 2004, 50: 906 - 921.

[2] FREUND H, ZEISER T, HUBER F, et al. Numerical simulations of single phase reacting flows in randomly packed fixed-bed reactors and experimental validation[J]. Chemical Engineering Science, 2003, 58(3 - 6): 903 - 910.

[3] GUARDO A, COUSSIRAT M, LARRAYOZ M A, et al. Influence of the turbulence model in CFD modeling of wall-to-fluid heat transfer in packed beds [J]. Chemical Engineering Science, 2005, 60 (6): 1733 - 1742.

[4] CALIS H P A, NIJENHUIS J, PAIKERT B C, et al. CFD modelling and experimental validation of pressure drop and flow profile in a novel structured catalytic reactor packing [J]. Chemical Engineering Science, 2001, 56(4): 1713 -1720.

[5] ROMKES S J P, DAUTZENBERG F M, VAN DEN BLEEK C M, et al. CFD modelling and experimental validation of particle-to-fluid mass and heat transfer in a packed bed at very low channel to particle diameter ratio [J]. Chemical Engineering Journal, 2003, 96(1 - 3): 3 - 13.

[6] ERGUN S. Fluid flow through packed columns[J]. Chemical Engineering Progress, 1952, 48(2): 89 - 94.

[7] WAKAO N, KAGUEI S. Heat and mass transfer in packed beds[M]. New York: McGraw-Hill, 1982.

[8] LEE J J, PARK G C, KIM K Y, et al. Numerical treatment of pebble contact in the flow and heat transfer analysis of a pebble bed reactor core [J]. Nuclear Engineering and Design, 2007, 237 (22): 2183 - 2196.

Three-Dimensional Numerical Study on Forced Convection Heat Transfer in Structured Packed Porous Media

Yang Jian[1] , Zeng Min[1] , Yan Xiao[2] , Wang Qiuwang[1]

1. State Key Laboratory of Multiphase Flow in Power Engineering，Xi'an Jiaotong University，Xi'an，710049，China；

2. National Key Laboratory of Bubble Physics and Natural Circulation，Nuclear Power Institute of China，Chengdu，610041，China

Abstract：A three-dimensional forced convection heat transfer inside small pores of structured porous media with spherical particles is numerically studied in this paper. The Navier-Stokes equations and RNG $k-\varepsilon$ turbulent model with scalable wall function are adopted for the computations. The effects of Reynolds number and packing form on the performances of forced convection heat transfer in porous media are investigated in detail. The results show that，with the same physical parameters，the pressure drops in porous media with proper packing form can be greatly reduced and the overall heat transfer efficiencies are significantly improved. The traditional empirical correlations are unavailable for the structured packed porous media and some modifications are required. Furthermore，it is found that，with different packing forms，the overall heat transfer performance of SC packing is the best，and with the same packing form，the overall heat transfer performance of uniform packing is much better than that of the non-uniform packing.

Key words：Particle，Structured packing，Porous media，Forced convection heat transfer，Numerical simulation

作者简介：

杨　剑(1981—)，男，博士研究生。2006 毕业于航天动力技术研究院航空宇航推进理论与工程专业，获硕士学位。现主要从事强化传热及多孔介质内流动与传热规律的研究。

海洋条件下舰船反应堆热工水力特性研究现状

马　建[1,2]，李隆键[1]，黄彦平[2]，黄　军[2]，王艳林[2]

1. 重庆大学动力工程学院，重庆，400040；
2. 中国核动力研究设计院中核核反应堆热工水力技术重点实验室，成都，610041

摘要：海洋条件下舰船反应堆的热工水力特性对于舰船航行的安全性和可靠性有十分重要的影响，各国研究者为此开展了大量的研究工作。本文基于亚洲各国公开发表的海洋条件下舰船反应堆热工水力特性研究的文献资料，回顾和概括这一研究领域在研究方法、研究内容和典型研究结果诸方面的现状，通过掌握的已有研究成果，分析其不足之处，提出开展相关研究的建议。

关键词：海洋条件；舰船反应堆；热工水力特性

中图分类号：TK124　　　　**文献标志码**：A

0 引　言

最近几十年，各国学者围绕海洋条件下舰船反应堆热工水力特性开展了大量研究。西方发达国家早在 20 世纪 60 至 70 年代开始研究海洋条件对舰船反应堆热工水力特性的影响；亚洲国家（日本、中国、韩国以及其他一些国家和地区）也先后开展了这方面的研究，并发表了相关的研究报告。本文基于这些较为有限的文献资料，从研究方法、内容和典型研究结果等方面回顾和概括了针对海洋条件下舰船反应堆热工水力特性的研究现状，剖析这一研究领域的重点和热点问题，并对其不足之处进行分析。

1 日本的研究现状

日本是亚洲最早开展海洋条件下舰船反应堆热工水力特性研究的国家，该国船用堆工程研究专门委员会报告指出："在摇摆、冲击、倾斜等舰船运动条件下，必须注意运行于自然循环方式下的反应堆的核、热、水力的稳定性和堆芯流量的变化。其目标是获得最大范围的自然循环功率运行能力，追求实现热源和热阱中心间尽可能大的垂直距离和尽可能小的流动阻力；同时在多种海洋风浪条件下使潜艇在纵倾、横倾和摇摆等运动状态下获得满意的自然循环性能。"因此，日本主要围绕其国内四种船用反应堆在海洋条件下的自然循环特性开展研究（表1）。

日本的研究基本经历了实验研究、理论研究结合实验验证和理论研究三个阶段。早期针对 MRX、NSR - 7 反应堆的研究以实验研究为主，针对"陆奥"号反应堆的研究则先后采用了实船测量和用大型热工水力分析程序进行理论分析计算的方法，对于 DRX 反应堆的研究基本上以理论研究为主。这一趋势反映了日本在掌握海洋条件影响舰船反应堆的热工水力特性的技术上逐渐趋于成熟，并在后期的舰船反应堆研发过程中提出了针对性的抵抗海洋条件影响的措施。正是由于这种技术上的不断改进，其后期研发的船用反应堆在自然循环抵抗海洋条件影响的能力方面得到了提高。

在日本的四种船用反应堆中，"陆奥"号船的反应堆为双回路分散式布置，其他均为一体化布置方式。公开的文献资料很少提及反应堆自然循环特性在不同布置方式下受海洋条件影响的研究，其理论模型的构建是以修正和改进的基于陆地重力场条件下的热工水力分析程序为主要方法，但未给出具体的细节。这些原因阻止了外界对该国研究现状的进一步了解。

表 1　日本针对海洋条件下船用反应堆自然循环特性的研究

Table 1　Investigation on Natural Circulation Characteristics of Ship Reactor under Ocean Conditions in Japan

反应堆	研究方法	研究内容
MRX	实验	静态倾斜时空泡份额、临界热流密度;起伏运动时回路流量、临界热流密度;摇摆运动时加热区入口流量
NSR－7	实验	静态倾斜时流态、回路流量
	实验	静止倾斜时平均努塞尔数(Nu);摇摆时冷段和热段的流量、堆芯流量;摇摆时堆芯传热
"陆奥"号	理论/实验	修正 COBRA-IV-I 程序,分析摇摆加速条件下的临界热流密度以及子通道中最热通道的临界热流密度比率;以氟利昂作为工质进行实验,对程序中获得的临界热流密度结果进行验证
	理论	修正子通道分析程序 THERMIT,计算并分析摇摆运动对"陆奥"号反应堆堆芯内流动的影响
	理论/实验	改进一维模型的 RETRAN－02,垂直加速度采用一维模型,倾斜以及水平和垂直加速度采用二维模型,任意方向的旋转采用三维模型。以起伏运动下的两相自然循环以及倾斜条件下的单相自然循环实验进行验证,分析"陆奥"号反应堆在摇摆状态下的自然循环流动
	实验	反应堆功率,重要点的温度和压力,蒸汽发生器的蒸汽流量和给水流量,波浪高度和周期,风速,透平转速,主轴功率,舵的角度,船体垂向、径向和周向的加速度,摇摆角,偏转角等
DRX	理论	修正 RETRAN－02/GRV,对于倾斜的情况,修正了动量方程中的水头项、能量方程中的提升项和能量流出项;对于起伏的情况,将附加加速度加入稳态时的加速度项

2　我国的研究现状

2.1　理论研究和数值模拟

在我国,以日本"陆奥"号反应堆或同类型堆自然循环特性为对象,首先对反应堆系统进行一定的简化假定并划分控制体,对基于陆地重力场条件下的热工水力模型进行相应的改进或修正,在动量方程中考虑海洋条件附加外力的影响,应用容积积分法建立包含有附加压降的回路压降与流量的平衡关系式,以获得封闭的海洋条件下反应堆热工水力学基本方程组,并以此为基本骨架编制程序进行理论分析和计算[1-5]。文献[6]、[7]基于大型热工水力分析程序 RELAP5,将海洋条件引起的附加外力引入动量方程,通过修正相关热工水力模型,详细地计算分析海洋条件下空间 6 个自由度的每种运动甚至组合运动对"陆奥"号船同类型反应堆自然循环特性的影响。这些研究取得了以下成果:

(1)根据日本"陆奥"号船反应堆自然循环运行参数进行计算分析,获得了与日本研究者较为一致

的研究结论,对海洋条件下反应堆热工水力数学物理模型的构建方法进行了验证。

(2)反应堆强迫循环特性的计算分析表明,倾斜、起伏、摇摆等运动对冷却剂流量的影响很小,基本不影响堆芯输出功率,获得了对海洋条件下"陆奥"号船反应堆或同类型强迫循环特性的认识。

(3)不同布置方式下海洋条件对反应堆自然循环特性影响的计算分析结果表明,在反应堆的一体化布置和分散式布置情况下,倾斜和摇摆对反应堆自然循环特性的影响有较大差异。对于一体化布置,自然循环特性对倾斜和摇摆的方向性不敏感;而对于分散式布置,自然循环特性对倾斜和摇摆的方向性比较敏感;纵倾与横倾、纵摇与横摇对自然循环特性的影响有明显的不同。

另外,文献[8]以单轴摇摆实验装置为原型,在考虑摇摆附加压降的基础上,建立摇摆条件下的数学模型。通过计算分析,认为空间布置对摇摆运动下的自然循环流动特性产生较大影响。文献[9]基于陆地重力场条件下并联多通道模型进行一定假设,建立数学物理模型,计算分析了摇摆状态下 9

通道系统的两相流动不稳定性；分析结果认为，所有的海洋条件都使系统趋于不稳定，通道多的系统可以使海洋条件的影响更弱，海洋条件下的多通道系统表现出了混沌特性，非线性特征更加明显，会出现倍周期运动。这些研究在理论模型构建和数值模拟方法上具有积极的探索性，对我国系统地开展海洋条件下舰船反应堆热工水力特性的研究起到了一定的借鉴作用。

应该看到，我国研究者在构建海洋条件下热工水力数学物理模型时，仍然基于传统的 N-S 方程的方法，将海洋条件引起的附加外力作为一种动量源项加入热工水力学基本方程组，使得原本非线性化程度就非常强烈的方程组变得更加难以封闭，更难以求解。因此，不可避免地采用大量简化假定条件，对适用于陆地重力场条件下的热工水力模型进行修正、改进，并将源于陆地重力场条件下的湍流、热流封闭模型简单移植到海洋条件下，以此获得对基本方程组的求解。这一方法存在以下缺陷：①简化假定条件较多，经改进和修正的模型不一定能真实反映海洋条件下反应堆热工水力特性的内在物理机制；②陆地重力场条件下的基本方程组封闭模型能否用于海洋条件并未经过有效验证。鉴于这些原因，有必要在理论研究和数值模拟的方法上作进一步的改进。依赖于目前较为先进的计算机技术，采用合适的计算流体力学（CFD）方法有可能成为今后进行海洋条件下舰船反应堆热工水力特性研究的一种新选择。

2.2　单自由度摇摆条件下的实验研究

在海洋条件引起的各种运动中，摇摆运动是一种发生频率更高的典型运动方式，所产生的附加加速度通常使舰船反应堆处于瞬变非保守力场的运行环境，对冷却剂系统的影响远比重力场以及起伏运动形成的附加保守力场复杂。因此，对摇摆条件下的舰船反应堆热工水力特性的研究，成为目前的研究热点和重点。

以哈尔滨工程大学等科研机构为代表的研究团队，通过搭建简单的单自由度摇摆实验回路模拟海洋条件下的摇摆运动，开展了大量摇摆条件下常规圆形通道内单相和两相热工水力特性的实验研究（表 2）。

在自然循环流动及传热特性方面，谭思超等人开展的一系列实验表明，摇摆可造成流量波动，从而引起流动阻力增加，降低自然循环能力；流量的波动又会引起管壁温度和流体温度的周期性波动，且二者之间存在较大的相位差，摇摆有利于自然循环换热系数的提高[10-12]。但鄢炳火等开展的类似实验研究却表明，在大摇摆振幅条件下，系统的传热能力有一定程度的降低[13]。这一看似矛盾的结果可能与各自的实验参数组合有关。

谭思超等还对摇摆运动下的自然循环流动不稳定性进行了研究，发现相对于不摇摆工况，摇摆使流动不稳定性提前发生，摇摆引起的波动会与密度波型波动叠加，加剧系统不稳定[14]。这与从文献[9]得到的结论基本一致。

在单相及两相流动阻力和摩擦压降特性研究中，张金红、曹夏昕等认为：①在摇摆情况下，管内单相摩擦阻力系数呈周期性波动；②雷诺数仍然是影响摩擦阻力系数的关键因素，而且还受管径、摇摆周期以及摇摆角度的影响；③由均相流模型确定的全液相折算系数表达式和单相摩擦阻力系数关系式能较好地预测两相泡状流摩擦压降，分相流模型中奇斯霍姆常数（C）与滑速比呈降幂指数关系，利用这一关系可较合理地对环状流摩擦压降进行计算[15,16]。

很多研究者对摇摆条件下空气-水两相流流型和空泡份额进行了重点关注，并为此开展了一系列实验研究[17-20]。结果发现，摇摆条件下管内形成的流型主要有泡状流、弹状流、搅混流和环状流，但摇摆使两相流流型的各个转换界限发生改变；摇摆对不同流型下空泡份额的影响有较大差别，随液相流量的增加，摇摆对各流型下空泡份额的影响减小。由于实验条件的限制，目前还未见针对摇摆条件下蒸汽-水两相流流型和空泡份额的研究。

在不同的研究条件下，研究者们研究了摇摆运动对管内临界热流密度的影响。王杰的中高压单管强迫循环条件下的实验表明，摇摆使沸腾临界较不摇摆工况提前出现，降低了临界热流密度值；在其他条件相同时，常压下摇摆对临界热流密度的影响比中压工况大[21]。庞凤阁在常压下环形通道强迫循环条件下的实验中也发现了摇摆将使临界热流

表 2 我国针对单自由度摇摆条件下管内热工水力特性的实验研究

Table 2 Experimental Investigations on Thermo-Hydraulics Characteristics In-Pipe

under Single Dimensional Swing in Hina

循环方式	实验段	摇摆参数		热工水力参数	研究内容
		角度/(°)	周期/s		
自然循环[15]	内径 30 mm 垂直圆管	0~45	7~14	常压,入口水温 8~35 ℃	单相水传热
自然循环[14,16]	内径 14 mm 垂直圆管	10~20	5~15	入口过冷度 10~60 ℃,压力 0.1~0.4 MPa	单相水流动及传热,两相流动不稳定性
自然循环[25]	环隙厚度为7.5 mm 的垂直环形通道	5~15	5~10	压力 0.12 MPa,流速 0.02~0.168 m/s,入口过冷度 26~42 ℃	临界热流密度
强迫循环[18-22]	内径 15 mm、25 mm、34.5 mm垂直圆管	10~20	5~15	常温常压,水流量 0~10 m³/h,气流量 0.16~44 m³/h	单相水、空气-水两相泡状流、环状流摩擦压降特性以及气-液两相流流型和截面含气率
强迫循环[17,18]	内径 34.5 mm 水平圆管	10~20	10~20	常温常压,流速 0.15~2.4 m/s	单相水摩擦压降
强迫循环[18]	内径 24 mm 水平圆管	10	15	压力 0.1 MPa,入口水温 10~28 ℃,液相折算流速 0.03~3.3 m/s,气相折算流速 0.06~30 m/s	空气-水两相流流型
强迫循环[19]	内径 25 mm 水平圆管	10	15	常温常压,气流量 0.1~40 m³/h,水流量 0~4.0 m³/h	空气-水两相流流型
强迫循环[20]	内径 34.5 mm 水平圆管	20	14.6	常温常压,流量不详	空气-水两相流流型
强迫循环[21]	内径 25 mm、34.5 mm垂直圆管	20	10	常温常压,水流量 0.2~1.5 m³/h,气流量 0.28~2.0 m³/h	空气-水两相流流型,空泡份额
强迫循环[23]	内径 8 mm 垂直圆管	10~20	5~10	压力 0.5~3.5 MPa,入口过冷度 10~50 ℃,流速 0.5~7.2 m/s	临界热流密度
强迫循环[24]	环隙厚度为7.5 mm 的垂直环形通道	5~15	5~10	压力 0.12 MPa,流速 0.97~2.06 m/s,入口过冷度 9~43 ℃	临界热流密度

密度降低[22]。高璞珍在常压下环形通道自然循环条件下的实验中发现，如果不存在大的流动波动，自然循环条件下测得的临界热流密度与在相同流动条件下强迫循环测量值没有大的差异；对常压下自然循环而言，摇摆和不摇摆的临界热流密度没有较大的差异[23]。这些研究表明摇摆条件下临界热流密度的发生机理非常复杂。

尽管我国对摇摆条件下单通道内热工水力特性的实验研究不同于日本（对反应堆模拟体进行实船测量的研究），但是，在海洋条件下舰船反应堆热工水力特性的系统研究以及关键实验技术应用方面也进行了积极的探索。

在热工水力参数的测量方面，由于摇摆运动产生的附加压降对流量测量值影响较大，为避免复杂的附加压降修正，流量测量一般采用非节流式流量计；在测量实验段压降时，考虑了由摇摆运动引起的附加压降。在实验数据处理方法方面，因受摇摆运动影响，热工水力参数可能具有不同于稳态条件下的波动特性，对此采用瞬态分析方法进行了处理。

3　亚洲其他地区的研究现状

在亚洲其他国家和地区，还有少数研究者开展实验以及理论分析和数值模拟研究工作。

SMART 是韩国原子能研究机构研究开发的一体化模块式先进小型堆。Kim 等将 SMART 的缩小模化实验体安装在倾斜装置上进行了大气压力环境下的稳态自然循环实验[24]，研究了在给水隔离和倾斜的情况下，顶部压力联箱、蒸汽发生器和下降管的不均匀三维流动方式。在进行理论研究时，将 RETRAN-03 程序修正为用以分析一体化反应堆自然循环特性的 RETRAN-03/INT 程序。两种研究方法都表明，由于堆芯和蒸汽发生器中心高度差的变化，热驱动头减小，倾斜角度的加大使得流量减小；程序计算分析结果可较好地预测实验结果。

Pendyala 等使用机械模拟装置模拟垂直圆管的简谐起伏运动，研究了 $\Phi16$ mm 圆管内单相水强迫循环时的流动、压降和传热特性，实验在常压、

30 ℃的温度下进行，不同流量下的起伏运动周期为 $2 \sim 8$ s，起伏运动加速度为 $0.1 \sim 1.125$ m/s²，雷诺数（Re）范围为 $500 \sim 6500$。结果表明，在低频、周期性外力作用下管内流量和压降均出现了波动；在湍流工况下，流量波动的效应不如层流时显著，对于 Re 大于 5000 的情况，流量波动以及阻力系数的增加都比较平缓；在层流工况下，流量波动提高了传热系数，在低 Re 和起伏加速度高振幅处会出现最高强化传热点；另外，在湍流工况下，起伏运动对传热的影响微乎其微[25, 26]。

Wu 等针对流体流过简谐起伏运动的某一带肋圆管的湍流传热特性，应用 SIMPLE-C 格式求解质量、动量和能量方程以及速度分布的两层湍流 k-ε 模型。工作介质分别为单相水和油，Re 范围为 $4250 \sim 10000$，格拉晓夫数范围为 $0 \sim 4 \times 10^8$，起伏特征数范围为 $0 \sim 9.3$，其中起伏特征数由简谐运动角频率、圆管进口流速决定。计算结果表明，起伏条件下管内 Nu 相对于静态条件下的情形可增大 $45\% \sim 182\%$；静态条件下，浮升力效应有助于强化传热，但在起伏运动条件下，这一作用随着起伏特征数的增大而弱化[27]。

Chang 等通过推导运动坐标系下的动量和能量方程，引入表示运动附加外力与流体惯性力的无量纲特征数，以空气为介质，先后开展了起伏条件下抗重力开式热虹吸器内传热特性以及横摇和纵摇运动条件下板式换热器通道内、锯齿状扭曲带内置通道内传热特性的实验研究[28-30]。研究结果表明，起伏引起的浮升效应可提高虹吸器的传热性能；通道在组合摇摆条件下的传热能力相对于静止条件下的传热能力既可能增强，也可能减小。

在以上研究中，出现了摇摆运动组合方式下的实验研究；冷却剂通道不仅限于常规圆形通道，还涉及复杂结构的特殊通道；冷却剂的类型也从水扩展到了空气、油等介质，丰富了海洋条件下有关领域热工水力特性研究的内涵。尤其需要指出的是，文献[28]至[30]中关于组合摇摆条件下理论模型的建立、实验数据的处理方法对类似条件下的研究具有较为新颖的借鉴意义。

4　结束语

各国研究者针对海洋条件下舰船反应堆热工水力特性进行了大量研究。在目前的研究方法中，受实验测量技术的限制，有关海洋条件下舰船反应堆热工水力特性内在物理机制的实验研究非常鲜见；在理论研究方面，数学物理模型的构建以过多的简化假定条件为前提，而且基于陆地重力场条件的热工水力模型进行修正和改进使用，缺乏实验依据；数值模拟基本方程组封闭模型仍采用陆地重力场条件下的相关模型，缺乏物理机制的支持。建议今后在开展海洋条件下舰船反应堆热工水力特性研究时，关注以下问题：

（1）解决运动条件下实验测量技术瓶颈问题或发展替代测量技术，开展旨在测量海洋条件下通道内单相及两相速度场与温度场时空分布特征的可视化机理性实验研究；

（2）充分依托目前先进的计算机模拟技术，不必或尽量少地依赖于简化假定条件和基于陆地重力场条件下的模型，应用 CFD 方法开展数值理论分析和模拟研究。

参考文献：

[1] 庞凤阁,高璞珍,王兆祥,等.海洋条件对自然循环影响的理论研究[J].核动力工程,1995,16(4):330-335.

[2] 高璞珍,庞凤阁,王兆祥.核动力装置一回路冷却剂受海洋条件影响的数学模型[J].哈尔滨工程大学学报,1997,18(1):24-27.

[3] 姜春林.海洋条件下船用核动力装置的动态运行特性研究[D].北京:清华大学,2002.

[4] 杨珏,贾宝山,俞冀阳.海洋条件下冷却剂系统自然循环仿真模型[J].核科学与工程,2002,22(2):125-129.

[5] 张金玲,郭玉君,秋穗正,等.船用核动力装置自然循环载热能力的分析和计算[J].西安交通大学学报,1994,6(28):35-42.

[6] 于雷.船用核动力装置自然循环运行特性研究[D].武汉:海军工程大学,2008.

[7] 谭长禄.基于 RELAP5 的海洋条件程序研究[D].成都:中国核动力研究设计院,2008.

[8] 谭思超,高璞珍,苏光辉.摇摆运动下系统空间布置对自然循环流动特性的影响[J].西安交通大学学报,2008,42(11):1408-1412.

[9] 郭赟,秋穗正,苏光辉,等.海洋条件下入口段和上升段对两相流动不稳定性的影响[J].核动力工程,2006,27(4):85-87.

[10] 谭思超,张红岩,庞凤阁,等.摇摆运动下单相自然循环流动特点[J].核动力工程,2005,26(6):554-558.

[11] 谭思超,高璞珍,苏光辉.摇摆运动条件下自然循环流动的实验和理论研究[J].哈尔滨工程大学学报,2007,28(11):1213-1217.

[12] 谭思超,庞凤阁,高璞珍.摇摆对自然循环传热特性影响的实验研究[J].核动力工程,2006,27(5):33-69.

[13] 鄢炳火,李勇全,于雷.摇摆条件下非能动余热排出系统的实验研究[J].原子能科学技术,2008,42(增刊):321-621.

[14] 谭思超,庞凤阁.摇摆运动引起的波动与自然循环密度波型脉动的叠加[J].核动力工程,2005,26(2):140-143.

[15] 张金红,阎昌琪,曹夏昕,等.摇摆状态下水平管中单相水的摩擦阻力实验研究[J].核动力工程,2008,29(4):44-49.

[16] 曹夏昕.摇摆状态下气液两相流流型的研究[D].哈尔滨:哈尔滨工程大学,2006.

[17] 范广铭.摇摆状态下两相流流型、压降和截面含气率的实验研究[D].哈尔滨:哈尔滨工程大学,2006.

[18] 栾锋,阎昌琪.摇摆状态下水平管内气-水两相流的流型研究[J].核动力工程,2007,28(2):19-23.

[19] 栾锋,阎昌琪,曹夏昕,等.摇摆对垂直上升管内气液两相流截面含气率影响的研究[J].核科学与工程,2006,26(3):215-219.

[20] 张金红,阎昌琪,方红宇,等.摇摆对水平管内气液两相流流型的影响[J].核科学与工程,2007,27(3):206-212.

[21] 王杰.海洋条件对单通道临界热流密度影响的实验研究[D].哈尔滨:哈尔滨工程大学,2001.

[22] 庞凤阁,高璞珍,王兆祥,等.摇摆对常压水临界热流密度影响实验研究[J].核科学与工程,1997,19(4):367-371.

[23] 高璞珍,王兆祥,庞凤阁,等.摇摆情况下水的自然循环临界热流密度实验研究[J].哈尔滨工程大学学报,1997,18(6):38-42.

[24] KIM J H, KIM T W, LEE S M, et al. Study on the natural circulation characteristics of the integral type reactor for vertical and inclined conditions [J]. Nuclear Engineering and Design, 2001, 207 (11): 21-31.

[25] PENDYALA R, JAYANTI S, BALAKRISHNAN A R. Flow and pressure drop fluctuations in a vertical tube subject to low frequency oscillations [J]. Nuclear Engineering and Design, 2008, 238 (1): 178-187.

[26] PENDYALA R, JAYANTI S, BALAKRISHNAN A R. Convective heat transfer in single-phase flow in a vertical

tube subjected to axial low frequency oscillations[J]. Heat and Mass Transfer, 2008, 44 (2): 857 – 864.

[27] WU H W, LAU C T. Unsteady turbulent heat transfer of mixed convection in a reciprocating circular ribbed channel [J]. International Journal of Heat and Mass Transfer, 2005, 48 (3): 2708 – 2721.

[28] CHANG S W, SU L M, MORRIS W D, et al. Heat transfer in a smooth-walled reciprocating anti-gravity open thermosyphon [J]. International Journal of Thermal Sciences, 2003, 42 (5): 1089 – 1103.

[29] CHANG S W, SU L M, YANG T L. Heat transfer in a swinging rectangular duct with two opposite walls roughened by 45° staggered ribs[J]. International Journal of Heat and Mass Transfer, 2004, 47 (7): 287 – 305.

[30] CHANG S W, LIOU T M, LIOU J S, et al. Turbulent heat transfer in a tube fitted with serrated twist tape under rolling and pitching environments with applications to shipping machineries [J]. Ocean Engineering, 2008, 35 (9): 1569 – 1577.

Progress in Investigations on Thermo-Hydraulic Characteristics of Ship Nuclear Reactors under Ocean Conditions

Ma Jian[1,2], Li Longjian[1], Huang Yanping[2], Huang Jun[2], Wang Yanlin[2]

1. Power Engineering School, Chongqing University, Chongqing, 400040, China;

2. CNNC Key Laboratory on Nuclear Reactor Thermal Hydraulics Technology, Nuclear Power Institute of China, Chengdu, 610041, China

Abstract: The thermo-hydraulic characteristics of ship nuclear reactors are very important to the safety and reliability of ship voyage under the ocean conditions. Therefore, many countries have carried out plentiful investigations. This paper is based on some Asia open literature of investigations on thermo-hydraulic characteristics of ship nuclear reactors under the ocean conditions, reviews and sums up those main progresses such as the method, contents and typical results in this field, analyzes their insufficiency, and puts forward advices on the future investigation based on the known research findings.

Key words: Ocean conditions, Ship nuclear reactors, Thermo-hydraulic characteristics

作者简介：

马　建(1972—)，男，在读博士研究生，助理研究员。2008 年毕业于中国核动力研究设计院核能科学与工程专业，获硕士学位。现从事反应堆热工水力及两相流动与传热研究工作。

核反应堆热工水力多尺度耦合模拟初步研究

刘　余[1,2]，张　虹[2]，贾宝山[1]

1. 清华大学工程物理系，北京，100084；
2. 中国核动力研究设计院核反应堆系统设计技术国家级重点实验室，成都，610041

摘要：近年来，核反应堆安全分析越来越多地强调分析的精细化和真实性，国际上提出了热工水力多尺度耦合模拟研究。该方法包括系统、部件和局部三个尺度，通过一定的耦合方法将三者有机地结合到一起。采用类似的思路，本文提出了基于 RELAP5、COBRA4 和 CFX 的多尺度耦合程序框架，完成了程序开发的前期工作，并通过两个简化问题的测试计算，对耦合程序进行了阶段性的验证。

关键词：多尺度耦合；耦合方法；RELAP5/COBRA4/CFX

中图分类号：TL333；TL329.2　　　　**文献标志码：**A

0　引　言

在轻水反应堆的实际和假设瞬态、事件和事故过程中，可能发生非常复杂的热工水力现象。由于仅在非常有限的情况下才可能进行全尺寸或全系统实验，因此需要采用数值模拟方法进行分析。在过去，人们的工作主要集中于开发一些复杂的系统程序，希望利用这些程序完成所有的计算工作。但是，目前几乎所有的系统程序在局部现象的模拟上仍存在着固有的不足。于是，国际上提出了多尺度耦合模拟的方法。为此，本文首先给出热工水力多尺度耦合模拟的概念，然后介绍多尺度耦合方法，提出了 RELAP5/COBRA4/CFX 多尺度耦合程序框架，并结合当前完成的研究工作，给出了耦合程序验证计算实例。

1　热工水力多尺度模拟

热工水力多尺度模拟包括系统、部件和局部三个尺度。系统尺度主要是针对整个复杂的反应堆回路系统，适合采用系统程序进行模拟，如 RELAP5、RETRAN、CATHARE 等。这些程序通常假设流体流动是一维的，采用集总参数的方法，可以对整个系统进行较快速的计算。部件尺度主要是针对反应堆堆芯、蒸汽发生器或热交换器等具有多孔介质特征的部件，采用子通道分析程序模拟，如 COBRA 系列、VIPRE 系列、FLICA 系列等。这类程序中的水力学模型增加了横向流方程，可以较好地模拟通道间的交混现象。局部尺度是指堆内呈现出强烈三维流动的大空间区域，可以采用计算流体力学（CFD）程序进行模拟，如 FLUENT、CFX、STAR-CD 等。这些程序直接求解流体力学基本方程，并包含多种成熟的湍流模型，能够对空间进行精细的三维计算，可得到参数的三维分布。在系统、部件和局部三种尺度上的模拟中，网格划分尺寸逐次减小，而网格数量则逐次增加[1]，因此将其称为多尺度模拟方法。

在传统的分析方法中，三个尺度模拟几乎都是去耦进行，通常由系统程序提供子通道和 CFD 分析所需的边界条件，而子通道和 CFD 计算的结果并不反馈到系统程序中。这往往需要引入较多的假设，从而影响了分析的精度和真实性。因此，可以通过三者间的相互作用关系将其耦合起来，综合利用各程序的优点，即所谓的多尺度耦合模拟。

2 多尺度耦合方法

从数值求解的角度出发,可以将多尺度耦合分为强耦合与弱耦合两种。强耦合是将各尺度的基本方程联立求解,也称为基于求解的耦合;弱耦合是指每一尺度上利用单独的程序模拟,通过交界处的数据交换来实现耦合,所以也称为基于数据的耦合或者程序间耦合。强耦合将得到非常复杂的非线性方程组,一般而言数值求解特别困难。而弱耦合可以充分利用已有的程序,耦合实现也相对容易。但是,这样仅依靠边界条件的交换,有可能带来稳定性和收敛性问题。目前,国内外的研究几乎都是采用弱耦合方式,以下的讨论就针对于此。

弱耦合的基本原理是实现边界参数的交换,其主要的实现技术有两类:①将各程序源代码整体编译,生成独立的整体耦合程序,如 COBRA/TRAC[2]、MARS[3] 程序等;②保持各程序独立编译,通过编写耦合接口实现程序间数据传递和交换,如 RELAP5-3D/FLUENT[4]、TRAC/STAR-CD 耦合程序等。在第一种实现技术中,相关的耦合参数作为程序内部的公共变量,计算效率高。但是,不同程序中可能存在重复的变量名,可能使用了不同的编程语言,必须对源代码进行大量的修改。而采用耦合接口的技术则更为简便和实用,既保持了原有程序的结构与功能,又便于升级维护,而且如果采用商业 CFD 程序,通常不会提供源代码,只能通过用户函数进行编程。

程序耦合过程中的空间划分和时间层迭代也有多种方法。空间上的划分可以是区域分离或者区域重叠(部分或全部),如图 1 所示。这两种划分情况可以根据分析问题的需要进行选择。在时间层迭代上则分为显式、隐式和半隐式耦合方法(图 2)。显式耦合中程序间每个时间步不需要进行迭代,计算速度快但稳定性较差;相反,隐式耦合中每步的迭代计算能够保证边界条件的一致性,计算更加稳定。

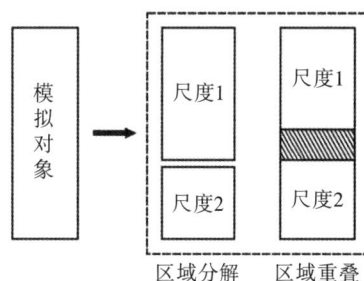

图 1 多尺度耦合模拟中的空间划分方法

Fig. 1 Space Partition Method for Multi-scale Coupled Simulation

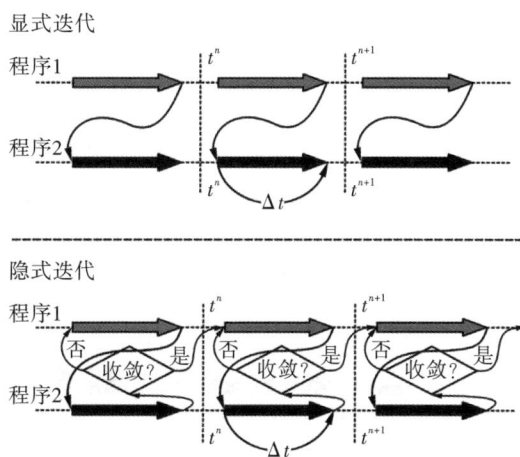

图 2 多尺度耦合模拟中的时间层迭代方法

Fig. 2 Time Iteration Scheme for Multi-scale Coupled Simulation

3 RELAP5/COBRA4/CFX 耦合程序

RELAP5/COBRA4/CFX 耦合程序的基本框架采用弱耦合的方式,开发了一个外部接口程序来完成数据的传递和控制(图 3)。RELAP5 和 COBRA4 的耦合接口是通过并行虚拟机(PVM)技术实现的,而 CFX 是商业程序,因而采用了程序所提供的用户函数(USER FORTRAN)进行耦合。空间划分方法是区域分离,时间层迭代暂时只完成了显式耦合。

3.1 水平管道流动计算

水平圆管管长 16 m,流通面积为 0.4 m²。其出口压力为 0.15 MPa,入口温度 300 K,壁面绝热。入口流速 V_{in} 与时间 t 的关系为:

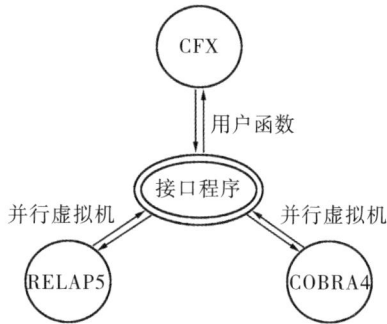

图 3 RELAP5/COBRA4/CFX 耦合框架

Fig. 3 Framework of RELA5/COBRA4/CFX Coupling

$$V_{in} = \begin{cases} 20 & (t < 1\ \text{s}, t > 11\ \text{s}) \\ 20 + 5\sin\left(\dfrac{2\pi \cdot (t-1)}{5}\right) & (1\ \text{s} \leqslant t \leqslant 11\ \text{s}) \end{cases}$$

(1)

本测试问题针对两两耦合的情况,将圆管等分为两部分(图 4),分别采用不同的程序模拟,耦合参数主要有质量流量、压力、温度和计算时间步长。

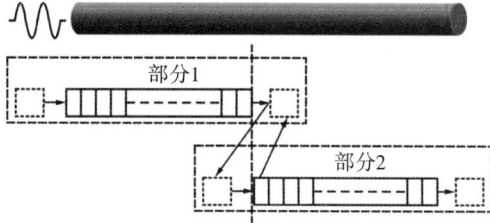

图 4 耦合计算模型

Fig. 4 Coupled Calculation Model

首先分别利用 RELAP5、COBRA4、CFX 对该问题进行单独计算,以作为耦合计算验证的基准。从入口开始沿管长等分为 40 段,入口流速以及第 1 段和第 20 段处的压力随时间的变化曲线如图 5 所示。可以看出,三个程序单独计算的结果基本一致。只是在 CFX 计算中入口边界条件使用了均匀的速度分布,由于入口端效应导致入口附近压力值偏高。

RELAP5/COBRA4 和 RELAP5/CFX 耦合计算的结果与单独程序(RELAP5)计算结果的比较如图 6 所示。由于入口端效应,其中 RELAP5/CFX

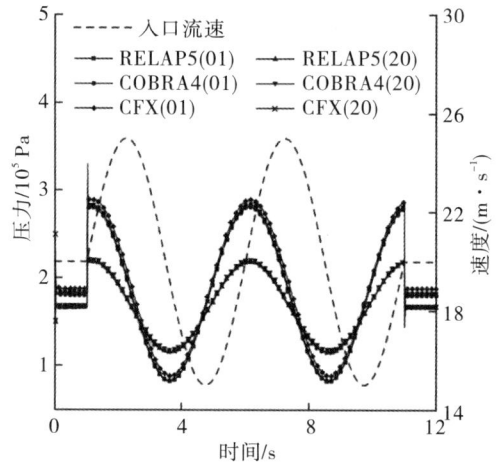

图 5 单独程序计算结果(括号内数字表示分段号)

Fig. 5 Calculation Results of Single Code (Section Number in Brackets)

的压力值偏高。从图中还可以发现,在 t 为 1.0 s 和 11.0 s附近,压力值出现了波动,这主要是由于 RELAP5 程序中的水物性是压力和温度的函数,每个节块的密度与节块的压力、温度相对应。所以,RELAP5 中压力发生剧烈变化会引起节块间的流量偏差,而耦合计算中 COBRA4(或 CFX)入口质量流量来自于 RELAP5,因此第 2 部分的压力值也会发生波动。同时,COBRA4(或 CFX)将入口压力反馈到 RELAP5 出口,也就导致第 1 部分的压力跟着波动。

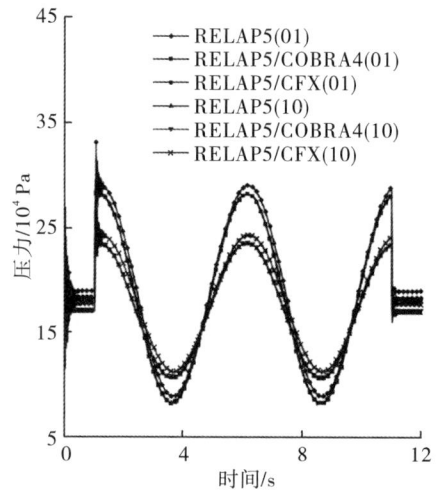

(a)模拟部分 1

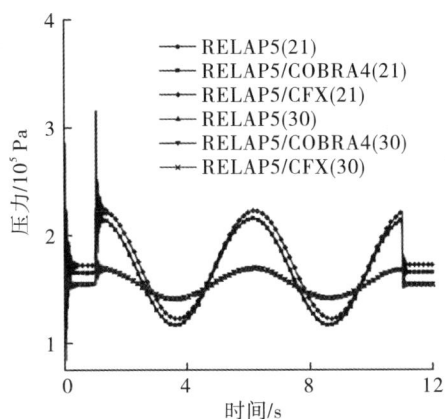

（b）模拟部分 2

图 6　耦合计算结果

Fig. 6　Coupled Calculation Results

相反地，如果使用 COBRA4（其物性由出口压力决定）或 CFX（定物性）模拟第 1 部分，RELAP5模拟第 2 部分，由于从 RELAP5 中反馈回来的压力波动不会影响上游的质量流量，也就不会出现该现象（图 7）。除此之外，对于两种耦合情况，在其他时间点上，耦合计算和单独程序的计算结果符合得很好。

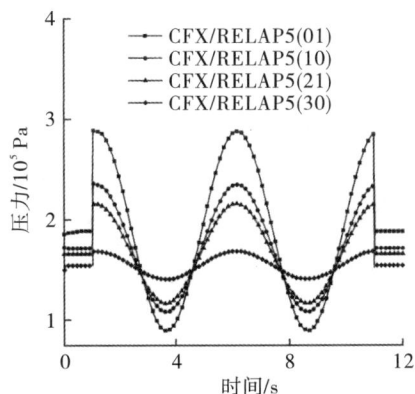

图 7　CFX/RELAP5 耦合计算结果

Fig. 7　CFX/RELAP5 Coupled Calculation Results

3.2　5×5 组件流量分配计算

本问题是为了进一步验证 COBRA4 与 CFX 的耦合。假设带有入口腔室的 5×5 组件模型，其棒束段高度为 350 mm，入口腔室高为 25 mm；组件边长为 65.1 mm，燃料棒直径为 9.5 mm，栅距为

12.6 mm（图 8）；出口压力为 15.0 MPa，入口温度为 513.15 K；瞬态过程假设入口分为 4 个象限，初始入口流速 1、3 象限为 1.88 m/s，2、4 象限为 0.94 m/s（图 9）。从 0.1～0.2 s，第 2 象限的速度线性增加到 1.88 m/s，瞬态结束时间为 0.5 s。

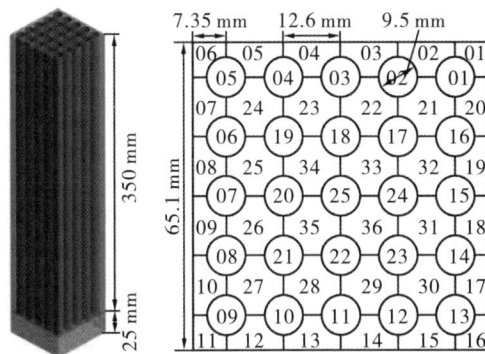

图 8　5×5 组件模型

Fig. 8　5×5 Assembly Model

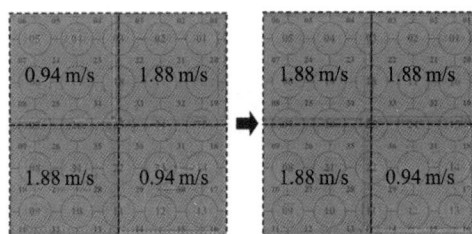

图 9　瞬态入口流速分布变化

Fig. 9　Inlet Velocity Distribution

以单独 CFX 模拟为基准，计算时间步为 0.01 s，瞬态过程中组件出口 36 个子通道质量流量随时间的变化曲线（与 COBRA4 子通道模型划分对应）。考虑到入口段与棒束交界处流动比较复杂，分别建立了两种耦合模型（图 10）。模型 1 中棒束部分全部由 COBRA4 模拟，模型 2 中 COBRA4 模拟棒束出口以下 85% 的高度（297.5 mm）。耦合计算过程中 CFX 提供交界面处流量分布，而 COBRA4 则将返回压力分布到 CFX 出口。图 11 给出了 0.1 s 和 0.25 s 时刻两种耦合模型计算所得的各通道出口流量与单独 CFX 计算值的偏差。同单独的 CFX 模拟相比，相对偏差在 5% 以内，其中模型 2 的相对误差更小，耦合计算是正确可靠的。

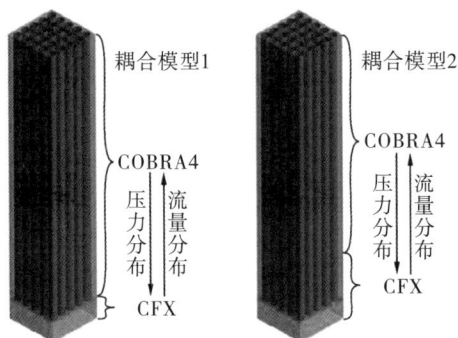

图 10　两种 COBRA4/CFX 耦合模型

Fig. 10　Two COBRA4/CFX Coupling Models

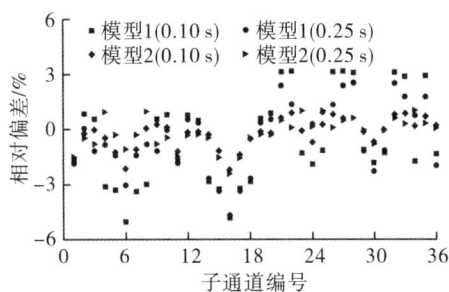

图 11　耦合计算组件出口流量相对偏差

Fig. 11　Relative Error of Outlet Mass Flow Distribution

4　结　论

　　热工水力多尺度耦合模拟综合了传统的系统、部件和局部分析程序的优点,可以提高分析问题的精度和真实性,已经成为各国研究的热点。采用弱耦合的方式,能够充分利用已有的程序,减少重复性开发,通过空间划分和时间层迭代方式的选择,可以对计算的精度和稳定性进行控制。

　　本文基于多尺度耦合模拟的思路,提出了RELAP5/COBRA4/CFX 多尺度耦合程序框架,通过耦合接口的开发完成了程序间的耦合。针对两两耦合以及 COBRA4/CFX 耦合,建立了两个简化的测试问题,计算结果表明程序间的耦合式是成功的。下一步将进行三个程序同时耦合的验证计算,同时开展多尺度耦合模拟在典型非对称瞬态或事故中的应用研究。

参考文献:

[1] SMITH B L. Computational fluid dynamics for natural circulation flows:IAEA - TECDOC - 1474:IAEA[R]. Vienna, 2005:535 - 552.

[2] THURGOOD M J, KELLY J M, GUIDOTTI T E, et al. COBRA/TRAC, a thermal-hydraulics code for transient analysis of nuclear reactor vessels and primary coolant systems[R]. Washington:U. S. Government Printing Office, 1983.

[3] JEONG J J, HA K S. Development of a multi-dimensional thermal-hydraulic system code, MARS 1. 3. 1[J]. Annals of Nuclear Energy, 1999, 26(18):1611 - 1642.

[4] ANDERSON N, HASSAN Y, SCHULTZ R. Analysis of the hot gas flow in the outlet plenum of the VHTR using coupled RELAP5 - 3D system code and a CFD code[J]. Nuclear Engineering and Design, 2008, 238(1):274 - 279.

Preliminary Research on Nuclear Reactor Thermal-Hydraulic Multi-scale Coupled Simulation

Liu Yu[1, 2], Zhang Hong[2], Jia Baoshan[1]

1. Department of Engineering Physics, Tsinghua University, Beijing, 100084, China;

2. National Key Laboratory of Reactor System Design Technology, Nuclear Power Institute of China, Chengdu, 610041, China

Abstract: Recently, the nuclear safety analysis more and more emphasize on the fine and realistic analysis. Thus thermal-hydraulic multi-scale coupled simulation approach, including the system, component and local scales, has been proposed in some countries. And the three scales can be coupled together effectively through one coupling method. Based on the similar idea, this paper makes a multi-scale coupling framework of RELAP5, COBRA4 and CFX. Verification of current coupled code has been carried out by testing calculation of two simplified problems.

Key words: Multi-scale simulation, Coupling method, RELAP5/COBRA4/CFX

作者简介：

刘　余(1983—)，男，博士研究生。2005 年毕业于清华大学工程物理系核工程与核技术专业，获学士学位。主要从事反应堆热工水力和安全分析研究。

CPR1000 核电站严重事故重要缓解
措施与严重事故序列

骆邦其,林继铭

中科华核电技术研究院,广东深圳,518026

摘要:CPR1000 核电站采用非能动氢气复合器、稳压器卸压功能延伸以及安全壳卸压过滤排放系统作为严重事故的预防和缓解措施,保证在严重事故条件下核电站安全壳的完整性不受损坏,保护环境周围的居民不受核辐射的危害。通过相关严重事故谱分析,选取冷却剂管道热段双段断裂+失去应急堆芯冷却系统、全厂断电、主蒸汽管道断裂+失去喷淋、失水未能紧急停堆的预计瞬态(ATWS)这四种严重事故作为 CPR1000 核电站的重要严重事故序列,包括了所有安全壳内氢气产生速度快浓度高、安全壳超压、冷却剂系统发生高压熔堆、反应堆不能停堆等最严重的事故。

关键词:严重事故;缓解措施;事故分类;事故序列

中图分类号:TL364.4　　　　**文献标志码**:A

1 严重事故的定义与事故缓解要求

1.1 严重事故定义

根据国家核安全局 2004 年 4 月 18 日颁布的《核动力厂设计安全规定》(HAF102),严重事故是指严重性超过设计基准事故并造成堆芯明显恶化的事故工况;同样,放射性物质直接释放到环境中并且对环境有明显影响的事故,或者由多个初因事件叠加而成的事故也属于严重事故。

严重事故有 100 多种,主要包括:主蒸汽管道断裂+多根蒸汽发生器传热管破裂;蒸汽发生器传热管破裂+安全阀卡在开启位置+失去辅助给水;蒸汽发生器传热管破裂+失去辅助给水;主冷却剂管道在冷段发生断裂+安全壳隔离系统失效;主冷却剂管道在冷段发生断裂+安注系统失效等。

1.2 严重事故缓解要求

HAF102 中规定:"必须采用工程判断和概率论相结合的方法来考虑这些严重事故序列,针对这些序列确定合理可行的预防或缓解措施。"要在核电站的设计中考虑 100 多种严重事故缓解措施是不现实的。可以从放射性物质向环境释放的角度考虑,对严重事故进行分类,并根据事故向环境释放放射性物质的后果类别选取严重事故序列和确定严重事故缓解措施。

2 严重事故的简单分类

严重事故可以简单地分为以下几种类型:安全壳直接旁通类、堆芯熔化并可能导致安全壳失效类和安全壳超压失效类。

2.1 安全壳直接旁通类严重事故

严重直接旁通类事故包括:主蒸汽管道破裂+多根蒸汽发生器传热管破裂;蒸汽发生器传热管破裂+安全阀卡在开启的位置;蒸汽发生器传热管破裂+失去辅助给水;主冷却剂管道在冷段发生断裂+安全壳隔离系统失效等事故。

2.2 堆芯熔化并可能导致安全壳失效类

堆芯熔化并可能导致安全壳失效类事故主要包括全厂断电、大破口失水事故+失去安注泵、失水未能紧急停堆的预计瞬态(ATWS)等事故。

2.3 安全壳超压失效类

安全壳超压失效类事故是指主蒸汽管道断裂+失去喷淋系统等事故。

3　CPR1000 核电站的严重事故缓解措施

严重事故缓解措施主要是指在现有条件下能够缓解事故后果的设备和措施。CPR1000 核电站采用的严重事故缓解措施包括非能动氢气复合器、稳压器卸压功能延伸(预防高压熔堆)以及安全壳卸压过滤排放系统。

3.1　非能动氢气复合器

在 CPR1000 核电站每个机组的安全壳内安装 26 台 FR-90/1500 型非能动氢气复合器,这些氢气复合器分别安装在蒸汽发生器隔间、稳压器隔间、主冷却剂泵隔间和稳压器卸压间等位置,把安全壳均匀氢气浓度控制在 10% 以内,以满足美国联邦法规 10 CFR 50.34 和 10 CFR 50.44 给出的验收准则要求。

3.2　稳压器卸压功能延伸

稳压器卸压功能延伸是指利用稳压器的安全阀卸压。当反应堆的出口温度不小于 650 ℃ 时,操纵员手动打开稳压器的安全阀卸压,在压力容器失效之前把反应堆冷却剂系统的压力降低到 0.2 MPa 以下。采用稳压器卸压功能延伸(预防高压熔堆)的主要目的为:①避免高压熔堆以后飞入安全壳内的堆熔物直接加热安全壳内的大气温度,使安全壳压力升高或者堆熔物点燃安全壳内的氢气,发生氢气快速燃烧或爆炸;②避免高压熔堆以后飞入安全壳内的堆熔物损坏安全壳内的相关系统、设备和监测系统。

3.3　安全壳卸压过滤排放系统

安全壳卸压过滤排放系统的功能是,当安全壳的压力超过设计压力时,以 4 kg/s 的气体排放速率打开安全壳卸压排放系统,使安全壳压力低于设计压力,保证安全壳的完整性。

以上三项严重事故缓解措施只能缓解非安全壳直接旁通类严重事故,不能缓解直接旁通类严重事故。因此,在严重事故序列选取中,只考虑非直接旁通类严重事故。

4　严重事故重要序列选取

根据严重事故缓解措施和严重事故的简单分类,严重事故的重要序列只能在堆芯熔化并可能导致安全壳失效和安全壳超压失效类事故中选取。

严重事故重要序列选取的目的是找出事故过程快、后果严重的严重事故,并根据事故后果采用相应的严重事故缓解措施。

严重事故序列选取的主要依据是:美国核管理委员会的严重事故选取(IPE)准则;事故过程快、后果严重并在现有技术条件下能够缓解的严重事故。

4.1　IPE 准则

美国核管理委员会的 IPE 准则如下:①堆芯损伤频率大于 1×10^{-6} (堆·年)$^{-1}$;②堆芯损伤频率占总堆芯损伤频率的份额大于 5%;③堆芯损伤频率大于 1×10^{-6} (堆·年)$^{-1}$ 并导致安全壳失效;④事件发生频率大于 1×10^{-7} (堆·年)$^{-1}$ 并导致安全壳旁通;⑤根据经验判断认为会增加堆芯损伤频率或使安全壳性能变坏的情况。

表 1 给出了根据 IPE 准则确定的红沿河核电厂导致堆芯损坏的事故序列。

表 1　导致堆芯损坏的支配性事故序列

Table 1　Dominant Core Damage Accident Sequences

序列号	序列描述	堆芯损伤频率占总堆芯损伤频率的份额/%
1	小破口(15~51 mm)失水事故+低压安注冷段再循环失效	6.01
2	丧失压缩空气+辅助给水失效+未及时进入 H2 规程(主给水、起动给水和辅助给水完全丧失)	5.75

4.2　事故过程快、后果严重,并在现有技术条件下能够缓解的严重事故序列

4.2.1　事故过程快、后果严重的严重事故分析

4.2.1.1　全厂断电严重事故

全厂断电事故是严重事故中后果比较严重的事故之一,该事故能够导致高压熔堆。全厂断电事故包括:①小小破口失水事故(包括与主冷却剂管道连接的其他管道)+失去安注泵严重事故;②失去最终

热阱；③失去全部给水；④失电＋其他事件类。

4.2.1.2 失水类严重事故

失水类严重事故的事故后果如表2所示。失水类严重事故包括：①大破口失水＋失去安注泵；②中破口失水（包括与主冷却剂管道连接的其他管道）＋失去安注泵；③小破口失水（包括与主冷却剂管道连接的其他管道）＋失去安注泵；④小小破口失水（包括与主冷却剂管道连接的其他管道）＋失去安注泵。其中，大破口失水＋失去安注泵严重事故包括中破口失水（包括与主冷却剂管道连接的其他管道）＋失去安注泵和小破口失水（包括与主冷却剂管道连接的其他管道）＋失去安注泵。

表2 失水类严重事故后果分析
Table 2 Analysis Results of LOCA Severe

事故	下封头失效时间/s	峰值浓度/%
大破口＋失去安注泵	7588.4	9.8
中破口＋失去安注泵	11024.4	7.13
小破口＋失去安注泵	90921.04	6.1

4.2.1.3 失水ATWS严重事故

该事故包括失电ATWS事故。

4.2.1.4 主蒸汽管道断离＋失去喷淋严重事故

该事故包括给水管道在安全壳内断裂＋失水喷淋系统事故。

4.2.2 严重事故重要序列

根据IPE准则选取的两个严重事故序列是小破口和失去辅助给水类事故序列。

通过事故谱分析得到的事故过程快且后果严重的事故包括冷却剂管道热段双段断裂＋失去应急堆芯冷却系统、全厂断电、主蒸汽管道断裂＋失去喷淋、失水ATWS。

表2给出的通过事故谱分析得到的大破口失水事故类严重事故可以覆盖通过IPE选取的小破口失水事故类严重事故，通过事故谱分析的全厂断电严重事故可以覆盖通过IPE选取的失水类严重事故。这种覆盖情况表明，IPE准则已经不适合作为严重事故序列的选取依据，通过IPE选取的小破口事故序列采用的缓解措施只能控制6.1%的氢气浓度，不能控制大破口失水事故类严重事故产生的9.8%的氢气浓度。因此，CPR1000核电站的严重事故重要序列是通过事故谱分析得到的。表3给出了通过该方法得到的严重事故重要序列与严重事故缓解的关系。

表3 严重事故重要序列与严重事故缓解措施
Table 3 Severe Accidents Sequence and Mitigation Measures

序号	重要事件序列	事故序列概要	事故状态	缓解措施
1	大破口	大破口失水＋安全壳喷淋系统、安注系统失效	堆芯熔化；大量氢气产生；压力容器失效；堆熔物进入堆坑与水泥反应，产生氢气和其他气体，堆坑熔化；安全壳超压	采用氢气复合器；安全壳过滤排气泄压
2	全厂断电	丧失所有电源＋失去主泵轴封	主回路超压；堆芯熔化；大量氢气产生；压力容器失效；堆熔物进入堆坑与水泥反应，产生氢气和其他气体，堆坑熔化；安全壳超压	稳压器安全阀卸压功能延伸；采用氢气复合器；安全壳过滤排气泄压
3	未能紧急停堆的预期瞬态	失水＋ATWS	主回路系统压力超过设计压力；氢气进入安全壳；安全壳压力高	稳压器安全阀卸压功能延伸；采用氢气复合器；安全壳过滤排气泄压
4	二回路破口	安全壳内主蒸汽管道大破口＋喷淋系统失效	安全壳压力超过设计压力	安全壳过滤排放泄压

5　结　论

（1）通过事故谱分析得到的 CPR1000 核电站严重事故重要序列为大破口、全厂断电、失水 ATWS 和主蒸汽管道断裂＋失去喷淋类严重事故。以上四个严重事故序列完全可以包括 CPR1000 核电厂中事故过程快且后果严重的事故。

（2）采用非能动氢气复合器、稳压器卸压功能延伸以及安全壳卸压过滤排放系统作为严重事故的预防和缓解措施是有效的。

Severe Accident Mitigation Measure and Severe Accident Sequence of CPR1000 Nuclear Power Plant

Luo Bangqi，Lin Jiming

China Nuclear Power Technology Research Institute，Shenzhen，Guangdong，518026，China

Abstract：The passive autocatalytic recombiners, pressurizer depressurization function extension (prevention high pressure melt core) and containment pressure relief and filter releasing system are used as the prevention and mitigation measures of severe accidents to prevent and mitigate the consequences of severe accidents in CPR100 nuclear power plant, to ensure the integrity of the containment of CPR1000 nuclear power plant under severe accidents and thus to protect the surrounding residents from the dangers of nuclear radiation. Based on the spectrum analysis of severe incidents, the LBLOCA＋loss of safety injection pumps, station blackout, loss of all feed water＋anticipated transient without scram and MSLB＋loss of containment spray are selected as the important severe accident sequence.

Key words：Severe accident，Mitigation measures，Accident classification，Accident sequence

作者简介：

骆邦其（1952—），男，研究员高级工程师。1981 年毕业于清华大学。现主要从事反应堆热工水力与安全分析工作。

聚变堆面向等离子体钨基材料的研究进展

黄　波[1],杨吉军[1],唐　军[1],刘　宁[1],舒晓燕[1],苗发明[1],唐　睿[2]

1. 四川大学原子核科学技术研究所,成都,610064;
2. 中国核动力研究设计院反应堆燃料与材料重点实验室,成都,610041

摘要:聚变堆面向等离子体材料问题是聚变能商业化应用亟待解决的关键工程问题之一。为应对纯钨材料作为等离子体材料在力学、热学及抗辐照损伤等方面的性能不足,通过添加其他组元形成的钨合金及复合材料成为近年来聚变堆材料领域尤为关注的研究热点。本文对目前钨基面向等离子体材料的研究进展进行了综述,简要评述其堆服役性能及强化机理,并在此基础上展望该材料未来的研究发展趋势。

关键词:聚变堆;面向等离子体材料;钨基材料

中图分类号:TL62+.7　　　　**文献标志码**:A

0 引 言

核聚变能被公认为能有效解决人类社会未来能源问题与环境问题的主要途径之一。自20世纪80年代确立国际热核实验堆(ITER)计划,并在21世纪初期完成ITER概念设计,聚变能开发已经从基础研究阶段步入工程可行性阶段。

面向等离子体材料(PFM)问题是聚变能应用能否成功的关键工程问题之一。PFM将作为直接面对高温等离子体的盔甲材料,遭受着高温、高热负荷、强束流粒子与中子辐照等的协同组合作用[1]。传统上,碳(C)、铍(Be)、钨(W)被遴选为三种主要的PFM候选材料。但是,C具有高溅射刻蚀率、与氚共沉积滞留及中子辐照脆化等缺点,而Be存在低熔点、高溅射刻蚀率与毒性等不足,从而使上述两种材料的应用受到极大限制。相比而言,W具有高熔点、低溅射产额、良好的热导率与高温强度,以及不易与氢形成混合物或发生共沉积等优点,被认为是未来聚变堆PFM的首选材料体系[2]。国外的ASDEX Upgrade托卡马克装置业已实现了全钨的PFM[3],国内合肥等离子体物理研究所也计划未来几年将EAST中偏滤器PFM实现全钨化[4]。但现有的纯钨材料还存在若干性能缺陷,如过高的韧脆转变温度(DBTT)可达400 ℃,较低的再结晶温度(RCT)为1200 ℃和高能辐照下陡增的自溅射率,尤其是在聚变高温等离子体辐照作用下,W会出现辐照脆化、表面形成纳米疏松层、氢同位素滞留量急剧攀升等现象[5]。

钨基合金与复合材料可有效规避纯钨材料的性能缺陷。近年来,大量研究者开始致力于研究(非)金属单质、化合物,以及多组元复合掺杂的钨基合金材料,尤其是针对聚变堆PFM的高温力学、氢同位素滞留、热学以及抗辐照损伤等性能开展了大量工作。表1列出了当前在研或拟开发的典型PFM钨基合金材料。本文在总结以往研究工作的基础上,依据添加组元的材料特性对各种钨基材料概括分类,简要评述其服役性能及潜在的强化机理,并特别提到近年来受关注的钨基纳米材料,最后展望未来PFM钨基合金材料的研究发展趋势。

基金项目:ITER973项目(2011CB 108005)、国家自然科学基金(51101108)、教育部新世纪人才计划(NCET‒10‒0571)。

表1 典型的钨基面向等离子体材料

Table 1 Typical W-Based PFMs

掺杂组元	钨基材料体系
硼（B）	硼化钨
碳（金刚石）/C (Diamond)	金刚石-钨复合材料
钾（K）	多孔钨
铜（Cu）	钨铜合金
钽（Ta）	钨钽合金
铼（Re）	钨铼合金
钒（V）	钨钒重合金
镧（La）	钨镧合金
钇（Y）	钨合金
镍（Ni）	钨镍合金
硅（Si）	自钝化钨合金
碳化钛（TiC）	碳化钛弥散强化钨合金
碳化锆（ZrC）	碳化锆弥散强化钨合金
氧化钇（Y_2O_3）	氧化钇弥散强化钨合金
氧化镧（La_2O_3）	氧化镧弥散强化钨合金
钒/钛＋氧化钇/氧化镧（Ti/V＋Y_2O_3/La_2O_3）	弥散强化钨基重合金
铬/锆/钇＋硅（Cr/Zr/Y＋Si）	自钝化钨合金

1 单质元素掺杂钨基材料

用于钨基材料的金属元素包括 K、Cu、Ta、Ti、V、La、Re、Y 等，而非金属元素主要是金刚石、B 等。通过添加上述单质元素形成钨基固溶体合金或弥散强化合金或复合材料，以及不同微结构的纯钨材料等，从而达到对 PFM 性能的改善。

W 中掺 Re 可改善其抗蠕变强度和再结晶性能，并提高 W－Re 合金在较低温度下的延展性。同时，考虑到 W 在中子辐照下会嬗变为 Re，研究掺 Re 对 W 的性能影响具有应用意义。Smid 等[6]的研究结果表明，在再结晶 W－Re 合金中，W－26% Re 的 DBTT 约为室温，而随着 Re 含量逐渐减少到 0，W 合金的 DBTT 线性增加到约 350 ℃。

考虑到 PFM 的高热传导性能要求及其与热沉材料（如 CuZrCr 合金）的界面结合性能，W－Cu 合金作为 PFM 候选材料得到广泛研究。Yang 等[7]研究了 W－15%Cu 合金的热导性能，发现其热导系数可达到 152～202 W·m^{-1}·K^{-1}，高于纯钨材料（113～145 W·m^{-1}·K^{-1}）。为了解决 Cu 与 W 之间的热膨胀系数和杨氏模量的差异带来的应力问题，进一步提出采用 W－Cu 梯度功能材料来作为钨基材料与热沉材料铜合金的中间层。Itoh 等[8]用熔渗法制备出 W－Cu 梯度复合材料，并进行了电子束热冲击试验，结果表明，W－Cu 梯度复合材料可经受最高达 15 MW/m² 的表面热流量冲击。Pintsuk 等[9]用激光烧结和等离子体喷涂工艺制备了 W－Cu 梯度复合材料，并将其与熔渗法制备的样品对比，发现二者的杨氏模量随温度的变化曲线差异不大，但前者较后者的热膨胀系数和热导率值更低。国内周张建等也进行了 W－Cu 梯度复合材料的研究，结果表明，W－Cu 梯度功能材料能有效减小 W 与 Cu 之间的热应力，其在聚变装置（HT-7）上的试验结果表明，W－Cu 梯度功能材料作为中间层可以很好地实现 W 与 CuZrCr 合金的连接[10]。

Hohe 等[11]提出了与 W－Cu 梯度复合材料相类似的 W－V 梯度功能复合材料，并通过数值模拟证明 W－V 复合材料可以很好地解决 PFM 与毗邻结构部件之间的界面结合问题。随后，Wurster 等[12]研究了 W－V 复合材料的断裂行为，并与 W－Ta 复合材料作了对比。W－V 比 W－Ta 复合材料的热稳定性略差，并且在超过 1500 ℃时发生了（W, Ta）、（W, V）的相互扩散；裂纹扩展垂直于晶粒连结方向的断裂韧性非常高，而沿着晶粒连结方向，材料的断裂韧性却非常低。Zhou 等[13]用微波烧结的方法，分别添加 Fe、Cr 和 Ni 作为烧结激活剂，制备出了三种钨基合金。与添加 Fe 和 Cr 相比，添加 Ni 在提高 W 致密度的同时还可维持高的热导率。试验结果表明，添加 1% 的 Ni、微波烧结温度 1450 ℃、保温时间 5 min 是获得 W－Ni 合金的最佳条件，能得到接近 100% 的相对密度和 15 μm 的平均晶粒尺寸。

鉴于 Y 能还原 W 中的氧化钨杂质形成 W－Y_2O_3 弥散强化合金，其氧化物弥散强化钨合金又具有良好的抗蠕变性能和抗腐蚀性能，且掺杂 Y 具有与掺杂 Re 类似的有助于提高 W 合金延展性的特质,因而 W－Y 合金得到国外一些研究人员的关注。Avettand-Fènoël 等[14]用机械合金化法得到 W －1％的 W－Y 粉末,并在 1800 ℃烧结 4 h 得到高致密度样品。结果表明,球磨时间越长晶粒尺寸越小,Y_2O_3 颗粒也越细,分布也越均匀,但是杂质含量也随之增加。Veleva 等[15]制备并研究 W －2％Y 的微观结构和力学性能,并采用原位透射电镜(TEM)化学分析的方法发现 Y 全部与氧反应生成纳米级 Y_2O_3 颗粒。冲击测试表明制备出来的材料在 1000 ℃时仍然是脆性的;拉伸测试则表明材料在 1000 ℃时是脆性,而在 1300 ℃时是韧性的,可推断出材料的 DBTT 应当在 1100～1200 ℃。这说明在 W 中添加 Y 可提高其 DBTT。

Yang 等[16]利用热脱附谱(TDS)方法对比研究了纯钨与 W－B 涂层的氘(D)滞留行为。纯钨涂层的 TDS 在 450 K 出现峰值,而 W－B 涂层在温度为 500 K、630 K、837 K、932 K 处均呈现峰值。相比纯钨中位错、晶界及杂质等本征缺陷,B 由于与 D 具有较强的亲和力,形成的 B－D 化合物改变了 D 的滞留位置,同时显著抑制了材料微观缺陷对 D 的捕获。Zayachuk 等[17]同样用 TDS 研究 W－Ta 合金的 D 滞留行为,发现 Ta 含量与 D 滞留量以及 D 滞留位置存在对应关系。W－1％Ta 在 572 ℃时出现单一峰值,而 W－5％Ta 在 623 ℃时出现单一峰值。研究人员用高斯解谱方法得到了三条高斯曲线,认定 W－Ta 合金中存在三类不同的捕获点。根据这些结果可推知,捕获点之间捕获 D 的分布随不同 Ta 含量合金的不同而呈现差异。Anderl 等[18]用 TDS 得出的结果表明,在注入温度低于 200 ℃时,W－1％La 中的氘滞留量明显比在纯钨片中低。金刚石具有高熔点、高硬度、导热性极好等优点,研究表明金刚石涂层能够承受聚变等离子体产生的高热流量,因此,W－金刚石复合材料得到相应的关注。Nunes 等[19]发现 W 掺纳米级金刚石颗粒不仅可以改善强度,减小辐照脆化,极硬的弥散颗粒还能形成弥散强化相,并且通过晶界"钉扎"效应提高微观结构的热稳定性,灵活地调整复合材料的热学性能。然而材料的纳米化通常会带来由于边界处的散射导致的热导率下降的问题,并且在高温下 W

会与 C 反应形成碳化物。用机械合金化法制备 W－金刚石复合材料时,室温下高能球磨会使 W 与 C 反应,还会引入研磨介质等杂质,连续的球磨还可能导致金刚石的非定形化。从声子输运的角度来看,微米级的金刚石颗粒具有更好的热传导性能。Livramento 等[20]制备出 W－微米金刚石复合材料,并对最小化避免 W 与 C 反应的最佳制备条件进行了研究,结果是:球磨速度为 200 n/min,球磨时间为 2～4 h;用放电等离子体烧结时,为获得高致密度的最佳烧结温度为 1423 K,而为了最大程度地保留金刚石结构和避免碳化钨的形成,烧结温度应低于 1273 K。

Pintsuk 等[21]利用电子束轰击方式研究 W－K 合金的热冲击性能,即使温度低至 150～200 ℃时,也未产生热裂纹,表现出良好的低温韧性。同时,在高达 2000 ℃遭受热冲击后发生再结晶,合金韧性也未受到显著恶化。究其原因,在烧结过程中,低熔点 K 的挥发会在结构中形成微孔,从而对晶界起到"钉扎"效应,阻碍晶粒长大、提高再结晶温度,由此使得晶粒细化,提高合金强韧性。但是,W－K 合金由于引入多孔结构,其热导率相对有所降低,尤其是在高温区域,这有待合理优化 W－K 合金的孔隙率及孔洞尺寸。

2　化合物掺杂钨基材料

应用于钨基材料的化合物主要是碳化物(TiC、ZrC)和氧化物(La_2O_3、Y_2O_3)等硬质材料。主要机理是通过在钨基体中均匀分布难熔硬质颗粒形成弥散强化相,这既可显著提高合金强度和硬度,又可使塑性和韧性下降不大。

由于 TiC 具有高熔点、低密度以及与 W 相似的热膨胀系数,W－TiC 越来越受到人们的关注。Kitsunai 等[22]用机械合金化法结合热等静压法制备出了 W－0.2％TiC 和 W－0.5％TiC 复合材料。研究结果表明:合金的冲击韧性对材料的致密度很敏感;冲击韧性随着致密度的增加而得到极大的改善。W－0.2％TiC 合金致密度达到 99.5％,其 DBTT 得到较大程度的降低,再结晶温度也得到明显提高;增加 TiC 的量到 0.5％,使合金的再结晶温度继续升高,对晶粒长大的抑制作用增强。种法力等[23]的研究结果表明,TiC 粒子能有效强化晶界,提高合金材料的力学性能。在低于合金再结晶温度时,W-TiC 表现出优异的热负荷承受能力,然而该合金材料在再结晶温度以上使用时,较高的晶粒应变能导致其热负荷性能增强效果不明显。宋桂明等[24]进行了一系列关于 W-ZrC 合金的研究工作。ZrC 的熔点为 3510 ℃,比 W 的熔点(3410 ℃)和 TiC 的熔点(3067 ℃)还高,同时 ZrC 也比 TiC 有更好的高温强度。由 ZrC-W 复合材料抗弯强度的测试结果可知,抗弯强度随温度升高而上升,在 1000 ℃时达到最高值 829 MPa,比室温抗弯强度(705 MPa)还上升 17%。他们认为 ZrC-W 复合材料在高温下呈"微裂纹萌生→裂纹连接长大→裂纹快速扩展→材料断裂"这一断裂过程,塑性基体降低了裂纹扩展速度并使裂纹路径曲折,微观上 ZrC 为脆性断裂,W 有韧性断裂迹象。随着温度上升,钨基体发生脆塑转变,钨基体的塑性变形使基体的位错强化和颗粒的载荷传递作用得以充分发挥。此外,在 W-ZrC 界面上产生了(Zr,W)C 固溶体,提高了界面的强度。因此在外力作用下,将在 W 晶粒中产生穿晶断裂,这使得 W 晶粒高的晶内强度得以发挥。W-La$_2$O$_3$ 是近 20 年来一直极受看好的钨基 PFM。人们很早就知道,添加 La$_2$O$_3$ 到金属 W 中可以改善其常温和高温下的晶界强度,从而显著提高其抗热冲击和抗蠕变性能,还可提高其机械加工性和抗拉强度。但是 Ghezzi 等[25]把 W-1%La$_2$O$_3$ 制成的护甲放到准稳态等离子体加速器(QSPA)装置中暴露在 100 次的边缘局域模(ELM)瞬态事故然后观察其变化,发现 W-La$_2$O$_3$ 护甲在模拟瞬态事故中的表现比纯钨要差。同样是氧化物弥散强化(ODS),添加 Y$_2$O$_3$ 使 W 提高抗蠕变强度,通过粉末冶金和热等静压制备出来的 W-Y$_2$O$_3$ 合金在 400 ℃时获得一定的延展性,并且在较高温度下显示出比纯钨更加优良的力学性能和抗氧化性[26]。

3 多组元复合掺杂钨基材料

尽管单质元素及化合物掺杂的钨基材料取得

了很多积极的进展,但研究结果还不尽如人意。为此,研究人员试图通过同时掺杂两种或多种物质,将两者掺杂的优点结合起来,进一步优化 W 的性能。目前已经报道的有 W-V-La$_2$O$_3$、W-Ti-Y$_2$O$_3$、W-Si-Cr、W-Si-Y 和 W-Si-Zr 等体系。

Monge 等[27]的研究指出,同时添加能降低烧结温度并提高致密度的烧结激活剂和形成氧化物弥散强化并抑制晶粒长大的难熔氧化物可能会改善 W 的力学性能。鉴于有报道称使用一个 Ti 中间层具有解决 W/W-La$_2$O$_3$ 连接问题的可行性[2],Monge 认为 W/W-Ti 的组合与 W/W-La$_2$O$_3$ 体系相比能更加简单有效地实现连接,氧化物弥散强化 W-Ti 是很有希望用于托卡马克装置偏滤器器件的材料。研究人员使用 Ti 作为烧结激活剂,Y$_2$O$_3$ 颗粒作为强化弥散相,制备出 W-Ti-Y$_2$O$_3$ 合金,并将纯钨、W-0.5%Y$_2$O$_3$ 及 W-4%Ti 进行微观组织的对比。结果表明,用热等静压方法来烧结 W 存在开放的孔洞,很难获得较好的致密度,但是掺杂 0.5%Y$_2$O$_3$ 并在 1973 K 下烧结后,因复杂的(W,Y)氧化物填充了这些孔洞,从而使得孔洞率很低。另外,不管掺 Y$_2$O$_3$ 与否,添加 2% 或 4% 的 Ti 到钨基体都可得到完全致密的材料。Aguirre 等[28]也指出,Ti 的添加不仅能提高 W 的致密度、抑制 W 的晶粒长大,还能减小 W 在 Y$_2$O$_3$ 颗粒中的扩散,并且 Y$_2$O$_3$ 能强化 Ti 在 W 中的扩散。但是,由于在钨基体中的 Y$_2$O$_3$ 颗粒在大约 1600 ℃以上时开始不稳定,变成含有复杂成分(W-Y 和 W-Y-Ti 氧化物)的粗糙颗粒,而这又会使 W 的力学性能恶化,Muñoz 等[29]提出以 V 代替 Ti 作为烧结激活剂,难熔氧化物选择 La$_2$O$_3$,制备 W-V-La$_2$O$_3$ 合金。同时添加 V 和 La$_2$O$_3$ 能促进 V 在钨基体的溶解和 La$_2$O$_3$ 在 W 晶粒间的弥散。纳米压入测试表明,V 的添加可提高材料的纳米硬度,而添加 La$_2$O$_3$ 则使之降低。W-Si 自钝化合金已经被证实能提高 W 的抗烧蚀性能,添加第三种组元使得 W 的抗烧蚀性能得到进一步提高。对比研究 W-Si-Cr、W-Si-Y、W-Si-Zr 三种合金,发现它们的性能均优于 W-Si 合金。

4　钨基材料结构纳米化

在聚变堆服役期间，PFM 会受到各种粒子的辐照损伤，因此，研发抗辐照性能优良的钨基 PFM 显得尤为必要。纳米材料已经被证实在某些情形下具有优良的抗辐照性能，辐照后表现出很低的肿胀率，保留相当的延展性。Bai 等通过分子动力学模拟的方法发现，在纳米材料中广泛存在的晶粒边界能够俘获间隙原子，然后把它们发射回晶格中"湮灭"空位，从而达到"自我修复"的效果。因此，研发纳米级钨基 PFM 成为近年来广受关注的热点方向。Kurishita 等[30]制备了晶粒尺寸为 900 nm 的 W-0.3%TiC 合金，并与纯钨(20 μm)作了中子辐照损伤的对比[30]。两种材料都在 563 K 时受到通量为 9×10^{23} n/m^2 的中子辐照。辐照后的测试表明，与纯钨相比，超细晶粒的 W-0.3%TiC 因中子辐照而导致的微观结构变化和辐照硬化要小得多，这说明晶粒细化可提高材料抗辐照性能。改进工艺后制备出晶粒更细的 W-TiC 合金(50~200 nm)，并进行了中子辐照和氦离子辐照试验。试验结果再次验证纳米材料能显著提高抗辐照性能，并且晶粒越细，效果越好。对能量为 3 MeV 的氦离子来说，超细晶粒的 W-0.3%TiC(190 nm)出现表面剥落和裂纹的临界通量是纯钨和掺钾钨合金的 10 倍以上。另外，W 的纳米化在力学、热学性能改善方面的试验结果同样令人欣喜。葛昌纯等[31]用等离子体喷涂法制备的晶粒尺寸小于 1 μm 的 W 涂层，热流冲击试验结果表明这类 W 涂层比一般 W 涂层具有更高的抗热冲击性能。用超高压电阻烧结制出的超细晶粒尺寸块体进行的力学试验显示，随着 W 晶粒尺寸的减小，其微观硬度和抗弯强度得到显著提高。

5　结束语

综上所述，W 的高熔点、低溅射产额、良好的热导率与高温强度以及不易与 H 形成混合物或发生共沉积等优点，使它成为最有前景的聚变堆用 PFM。然而，高的 DBTT 值、低的 RCT 值以及辐照脆化等缺点使得纯钨材料的性能仍需改善。基于弥散强化、合金化、复合化等思路，人们对各种钨基材料进行了大量研究，但仍然没有一种钨基材料能够完全满足聚变堆 PFM 的要求。

未来多种钨基材料组合使用，以及进一步优化其微观结构以提高其综合服役性能是一个趋势；纳米材料具有优良的力学、热学以及抗辐照性能，钨基材料的纳米化将可能成为未来人们在 PFM 研究中的重点发展方向。

参考文献：

[1] MEROLA M, LOESSER D, MARTIN A, et al. ITER plasma-facing components[J]. Fusion Engineering and Design, 2010, 85: 2312-2322.

[2] BOLT H, BARABASH V, KRAUSS W, et al. Materials for the plasma-facing components of fusion reactors[J]. Journal of Nuclear Materials, 2004, 329-333, Part A: 66-73.

[3] GRUBER O. ASDEX upgrade enhancements in view of ITER application[J]. Fusion Engineering and Design, 2009, 84: 170-177.

[4] LI Q, QI P, ZHOU H S, et al. R & D issues of W/Cu divertor for EAST[J]. Fusion Engineering and Design, 2010, 85: 1106-1112.

[5] PHILLIPS V. Tungsten as material for plasma-facing components in fusion devices[J]. Journal of Nuclear Materials, 2011, 415: S2-S9.

[6] SMID I, AKIBA M, VIEIDER G, et al. Development of tungsten armor and bonding to copper for plasma-interactive components[J]. Journal of Nuclear Materials, 1998, 258-263, Part 1: 160-172.

[7] YANG N, WANG Z, CHEN L, et al. A new process for fabricating W-15wt.%Cu sheet by sintering, cold rolling and resintering[J]. International Journal of Refractory Metals and Hard Materials, 2010, 28: 198-200.

[8] ITOH Y, TAKAHASHI M, TAKANO H. Design of tungsten/copper graded composite for high heat flux components[J]. Fusion Engineering and Design, 1996, 31: 279-289.

[9] PINTSUK G, BRÜNINGS S E, DÖRING J E, et al. Development of W/Cu-functionally graded materials[J]. Fusion Engineering and Design, 2003, 66-68: 237-240.

[10] CHONG F L, CHEN J L, LI J G. Evaluation of tungsten

coatings on CuCrZr and W/Cu FGM under high heat flux and HT-7 limiter plasma irradiation[J]. Journal of Nuclear Materials, 2007, 363 - 365: 1201 - 1205.

[11] HOHE J, GUMBSCH P. On the potential of tungsten-vanadium composites for high temperature application with wide-range thermal operation window [J]. Journal of Nuclear Materials, 2010, 400: 218 - 231.

[12] WURSTER S, GLUDOVATZ B, HOFFMANN A, et al. Fracture behaviour of tungsten-vanadium and tungsten-tantalum alloys and composites[J]. Journal of Nuclear Materials, 2011, 413: 166 - 176.

[13] ZHOU Y, WANG K, LIU R, et al. High performance tungsten synthesized by microwave sintering method[J]. International Journal of Refractory Metals and Hard Materials, 2012, 34: 13 - 17.

[14] AVETTAND-FÈNOËL M N, TAILLARD R, DHERS J, et al. Effect of ball milling parameters on the microstructure of W-Y powders and sintered samples[J]. International Journal of Refractory Metals and Hard Materials, 2003, 21: 205 - 213.

[15] VELEVA L, SCHÄUBLIN R, PLOCINSKI T, et al. Processing and characterization of a W-2Y material for fusion power reactors[J]. Fusion Engineering and Design, 2011, 86: 2450 - 2453.

[16] YANG Z, WANG W, LI Q, et al. Surface analysis of VPS-W coatings boronized by an ICRF Discharge in HT-7 [J]. Journal of Nuclear Materials, 2011, 417: 520 - 523.

[17] ZAYACHUK Y, BOUSSELIN G, SCHUURMANS J, et al. Design of a planar probe diagnostic system for plasmatron VISIONI and its application for the study of deuterium retention in W-Ta alloys[J]. Fusion Engineering and Design, 2011, 86: 1153 - 1156.

[18] ANDERL R A, PAWELKO R J, SCHUETZ S T. Deuterium retention in W, W1%La, C-Coated W and W2C [J]. Journal of Nuclear Materials, 2001, 290 - 293: 38 -41.

[19] NUNES D, LIVRAMENTO V, MARDOLCAR U V, et al. Tungsten-nanodiamond composite powders produced by ball milling[J]. Journal of Nuclear Materials, 2012, 426: 115 -119.

[20] LIVRAMENTO V, NUNES D, CORREIA J B, et al. Tungsten-microdiamond composites for plasma facing components[J]. Journal of Nuclear Materials, 2011, 416: 45 - 48.

[21] PINTSUK G, UYTDENHOUWEN I. Thermo-mechanical and thermal shock characterization of potassium doped tungsten[J]. International Journal of Refractory Metals and Hard Materials, 2010, 28: 661 - 668.

[22] KITSUNAI Y, KURISHITA H, KAYANO H, et al. Microstructure and impact properties of ultra-fine grained tungsten alloys dispersed with TiC[J]. Journal of Nuclear Materials, 1999, 271 - 272:423 - 428.

[23] 种法力, 于福文, 陈俊凌. W-TiC 合金面对等离子体材料及其电子束热负荷实验研究[J]. 稀有金属材料与工程, 2010, 39: 750 - 752.

[24] 宋桂明, 白厚善, 周玉. ZrC 颗粒增强钨基复合材料的高温断裂行为 [J]. 稀有金属材料与工程, 2000, 29: 101 -104.

[25] GHEZZI F, ZANI M, MAGNI S, et al. Surface and bulk modification of W-La$_2$O$_3$ armor mock-up[J]. Journal of Nuclear Materials, 2009, 393: 522 - 526.

[26] BATTABYAL M, SCHÄUBLIN R, SPÄTIG P, et al. W-2wt. % Y$_2$O$_3$ composite: microstructure and mechanical properties[J]. Materials Science and Engineering, 2012, 538: 53 -57.

[27] MONGE M A, AUGER M A, LEGUEY T, et al. Characterization of novel W alloys produced by HIP[J]. Journal of Nuclear Materials, 2009, 386 - 388: 613 - 617.

[28] AGUIRRE M V, MARTÍN A, PASTOR J Y, et al. Mechanical properties of tungsten alloys with Y$_2$O$_3$ and titanium additions[J]. Journal of Nuclear Materials, 2011, 417: 516 - 519.

[29] MUÑOZ A, MONGE M A, SAVOINI B, et al. La$_2$O$_3$-reinforced W and W-V alloys produced by hot isostatic pressing [J]. Journal of Nuclear Materials, 2011, 417: 508 - 511.

[30] KURISHITA H, AMANO Y, KOBAYASHI S, et al. Development of ultra-fine grained W-TiC and their mechanical properties for fusion applications[J]. Journal of Nuclear Materials, 2007, 367 - 370, Part B: 1453 - 1457.

[31] GE C C, ZHOU Z J, SONG S X, et al. Progress of research on plasma facing materials in University of Science and Technology Beijing[J]. Journal of Nuclear Materials, 2007, 363 - 365: 1211 - 1215.

Research Development of Tungsten-Based Materials Used as Plasma Facing Materials of Fusion Reactor

Huang Bo[1], Yang Jijun[1], Tang Jun[1], Liu Ning[1],

Shu Xiaoyan[1], Miao Faming[1], Tang Rui[2]

1. Institute of Nuclear Science and Technology, Sichuan University, Chengdu, 610064, China;

2. Science and Technology on Reactor Fuel and Materials Laboratory, Nuclear Power Institute of China, Chengdu, 610041, China

Abstract: Plasma facing materials (PFM) has been one of the most important technological questions for fusion reactor study. Among of traditional PFM candidates (C, Be, and W), W materials exhibits the most promising applications. However, pure W still has several drawbacks such as low re-crystallization temperature, and high ductile-brittle transition temperature. Therefore, great efforts have been devoted to new W-based alloy and composite materials in recent years. In this paper, the classification and the research progress of the W-based materials are reviewed. Especially, the underlying microscopic mechanisms of enhanced performance of these materials are summarized. At last, the research prospect for W-based PFM is proposed.

Key words: Fusion reactor, Plasma facing materials, Tungsten-based materials

作者简介:

黄　波(1989—),男,硕士研究生。2011 年毕业于四川大学应用物理专业,获学士学位。现从事聚变堆面向等离子体材料工艺研究。

过冷流动沸腾相变过程汽泡特性的 VOF 方法模拟

魏敬华[1]，潘良明[1]，袁德文[2]，闫　晓[2]，黄彦平[2]

1. 重庆大学低品位能源利用技术及系统教育部重点实验室，重庆，400044；

2. 中国核动力研究设计院中核集团核反应堆热工水力技术重点实验室，成都，610041

摘要：基于计算流体动力学(CFD)软件对不同压力和热流密度下矩形流道内过冷流动沸腾进行模拟。相变模型通过用户自定义函数(UDF)描述质量和能量传递实现，汽-液界面捕捉通过流体体积法(VOF)获得。研究结果表明，蒸发和冷凝的交互作用会在垂直于流动方向的截面内形成二次流，以增强壁面附近的微对流。汽泡在滑移过程中逐渐长大，并与邻近汽泡聚合形成更大的汽泡，且变形逐渐加大。汽泡滑移会增强下游区域的换热，从而抑制下游核化点的产生。随着压力升高和热流密度降低，汽泡尺寸、生长速度以及出口处平均空泡份额都会减小。汽泡生长曲线和沸腾起始点(ONB)附近加热壁面温度模拟结果与文献中的关联式吻合良好。

关键词：相变；二次流动；汽泡滑移；VOF 模型；Lee 模型；数值模拟

中图分类号：TK124；TL331　　　　**文献标志码**：A

0 引 言

在过冷流动沸腾中，汽泡的形成、生长、浮升、聚合、萎缩、破灭等对流场和温度场影响巨大。汽-液两相之间由于相变和界面张力的存在，会产生质量、能量和动量的交换，使沸腾问题极其复杂。相变问题数值模拟作为一个重要的研究内容，近年来得到了学术界的重视。Yang[1] 等采用流体体积(VOF)方法对微通道内汽泡的产生、生长、脱离、合并以及萎缩等过程进行了模拟。Son[2] 等采用 Level Set 方法对水平表面上高热流密度下的核态沸腾进行了数值研究，获得一些汽泡动力学特征。Yang[3] 等采用基于二维九速度格式(D2Q9)的 Lattice-Boltzman 方法对竖直、水平和倾斜壁面上的汽泡聚合行为进行了数值模拟，获得一些有益的结论。Heo[4] 等运用 MPS-MAFL 方法对池沸腾过程中单个汽泡的生长过程进行了数值模拟。现有文献多集中在常压低热流密度条件下池沸腾过程中汽泡特性的研究，且主要是通过初始时刻补丁一个很小的汽泡来实现汽泡生长、脱离、聚合等过程，而在较高压力和热流密度条件下过冷流动沸腾的研究还较少。

本研究采用 VOF 两相流模型对竖直矩形窄缝流道内的过冷流动沸腾进行了模拟研究。汽-液两相间的质量和能量交换通过用户自定义函数(UDF)添加到控制方程的源项中，从而实现汽泡直接核化过程的模拟，并分析了不同压力和热流密度下的汽泡动力学特性。

1 几何模型

几何模型如图 1 所示。三维模型尺寸为 $X \times Y \times Z = 2\ \text{mm} \times 20\ \text{mm} \times 5\ \text{mm}$，采用质量流量进口

基金项目：国家自然科学基金(50406012)、中国核动力研究设计院空泡物理和自然循环重点实验室资助项目(9140C7101020802)。

和压力出口边界条件,加热壁面为定热流,其他壁面绝热。水由下而上流动。采用正六面体网格,经网格敏感性测试,网格数为 675000 个单元即满足要求。

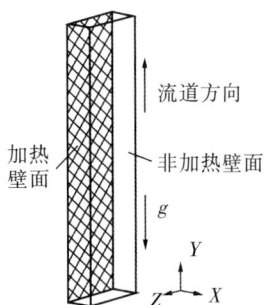

图 1　竖直矩形流道示意图

Fig. 1　Schematic Diagram of Vertical Rectangular Channel

2　物理模型

2.1　VOF 模型

VOF 模型[5]中,将第 q 相流体的体积分数记为 α_q,则 $\alpha_q = 0$ 的控制容积不含第 q 相流体;$\alpha_q = 1$ 的控制容积充满第 q 相流体;$0 < \alpha_q < 1$ 则该控制容积处在相界面的位置,控制容积中所有相体积分数之和为 1,对汽-液两相有:

$$\alpha_l + \alpha_v = 1 \tag{1}$$

式中,α_l 为液相体积分数;α_v 为汽相体积分数。

2.1.1　容积比率连续性方程

汽-液界面追踪首先要求解各相容积比率连续性方程获得其体积分数,通过分段线性界面算法(PLIC)几何重构界面位置,对汽-液两相有:

$$\frac{\partial \alpha_l}{\partial t} + \nabla(\alpha_l \boldsymbol{u}_l) = \frac{-S_m}{\rho_l} \tag{2}$$

$$\frac{\partial \alpha_v}{\partial t} + \nabla(\alpha_v \boldsymbol{u}_v) = \frac{S_m}{\rho_v} \tag{3}$$

式中,S_m 为相变质量源项(kg·m^{-3}·s^{-1});$\boldsymbol{u}_l$ 及 $\boldsymbol{u}_v$ 分别为液相和汽相的实际速度矢量(m·s^{-1});ρ_l 及 ρ_v 分别为液相和汽相的密度(kg·m^{-3});t 为时间(s)。

2.1.2　动量方程

$$\frac{\partial (\rho \boldsymbol{u})}{\partial t} + \nabla(\rho \boldsymbol{u}\boldsymbol{u}) = -\nabla p$$

$$+ \nabla \cdot \left\{ \mu \left[\nabla \boldsymbol{u} + (\nabla \boldsymbol{u})^T \right] - \frac{2}{3} \mu \nabla \cdot \boldsymbol{u}\boldsymbol{I} \right\} + \rho \boldsymbol{g} + \boldsymbol{F}_\sigma \tag{4}$$

式中,$\boldsymbol{I}$ 为三阶单位矩阵,$\boldsymbol{F}_\sigma$ 为单位体积流体所受表面张力(N·m^{-3});p 为压强(N·m^{-2});μ 为流体动力黏性系数(Pa·s);$\boldsymbol{g}$ 为重力加速度(m·s^{-2})。

2.1.3　能量方程

$$\frac{\partial}{\partial t}(\rho e) + \nabla \cdot \left[\boldsymbol{u}(\rho e + p) \right] = \nabla \cdot (\lambda \nabla T) + S_q \tag{5}$$

$$e = (\alpha_l \rho_l e_l + \alpha_v \rho_v e_v)/(\alpha_l \rho_l + \alpha_v \rho_v)$$

$$e_l = C_{v,l}(T - 298.15), e_v = C_{v,v}(T - 298.15)$$

式中,e、e_l、e_v 等分别为控制体、液相及汽相比能(J·kg^{-1});Q 为相变能量源项(W·m^{-3})。

2.2　控制方程各源项描述

2.2.1　质量源项

根据 Lee 模型[6],以饱和温度为界,质量传递的方向和大小如下:若控制体积温度 T 大于饱和温度 T_{sat},控制容积中液相质量减少,相应的汽相质量增加,液相蒸发,质量从液相向汽相传递;若 $T < T_{sat}$,控制容积中汽相质量减少,相应的液相质量增加,汽相冷凝,质量从汽相向液相传递,即

$$S_m = \begin{cases} C_l \alpha_l \rho_l (T - T_{sat})/T_{sat} & T \geqslant T_{sat} \\ C_v \alpha_v \rho_v (T - T_{sat})/T_{sat} & T < T_{sat} \end{cases} \tag{6}$$

根据文献[1]等的研究结论,取 $C_l = C_v = 100$ s^{-1}。

2.2.2　能量源项

能量源项通过蒸发和冷凝质量源项乘以该压力下对应的汽化潜热得到:

$$S_q = h_{fg} S_m \tag{7}$$

根据式(5)和式(6)编写程序,通过 UDF 接口将以上源项添加到 VOF 模型的控制方程中。

3　结果与讨论

假定汽-液两相均为不可压缩牛顿流体,水的物性根据入口温度和系统压力确定,蒸汽取系统压力对应的饱和蒸汽物性。质量流速和入口过冷度分别为 300 kg·m^{-2}·s^{-1} 和 10 K,计算工况如表 1 所示。其中 Y_{ONB} 和 τ_{ONB} 分别代表汽泡起始点与流道入口的距离以及产生时间。从表 1 中可以看出,压力不变时,随着壁面热流密度的增加,汽

泡起始点产生的距离和时间都会缩短。而在相同壁面热流密度条件下,压力对汽泡起始点产生的距离和时间没有显著影响,其主要原因可解释为压力只改变了饱和温度,而在相同的热流密度下,液体的温升相当,所以汽泡起始点受压力的影响不显著。

表 1　计算工况表①
Table 1　Cases in the Simulation

工况编号	p /MPa	q /(kW·m^{-2})	T_{sat} /K	ρ_v /(kg·m^{-3})	h_{fg} /(kJ·kg^{-1})	Y_{ONB} /mm	τ_{ONB} /ms
0	0.1	150	373	0.6	2256.6	—	—
1	0.1	200	373	0.6	2256.6	14.5	70
2	0.1	300	373	0.6	2256.6	6.8	28
3	0.1	400	373	0.6	2256.6	4.6	17
4	0.1	500	373	0.6	2256.6	3.2	13
5	0.4	300	417	2.19	2131.9	6	25
6	0.7	300	438.6	3.71	2063.8	5.7	27
7	1	300	453.6	5.21	2012.4	5.9	26

①p 为压力;q 为热流密度;T_{sat} 为饱和温度;ρ_v 为蒸汽密度;h_{fg} 为汽化潜热;Y_{ONB} 为沸腾起始点;τ_{ONB} 为沸腾起始时间。

3.1　单泡附近流场特性

在工况 2($p=0.1$ MPa,$q=300$ kW·m^{-2}),时间 $\tau=90$ ms 时,流道不同截面处速度矢量、压力及流线分布如图 2 所示。总的来说,在垂直于 Y 方向的各个截面内都存在二次流动现象,且在表面张力的作用下,汽泡内部压力高于外部主流液体压力。在 $A—A$ 截面内,由于没有汽泡产生,截面内的二次流动是由温差驱动的微对流,所以在主流中二次流动速度矢量很小。在靠近加热壁面的位置,其速度矢量相对大一些(流线越密集的位置速度越大),流线在 $Z=0$ 左右大致呈对称分布。在 $B—B$ 截面内,由于蒸发和冷凝的交互作用,二

次流动强度明显增加,同时汽泡附近的液体受到汽泡生长和运动的影响,如图 2(b)中的矩形区域,该影响区域内的微对流会被大大强化,从而增强壁面附近的换热。在 $C—C$ 截面内,当两个汽泡位置很接近时,会挤压汽泡之间的液体,从而形成一个速度矢量较大的区域,这种汽泡间的相互作用会进一步强化换热。

汽泡滑移、脱离以及重新粘附过程如图 3 所示(相邻图片时间间隔 0.4 ms)。根据 Yeoh[7] 等人对加热壁面上滑移汽泡进行的受力分析,汽泡滑移主要归因于浮力和流动曳力的作用,汽泡脱离主要受表面张力和剪切升力的影响。流道上游半球形汽泡在表面张力作用下粘附在壁面上滑移运动,汽泡滑移作为汽泡的典型特征已经被许多实验所证实[8-10]。下游较大汽泡所受表面张力减小,在剪切升力作用下沿 X 方向被拉伸,有脱离壁面的趋势,但仍然与加热壁面很接近。数值模拟得到的汽泡沿 X 方向的拉伸比率 D_Y/D_X 在 0.8~0.9(图 4),这与 Prodanovic[8] 等人实验观测结果(0.8~0.85)大致相同。在模拟过程中还发现了汽泡的浮升和再粘附过程,如图 3 中的汽泡 C,汽泡在脱离壁面2 ms 左右后重新粘附到壁面上,这种汽泡浮升后又重新粘附到壁面上的现象在 Okawa[9] 等人的实验中也有报道,但这种现象在本次模拟中不是典型汽泡特性。

3.2　压力和热流密度对汽泡特性的影响

在不同的工况参数下,由于物性参数或者加热条件的改变,汽泡特征也会受到影响。图 5(图中 1~5 为汽泡编号)对比了不同压力和热流密度下典型的汽泡特征。在相同热流密度条件下,系统压力从 0.1 MPa 升至 1.0 MPa 后汽泡的尺寸有所减小[图 5(a)、图 5(b)]。其主要原因在于,压力是影响单位体积蒸汽产生所需热量的主要影响参数。随着压力升高,汽化潜热有所降低,但蒸汽密度随压力升高明显增大。根据表 1 数据可以计算得到压力为 0.1 MPa 和 1.0 MPa 时,产生单位体积蒸汽所需的热量分别为 1348.3 kJ·m^{-3} 和 10485.5 kJ·m^{-3},后者约为前者的 8 倍。所以在相同的热流密度下,低压下汽泡尺寸会更大。

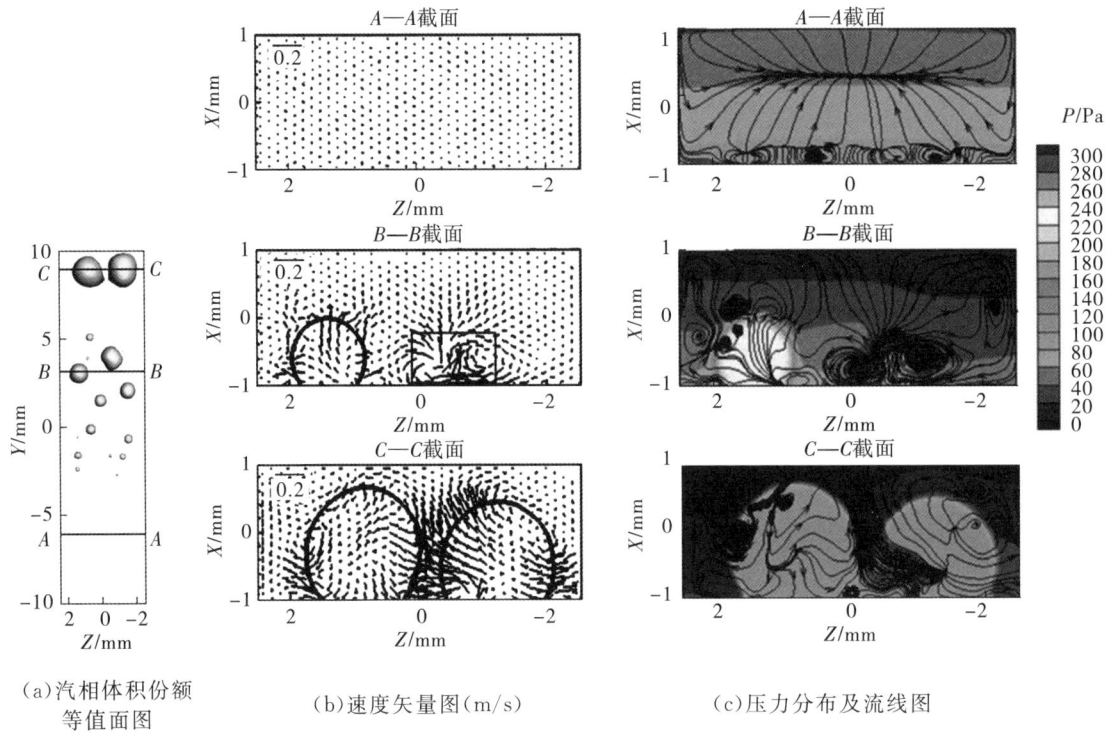

（a）汽相体积份额
等值面图

（b）速度矢量图(m/s)

（c）压力分布及流线图

图 2 工况 2 下，$\tau=90$ ms 时不同截面处流场特性

Fig. 2 Flow Characteristics at Different Cross Section in Case 2 When $\tau=90$ ms

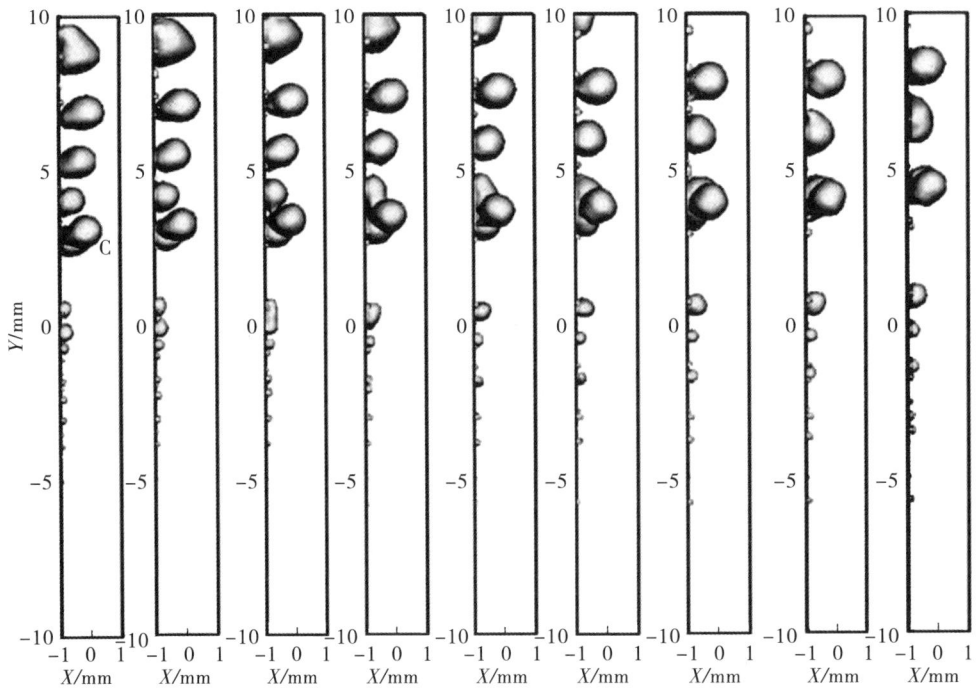

图 3 工况 2 下典型汽泡特征

Fig. 3 Typical Bubble Characteristics in Case 2

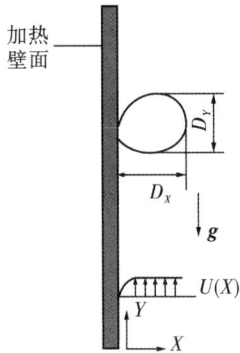

D_X、D_Y——汽泡横向及纵向长度，m。

图 4　竖直加热壁面上滑移汽泡示意图

Fig. 4　Sketch Map of Sliding Steam Bubble on Vertical Heat Wall

在相同压力下，壁面热流密度从 300 kW·m^{-2} 升至 500 kW·m^{-2} 时，汽泡的生长和聚合过程如图 5(a) 和图 5(c) 所示。从图 5(a) 可以看出，在较低的热流密度条件下，汽泡直径一般都不超过 2 mm。在表面张力的作用下，汽泡多维持半球形。随着热流密度增加[图 5(c)]，壁面附近的沸腾现象更为

剧烈。在下游较小的汽泡聚合形成较大的汽泡之后，表面张力的作用减弱，同时受到流道间隙的限制，汽泡变形更严重，而上游没有发生聚合的汽泡由于尺寸较小仍然维持半球形。另外当 $D_X > 1$ mm 时，汽泡会受到来流冲击而发生形变，如图 5 中的汽泡 1 和汽泡 2。模拟过程还发现，在不同的工况下，大多数核化点都位于上游加热壁面处，而在下游核化点很少，其原因可能在于汽泡滑移增强了下游壁面附近的换热，从而抑制下游壁面上核化现象的发生。

从上述三种工况中各选取一个汽泡，如图 5 中汽泡 3、4、5，得到汽泡生长曲线（图 6）。当热流密度不变时，对比汽泡 3 和汽泡 4 的生长曲线，可以看出汽泡直径和生长速度都随压力升高而降低，这与袁德文[11]等的研究结论相同。当压力不变时，对比汽泡 3 和汽泡 5 的生长曲线可以看出，在较高热流密度下汽泡具有较大的尺寸和生长速度。当 $\tau < 2$ ms 时，汽泡在核化点处固定生长；当 $\tau > 2$ ms 时，汽泡在壁面上滑移生长。图中"▲"和"■"点表示汽泡与邻近汽泡发生聚合。汽泡生长模拟结果与 Forster[12]

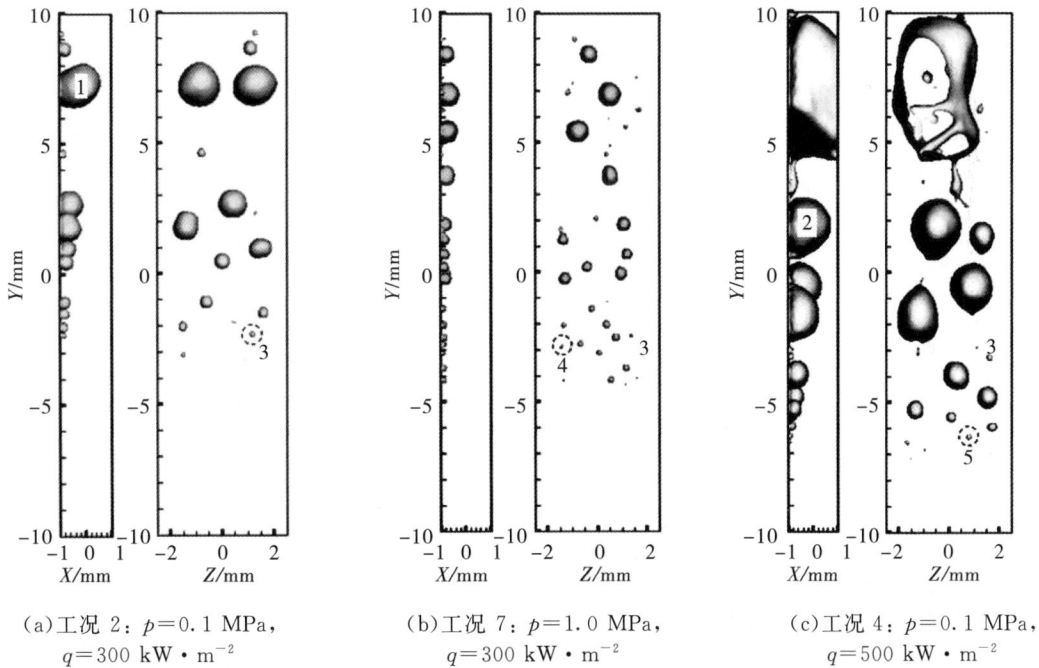

(a) 工况 2：$p = 0.1$ MPa，$q = 300$ kW·m^{-2}

(b) 工况 7：$p = 1.0$ MPa，$q = 300$ kW·m^{-2}

(c) 工况 4：$p = 0.1$ MPa，$q = 500$ kW·m^{-2}

图 5　$\tau = 86$ ms 时不同工况参数下典型汽泡特征对比

Fig. 5　Comparison of Typical Bubble Characteristics in Different Cases

等人解析表达式计算所得到的结果吻合良好。图 7
给出了热流密度不变的情况下,沸腾起始点附近壁
面温度随压力的变化情况。从图中可以看出,当热
流密度不变时,壁面温度随压力升高逐渐增大。模
拟结果与文献[13]中的 McAdams、Jens-Lottes 以及
Thom 关系式进行对比,模拟值与各个关系式计算值

误差很小,与 Thom 关系式符合最好。

图 8 为不同热流密度和压力条件下 1 s 内出口
截面处平均空泡份额的变化。从图中可以看出,出
口处空泡份额随热流密度增加和压力降低逐渐增
大,其主要原因是在较高热流密度和较低系统压力
下,沸腾强度更为强烈。

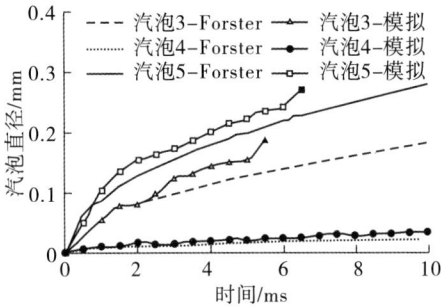

图 6　不同工况下汽泡生长曲线
Fig. 6　Bubble Growth in Different Cases

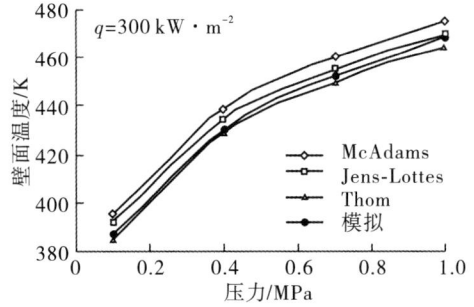

图 7　ONB 点附近壁面温度随压力的变化
Fig. 7　Variation of Wall Temperature with
Pressure Near ONB

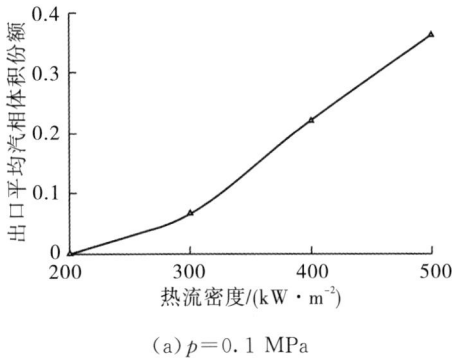

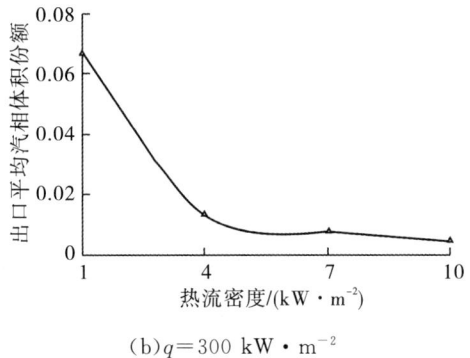

(a) $p=0.1$ MPa

(b) $q=300$ kW·m^{-2}

图 8　热流密度和压力对出口截面空泡份额的影响
Fig. 8　Effect of Heat Flux and Pressure on Volume Fraction at Outlet

4　结　论

采用 VOF 模型,结合用户自定义函数对相变
的质量及能量传递进行描述,对竖直矩形窄通道内
过冷流动沸腾进行了数值模拟。结果表明:

(1)在垂直于主流流动方向的截面内,存在二
次流动现象。单相区二次流动主要是由加热壁面
附近的微对流产生,而在孤立汽泡区二次流动主要

是由蒸发和冷凝的交互作用产生,这种二次流动会
增强扰动,强化换热。

(2)汽泡滑移作为汽泡的典型特征,会增强下
游区域的换热,从而抑制下游核化点的产生。在滑
移过程中也伴随有汽泡浮升和再粘附的过程,其机
理跟表面张力和剪切升力的相互作用有关。

(3)在相同热流密度下,压力升高会造成产生单
位体积蒸汽所需的热量增加,从而使汽泡体积减小;
在相同压力下,汽泡大小随热流密度增加而增加。

（4）汽泡在滑移过程中逐渐长大，并与邻近汽泡聚合形成更大的汽泡团。上游的孤立汽泡由于尺寸小，在表面张力作用下呈半球形；而下游聚合形成的大汽泡则由于表面张力作用减弱和主流冲击作用有较大变形。

（5）单个汽泡生长曲线和 ONB 点附近壁面温度模拟结果与已发表文献中的关系式计算结果吻合良好。在其他参数不变的情况下，热流密度增加和系统压力降低都会使出口截面处的平均空泡份额值增加。

参考文献：

[1] YANG Z, PENG X F, YE P. Numerical and experimental investigation of two phase flow during boiling in a coiled tube [J]. International Journal of Heat and Mass Transfer, 2008, 51：1003 –1016.

[2] SON G, DHIR V K. Numerical simulation of nucleate boiling on a horizontal surface at high heat fluxes [J]. International Journal of Heat and Mass Transfer, 2008, 51：2566 – 2582.

[3] YANG Z L, DINH T N, NOURGALIEV R R, et al. Numerical investigation of bubble coalescence characteristics under nucleate boiling condition by a Lattice-Boltzmann model [J]. International Journal of Thermal Sciences, 2000, 39：1 –17.

[4] HEO S, KOSHIZUKA S, OKA Y. Numerical analysis of boiling on high heat-flux and high subcooling condition using MPS-MAFL [J]. International Journal of Heat and Mass Transfer, 2002, 45：2633 – 2642.

[5] HIRT C W, NICHOLS B D. Volume of fluid（VOF）method for the dynamics of free boundaries [J]. Journal of Computational Physics, 1981, 39：201 – 225.

[6] LEE W H. A pressure iteration scheme for two-phase flow modeling [C]// VEZIROGLU. Multiphase transport fundamentals, reactor safety, applications：Vol. 1. Washington：Hemisphere Publishing, 1980.

[7] YEOH G H, TU J Y. A unified model considering force balances for departing vapour bubbles and population balance in subcooled boiling flow [J]. Nuclear Engineering and Design, 2005, 235：1251 – 1265.

[8] PRODANOVIC V, FRASER D, SALCUDEAN M. Bubble behavior in subooled flow boiling of water at low perssures and low flow rates [J]. International Journal of Multiphase Flow, 2002, 28：1 – 19.

[9] TOMIO O, TATSUHIRO I, ISAO K, et al. An experimental study on bubble rise path after the departure from a nucleation site in vertical upflow boiling [J]. Experimental Thermal and Fluid Science, 2005, 29：287 – 294.

[10] THORNCROFTA G E, KLAUSNERA J F, MEI R. An experimental investigation of bubble growth and detachment in vertical upflow and downflow boiling [J]. International Journal of Heat and Mass Transfer, 1998, 41：3857 – 3871.

[11] 袁德文，潘良明，陈德奇，等. 窄流道内压力对汽泡动力学特性的影响 [J]. 工程热物理学报, 2009, 30(4)：605 – 607.

[12] FORSTER H K, ZUBER N. Growth of vapor bubbles in superheated liquid [J]. Journal of Applied Physics, 1954, 25：474 – 478.

[13] TANAKA F, HIBIKI T, SAITO Y, et al. Heat transfer study for thermal-hydraylic design of the solid-target of spallation neuron source [J]. Journal of Nuclear Science and Technology, 2001, 38(10)：832 – 843.

VOF Simulation of Bubble Characteristics of Subcooled Flow Boiling

Wei Jinghua[1], Pan Liangming[1], Yuan Dewen[2], Yan Xiao[2], Huang Yanping[2]

1. Key Laboratory of Low-Grade Energy Utilization Technologies and Systems (Chongqing University), Ministry of Education, Chongqing, 400044, China;

2. CNNC Key Laboratory on Nuclear Reactor Thermal Hydraulics Technology, Nuclear Power Institute of China, Chengdu, 610041, China

Abstract: Subcooled flow boiling in vertical rectangular channel under different pressure and heat flux was numerically investigated based on CFD. The phase change process was accomplished through the user defined function (UDF) to describe the mass and energy transportation, and the interface of liquid and vapor was captured by the volume of fluid (VOF) method. The results reveal that the interaction of evaporation and condensation in the cross section perpendicular to the flow direction forms the secondary flow, and enhances the natural convection near the wall. The bubble grows up in the sliding process, and merges with the adjacent ones to form bigger one, which has greater deformation. The bubble sliding enhances the heat transfer in the down stream and restrains the nucleation. With the higher pressure and lower heat flux, the bubble size, growth rate and the average void fraction at the outlet will be reduced. The simulation results of bubble growth and the wall temperature near the onset of boiling (ONB) agree well with the correlations in the literature.

Key words: Phase change, Secondary flow, Bubble sliding, VOF model, Lee model, Numerical simulation

作者简介:

魏敬华(1986—),男,2010 年毕业于重庆大学核科学与技术专业,获硕士学位。现从事沸腾换热模拟及电站锅炉的研究。

粒子群遗传算法及其应用

刘成洋,阎昌琪,王建军,刘振海

哈尔滨工程大学核安全与仿真技术国防重点学科实验室,哈尔滨,150001

摘要:针对标准粒子群算法在处理非线性约束优化问题时存在收敛速度慢和易陷入局部最优的缺点,设计了一种粒子群遗传算法。该算法采用可行性原则处理约束条件,避免罚函数法中惩罚因子选取的困难;随机产生初始可行群体,加快粒子群收敛速度;引入遗传算法的交叉和变异策略,避免粒子群陷入局部最优。通过对典型测试函数的优化计算,表明粒子群遗传算法有较好的优化性能。将该算法应用在核动力装置优化中,优化效果显著。

关键词:粒子群遗传算法;核动力装置;优化设计

中图分类号:TL353   **文献标志码**:A

0 引言

遗传算法(GA)和粒子群算法(PSO)是两种计算速度较快且较易实现的算法,已经广泛应用于核工程设计中[1-4]。在实际应用时,如何加快这两类算法的收敛速度和避免出现提前收敛[5,6]是大多数研究人员所关注的重点。

笔者在研究分析各种改进 GA 和 PSO 算法研究的基础上,提出一种粒子群遗传算法(PSGA)。PSGA 以 PSO 为主体,在约束处理方面,采用可行性原则[7]进行约束处理;利用随机方法产生初始可行群体,加快粒子群算法的收敛速度[8];引入遗传算法中的交叉和变异策略并改进交叉算子,避免粒子群陷入局部最优。最后,利用复杂的标准测试函数,对该算法的有效性进行了验证,并将 PSGA 应用在核动力装置优化设计上,取得了一定的优化结果。

1 粒子群遗传算法简介

1.1 标准粒子群算法

在标准粒子群算法中,单个粒子,如 $X_i = \{x_{i,1}, x_{i,2}, \cdots, x_{i,D}\}$ 通过跟踪两个极值($p_{i,d}^{\text{best}}, g_d^{\text{best}}$)来更新自己。其中 $p_{i,d}^{\text{best}}$ 表示第 i 个个体极值的第 d 维变量,g_d^{best} 表示当代全局极值的第 d 维变量。粒子变量速度和位置的更新方式为

$$v_{i,d}^{(k+1)} = w^{(k+1)} \times v_{i,d}^{(k+1)} + c_1 \times r_1 \times (p_{i,d}^{\text{best}} - x_{i,d}^{(k)})$$
$$+ c_2 \times r_2 \times (g_d^{\text{best}} - x_{i,d}^{(k)}) \tag{1}$$

$$x_{i,d}^{(k+1)} = x_{i,d}^{(k)} + v_{i,d}^{(k+1)} \tag{2}$$

式中,d 为优化变量数;$v_{i,d}^{(k)}$ 是第 i 个粒子第 d 维变量在第 k 次迭代中的速度;r_1、r_2 是介于 $(0,1)$ 的随机数;$x_{i,d}^{(k)}$ 是第 i 个粒子第 d 维变量在第 k 次迭代中的位置;c_1 和 c_2 是学习因子;$w^{(k)}$ 是惯性权重,且 $w^{(k+1)} = w_0 - w_1 \times k/K$($w_0$、$w_1$ 为设定的初始权重值,K 为设定的总迭代次数,k 为迭代次数)。

1.2 可行性判断规则

适应度表示个体 X 对环境的适应程度,分为两类:一类为针对被优化的目标函数的目标型适应度;另一类为针对约束函数的约束型适应度。其中目标型适应度和约束型适应度分别表示为式(3)和式(4):

$$F_o(X_i) = f(X_i) \tag{3}$$

$$F_{sc}(X_i) = \sum_{i=1}^{m} s_i F_c(X_i) \tag{4}$$

$$F_c(X_i) = \begin{cases} 0 & g_i(X_i) \leqslant 0 \\ g_i(X_i) & g_i(X_i) > 0 \end{cases} \tag{5}$$

式中,s_i 为不同约束条件的权重,$\sum_{i=1}^{m} s_i = 1$,m 为约束函数个数,$0 \leqslant s_i \leqslant 1$;$X_i$ 代表单个粒子。

对于求最小值的约束优化问题,对群体中所有粒子按照适应度进行排序,基本规则是:①首先比较粒子的约束型适应度,如果两个粒子约束适应度都为 0,即两个粒子都在可行域内,那么目标型适应度小的粒子排序靠前;②如果一个粒子在可行域内,而另一个在可行域外,那么可行域内的粒子排序靠前;③如果两个粒子都在可行域外,那么违反约束程度较小的粒子排序靠前。

与通常的罚函数方法相比,这种方法的优点是可行点总是优于非可行点的目标型适应度,且无需变换优化目标的适应度到大于零,使用较为简单。

1.3　改进交叉算子

笔者设计了一种新的交叉算子,基本思想是在交叉之后,一点落于进行交叉的两父代之间,一点落于靠近较好的父代的一侧,使解向好的方向发展,并且都是可行解。

从每代个体中根据交叉概率选择两个个体 $X_a^{(k)} = \{x_{a,1}^{(k)}, x_{a,2}^{(k)}, \cdots, x_{a,d}^{(k)}\}$,$X_b^{(k)} = \{x_{b,1}^{(k)}, x_{b,2}^{(k)}, \cdots, x_{b,d}^{(k)}\}$ 进行交叉操作;其中 $X_a^{(k)}$ 为排序靠前的粒子,$X_b^{(k)}$ 为任意选择的个体,$x_{a,d}^{(k)}$、$x_{b,d}^{(k)}$ 为两个个体中进行交叉的基因;交叉操作后对应的基因为 $x_{a,dd}^{(k)}$、$x_{b,dd}^{(k)}$。

具体交叉策略如下式所示:

$$x_{a,dd}^{(k)} = \begin{cases} x_{a,d}^{(k)} + cR(x_d^{\max} - x_{a,d}^{(k)}) & x_{a,d}^{(k)} > x_{d,d}^{(k)} \\ x_{a,d}^{(k)} + cR(x_d^{\min} - x_{a,d}^{(k)}) & x_{a,d}^{(k)} \leqslant x_{d,d}^{(k)} \end{cases}$$

$$(6)$$

$$c = \begin{cases} 1 & \text{其他} \\ 1 - k/K & \text{当 } x_{a,d}^{(k)} = x_{b,d}^{(k)} \end{cases}$$

式中,R 为 $[0,1]$ 之间的随机数;$x_d^{\max}$、$x_d^{\min}$ 分别为约束条件中 x_d 的上下限。

1.4　粒子群遗传算法流程

融合可行性规则约束处理技术的粒子群遗传算法具体流程如图 1 所示。每次迭代中,在 PSO 搜索结束后,对粒子进行交叉和变异操作,并保留全局极值和个体极值。当达到规定的迭代次数后,输出全局最优值及其对应的变量值。

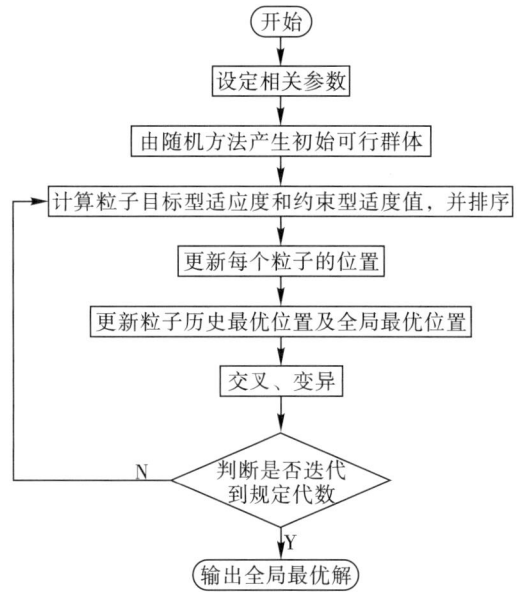

图 1　粒子群遗传算法流程图

Fig. 1　Flow Chart of PSGA

1.5　算法测试

测试函数选用文献[9]中总结的测试函数集 g01 至 g13;这是目前关于约束优化较完整、使用较多的基准测试函数。并以 g06 和 g09 两个函数对算法的有效性进行单独测试。表 1 给出 PSGA 对 13 个测试函数的计算结果,以及与 HM、ASCHEA、CPSO、IPSO 优化方法[10-13]的比较。

由表 1 可以看出,PSGA 对 13 个测试函数的计算结果与理论最优值偏差很小,其中,g08、g11、g12、g13 与理论最优值相等。PSGA 比其他四种算法在 g02、g10、g13 的计算结果上更有优势。

表 2 和表 3 是对函数 g06 和 g09 单独测试的结果。实验参数的选择:$c_1 = c_2 = 2.0$,$w_0 = 0.9$,$w_1 = 0.5$。每个函数分别计算 6 次,给出测试最优值和测试时间。从表中可见,PSGA 用时很短,且计算精度高。

在本文所提出的算法中,由随机方法首先产生初始可行群体可能会消耗一些机器时间,但避免了通过算法内部运算来找到最优点的困难,总体上加速了算法的收敛;可行性原则约束处理方法可以使算法不用针对特定问题而设定惩罚因子,因而扩大了该算法的适用性;交叉算子能增加群体的多样性,可加速使算法找到粒子个体极值和全局极值;变异算子帮助算法跳出局部最优,增加了 PSGA 的全局搜索能力。

表 1　PSGA、HM、ASCHEA、CPSO 和 IPSO 对 13 个测试函数的计算结果的对比

Table 1　Comparison of Calculation Results of 13 Test Functions with PSGA，HM，ASCHEA，CPSO and IPSO

函数	理论最优值	PSGA	HM	ASCHEA	CPSO	IPSO
g01	−15	−14.9992	−14.7864	−15	−15	−14.8704
g02	0.803619	0.80353	0.79953	0.785	0.803432	0.803491
g03	1	1.000009	0.9997	1	1.00472	1.00361
g04	−30665.539	−30665.459	−30664.5	−30665.5	−30665.5	−30665.539
g05	5126.498	5126.702	—	5126.5	5126.64	5126.56
g06	−6961.814	−6961.813	−6952.1	−6961.81	−6961.81	−6961.814
g07	24.306	24.491	24.62	24.3323	24.3511	24.465
g08	0.095825	0.95825	0.095825	0.095825	0.095825	0.095825
g09	680.63	680.671	680.91	680.63	680.638	680.659
g10	7049.3307	7049.513	7147.9	7061.13	7057.59	7057.48
g11	0.75	0.75	0.75	0.75	0.749999	0.75
g12	1	1	—	—	1	1
g13	0.05395	0.05395	—	—	0.068665	0.170852

表 2　PSGA 对函数 g06 测试的结果

Table 2　Test Results of Function g06 with PSGA

最优值	p[①]	50			100		
	K	100	200	300	100	200	300
14.095	x_1	14.0950	14.0951	14.09500	14.09512	14.09515	14.09501
0.84296	x_2	0.84314	0.84329	0.842980	0.843238	0.843254	0.842992
−6961.81	$f(x)$	−6961.6	−6961.4	−6961.79	−6961.50	−6961.48	−6961.77
时间/s		0.1	0.2	0.5	0.3	0.4	1.1

①p 为群体粒子数。

表 3　PSGA 对函数 g09 测试的结果

Table 3　Test Results of Function g09 with PSGA

最优值	p	50			100		
	K	100	200	300	100	200	300
2.3304	x_1	2.51091	2.32194	2.27215	2.36233	2.21337	2.25925
1.9513	x_2	1.93062	1.90451	1.93480	1.90750	1.92505	1.96228
−0.4775	x_3	−0.5729	−0.3060	−0.4639	−0.6617	−0.4558	−0.7208
4.3657	x_4	4.36922	4.48437	4.42268	4.45965	4.46229	4.36415
−0.6244	x_5	−0.6150	−0.6780	−0.6291	−0.5541	−0.6920	−0.6302
1.0381	x_6	1.03530	1.07326	1.09587	1.00061	1.00026	1.00010
1.5942	x_7	1.84875	1.72084	1.59379	1.66661	1.44875	1.54612
680.6300	$f(x)$	681.984	681.832	680.872	681.150	681.539	680.858
时间/s		0.1	0.2	0.4	0.3	0.7	0.9

2　核动力装置数学模型

核动力装置参数之中的任一参数的变化将对其性能有较大影响,目前已有的核动力装置多方案设计方法复杂、工作量大,无法高效解决装置参数优化设计问题,有必要开展核动力装置参数综合优化研究。

为简化装置模型,本文假设核动力装置由一、二回路的 8 个设备组成。这些设备是反应堆堆芯、反应堆压力容器、一回路主管道、蒸汽发生器、稳压器、主汽轮机、主冷凝器和齿轮减速器。其中,反应堆堆芯重量不计入装置总体重量中,其计算模块得到的最小偏离饱和沸腾比(MDNBR)等堆芯设计准则作为核动力装置优化设计的约束条件。核动力装置评价程序流程如图 2 所示。

装置总重量即为除堆芯之外的七种设备之和,可用下式表示:

$$f_w(x) = \sum_{i=1}^{n} \alpha_i W_i(\bar{x}) \qquad (7)$$

式中,α_i 为某种设备的台数;n 为装置中设备种类数;$W_i(\bar{x})$ 为某种设备的重量;$\bar{x}$ 为装置中总体参数。

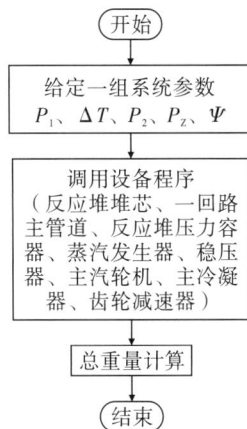

图 2　核动力装置评价程序流程
Fig. 2　Flow Chart of NPP Evaluation Program

3　核动力装置优化设计

利用最优化技术,将装置视为综合体,选取一回路工作压力 P_1、反应堆冷却剂进出口温差 ΔT、二回路饱和蒸汽压力 P_2、冷凝器工作压力 P_z 和汽轮机高低压缸功率比 Ψ 作为设计变量,以装置的重量最小为追求的系统性能目标,利用粒子群遗传算法对其进行优化设计。优化结果表明,在满足核动力装置的设计约束条件下,采用粒子群遗传算法对其参数进行优化后,核动力装置总重量减少了 3%。其中,一回路工作压力减小了 1%,堆芯冷却剂进出口温差增加了 3%,二回路饱和蒸汽压力减小了 3%,冷凝器压力增加了 4%,汽轮机高低压缸功率比减小了 4%。

4　结　论

针对标准粒子群算法的收敛速度慢和提前收敛等问题,本文通过可行性原则处理约束,随机产生初始可行群体,引入遗传算法的交叉变异策略,并对交叉算子进行了改进,发展了一种粒子群遗传算法。通过标准测试函数的检验,以及实际应用,表明粒子群遗传算法有一定的优化作用,但并不突出,并得出以下结论:

(1)粒子群遗传算法能很好地处理多变量、多约束的非线性约束优化问题,随机产生初始可行群

体和遗传算法的引入提高了标准粒子群算法寻优能力。

(2)对核动力装置的优化设计表明,核动力装置有很大的优化空间,现有核动力装置的设计参数不是所有约束集合中的最优方案,在满足正常运行的约束条件下应用优化理论的思想,寻找优化变量的最佳匹配可减小核动力装置的重量。

(3)混合算法是优化算法的发展方向,本文的算法还需要在多目标处理上进行改进。

参考文献:

[1] HOLLAND J H. Adaptation in natural and artificial systems [M]. Ann Arbor: The University of Michigan Press, 1975.

[2] KENNEDY J, EBERHART R C. Particle swarm optimization [C]//PISCATAWAY . IEEE international conference on neural networks. New Jersey: IEEE, 1995: 1942-1948.

[3] GOMEZ A, PIBOULEAU L. Multiobjective genetic algorithm strategies for electricity production from generation Ⅳ nuclear technology [J]. Energy Conversion and Management, 2010, 51(4): 859-871.

[4] SACCO W F, LAPA C M F. A niching genetic algorithm applied to a nuclear power plant auxiliary feedwater system surveillance tests policy optimization[J]. Annals of Nuclear Energy, 2006, 33(9): 753-759.

[5] WANG L, TANG D B. An improved adaptive genetic algorithm based on hormone modulation mechanism for job-shop scheduling problem [J]. Expert Systems with Applications, 2011, 38(6): 7243-7250.

[6] HE Q, WANG L. A hybrid particle swarm optimization with a feasibility-based rule for constrained optimization[J]. Applied Mathematics and Computation, 2007, 186(2): 1407-1422.

[7] ARUMUGAM M S, RAO M V C. On the improved performances of the particle swarm optimization algorithms with adaptive parameters, cross-over operators and root mean square (RMS) variants for computing optimal control of a class of hybrid systems[J]. Applied Soft Computing, 2008, 8(1): 324-336.

[8] 王福林,吴昌友,杨辉. 用遗传算法求解约束优化问题时初始种群产生方法的探讨[J]. 东北农业大学学报, 2004, 35(5): 608-611.

[9] RUNARSSON T P, YAO X. Stochastic ranking for constrained evolutionary optimization[J]. IEEE Transactions

on Evolutionary Computation, 2000,4(3):284 – 294.

[10] KOZIEL S, MICHALEWICZ Z. Evolutionary algorithm, homomorphous mappings, and constrained parameter optimization [J]. Evolutionary Computation, 1997, 7(1): 19 –44.

[11] HAMIDA S B, SCHOENAUER M. ASCHEA: new results using adaptive segregational constraint handling [C]// PISCATAWAY. Proceedings of the congress on evolutionary computation. New Jersey: IEEE, 2002: 884 – 889.

[12] PULIDO G T, COELLO C A. A constraint-handling mechanism for particle swarm optimization [C]//Anon. Proceedings of the congress on evolutionary computation. Portland: IEEE, 2004: 1396 – 1403.

[13] 吴茜. 基于约束优化和动态优化的粒子群算法研究[D]. 湘潭:湘潭大学, 2007.

Particle Swarm Genetic Algorithm and Its Application

Liu Chengyang, Yan Changqi, Wang Jianjun, Liu Zhenhai

National Defense Key Discipline Laboratory of Nuclear Power Safety and Simulation Technology,
Harbin Engineering University, Harbin,150001, China

Abstract: To solve the problems of slow convergence speed and tendency to fall into the local optimum of the standard particle swarm optimization while dealing with nonlinear constraint optimization problem, a particle swarm genetic algorithm is designed. The proposed algorithm adopts feasibility principle handles constraint conditions and avoids the difficulty of penalty function method in selecting punishment factor, generates initial feasible group randomly, which accelerates particle swarm convergence speed, and introduces genetic algorithm crossover and mutation strategy to avoid particle swarm falls into the local optimum. Through the optimization calculation of the typical test functions, the results show that particle swarm genetic algorithm has better optimized performance. The algorithm is applied in nuclear power plant optimization, and the optimization results are significantly.

Key words: Particle swarm genetic algorithm, Nuclear power plant, Optimization design

作者简介:

刘成洋(1987—),男,博士研究生。2009 年毕业于哈尔滨工程大学核工程与核技术本科专业,获学士学位。现主要从事核动力装置性能与设备优化研究工作。

热管冷却反应堆的兴起和发展

余红星[1]，马誉高[1,2]，张卓华[1]，柴晓明[1]

1. 中国核动力研究设计院核反应堆系统设计技术重点实验室，成都，610213；

2. 清华大学工程物理系，北京，100084

摘要：热管冷却反应堆采用固态反应堆设计理念，通过热管非能动方式导出堆芯热量。本文总结了热管冷却反应堆的概念初创、积极探索、重大突破的发展历程；分析了热管冷却反应堆的技术特点，包括固态属性、固有安全性高、运行特性简单、易于模块化与易扩展和运输特性良好等核心优势；归纳了热管冷却反应堆中热管性能、材料工艺、能量转换等技术现状，并提出热管冷却反应堆进一步发展将面临的材料、制造工艺、运行可维护性等挑战，从而明确了热管冷却反应堆未来的发展趋势，为革新型热管冷却反应堆技术的发展与应用提供良好的方向指引。总体而言，热管冷却反应堆在深空探测与推进、陆基核电源、深海潜航探索等场景中具有广阔的应用前景，有可能成为改变未来核动力格局的颠覆性技术之一。

关键词：热管冷却；固态反应堆；模块化设计；非能动安全

中图分类号：TL429　　　　**文献标志码**：A

0　背　景

热管冷却反应堆是指反应堆一回路系统不采用冷却剂回路式布置方式，而采用热管将堆芯产生的热量传导至二回路系统或热电转换装置的固态反应堆。

热管冷却反应堆运行时，反应堆产生的裂变能被传导给布置在堆芯中的金属热管蒸发段，通过热管内部工质的蒸发、冷凝过程以及自然循环流动，将热量从堆芯传导至热电转换装置/二回路系统的热端，热电转换装置/二回路系统将热能转换为电能后，剩余的废热通过冷却器或辐射散热器排出至最终热阱(大气或环境)。

图1为典型热管冷却反应堆示意图，其设计结构包含一个排布有燃料棒和热管的紧凑布置反应堆，堆芯布置方式一般为六边形。堆芯的外侧与前端面布置有反射层与屏蔽层。热管冷却反应堆的控制棒一般采用旋转控制鼓的设计方案，控制鼓的周向上设置有其他材料的反射层，以实现控制鼓旋转时对反应堆功率的调节。

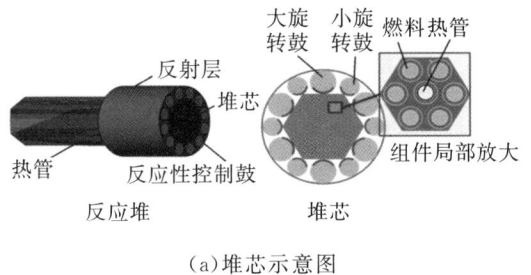

(a) 堆芯示意图

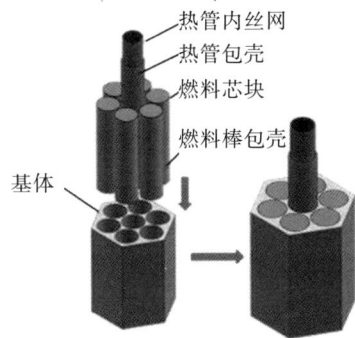

(b) 单个模块的结构

图 1　典型热管冷却反应堆示意图

Fig. 1　Schematic Diagram of Typical Heat Pipe Cooled Reactor

20世纪60年代,为简化反应堆设计,提高空间核反应堆的固有安全特性,洛斯阿拉莫斯国家实验室(LANL)提出了采用高效的热管导热元件的新型空间核反应堆设计概念,即热管冷却反应堆设计概念[1]。热管最早应用于热离子核反应堆的设计中,用来导出堆芯热量,维持反应堆的温度。后来,LANL的研究者们进一步将热管冷却反应堆堆芯导热与热电转换技术结合,并逐渐形成燃料棒、热管相互间隔排布的热管冷却反应堆设计理念[2,3]。

目前,LANL等实验室开展的热管冷却反应堆方案与关键技术研究[4-7]已经证实了热管冷却反应堆具有固有安全特性、成熟技术基础的可借鉴性以及较小的比质量等特性。热管冷却反应堆已逐步成为未来空间核动力与新型核动力技术应用的一种优选堆型。同时,热管冷却反应堆技术也有可能为我国不同应用场景下的小型化、无人化核动力平台的研发提供思路。本文将从热管冷却反应堆的发展历程、特点、技术研究现状、面临的挑战与发展等四个方面对热管冷却反应堆进行分析和总结,给出热管冷却反应堆技术的未来发展与应用方向。

1 热管冷却反应堆的发展历程

热管冷却反应堆技术的发展大体经历了概念初创、积极探索、重大突破三个历史阶段。

1.1 概念初创阶段(1960—2000年)

热管冷却反应堆的设计理念最早于20世纪60年代提出,因其模块化的设计思想、简化的反应堆结构设计、良好的固有安全特性与瞬态响应特性等特点,迅速受到核科学家的关注。围绕热管冷却反应堆的技术研发,以美国为例,开展了碱金属高温热管、耐高温核材料、耐高温燃料、热电转换等关键技术研究,获得了诸多技术突破与研究成果。由于热管冷却反应堆堆芯功率密度相对偏低,且当时热电转换技术受限,热管冷却反应堆技术一直未受到美国军方与航天部门的重视。此后,空间核反应堆相关技术的研发随冷战的结束与太空军备计划的废除而停滞,热管冷却反应堆技术的研发也随之搁置。与此同时,国内也进行了热管冷却反应堆概念的初步探索:1980年,清华大学的袁乃驹教授[8]发表了国内第一篇讨论热管在核工程领域应用形式与应用前景的文章;1995年,海军工程大学的蔡章生与刘德楚[9]探索了一种改进型压水堆一体化反应堆设计方案,该方案中拟采用热管将热量直接由堆芯传往二次侧的导热方式。

1.2 积极探索阶段(2000—2012年)

在21世纪初,由于美国空间探索计划的重新制定与提出,热管冷却反应堆重新受到关注。2002年,LANL提出了"HOMER"[10,11]热管冷却反应堆设计方案,该反应堆中热管与燃料元件以1∶3的比例呈六边形排布,初步奠定了标准化的热管冷却反应堆设计"基本型"。同时,该实验室还提出了小功率(千瓦级)热管冷却反应堆设计形式"Kilopower"[4,5,12]。此后,根据不同的应用对象与功率等级需求,诸多研究机构基于"HOMER"设计形式提出了SAIRs[13]、HP-STMCs[14]、LEGO[15]、MSR[16]以及MegaPower[17]等热管冷却反应堆设计方案,将热管冷却反应堆的应用向空间核动力、星表核电源、陆基移动核电源等领域进行拓展,逐步将热管冷却反应堆的设计功率从100 kW扩大至兆瓦级,形成了型谱化、系列化的热管冷却反应堆设计研发体系与技术基础。在该阶段,研究者们还开展了热管运行特性、热管与热电转换装置耦合运行特性试验研究[4-7]。

1.3 重大突破阶段(2012年至今)

在热管冷却反应堆技术储备基础上,相关研究者加快了试验论证与演示的步伐,并围绕千瓦级热管冷却反应堆开展了带核集成演示验证试验研究。2012年9月,LANL与美国国家航空航天局的格伦研究中心(GRC)成功开展了热管冷却反应堆的带核试验验证研究(DUFF),利用斯特林电机与热管冷却反应堆堆芯实现带核发电,完成热管冷却反应堆40余年研究中的首次带核试验[4]。

2015年,LANL与GRC在DUFF试验基础上开展了千瓦级热管冷却反应堆原型(KRUSTY)的非核试验验证,证实了反应堆运行特性符合预期,并论证了模拟软件分析的准确性。2018年5月2日,LANL宣布完成了KRUSTY的带核试验,包括稳态、瞬态(功率降低)以及事故状态(包括发动机故障和热管失效等)下的运行特性试验研究,证实热管冷却反应堆设计的安全性、实用性。目前,LANL 正基于 KRUSTY 开展千瓦级热管冷却反应堆的空间核反应堆电源工程应用研究。

2 热管冷却反应堆特点

低功率应用场景中,核反应堆往往需要具备体积小、重量轻、可长时间提供可观的功率、安全可靠、系统简单等特点,并要求反应堆在异常工况下不靠人为操作或外部机构的强制性干预,而是依赖于堆芯设计的固有安全性进行自我调节,使反应堆趋于正常运行或安全关闭[18]。而具备固有安全性高、结构简单紧凑、运行压力低、自动化程度高、堆芯寿命长和经济性好等特点的堆型在未来将会得到优先发展[19]。

热管冷却反应堆的众多技术特点使实现这一系列目标成为可能。热管冷却反应堆的特点可归纳为以下方面。

2.1 固态属性

由于热管传热是非能动的,热管冷却反应堆接近固态,无流动系统也无需流体相关辅助系统,与轻水堆、液态金属堆以及高温气冷堆相比节省了泵阀的设计和相关的管路、腔室的设计。热管冷却反应堆系统组成包括反应堆本体、高温热管、热电转换装置、废热排出系统、用电负载、备用负载与可靠电源。相比其他类型反应堆,系统显著简化。同时,热管冷却反应堆往往采用高富集度的燃料,使用快中子能谱和高反射堆芯布置,能进一步减小反应堆堆芯的尺寸和重量。

2.2 固有安全性高

在大多数现有的反应堆设计中,通常使用单一的冷却剂将裂变产生的热量从反应堆堆芯中取出。安全性通过预防反应堆失去循环冷却剂或失去流体传热能力实现,通常需要泵、电气等冗余设备,或者采用非能动部件。在热管冷却反应堆中,使用热管本身固有的物理性质将热量从堆芯中除去,具有非能动安全特性。同时,热管冷却反应堆中的各个热管独立运行,并且传热能力留有较大设计裕量,

当发生单根热管或数根热管传热失效后,热量仍可由临近的热管导出堆芯,因此可避免单点失效的问题[20]。而气冷及液态金属冷却方式反应堆,存在回路管道泄漏失效模式,系统失效概率远大于热管冷却反应堆[20]。并且,热管冷却反应堆接近固态,无泵阀,系统简单,减少了初因事件,比带有许多移动部件的反应堆设计更加可靠。

相比液态冷却堆芯系统,采用固态整体堆芯的热管冷却反应堆还可以避免在液态冷却堆芯中液体沸腾时可能出现的空泡效应,从而引入正反应性的问题。在运行压力方面,热管冷却反应堆无需加压,避免了轻水堆、气冷堆等反应堆高压系统中可能出现的减压事故。

热管冷却反应堆具有堆芯外换热的特点,堆芯外流体不与堆芯直接接触,基本没有腐蚀问题。在堆芯熔毁的情形下,热管本身可以作为一层放射性屏蔽,更好地实现了放射性包容。

2.3 运行特性简单

热管冷却反应堆通常采用快堆堆芯,与水堆等热中子反应堆相比,小型快堆具有简单和反应反馈机制可预测的特点,因此热管冷却反应堆易于实现负荷跟随。与液态金属冷却快堆相比,热管不需要提前熔化冷却工质,在反应堆发热升温后可实现工质的自动熔化与启动,有较好的启堆与停堆再启动特性。

同时,由于热管不依赖泵的运转,热量传导与瞬态响应速度较快,因此热管冷却反应堆可适用于需要进行快速变工况运行的情景,且允许反应堆在材料热工限制范围内短时间超额定功率运行。

2.4 易于模块化与易扩展

采用模块化设计理念,设计简便,与热电、热力转换系统接口的兼容性高。热管冷却反应堆是一种模块化的反应堆设计理念,通常由含热管的反应堆本体、热电转换装置、辐射屏蔽体、废热排放装置以及功率控制系统等组成,实际需求中可根据电功率需求、应用场景的不同,灵活合理地进行反应堆尺寸的调整以及不同类型模块的搭配,实现快速设计。

对现有核能技术的兼容性好,可实现性高。热

管冷却反应堆中采用的相关技术大部分都是较为成熟的技术(热管、快中子反应堆、辐射屏蔽、热电转换技术)。成熟技术基础的可借鉴性和热管堆的易扩展特性,缩短了热管堆的研发周期,研发成本低。

2.5　运输特性好

热管冷却反应堆由于系统上的大量简化,整体的质量、体积显著小于传统的压水堆,具有体积小、重量轻、适合运输的特性。而与之相比的模块化铅/铅铋快堆虽也可运输,但堆芯内有需要固化的铅/铅铋,因此重量大,同时为保证自然循环能力的系统高位差,铅/铅铋快堆的体积也大于热管堆;钠冷快堆同样存在由系统高位差带来的体积问题。

此外,在实际运输中可能存在颠覆、翻转等情形,由于热管冷却反应堆的固态传热特点,放置朝向问题比液态冷却反应堆少很多。热管理论上可以在任何姿态下移除热量,不同姿态仅影响热管的传热极限性能。

3　热管冷却反应堆中的技术现状

热管冷却反应堆作为一种新型堆芯,除概念方案设计外,以 LANL 为主的实验室还进行了大量用于热管冷却反应堆的核材料理论设计与实验考验研究,获得了较为成熟的热管冷却反应堆燃料元件设计技术、热电转换技术、反应堆材料研究成果以及诸多设计方案。

3.1　热管材料及性能指标

热管冷却反应堆使用的主要是高温热管。高温热管是指工质工作温度大于 730 K 的热管。目前高温热管应用各种碱金属作为工质,如钾、钠、锂,三者工作温度区间分别为 600～900 K、700～1100 K、1000～1600 K[21]。

在热管中,评判工质的热物理性能的主要指标为液相传输系数[22]。图 2 给出了在 200～1800 K 温度范围内一些典型热管工质的液相传输系数及其熔点数据。从液相传输系数来看,水并不适用于高温热管的设计;而碱金属间,锂液相传输系数最优,钾次之。

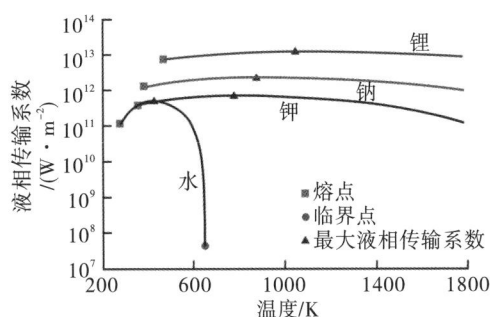

图 2　典型热管工质的液相传输系数随温度变化曲线[22]

Fig. 2　Figure-of-Merit of Typical Liquid Working Fluids

3.2　热管材料的选取

碱金属热管的包壳和吸液芯的材料选取需要考虑热管的运行温度、热管工质的饱和蒸汽压力、工质种类、热管的运行环境、反应堆的中子辐照特性、反应堆的运行模式以及反应堆的寿期与燃耗深度等。

针对适用于空间反应堆的碱金属热管已开展了一系列原理性实验研究和可靠性研究。对于热管包壳材料,实验研究结果[22]给出了不同温度范围内的热管包壳材料的选择建议。对于温度范围小于1000 K的热管设计,不锈钢是比较合适的包壳材料;对于温度范围为 900～1150 K 的热管设计,镍基合金是比较合适的包壳材料;对于温度小于1500 K的热管设计,铌基合金是更加合适的包壳材料;对于温度小于1800 K的热管设计,钼基合金是比较好的包壳材料;对于温度小于2200 K的热管,钽基与钨基合金是合适的热管包壳材料;对于更高的温度,碳素纤维材料是最合适的热管包壳材料。

3.3　燃料包壳与结构材料

燃料包壳材料与结构材料可以统归为一类。应用在热管冷却反应堆中的包壳结构材料指的是包壳材料、间隙填充材料与结构材料、安全壳材料、冷却剂流道材料、保护容器材料等。热管冷却反应堆中结构材料的选择需要考虑:①必须有很好的制造与焊接特性;②吸收截面小;③较好的热物性能;④具有很好的应力强度与抗蠕变特性;⑤支持长时间运行的材料稳定性;⑥与冷却工质良好的兼容性;⑦良好的抗中子辐照特性。

目前美国的研究者已经尝试过很多类型的材料研究。研究表明,对于温度小于 1000 K 的应用场景,常规的奥氏体不锈钢和镍基合金都是较为合适的包壳结构材料;对于温度大于 1000 K 的应用场景,难熔合金是合适的[23]。但是目前难熔合金在国内的核工程领域应用较少,需要综合衡量国内的制造技术水平,再进行结构材料的选择与技术研究。此外,为了减小热管冷却反应堆的尺寸与重量,其运行温度都较高,因此反应堆的运行温度通常是选择结构材料的首要指标。

3.4 热管冷却反应堆能量转换方式

目前常见的热能与电能的转换方式有两种。

(1)将热能转变为机械能,再通过发电机将机械能转变为电能。由于该种方式使用涡轮机带动发电机发电,有机械转动部件,所以称为动态转换。常见的动态转换方式包括朗肯循环、布雷顿循环与斯特林循环。

(2)直接将热能转换为电能,不需要发电机,没有机械转动部件,也无噪声,称为静态转换。常见的五种静态转换有热电偶转换[24-26]、热离子转换[27]、碱金属转换[28,29]、磁流体发电[30,31]、热声转换[32,33]和热光伏转换[34]。以电功率 100 kW 为设计目标,对不同热电转换技术的转换效率、体积、质量、运行温度以及可靠性与成熟性进行对比分析,对比分析结果如表 1 所示。

表 1 热电转换装置的性能对比表

Table 1　Performance Comparison of Thermoelectric Converter

循环方式	温差发电	热离子发电	碱金属热电转换	磁流体发电	热声转换	斯特林循环	布雷顿循环	朗肯循环
设计电功率/kW	100	100	100	100	100	100	100	100
冷源温度/K	—	—	—	—	300~500	约 300	300~500	700~900
热源温度/K	约 1000	约 1500~3000	约 1000~1400	约 2000~3000	600~1200	约 1000	800~1200	1000~1200
转换效率[35]/%	3~10	6~15	25~30	>20	20~30[33]	>20	>30	15~25
工质[35]	—	—	碱金属	导电流体	He[33]	He	CO_2 或 He-Xe	碱金属
压力/MPa					约 6	10~18	10~30	约 0.3
质量[35]/t	数十吨	0.2~0.5	约 1	<0.1	约 1	约 3	约 2	约 1
可靠性与成熟性	技术成熟,应用广[24]	有工程应用	依赖于固体电解质的制造与技术突破[35]	无法长期稳定运行,适用于脉冲电源[35]	基于封闭气体的热声转换,运行较可靠[32,33]	可靠性需检验	转轴易磨损	技术成熟,但需辅助系统

总体而言,动态热电转换效率高且技术成熟度高;静态转换装置的热电转换效率跨度范围大,采用静态转换方式的系统往往更为简化,可靠性更高,更加适用于无人化、自动化的应用场景,但转换效率通常低于动态转换方式。

从目前的应用实例来看,热声热电转换技术[32,33]在较高温区域能够实现较高效率的热电转换,从原理上看装置运行可靠性高,体积与质量适中,可能是一种比较均衡的热电转换方式。

4 热管冷却反应堆设计的挑战和发展

4.1 热管冷却反应堆设计的挑战

热管冷却反应堆设计大多小于电功率200 kW,

某种程度上这和热管冷却反应堆空间核能的应用历史有关,早期空间核电源的典型功率需求在10～100 kW。当下,越来越多的近兆瓦或高于1 MW的需求和应用场景涌现。为了使热管冷却反应堆的功率达到近兆瓦级或者兆瓦级,同时适用于各个应用场合,研究工作主要面临堆芯制造工艺挑战、热管技术与制造工艺挑战、基体和包壳等材料技术挑战、热管冷却反应堆的可维护性技术挑战和固有安全设计的挑战。

4.1.1 堆芯制造工艺挑战

固态堆芯的制造受到工艺条件的限制,所以实际的热管数量是有限的。然而热管冷却反应堆功率与热管数量正相关,反应堆中热管的数量限制是热管冷却反应堆功率提升的潜在障碍。制造工艺的进步和堆芯设计的优化可提高热管堆的功率上限。

4.1.2 热管技术与制造工艺挑战

热管的传热能力不可能无限大。热管的极限传热性能受很多物理过程因素的制约,包括黏性极限、声速极限、毛细极限、携带极限、沸腾极限等[36],如图3所示。热管性能极限取决于热管工质类型、热管几何形状、吸液芯结构和运行温度。需要热管技术制造工艺的进步与新型热管的设计来提升热管的性能极限。

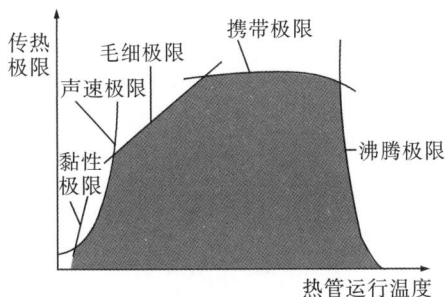

图3 典型热管传热极限示意图[36]

Fig. 3 Schematic Diagram of Heat Transfer Limit for Typical Heat Pipes[36]

4.1.3 基体、包壳等材料技术挑战

热管冷却反应堆采用碱金属热管实现热量导出,本身具有很高的运行温度,功率提升会进一步提高运行温度。堆本体的基体和包壳材料在堆内高辐照、高温的环境下,对材料拉伸强度、抗蠕变强度、屈服强度以及抗辐射脆化的能力要求高,材料长期高温运行的稳定性会受到影响。因此,热管冷却反应堆亟需发展相互兼容的高温耐辐照材料。

4.1.4 热管冷却反应堆的可维护性技术挑战

热管冷却反应堆堆芯采用全固态的装配方式,对尺寸控制的工艺要求很高,同时有运行维护方面的困难。在热态运行和冷态运行不断切换的过程中,热管冷却反应堆本体会因温度变化产生形变。热管冷却反应堆对于装配尺寸要求严苛,这样的形变使其本体很难进行堆芯的维护。堆本体的热膨胀还将带来气隙间距的改变,而固态反应堆的温度分布对气隙间距变化敏感。

4.1.5 固有安全设计的挑战

热管冷却反应堆使用热管将热量从堆芯中带出,在堆芯外冷凝段进行换热。从本质上说,热管传热是一种可以扩大可供传热面积并将该区域转移到反应堆堆芯外区域的手段,可采用多种不同的散热方法。但是热管本身并没有解决最终热阱问题。因此需要结合应用场景,如深海无限热阱、空间无限热阱、陆基空气冷却等环境条件进行合理的设计。

4.2 热管冷却反应堆的发展趋势

热管冷却反应堆技术的主要发展趋势大体上可以概括为以下两个方面。

4.2.1 关键技术性能的改进与提升

热管冷却反应堆技术研发的关键是堆芯、高温热管、热电转换、反应堆核材料、核燃料等基础技术。通过对不同类型燃料组分与包壳及结构材料、热管的理论基础与工艺研制技术的研究,以及先进热电转换装置的探索,进一步提升热管冷却反应堆的先进性。

(1)高温热管方面。锂热管工质密度最低、传热性能最好[37],工作温度为1200～1600 K,反应堆可达到较高的功率密度和能量转换效率,但也带来了耐高温辐照材料选取的难题,需要发展新型材料。此外,未来还可能通过高温热管内部结构的优化与强化换热研究,进一步提升热管性能[38]。超导热管、固态热管等[39-41]新概念热管也都有可能在热管冷却反应堆中应用。

（2）热电转换装置方面。碱金属热电转换[28,29]和磁流体发电[30,31]既具有静态转换无机械转动部件的优势，也具有很高的理论热电转换效率，有望成为未来热管冷却反应堆中采用的能量转换系统。但要实现长期连续运行的技术难度很大，仍需要进一步研究。

4.2.2　热管冷却反应堆多领域、多用途探索

热管冷却反应堆主要的应用场景是深海、空间、星表，不同的应用环境与应用场景下具有不同的技术特点，可利用深海无限热阱、空间无限热阱、星表土壤的辐射屏蔽与反射效果，灵活机动地开展不同形式的技术耦合，设计非能动热管型废热排出系统、辐射散热型废热排出系统以及轻量化的无屏蔽壳模块化反应堆系统，提高热管堆在不同应用形式与领域下的技术竞争力与适用性。

目前来看，热管冷却反应堆因其较好的固有安全特性、模块化的设计理念等，在深空探测与空间电源[25,26]、深空/低轨道推进动力[26,42]、星球表面能源供应[43,44]、深海小型推进器[45]、陆基机动核电源[17,46,47]、用于出口的密封核热源[48,49]、高温制氢[50]等方面具有潜在的适用性与应用价值。不同功率水平的反应堆适用情景如图4所示。

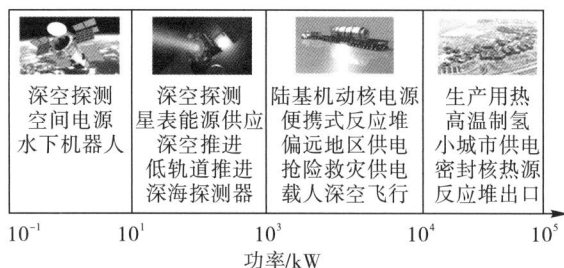

图 4　不同功率水平热管冷却反应堆适用场景

Fig. 4　Scenarios for Heat Pipe Cooled Reactors with Different Power Levels

5　结　论

热管冷却反应堆是一种利用热管将堆芯热量直接传至二次侧的新型反应堆。以往的热管反应堆功率设计往往小于兆瓦级，这与热管冷却反应堆空间核能应用的历史和早期的空间电源功率需求有关。当下，越来越多的接近于或者高于兆瓦量级

的需求和应用场景涌现，例如深空探索与推进、星表能源供应、深海推进器、陆基机动电源、密封核热源反应堆等。

热管冷却反应堆具有固态属性，通过热管非能动方式导出堆芯热量，固有安全性高；同时无流动及相关辅助回路，系统显著简化；具有简单和可预测的反应反馈机制特点，易于实现负荷跟随，运行特性简单；同时模块化的设计理念使系统易扩展，并具有良好的运输特性。这些特性都使热管冷却反应堆有潜力成为上述应用场合的优选方案。

世界各国开展了关于热管冷却反应堆方案与关键技术的众多研究，经历了概念初创（1960—2000 年）、积极探索（2000—2012 年）、重大突破（2012 年至今）三个历史阶段，已形成 1 kW～10 MW 功率区间内较为完整的热管冷却反应堆设计方案型谱。热管冷却反应堆的进一步发展将面临堆芯制造工艺的挑战、高温热管技术挑战与制造工艺挑战、基体/包壳等材料技术挑战、热管冷却反应堆的可维护性技术挑战以及固有安全设计挑战。未来需要进一步加强堆芯、高温热管、热电转换、反应堆核材料、核燃料等基础技术的突破与研究。

参考文献：

[1] GROOVER G M, COTTER T P, ERICKSON G F. Structures of very high thermal conductance [J]. Journal of Applied Physics, 1964, 35(6)：1990 - 1991.

[2] RANKEN W A, HOUTS M G. Heat pipe cooled reactors for multi-kilowatt space power supplies[C]//Anon. The 9th international heat pipe conference. Albuquerque, New Mexico：[s. n.], 1995.

[3] HOUTS M G, POSTON D I, RANKEN W A. Heatpipe space power and propulsion systems[J]. Office of Scientific & Technical Information Technical Reports, 1995, 361(1)：1155 - 1162.

[4] MCCLURE, PATRICK R, POSTON, et al. Final results of demonstration using flattop fissions (DUFF) experiment[R/OL]. (2012 - 04 - 16) [2019 - 02 - 01]. http://www.osti.gov/scitech/biblio/1052794.

[5] POSTON D I. Space nuclear reactor engineering[Z]. [S. l.：s. n.], 2017.

[6] VANDYKE M K, MARTIN J J, HOUTS M G. Overview of

non-nuclear testing of the safe, affordable 30 kW fission engine, including end-to-end demonstrator testing [R]. Washington: National Aeronautics and Space Administration, 2003.

[7] VANDYKE M, MARTIN J. Non-nuclear testing of reactor systems in the early flight fission test facilities (EFF-TF) [R]. Washington: National Aeronautics and Space Administration, 2004.

[8] 袁乃驹. 核工程中采用热管的探讨[J]. 核动力工程, 1980, 178(3):52 - 54, 44.

[9] 蔡章生, 刘德楚. 一种新的一体化压水型反应堆:热管输热核反应堆构想[J]. 海军工程大学学报, 1995, 71(2): 46 - 49.

[10] POSTON D I. The heatpipe-operated Mars exploration reactor (HOMER)[C]//Anon. AIP conference proceedings. [S. l.]: American Institute of Physics, 2001.

[11] POSTON D I, KAPERNICK R J, GUFFEE R M, et al. Design of a heatpipe-cooled Mars-surface fission reactor [C]//Anon. AIP conference proceedings. [S. l.]: American Institute of Physics, 2002.

[12] POSTON D I, MCCLURE P R, DIXON D D, et al. Experimental demonstration of a heat pipe-stirling engine nuclear reactor[J]. Nuclear Technology, 2014, 188(3): 229 - 237.

[13] EL-GENK M S, TOURNIER J M. SAIRS: scalable amtec integrated reactor space power system [J]. Progress in Nuclear Energy, 2004, 45(1): 25 - 69.

[14] EL-GENK M S, TOURNIER J M. Conceptual design of HP-STMCs space reactor power system for 110 kW$_e$[C]// Anon. AIP conference proceedings. [S. l.]: American Institute of Physics, 2004.

[15] BESS J D. A basic LEGO reactor design for the provision of lunar surface power[R/OL]. (2008 - 03 - 01)[2019 - 02 - 01]. http://www. osti. gov/servlets/purl/935462.

[16] BUSHMAN A, CARPENTER D M, ELLIS T S, et al. The Martian surface reactor: an advanced nuclear power station for manned extraterrestrial exploration: MIT - NSA - TR - 003 [R]. Cambridge, MA: Massachusetts Institute of Technology, 2004.

[17] MCCLURE P R, REID R S, DIXON D D. Advantages and applications of megawatt sized heat pipe reactors[R]. Los Alamos: Los Alamos National Lab. (LANL), 2012.

[18] 何佳闰, 郭正荣. 钠冷快堆发展综述[J]. 东方电气评论, 2013, 27(3): 36 - 43.

[19] 贺克羽. 基于 MCNP 的微型钠冷快堆堆芯物理设计计算[D]. 哈尔滨:哈尔滨工程大学, 2007.

[20] 张明, 蔡晓东, 杜青, 等. 核反应堆空间应用研究[J]. 航天器工程, 2013, 22(6): 119 - 126.

[21] 李桂云, 屠进. 高温热管工质的选择[J]. 节能技术, 2001 (1):42 - 44.

[22] EL-GENK M, TOURNIER J M. Uses of liquid-metal and water heat pipes in space reactor power systems [J]. Frontiers in Heat Pipes (FHP), 2011, 2(1): 1 - 24.

[23] BUSBY J T, LEONARD K J. Space fission reactor structural materials: choices past, present and future[J]. Journal of Metals, 2007, 59(4): 20 - 26.

[24] 赵建才, 朱冬生, 周泽广, 等. 温差发电技术的研究进展及现状[J]. 电源技术, 2010, 34(3): 310 - 313.

[25] STANCULESCU A. The role of nuclear power and nuclear propulsion in the peaceful exploration of space[M]. Vienna: International Atomic Energy Agency, 2005: 119.

[26] 胡古, 赵守智. 空间核反应堆电源技术概览[J]. 深空探测学报, 2017(5):430 - 443.

[27] 王远, 苏山河, 郭君诚, 等. 真空热离子发电器的性能优化和参数设计[J]. 工程热物理学报, 2014, 35(11):2114 -2118.

[28] 张来福, 童建忠, 倪秋芽. 碱金属热电转换器(AMTEC)的研究进展[J]. 高技术通讯, 2000, 10(12):85 - 90.

[29] 张来福. 钠钾工质碱金属热电转换器的基础研究[D]. 北京:中国科学院研究生院(电工研究所), 2002.

[30] ROSA, RICHARD J. Physical principles of magnetohydrodynamic power generation[J]. Physics of Fluids, 1961, 4(2): 182.

[31] 刘飞标, 朱安文, 唐玉华. 磁流体发电系统在空间电源中的应用研究[J]. 航天器工程, 2015, 24(1): 111 - 119.

[32] 周远, 罗二仓. 热声热机技术的研究进展[J]. 机械工程学报, 2009, 45(3): 14 - 26.

[33] 刘益才, 武瞳, 方奕, 等. 热声热机的研究进展[J]. 真空与低温, 2016, 20(1): 1 - 8.

[34] 乔在祥, 陈文浚, 杜邵梅. 热光伏技术的研究进展[J]. 电源技术, 2005, 29(1): 57 - 61.

[35] 苏著亭, 杨继材, 柯国土. 空间核动力[M]. 上海:上海交通大学出版社, 2016: 133 - 199.

[36] ZOHURI. Heat pipe design and technology[M]. New York City: Springer International Publishing, 2016: 89.

[37] 庄骏, 张红. 热管技术及其工程应用[M]. 北京:化学工业出版社, 2000: 8.

[38] 孙世梅. 高温热管换热器强化传热及结构优化模拟研究[D]. 南京:南京工业大学, 2004.

[39] QU Y. Superconducting heat transfer medium[Z]. [S. l.: s. n.], 2000.

[40] BLACKMON J B, ENTREKIN S F. Preliminary results of an experimental investigation of the Qu superconducting heat pipe [R]. Washington: National Aeronautics and Space Administration, 2006.

[41] RAO P R. Thermal characterization tests of the Qu tube heat pipe[D]. Alabama: The University of Alabama in Huntsville, 2010:81.

[42] 朱安文,刘磊,马世俊,等. 空间核动力在深空探测中的应用及发展综述[J]. 深空探测学报,2017,10(5):397–403.

[43] 欧阳自远,李春来,邹永廖,等. 深空探测的进展与我国深空探测的发展战略[J]. 中国航天,2002,10(12):5–10.

[44] 姚成志,胡古,解家春,等. 月球基地核电源系统方案研究[J]. 原子能科学技术,2016(3):464–470.

[45] 孙浩,王成龙,刘道,等. 水下航行器微型核电源堆芯设计[J]. 原子能科学技术,2018,52(4):646–651.

[46] MCCLURE P R, POSTON D I, DASARI V R, et al. Design of megawatt power level heat pipe reactors[R]. Los Alamos: Los Alamos National Lab. (LANL), 2015.

[47] STERBENTZ J W, WERNER J E, MCKELLAR M G, et al. Special purpose nuclear reactor (5 MW) for reliable power at remote sites assessment report[R]. Scoville, Idaho: Idaho National Engineering Laboratory, 2017.

[48] FRATONI M, KIM L, MATTAFIRRI S, et al. Preliminary feasibility study of the heat-pipe ENHS Reactor[C]//Anon. Proceedings of international conference on emerging nuclear energy systems. Istanul: [s. n.], 2007.

[49] EHUD G. Solid-core heat-pipe nuclear battery type reactor[R]. [S. l.]: University of California, 2008.

[50] 顾忠茂. 氢能利用与核能制氢研究开发综述[J]. 原子能科学技术,2006, 40(1): 30–35.

Initiation and Development of Heat Pipe Cooled Reactor

Yu Hongxing[1], Ma Yugao[1, 2], Zhang Zhuohua[1], Chai Xiaoming[1]

1. Science and Technology on Reactor System Design Technology Laboratory, Nuclear Power Institute of China, Chengdu, 610213, China;

2. Department of Engineering Physics, Tsinghua University, Beijing, 100084, China

Abstract: The heat pipe cooled reactor adopts the solid-state reactor design concept and passively transfer the heat out of the core through heat pipes. This paper summarizes the development history of the heat pipe cooled reactor, from the conceptual initiation, the active exploration and to the breakthrough. The technical characteristics of heat pipe cooled reactors are analyzed, including the key advantages, such as solid properties, inherent safety, simple operation, easy modularization and expansion, and transportability. In addition, this paper summarizes the technical status of heat pipe performance, material technology and energy conversion in heat pipe cooled reactors. The challenges in the further development of heat pipe cooled reactors are put forward, such as material technique, manufacturing, and operation maintainability. The future development trend of heat pipe cooled reactors is clarified, which provides a direction for the development and application of the innovative heat pipe cooled reactor technology. Overall, the heat pipe cooled reactor has broad application prospects in deep space exploration and propulsion, land-based nuclear power supply, sea exploration and other scenarios, which may become one of the most creative technologies to change the future nuclear power patterns.

Key words: Heat pipe cooling, Solid-state reactor, Modular design, Inherent safety

作者简介:

余红星(1969—),男,研究员级高级工程师,博士研究生导师,现任中国核动力研究设计院核动力设计研究所副所长,核反应堆系统设计技术重点实验室主任,主要从事核动力装置、热工水力、事故分析、运行分析和规程制订以及新型反应堆研发工作。

放射性废物的安全管理及最小化

王金明[1],荣 峰[1],王 鑫[2],李金艳[1]

1. 核工业第四研究设计院,石家庄,050021;
2. 中国核动力研究设计院,成都,610041

摘要:我国放射性废物的安全管理和最小化与发达国家相比存在一定差距。研究并应用放射性废物的安全管理及应采取的最小化措施,对实现其安全管理并有效降低处理、处置费用,降低环境辐射危害具有实际意义。本文对核能生产、核技术应用和核设施退役等方面产生的放射性废物安全管理和最小化进行了较系统的研究和论述,总结并提出了放射性废物的安全管理手段及最小化措施与方法。

关键词:放射性废物;安全管理;最小化

中图分类号:TL94   **文献标志码**:A

0 引 言

随着核能产业的发展与核技术进步,放射性物质应用在取得良好的经济和社会效益的同时,其安全管理,尤其是放射性废物的安全管理也成为国际共同关注的焦点问题之一。本文以核燃料循环产生的放射性废物为基础,较系统地研究和论述了放射性废物的安全管理以及实现放射性废物最小化的有效措施,以有效地降低环境辐射危害。

1 放射性废物来源及分类

1.1 放射性废物来源

目前,放射性废物主要来自核能生产、放射性同位素生产和核设施退役三个方面,其中核能生产是放射性废物的最大来源。核能生产产生的放射性废物绝大部分来自核燃料循环,其中99%以上放射性存在于乏燃料或乏燃料后处理废物。同位素生产和核设施退役产生的放射性废物所占的权重较小(约占总量的百分之几),但已经引起人们的重视。

1.2 放射性废物分类

放射性废物分类的确定需要考虑多种因素,如来源、形式(即固体、气体和液体)、放射性水平、长短寿命核素的量、穿透性辐射的强度、最终处置要求或核素毒性等。在国际上,不同国家对放射性废物的分类虽然有一定的差异,但都遵循上述原则。我国将放射性废物分为高放射性废物、中放射性废物和低放射性废物。

2 放射性废物安全管理及处置

2.1 放射性废物的安全管理

采取一切合理可行的措施管理放射性废物,确保人类健康及环境,不论现在或将来都得到足够的保护,并不给后代增加不适当的负担是放射性废物管理的总目标。放射性废物的安全管理既有政府决策、政策引导等管理层面的管理,又有技术层面的管理。技术层面的安全管理是通过采取各种手段、措施和方法,将放射性废物置于可控状态下,保证公众和环境免受辐射危害或将辐射危害控制在可接受范围内。系统、有效地控制放射性废物的方法可概括为减少产生、分类收集、净化浓缩、减容固化、严格包装、安全运输、就地暂存、集中处置、控制排放、加强监测[1]。

2.2 放射性废物的处置

根据放射性废物的分类,通过代价利益分析,采取不同的处置方法。

2.2.1　陆地处置

陆地处置一般可分为近地表处置和地质处置,是最可行的处置方式。

(1)近地表处置。近地表处置一般距离地面数十米,安全监管一般在 $300\sim500$ a,以处置中、低放射性废物为主。铀矿地勘、采冶废石和尾渣为天然放射性,数量巨大,采用地表覆盖填埋的方式完成处置;对核燃料循环其他环节产生的中、低放短寿命固体废物,采用长期暂存或集中地表覆盖填埋的方式;对中、低放长寿命废物,采用专用近地表处置场处置。

(2)地质处置。地质处置是将放射性废物置于地下数百米甚至上千米的岩层中,通过适宜岩层对放射性物质的包容,使放射性废物与生物圈隔离,达到安全管理和处置的目的。地质处置主要处置高放和中放长寿命废物,这些废物的共同特点是半衰期长、毒性强、辐射危害性大。

高、中放长寿命废物的地质处置在世界范围内还处在探索研究阶段。主要原因是处置库的选址是一项非常复杂的系统工程,需要水文、地质、气象、地震、地球物理、地球化学等多学科联合,并进行大量的模拟实验研究、环境论证等工作,使所存放的废物在数万年甚至数十万年期间,在地球的正常演变以及可预期的破裂(如地震)发生时释放的放射性核素是可接受的。欧美一些国家已经开展地质处置库的岩性论证和厂址选择的可行性研究工作。我国地质处置库建设尚处在研究论证和选址阶段,已经有了初选厂址,计划在 21 世纪中叶建成深地质处置库。

2.2.2　海洋处置

海洋处置是向选定的深海区域倾倒废物。液体废物通过海洋的稀释和自我调节功能,固体废物通过海水对放射性的屏蔽,实现废物的安全管理。该方式已经在 1982 年停止。

2.2.3　太空处置

太空处置是通过运载火箭将放射性废物运入太空处置,这种处置方式在目前情况下只是一种设想。

3　放射性废物最小化措施

核能生产是放射性废物的最大来源,核能生

中的放射性废物几乎全部集中在核燃料循环中。我国核燃料循环体系如图 1 所示。

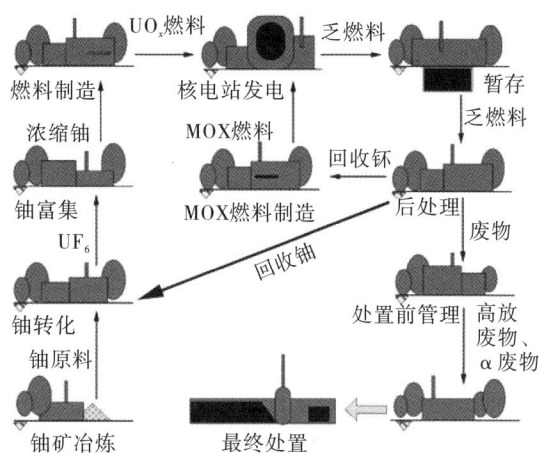

图 1　核燃料循环体系示意图[2]

Fig. 1　Schematic Diagram of Nuclear Fuel Circulation System

根据数据统计,归一化到 1 GW·a 电力生产,整个核燃料循环(LWR)系统各环节产生的放射性废物量如表 1 所示。根据相关统计数据,各环节产生放射性废物的辐射危害对环境的贡献如图 2 所示。

表 1　核燃料循环各环节产生的放射性废物量[3]

Table 1　The Quantity of Radwaste Made in Taches of Nuclear Fuel Circulation

堆　型	压水堆		重水堆		快堆
核燃料循环的形式	一次通过①	U-Pu循环②	一次通过①	U-Pu循环②	U-Pu循环②
从矿石中提取 U/t	205	120	180	75	1.2
水冶尾矿/m^3	58000	34000	51000	21000	340
尾矿堆占地/公顷	1.5	0.9	1.3	0.5	0.01
^{230}Th、^{226}Ra 活度/GBq	2500	1500	2200	900	15
总活度、β、α/GBq	25000	15000	22000	8700	150

①"一次通过"是指乏燃料不经后处理直接处置。

②α、矿石中 U 含量为 0.2%;提取率假定为 95%;尾矿密度 2.0 t/m^3。最初存在于矿石中的约 70% 的放射性进入尾矿。U-Pu 循环的数值仅在接近 Pu 生产的平衡时才得以实现。

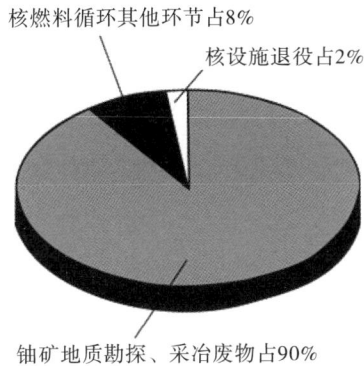

图 2　放射性废物对环境的贡献

Fig. 2　Environmental Contribution Made by Radwastes

3.1　铀矿地勘、采冶废物最小化措施

铀矿地勘、采冶废物中的核素为天然核素，但 ^{238}U 衰变产生 ^{226}Ra 和气体 ^{222}Rn，加上采冶废石和尾渣的可控性较差，对环境和人类的危害更为突出。实现上述环节的废物最小化，对保护环境和降低辐射危害具有明显的实际效果。

3.1.1　地勘废物最小化措施

铀矿地勘废物主要是地勘探孔取样矿石，未经处理易造成环境污染。可采取的最小化措施为：①对取样矿石集中管理，缩小污染范围；②对不可采矿山（床）的取样矿石及时进行退役治理，最大量地将取样矿石回填探井；③对可采矿山（床）的取样矿石送水冶处理，将边界品位以下取样矿石作采矿回填料，或送尾矿库集中处置。

3.1.2　采冶废物最小化措施

3.1.2.1　固体废物

采冶废石和尾渣体积量几乎占核燃料循环的全部，对其安全管理很困难。我国铀矿山多数为贫铀矿山，矿石品位多在 0.4% 以下，常规采冶废石和尾渣量巨大，给矿山的退役治理和役后安全监管带来很多困难。因此，实现采冶废物的最小化，对减小辐射危害意义重大。

铀矿采冶废物的特点：①数量大、占地面积广；②可控性差；③安全监管困难；④核素种类比较单一，且为天然放射性核素，相关从业单位对其危害的认识和重视程度较低。

可采取的最小化措施：①提高常规采矿的剥采比，减少进入地面废石量；②采取矿石预选等方法，及时将废石分离，减少水冶尾矿量；③提高采矿的废石回填率，减少地表废石量；④采取技术革新手段，对水冶尾矿酸碱度处理后与矿井充填渣配比使用，用作采矿矿井回填料；⑤提高水冶的总回收率，在尾渣总量不变的情况下，尾渣的放射性金属总量降低，氡及其子体的释放量减少；⑥对有条件的矿山，尽量采用地浸采铀和原地爆破浸出等方法；⑦对尾矿（渣）库进行边界化管理。

从工程设计开始，通过计算确定尾矿（渣）库最终库容量边界，明确污染控制边界，并设置警示标识，采取建设截洪沟、围挡矮墙等设施，防止污染面扩大，为役后退役治理和安全监管创造条件。

3.1.2.2　废气

采冶废气主要是常规铀矿山开采产生的氡及其子体，以及水冶过程产生的酸碱气体。其造成的危害是吸入照射和酸碱腐蚀危害。通过加强矿井通风和水冶厂通风（有条件的，将水冶厂设计成敞开式或半敞开式），可有效降低氡及其子体对人体的危害。

3.1.2.3　废液

采冶废液主要是矿井废水和水冶废水，其数量受矿山水文地质条件影响较大。

废液特点：①废液量大；②放射性核素的浓度低，铀浓度≤5 mg/L；③核素种类比较单一，为天然放射性核素。

可采取的最小化措施：①对矿井水进行处理，达标后排放，或将矿井废水尽量用作水冶生产用水、井下生产用水、尾矿库降尘洒水等；②改进水冶工艺，采取无废水和少废水的水冶工艺流程；③对水冶废水进行中和处理，检测后达标排放，不达标废水循环处理直至达标；④尾矿库渗滤废水送水冶处理或用作水冶生产用水。

3.2　核燃料循环其他环节废物最小化措施

核燃料循环其他环节包括铀纯化、铀浓缩、燃料元件制造、电站运行和乏燃料后处理。

这些环节产生废物的共同特点：①废物数量少、体积小；②核素种类多，产生的废物种类多，需要分类管理和分类处置；③废物毒性大，存在大量人工核素和裂变产物，对人类和环境的危害大；

④废物管理规范,废物基本处于可控状态。

这些环节放射性废物最小化措施需要根据不同情况,采取不同措施。"控制产生"是废物最小化的根本。

3.2.1 核设施废物最小化措施

对新建核设施,从设计、建造阶段开始充分考虑废物的最小化。

3.2.1.1 设计阶段

应采取措施,减少废物产生的环节和风险。如在核燃料后处理设计中采用先进的无盐处理工艺,减少盐分对在线设备、管道、阀门等材料的腐蚀,延长使用寿命,降低处理系统的维修频率,进而降低维修废物的产生量;缩短工艺流程,减少建构筑物面积和设备、材料用量;对建构筑物墙、地面采取敷设不锈钢、刷涂耐辐照涂料等易于去污的措施;构筑物柱梁设计应尽量减少棱角,便于去污处理,减少放射性废物总量的产生。

对管道等物料输送系统设计,采取管道连续焊接,阀门和管道连接尽量采用焊接等措施,减少漏点数量,降低泄漏风险;室外管道沿管沟敷设,且管沟内设置不锈钢覆面,一旦发生管道泄漏,可使放射性污染控制在一定范围内;地面或池壁设置不锈钢覆面,便于清洗去污,控制废物总量。选择性能优良的设备材料,提高设备材料的使用寿期,减少检修废物产生量。

设备、管道等设计时预留清洗去污接口,充分考虑便于运行过程和退役阶段去污处理的方法和措施。

3.2.1.2 建造阶段

建立、健全质量保证体系,严格控制建造过程中各种物项的采购和施工质量,消除运行后或退役时因物项质量问题带来污染而产生大量放射性废物的隐患。

3.2.1.3 运行阶段

应制定严格的操作运行规程,控制非正常工况产生的频次,控制非正常工况下大量废物的产生;严防事故工况的发生,并制定在事故工况下减少废物量的应对措施和应急方案。对在役运行设施进行技术革新,改善落后工艺流程,提高设备性能,完善去污设施和手段,提高运行管理水平等,严格控制废物产生量。

3.2.2 已产生的放射性废物最小化措施

3.2.2.1 放射性废气

废气经吸附、过滤后高空排放,通过大气的稀释和自我调节功能实现废气的安全管理。最小化措施包括完善主工艺技术、工艺配置和辐射防护措施,加强对放射性操作场所的管理,合理分区与组织气流,降低控制区面积,减少通风换气次数,降低总通风量。

3.2.2.2 放射性废液

"净化浓缩、减容固化"是处理放射性废液的有效指导方针。采取的总体措施是为防止污染的扩散,将液体废物转化成稳定的固化体,便于最终处置和安全管理。

(1)低放射性废液处理。在早期曾经出现过稀释排放和向沼泽、沙漠地带排放以及采用天然蒸发的处理方式,由于其对环境的辐射危害以及在因动物、飞禽和地下水引起的核素迁移的控制方面受到越来越多的质疑而被终止。目前常用的处理方式是离子交换或蒸发浓缩,蒸发浓缩处理后,减容系数可达 $50\sim100$。蒸残渣再经水泥固化,使废物最小化。

(2)中放射性废液处理。可通过蒸发进一步浓缩。对浓缩液和难于进一步浓缩的中放射性废液,目前水泥固化技术已经得到应用。对于中放射性废液数量较少的单位,多采用建设水泥固化线的形式将中放射性废液转化成稳定的水泥固化体;对于中放射性废液量较大的核设施运行机构,大体积浇筑处理中放射性废液的技术已经在美国和中国得到成功应用。

(3)高放射性废液处理。目前已有玻璃固化、硬岩化固化等技术处理措施,或者通过分离嬗变的方式将高放射性废物转变成中低放射性废物,减少高放射性废物量。经核燃料后处理产生的高放射性废液集中了核燃料循环中95%以上的放射性,其处理过程非常复杂,处理和处置的费用均非常昂贵,并且安全监管期限也很长,必须严格控制高放射性废液的产生。

3.2.2.3 放射性固体废物

对固体废物进行分类收集、减容处理是实现已产生废物最小化的有效措施。对放射性水平很低,且半衰期短的固体废物,采用集中暂存进行自然衰变,达到解除控制水平后作普通废物处理。

低放射性废物的产生量是最大的,及时将低水平、短寿命的放射性废物进行分类管理,实现最终处置废物的最小化,将会收到明显的效果。

对可燃固体废物通过焚烧方式实现减容,焚烧减容系数可达100,焚烧灰固定。对不可燃的可压缩固体废物,通常采用压缩减容方法。地熔融技术适宜对污染土壤的处理。对低污染金属废物,采用熔炼去污方法,并可实现资源的循环利用。

3.3 核设施退役废物最小化措施

退役核设施的建筑物、设备、系统都不同程度受到放射性污染。退役中将产生大量放射性废物,如何降低放射性废物量,减少废物的处理和处置量,降低退役费用是值得研究的重要课题。

放射性废物最小化措施:通过源项调查,确定污染范围和程度,制定退役方案和路线。通常首先去污,清除"热点"废物。往往极少量的"热点"废物就会使废物等级升级,可能使大量废物由低放射性废物变成中放射性废物,或由中放射性废物变成高放射性废物。在高放射性废物安全管理、处理技术困难,处置环境要求极其严格的情况下,退役过程必须慎重对待高放射性废物的产生,严格控制高放射性废物数量是退役的关键。对退役设施进行源项调查,确定"热点"废物,对"热点"废物单独采取处理措施,以降低退役费用。

核设施退役产生的废物,数量最大的是低或极低放射性废物,这些废物与大量污染轻微和可解除控制的废物混杂。分类收集也是退役设施废物最小化的重要措施之一,及时将可解除控制的废物分离出来作为普通废物处理处置,将极低放射性废物分离,进行暂存,衰变到可解除控制水平后按照普通废物处理处置;对低放射性废物按照成熟的方法处理处置。通过分类收集、分类处理的方式,可大

大减少处置放射性废物的总量。

将低污染金属废物及时分离,利用擦拭去污、泡沫去污、干冰去污、高压水去污等机械去污方法,或采用化学去污方法去除表面污染,再通过熔炼去污方式实现金属的重复利用。

3.4 核技术应用废物最小化措施

在核技术应用领域,同位素生产和放射源是最为普遍和广泛的。同位素生产中同样产生放射性气体、固体、液体,其最小化措施基本与前述相同。

废放射源的最小化措施:对放射源进行分类管理,将半衰期短的废放射源实行暂存处理,经过自然衰变到达豁免水平后,作为一般废物处理;对长寿命废放射源,集中暂存,最终与高放射性废物一起进行深地质处置。

4 结束语

目前,放射性废物的安全管理和最小化已经成为国际共识,一些国家也逐渐实现了放射性废物的产业化管理,并取得了明显效果。近年来,我国在放射性废物安全管理和实现废物最小化方面取得了一定的成绩,但放射性废物的产业化管理还需要从业人员的共同努力及国家政策的大力支持。实现放射性废物的安全管理和最小化,保护人类赖以生存的环境还任重而道远。

参考文献:

[1] 陈式. 放射性废物安全通论[M]. 北京:原子能出版社,2006.

[2] 张威. 我国地质处置库的放射性废物[J]. 核科技进展,2007,5(3):299.

[3] 罗上庚. 放射性废物处理与处置[M]. 北京:中国环境科学出版社,2007.

Safety Control and Minimization of Radioactive Wastes

Wang Jinming[1], Rong Feng[1], Wang Xin[2], Li Jinyan[1]

1. Forth Design and Research Institute of Nuclear Industry, Shijiazhuang, 050021, China;

2. Nuclear Power Institute of China, Chengdu, 610041, China

Abstract: Compared with the developed countries, the safety control and minimization of the radwastes in China are under-developed. The research of measures for the safety control and minimization of the radwastes is very important for the safety control of the radwastes, and the reduction of the treatment and disposal cost and environment radiation hazards. This paper has systematically discussed the safety control and the minimization of the radwastes produced in the nuclear fuel circulation, nuclear technology applications and the process of decommission of nuclear facilities, and has provided some measures and methods for the safety control and minimization of the radwastes.

Key words: Radioactive wastes, Safety control, Minimization

作者简介:

王金明(1967—),男,研究员级高级工程师。1991毕业于东北工学院选矿专业,获工学学士学位。现从事核三废治理工程设计和研究。

多孔板流量测量的实验研究

马太义,王　栋,张炳东,林宗虎

西安交通大学动力工程多相流国家重点实验室,西安,710049

摘要:对一种新型的流量测量节流元件——多孔板的流出系数特性、压力损失和抗旋流性能进行了实验研究。与传统的标准孔板相比,多孔板的流出系数更加稳定,对上游旋流不敏感,压力损失比与标准孔板接近。对于当量孔径比(β)为 0.42、0.59、0.65 的 3 对孔板,在相同的雷诺数(Re)范围内,多孔板流出系数的变化范围比标准孔板分别低 0.83%、2.02%、1.67%;在 β 较低($\beta=0.42$)时,多孔板的抗旋流能力优于标准孔板,而在 β 较大($\beta=0.65$)时,刚好相反。

关键词:多孔板;标准孔板;流量测量

中图分类号:TH814　　　　**文献标志码**:A

0　引　言

在流量测量领域,差压式流量计占流量计总数的 1/3 以上[1]。传统的标准孔板因具有结构简单,易于加工制造,价格相对低廉等优点而被广泛应用。但是,在一些特殊场合中,标准孔板的测量则存在较大误差。近年来,很多学者对槽式孔板进行了广泛的研究[2-5],该孔板既具有传统标准孔板的优良特性,又克服了标准孔板的缺点。但是,由于槽式孔板不容易加工,导致制造工艺成本较高。因此,本文提出了一种新型流量测量元件多孔板的设计,并通过实验研究了多孔板的流量测量特性。

1　多孔板结构简介

多孔板由两圈(或单圈、多圈)系列圆孔组成,小孔沿管道轴心对称分布,使工质通过多孔板后流速均匀分布,结构如图 1 所示。

多孔板结构虽然与标准孔板有所不同,但仍可视为节流元件。流量计算依旧可采用单相流体通过标准孔板的经典计算式[6],即

$$q_v = \frac{C\varepsilon A_0}{\sqrt{1-\beta^4}}\sqrt{\frac{2\Delta p}{\rho}} \tag{1}$$

$$\beta = \sqrt{\frac{A_0}{A}}$$

式中,β 为当量孔径比;A_0 为小孔流通面积的总和(m^2);A 为管道流通面积(m^2);q_v 为流体的体积流量($\mathrm{m}^3 \cdot \mathrm{s}^{-1}$);$C$ 为流出系数;ε 为膨胀系数;Δp 为孔板前后压差(Pa);ρ 为被测介质密度($\mathrm{kg} \cdot \mathrm{m}^{-3}$)。

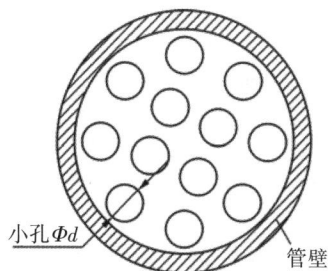

图 1　多孔板结构示意图

Fig. 1　Configuration Sketch of Multi-Hole Orifice

流出系数的稳定性是衡量孔板流量计的重要指标之一,高性能的孔板流量计必须具有稳定的流出系数。因此,研究流出系数的稳定性对提高测量

基金项目:国家自然科学基金资助项目(50776071)。

精度有着重要意义[7]。

2 实验系统

实验为 3 个多孔板和 3 个标准孔板。多孔板的小孔直径均为 5 mm,厚度为 12 mm;两种孔板都取 3 个不同的 β 值 0.42、0.59、0.65。实验管道为透明有机玻璃管,内径为 30 mm;系统所用工质为自来水。图 2 为实验系统示意图。由图 2 可见,自来水经潜水泵进入实验管道,通过旁路和主管路阀门调节流量。流量从小到大逐渐调节,当系统稳定后,每隔 0.1 m³·h⁻¹ 测量 1 个流量数据。实验中的采样频率为 2 kHz,采样时间为 3 s,取 3 s 内的平均值作为测量值。

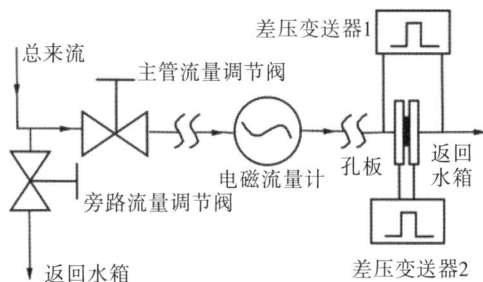

图 2 实验系统示意图

Fig. 2 Sketch of Experimenl System

所用的流量计为电磁流量计,测量精度为 ±0.5%;差压信号由差压变送器测量,测量精度为 ±0.1%;所有采样程序和控制命令均是以 LABVIEW 7.0 版本为平台开发的。数据采集板为 NI 公司的 NI 6023E 高速数据采集卡,采样精度为 12 位。

3 实验结果与分析

3.1 流出系数的对比

图 3 给出了三种 β 值下,C 与 Re 的关系。从图 3 可以看出,多孔板流出系数随雷诺数的变化全过程可分为非平稳区和平稳区。在雷诺数较低时,多孔板与标准孔板流出系数均表现出急剧变化的现象;多孔板流出系数随雷诺数的增大而迅速增加;而标准孔板流出系数随雷诺数的增加迅速减小。

对于 β 为 0.42 的多孔板,Re>8000 时为平稳区;β 为 0.59 时,Re>10000 为平稳区;β 为 0.65 时,Re>11000 为平稳区。在非平稳区内,雷诺数较小,影响流出系数的因素较多,平稳性及重复性都很差,因此,流出系数表现出不稳定的现象[8]。在平稳区内,多孔板流出系数明显高于标准孔板,对于 β 为 0.42、0.59、0.65 的多孔板流出系数,分别比相同 β 标准孔板高出 25.6%、25.2%、22.5%。随着 β 值的增加,多孔板流出系数达到稳定时的 Re 也向后推移。在平稳区,两种孔板流出系数趋于稳定,变化范围很小,但标准孔板的流出系数有缓慢下降的趋势,多孔板流出系数基本上趋于定值。

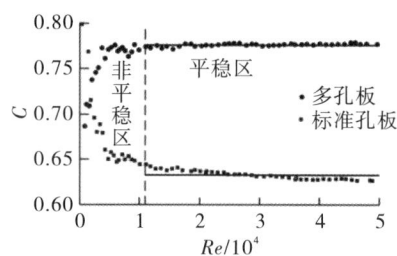

(a)β=0.42

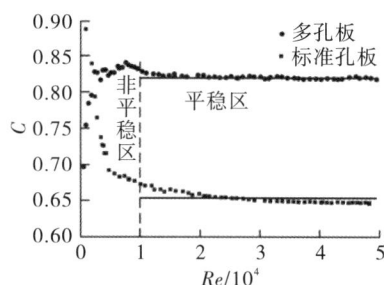

(b)β=0.59

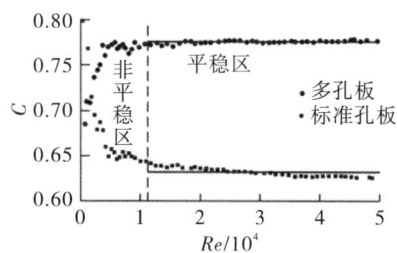

(c)β=0.65

图 3 流出系数与 Re 的关系

Fig. 3 Discharge Coefficient Variation with Re

为了定量比较流出系数的稳定性,引入四个流出系数的评价指标,分别是标准差(S_P)、线性度(L_c)、流出系数随雷诺数的变化率(K_{cr})和相对变化范围(S),分别定义为

$$S_P = \sqrt{\frac{\sum (C_i - C)^2}{n-1}} \qquad (2)$$

$$L_c = \frac{C_{max} - C_{min}}{C_{max} + C_{min}} \times 100\% \qquad (3)$$

$$K_{cr} = \frac{C \text{ 的变化范围}}{Re \text{ 的变化范围}} \qquad (4)$$

$$S = \left(\frac{C_{max} - C_{min}}{C}\right) \times 100 \qquad (5)$$

式中,C_i 为第 i 个实验点所测量出的流出系数;n 为实验点的个数;C 为流出系数平均值。

以上四个指标的作用是:①S_P 用来衡量流出系数相对于平均值的离散程度;②L_c 用来描述流出系数平稳性;③K_{cr} 用来反映流出系数随雷诺数的变化率;④S 用来反映流出系数不稳定性对测量精度的影响。

孔板流量计一般工作在平稳区,流出系数通常取定值。因此,评价平稳区内的流出系数稳定性具有实际工程应用价值。

从表 1 可以看出,在相同的 β 值下,多孔板的四个评价指标值均小于标准孔板的值,说明多孔板的流出系数稳定性比标准孔板好。其中,多孔板的 S_P 小于标准孔板的 S_P,说明多孔板流出系数相对平均值要比标准孔板集中,分散程度小;多孔板的 L_c 小于标准孔板的 L_c,表明多孔板的流出系数总体变化范围小,仅在小范围内波动;多孔板的 K_{cr} 小于标准孔板的 K_{cr},表明雷诺数对多孔板流出系数影响较小,即多孔板流出系数对雷诺数的变化不敏感;多孔板的 S 小于标准孔板的 S,说明多孔板在测量时因流出系数波动所产生的偏差小于标准孔板。β 为 0.42、0.59、0.65 的多孔板流出系数相对变化范围分别比标准孔板低 0.83%、2.02%、1.67%。

表 1　各孔板流出系数统计数据
Table 1　Statistic Data of Discharge Coefficient for Each Plate

孔板类型	β	C	$S_P/10^{-3}$	$L_c/\%$	$K_{cr}/10^{-7}$	$S/\%$
多孔板	0.42	0.7783	1.7191	0.4474	2.24	0.8961
标准孔板		0.6195	2.7441	0.8469	4.008	1.7309
多孔板	0.59	0.8191	1.7190	0.4463	1.734	0.7952
标准孔板		0.6542	7.095	1.9221	4.831	2.8222
多孔板	0.65	0.7755	1.6467	0.4879	1.956	0.9748
标准孔板		0.6326	4.8907	1.3757	4.427	2.6473

3.2　压力损失特性

在管道上加节流件,不可避免将带来一定的压力损失。一般情况下,应尽可能降低不可恢复的压力损失;在特定场合,有压力损失限制要求,以减少能量消耗[9]。因此,在选择流量计时,必须考虑节流件带来的压力损失,以及压力损失所带来的影响。压力损失也是衡量孔板流量计的一个重要指标,在相同的测量精度下,尽可能选择压力损失较小的流量计,以减小管道的能量损失。

在实验过程同时测量了多孔板和标准孔板的压力损失。将孔板前 $1D$(D 为管道直径)处和孔板后 $6D$ 处的压力差作为孔板的压力损失[7],使用差压变送器测量多孔板和标准孔板压力损失的大小。

工程实际应用中,常以永久性压力损失比来衡量孔板压力损失的大小,永久性压力损失比 K 定义为

$$K = \frac{\Delta \omega}{\Delta p} \qquad (6)$$

式中,$\Delta \omega$ 为永久压力损失(Pa)。以 β 为 0.42、0.59、0.65 的多孔板和标准孔板为实验对象,实验结果如表 2 所示。

表 2　各孔板永久性压力损失比

Table 2　Pressure Loss Fraction of Each Plate

当量孔径比	孔板名称	永久性压力损失比
$\beta=0.42$	多孔板	0.80066
	标准孔板	0.8011144
$\beta=0.59$	多孔板	0.641103
	标准孔板	0.598672
$\beta=0.65$	多孔板	0.564078
	标准孔板	0.535433

在表 2 中，β 为 0.42 时，多孔板永久性压力损失与标准孔板基本相等；β 为 0.59 和 0.65 时，标准孔板永久性压力损失略小于多孔板。该表还显示了永久性压力损失比随 β 值的变化趋势。

4　上游旋流对孔板流出系数的影响

在 ISO5167 和 GB/T 2624 中，孔板的适用条件为满管的亚音速单相流，不适用于脉动、有旋转的流动。虽然在孔板前后均要求有直管段，但实际工况下还是有一定的旋流存在。研究这些旋流对测量精度的影响，具有十分重要的实际工程应用价值[10-12]。

制作一个长为 12 cm 的旋流叶片(图 4)作为旋流器，安装在管道内。安装在距离孔板上游分别为 15D、10D、5D 处，研究旋流对孔板的影响大小。实验结果如表 3 所示。由表 3 可以看出，在旋流的影响下，多孔板流出系数减小，标准孔板流出系数增大。因此，在有旋流的工况下，用标准孔板测量流量比实际流量偏大，而用多孔板则稍微偏小一些，说明旋流对多孔板和标准孔板的影响是不同的。当 $\beta=0.42$ 时，多孔板流出系数变化率明显小于标准孔板，表明多孔板的流出系数对旋流影响不敏感。因此，β 较小时多孔板比标准孔板更适合于有旋流动的场合，其抗干扰性能更好。然而，对于 $\beta=0.65$ 的多孔板，其抗扰流性能则不如标准孔板，这说明多孔板的抗旋流能力受 β 值的制约。

图 4　旋流叶片

Fig. 4　Swirl Inducer

表 3　旋流对孔板性能影响的实验结果

Table 3　Experiment Results for Effect of Rotational Flow on Plate Performance

孔板类型	β	无旋流 C	旋流叶片在 15D		旋流叶片在 10D		旋流叶片在 5D	
			C	变化率/%	C	变化率/%	C	变化率/%
多孔板	0.42	0.7783	0.7701	−1.0493	0.7661	−1.5687	0.7632	−1.9325
标准孔板		0.6195	0.6443	3.9916	0.6556	5.8225	0.6597	6.4782
多孔板	0.59	0.8191	0.7935	−3.1259	0.7874	−3.8702	0.7790	−4.8982
标准孔板		0.6542	0.6711	2.5783	0.6758	3.2951	0.6796	3.8719
多孔板	0.65	0.7755	0.7499	−3.2984	0.7359	−5.1081	0.7293	−5.9516
标准孔板		0.6326	0.6317	−0.1434	0.6358	0.4985	0.6444	1.8554

5　结　论

(1)多孔板流出系数比标准孔板更稳定。在本实验范围内，β 为 0.42、0.59、0.65 时，多孔板流出系数变化幅度比标准孔板分别低 0.83%、2.02%、1.67%。

(2)多孔板永久性压力损失比与标准孔板相当，永久性压力损失比随 β 值的增大而减小。

（3）β较低（β＝0.42）时，多孔板抗旋流能力优于标准孔板；β较高（β＝0.65）时，情况刚好相反。在有旋流存在时，多孔板流出系数会减小，测量的流量值偏大；而标准孔板流出系数会增大，流量值偏小。

参考文献：

[1] 程跃. 智能孔板流量计的设计与研究[D]. 重庆：西南大学，2006（10）：10－13.

[2] MORRISON G L, HALL K R, HOLSTE J C. Comparison of orifice and slotted plate flowmeters[J]. Flow Measurement and Instrumentation, 1994, 5: 71－77.

[3] MORRISON G L, TERRACINA D, BREWER C, et al. Response of a slotted orifice flow meter to an air/water mixture[J]. Flow Mearsurement and Instrumentation, 2001, 12: 175－180.

[4] GENG Y F, ZHENG J W, SHI T M. Study on the metering characteristics of a slotted orifice for wet gas flow[J]. Flow Measurement and Instrumentation, 2006, 17: 123－128.

[5] 耿艳峰, 冯叔初, 郑金吾. 槽式孔板的气液两相压降背率特性[J]. 化工学报, 2006, 57(5): 1138－1142.

[6] 梁国伟. 差压式流量计测量不确定度的经验估计[J]. 计量技术, 2000, 5: 23－25.

[7] 中华人民共和国国家质量监督检验检疫总局. 用安装在圆形截面管道中的差压装置测量满管流体流量：GB/T 2624.2—2006[S]. 北京：中国标准出版社, 2006.

[8] 程勇, 汪军, 蔡小舒. 低雷诺数的孔板计量数值模拟及其应用[J]. 计量学报, 2005, 26(1): 57－59.

[9] 蔡武昌, 孙淮清, 纪纲. 流量测量方法和仪表的选用[M]. 北京：化学工业出版社, 2001.

[10] 孙淮清, 王建中. 流量测量装置设计手册[M]. 北京：化学工业出版社, 2005.

[11] 孙静. 基于CFD的槽式孔板结构设计[D]. 东营, 山东：中国石油大学（华东）, 2007.

[12] 梁法春. 气液两相流体取样分配器及其在流量测量中的应用[D]. 西安：西安交通大学, 2006.

Experimental on Metering Characteristics of Multi-hole Orifice

Ma Taiyi, Wang Dong, Zhang Bingdong, Lin Zonghu

State key Laboratory of Multiphase Flow in Power Engineering, Xi'an Jiaotong University, Xi'an 710049, China

Abstract: Multi-hole orifice (MO) as a new type of throttling element is designed, and the characteristics of the discharge coefficient, the head loss and anti-swirl performance are experimentally studied. Compared with that of the standard orifice, the discharge coefficient of MO is more stable, and less sensitive to the up-stream swirl, and the head loss is close to that of the standard orifice. For the three pairs plate of equivalent β of 0.42, 0.59 and 0.65, the variation of the MO's discharge coefficient is lower than that of the standard orifice by 0.83%, 2.02% and 1.67%, respectively. The MO performance is superior to the standard orifice in anti-swirl aspect for lower $\beta(\beta=0.42)$, while the situation becomes opposite for larger $\beta(\beta=0.65)$.

Key words: Multi-hole orifice, Standard orifice, Flow measurement

作者简介：

马太义（1984—），男，在读硕士生，2006年毕业于兰州理工大学，获学士学位。现主要从事多相流测量领域的研究。

压水堆核动力系统瞬态热工水力特性分析仿真软件

巫英伟,庄程军,苏光辉,秋穗正

西安交通大学多相流国家重点实验室,西安,710049

摘要:采用点堆中子动力学模型、两相漂移流蒸汽发生器模型、三区不平衡稳压器模型、主循环泵四象限特性模型和非能动应急余热导出系统模型,利用 Compaq Visual Fortran 6.0 语言开发了微机型压水反应堆瞬态热工水力特性分析程序,利用 Microsoft Visual Studio. NET 语言实现输入参数的可视化、输出结果的实时处理和动态显示。利用 RELAP5 程序对本瞬态安全分析软件进行了可靠性验证,结果表明,本软件求解精度较高、速度快、界面新颖、功能完善、可操作性强。此外,利用本软件对秦山核电站事故瞬态工况下的热工水力特性进行了分析,得出了一些具有工程价值的结论。

关键词:压水堆;核动力系统;瞬态特性;输入可视化;动态显示

中图分类号:TL33　　　　**文献标志码**:A

0　前　言

与大型轻水堆热工水力分析程序相比,微机型安全分析程序具有编程工作量小、程序容易修改和补充、可完善性好、分析各种瞬态构成所需要准备的数据量少、运算灵活方便、计算费用低廉、对用户的专门技术要求低等优点。随着我国核能事业的发展,国内在大型系列程序的引进、开发和应用方面做了大量工作,但由于种种原因,微机型程序的引进、开发和利用工作进行得很少。因此,从核动力系统安全分析的发展趋势来看,不失时机地开发微机型程序是十分必要的。

本文采用比较完善的压水堆核动力系统瞬态数学模型,选用适合求解刚性微分方程组的吉尔方法编制微机型核动力系统瞬态热工水力特性分析程序,利用 Microsoft Visual Studio. NET 语言实现程序的输入可视化及输出结果的实时处理和动态显示,利用 RELAP5 程序对本文开发的瞬态安全分析软件进行了可靠性验证。

1　系统模型

1.1　堆芯模型

堆芯热工水力计算采用单通道模型;用具有 6 组缓发中子、考虑燃料多普勒效应和慢化剂密度反应性反馈的点堆中子动力学方程描述堆芯内中子动力学行为;用一维传导模型求解棒状元件燃料芯块和包壳的温度场[1]。

1.2　稳压器模型

本文所采用的稳压器模型在早期建立的稳压器模型基础[2-6]上,考虑了各区在不同条件下所处的状态以及在稳压器内发生的所有重要的热工水力现象。稳压器中的工质分为三个区域,即波动水区、主水区和蒸汽区,并作如下简化假设:

(1)在同一时刻,三个区域具有相同的压力;

(2)同一区域内,相同工质在同一时刻具有同一热力学参数;

(3)忽略稳压器向外散热。

基于质量、动量和能量守恒方程,可建立稳压器的水位方程、压力方程、主水区质量方程、波动水区质量方程、主水区焓方程和波动水区焓方程等。

1.3　蒸汽发生器模型

针对立式 U 形管束自然循环蒸汽发生器,采用具有漂移流模型的一维两流体蒸汽发生器模型,建立蒸汽发生器一、二次侧流体焓方程,以及二次侧压力方程、水位方程、二次侧再循环流量方程等。具体的数学物理模型见文献[7]。

1.4　非能动应急余热排出系统模型

非能动应急堆芯余热排出系统的重要功能是在反应堆失去正常的冷却手段,即反应堆冷却剂系统—蒸汽发生器—二回路系统—汽轮机做功和冷凝器向环境释热这一堆芯冷却链遭到破坏时,能保证堆芯的余热排出,使堆芯的温度维持在规定的安全限值之内。本文采用一维两流体二次侧非能动应急堆芯余热排出系统模型计算分析该系统的热工水力特性[8]。

1.5　主循环泵模型

描述主循环泵的主要参数有泵的扬程、转矩、体积流量和角速度。通常把由实验得出的表示这些主要参数之间对应关系的曲线称为泵的四象限曲线。然而,这种形状的曲线很难应用于程序分析中,故将其转换成一种较简单的类比曲线。类比曲线是以扬程比和转矩比(真实值与额定值之比)的形式画出的,是泵的转速比和容积流量比的函数。该曲线以表格形式输入,因变量作为自变量的函数由表格查找或线性内插获得,并应用到微机型程序中[9]。

2　软件编制

2.1　程序编制

在建立合理的数学物理模型基础上,采用 Compaq Visual Fortran 6.0 程序设计语言开发了压水堆核动力系统瞬态热工水力特性分析程序;程序仿真流程如图 1 所示。程序完全采用模块化结构设计。在计算方法的选取上,程序可随时判定每一时刻微分方程组刚性的强弱,自动选取阿当姆斯方法和吉尔方法对方程进行求解,在保证求解精度的同时提高计算速度。

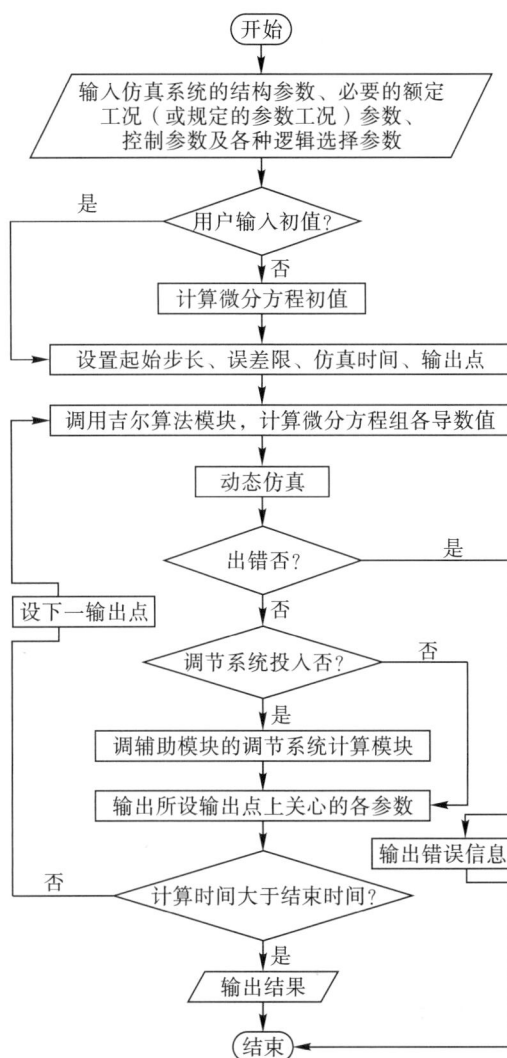

图 1　程序仿真流程图

Fig. 1　Flow Diagram of Code Simulation

2.2　软件设计

采用 Microsoft Visual Studio. NET 为软件开发工具,基于控件的编程模式,最终处理成完整的安装盘,能在普通的计算机上快速安装运行。软件使用可视化界面调用 FORTRAN 程序和图形控件,能实时、动态地显示仿真模拟工况。本软件直接读取输出结果文本中的数据,而不通过数据库中转,取得了较快的运算速度,节约了计算机内存的使用。

软件分为主窗口界面、输入参数设置界面和帮助文件三个部分。主窗口界面除了执行菜单选择、快捷键操作外,还主要用于通过实时的颜色变化反映核动力系统各控制体内温度变化和关键参数(DNBR、最大燃料温度 T_{max})变化的实时动态曲线显示。在主窗口界面的框架下,可以通过选择标签控件按钮"堆芯""蒸汽发生器1""蒸汽发生器2""稳压器"和"主泵"查看对应各系统中的关键参数实时变化的动态曲线。输入参数设置界面是为方便用户改变核动力系统模拟参数而设计的,用户在使用时可以根据需要改变其中的参数。各系统部分的输入参数具有足够的注释说明,解决了用户以前要翻手册才能知道参数含义的问题。帮助文件是本软件的用户使用手册,含有详尽的操作规程和演示。当用户在使用过程中发现问题时,可以随时打开帮助文件找到答案。

3　软件验证

利用安全分析程序 RELAP5,并采用秦山核电站的系统和数据[10-12]对本软件进行了验证。图2为丧失主给水事故中反应堆热功率、一回路流量、稳压器压力和蒸汽发生器水位随时间的变化曲线。在 12 s 左右,蒸汽发生器达低-低水位,反应堆停闭。在紧急停堆后,由于蒸汽发生器释放阀持续排出蒸汽,使蒸汽发生器内水位继续下降,直至辅助给水系统启动(滞后约 60 s)才使水位下降停止。计算分析表明,与大型轻水堆热工水力分析程序相比,本软件求解精度较高、速度快、界面新颖、功能完善、可操作性强。

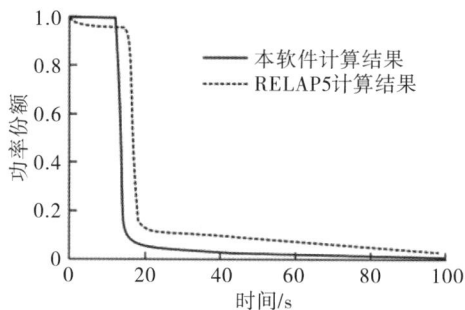

(a)反应堆热功率

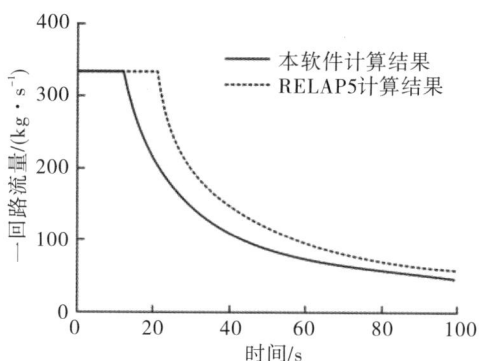

(b)一回路流量

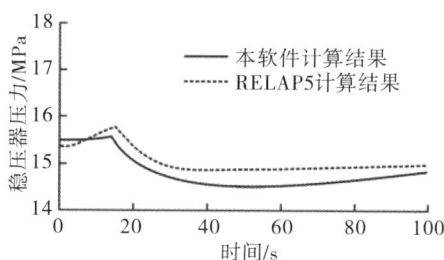

(c)稳压器压力

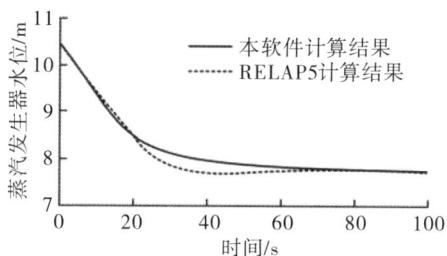

(d)蒸汽发生器水位

图 2　反应堆热功率、一回路流量、稳压器压力和
蒸汽发生器水位随时间的变化曲线

Fig. 2　Curves of Thermal Power of Reactor, Flow Rate
of Primary Loop, Pressure of Pressurizer and Water
Level of Steam Generator Changed with Time

4　结　论

本文成功开发了微机型压水堆核动力装置瞬态热工安全分析程序,利用 Microsoft Visual Studio. NET 程序设计语言强大的可视化功能,实现了程序的输入参数可视化、输出结果的实时处理

和动态显示。利用本软件对秦山核电站丧失主给水事故、双环路失流事故、反应性引入事故、给水温度升高和失去厂外电源五种瞬态工况进行了分析研究。结果表明,本软件的计算结果均与 RELAP5 的计算结果相吻合。此结果验证了本文采用模型的正确性、数值方法的可取性及程序的可靠性。

参考文献:

[1] GHIAASIAAN S M, WASSEL A T, FARR J L, et al. Heat conduction in nuclear fuel rods[J]. Nuclear Engineering and Design, 1985, 85: 89 - 96.

[2] REDFIELD J A, PRESCOP V, MARGOLIS S G. Pressurizer performance during loss of load tests at shippingport: analysis and test[J]. Nuclear Applications, 1968, 4: 173 - 181.

[3] BARON R C. Digtial simulation of a nuclear pressurizer[J]. Nuclear Science and Engineering, 1973, 52: 283 - 291.

[4] ABDALLAH A M, MARIY A H, RABIE M A. Pressurizer transients dynamic model[J]. Nuclear Engineering and Design, 1982, 73: 447 - 453.

[5] BAGGOVRA B, MARTIN W R. Transient analysis of the three-mile island unit 2 pressurizer system[J]. Nuclear Technology, 1983, 62: 407 - 416.

[6] BEAK S M. A non-equilibrium three region model for transient analysis of pressurized water reactor pressurizer system[J]. Nuclear Technology, 1986, 74: 213 - 221.

[7] 秋穗正, 郭玉君, 张金玲, 等. 蒸汽发生器瞬态特性分析的数学模型[J]. 西安交通大学学报, 1995, 29: 113 - 117.

[8] 苏光辉, 郭玉君, 张金玲, 等. 非能动堆芯余热排出系统自然循环特性研究[J]. 西安交通大学学报, 1995, 29: 38 - 43.

[9] 郭玉君. 核动力系统热工水力分析程序的研制与应用[D]. 西安: 西安交通大学, 1994.

[10] 熊健, 付龙舟. 核蒸汽发生器建模及其仿真[J]. 核科学与工程, 1989, 1: 20 - 33.

[11] 唐宗渝. 余热排出系统冷却丧失事故[J]. 核科学与工程, 1990, 3: 237 - 264.

[12] 韩良弼, 张明. 秦山核电厂蒸汽发生器及其内件的地震分析[J]. 核科学与工程, 1991, 4: 308 - 317.

Transient Thermal-Hydraulic Characteristics Analysis Software for PWR Nuclear Power Systems

Wu Yingwei, Zhuang Chengjun, Su Guanghui, Qiu Suizheng

State Key Laboratory of Multiphase Flow in Power Engineering, Xi'an Jiaotong University, Xi'an, 710049, China

Abstract: A point reactor neutron kinetics model, a two-phase drift-flow U-tube steam generator model, an advanced non-equilibrium three regions pressurizer model, and a passive emergency core decay heat-removed system model are adopted in the paper to develop the computerized analysis code for PWR transient thermal-hydraulic characteristics, by Compaq Visual Fortran 6.0 language. Visual input, real-time processing and dynamic visualization output are achieved by Microsoft Visual Studio. NET language. The reliability verification of the soft has been conducted by RELAP5, and the verification results show that the software is with high calculation precision, high calculation speed, modern interface, luxuriant functions and strong operability. The software was applied to calculate the transient accident conditions for QSNP, and the analysis results are significant to the practical engineering applications.

Key words: PWR, Nuclear power system, Transient characteristics, Visual input, Dynamic visualization

作者简介:

巫英伟(1983—),男,博士研究生。2005 年毕业于西安交通大学核科学与技术专业,获学士学位。现主要从事核反应堆热工水力与安全分析研究工作。

一种整合组织因素的人因可靠性分析方法

李鹏程[1,2]，陈国华[2]，张　力[1,3]，肖东生[1]

1. 南华大学人因研究所,湖南衡阳,421001;
2. 华南理工大学安全科学与工程研究所,广州,510641;
3. 湖南工学院,湖南衡阳,421001

摘要：为了模拟组织因素对人的可靠性影响,将概念模型与贝叶斯网络相结合,提出一种整合组织因素的人因可靠性分析的新方法。将该方法应用于某核电厂的辅助给水系统阀门泄漏案例分析,结果表明,采用概念模型与贝叶斯网络相结合的方法不仅能很好地模拟组织因素与人的可靠性之间的因果关系,而且在给定情境下,能定量对人的可靠性进行度量,并能识别出引发人因失误的最可能根原因。

关键词：人的可靠性；组织因素；贝叶斯网络；人因失误；情境状态因素

中图分类号：X946　　　　　**文献标志码**：A

0　引　言

高风险工业领域的经验和研究表明,对于核电厂和其他复杂技术系统,安全的关注点已由硬件失效和单个人因失误转移到组织管理领域内的潜在失效,并认为组织管理因素才是引发人因失误的根原因。迄今已有组织事故因果模型、组织管理因素分类框架、人的可靠性分析技术以及组织因素对系统风险影响的量化方法等[1-6],但现有的方法在组织因素对人的可靠性影响方面的考虑存在诸多不足(如组织内各因素的因果影响关系不明确等),很难建立统一的模拟组织管理因素对人的可靠性影响的框架。

贝叶斯网络由于具有坚实的数学理论基础,且能定性和定量描述变量之间的依赖关系,被广泛用于不确定性知识表达和推理,成为处理不确定性问题的有力工具,特别在风险和可靠性分析中已得到广泛应用[7-10]。但是,这些模型忽略了组织管理因素的重要作用,没有很好地将组织管理因素整合到人的可靠性分析模型中。因此,本文建立一个模拟组织因素与人的可靠性因果关系的多层次概念模型,然后结合贝叶斯网络建立模拟组织因素对人的可靠性影响的分析模型,进行概率推理和人因失误的根原因识别,为人因失误的预防提供决策支持。

1　考虑组织因素对人的可靠性影响的分析框架

1.1　概念因果模型

组织因素是引发事故的根原因已成为共识。但是,典型的概率风险分析(PRA)技术主要关注物理技术系统,没有充分考虑组织因素这种潜在的根原因,且未明确说明技术系统与组织因素之间、情境状态与人因失误之间的影响关系。

本文根据文献[11]建立的人因事故分析模型,建立模拟组织因素与人的可靠性关系的概念因果模型。该模型由下述四个层次结构组成:组织错误(或因素)层、情境状态错误层、个体因素触发层和人因失误层(图1);各层次的因素又包括各种子因素。详细的分类、定义和解释见参考文献[11]、[12]。

基金项目：国家自然科学基金资助项目(70573043)、国防科研项目(Z012005A001)。

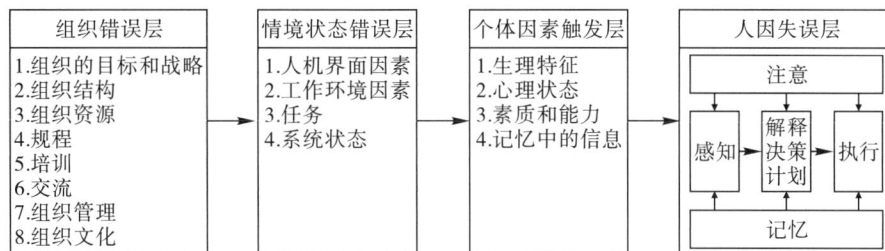

图 1　考虑组织因素对人的可靠性影响的概念因果模型

Fig. 1　Conceptual Causal Model for Considering the Effects of Organizational Factors on Human Reliability

1.2　基于贝叶斯网络的分析程序

一致的分析框架是指导人的可靠性分析的基础。本文利用概念因果模型与贝叶斯网络优势互补的特点,相互结合使用,建立一种基于贝叶斯网络整合组织管理因素的人的可靠性分析方法,分析程序包括:

(1)识别出特定情境下的人因失误与组织错误、情境状态错误,以及个体触发层因素之间的关系,构建贝叶斯网络拓扑结构;

(2)基于实验数据、模拟数据以及人因可靠性数据或专家评估确定节点变量的先验概率和条件概率;

(3)进行贝叶斯推理和计算,并对结果进行分析,主要进行因果推理和诊断推理。

贝叶斯网络的推理原理是基于贝叶斯概率理论,推理过程实质上就是概率计算过程。主要根据以下三个方程进行推理计算[13]:

联合概率

$$P(X_1, X_2, \cdots, X_n) = P(U) = \prod_{i=1}^{n} P(X_i \mid \pi_i)$$

(1)

X_i 的边缘概率为

$$P(X_i) = \sum_{\text{except} X_i} P(U)$$

(2)

假设已知证据 e,则有

$$P(U \mid e) = \frac{P(U, e)}{P(e)} = \frac{P(U, e)}{\sum_U P(U, e)}$$

(3)

式中,π_i 为变量 X_i 父节点的集合;X_i 表示第 i(i = 1,2,…,n)个变量。

2　案例分析

本文针对核电厂中的辅助给水系统某个阀门泄漏,维修人员对其进行维修这一活动作人因可靠性分析。

2.1　构建贝叶斯网络

考虑组织管理因素影响的维修人员操作可靠性的贝叶斯网络模型如图 2 所示。

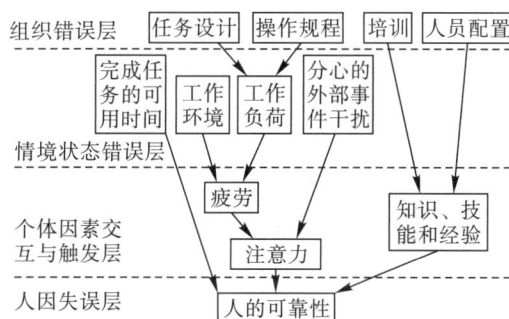

图 2　阀门维修人员的贝叶斯网络模型

Fig. 2　Bayesian Networks Model for Leaking Valve Repairman

由图 2 可知,维修人员能否成功执行维修任务,主要受三种因素的影响:①知识、能力和经验;②完成任务的可用时间;③注意力的集中程度。其中,第①种因素能影响人员对状态的识别和工作质量;第②种因素则会因可用时间不足给人员带来压力;第③种因素涉及是否有足够的认知和物理资源被置于"正确的"解决问题的位置。知识、技能、经验受人员培训和人员配置的影响。显然,培训不足使员工的知识和技能降低,如果安排一个新手去维修则同样缺乏有关维修的知识、技能和经验。注意力的集中程度受自身的疲劳程度和使人分心的外部干扰事件的影响(如外来的干扰带来工作的突然中断);疲劳程度主要受任务的难易程度以及工作的周围环境因素(如噪声、光照等)影响;工作负荷的大小则由任务的设计(如任务设计不合理)和用于操作的规程的难易程度确定(如规程的易理解性)。

2.2　评估变量的先验和条件概率

在建立阀门维修人员的贝叶斯网络模型之后,要求该领域的专家和有经验的维修人员对各个变量的先验概率和条件概率赋值。假设每个变量都有三种状态(节点"人的可靠性"只有两种状态),给出每个节点状态的最小可能概率和最大可能概率;然后采用递归技术(如德尔菲方法),以保证变量的评估结果收敛;通过专家讨论,结合人因数据库对收敛的结果进行调整,确定最终收敛结果。各个根节点变量的状态等级水平及概率分布如表1所示。

中间变量"工作负荷"(L_w)的条件概率如表2所示。由于受篇幅所限,本案例分析的其余中间变量(D_T,P_O)的条件概率不再列出。

表 1　根节点的先验概率①
Table 1　Prior Probabilities of Root Nodes

变量	状态 1	状态概率 1	状态 2	状态概率 2	状态 3	状态概率 3
完成任务的可用时间(T_A)	不足的($T_{A,1}$)	0.1	刚好的($T_{A,2}$)	0.3	足够的($T_{A,3}$)	0.6
工作环境(E_w)	不利的($E_{w,1}$)	0.1	可接受的($E_{w,2}$)	0.4	充分的($E_{w,3}$)	0.5
任务设计(D_T)	不合理的($D_{T,1}$)	0.1	可接受的($D_{T,2}$)	0.3	合理的($D_{T,3}$)	0.6
操作规程(P_O)	不合适的($P_{O,1}$)	0.1	可接受的($P_{O,2}$)	0.2	合适的($P_{O,3}$)	0.7
教育培训(T_E)	不充分的($T_{E,1}$)	0.05	一般的($T_{E,2}$)	0.15	充分的($T_{E,3}$)	0.8
人员配置(A_P)	不合适的($A_{P,1}$)	0.1	可接受的($A_{P,2}$)	0.3	合适的($A_{P,3}$)	0.6
外部干扰事件(I_E)	频繁的($I_{E,1}$)	0.1	比较少($I_{E,2}$)	0.2	几乎没有($I_{E,3}$)	0.7

①下标1、2、3代表变量所处的状态。

表 2　变量"工作负荷"的条件概率
Table 2　Conditional Probability of Variable "Workload"

任务设计 D_T	操作规程 P_O	工作负荷		
		低 ($L_{w,1}$)	中 ($L_{w,2}$)	高 ($L_{w,3}$)
不利的($D_{T,1}$)	不合适的($P_{O,1}$)	0.01	0.09	0.9
	可接受的($P_{O,2}$)	0.05	0.15	0.8
	合适的($P_{O,3}$)	0.2	0.6	0.2
可接受的($D_{T,2}$)	不合适的($P_{O,1}$)	0.05	0.15	0.8
	可接受的($P_{O,2}$)	0.1	0.8	0.1
	合适的($P_{O,3}$)	0.8	0.15	0.05
有利的($D_{T,3}$)	不合适的($P_{O,1}$)	0.2	0.6	0.2
	可接受的($P_{O,2}$)	0.8	0.15	0.05
	合适的($P_{O,3}$)	0.9	0.09	0.01

2.3　贝叶斯推理和计算

根据变量的先验概率和条件概率,利用微软开发的可支持贝叶斯概率模型创建、操作和评价的MSBNX程序,对构建选取的范例进行概率推理。

2.3.1　因果推理

因果推理由原因推知结论,是一种自上向下的推理。在给定原因或证据的条件下,使用贝叶斯网络推理计算,求出结果发生的概率。本例中,在正常情况下(即各变量服从专家初始描述的分布),任务设计和操作规程引起"工作负荷"处于"低"状态的概率,根据式(2)有:

$$P(L_w = L_{w,1})$$
$$= P(D_T = D_{T,1})$$
$$\times [P(P_O = P_{O,1}) \times P(L_w = L_{w,1} \mid D_T = D_{T,1}, P_O = P_{O,1})$$
$$+ P(P_O = P_{O,2}) \times P(L_w = L_{w,1} \mid D_T = D_{T,1}, P_O = P_{O,2})$$
$$+ P(P_O = P_{O,3}) \times P(L_w = L_{w,1} \mid D_T = D_{T,1}, P_O = P_{O,3})]$$

$$+ P(D_{\mathrm{T}} = D_{\mathrm{T},2})$$
$$\times [P(P_{\mathrm{O}} = P_{\mathrm{O},1}) \times P(L_{\mathrm{w}} = L_{\mathrm{w},1} \mid D_{\mathrm{T}} = D_{\mathrm{T},2}, P_{\mathrm{O}} = P_{\mathrm{O},1})$$
$$+ P(P_{\mathrm{O}} = P_{\mathrm{O},2}) \times P(L_{\mathrm{w}} = L_{\mathrm{w},1} \mid D_{\mathrm{T}} = D_{\mathrm{T},2}, P_{\mathrm{O}} = P_{\mathrm{O},2})$$
$$+ P(P_{\mathrm{O}} = P_{\mathrm{O},3}) \times P(L_{\mathrm{w}} = L_{\mathrm{w},1} \mid D_{\mathrm{T}} = D_{\mathrm{T},2}, P_{\mathrm{O}} = P_{\mathrm{O},3})]$$
$$+ P(D_{\mathrm{T}} = D_{\mathrm{T},3})$$
$$\times [P(P_{\mathrm{O}} = P_{\mathrm{O},1}) \times P(L_{\mathrm{w}} = L_{\mathrm{w},1} \mid D_{\mathrm{T}} = D_{\mathrm{T},3}, P_{\mathrm{O}} = P_{\mathrm{O},1})$$
$$+ P(P_{\mathrm{O}} = P_{\mathrm{O},2}) \times P(L_{\mathrm{w}} = L_{\mathrm{w},1} \mid D_{\mathrm{T}} = D_{\mathrm{T},3}, P_{\mathrm{O}} = P_{\mathrm{O},2})$$
$$+ P(P_{\mathrm{O}} = P_{\mathrm{O},3}) \times P(L_{\mathrm{w}} = L_{\mathrm{w},1} \mid D_{\mathrm{T}} = D_{\mathrm{T},3}, P_{\mathrm{O}} = P_{\mathrm{O},3})]$$
$$= 0.6766 \tag{4}$$

同样可计算得到：
$$P(L_{\mathrm{w}} = L_{\mathrm{w},2}) = 0.2221$$
$$P(L_{\mathrm{w}} = L_{\mathrm{w},3}) = 0.1013$$

因此,得到了中间变量"工作负荷"的概率处于不同状态的概率分布。同理可计算得到其他节点变量的概率分布。最终计算得到人的可靠性为 $H_{\mathrm{R},1} = 0.735047$,则人的失误概率为
$$H_{\mathrm{F}} = H_{\mathrm{R},2} = 1 - H_{\mathrm{R}} = 0.264953$$

如果通过对电厂阀门维修所涉及的情境状态进行评价,得到的原因或证据为:任务分配所处的状态为"合理的";操作程序所处的状态为"合适的";工作环境为"相容的";培训为"充分的";人员配置为"合适的";可用时间确定为"充分的";外来干扰事件为"没有"。通过推理得到在该给定的证据情境下,维修人员的可靠性为 $H_{\mathrm{R}} = 0.936781$,则人的失误概率为 $H_{\mathrm{F}} = 0.063219$。同理可算出其他给定状态下人的可靠性概率值。

2.3.2 诊断推理

诊断推理是由结论推知原因,是一种自下向上的推理过程,目的是在已知结果时,找出产生该结果的各种原因的可能性。已知发生了某些结果,根据贝叶斯网络计算,得到造成该结果发生的原因和发生的后验概率。在本例中,假设已发生维修失误,则利用贝叶斯法则可计算出相应的后验概率,本文以各个根节点的"最差状态"为例:
$$P(D_{\mathrm{T}} = D_{\mathrm{T},1} \mid H_{\mathrm{R}} = H_{\mathrm{R},2})$$
计算如下。

根据式(3)有
$$P(D_{\mathrm{T}} = D_{\mathrm{T},1} \mid H_{\mathrm{R}} = H_{\mathrm{R},2})$$
$$= \frac{P(D_{\mathrm{T}} = D_{\mathrm{T},1} \mid H_{\mathrm{R}} = H_{\mathrm{R},2})}{P(H_{\mathrm{R}} = H_{\mathrm{R},2})} \tag{5}$$

根据式(1)有
$$P(D_{\mathrm{T}} = D_{\mathrm{T},1}, H_{\mathrm{R}} = H_{\mathrm{R},2})$$
$$= P(D_{\mathrm{T}} = D_{\mathrm{T},1}) \times P(H_{\mathrm{R}} = H_{\mathrm{R},2} \mid D_{\mathrm{T}} = D_{\mathrm{T},1})$$
$$= 0.285688 \tag{6}$$

如前所述,根据式(2)已得
$$P(H_{\mathrm{R}} = H_{\mathrm{R},2}) = 0.264953$$

所以
$$P(D_{\mathrm{T}} = D_{\mathrm{T},1} \mid H_{\mathrm{R}} = H_{\mathrm{R},2})$$
$$= \frac{0.1 \times 0.285688}{0.264953}$$
$$= 0.107826 \tag{7}$$

同理可得其他根节点的后验概率(表3)。将上述后验概率与其对应的先验概率(由表1可知,根节点的先验概率依次为 0.1、0.1、0.1、0.05、0.1、0.1、0.1)进行比较,得到变化的比率(表3)。

表 3 变量先验概率与后验概率对比得到的变化比率

Table 3　Change Rates from Comparison of Prior Probability with Posterior Probability

变量及状态	先验概率	后验概率	变化百分比/%
任务设计不合理	0.1	0.107826	7.826
操作程序不合适	0.1	0.108193	8.193
工作环境不利	0.1	0.11152	11.52
培训不充分	0.05	0.0761468	52.2936
人员配置不合理	0.1	0.142907	42.907
可用时间不充分	0.1	0.239309	139.309
外部干扰频繁	0.1	0.11122	11.22

由表3可知,当发生维修失误,可用时间不充分、培训不充分以及人员配置不合理的发生概率有了很大的变化(分别提高 139.309%、52.2936%与42.907%)。这表明节点"人的可靠性"对节点"可用时间""培训"以及"人员配置"很敏感,这些节点状态的微小波动可能对人的可靠性影响很大。也就是说,维修人员在操作过程中,一旦发生维修失误,引起失误的原因很有可能是"可用时间不足""培训不足"以及"人员配置不合理"。由上面的分析可知,为了避免维修失误,应给维修人员足够的维修时间,加强培训,提高操作员的知识、技能,以及合理安排

经验丰富的人员进行维修是至关重要的。

3 结 论

(1)本文提出的新的人的可靠性方法不同于将整个场景或任务分解成具体子任务和行为的常用的人因失误率预测技术(THERP)和事故序列评审程序(ASEP)方法,而是一种将特定任务和场景全盘考虑的综合性方法。

(2)案例研究表明,利用贝叶斯网络能很好地模拟组织因素、情境状态因素、个体因素之间的关系,以及各因素之间的内部影响关系。并且在给定变量证据的条件下,利用其因果推理和诊断推理原理能分别计算人的可靠性数值,以及识别最有可能的引起人因失误的原因,为预防人因失误的发生提供决策支持。

(3)贝叶斯网络进行概率推理所需精确信息(如变量的先验概率及条件概率)一般很难获得,特别是很难处理其间接关系。并且由于专家知识、能力、经验的有限性,某些专家难以确定先验概率和条件概率的确切值,导致专家可能用描述性语言或范围值来表达(如大约为0.5,概率高等)。因此,采用模糊贝叶斯推理更符合实际。

(4)本文没有考虑人因失误的恢复因素(如监管者、报警等),计算结果偏保守,这些需进一步探讨。

参考文献:

[1] REASON J. Managing the risks of organizational accidents [M]. Aldershot, Hants, England: Bookfield, 1997.

[2] JACOBS R, HABER S. Organizational processes and nuclear power plant safety [J]. Reliability Engineering and System Safety, 1994, 45: 75 - 83.

[3] HOLLNAGEL E. Cognitive reliability and error analysis method[M]. Oxford, UK: Elsevier Science Ltd., 1998.

[4] CHANG Y H J, MOSLEB A. Cognitive modeling and dynamic probabilistic simulation of operating crew response to complex system accidents: Part 5 dynamic probabilistic simulation of the IDAC model[J]. Reliability Engineering and System Safety, 2007, 92 (8): 1076 - 1101.

[5] EMBREY D E. Incorporating management and organizational factors into probabilistic safety assessment [J]. Reliability Engineering and System Safety, 1992, 38: 199 - 208.

[6] PATE-CORNELL M E, MURPHY D M. Human and management factors in probabilistic risk analysis: the SAM approach and observations from recent application [J]. Reliability Engineering and System Safety, 1996, 53 (2): 115 - 26.

[7] 俞娉婷,刘振元,陈学广. 基于贝叶斯网络的一种事故分析模型[J].中国安全生产科学技术, 2006, 2(4):45 - 50.

[8] DEY S, STORI J A. A Bayesian network approach to root cause diagnosis of process variations [J]. International Journal of Machine Tools & Manufacture, 2005, 45: 75 - 91.

[9] 周忠宝,周经伦,孙权. 考虑人因的面向对象贝叶斯网络概率安全评估模型[J].核动力工程, 2007, 28 (3): 107 - 112.

[10] LEE S J, KIM M C, SEONG P H. An analytical approach to quantitative effect estimation of operation advisory system based on human cognitive process using the Bayesian belief network [J]. Reliability Engineering and System Safety, 2008, 93 (4): 567 - 577.

[11] 李鹏程. 一种结构化的人误原因分析技术及应用研究[D].衡阳,湖南:南华大学, 2006.

[12] 李鹏程,肖东生,陈国华,等. 高风险系统组织因素分类与绩效评价[J].中国安全科学学报, 2009, 19 (2): 140 -147.

[13] MAHADEVAN S, ZHANG R, SMITH N. Bayesian network for system reliability reassessment [J]. Structural Safety, 2001, 23 (3): 231 - 251.

A Methodology to Incorporate Organizational Factors into Human Reliability Analysis

Li Pengcheng[1,2] , Chen Guohua[2] , Zhang Li[1,3] , Xiao Dongsheng[1]

1. Human Factor Institute, Nanhua University, Hengyang Hunan, 421001, China;

2. Institute of Safety Science and Engineering, South China University of Technology, Guangzhou, 510641, China;

3. Hunan Institute of Technology, Hengyang Hunan, 421001, China

Abstract：A new holistic methodology for human reliability analysis(HRA) is proposed to model the effects of the organizational factors on the human reliability. Firstly, a conceptual framework is built, which is used to analyze the causal relationships between the organizational factors and human reliability. Then, the inference model for human reliability analysis is built by combining the conceptual framework with Bayesian networks, which is used to execute the causal inference and diagnostic inference of human reliability. Finally, a case example is presented to demonstrate the specific application of the proposed methodology. The results show that the proposed methodology of combining the conceptual model with Bayesian networks can not only easily model the causal relationship between organizational factors and human reliability, but in a given context, people can quantitatively measure the human operational reliability, and identify the most likely root causes or the prioritization of root causes caused human error.

Key words：Human reliability, Organizational factors, Bayesian networks, Human error, Situational factors

作者简介：

李鹏程(1978—)，男，在读博士生，讲师。2006 年毕业于南华大学管理科学与工程专业。主要从事人因工程和系统安全评价方面的研究。

一维非稳态导热反问题反演管道内壁面温度波动

熊　平[1]，艾红雷[2]，卢　涛[1]，王新军[2]

1. 北京化工大学机电工程学院，北京，100029；
2. 中国核动力研究设计院核反应堆系统设计技术重点实验室，成都，610213

摘要：以一维圆管壁厚为研究对象，基于有限差分法的瞬态导热正问题以及基于共轭梯度法的优化算法来构建一维瞬态导热反问题数学模型。采用 C 语言编写通用计算程序，以正问题所得到的外壁面温度波动值作为导热反问题的已知条件，并引入随机测量误差，探讨测量误差对反演结果精度的影响。将反演值与作为边界条件的内壁面温度理论值进行对比分析。对比结果显示，内壁面反演值与理论值吻合较好，表明该瞬态导热反问题模型能够较好地反演得到内壁面温度波动值。

关键词：瞬态导热；导热反问题；共轭梯度法；有限差分法

中图分类号：TL331　　　　　**文献标志码**：A

0　引　言

在核电管道系统中，对管道进行热疲劳分析需要知道管道内壁面温度波动。然而，对于这些有特殊安全要求或结构完备性要求的管道，不允许在管道上开孔来安装温度传感器以直接测量管道内壁面温度。这时，需要寻找一种间接的测量方法来快速、准确地得到管道内壁面温度波动情况。通过测量易获得的外壁面温度波动来反演得到内壁面温度波动是一种行之有效的方法，即导热反问题方法。由于导热反问题的不适定性和非线性，使得求解导热反问题比求解导热正问题复杂困难得多。卢涛等[1]反演了 T 型管内壁瞬态温度；王登刚等[2]研究了非线性二维稳态导热反问题；范春利等[3]应用导热反问题识别试件内壁的缺陷；杨海天和薛齐文等[4,5]求解了稳态和瞬态导热反问题；宋馨等[6]在考虑了热辐射的条件下求解了高温腔体内壁面温度波动的导热反问题。由于共轭梯度法在迭代计算过程中具有良好的抗不适定性[7]，因此共轭梯度法被广泛地应用于导热反问题中。

本文基于共轭梯度法构建一维瞬态导热反问题数学模型，编写 C 语言通用计算程序，构造三组数值试验验证数学模型的有效性与计算程序精确性。

1　导热反问题数学模型

导热反问题的求解包括对导热正问题的求解和对解的优化两个过程。

本文研究对象为壁厚 8.7 mm 的圆管，导热系数 $\lambda = 20.24$ W/(m·K)；外壁对流换热系数 $h = 10$ W/(m^2·K)；环境温度 $T_{\mathrm{f}} = 293$ K；热扩散率 $\alpha = 4.46 \times 10^{-6}$ m^2/s；时间步长 $\Delta t = 1$ s；总时间 $N = 40$ s。

1.1　导热正问题

一维导热物理模型如图 1 所示。

其控制方程为

$$\frac{\partial T}{\partial t} = \alpha \frac{\partial^2 T}{\partial x^2} \quad 0 < x < L \tag{1}$$

基金项目：中国核动力院核反应堆系统设计技术重点实验室基金(No. HT-KFKT-02-2016014)。

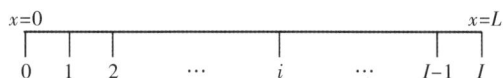

i—空间节点编号；I—外壁面节点编号；

x—节点到内壁面距离；L—圆管壁厚。

图 1　一维导热模型示意图

Fig. 1　Sketch Map of One-Dimensional
Heat Transfer Model

管壁内侧（$x=0$）为第一类边界条件，外侧（$x=L$）为第三类边界条件，即

$$T \big|_{x=0} = T(t) \qquad (2)$$

$$-\lambda \left(\frac{\partial T}{\partial x}\right)\bigg|_{x=L} = h(T_{\mathrm{w}} - T_{\mathrm{f}}) \qquad (3)$$

式中，T 为温度；t 为时间；T_{w} 为外壁温度。

初始条件为

$$T(x,0) = T_0(x) \qquad 0 \leqslant x \leqslant L \qquad (4)$$

以上各式构成了一维瞬态导热正问题，可采用数值方法对上述定解问题进行求解，分别对以上诸式在时间上和空间上进行离散，具体形式如下。

式（1）左边时间项采用无条件稳定的全隐式格式，即

$$\frac{\partial T}{\partial t} = \frac{T_{i,n} - T_{i,n-1}}{\Delta t} \qquad (5)$$

式中，n 为时间节点编号。

式（1）右边空间项采用二阶精度的中心差分格式，即

$$\alpha \frac{\partial^2 T}{\partial x^2} = \alpha \frac{T_{i+1,n} + T_{i-1,n} - 2T_{i,n}}{\Delta x^2} \qquad (6)$$

式中，Δx 表示节点间距。

将式（5）和式（6）代入式（1），整理得到一维瞬态导热微分方程的全隐式离散格式，即

$$-Fo \cdot T_{i-1,n} + (1+2Fo)T_{i,n} - Fo \cdot T_{i+1,n} = T_{i,n-1} \qquad (7)$$

$$Fo = \frac{\alpha \Delta t}{\Delta x^2} \qquad (8)$$

式中，Fo 为网格傅里叶数。

式（2）的离散格式为

$$T_{0,n} = T(t) \qquad (9)$$

式（3）整理后的离散格式为

$$-2Fo \cdot T_{I-1,n} + (1 + 2 \cdot Bi \cdot Fo + Fo)T_{I,n} = 2 \cdot Bi \cdot Fo \cdot T_f + T_{I,n-1} \qquad (10)$$

$$Bi = \frac{\Delta x \cdot h}{\lambda} \qquad (11)$$

式中，Bi 为网格毕渥数。

式（4）初始条件的离散格式为

$$T_{i,0} = T(i,0) \qquad 0 \leqslant i \leqslant I \qquad (12)$$

联立式（7）至式（12）可以构建关于求解 $T_{i,n}$ 的代数方程组。方程组系数为三对角矩阵，采用高斯消元法求解。

1.2　导热反问题

导热正问题是已知管道内壁面温度波动，求解外壁面温度波动，这是一个定解问题。而导热反问题是已知管道外壁面温度波动，求解管道内壁面温度波动，这是一个最优化问题。该最优化问题的目标函数为

$$J(T) = \sum_{n=1}^{N} (T_{I,n,\mathrm{cal}} - T_{I,n,\mathrm{mea}})^2 \qquad (13)$$

式中，$T_{I,n,\mathrm{cal}}$ 为求解反问题得到的外壁面温度的计算值；$T_{I,n,\mathrm{mea}}$ 为外壁面温度的测量值。当目标函数 $J(T)$ 达到最小值时，认为外壁面温度反演计算值 $T_{I,n,\mathrm{cal}}$ 和测量值 $T_{I,n,\mathrm{mea}}$ 最为接近，从而认为此时的内壁面温度值为最优值。

基于共轭梯度法求解导热反问题，首先求解敏度系数，求出外壁面测点处温度对内壁面温度的敏度系数。对导热正问题的控制方程式中的内壁面温度 $T_{0,n}$ 求偏导数得到该敏度系数。

导热方程式（1）对 $T_{0,n}$ 求偏导数得到

$$\frac{\partial}{\partial t}\left(\frac{\partial T}{\partial T_{0,n}}\right) = \alpha \frac{\partial^2}{\partial x^2}\left(\frac{\partial T}{\partial T_{0,n}}\right) \qquad (14)$$

边界条件式（2）、式（3）对 $T_{0,n}$ 求偏导数得到

$$\frac{\partial T}{\partial T_{0,n}}\bigg|_{x=0} = \begin{cases} 1 & t=n \\ 0 & t \neq n \end{cases} \qquad (15)$$

$$-\lambda \frac{\partial}{\partial x}\left(\frac{\partial T}{\partial T_{0,n}}\right)\bigg|_{x=L} = h\left(\frac{\partial T}{\partial T_{0,n}}\right) \qquad (16)$$

初始条件式（4）对 $T_{0,n}$ 求偏导数得到初始条件式

$$\frac{\partial T}{\partial T_{0,n}}\bigg|_{t=0} = 0 \qquad (17)$$

联立式（14）至式（17），采用同导热正问题一样的求解方法得到外壁面测点处温度对内壁面温度的敏度系数 $\dfrac{\partial T_{I,n}}{\partial T_{0,n}}$。

目标函数式(13)对未知参量 $T_{0,n}$ 求偏导数得到目标函数梯度

$$\frac{\partial J}{\partial T_{0,n}} = 2\sum_{n=1}^{N}(T_{I,n,\mathrm{cal}} - T_{I,n,\mathrm{mea}})\frac{\partial T_{I,n}}{\partial T_{0,n}} \quad (18)$$

共轭梯度法的迭代式为

$$(T_{0,n})_{b+1} = (T_{0,n})_b - \beta_b(d_{0,n})_b \quad (19)$$

式中，b 表示迭代步数；$(T_{0,n})_{b+1}$ 为新产生的内壁面温度；$(T_{0,n})_b$ 为上一次迭代的内壁面温度；β_b 表示迭代步长；$(d_{0,n})_b$ 表示迭代搜索方向。β_b 和 $(d_{0,n})_b$ 分别由以下各式求得：

$$(d_{0,n})_b = \left(\frac{\partial J}{\partial T_{0,n}}\right)_b + \gamma_b(d_{0,n})_{b-1} \quad (20)$$

$$\gamma_b = \frac{\sum\limits_{n=1}^{N}\left[\left(\frac{\partial J}{\partial T_{0,n}}\right)_b\right]^2}{\sum\limits_{n=1}^{N}\left[\left(\frac{\partial J}{\partial T_{0,n}}\right)_{b-1}\right]^2} \quad (21)$$

式中，γ_b 为共轭系数，且当 $b=0$ 时，设定 $\gamma_0 = 0$。

迭代步长为

$$\beta_b = \frac{\sum\limits_{n=1}^{N}\left[(T_{I,n,\mathrm{cal}})_b - T_{I,n,\mathrm{mea}}\right]}{\sum\limits_{i=1}^{N}\left[\sum\limits_{n=1}^{N}\left(\frac{\partial T_{I,i}}{\partial T_{0,n}}\right)_b(d_{0,n})_b\right]^2} \\ \times \sum\limits_{i=1}^{N}\left(\frac{\partial T_{I,i}}{\partial T_{0,i}}\right)_b(d_{0,i})_b \quad (22)$$

共轭系数法的迭代收敛目标为

$$J(T_b) \leqslant \mu \quad (23)$$

式中，μ 为一个很小的正数。

2　共轭梯度法的实施步骤

共轭梯度法求解导热反问题的具体步骤如下：
(1)求解 0 s 时刻稳态导热反问题，获得内壁面初始时刻温度值 $T_{0,0}$，并计算敏度系数 $\frac{\partial T_{I,n}}{\partial T_{0,n}}$；

(2)设定内壁面温度迭代初始值 $(T_{0,n})_b$，设定 $b=0$；

(3)求解导热正问题，得外壁面温度 $T_{I,n,\mathrm{cal}}$，并计算目标函数 $J(T_b)$；

(4)判断是否达到迭代收敛目标 $J(T_b) \leqslant \mu$，如果达到收敛目标则结束迭代，否则转到步骤(5)；

(5)计算目标函数梯度 $\left(\frac{\partial J}{\partial T_{0,n}}\right)_b$，迭代搜索方

向 $(d_{0,n})_b$、共轭系数 γ_b 及搜索步长 β_b；

(6)迭代计算内壁面新的温度值 $(T_{0,n})_{b+1}$，并令迭代计算步数 $b = b+1$，回到步骤(3)。

3　计算结果与误差分析

根据以上数学模型编写 C 语言通用计算程序，验证导热反问题的精确性。通过设定内壁面温度值，由导热正问题程序计算出外壁面温度；把外壁面温度值作为导热反问题的输入条件，由反问题程序反演出内壁面温度值；最后把反问题计算的内壁面温度值与作为边界条件的内壁面温度值作比较，验证导热反问题的精确性。分析在三种不同工况下的导热反问题，设定的内壁面温度有正弦温度变化、三角形温度变化以及随机温度变化。

为验证测量误差对反演结果的影响，由导热正问题计算得到的外壁面温度精确值的基础上，引入随机误差，模拟实际的外壁面温度测量值。

$$T_{I,n,\mathrm{mea}} = T_{I,n,\mathrm{exact}} + \sigma\xi \quad (24)$$

式中，$T_{I,n,\mathrm{exact}}$ 为由正问题计算得到的外壁面温度精确值；σ 为标准偏差；ξ 为 $-1\sim1$ 的随机数。

为验证反演值与实际值的偏离程度，定义绝对平均误差 ω 为

$$\omega = \frac{1}{N}\sum_{n=1}^{N}|T_{0,n,\mathrm{exact}} - T_{0,n,\mathrm{est}}| \quad (25)$$

式中，$T_{0,n,\mathrm{exact}}$ 为内壁面温度精确值；$T_{0,n,\mathrm{est}}$ 为内壁面温度反演值；ω 越小，则说明反演值与精确值偏离程度越小，反演值越接近于精确值。

3.1　正弦温度

设定内壁面温度变化为

$$T(t) = 50\sin\left(\frac{\pi}{20}t + \frac{\pi}{2}\right) + 350 \quad (26)$$

图 2 表示在不同的标准偏差下反演值与精确值之间的误差。由图 2 可以看出，当标准偏差 $\sigma = 0$ 时，反演温度非常接近于精确值，其最大反演误差为 0.0629 ℃；随着标准偏差的增大，反演误差也随之增大，当标准偏差 $\sigma = 1$ 时，其最大反演误差为 12.9906 ℃。表 1 表示在不同标准偏差下的绝对平均误差。由表 1 可以看出，标准偏差 $\sigma = 0$ 的反演绝对平均误差为 0.0232 ℃；标准偏差 $\sigma = 1$ 时的绝

对平均误差为 3.9630 ℃,说明测量偏差对反演精度的影响较大。

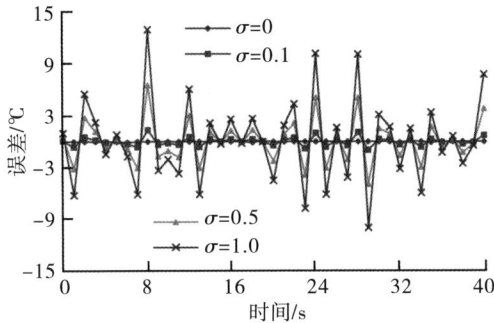

图 2　正弦温度变化的反演值与精确值的误差

Fig. 2　Error of Sinusoidal Temperature of Inverse Value with Exact Value

表 1　绝对误差值

Table 1　Value of Absolute Error

σ	ω/℃		
	正弦温度	三角形温度	随机温度
0	0.0232	0.0204	0.0244
0.1	0.3995	0.3836	0.4014
0.5	1.9825	1.9568	1.9910
1.0	3.9630	3.8728	4.0676

3.2　三角形温度

设定内壁面三角形温度变化为

$$T(t) = \begin{cases} 5t + 300 & t \in [0,20) \\ -5(t-20) + 400 & t \in [20,40) \end{cases}$$

(27)

根据式(27)验证内壁面三角形温度变化情况下的反演结果。由图 3 可以看出,$\sigma = 0$ 和 $\sigma = 0.1$ 时,反演值与精确值非常接近,随着标准偏差 σ 增大,反演误差值也不断增大,但均随着精确温度值来回波动。由表 1 可以看出,当 $\sigma = 0$ 时,反演误差值的绝对平均误差为 0.0204 ℃;当 $\sigma = 1$ 时,反演误差值的绝对平均误差为 3.8728 ℃。绝对平均误差随着标准偏差的增大而增大。

3.3　随机温度

设内壁面温度在 300～400 K 随机变化,验证

内壁面随机温度变化情况下的反演结果。由图 4 可以看出,当 $\sigma = 1$ 时,其内壁面反演温度值与精确值之间的最大误差为 9.9258 ℃。由表 1 可以看出,$\sigma = 1$ 时的绝对平均误差为 4.0676 ℃。

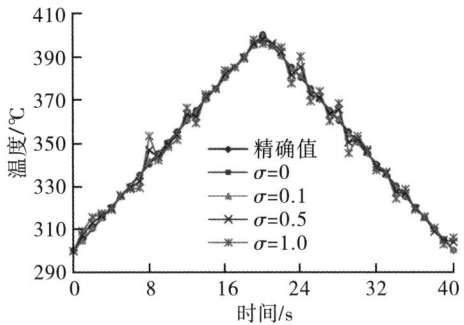

图 3　三角形温度变化的反演值与精确值

Fig. 3　Inverse Value and Exact Value of Triangle Temperature

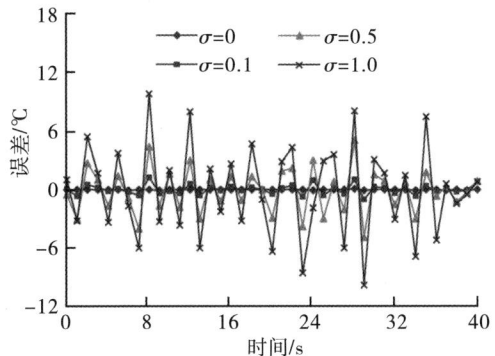

图 4　随机温度变化的反演值与精确值的误差

Fig. 4　Error of Random Temperature of Inverse Value with Exact Value

4　结　论

(1)利用共轭梯度法求解一维瞬态导热反问题。使用全隐式有限差分法求解导热正问题,给出了有限差分的具体实施方法;采用高斯消元算法求解离散的温度载荷矩阵;采用共轭梯度法建立导热反问题模型,导出了反问题计算公式,并写出了反问题计算具体实施步骤。

(2)通过编写 C 语言通用算法程序,并通过数值试验验证本文所构数学模型的精确性。数值试

验结果显示,该反问题算法能够较精确地反演出内壁面温度波动。

(3)探讨了测量误差对反演结果的影响,对导热正问题计算得到的外壁面温度值引入随机误差,模拟实际测量值。计算结果表明,反演误差随着标准偏差的增大而增大。

参考文献:

[1] 卢涛,李春永. 基于共轭梯度法对 T 型管内壁瞬态温度的识别[J]. 热科学与技术, 2011, 10(1): 45 - 50.

[2] 王登刚,刘迎曦,李守巨,等. 非线性二维稳态导热反问题的一种数值解法[J]. 西安交通大学学报,2000, 34(11): 49 - 52.

[3] 范春利,孙丰瑞,杨立. 基于红外线测温的内壁缺陷尺寸、方位的计算方法研究[J]. 热科学与技术,2005, 4(1): 82 - 86.

[4] 杨海天,胡国俊,薛齐文. 共轭梯度法求解稳态传热组合边界条件反问题[J]. 大连理工大学学报, 2003, 34(2): 136 - 139.

[5] 薛齐文,杨海天,胡国俊. 共轭梯度法求解瞬态传热组合边界条件多宗量反问题[J]. 应用基础与工程科学学报,2004, 12(2):113 - 120.

[6] 宋馨,张有为,马巨印. 反演高温腔体内壁面温度波动的辐射边界导热反问题[J]. 热科学与技术,2016, 15(2): 104 - 108.

[7] HUANG C H, CHEN C W. A boundary-element-based inverse problem of estimate in boundary conditions in an irregular domain with statistical analysis [J]. Numerical Heat Transfer (Part B), 1998, 33: 251 - 268.

Inverse Problem of One-Dimensional Unsteady Heat Conduction Deducing Temperature Fluctuation of Inner Wall of Pipe

Xiong Ping[1] , Ai Honglei[2] , Lu Tao[1] , Wang Xinjun[2]

1. College of Mechanical and Electrical Engineering, Beijing University of Chemical Technology, Beijing, 100029, China;

2. Science and Technology on Reactor System Design Technology Laboratory, Nuclear Power Institute of China, Chengdu, 610213, China

Abstract：A one-dimensional transient thermal conduction inverse problem mathematical model is constructed based on the finite difference method (FDM) and the optimization algorithm based on the conjugate gradient method (CGM). The general calculation program is written in C language, and the temperature fluctuation value of the outer wall surface obtained by the direct heat conduction problem is used as the known condition of the inverse heat conduction problem. And the random measurement error is introduced to investigate the effect of measurement error on the accuracy of the inversion result. The inversion value is compared with the theoretical value of the inner wall surface as the boundary condition. The comparison results show that the inversion value of the internal wall surface is in good agreement with the theoretical value, indicating that the transient thermal conductivity anti-problem model can well inverse the temperature fluctuation value of the inner wall surface.

Key words：Unsteady heat conduction, Inverse heat conduction problems, Conjugate gradient methods, Finite difference method

作者简介：

　　熊　平(1991—)，男，硕士，现从事工程热物理研究。

通讯作者：

　　卢　涛，Email：likesurge@sina.com

福岛核事故对我国核电发展的影响及借鉴

潘金钊

中国核能湖南桃花江核电有限公司,湖南益阳,413000

摘要:日本福岛核事故虽然未对我国的环境造成严重影响,但是该事故的发生对我国后续核电的发展必然产生重大影响。我国庞大、密集的核电发展规划在世界能源发展领域是绝无仅有的,无论是在技术路线、标准制定,还是在建造、运行的组织管理上,我国核电建设者和管理者都将面临巨大考验。分析和借鉴本次日本福岛核事故的发生、处理过程,将在多方面对我国核电发展提供重要参考,从而促进我国核电发展规划及核事故应急体系的持续完善。

关键词:核事故;影响;借鉴

中图分类号:TK0　　　　**文献标志码**:A

0　引　言

日本 2011 年 3 月 11 日发生的地震及海啸导致福岛核电站多台反应堆机组出现故障并发生核泄漏。泄露的放射性物质在全球范围扩散,美国、俄罗斯、菲律宾、越南、韩国、法国、瑞典、英国等国家都检测到微量放射性物质,我国的黑龙江、江苏、上海等 18 个省(区、市)的部分地区,在监测点气溶胶样品中也陆续检测到极微量的人工放射性核素[131]I。受日本福岛核事故的影响,各国纷纷关注和反思各自国家核设施的安全问题和核电的未来发展问题。

日本福岛核事故充分证明,在高科技的现代社会,人类任何特大突发灾难,都可能衍生为全球性的公共灾难,威胁到整个地区或跨区域、更大范围人的生存安全。福岛核事故虽然未对我国造成实际危害,但是该事故的发生对我国后续核电的发展必然造成重大影响,也警示我国尽快在核电发展规划、核安全管理等方面加强、完善。

笔者参考日本福岛核事故的处理过程,分析事故对我国的影响,为我国核电的发展以及核事故应急体系的完善提供参考。

1　对我国核电建设的影响

福岛核事故发生后,2011 年 3 月 16 日国务院召开常务会议,强调了四项具体要求。本次会议中提出的要求措词严厉,超出了核电行业的普遍预期,同时体现了国家对核电安全发展的高度关注。

受福岛核事故及国务院此次会议通知的影响,我国的核电发展战略规划中的核能规划部分可能重新修改;全国核电装机容量的中长期目标现在可能下调;"积极发展"的方针被"安全第一"所取代。

至此,我国核电发展指导思想的轨迹可描述为:国家"十一五"之前即 2005 年前是"适度发展";2006 年至 2010 年的"十一五"时期调整为"积极发展""加快发展"[1];2011 年至 2015 年的"十二五"规划中关于核电发展的表述改成了"安全高效",而现在则强调"安全第一"。

2　我国的核电安全现状

福岛核事故使核能安全受到全球的广泛关注,德、意、韩等国纷纷表示将重新审查各自的核电厂计划。我国的核电发展问题又重回到原点——核电是否安全,我国该不该发展核电?

面对我国社会发展急剧增加的能源需求、能源结构调整要求,以及减少大气排放承诺的压力,发展核电作为我国既定国策,存在必要性及合理性[2]。

据统计,核电行业是世界上最安全的行业之一。全世界 50 年来 500 多座核电反应堆在超过12000 堆·年的运行历史中,只在 20 世纪 70 至 80年代发生过两起堆芯熔化的严重事故。而我国核电安全性的"门槛"比世界平均水平高,核电厂的选址更加保守、安全,均远离地质断裂带,建在稳定的基岩上。抗震标准、防洪标准等都做到了"高一级"设防,并且受国家核安全局的严格审查。

核电厂发生意外时应确保安全的主要目标有三个:①安全停堆;②导出余热;③包容放射性。日本福岛核电站基本能做到上述三点,由于 1 号机组和 3 号机组备用冷却系统失效,剩余裂变产物产生的衰变热量无法导出,高温燃料和水反应产生氢气,释放出来的氢气在核岛密闭厂房内发生爆炸,带出了部分放射性物质。

我国核电厂与日本福岛核电站相比主要有两方面的区别:①日本是一个地震高发国家,福岛核电站就位于地震带上,而我国核电厂已充分考虑了地质结构的稳定性要求,同时考虑了海啸的影响;②福岛核电站在全部失去厂内外电源的情况下,便会失去堆芯冷却的全部功能,而我国建设的压水堆核电厂即使失去全部厂内外电源,也能通过自带的气动给水泵和蒸汽排放的形式维持堆芯冷却。

日本福岛核电站使用第二代核电厂初期的核电技术。现在的第二代核电厂发生堆芯熔化事故的概率量级为 10^{-6}(堆·年)$^{-1}$,二代加(改进型)的概率量级为 10^{-7}(堆·年)$^{-1}$,第三代的概率量级为10^{-8}(堆·年)$^{-1}$。日本福岛核电站 1 号机组为 20世纪 60 年代末建成的首批商用核电厂,而我国正在运行和建设的核电厂多为 80 年代和 90 年代后二代或二代改进型核电厂,安全性能在设计上远优于首批投运的商用核电厂。

3 福岛核事故的借鉴

3.1 加快推进核安全立法

国际上所有发达国家、绝大多数发展中国家都有原子能法、核安全法或类似的法律。我国作为国际原子能机构的成员国,也是当前世界核电在建规模最大的国家,但是在核安全和辐射安全方面却存在法律空白。

原子能法作为核能领域的最高法和基本法,主要内容应包括组织体系与职责、使用范围、监督管理体制、监督管理程序或步骤、核事故应急、法律责任、补偿与赔偿、法规建设等,对核能安全发展起着至关重要的作用。我国原子能法至今还处于起步阶段。就整个核安全立法体系而言,虽然在核电安全管理领域已有各类法律位阶的法律规范,但是由于基本法的缺失,导致我国尽管制定了很多行政法规和部门规章,但很多基本问题却没得到解决[3]。

在原子能法进展缓慢的背景下,可以考虑先行制定核安全法。核安全涉及铀矿资源的勘探和开采、整个核燃料循环、放射性废物处置、放射性物质运输、核技术应用、市场准入、事故应急、核损害赔偿、法律责任等方面。目前的核安全立法无法完全涵盖上述各个方面。基于核能在工业、农业、医学等领域广泛应用,而核电不过是原子能法中的一部分,因此尽快制定规范核电生产与运营的核安全法比较现实。

另外,当前的核安全立法体系中已有的责任条款基本都是针对核设施营运人及其工作人员的,而对监管机构应负的责任没有规定或规定较少。监管部门权责严重失衡,不利于我国核能行业的健康发展。

3.2 完善监管体系

目前我国核能监管主要由环保部国家核安全局负责,卫生行政主管部门和安全行政主管部门在内的其他部门也参与其中。多部门交叉管理但职责不清,存在着巨大的潜在管理风险。

为了有利于工作开展,可由国家核安全局作为全国统一监管机构,负责对相关放射性活动的许可登记,以加强对放射环境的统一监督管理,其他行政主管部门配合核安全局的监管工作。同时,为保证其职责能得到落实,国家核安全局应具有较强的独立性,应享有授权立法权和独立的执行权,其具体的职责权限应以法律的形式予以确定。

除了多头管理、职能交叉问题之外,我国的核安全监管体系还存在人力资源不足,技术平台和部门协调等诸多问题急需完善。

3.3 健全核事故应急体系

为应对核事故状态,我国建立了由国家、地方和企业构筑起的三级核事故应急组织。通过三个层面的应急组织,构筑起整个事故应急系统。

国家核事故应急办公室必要时由国务院领导、组织、协调全国的核应急管理工作。在地方层面,核电厂所在省设立相应的核应急组织,其成员单位有省级机关和军队、武警的有关部门(单位)、省辖市政府等,领导全省的核应急工作。同时,在核电厂营运单位,设有厂级应急组织。

尽管建立了上述三级应急体系,但我国的核安全管理体制还是滞后于我国的核电发展速度,仍需要大力加强其能力建设。首先人力资源严重缺乏。现在国际上核电比较发达的国家,一台机组通常配置监管人员35人左右,美国104台机组有监管人员近4000人;法国和日本各有50多台机组,监管人员分别有2000多人。而我国目前核与辐射安全监管队伍在编人员只有300人左右,按目前运行和在建机组算,平均每台仅11人。当前这一问题已引起了管理层的关注,国家已着手扩大核安全监管系统的编制,计划到2012年把监管队伍增加到1000人。即便如此,与我国现在的核电发展速度相比还是有一定差距。

另外,我国的核安全监管技术能力也有欠缺。目前缺少独立的安全审评、核算、检验的必要装备和能力。正如福岛核事故所暴露的一些无法预料的意外灾难很容易酿成安全危机,尤其是当前我国过度追求建设速度,可能会令国内的核电厂建设质量与运行监管体系效力都逊于发达国家,这将是巨大的隐患。因此,我国可以与国际社会共同建立一套国际体系,让各国运行、在建的核电厂在接受国内管理的同时得到外部严格的监管,通过提高透明

度以及严格的监管消除安全隐患。

3.4 深入探索"纵深防御"的安全理念

核电建设始终建立在"安全第一"的基础上,在设计上遵循"纵深防御"的工程理念,以确保即使在最严重的故障发生后,核电厂依然在控制之中。

在福岛核事故中,地震超过了核电厂设计的抗震强度,并伴随着未曾预见的海啸。虽然反应堆自动停止了运行,但处于余热排出阶段时,备用柴油发电机组在海啸中受损导致失效,应急电池则不能够提供足以运转水泵的电力。余热排出系统、应急系统全部无法启动,一切技术性"防卫"失效。

该事故暴露了以往设计理念上的缺点,即设计中忽略发生概率很小的某些风险及会发生超出设计极限的连锁性灾难。"纵深防御"的理念如何体现到核电选址、设计、建造、运营、退役等各个环节,需要在现有基础上进一步研究。

3.5 构建社会核安全信念

日本福岛核事故发生之后,我国公众对核电安全性的关注急剧上升。因担心核辐射,多地爆发了"抢盐潮""抢购辐射防护用品潮"。核工业界如何获得民众信任将直接关系到核电、核工业能否顺利发展。仔细分析福岛核事故发生后国内社会的反应,可以进一步完善我国核安全应对机制。

将"抢盐潮"简单归结于国人缺乏理性太过草率。本次日本核事故在我国引发的"抢盐潮"等"福岛次生效应",体现出公众对核技术存在异乎寻常的恐惧。对我国部分公众而言,核技术更多地与致命武器相联系,与日本核轰炸、切尔诺贝利的灾难景象相联系。因陌生、神秘而更添恐惧,因恐惧而更添误解,至此所有非常态的事情也就具备了合理的理由。"福岛次生效应"表明,我国核电发展的社会基础异常单薄,稍有风吹草动就会引起轩然大波,严重影响社会的正常秩序,同时直接暴露出我国在核事故应急管理上的漏洞。

核电厂的风吹草动都能引起社会的高度关注。深究其原因,可归结为部分公众不具备与核能、核安全相关的最基本常识,更缺乏判断核辐射的手段,政府核安全应急体系尚待完善。对核电技术的恐惧伴随核能技术利用的全过程,国内外核电发展

的历程充分说明,严格高效的监管政策与透明公开的建设管理政策,是消除民众"核阴影"、确保核电顺利发展的最佳途径。国外的经验或可借鉴,如美国新建核电厂需要经过非常细致的审批过程,申请方必须对选址提出书面申请,获得建造许可,并举行公开听证会,公众有机会提出质疑和反对。同时在大力推进核电建设的同时,应尽快由政府推动、企业配合,在全社会开展核电科普,使公众了解、接受核电,建立信息发布机制,增强公众对核电的信任感,及时应对不良炒作,避免简单问题复杂化[4]。

4 结束语

随着核电经济性的提高、核电安全性的增强和环境保护力度的加大,积极推进核电发展是我国实现能源结构调整、优化发展的必然选择。核能的和平利用在为人类带来巨大利益的同时,也带来了发生核事故的潜在可能性。尽管核电厂有严格的管理及纵深的防御措施,但是并不能绝对排除发生事故的可能性。我们应认真总结汲取福岛核事故的经验、失误和不足,充分借鉴学习国外核电产业发展的机制、规律和模式,科学统筹规划核电发展目标、路径和方式,切实保证我国核电的安全发展。

参考文献:

[1] 郑健超. 关于核电规模发展的几点看法[J]. 中外能源, 2010, 15 (11): 15-20.

[2] 郑明光,叶成,韩旭. 新能源中的核电发展[J]. 核技术, 2010, 33 (2): 82-86.

[3] 刘芳. 核电领域国际法和国内法问题研究[D]. 北京:华北电力大学,2010.

[4] 时振刚,张作义,薛澜,等. 核电的公众接受性研究[J]. 2009 (8): 71-75.

The Influence of Fukushima Nuclear Accident on the Development of Nuclear Power in China and Its Reference

Pan Jinzhao

CNNPHunan Taohuajiang Nuclear Power Company Limited, Yiyang, Hunan, 413000, China

Abstract: Although the Fukushima nuclear accident caused no serious environmental problem in China, but it does have great effect on the future development of nuclear power in China. The development plan of nuclear power in China is so uniquely huge in the world energy field that great challenge has already arisen to the Chinese nuclear power constructors and operators. This paper analyzes the sequence of the Fukushima nuclear accident, which can be referred to in the improvement of the development plan of nuclear power and the nuclear accident emergency plan.

Key words: Nuclear accident, Effect, Reference

作者简介:

潘金钊(1979—),男,工程师。2002年毕业于河北科技大学过程装备与控制工程专业,获学士学位。2010年于清华大学工程物理系核能与核技术工程专业攻读工程硕士。现任职于湖南桃花江核电有限公司,主要从事设备采购管理工作。

堆用蒙卡程序燃耗计算功能开发

佘　顶,王　侃,余纲林

清华大学工程物理系,北京,100084

摘要:堆用蒙卡程序(RMC)是由清华大学工程物理系 REAL 实验室自主开发的用于反应堆物理分析的中子输运蒙卡程序,本文主要介绍其燃耗计算功能的开发与验证。RMC 的燃耗计算功能具有的特点:内部耦合 ORIGEN,相比于外耦合方式,更加灵活和高效;使用基于能谱的单群截面统计方法,可在保证精度的前提下显著提高计算效率;采取预估修正和中点近似等多种燃耗步策略,减小大燃耗步长时的计算误差。通过计算压水堆栅元、沸水堆组件、快堆等一系列基准题和算例,验证了 RMC 燃耗计算的正确性和速度优势。

关键词:蒙卡程序;燃耗计算功能;RMC

中图分类号:TL323　　　　**文献标志码**:A

1　堆用蒙卡程序简介

堆用蒙卡程序(RMC)[1,2]是由清华大学工程物理系核能科学与工程管理研究所反应堆工程计算分析实验室(REAL)自主开发的用于反应堆物理分析的中子输运蒙卡程序,目前版本为 RMC 2.8.0。

RMC 针对反应堆计算的需求,并结合新概念反应堆研究设计时几何结构灵活、材料组成及堆芯能谱构成复杂、各向异性及泄漏强等特点进行开发,可作为核能系统研究设计平台的物理计算核心。RMC 采用了并行及多种加速技术,能根据实际问题的需要采用连续能量点截面或多群截面进行临界问题本征值、本征函数计算,以及系统燃耗模拟和瞬态过程分析等。

2　RMC 燃耗计算功能的基本特点

2.1　内耦合方式

蒙卡燃耗程序是蒙卡程序(如 MCNP)与点燃耗程序(如 ORIGEN、CINDER)的相互耦合。蒙卡程序进行临界计算,得到中子注量率、单群反应截面等数据,传递给点燃耗程序;点燃耗程序进行燃耗计算,得到新的核素密度传递给蒙卡程序。通过数据的往返传递,处理燃耗计算的全过程。

目前,国内外的大多数蒙卡燃耗程序,如McBurn[3]、MOCUP[4]、MONTEBURNS[5]等,都是采用外耦合的方式,即通过外部接口链接蒙卡程序与点燃耗程序,读取相应的输出文件,生成相应的输入文件,从而完成数据交换。

RMC 通过内耦合 ORIGEN 2.1 实现其燃耗计算功能。ORIGEN 作为一个内嵌的子函数,可直接被 RMC 调用,数据通过变量直接进行传递。与外耦合方式相比,内耦合方式更加灵活和高效。表 1 给出了 RMC 与 McBurn 在计算某个含 64 个燃耗区的算例时,单个燃耗步内调用 ORIGEN 的时间对比。

表 1　调用 ORIGEN 的时间对比

Table 1　Time Expense of Running ORIGEN

程序名称	耦合方式	每次计算时间/s	总计算时间/s
RMC	内耦合	0.063	4
McBurn	外耦合	1.22	78

基金项目:国家自然科学基金(10775081)、国家重点基础研究发展计划项目(2007CB209800)。

2.2 基于能谱的单群截面统计方法

在蒙卡燃耗计算过程中,临界计算通常占用大部分计算时间,其中统计单群反应截面又是主要的耗时部分。

大多数蒙卡程序统计单群截面所用的常规方法(CT)是在蒙卡模拟过程中记录每个粒子的径迹长度或碰撞概率,并乘以相应核素、相应反应类型、相应能量下的截面,然后累加得到单群截面。这种统计方法基于每个粒子的每一次碰撞,因此十分耗时。

RMC 包含另外一种基于能谱的单群截面统计方法——基于能谱的统计方法(SBT)。首先通过合并所有相关核素的能量框架,构建一个超精细能量框架;在蒙卡临界计算过程中,统计精细能量框架所对应的能谱;当临界计算结束时,基于能谱加工得到单群反应截面。该方法也被其他一些蒙卡程序采用,如 SERPENT 等[6-8]。

相比于常规的单群截面统计方法,SBT 可以在保证计算精度的前提下,显著减少蒙卡临界计算的时间。以某压水堆栅元为例,分别使用 RMC 当中的 CT 方法和 SBT 方法,统计 60 个核素的 6 种不同的单群截面。表 2 给出了部分核素的辐射俘获截面计算结果;表 3 给出了相应的计算时间。

表 2 CT/SBT 统计辐射俘获截面结果比较

Table 2 Comparison of Tallying Radiation Capture Cross Sections by CT/SBT

核素	RMC-CT /10^{-24} cm²	RMC-SBT /10^{-24} cm²	相对误差 /%
^{243}Am	44.94	44.93	−0.01
^{241}Pu	29.26	29.26	0.02
^{239}Pu	38.40	38.41	0.02
^{237}U	31.24	31.24	−0.01
^{235}U	8.811	8.811	0.00
^{149}Sm	4.728×10^3	4.728×10^3	0.00
^{135}Xe	1.770×10^5	1.770×10^5	−0.01

表 3 CT/SBT 统计单群截面时间比较

Table 3 Comparison of Tallying One-Group Cross Sections Time by CT/SBT

程序	统计方法	时间/s
MCNP	CT	1549
RMC	CT	347
	SBT	71

注:2000 粒子/代×300 代,跳过 50 代。

2.3 燃耗步策略

在实际的燃耗计算过程中,中子注量率和单群截面等参数是连续变化的。采用数值方法求解燃耗,需要以适当的时间步长分段计算,并假设每个步长内的注量率和截面等参数不变。根据具体假设的不同,分为不同的燃耗步策略。

(1)起点近似方法(BOS)。假设每个步长内的注量率和截面等于该燃耗步起点的值。目前大多数蒙卡燃耗程序(如 MCB、MOCUP、ALEPH 等)都使用起点近似的燃耗步策略[9]。

(2)中点近似方法(MOS)。首先执行燃耗计算至步长中点,然后通过临界计算得到该状态下的中子注量率和单群截面等参数;再利用上述参数,执行全步长的燃耗计算。

(3)预估修正方法(PC)。第一步(预估步),根据步长起点的参数,执行全步长燃耗计算,得到预估核素密度,并通过临界计算得到相应的注量率和截面;第二步(修正步),利用第一步得到的注量率和截面,重新计算整个燃耗步长,得到修正后的核素密度,最后将两次的核素密度取平均值。确定CASMO-4 程序就是采用预估修正燃耗步策略。

RMC 包含以上三种燃耗步策略。步长较小时,使用 BOS 燃耗步策略即能满足精度要求;步长较大时,则可使用 MOS 或 PC 提高计算精度。

3 RMC 燃耗功能的验证

3.1 OECD/NEA 压水堆栅元燃耗基准题

OECD/NEA 压水堆燃耗基准题的计算对象是压水堆组件中的单个栅元[10],其包含世界范围内

16 个机构的 21 套计算结果。这些结果主要包括对中子增殖系数 k_{eff} 有重要影响的核素密度。

该基准题的燃耗历史含四个功率阶段和衰变阶段,各阶段的硼浓度不同。根据功率和最终燃耗深度的不同,分为工况 A、工况 B、工况 C。

使用 RMC 计算 OECD/NEA 压水堆栅元燃耗基准题的三个工况均取得了较好的结果,这里仅给出燃耗最深的工况 C 的计算结果(表 4)。RMC 计算的所有核素密度均落在其他 21 套计算结果的范围之内,大部分核素密度与实验值符合较好,与平均计算值的误差也小于其他 21 套计算结果的均方差。

3.2 Westinghouse 压水堆栅元基准题

Westinghouse 压水堆栅元基准题的计算对象是西屋公司 17×17 压水堆组件的单个栅元[11]。该基准题未给出实验值,因此使用 McBurn 的计算结果和文献[11]给出的其他程序的计算结果作为参考。燃耗深度为 100 MW·d/kg(HM),包含 25 个时间步

长。临界计算粒子数为 1000,共 300 代,跳过 15 代。

图 1 给出了 RMC 与 McBurn 程序计算得到的 k_{eff} 随燃耗的变化曲线;表 5 给出了 CASMO - 4、MCODE 程序对部分核素密度的计算结果以及 McBurn、RMC - CT、RMC - SBT 与 MCODE 计算结果的相对误差。

计算结果表明,RMC 给出的 k_{eff} 和核素密度计算结果与参考结果相差很小;RMC 使用的统计单群截面的 SBT 方法完全符合精度要求。表 6 给出了 RMC 相对于 McBurn 程序的时间优势。

图 2 给出 BOS、MOS 和 PC 三种不同的燃耗步策略对 k_{eff} 计算结果的影响。当步长较大时,MOS 和 PC 可以明显改善计算结果的准确性。

3.3 OECD/NEA 快堆燃耗基准题

OECD/NEA 快堆燃耗基准题是钍循环的物理计算检验系列的一部分[12],其计算对象是一个快中子增殖堆的等效模型。

表 4 OECD/NEA 压水堆栅元基准题工况 C 的计算结果
Table 4　Calculated Results for OECD/NEA Burnup Benchmark Case C

核素	实验测量值 /(mg·g⁻¹)	计算参考值 /(mg·g⁻¹)	平均计算 参考值 /(mg·g⁻¹)	计算参考值 方差/%	RMC 计算 结果 /(mg·g⁻¹)	RMC 与实 验值的相 对误差/%	RMC 与平均 计算参考值 的相对误差/%
²³⁵U	3.54	2.9340~3.7160	3.201	8.12	3.2444	−8.35	1.36
²³⁸U	824.9	823.4~831.6	824.7	0.21	824.7906	−0.01	0.01
²³⁷Np	0.468	0.4327~0.5934	0.5005	7.12	0.4792	2.38	−4.26
²³⁹Pu	4.357	3.6590~4.902	4.303	6.86	4.1701	−4.29	−3.09
²⁴¹Pu	1.02	0.8816~1.1110	0.9892	5.29	0.9961	−2.34	0.70
²⁴¹Am	N/A	0.3102~0.3785	0.3403	9.42	0.3367	—	−1.05
⁹⁵Mo	N/A	0.8092~0.8742	0.844	1.85	0.8408	—	−0.38
⁹⁹Tc	N/A	0.8449~0.9861	0.8958	4.21	0.8789	—	−1.89
¹³³Cs	1.24	0.9723~1.2860	1.244	5.60	1.2725	2.62	2.29
¹⁴³Nd	0.763	0.7397~0.8839	0.7748	4.51	0.7685	0.71	−0.82
¹⁵⁰Sm	0.361	0.2725~0.3980	0.3311	8.50	0.3304	−8.47	−0.20
¹⁵³Eu	0.148	0.1210~0.1596	0.1397	8.52	0.1329	−10.22	−4.88
¹⁰¹Ru	N/A	0.8886~0.9265	0.9021	1.76	0.8991	—	−0.33
¹⁰³Rh	N/A	0.4208~0.5349	0.4989	5.40	0.5066	—	1.54

表 5　Westinghouse 基准题部分核素密度

Table 5　Atomic Density for Westinghouse Benchmark

核素	核素密度/cm^{-3}		与 MCODE 的相对误差/%		
	CASMO-4	MCODE	McBurn	RMC-CT	RMC-SBT
^{95}Mo	1.223×10^{20}	1.220×10^{20}	-0.07	-0.34	-0.29
^{99}Tc	1.169×10^{20}	1.221×10^{20}	-0.52	-0.25	-0.24
^{101}Ru	1.193×10^{20}	1.189×10^{20}	-0.02	-0.07	-0.09
^{109}Ag	6.991×10^{18}	8.012×10^{18}	0.35	0.26	0.18
^{135}Cs	6.982×10^{19}	7.010×10^{19}	0.55	0.79	0.92
^{145}Nd	7.109×10^{19}	7.102×10^{19}	0.36	0.15	0.23
^{149}Sm	1.246×10^{17}	1.173×10^{17}	-8.19	-6.37	-5.72
^{153}Eu	1.184×10^{19}	1.049×10^{19}	-1.97	-1.86	-1.53
^{235}U	2.595×10^{20}	2.650×10^{20}	1.54	3.20	3.74
^{238}U	1.967×10^{22}	1.963×10^{22}	-0.09	-0.07	-0.08
^{237}Np	3.423×10^{19}	3.119×10^{19}	1.06	2.59	2.81
^{239}Pu	1.477×10^{20}	1.559×10^{20}	3.49	4.61	5.22
^{241}Pu	4.280×10^{19}	4.498×10^{19}	2.08	3.61	4.57
^{241}Am	2.351×10^{18}	2.586×10^{18}	1.87	3.55	4.46
^{243}Am	6.232×10^{18}	7.678×10^{18}	-0.94	1.63	1.33

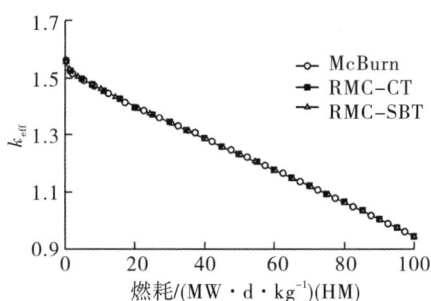

图 1　Westinghouse 基准题的 k_{eff}

Fig. 1　k_{eff} for Westinghouse Benchmark

表 6　Westinghouse 压水堆栅元基准题计算时间

Table 6　Calculation Time of Westinghouse Benchmark

程序	时间/min
McBurn	190.2
RMC-CT	42.1
RMC-SBT	15.7

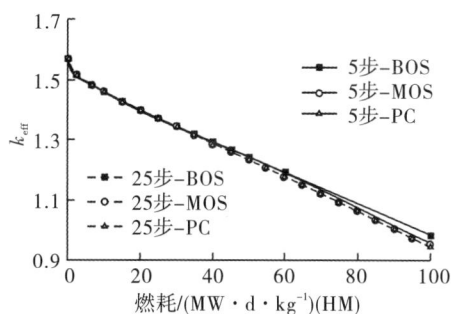

图 2　不同燃耗步策略下的 k_{eff} 计算结果

Fig. 2　k_{eff} Calculated by Different Burn Step Strategies

表 7 给出了 RMC 的计算结果，并给出其他程序的计算结果[13]作为对比。RMC 给出的核素密度均落在其他程序计算结果的范围之内，从而验证了 RMC 燃耗计算的正确性。

表 7　快堆基准题核素质量变化

Table 7　Nuclide Mass Changes of Fast Reactor Benchmark　　　　　　　　　　单位:kg

核素	RMC	McBurn	MOCUP	ANL (USA)	CEA (FRA)	PNC(J2) (JPN)	PNC(J3,2) (JAP)	PSI (SUI)
^{235}U	−5.76	−5.58	−5.61	−5.6	−5.9	−5.8	−5.7	−5.5
^{238}U	−388.50	−389.3	−394.5	−420	−411	−392	−390	−384
^{238}Pu	−49.76	−49.81	−49.0	−50	−45	−50	−47	−43.4
^{239}Pu	−174.66	−175.29	−160.9	−149	−174	−170	−131	−173
^{240}Pu	−31.25	−30.43	−34.7	−38	−21	−32	−13	−34
^{241}Pu	−138.10	−138.14	−136.5	−133	−139	−133	−122	−137
^{242}Pu	−32.48	−32.09	−30.5	−29	−42	−31	−20	−25
^{241}Am	9.24	9.16	9.58	9.1	7.5	8.3	9.5	8.6
^{243}Am	31.80	32.29	31.2	31	44	33	34	33
^{242}Cm	4.86	4.89	4.63	3.7	5.2	4.8	4.5	4.1
^{244}Cm	4.72	4.35	4.48	4.1	7.4	5.3	5.3	5.4

3.4　沸水堆组件算例

为验证 RMC 在沸水堆燃耗计算中的应用,计算了一个 8×8 的沸水堆组件[14],组件包含八种不同富集度的燃料栅元。

分别使用 RMC 与 McBurn 进行计算,均考虑了 64 个燃耗区。图 3 给出了组件某个栅元内的 ^{238}U、^{235}U、^{239}Pu、^{149}Sm 共四种核素密度随燃耗时间的变化曲线。

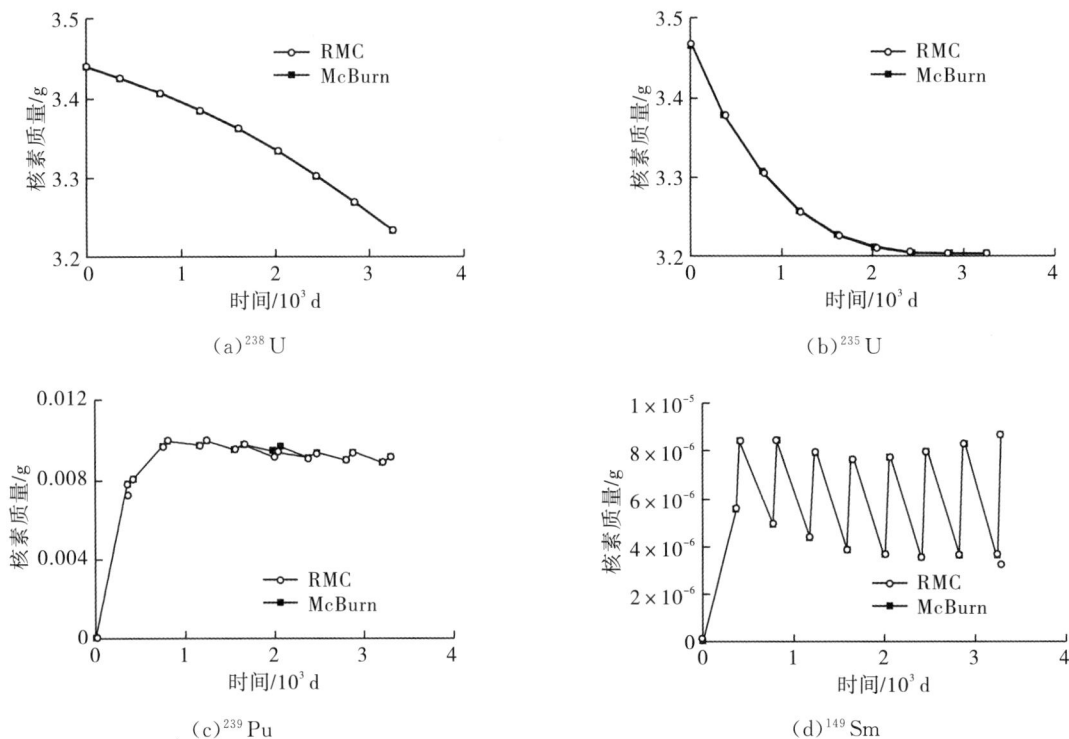

(a) ^{238}U

(b) ^{235}U

(c) ^{239}Pu

(d) ^{149}Sm

图 3　BWR 组件部分核素质量随燃耗的变化

Fig. 3　Variation of Nuclide Mass with Burnup for BWR Assembly

4　结　论

　　自主 RMC 通过内部耦合 ORIGEN 2.1 的方式,实现了燃耗计算功能。RMC 采用的基于能谱的单群截面统计方法能在保证精度的前提下显著提高计算效率。中点近似和预估修正等燃耗步策略,能提高大时间步长燃耗计算的准确性。通过压水堆栅元、沸水堆组件、快堆等基准题或算例的计算,验证了 RMC 燃耗计算功能的正确性。同时通过与 McBurn 的计算时间比较,验证了 RMC 燃耗计算的速度优势。

参考文献:

[1] SHE D, XU Q, WANG K. RMC 1.0: development of Monte Carlo code for reactor analysis [R]. Xi'an: Proceedings of the 18th International Conference on Nuclear Engineering (ICONE18), 2010.

[2] LI Z G, WANG K, SHE D, et al. Development and benchmark validation of a new MC neutron transport code RMC for reactor analysis[R]. Las Vegas, Nevada, USA: American Nuclear Society 2010 Winter Meeting, 2010.

[3] YU G L. Research on the coupling package(Mc-Burn) of MCNP and ORIGEN 2[D]. Beijing: Tsinghua University, 2002.

[4] MOORE R L, SCHNITZLER B G, WEMPLE C A, et al. MOCUP: MCNP-ORIGEN 2 coupled utility program [R]. Scoville, Idaho: Idaho National Engineering Laboratory, 1995.

[5] TRELLUE H R. Development of monteburns: a code that links MCNP and ORIGEN 2 in an automated fashion for burnup calculations[D]. Los Alamos, New Mexico: Los Alamos National Laboratory, 1998.

[6] LEPPÄNEN J. Two practical methods for unionized energy grid construction in continuous-energy Monte Carlo neutron transport calculation[J]. Annals of Nuclear Energy, 2009, 36: 878 - 885.

[7] HAECK W, VERBOOMEN B. An optimum approach to Monte Carlo burnup[J]. Nuclear Science and Engineering, 2007, 156: 180 - 196.

[8] FRIDMAN E, SHWAGERAUS E, GALPERIN A. Efficient generation of one-group cross sections for coupled Monte Carlo depletion calculations[J]. Nuclear Science and Engineering, 2008, 159: 37 - 47.

[9] DUFEK J, HOOGENBOOM E. Numerical stability of existing Monte Carlo burnup codes in cycle calculations of critical reactors [J]. Nuclear Science and Engineering, 2009, 162: 307 - 311.

[10] DEHART M D, BRADY M C, PARKS C V. OECD/NEA burnup credit calculational criticality benchmark Phase I - B results [R]. Oak Ridge, TN: Oak Ridge National Laboratory, 1996.

[11] BAKKARI B E. Development of an MCNP-tally based burnup code and validation through PWR benchmark exercises[J]. Annals of Nuclear Energy, 2009, 36: 626 - 633.

[12] The Working Party on the Physics of Plutonium Recycling of the NEA Nuclear Science Committee. Physics of plutonium recycling, Volume 4, fast plutonium-burner reactors: beginning of life[R]. [S. l.]: OECD, 1995.

[13] WANG K, LOU T P, GREENSPAN E, et al. Benchmarking and validation of MOCUP[R]. Pittsburgh, PA: [s. n.], 2000.

[14] WANG K, GREENSPAN E. Performance improvement analysis of boiling water reactors by incorporation of hydride fuel[J]. Nuclear Engineering and Design, 2004, 231(2): 163 - 175.

Development of Burnup Calculation Function in Reactor Monte Carlo Code RMC

She Ding，Wang Kan，Yu Ganglin

Department of Engineering Physics，Tsinghua University，Beijing，100084，China

Abstract：This paper presents the burnup calculation capability of RMC，which is a new Monte Carlo（MC）neutron transport code developed by Reactor Engineering Analysis Laboratory（REAL）in Tsinghua University of China. Unlike most of existing MC depletion codes which explicitly couple the depletion module，RMC incorporates ORIGEN 2.1 in an implicit way. Different burn step strategies，including the middle-of-step approximation and the predictor-corrector method，are adopted by RMC to assure the accuracy under large burnup step size. RMC employs a spectrum-based method of tallying one-group cross section，which can considerably saves computational time with negligible accuracy loss. According to the validation results of benchmarks and examples，it is proved that the burnup function of RMC performs quite well in accuracy and efficiency.

Key words：Monte Carlo，Burnup calculation function，RMC

作者简介：

余　顶(1986—)，男，在读博士研究生。2008 年毕业于上海交通大学核工程与核技术专业，获学士学位。现主要从事反应堆物理研究。

核电厂主管道材料低周疲劳寿命预测方法评价

薛　飞[1]，束国刚[2]，余伟炜[1]，谪文新[1]，林　磊[1]，蒙新明[1]，刘江南[3]

1. 中国广东核电集团苏州热工研究院，江苏苏州，215004；
2. 中广核工程设计有限公司，广东深圳，518028；
3. 西安工业大学，西安，710032

摘要：采用总应变控制方法，对压水堆核电厂主管道国产材料 Z3CN20.09M 进行了室温与 350 ℃温度下的低周疲劳试验研究，获得了材料的疲劳寿命演化规律。采用 Manson-Coffin 方程、单拉估算模型、拉伸滞后能寿命模型和三参数幂函数公式对该材料的低周疲劳数据进行了拟合。通过寿命预测结果比较发现，除单拉估算模型外，其他几种模型对 350 ℃高温下疲劳寿命的预测结果分散性明显高于室温疲劳。在众多模型之中，单拉估算模型拟合效果较差且预测寿命偏于非保守，而室温下拉伸滞后能法预测精度相对较高，350 ℃下则采用三参数幂函数法获得的预测效果更好。

关键词：低周疲劳；核电厂；主管道；寿命预测

中图分类号：TB302.3　　　　**文献标志码**：A

0　引　言

压水堆核电厂主管道是反应堆冷却剂压力边界的重要组成部分，属核安全一级部件，对反应堆的安全和正常运行起着重要的保障作用[1]。奥氏体不锈钢铸件材料 Z3CN20.09M 以其良好的耐腐蚀性以及较高的强-韧性而被应用于核电厂一回路主管道制造[2]。鉴于主管道长期处于高温工作状态，其疲劳性能，特别是高温疲劳性能的优劣对于结构的安全至关重要。然而，由于高温低周应变疲劳试验难度大、试验周期长、所需试验经费多，因此，研究如何依据有限的试验数据给出高温低周疲劳寿命预测方程，从而达到减少试验经费、缩短试验周期、满足工程应用的目的，具有一定的工程实际意义。本文就压水堆核电厂主管道国产材料进行了室温、高温 350 ℃的低周疲劳研究，探索了该材料的疲劳规律，并采用多种模型对其疲劳寿命进行了预测。

1　试验材料与试验方法

主管道材料 Z3CN20.09M 为国产铸钢件，直管段离心浇铸而成。其化学成分(质量分数)如表 1 所示，常规力学性能如表 2 所示。通过与法国 RCC－M 规范要求比较[3]，可见该材料符合 RCC－M 产品的相关要求。

表 1　国产 Z3CN20.09M 钢的化学成分(质量分数/%)

Table 1　Chemical Composition of Z3CN20.09M Made in China

化学元素	C	Mn	P	S	Si
RCC－M 要求	≤0.04	≤1.5	≤0.035	≤0.025	≤1.5
Z3CN20.09M	0.012	0.96	0.032	0.022	0.92
化学元素	Cr	Ni	Co	Cu	
RCC－M 要求	19～21	8～11	≤0.20	≤1.0	
Z3CN20.09M	19.9	9.04	0.014	0.16	

基金项目：国家重点基础研究发展计划项目(2007BC209802)、江苏省自然科学基金资助项目(BK2008177)。

核动力工程优秀论文集(2010—2020)

表 2 国产 Z3CN20.09M 钢的机械性能参数

Table 2 General Mechanical Properties of Z3CN20.09M Made in China

性能指标		$R_{p0.2}$/MPa	R_m/MPa	A/%	Z/%
RCC-M 要求	室温	≥210	≥480	≥35	—
	350 ℃	≥125	≥320	—	—
Z3CN20.09M	室温	276	584	60.8	68.0
	350 ℃	182	425	43.8	71.0

疲劳试样取自直管道内壁 1/4 壁厚纵向位置[3],参照 GB 15248—1994 制成 Φ6 等直径圆棒试样;标距段长 30 mm。试样采用数控机床车制后用研磨膏对试样表面作抛光处理,以消除机加工引起的表面刀痕。

疲劳试验在 MTS809 材料试验机上进行,采用成组法,在室温与 350 ℃高温下分别完成 7 组共 40 个试样的总应变范围控制循环试验。总应变范围为 0.175%～0.8%。试验中,采用对称加载模式($R=-1$),控制应变波形为三角波,应变加载速率为 0.4%/s。

图 1 为试验得到的 Z3CN20.09M 钢在室温和 350 ℃高温下的总应变幅与低周疲劳寿命间的关系。由图 1 可见,材料的低周疲劳寿命不仅取决于外加总应变幅的大小,而且与温度密切相关。总体来说,加载应变幅值越大,疲劳寿命越低。在加载总应变范围较大的区域内(0.2%～0.8%),高温疲劳断裂寿命高于室温疲劳断裂寿命,但两种温度下疲劳寿命的差异随着应变级的降低而逐渐减少;当加载应变幅降至 0.2%附近时,两者疲劳寿命大体接近。

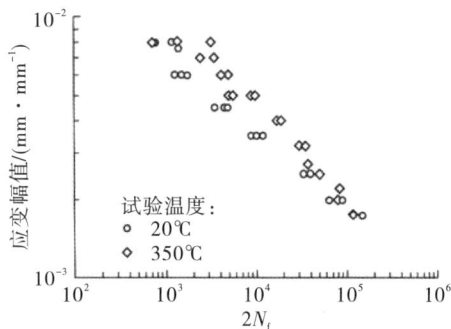

图 1 Z3CN20.09M 钢在不同温度下的应变幅-寿命关系

Fig.1 Strain Amplitude-Fatigue Life Curves of Z3CN20.09M at Different Temperature

2 低周疲劳寿命预测模型

2.1 Manson-Coffin 方程寿命模型

在众多的低周疲劳寿命预测方法之中,Manson-Coffin(M-C)方程以其一定的物理意义及实用性而被广泛应用于工程界。研究结果表明,用总应变幅或总应变范围可以在更宽的范围内(由低周疲劳到高周疲劳)描述材料的疲劳性能。对于总应变控制的低周疲劳,总应变幅是由塑性应变幅和弹性应变幅两部分构成的。采用如式(1)所示 M-C 方程来描述疲劳寿命:

$$\Delta\varepsilon/2 = \Delta\varepsilon_e/2 + \Delta\varepsilon_p/2$$
$$= \frac{\sigma_f'}{E}(2N_f)^b + \varepsilon_f'(2N_f)^c \tag{1}$$

式中,σ_f' 为疲劳强度系数;b 为疲劳强度指数;ε_f' 为疲劳塑性系数;c 为疲劳塑性指数;E 为弹性模量(MPa);N_f 为失效周次。

2.2 单拉估算寿命模型

对于材料的应变-寿命曲线,需要进行多组试样的测定,最后通过拟合得到 M-C 方程。在试样来源较少的情况下,M-C 方程中的 σ_f'、b、ε_f'、c 等四个参数也可以通过单调拉伸试验中的材料机械性能参数估算[4]:

$$\sigma_f' = 1.12\sigma_b(\sigma_f/\sigma_b)^{0.893} \tag{2}$$

$$b = -[0.0792 + 0.179\log(\sigma_f/\sigma_b)] \tag{3}$$

$$\varepsilon_f' = 0.413\varepsilon_f[1 - 81.8(\sigma_b/E)(\sigma_f/\sigma_b)^{0.179}]^{-1/3} \tag{4}$$

$$c = -\log\left\{3.13\varepsilon_f^{0.25}\left[1 - 81.8\left(\frac{\sigma_b}{E}\right)\left(\frac{\sigma_f}{\sigma_b}\right)^{0.179}\right]^{-1/3}\right\} \tag{5}$$

以上各式中,σ_f 为真实断裂强度(MPa);ε_f 为真实断裂延性(mm·mm^{-1});σ_b 为抗拉强度(MPa);E 为弹性模量(MPa)。

2.3 拉伸滞后能寿命模型

拉伸滞后能损伤函数法寿命模型由 Ostergren 提出[5],该方法认为低周疲劳损伤是由试样吸收的拉伸滞后能或应变能来控制的。由损伤函数近似将能量 ΔW 表征为非弹性应变范围 $\Delta\varepsilon_{in}$ 和峰值拉伸

应力 $\Delta\sigma_t$ 的乘积,而滞后能与疲劳寿命之间遵循幂指数关系:

$$\Delta W_t N_f^a = c \qquad (6)$$
$$\Delta W_t = \Delta\varepsilon_{in}\Delta\sigma_t \qquad (7)$$

式中,ΔW_t 为最大循环拉伸应力(MPa);$\Delta\varepsilon_{in}$ 为非弹性应变范围,纯疲劳时用 $\Delta\varepsilon_p$ 代替[6]。

2.4 三参数幂函数寿命模型(3SS)

傅惠民在对大量的 $\varepsilon - N$ 曲线试验数据进行分析和研究后提出了三参数幂函数公式[7]:

$$N_f(\Delta\varepsilon_t - \Delta\varepsilon_0)^m = c \qquad (8)$$

式中,$\Delta\varepsilon_0$、m、c 均为待定常数。

目前美国军用标准 MIL – HDBK – 5J 在处理低周应变疲劳试验数据时也采用三参数幂函数公式。三参数幂函数公式有效地克服了 M-C 方程的弱点,但同样存在不足之处:

(1)用该方法处理 $\varepsilon - N$ 曲线的试验数据时,无法得到循环应力-应变曲线;

(2)成组试验中,当 $\Delta\varepsilon_t$ 固定时,各试样的疲劳寿命则不尽相同,对于高温合金的高温低周应变疲劳,此种差异有时很大,三参数幂函数公式无法反映存在这种差异的原因。

3 低周疲劳寿命预测模型评价

3.1 Manson-Coffin 方程寿命模型预测结果

M-C 方程中的系数可以通过疲劳试验数据的拟合获得,也可以根据单拉试验结果,利用式(2)至式(5)估算获得。表 3 列举了两种方法对应的 Z3CN20.09M 钢低周疲劳参数。

表 3 Z3CN20.09M 钢的低周疲劳参数

Table 3　Low-cycle Fatigue Parameters of Z3CN20.09M

参数来源	温度	σ_f'/MPa	b	ε_f'	c
疲劳试验拟合 M-C 参数	室温	887.9	−0.1289	0.1086	−0.4341
	350 ℃	953.6	−0.1566	0.1746	−0.4501
单拉试验估算 M-C 参数	室温	823.4	−0.0993	0.5259	−0.5817
	350 ℃	405	−0.0657	0.5581	−0.5801

由 M-C 模型对相应试验组光滑试样的疲劳寿命预测如图 2 所示。室温下 M-C 模型对试样的试验寿命预测点基本都落在两倍安全因子规定的分散带内。高温下的长寿命段,M-C 模型拟合的效果尚属良好;但对于高温下的低寿命区域,M-C 模型拟合的效果较差,有两个点分布在两倍分散带的边界及外部区域。

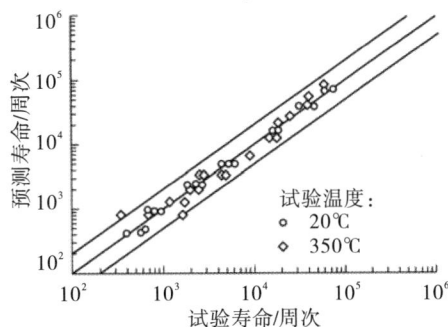

图 2　M-C 模型预测结果

Fig. 2　Prediction Results by M-C Model

3.2 单拉估算寿命模型预测结果

采用单拉数据估算得到的 M-C 方程的实际预测能力如图 3 所示。从图 3 中可以看出,室温的预测点有多个落在了两倍的分散带之外,且预测结果处于非保守态,这对设计非常不利;而高温的预测点仅有 1 个落在了两倍分散带之外。总体来说,由于静态试验与动态试验的差异性,采用静力拉伸数据对主管道材料拟合得到的疲劳寿命模型对试验的预测能力相对较差。

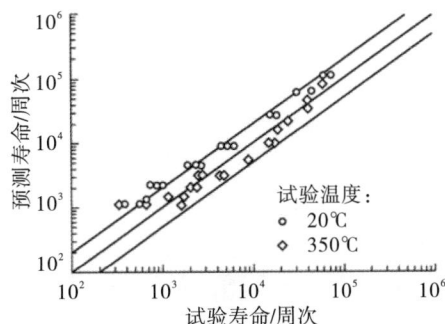

图 3　单拉估算模型预测结果

Fig. 3　Prediction Results by Simple Tensile Prediction Model

通过对试验点的拟合,得到损伤函数法方程:

$$室温:\Delta W_t = 177.66 N_f^{-0.5519} \quad (9)$$

$$高温:\Delta W_t = 256.87 N_f^{-0.5826} \quad (10)$$

图 4(a)为不同温度下应变能随疲劳寿命变化的趋势。相比应变-寿命曲线,能量 ΔW_t 在两个温度级下的差异性并不太明显,室温和高温下的很多试验点彼此错落地交织在一起:初期当疲劳寿命较低时,高温下的应变能要略高于室温疲劳,但随着疲劳寿命的延长,室温疲劳与高温疲劳的应变能差距在逐渐缩小,甚至在长寿命区域形成了众多的交叉。损伤函数法的寿命预测结果如图 4(b)所示。从图中可以看出,室温和高温下的试验点基本都落在了两倍的分散带之内,仅有一个高温的预测点落在了两倍的分散带边界上。总体来说该寿命方程的预测效果较 M-C 方法以及单调拉伸预测方法有了较大的改善。

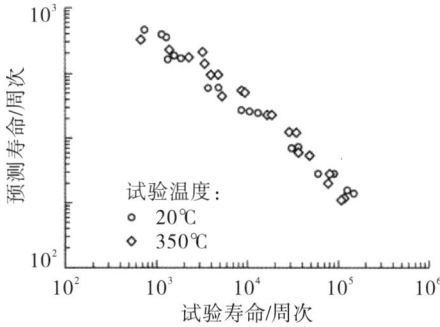

(a)应变能随循环周次变化图

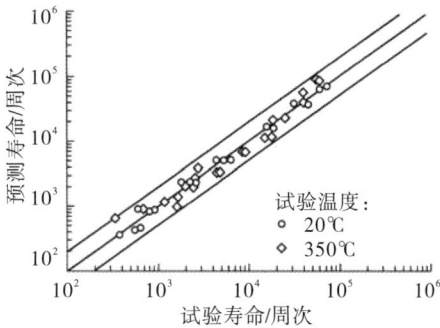

(b)拉伸滞后能法预测结果与试验结果比较

图 4 拉伸滞后能寿命模型预测结果

Fig. 4 Prediction Results by Ostergren Model

3.3 三参数幂函数寿命模型(3SS)预测结果

采用三参数幂函数寿命模型对试验点拟合得到回归方程,如式(11)、式(12)所示。

室温疲劳:

$$N_f = 0.01(\Delta \varepsilon_t - 0.0016)^{-2.508} \quad (11)$$

高温 350 ℃疲劳:

$$N_f = 0.0062(\Delta \varepsilon_t - 3.77^{-17})^{-2.871} \quad (12)$$

比较式(11)、式(12)可以发现,350 ℃高温下 $\Delta \varepsilon_0$ 趋近于 0,公式(12)可退化为 $N_f(\Delta \varepsilon_t)^m = C$ 的情形;由于 $\Delta \varepsilon_0$ 可被认为是材料在寿命趋于无穷时的应变极限,由此也可以认为针对主管道材料,350 ℃高温下的应变极限非常低,而室温疲劳中存在明显的应变极限。采用式(11)、式(12)的寿命预测结果如图 5 所示。从图中可以看出,室温疲劳的试验点基本都落在了两倍的分散带之内,而 350 ℃高温下在低寿命区有 1 个试验点落在了两倍分散带之外。但与先前几种寿命评估模型相比,三参数幂函数寿命方程克服了其他几种模型长寿命区预测结果偏于保守的缺点,且所预测结果与试验结果基本吻合。

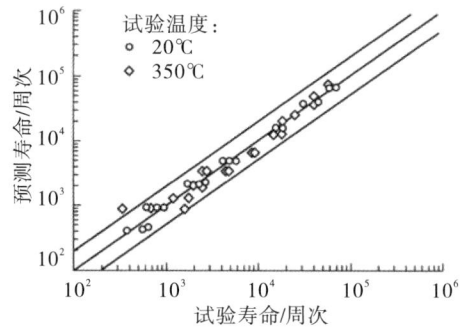

图 5 三参数幂函数寿命模型预测结果

Fig. 5 Prediction Results by Three-Parameter Power Function Model

3.4 不同模型预测结果的比较

工程上常通过寿命预测结果与试验数据的相关性来评价模型的预测效果。为了评价上述几种寿命预测方法,采用误差分析方法[8],并设定误差参数如下:

$$Err = \log(N_{pred}/N_{obser}) \quad (13)$$

$$\overline{E} = \frac{1}{n} \sum_{i=1}^{n} | Err_i | \times 100\% \quad (14)$$

通过分析试验数据,得到室温和 350 ℃下的疲劳试验误差分析结果(表 4)。从表中可以直观地看出,室温下除了单拉估算模型之外,其他模型的拟合误差系数均明显低于高温疲劳预测结果,这说明模型对高温疲劳数据的预测能力相对不足,且分散性较高。相比较而言,对于室温疲劳结果,单拉估算模型拟合效果较差,而用拉伸滞后能损伤函数法得到的效果较好;而高温下,采用三参数幂函数法预测得到的结果虽然尚有一个数据点落在两倍分散带之外,但是由于其对高寿命区域数据拟合精度较高,因此整体相对误差较小。而两种温度下 M-C 方程预测效果相对比较均衡。通过误差比较可以看出,高温 350 ℃下各预测模型之间的差异尚不显著。

表 4 不同寿命预测方法评价

Table 4 Evaluation for Different Life Prediction Methods

温度	预测模型对应误差参数($\overline{E}$)			
	M-C 方程法	单拉估算法	拉伸滞后能法	三参数幂函数法
室温	7.27	30.67	6.57	7.44
350 ℃	12.20	14.48	11.55	11.26

4 结　论

对主管道材料 Z3CN20.09M 钢进行了室温及 350 ℃高温度下的疲劳性能测试,并采用寿命预测模型对其进行估算,发现:

(1)在试验加载应变幅 0.2%～0.8%范围内,相同加载应变级下,350 ℃高温对应材料疲劳寿命高于室温疲劳寿命,但随着加载应变级的降低,两种温度下的疲劳寿命差异逐渐降低。

(2)通过对多种疲劳寿命模型预测效果的比较得出,Z3CN20.09M 钢在室温下的疲劳结果采用拉伸滞后能法精度更高,而高温下则采用三参数幂函数法效果更好。同时,在缺少试验数据的前提下,采用单调拉伸试验结果也可以较好地预测出 350 ℃下材料疲劳寿命,但对室温疲劳寿命预测能力相对较差。

参考文献:

[1] 陈济东. 大亚湾核电站系统及运行[M]. 北京:原子能出版社,1994:113-181.

[2] JASKE C E, SHAH V N. Life assessment procedures for major LWR components [R]. Washington: U. S. Government Printing Office, 1991.

[3] AFCEN. Design and construction rules for power generating station[S]. Paris: AFCEN, 2002.

[4] 李亚平,焦中良,帅健. 在役管道材料的低周疲劳性能测试[J]. 实验室研究与探索,2007,26(11):196-198.

[5] OSTERGREN W J. A damage function and associated failure equation for predicting hold time and frequency effects in elevated temperature low cycle fatigue[J]. Journal of Testing Evalution,1976,4:327-339.

[6] 张国栋,苏彬. 高温低周应变疲劳的三参数幂函数能量方法研究[J]. 航空学报,2008,28(2):315-318.

[7] 傅惠民. $\varepsilon-N$ 曲线三参数幂函数公式[J]. 航空学报,1993,14(3):173-176.

[8] CHEN X, SONG J, KIM K S. Low cycle fatigue life prediction of 63Sn-37Pb solder under proportional and non-proportional loading[J]. International Journal of Fatigue,2006,28(7):757-766.

Method of Life Prediction for Low Cycle Fatigue in PWR Primary Pipe Material

Xue Fei[1], Shu Guogang[2], Yu Weiwei[1], Ti Wenxin[1], Lin Lei[1],

Meng Xinming[1], Liu Jiangnan[3]

1. China Guangdong Nuclear Power Suzhou Research Institute, Suzhou, Jiangshu, 215004, China;

2. China Nuclear Power Engineering Company, Ltd. , Shenzhen, Guangdong, 518124, China;

3. Xi'an Technological University, Xi'an, 710032, China

Abstract：An experimental study on the fatigue behavior of the NPP PWR primary pipe material Z3CN20. 09M made in China is performed on a group test of low-cycle fatigue under room temperature and elevated temperature of 350 ℃. The Manson-Coffin equation, simple tensile prediction model, Ostergren model and three-parameter power function for low cycle fatigue (LCF) are investigated. The prediction results show that the life prediction capability in elevated temperature is weaker than that in room temperature for all models except the simple tensile prediction model. The simple tensile prediction model gives worst results, most of its predictions are on the non-conservative side, while the Ostergren model presents best predictions for room fatigue tests, and the three-parameter power function yields a good result in life prediction for elevated temperature fatigue tests.

Key words：Low cycle fatigue, Nuclear power plant, Primary pipe, Life prediction

作者简介：

薛　飞(1975—),男,高级工程师。2001 年毕业于西安工业大学材料加工工程专业,获硕士学位。现主要从事核电设备用材料的老化与寿命评估分析。

垂直上升光管内超临界水的传热特性试验研究

潘　杰,杨　冬,董自春,朱　探,毕勤成

西安交通大学动力工程多相流国家重点实验室,西安,710049

摘要:在压力 22.5～30 MPa、质量流速 1009～1626 kg/(m² · s)、内壁热流密度216～822 kW/m² 的试验参数范围内,对均匀加热垂直上升光管内超临界压力水的传热特性进行了系统的试验研究,得到了不同工况下垂直上升光管内超临界水的传热特性,分析了压力、内壁热负荷和质量流速变化对光管内壁温度及换热系数的影响,并给出了能用于工程实际的传热试验关联式。试验结果表明:在拟临界点附近,光管壁温随焓值平缓增加,超临界水的换热系数显著增大,管内出现了明显的传热强化现象;在远离拟临界点的区域,光管壁温随焓值的增大显著升高,换热系数迅速减小;压力与热负荷的增大以及质量流速的减小,均会导致壁温升高、换热系数减小、传热强化减弱;随着热负荷的增大,换热系数峰值提前出现。

关键词:超临界压力;光管;壁温;换热系数;传热强化;拟临界点

中图分类号:TL33　　　　　**文献标志码**:A

0　引　言

由于超临界水冷堆(SCWR)具有系统简单、装置尺寸小、热效率高、经济性和安全性好的特点,因此成为最有可能替代现有压水堆(PWR)核电厂的主力堆型[1-4]。考虑到 SCWR 堆芯系统设计和安全运行的重要性,必须充分了解超临界流体的传热规律,以获得可靠的热工水力特性数据。

国内外学者对超临界流体复杂的传热特性展开了许多深入的研究[5-9];但是,目前国际上关于超临界流体传热的研究工质多为 CO₂,针对超临界水传热的试验研究仍然较少。对于超临界流体在拟临界点附近传热强化的发生机理,目前国际上仍存在不同的意见和看法[10],也缺乏能够准确预测超临界流体传热特性的理论模型,对超临界流体传热的计算依然主要依靠传统的试验关联式。国内关于超临界流体传热的试验研究主要集中在动力工程多相流国家重点实验室[11-13],但是这些研究并未对超临界流体在拟临界点附近由于物性剧烈变化导致的特殊传热现象进行深入的机理分析。为了解超临界流体的传热特征与传热机理,本文对均匀加热垂直上升光管中超临界水的传热特性进行了试验研究。

1　试验系统及方法

本试验在西安交通大学动力工程多相流国家重点实验室的高温高压汽-水流动传热试验台上完成。试验回路系统如图 1 所示。

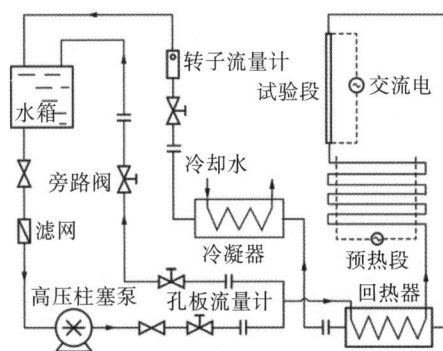

图 1　超临界水传热试验系统

Fig. 1　Heat Transfer Experiment System for Supercritical Water

试验段采用 $\Phi22$ mm×2.5 mm 的 1Cr18Ni9Ti 不锈钢管,长度为 2 m。为了消除管道弯头的影响,在试验段进口和出口均布置了流动稳定段。试验所用工质为去离子水。预热段和试验段均采用低电压大电流直接进行均匀加热,外壁面采用保温棉包覆以减少散热损失。试验段结构及温度与压力测点布置如图 2 所示。

采用锐边孔板和智能差压变送器测量工质流量;采用智能压力变送器测量试验段压力;通过镍

铬-镍硅铠装热电偶测量工质温度。试验段的外壁面温度由布置在试验段 11 个截面上的 $\Phi0.5$ mm 镍铬-镍硅 K 型热电偶测量。

试验的基本方法:保持试验段流量、压力及热负荷不变,不断增加预热段加热功率,记录不同进口工质状态下的试验段工质温度、外壁温度、流量、压力、压降、热流密度数据,得到完整的流动传热数据。试验中所用的数据采集系统由工控机和 IMP3595 系列数据采集单元构成。

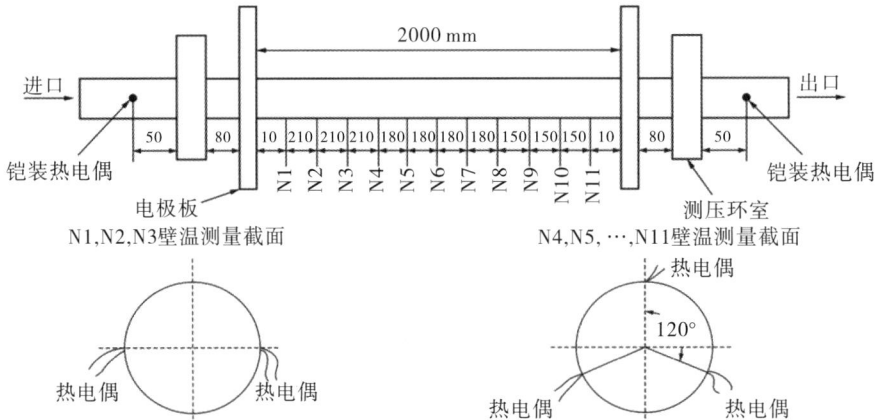

图 2　试验段结构及测点布置

Fig. 2　Test Section Structure and Measurement Point

2　试验结果及分析

2.1　压力的影响

图 3 和图 4 分别给出了在超临界压力区不同质量流速和内壁热流密度条件下,压力对垂直上升光管内壁温度和换热系数随焓值变化的影响。内壁温度按文献[14]提出的方法,根据外壁温度推出。由图 3 和图 4 可知:

(1)在拟临界点附近,光管内壁温度随焓值平缓增加,超临界水的换热系数显著增大,并且存在一个换热系数的峰值区。这说明在拟临界点附近,垂直上升光管内出现了明显的传热强化现象。一般认为这是由于在拟临界点附近,超临界流体的热物性发生显著变化,使流体与管壁之间的换热增强。而根据 Ackermann 的观点,则是因为超临界水在拟临界点附近发生了拟核态沸腾,使流体与管壁

之间的换热增强[15]。

(2)在远离拟临界点的区域,光管内壁温度随焓值的增大显著升高;与拟临界焓值区相比,超临界水的换热系数也迅速减小。在远离拟临界点的低焓值区,壁温随焓值的升高速度要小于高焓值区,换热系数也明显大于后者。这说明超临界水的换热比超临界汽的换热要好。

(3)随着压力增大,光管内壁温度升高,在拟临界点附近换热系数峰值迅速下降;而在远离拟临界点的区域,换热系数随着压力增大略有减小。这是因为压力越大,超临界流体在拟临界点附近的热物性变化越不显著,因此传热强化被削弱。

2.2　热负荷的影响

图 5 和图 6 分别给出了在超临界压力区不同压力和质量流速条件下,内壁热流密度对垂直上升光管内壁温度和换热系数随焓值变化的影响。由图 5 和图 6 可知:

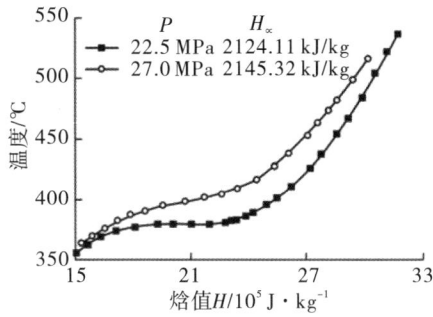

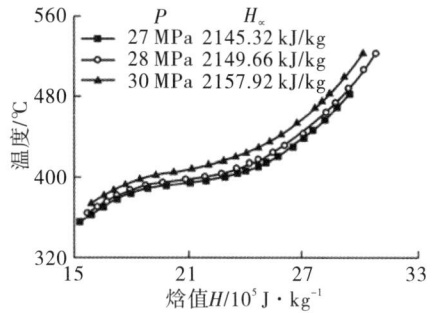

（a）质量流速 $G=1233$ kg/（m² · s）、
内壁热流密度 $q=324$ kW/m²

（b）质量流速 $G=1570$ kg/（m² · s）、
内壁热流密度 $q=324$ kW/m²

图 3 压力对垂直光管内壁温度的影响

Fig. 3 Effect of Pressure on Inner Wall Temperature of Vertical Smooth Tube

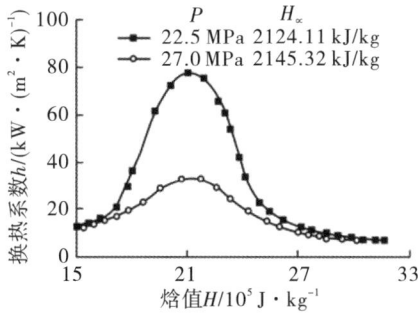

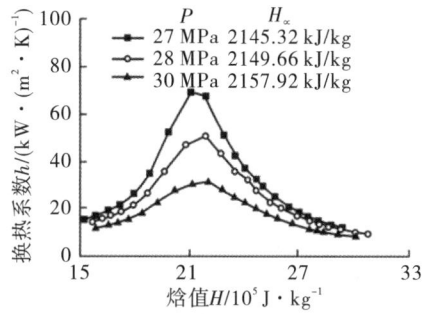

（a）质量流速 $G=1233$ kg/（m² · s）、
内壁热流密度 $q=324$ kW/m²

（b）质量流速 $G=1570$ kg/（m² · s）、
内壁热流密度 $q=324$ kW/m²

图 4 压力对垂直光管换热系数的影响

Fig. 4 Effect of Pressure on Heat Transfer Coefficient of Vertical Smooth Tube

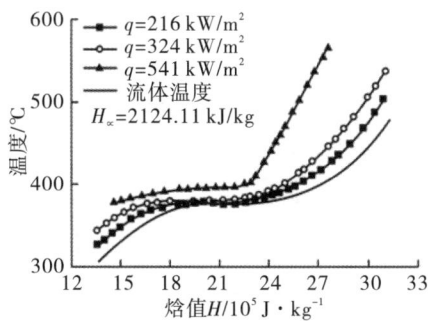

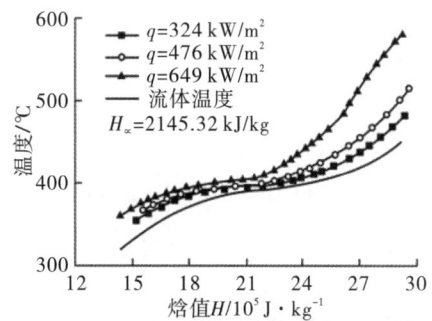

（a）压力 $P=22.5$ MPa、
质量流速 $G=1009$ kg/（m² · s）

（b）压力 $P=27$ MPa、
质量流速 $G=1626$ kg/（m² · s）

图 5 热流密度对垂直光管内壁温度的影响

Fig. 5 Effect of Heat Flux on Inner Wall Temperature of Vertical Smooth Tube

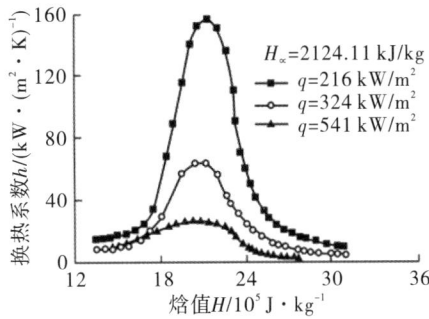

(a)压力 $P=22.5$ MPa、
质量流速 $G=1009$ kg/(m² · s)

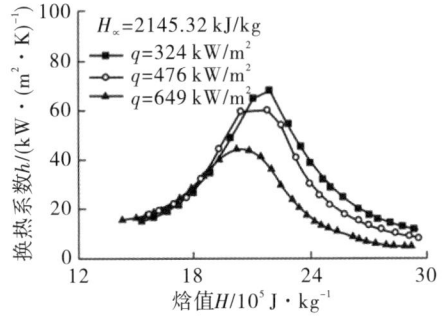

(b)压力 $P=27$ MPa、
质量流速 $G=1626$ kg/(m² · s)

图 6　热流密度对垂直光管换热系数的影响

Fig. 6　Effect of Heat Flux on Heat Transfer Coefficient of Vertical Smooth Tube

（1）在拟临界点附近,光管内壁温度随流体焓值缓慢上升,换热系数急剧增大。这表明在拟临界点附近,垂直光管内出现了明显的传热强化,超临界水热物性的剧烈变化有效改善了管壁与流体之间的换热。当质量流速及压力不变时,在拟临界点附近,随着内壁热流密度的增大,垂直上升光管内壁温度升高,超临界水的换热系数峰值迅速下降,传热强化现象趋弱。

（2）在远离拟临界点的低焓值区,随着内壁热流密度的增大,光管内壁温度略有升高,超临界水的换热系数略有减小;而在拟临界点之后的高焓值区,随着内壁热流密度的增大,光管内壁温度开始出现飞升,换热系数急剧减小,这说明高热流密度会导致超临界蒸汽的传热特性变差。

（3）随着内壁热流密度的增大,换热系数峰值对应的流体焓值减小,即传热强化现象的出现提前。根据拟沸腾理论[15]的观点,这是由于较大的内壁热流密度会使在拟临界点附近类似汽泡的小密度流体层逐渐覆盖壁面,从而阻碍了管壁与流体之间的换热,导致传热强化减弱,换热系数峰值减小并前移。

2.3　质量流速的影响

图 7 和图 8 分别给出了在超临界压力区不同压力和内壁热流密度条件下,质量流速对垂直上升光管内壁温度和换热系数随焓值变化的影响。由图 7 和图 8 可知:

（1）在拟临界点附近,压力和内壁热负荷一定时,随着管内质量流速的增大,光管内壁温度略有降低,超临界水的换热系数显著增大,传热强化现象更加明显。这说明在拟临界点附近,较大的质量流速会更迅速地冲刷带走覆盖壁面的类似汽泡的小密度流体,从而增强了管内流体的拟核态沸腾传热。

（2）在远离拟临界点的区域,光管内壁温度随工质质量流速的增大明显降低,换热系数略有增大。这主要是因为提高管内质量流速时,管内流体湍流强度增加,强化了管壁与流体之间的换热。

3　传热试验关联式

根据 Dittus-Boelter 公式[16],分别针对高焓值区和低焓值区数据进行整理,采用比容比(v_f/v_w)和截面上积分平均比热来修正换热系数关联式。

在低焓值区:

$$Nu_w = 1.9855Re_w^{0.44307}$$
$$\times \left(\frac{H_w - H_f}{t_w - t_f}Pr_w\right)^{0.93953}\left(\frac{v_f}{v_w}\right)^{0.54295} \quad (1)$$

在高焓值区:

$$Nu_w = 1.5803Re_w^{0.50143}$$
$$\times \left(\frac{H_w - H_f}{t_w - t_f}Pr_w\right)^{1.06098}\left(\frac{v_f}{v_w}\right)^{2.19757} \quad (2)$$

式中,Nu 为努塞尔数;Re 为雷诺数;H 为单位流体焓值(kJ/kg);Pr 为普朗特数;下标 w 和 f 分别表示以壁面温度和工质温度为定性温度。式(1)和式(2)的平均相对误差分别为 10.11% 和 11.02%。其适用范围为压力 22.5 ~ 30 MPa、质量流速 1009 ~ 1626 kg/(m² · s)、内壁热流密度 216~822 kW/m²。

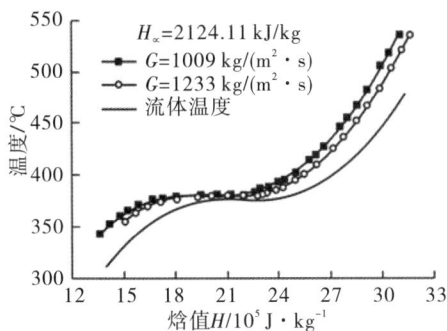

(a)压力 $P=22.5$ MPa、
内壁热流密度 $q=324$ kW/m²

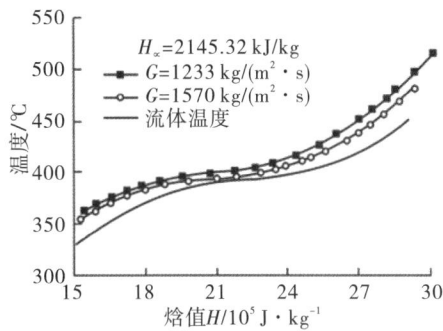

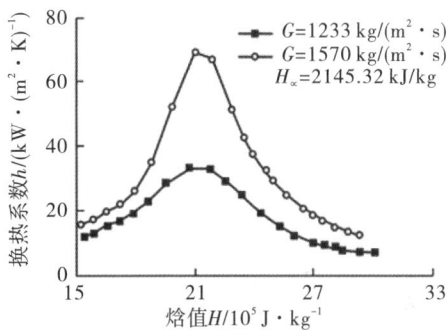

(b)压力 $P=27$ MPa、
内壁热流密度 $q=324$ kW/m²

图 7   质量流速对垂直光管内壁温度的影响

Fig. 7   Effect of Mass Flux on Inner Wall Temperature of Vertical Smooth Tube

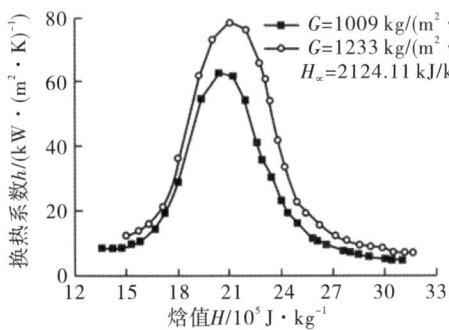

(a)压力 $P=22.5$ MPa、
内壁热流密度 $q=324$ kW/m²

(b)压力 $P=27$ MPa、
内壁热流密度 $q=324$ kW/m²

图 8   质量流速对垂直光管换热系数的影响

Fig. 8   Effect of Mass Flux on Heat Transfer Coefficient of Vertical Smooth Tube

4   结   论

(1)在拟临界点附近,光管内壁温度随焓值平缓增加,超临界水的换热系数显著增大,垂直上升光管内出现了明显的传热强化现象。压力与热流密度的增大以及质量流速的减小,均会导致传热强化减弱。随着热流密度的增大,换热系数峰值提前出现。

(2)在远离拟临界点的区域,光管内壁温度随焓值的增大显著升高;与拟临界焓值区相比,超临界水的换热系数也迅速减小。在低焓值区,壁温随焓值升高的速度小于高焓值区,换热系数也明显大于后者。随着压力与热流密度的增大以及质量流速的减小,光管内壁温度升高,换热系数减小。

本文探讨了垂直上升光管内超临界水的传热机理,并给出了能用于工程实际的传热试验关联式,为我国开发超临界核反应堆堆芯传热技术提供了理论支持。

参考文献：

[1] OKA Y, KOSHIZUKA S. Design concept of once-through cycle supercritical pressure light water cooled reactors[Z]. Tokyo, Japan: [s. n.], 2000: 1－22.

[2] YOO J, ISHIWATARI Y, OKA Y, et al. Composite core design of high power density supercritical water cooled fast reactor[Z]. Tsukuba, Japan: Proceeding of Global, 2005: 246－251.

[3] KAMEI K, YAMAJI A, ISHIWATARI Y, et al. Fuel and core design of super light water reactor with low leakage fuel loading pattern [J]. Journal of Nuclear Science and Technology, 2006, 43 (2): 129－19.

[4] OKA Y, ISHIWATARI Y, KOSHIZUKA S. Research and development of super LWR and super fast reactor [Z]. Shanghai: Proceeding of SCWR, 2007: 9－8.

[5] SONG J H, KIM H Y, KIM H, et al. Heat transfer characteristics of a supercritical fuid fow in a vertical pipe [J]. Journal of Supercritical Fluids, 2008, 44: 164－171.

[6] LIAO S M, ZHAO T S. An experimental investigation of convection heat transfer to supercritical carbon dioxide in miniature tubes[J]. International Journal of Heat and Mass Transfer, 2002, 45: 5025－5034.

[7] JIANG P X, XU Y J, LV J, et al. Experimental investigation of convection heat transfer of CO_2 at supercritical pressures in vertical mini tubes and in porous media[J]. Applied Thermal Engineering, 2004(24): 1255－1270.

[8] ZHANG X R, YAMAGUCHI H. Forced convection heat transfer of supercritical CO_2 in a horizontal circular tube[J]. Journal of Supercritical Fluids, 2007, 41: 412－420.

[9] KIM H Y, KIM H, SONG J H, et al. Heat transfer test in a vertical tube using CO_2 at supercritical pressures[J]. Journal of Nuclear Science and Technology, 2007, 44(3): 285－293.

[10] IGOR L P, HUSSAM F K, ROMNEY B D. Heat transfer to supercritical fluids flowing in channels-empirical correlations(survey)[J]. Nuclear Engineering and Design, 2004, 230: 69－91.

[11] 孙丹,陈听宽,罗毓珊,等. 垂直上升光管内临界压力区水的传热特性研究[J]. 西安交通大学学报, 2001, 35(1): 10－14.

[12] 胡志宏,陈听宽,孙丹. 近临界及超临界压力区垂直光管和内螺纹管传热特性的试验研究[J]. 热能动力工程, 2001, 16(93): 267－270.

[13] ZHU X J, BI Q C, YANG D, et al. An investigation on heat transfer characteristics of different pressure steam-water in vertical upward tube[J]. Nuclear Engineering and Design, 2009, 239: 381－388.

[14] CHENG L, CHEN T. Flow boiling heat transfer in a vertical spirally internally ribbed tube[J]. Heat and Mass Transfer, 2001(37): 229－236.

[15] ACKERMAN J W. Pseudo-boiling heat transfer to supercritical pressure water in smooth and ribbed tubes[J]. Journal of Heat Transfer, 1970, 92(3): 490－498.

[16] 杨世铭,陶文铨. 传热学[M]. 2版. 北京: 高等教育出版社, 1998.

Experimental Investigation on Heat Transfer Characteristics of Water in Vertical Upward Smooth Tube under Supercritical Pressure

Pan Jie，Yang Dong，Dong Zichun，Zhu Tan，Bi Qincheng

State Key Laboratory of Multiphase Flow in Power Engineering，Xi'an Jiaotong University，Xi'an，710049，China

Abstract：Within the range of pressure from 22.5 to 30 MPa, mass flux from 1009 to 1626 kg/(m² · s), and inner wall heat flux from 216 to 822 kW/m², an in-depth experiment was conducted under supercritical pressure to investigate the heat transfer characteristics of water in vertical upward smooth tube. The heat transfer characteristics of water under supercritical pressure were obtained in the experiment. The effects of pressure, inner wall heat flux and mass flux on the heat transfer coefficient and inner wall temperature were analyzed, the heat transfer mechanism was discussed, and the corresponding empirical correlations were also presented. The experimental results show that when the bulk fluid temperature is near the pseudo-critical temperature, the tube wall temperature increases slowly with the fluid enthalpy, the heat transfer coefficient gets larger abruptly and the heat transfer enhancement phenomenon occurs in the smooth tube. Otherwise, the tube wall temperature increases obviously with the increasing fluid enthalpy and the heat transfer coefficient is low. With the increase of pressure and inner wall heat flux, and with the decrease of mass flux, the inner wall temperature increases, the heat transfer coefficient decreases and the heat transfer enhancement is weakened. With the increase of inner wall heat flux, the maximum of heat transfer coefficient appears ahead.

Key words：Supercritical pressure, Smooth tube, Wall temperature, Heat transfer coefficient, Heat transfer enhancement, Pseudo-critical temperature

作者简介：

潘　杰(1981—)，男，在读博士研究生。2006 年毕业于西安交通大学热能与动力工程专业，获工学学士学位。现主要从事多相流与传热研究。

附加惯性力对气泡破裂的影响

潘良明[1],张文志[1],陈德奇[1],许建辉[2],徐建军[2],黄彦平[2]

1. 重庆大学低品位能源利用技术及系统教育部重点实验室,重庆,400044;
2. 中国核动力研究设计院中核核反应堆热工水力技术重点实验室,成都,610041

摘要:从气泡破裂的力平衡机理出发,采用流体体积函数(VOF)模型研究竖直窄流道中单个气泡受到附加惯性力作用后变形破裂的情况。通过定义气泡破裂点处的速度和观察气泡破裂时的颈部最短距离来描述表面张力、附加惯性力大小及初始形状对气泡破裂的影响。结果表明,表面张力、附加惯性力和初始形状对气泡的破裂有很大影响,它们直接影响流体对气泡的射流作用,最终可能导致气泡破裂。

关键词:气泡;破裂;附加惯性力;流体体积函数

中图分类号:TK124;TL331　　　　　**文献标志码**:A

0　前　言

气泡动力学一直是多相流的重要课题,在化工、动力等领域都有广泛的研究和应用。Hinze 提出了液滴在湍流中的破裂理论,认为液滴的破裂是液滴和周围湍流涡相互作用的结果,对气泡破裂起作用的涡尺寸与气泡大小差不多,比气泡小的漩涡没有足够的能量去干扰气液界面,比气泡大的漩涡只会起到输运气泡的作用。通过对不同流动形式的变形原因进行分类,Hinze 试图基于简单力平衡的通用框架去解释,提出导致液滴或者气泡破裂的力,包括表面张力、黏性力和惯性力[1]。Bhaga 和 Weber 通过实验研究了单个气泡在黏性牛顿液体中的上升运动与变形行为,指出气泡形状可以通过 Mo、Eo 和 Re 表征[2]。Wu、Gharib 和 Ohta 等分别通过实验与数值方法发现,当流动条件为低 Mo 数和高 Eo 数时,气泡上升行为与气泡的初始条件密切相关[3,4]。对于其他流动条件、气泡初始条件对气泡破裂的影响,目前还较少涉及。附加惯性力条件下气泡的变形和破裂情况未见报道。因此,本研究在 Fluent 平台下,基于气泡破裂的力平衡理论,应用流体体积函数(VOF)两相流模型并结合自编 UDF 程序,对在附加惯性力条件下竖直窄流通道中上升气泡的破裂特性及影响因素进行了研究。

1　数学模型

1.1　体积分数方程

在 VOF 模型中,对所有流体都求解动量方程;在整个区域中求解每个计算单元中相的体积分数;定义一个相函数,在液相中,相函数值取为 1,在气相中取为 0;相函数值取 0~1 的地方为气液相界面位置,并且各项体积分数和为 1。

不考虑相间质量传递,源项为 0 并且将气体和水都视为不可压缩流体,体积分数方程为

$$\frac{\partial \alpha_i}{\partial t} + \nabla \bullet (\alpha_i \boldsymbol{u}_i) = 0 \qquad (1)$$

式中,α_i 为单元中第 i 相所占的体积份额;$\boldsymbol{u}_i$ 为第 i 相的速度;t 为时间。

基金项目:中央高校基本科研业务费资助重点项目(CDJZR10145501)、核反应堆热工水力技术重点实验室资助项目(9140C7101020802)。

1.2 动量方程

在整个区域只求解一个动量方程,计算出来的流体速度场为所有相共用。

$$\frac{\partial(\rho \boldsymbol{u})}{\partial t} + \nabla \cdot (\rho \boldsymbol{u} \boldsymbol{u})$$
$$= - \nabla p + \mu \nabla^2 \boldsymbol{u} + \rho \boldsymbol{g} + \boldsymbol{F}_{SF} + \boldsymbol{F} \qquad (2)$$

式中,ρ 为混合相密度;p 为压力;μ 为动力黏度;$\boldsymbol{g}$ 为重力加速度;$\boldsymbol{F}_{SF}$ 为单位体积表面张力;$\boldsymbol{F}$ 为源项,此处即为附加惯性力;$\boldsymbol{u}$ 为所有相的速度。

1.3 表面张力和壁面粘附

表面张力模型采用 Brackbill 等提出的连续表面力模型(CSF)[5]。该模型对 VOF 计算附加的表面张力就成为动量方程的一个源项。可以使用散度定理将该表面张力表示为体积力,即为加到动量方程中的源项。对于气-水系统,该体积力为

$$\boldsymbol{F}_{SF} = \frac{2\sigma\rho\kappa \ \nabla\alpha_1}{\rho_1 + \rho_g} \qquad (3)$$

式中,κ 为曲率,表示单位表面法向向量的散度;σ 为表面张力;α_1 为液相体积分数;ρ_1 为液相密度;ρ_g 为气相密度。

壁面粘附条件用来调节接近壁面的表面曲率,该曲率是用来调整表面张力计算中的体积力。如果 θ_w 为壁面接触角,那么接近壁面单元的表面法向为

$$\boldsymbol{n} = \boldsymbol{n}_w \cos\theta_w + \boldsymbol{t}_w \sin\theta_w \qquad (4)$$

式中,$\boldsymbol{n}_w$ 和 $\boldsymbol{t}_w$ 分别为壁面的单位法向向量和切向向量;接触角 θ_w 为壁面和界面在壁面处切向向量的夹角。文中计算时接触角 θ_w 一律设为 165°。

2 计算对象及模型验证

选取横截面为 10 mm×2 mm 的竖直窄矩形二维流道为研究模型,水从下往上流动,左右两边为绝热壁面;上下入口条件为压力进出口条件,流速为 0.1 m/s。以前的研究表明,气液密度比和黏度比对气泡的上升和变形影响很小[6],所以文中所涉及的气液物性参数取为定值:ρ_g 为 0.5976 kg/m³,μ_g 为 1.23×10⁻⁶ Pa·s;ρ_1 为 971.9 kg/m³,μ_1 为 3.55×10⁻⁴ Pa·s。经网格敏感性测试,选择 80000 个单元数即满足精度要求。物理模型如图 1 所示。

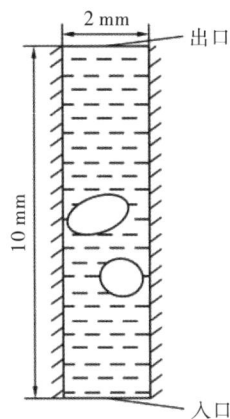

图 1 计算几何及物理对象示意图

Fig. 1 Schematic Diagram of Geometry and Physical Objects

表征气泡在液体中运动的主要无量纲数为

$$Mo = \frac{g\mu_1^4}{\rho_1\sigma^3} = 0.02 \qquad (5)$$

$$Eo = \frac{\rho_1 g d_b^2}{\sigma} = 119.2 \qquad (6)$$

$$Re = \frac{\rho_1 U_\infty d_b}{\mu_1} = 48.0 \qquad (7)$$

式中,d_b 为气泡直径;U_∞ 为气泡最终稳定速度。

图 2 给出了单气泡在静止液体中上升过程的速度变化曲线。通过气泡上升曲线及文献[6]中提到的经验公式得到的上升速度 $u=0.033$ m/s,气泡最终稳定速度为 0.035 m/s,误差为 6.2%。由于经验公式是在假定壁面对气泡不受壁面影响的情况下得出来的,而文中左右两边壁面距离 2 mm,仅为气泡直径的 4 倍。由于壁面的影响,近壁面处流速为 0,在中心线上运动的气泡会被加速,导致稳定速

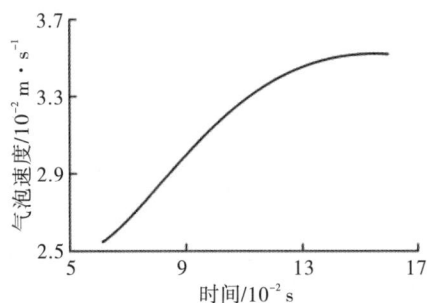

图 2 气泡上升速度验证图

Fig. 2 Verification of Bubble Rising Velocity

度存在误差。同时气泡的最终形状没实验那么扁平，这也可能是由于不能消除壁面的影响导致了气泡两边的流体对壁面产生了压缩，但是实验的总体效果还是令人满意的。

静止气泡在浮力作用下上升，气泡上下面的压差和液体绕流在气泡界面附近形成的涡共同诱导出一个从下向上推向泡底的射流。射流使气泡上表面的运动速度比下表面小，因此气泡形状由最初的圆形逐步变为底部凹进的帽状。随着气泡下表面形成的射流前端不断向气泡前缘靠近，被气泡包围的液体也越来越多，射流不再只向上升方向推进，同时向宽度方向扩展，最后在气泡两尾部出现一对耳垂，这与 Walters 和 Davidson 的实验结果一致。与实验对比可以看出，气泡稳定后的形状也是合理的[2]，这说明了模型的合理性。

3　模拟结果和分析

3.1　表面张力对气泡破裂的影响

基于力平衡，由 Hinze 理论可以知道，气泡受到表面张力、黏性力和惯性力的作用，只有在气泡所受的剪切力大于表面张力作用时，才会发生破裂。考虑极限条件下，设定附加加速度表达式为 $a=10000(t-0.01)$；同时，设定极限表面张力对气泡破裂的影响，工况选择如表 1 所示。

表 1　计算工况

Table 1　Calculation Operating Conditions

工况号	ρ_l /(g·cm⁻³)	μ_l /(Pa·s)	d_b /mm	σ /(N·m⁻¹)	Eo	Mo
A1	0.9719	3.55×10^{-4}	1.0	8.00×10^{-5}	119.18	3.13×10^{-4}
A2	0.9719	3.55×10^{-4}	1.0	0.0002	47.67	2.00×10^{-5}
A3	0.9719	3.55×10^{-4}	1.0	0.001	9.53	1.60×10^{-7}
A4	0.9719	3.55×10^{-4}	1.0	0.02	0.48	2.00×10^{-11}
A5	0.9719	3.55×10^{-4}	1.0	0.05	0.19	1.28×10^{-12}

从图 3 可以看出，在气泡破裂过程中破裂点和两侧会出现等值线环，这和文献[7]分析得到的结果一致。

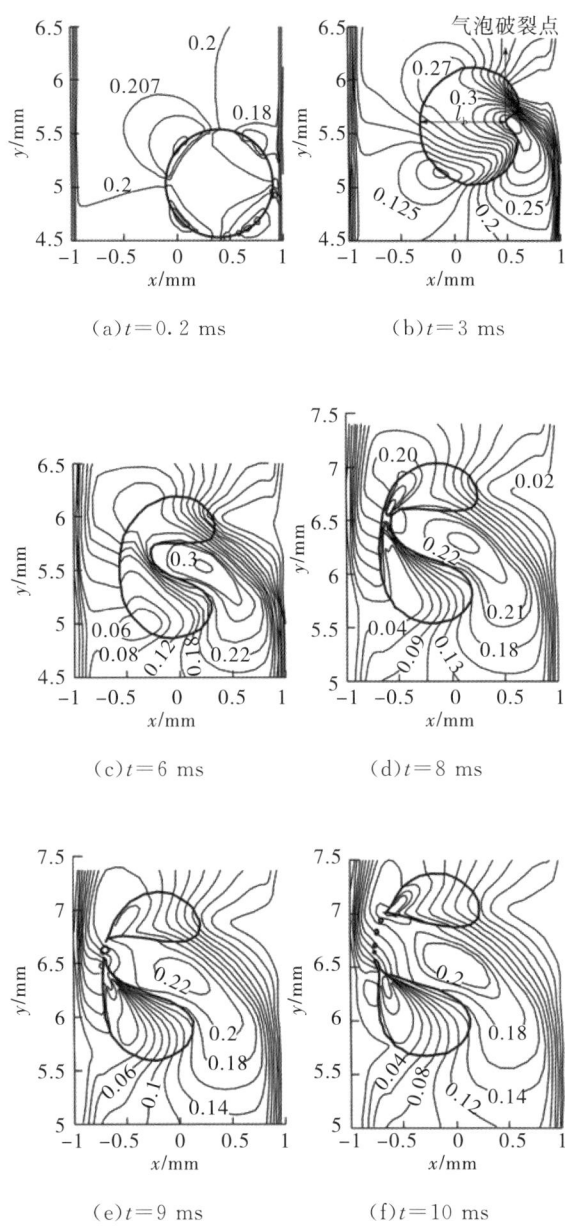

(a)$t=0.2$ ms　　(b)$t=3$ ms
(c)$t=6$ ms　　(d)$t=8$ ms
(e)$t=9$ ms　　(f)$t=10$ ms

图 3　气泡破裂过程形状演化及流场特性

Fig. 3　Evolution of Bubble Breakup Process and Flow Field Characteristics

为了分析不同表面张力作用下气泡的破裂情况，定义气泡破裂点的速度为气泡开始发生变形点处的附加惯性力方向的速度；定义最短距离 l_b 为气泡发生变形过程中和破裂点速度平行的气相线段距离。从图 4 和图 5 可以看出，σ 越大气泡破裂过程中 l_b 下降越快，$\sigma>0.001$ N/m 后，窄流道中的气泡不会发生破裂而会直接碰到壁面上；0.001 N/m

情况下气泡碰到壁面出现曲线上升的趋势；0.02 N/m 和 0.05 N/m 时基本上无陡峭的下降趋势。对破裂点振动方向速度曲线分析可以看出 σ 越大，最大速度越小，在 0.05 N/m 时出现不稳定波动。这和 σ 维持气泡形状有很大关系，而且总体上气泡破裂过程中，速度先增大后减小。图 4 中出现 l_b 上扬的情况，是由于气泡接触壁面所造成的。其原因是，当气泡受到横向附加惯性力作用，气泡表面的剪切作用力大于 σ 作用时，气泡从应力最集中的地方（气泡最右端部位）开始破裂。此时，流体和气泡在狭小范围内的严重碰撞导致流动不稳定，产生破裂点处的射流作用；随着附加惯性力作用的增强，此处的射流也越严重，液体与气泡强烈作用范围也越大，破裂区域范围的扩大导致作用在气泡上的应力分散，气泡破裂点处的速度梯度越来越小，最后出现图 5 所示的气泡破裂速度达到最大。在此过程中，由于相对气泡破裂处剪切力的减小，σ 的

作用又凸显出来，开始被不断从中间部分拉长为两部分，又会出现维持圆形的态势，导致气泡破裂点处速度下降。最后，由于颈部断裂，最终气泡破裂。当气泡靠近壁面时，由于接触角为 165°，气泡出现被壁面排斥的现象，也就是在靠近壁面时，表面会变得平坦。图 4 中某些曲线的上扬就是壁面造成的。

3.2 附加加速度的影响

考虑水的实际表面张力为 0.05 N/m，对不同附加加速度 (a)，气泡破裂有如下特性：a 越大，峰值出现的时间越短，峰值越大，大致呈现单调二次曲线关系(图 6)。由于 a 越大，气泡变形加快，也就会导致气泡破裂点处速度梯度增大，破裂加快。从图 7 可看出，随着 a 减小，气泡越不容易破裂，也就表现了 σ 的主导作用。

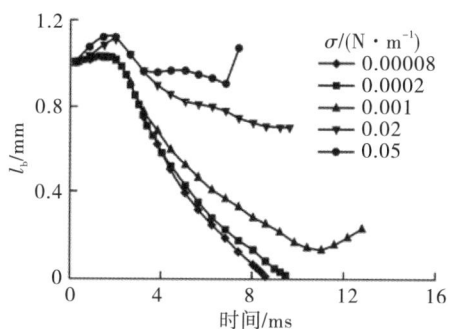

图 4　气泡破裂的最短距离

Fig. 4　Bubble Breakup Shortest Distance

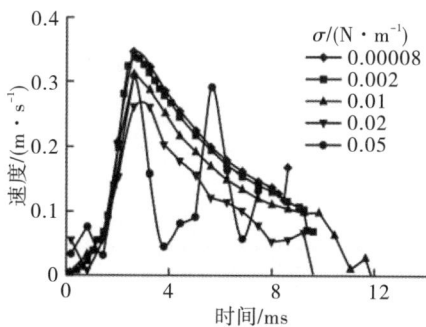

图 5　气泡破裂点速度

Fig. 5　Bubble Breakup Point Velocity

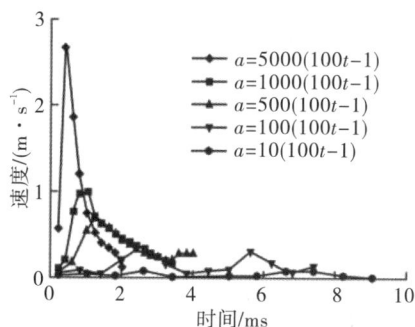

图 6　附加加速度对气泡破裂点速度的影响

Fig. 6　Effects of Additional Acceleration on Velocity of Bubble Breakup Point

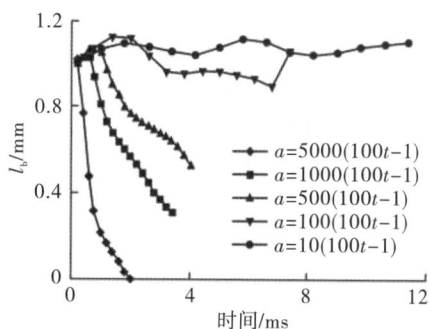

图 7　附加加速度对气泡破裂最短距离的影响

Fig. 7　Effects of Additional Acceleration on Bubble Breakup Shortest Distance

3.3　初始形状的影响

图 8 给出了 $a=1000t$ m/s^2，$\sigma=0.005$ N/m，其他条件与表 1 相同的情况下，初始形状为圆形和椭圆形气泡的破裂情况。圆形气泡比椭圆形气泡更容易破裂，可以解释为圆形气泡在水平方向受到力作用时，由于在最右端处的曲率比椭圆形气泡大，导致此处应力比较集中，使液体对气泡的射流作用比较大。

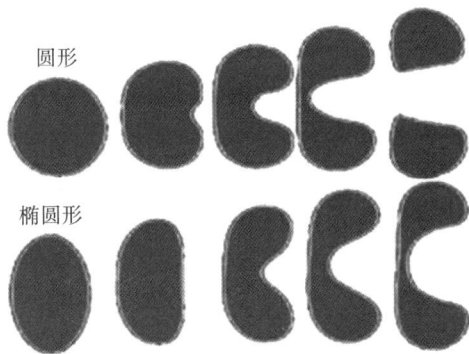

图 8　初始形状对气泡破裂的影响

Fig. 8　Effects of Initial Shape on Bubble Breakup

4　结　论

采用 VOF 两相流模型数值研究了气泡在附加惯性力作用下，σ、a 和初始气泡形状对气泡变形和破裂的影响。结果表明：

(1)气泡破裂的机理来源于局部受力不平衡，这导致破裂处液体对气泡产生较大的射流作用。射流沿着破裂方向发展到一定程度，就会沿着气泡拉伸的方向发展，最后出现气泡的破裂。

(2)气泡在附加惯性力的条件下，其变形和破裂受表面张力的影响很大。高 Eo 条件下的气泡更容易破裂，其实质表现为浮力、流动阻力与表面张力共同决定了气泡的最终形状。

(3)气泡在不同大小的附加惯性力作用下表现了克服表面张力的能力。如果这种力能够克服表面张力的作用，就会导致破裂。

(4)气泡的初始形状对气泡的破裂有很大影响。气泡在附加惯性力的方向上，曲率越大，越容易出现气泡表面受力集中。如果这种力足够克服表面张力的作用，就将导致破裂的发生。

参考文献：

[1] QIAN D Y. Bubble motion, deformation, and breakup in stirred tanks[D]. New York: Clarkson University, 2003.

[2] BHAGA D, WEBER M E. Bubbles in viscous liquids: shapes, wakes and velocities[J]. Fluid Mech, 1981, 105: 61 - 85.

[3] WU M, GHARIB M. Experimental studies on the shape and path of small air bubbles rising in clean water[J]. Physics of Fluids, 2002, 14: 49 - 52.

[4] OHTA M, IMURA T, YOSHIDA Y, et al. A computational study of the effect of initial bubble conditions on the motion of a gas bubble rising in viscous liquids[J]. International Journal of Multiphase Flow, 2005, 31: 223 - 237.

[5] BRACKBILL J U, KOTHE D B, ZEMACH C. A continuum method for modeling surface-tension[J]. Journal of Computational Physics, 1992, 100(2): 335 - 354.

[6] 张淑君. 气泡动力学特性的三维数值模拟研究[D]. 南京: 河海大学, 2006.

[7] JINSONG H, JING L. Numerical simulation of bubble rising in viscous liquid[J]. Journal of Computational Physics, 2007, 222: 769 - 795.

Effects of Additional Inertia Force on Bubble Breakup

Pan Liangming[1], Zhang Wenzhi[1], Chen Deqi[1], Xu Jianhui[2],
Xu Jianjun[2], Huang Yanping[2]

1. Key Laboratory of Low-grade Energy Utilization Technologies and Systems, Ministry of Education, Chongqing University, Chongqing, 400044, China;
2. CNNC Key Laboratory on Nuclear Reactor Thermal Hydraulics Technology, Nuclear Power Institute of China, Chengdu, 6140041, China

Abstract: Through VOF two-phase flow model, the single bubble deformation and breakup in a vertical narrow channel is numerically investigated in this study based on the force balance at the process of bubble breakup. The effect of surface tension force, the additional inertia force and bubble initial shape on bubble breakup are analyzed according to the velocity variation at the break-up point and the minimum necking size when the bubble is breaking up. It is found that the surface tension force, the additional inertia force and the bubble initial shape have significant effects on the bubble breakup through the fluid injection toward to the bubble, which finally induces the onset of bubble breakup.

Key words: Bubble, Breakup, Additional inertia force, VOF

作者简介：

潘良明(1970—)，男，教授，博士生导师。2002 年毕业于重庆大学工程热物理专业，获博士学位。现主要从事反应堆热工水力、核电站安全分析等方面的教学、科研工作。

非能动安全壳冷却系统传热传质模型研究

蒋孝蔚,余红星,孙玉发,黄代顺

中国核动力研究设计院核反应堆系统设计技术重点实验室,成都,610041

摘要:安全壳分析程序CONTAIN采用的滞止液膜模型(SFM)对非能动安全壳冷却系统冷凝质量流量的预测低于试验值。因此,根据扩散层模型(DLM)与SFM在计算冷凝质量流量时是等效的,通过对比利用质量分数形式的菲克定律发展的改进扩散层模型(GDLM)与DLM的差异,对不可凝气体存在下的CONTAIN冷凝和蒸发模型加以改进。利用冷凝板试验和热板蒸发试验对改进后的CONTAIN程序进行验证,结果表明改进后模型计算的传热系数和传质系数比原模型更接近试验值。

关键词:非能动安全壳冷却系统;冷凝;蒸发;扩散层模型

中图分类号:TL331　　　　　**文献标志码**:A

0　引　言

非能动设计中采用非能动安全壳冷却系统(PCCS)来导出安全壳内的热量。传热机制依赖于钢制安全壳内壁面上的蒸汽冷凝和外壁面上的液膜蒸发。与无外部冷却的传统干式安全壳不同,PCCS的设计显著增大了壁面和安全壳大气之间的温差,安全壳表面的绝对温度也将降低,从而影响冷凝过程中的相关特性。这一现象会影响到假想事故工况以及PCCS的冷凝过程,从而很有必要对传热模型进行验证,以确认PCCS实现安全功能的能力。

本研究针对PCCS特性对不可凝气体存在情况下的传热传质模型进行研究。考虑到滞止液膜模型(SFM)[1,2]在该种工况下对冷凝质量流量的预测低于试验值,本文通过对SFM与改进扩散层模型[3](GDLM)进行对比,得到一个修正因子,用于SFM计算冷凝质量流量的修正,并用AP600设计时开展的Wisconsin冷凝试验[4]进行验证。考虑到蒸发和冷凝现象在模型上是等效的,修正后的SFM同样适用于液膜蒸发现象,因此,利用AP600设计时开展的热板蒸发试验进行验证[5]。

1　不可凝气体存在下的传热传质模型

不可凝气体存在下的蒸汽冷凝现象的模拟主要采用经验关系式和机理模型。前者主要利用实验数据拟合出的关系式进行模拟,比较著名的有UCHIDA、TAGAMI、KATAOKA等提出的经验公式;机理模型分为求解边界层守恒方程和利用传热传质相似理论。

求解边界层守恒方程的方法需要详细描述局部变量边界条件,但由于多数热工水力学程序均为集总参数法模型,因此难以融合到现有的程序中;而利用传热传质相似理论的方法则不存在这样的问题,从而得到大量应用,其中Peterson的模型应用较为广泛[6]。

1.1　SFM与扩散层模型(DLM)

安全壳分析程序CONTAIN采用基于摩尔分数的SFM来计算不可凝气体存在情况下的冷凝或蒸发流量[1,2]。其冷凝或蒸发质量流量为

$$m''_{c_{SFM}} = K_g M_v (P_{vb} - P_{vi}) \qquad (1)$$

$$K_g = \frac{Sh P_g D_v}{R T_{BL} P_{nm} L}$$

$$P_{nm} = \frac{P_{vi} - P_{vb}}{\ln\left(\dfrac{P_g - P_{vb}}{P_g - P_{vi}}\right)}$$

Peterson 发展了一个基于扩散层理论及传热传质相似原理的模型,用于预测不可凝气体存在情况下的冷凝质量流量。

冷凝流速 $\widetilde{v}_i$ 为

$$\widetilde{v}_i = \frac{D h_{fg} M_v x_{v,avg}}{R T_{avg}^2 x_{g,avg} \delta_g}(T_{b,S} - T_{i,S}) \tag{2}$$

$$Sh = \frac{h_c L}{k_c} \tag{3}$$

$$k_c = \frac{1}{\phi T_{avg}} \frac{h_{fg}^2 P_t M_v^2 D}{R^2 T_{avg}^2} \tag{4}$$

ϕ 为气/汽对数平均浓度比:

$$\phi = \frac{x_{g,avg}}{x_{v,avg}} = \ln\left(\frac{1 - x_{gb}}{1 - x_{gi}}\right) \times \frac{1}{\ln(x_{gi}/x_{gb})} \tag{5}$$

为比较两个模型,对 DLM 进行变换。首先通过式(4)至式(7)及 $\rho_v = P_t M_v / R T_{avg}$ 得到冷凝质量流量为

$$m_{c_{SFM}}'' = \rho_v \widetilde{v}_i = \frac{Sh k_c (T_b - T_i)}{L h_{fg}} \tag{6}$$

将式(4)、式(5)代入式(6):

$$m_{c_{SFM}}'' = \frac{Sh(T_b - T_i)}{L h_{fg}} \frac{h_{fg}^2 P_t M_v^2 D}{R^2 T_{avg}^3} \times \ln\left(\frac{1 - x_{vi}}{1 - x_{vb}}\right) \times \frac{1}{\ln(x_{vb}/x_{vi})} \tag{7}$$

利用 $\dfrac{P_{vb} - P_{vi}}{T_b - T_i} = \dfrac{h_{fg}}{T_{avg} v_{fg}}$ (Clausius-Clapeyron 方程)及 $v_{fg} = \dfrac{R T_{avg}}{M_v x_{v,avg} P_t}$,将式(7)整理为

$$\begin{aligned} m_{c_{DLM}}'' &= \frac{Sh D}{R T_{avg} L} \frac{P_t}{P_{nm}} M_v (P_{vb} - P_{vi}) \\ &= K_g M_v (P_{vb} - P_{vi}) \end{aligned} \tag{8}$$

$$x_{v,avg} = \frac{x_{vb} - x_{vi}}{\ln(x_{vb}/x_{vi})}$$

对比式(8)和式(1)可见,DLM 与 SFM 在计算不可凝气体存在情况下的冷凝质量流量时是等效的。

1.2 GDLM

DLM 与 SFM 在计算冷凝质量流量 m_c'' 时是等效的,因此两个模型都存在计算 m_c'' 比试验值低的问题。Liao 在 DLM 的基础上从质量分数形式的菲克定律发展了普适性更强的扩散层模型 GDLM[4],并证明了质量分数形式的菲克定律比摩尔分数形式更适合用于计算 m_c'',其模型如图 1 所示。

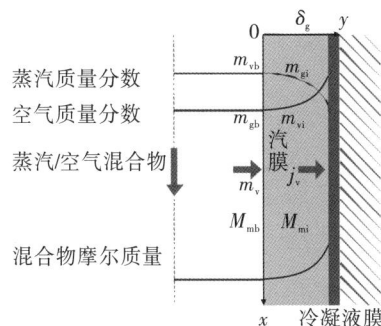

图 1　GDLM 示意图

Fig. 1　Schematic Diagram of GDLM

在 DLM 的基础上,总的换热系数可用热阻的形式表示[3]:

$$\frac{1}{h_t} = \frac{1}{h_c + h_s} + \frac{1}{h_f} = \frac{L}{Sh k_c + Nu k} + \frac{\delta_f}{k_f} \tag{9}$$

由于不可凝气体在气-液界面不可渗透,不可凝气体向交界面的质量流量 m_g'' 等于 0,而蒸汽质量流量 m_v'' 可用对流项和扩散项之和表示:

$$m_v'' = m_v(m_v'' + m_g'') - \rho_m D \frac{dm_v}{dy} \tag{10}$$

采用质量形式菲克定律,式(10)可简化为

$$m_v'' = \rho_m D \frac{d\ln(1 - m_v)}{dy} \tag{11}$$

将上式在扩散层内积分,得到

$$\int_0^{\delta_g} m_v'' dy = \int_{m_{vb}}^{m_{vi}} \rho_m D d\ln(1 - m_v) \tag{12}$$

为了保证质量守恒,m_v'' 在扩散层内保持不变,式(13)可变为

$$m_v'' = \frac{\bar{\rho}_m D}{\delta_g} \ln \frac{1 - m_{vi}}{1 - m_{vb}} \tag{13}$$

冷凝换热系数可以用 m_c'' 表示:

$$h_c = m_v'' h_{fg}'(T_b - T_i) = \frac{h_{fg}' \rho_m D}{\delta_g (T_b - T_i)} \ln \frac{1 - m_{vi}}{1 - m_{vb}} \tag{14}$$

$Sh = L/\delta_g$,可以通过式(14)求得 δ_g:

$$Sh = \frac{h_c L(T_b - T_i)}{h_{fg}' \rho_m D} \frac{1}{\ln[(1 - m_{vi})/(1 - m_{vb})]} = \frac{h_c L}{k_c} \tag{15}$$

核动力工程优秀论文集(2010—2020)

因此,基于质量形式的冷凝热导率可表示为

$$k_c = \frac{h'_{fg}\rho_m D}{T_b - T_i} \ln \frac{1-m_{vi}}{1-m_{vb}} \quad (16)$$

为与 DLM 进行对比,利用理想气体定律和 Clausius-Clapeyron 方程将式(16)转换为

$$k_c = \frac{\phi_2}{\phi_1} \frac{h'_{fg} h_{fg} PD M_v M_g}{R^2 \overline{T}^3} \quad (17)$$

$$\phi_1 = \frac{\ln[(1-m_{gb})/(1-m_{gi})]}{\ln(m_{gi}/m_{gb})}, \phi_2 = \frac{\overline{M}_m^2}{M_{mb} M_{mi}}$$

式中,因子 ϕ_1 考虑了不可凝气体效应和吸入效应;因子 ϕ_2 考虑了扩散层内较大的浓度差造成的混合物摩尔质量对蒸汽组分扩散的影响。

从而,GDLM 模型计算冷凝质量流量为

$$m''_{c_{GDLM}} = m''_v = \frac{Shk_c(T_b - T_i)}{Lh_{fg}} \quad (18)$$

1.3 CONTAIN 程序传热传质模型的改进

对比基于质量形式扩散层模型和基于摩尔形式的 DLM 的差异,其冷凝质量流量关系为

$$m''_{c_{GDLM}} = m''_{c_{DLM}} X \quad (19)$$

修正因子

$$X = \frac{\phi_2 \phi}{\phi_1} \frac{M_g}{M_v} \quad (20)$$

由于基于摩尔形式的 DLM 模型与安全壳程序 CONTAIN 所采用的 SFM 模型在计算冷凝质量流量时是等效的,因此,该修正因子可直接用于对 SFM 模型的修正。

CONTAIN 程序中计算热结构对流传热、冷凝和蒸发的部分是在 condns.for 子程序中进行的,而计算冷凝或蒸发流量的部分由 condns 调用 evacon.for 子程序执行。因此,在 evacon 子程序中添加修正因子 X,同时在输入卡中添加关键词 diffu,当 diffu 输入时采用改进后的模型进行计算。

2 改进的传热传质模型的验证

2.1 威斯康星冷凝板试验

美国威斯康星大学为西屋公司 AP600 的 PCCS 技术验证开展了冷凝试验[4],研究不可凝气体存在下不同倾角冷凝板上蒸汽冷凝现象。该试验开展

了常压下不同入口温度、入口流速的一系列试验。

用 SFM 和 GDLM 分别对试验倾角 90°和 45°的工况进行模拟,模拟节点如图 2 所示。试验给出了两种测量方法下的换热系数(HTC):热流密度仪(HFM)和冷源能量平衡计算(CEB)。SFM 和 GDLM 计算得到的总的换热系数与 HFM 试验值及 CEB 试验值的比较如表 1 所示。

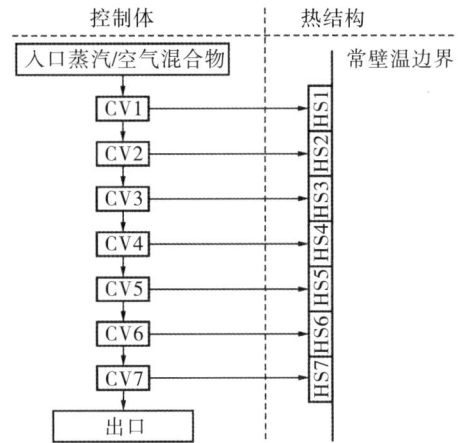

CV—控制体;HS—热结构。

图 2 威斯康星大学冷凝板试验 CONTAIN 程序模拟节点图

Fig. 2 Nodalization Diagram for University of Wisconsin System Condensation Plate Test of CONTAIN

由表 1 可见,GDLM 和 SFM 计算的总换热系数均比试验值小,但前者更接近于试验值。利用式(21)计算 SFM 换热系数 HFM 方法计算值与试验值的标准偏差为 29.67%,SFM 换热系数 CEB 方法的标准偏差为 33.00%。利用式(21)计算 GDLM 换热系数 HFM 方法计算值与试验值的标准偏差为 21.83%,GDLM 换热系数 CEB 方法的标准偏差为 25.34%。

$$\Delta_{std} = \sqrt{\sum_{j=1}^{N}\left(\frac{h_{theo}}{h_{exp}}-1\right)_j^2 / (N-1)} \quad (21)$$

由计算结果可以看出,在不可凝气体存在的情况下,GDLM 计算得到的总的换热系数比 SFM 更接近试验值,且与试验值的标准偏差在 25% 以内。

表 1 威斯康星大学冷凝板试验换热系数计算值与试验值

Table 1 Computed and Experimental Heat Transfer Coefficient of University of Wisconsin System Condensation Plate Test

入口温度 /℃	入口流速 /(m·s⁻¹)	倾角/(°)	HTC(试验值)/(W·m⁻²·K⁻¹)		HTC(计算值)/(W·m⁻²·K⁻¹)	
			HFM	CEB	SFM	GDLM
80.43	1.00	90	164.40	167.31	120.70	132.95
70.90	2.00	90	163.92	173.86	135.24	141.87
80.07	2.00	90	204.87	208.79	182.48	199.72
80.00	3.00	90	283.96	302.74	266.63	290.61
90.00	1.00	90	247.45	253.67	197.58	235.86
95.00	1.00	90	563.63	574.66	319.38	405.28
70.05	1.00	90	110.09	113.71	78.18	81.93
70.00	3.00	90	203.30	215.10	187.28	195.47
70.00	2.00	45	173.00	191.00	134.34	140.48
70.00	3.00	45	220.10	238.20	188.21	196.40
80.00	2.00	45	211.60	223.90	186.91	204.42
90.50	1.00	45	291.90	307.40	184.53	221.38
89.30	1.00	45	279.50	304.20	168.93	201.24
95.50	1.00	45	619.00	672.40	309.84	367.94
94.90	1.00	45	550.90	575.00	281.55	339.38
79.30	1.00	45	162.30	174.30	110.57	121.98
79.80	3.00	45	293.40	317.20	269.30	293.32

2.2 热板蒸发试验

西屋公司科技中心为 AP600 的 PCCS 系统技术验证开展了加热板液膜蒸发试验[5]。该试验研究了加热板表面液膜蒸发现象，并给出了液膜蒸发的传质系数（MTC）。利用 CONTAIN 程序对该试验进行模拟，图 3 为试验装置模拟节点图。分别采用 SFM 和 GDLM 计算液膜蒸发传质系数，与试验值的对比如表 2 所示，利用式（21）计算 SFM 和 GDLM 换热系数 HFM 方法计算值与试验值的标准偏差均为 8.95%。

从计算结果来看，SFM 和 DLM 计算得到的传质系数差异不大，这是因为对于液膜蒸发现象而言，液膜受热蒸发导致近壁面的空气浓度较小，GDLM 针对不可凝气体影响的修正造成的差异较小。另外，两个模型传质系数计算值与试验值的标

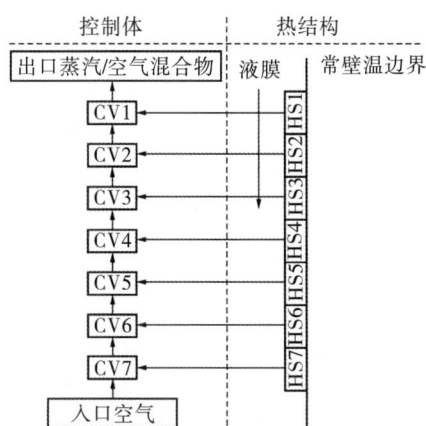

CV—控制体；HS—热结构。

图 3 热板蒸发试验 CONTAIN 程序模拟节点图

Fig. 3 Nodalization Diagram for Heated Plate Test of CONTAIN

核动力工程优秀论文集(2010—2020)

表 2 热板蒸发试验传质系数计算值与试验值

Table 2 Computed and Experimental Mass Transfer Coefficient of Heated Plate Test

空气流速 /(m · s⁻¹)	液膜流量 /(kg · m⁻¹ · s⁻¹)	倾角 /(°)	热板表面温度 /K	MTC(exp) /(m · s⁻¹)	MTC(SFM) /(m · s⁻¹)	MTC(GDLM) /(m · s⁻¹)
3.78	0.0228	90	348.43	0.0184	0.0185	0.0185
5.73	0.0245	90	344.33	0.0246	0.0253	0.0253
5.73	0.0234	90	331.96	0.0234	0.0246	0.0246
1.80	0.0455	90	358.20	0.0104	0.0111	0.0111
3.78	0.0448	90	346.11	0.0195	0.0184	0.0184
5.73	0.0468	90	343.23	0.0261	0.0253	0.0253
5.73	0.0450	90	343.99	0.0260	0.0253	0.0253
5.73	0.0463	90	341.11	0.0250	0.0251	0.0251
7.22	0.0463	90	340.87	0.0265	0.0302	0.0302
8.69	0.0466	90	339.51	0.0334	0.0348	0.0348
10.12	0.0459	90	336.82	0.0389	0.0390	0.0390
11.80	0.0463	90	334.03	0.0450	0.0438	0.0438
3.78	0.0683	90	345.14	0.0198	0.0184	0.0184
5.73	0.0677	90	343.03	0.0272	0.0253	0.0253
5.73	0.0697	90	331.33	0.0221	0.0246	0.0246
5.73	0.1276	90	339.49	0.0285	0.0250	0.0250
7.22	0.1300	90	336.43	0.0328	0.0250	0.0250

准偏差小于15%,可以看出两个模型传质系数计算值与试验值符合得较好。

3 结 论

针对AP600/1000采用的PCCS特性对安全壳分析程序传热传质模型进行研究,特别是针对不可凝气体存在下的蒸汽冷凝和蒸发模型加以改进。通过推导证明了Peterson发展的DLM与CONTAIN程序采用的SFM在计算冷凝质量流量时的等效性。通过对比Liao利用质量分数形式的菲克定律发展的GDLM与Peterson DLM的差异,得到一个可用于SFM的修正因子 X,并对CONTAIN程序相关模型进行改进。

利用改进后的CONTAIN程序对威斯康星大学冷凝板试验和热板蒸发试验的模拟,证明了改进后模型得到的传热系数和传质系数比原模型更接近试验值,且冷凝试验传热系数计算值与试验值的标准偏差在25%以内,热板蒸发试验的传质系数计算值与试验值的标准偏差在15%以内。

符号表:

m'':质量流量,kg/(m² · s)

x:摩尔分数

Sh:舍伍德数

m:质量分数

Nu:努塞尔数

δ:有效扩散层厚度,m

P:绝对压力,Pa

h:换热系数,W/(m² · K)

T:温度,K

k:热导率,W/(m・K)

D:扩散系数,m²/s

v:比容,m³/kg

R:通用气体常数,J/(mol・K)

ρ:密度,kg/m³

L:特征长度,m

X:修正因子

M:摩尔质量,kg/mol

Δ_{std}:标准偏差

h_{fg}:汽化潜热,J/kg

N:控制体数量

y:坐标方向

下标:

SFM:滞止液膜模型

g:不可凝气体

DLM:扩散层模型

i:交界面处

GDLM:改进扩散层模型

b:主流处

s:饱和

c:冷凝

BL:主流处

m:蒸汽/空气混合物

t:总的

exp:实验值

v:蒸汽

theo:理论值

f:液膜

参考文献:

[1] MURATA K K, CARROLL D E, WASHINGTON K E, et al. User's manual for CONTAIN 1.1: a computer code for severe nuclear reactor accident containment analysis[R]. Livermore: Sandia National Laboratory, 1989.

[2] MURATA K K, WILLIAMS D C, TILLS J, et al. Code manual for CONTAIN 2.0: a computer code for nuclear reactor containment analysis [R]. Livermore: Sandia National Laboratory, 1997.

[3] LIAO Y, VIEROW K. A generalized diffusion layer model for condensation of vapor with noncondensable gases[J]. Transactions of the ASME, 2007, 129: 988-994.

[4] HUHTINIEMI I, PERNSTEINER A, CORRADINI M L, et al. Condensation in the presence of a noncondensable gas: experimental investigation [R]. [S. l.]: University of Wisconsin System, 1991.

[5] STEWAR W A, PIECZYNSKI A T, CONWAY L E, et al. Tests of heat transfer and water film evaporation on a heated plate simulating cooling of the AP600 reactor containment [R]. [S. l.]: Westinghouse, 1992.

[6] PETERSON P F, SCHROCK V E, KAGEYAMA T, et al. Diffusion layer theory for turbulent vapor condensation with noncondensable gases[J]. Journal of Heat Transfer, 1993, 115: 998-1003.

Research on Heat and Mass Transfer Model for Passive Containment Cooling System

Jiang Xiaowei，Yu Hongxing，Sun Yufa，Huang Daishun

Science and Technology on Reactor System Design Technology，Nuclear Power Institute ofChina，Chengdu，610041，China

Abstract：Different with the traditional dry style containment design without external cooling，the PCCS design increased the temperature difference between the wall and the containment atmosphere significantly，and also the absolute temperature of the containment surfaces will be lower，affecting properties relevant in the condensation process. A research on the heat and mass transfer model has been done in this paper，especially the improvement on the condensation and evaporation model in the presence of noncondensable gases. Firstly，the Peterson's diffusion layer model was proved to equivalent to the stagnant film model adopted by CONTAIN code using the Clausius-Clapeyron equation，then a factor which can be used to stagnant film model was derived from the comparison between the Liao's generalized diffusion layer model and the Peterson's diffusion layer model. Finally，the model in CONTAIN code used to compute the condensation and evaporation mass flux was modified using the factor，and the Wisconsin condensation tests and Westinghouse film evaporation on heated plate tests were simulated which had proved the improved model can predict more closer value of the heat and mass transfer coefficient to experimental value than original model.

Key words：Passive containment cooling system，Condensation，Evaporation，Diffusion layer model

作者简介：

蒋孝蔚(1982—)，男，工程师。2008 年毕业于中国核动力研究设计院核能科学与工程专业，获硕士学位。现主要从事反应堆热工水力与安全分析研究。

燃料组件格架几何建模及网格划分技术

陈　杰,陈炳德,张　虹

中国核动力研究设计院核反应堆系统设计技术国家级重点实验室,成都,610041

摘要:为采用计算流体力学(CFD)方法对燃料组件格架的搅混性能进行研究,对燃料组件格架几何建模及网格划分进行了系统的研究。比较不同几何模型得到的计算结果,确定了将搅混格架简化为无刚凸、无弹簧,只有条带和搅混翼结构的模型;出、入口段的模拟长度分别为 250 mm 和 230 mm;模拟格架的数量为一道。研究网格对计算结果的影响,确定了分段网格划分方式和网格数量:入口段和出口段采用结构化网格,格架段采用非结构化网格。整个研究对象总节点数为 1032258,总栅元数为 2601614,其中格架段网格数占 75.8%。

关键词:计算流体力学;燃料组件;搅混

中图分类号:TL334　　　　　**文献标志码**:A

0　引　言

燃料组件是核反应堆的核心部件,其性能直接影响核电站的可靠性、安全性和经济性。而定位格架又是影响燃料组件热工水力性能的重要结构,其搅混性能与燃料棒的临界热流密度(CHF)密切相关,因此,有必要对燃料组件格架的搅混性能进行研究。

定位格架的设计过程一般是:先确定几种格架候选方案,用三维计算流体力学(CFD)方法分析其格架的搅混性能;初步确定用于进行 CHF 试验的格架方案;通过 CHF 试验筛选出热工性能较优的定位格架。为了研究不同搅混翼的流场和温度场,需进行大量的计算。在目前的技术条件下,三维 CFD 分析复杂结构问题往往需要很大规模的网格数量和很长的计算时间。因此,对计算方案较多的情况,怎样用较少的资源反映所研究问题的特征是研究者关心的问题。

采用 CFD 方法研究燃料组件格架的搅混性能,几何建模以及网格划分是首先要解决的问题,只有合理地进行几何建模以及网格划分才能保证 CFD 方法的计算结果能够准确捕捉相应的流场和温度场特征。本文对燃料组件格架几何建模及网格划分进行了系统的研究,旨在为用 CFD 方法分析格架的搅混性能提供依据。

1　几何模型

1.1　格架模型的简化

定位格架的结构如图 1 所示,条带相当于骨架作用,是其他结构附着的基础;弹簧和刚凸的主要作用是夹持燃料棒;而对流体起搅混作用的主要结构是搅混翼叶片。考虑到研究的对象是格架的搅混效应,将 5×5 格架简化为无刚凸、无弹簧,只有条带和搅混翼结构的模型(图 2)。

1.2　模型分段

为了控制总体网格数量和质量,对结构复杂的格架采用适应性强的非结构化网格,而光棒等形状规则的部分采用结构化网格。将只有一道格架的模拟对象划分为三段,即入口段、格架段和出口段(图 3)。

考虑到粘接面对格架入口和出口的影响,格架段高度必须高于格架高度。但若格架段高度太高,

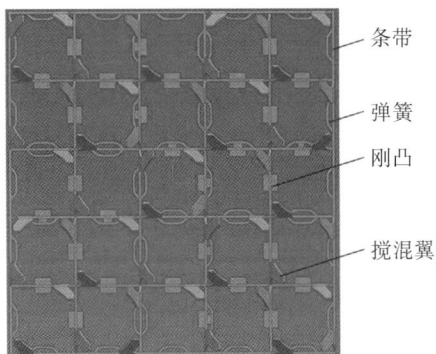

图 1　完整格架

Fig. 1　Full Spacer Grids

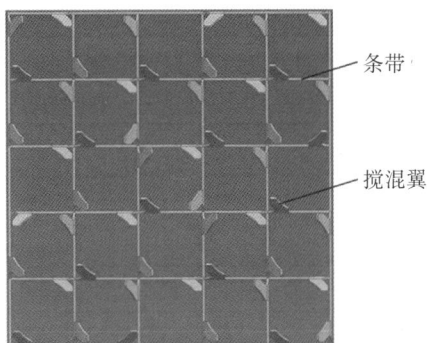

图 2　简化格架

Fig. 2　Simplified Spacer Grids

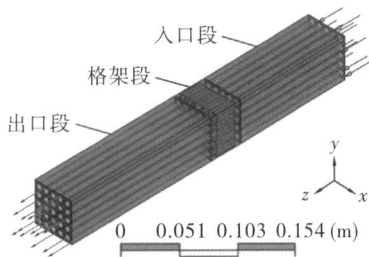

图 3　单格架组件

Fig. 3　One-Spacer Grids Assemblies

将大大增加网格数量。因此,将格架段划分为 53 mm,即沿条带上下边缘分别向外延伸 10 mm。

1.2.1　出口段模拟长度的选择

研究出口段模拟长度的目的是避免出口效应对上游流场的影响。为了避免出口效应对上游流场的影响,出口位置应选择在流体流动充分发展和流场稳定均匀处。由于格架造成流体横向搅混,其强度沿下游方向衰减。横向搅混强度减弱至一定程度时,对应的下游距离为该格架对搅混的有效作用距离,此时流场基本达到稳定均匀,所以选择此长度为出口段长度。

图 4 为第一道格架出口 10 mm 处与第二道格架入口前 10 mm(即第一道格架下游 217 mm)处的横向速度。可以看出,第二道格架入口前 10 mm 处横向速度相对于第一道格架出口 10 mm 处的横向速度减小了近 70%。

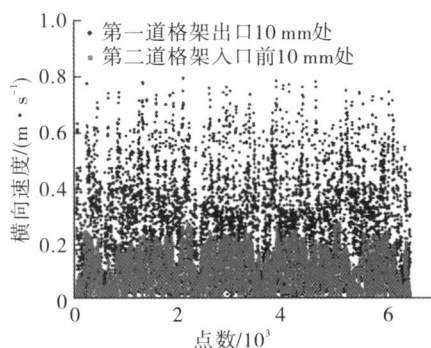

图 4　截面 10 mm 和 217 mm 横向速度比较

Fig. 4　Comparison of Lateral Velocities of 10 mm and 217 mm

本文对出口设置在格架搅混有效作用距离内(出口段长度为 90 mm)和出口段长度为 500 mm 两种情况对下游流场的影响进行了研究。以出口段长度为 250 mm 的计算结果作为基准,出口段长度为 90 mm 时,在下游 9 mm 截面处,二者的紊流动能差异为 $-15\% \sim 30\%$,横向流速差异达 $\pm 20\%$;出口段长度为 500 mm 时,格架下游 9 mm 截面的紊流动能差异为 $-1.5\% \sim 3\%$,横向流速差异控制在 $\pm 5\%$ 以内。可见,当出口段长度超过格架搅混的有效作用距离后,流场已经比较稳定,出口对上游流场基本没有影响。因此,设定格架到出口距离为 260 mm,即出口段长度为 250 mm。

1.2.2　入口段模拟长度的选择

研究入口段模拟长度的目的是避免入口效应对计算结果的影响和控制网格数量。

将格架底部到入口的距离设置为 522 mm,将其结果作为标准。分别研究了入口段长度为 10 mm、

30 mm、50 mm、90 mm、190 mm、230 mm、290 mm 的情况。表 1 中给出了各入口段模拟长度在格架下游 9 mm 处的温度、压力、紊流动能和横向速度与入口段模拟长度为 522 mm 计算结果的差异。

表 1　各方案差异
Table 1　Differences of All Schemes

入口段长度/mm	温度差/10^{-2}℃	相对压差/%	相对紊流动能差异/%	速度差/(cm·s^{-1})
10	−3.1～3.2	−3.0～8.0	−31～24	7.0～3.0
30	−2.5～3.5	−2.2～8.0	−30～20	−6.3～2.8
50	−2.2～3.5	−2.0～8.0	−28～19	−5.9～2.5
90	−1.9～3.5	−1.5～7.0	−23～15	−4.9～1.8
190	−1.0～2.8	−1.0～5.5	−15～8.0	−3.2～1.4
230	−0.8～2.3	−0.8～4.5	−13～5.0	−2.8～1.3
290	−1.0～1.8	−0.7～3.4	−10～7.0	−2.0～1.2

综合比较上述参数可以看出，入口段长度设置为 10 mm、30 mm、50 mm、90 mm 时，各参数与入口段长度为 522 mm 的计算结果差异较大；而入口段长度为 190 mm、230 mm 和 290 mm 时，这些差异都有所减小。当长度超过 20 倍水力直径后，入口效应可以忽略。对于所研究的 5×5 棒束通道，20 倍水力直径约为 235.8 mm，于是，将选定格架底部到入口的距离为 240 mm。

1.3　两道格架的干涉情况

从对流动的分析中可以看出，不仅仅是上游的结构能影响下游的流动情况，下游的结构同样会对上游流场造成影响。因此，研究了跨距为 260 mm 的两道格架的干涉情况。

评价下游格架对上游流场的影响主要可从两方面进行：①分别模拟一道格架和两道格架的情况，比较其相应位置的某些重要参数；②对模拟两道格架的情况，研究第一道格架和第二道格架下游同样距离的截面某些重要参数的规律。

（1）单双格架下游 10 mm 截面比较：对一道格架和两道格架情况，同一截面的紊流动能和横向速度差别不大，即下游格架对上游格架出口流场的影响可以忽略。

（2）第一道格架和第二道格架下游 10 mm 截面比较：第一道格架下游 10 mm 和第二道格架下游 10 mm 两个截面的紊流动能和横向速度的差别不大，说明流体经过第二道格架时，第一道格架的影响可以忽略。

由上述分析得知，当两道格架之间的距离为 260 mm 时，上游格架对下游格架出口流场的影响很微弱，下游格架的存在对上游格架出口流场的影响也可以忽略。因此，模拟一道格架研究格架搅混翼对搅混性能的影响是可行的。

2　网格敏感性分析

对于单格架组件，网格的划分分为入口段、格架段和出口段三部分。

2.1　入口段网格

230 mm 长的入口段采用结构化网格。为了保证径向流动和传热的准确计算，横截面的网格不能划分得太粗。

截面尺寸给定，影响整个入口段网格数量的参数在于轴向的节点数。结构化网格的优点之一是 X、Y、Z 三个方向的尺寸差异可以很大，于是入口段网格的敏感性分析主要针对轴向进行。分析方案如表 2 所示。由表 2 可知，方案 1 网格划分最细，方案 2 网格划分最粗，而方案 3 则介于二者之间。将方案 1 的计算结果作为标准进行比较。

表 2　入口段网格敏感性分析方案
Table 2　Plan of Mesh Sensitivity Analysis of Entrance Part

方案	轴向段数	网格数	节点数	输出文件大小/MB
1	60	415200	415200	21.6
2	30	213600	196416	10.9
3	40	280800	259776	14.4

图 5 至图 8 分别为三种入口段网格方案对速度、紊流动能、压力和温度的影响比较。

方案 2 与方案 1 比较：速度差异较大，基本不具可比性；紊流动能偏小 2%～3%；压力偏低 1.58%～1.74%；温度差异不太大。

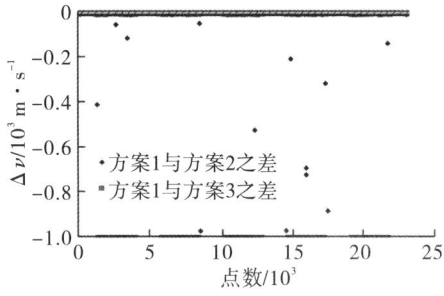

图 5　速度之差

Fig. 5　Differences of Velocity

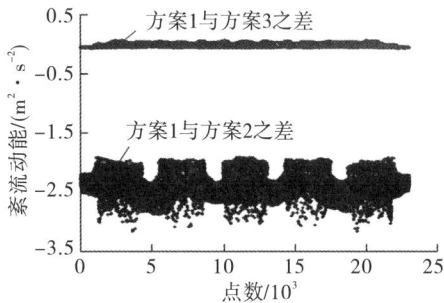

图 6　紊流动能之差

Fig. 6　Differences of Turbulence Kinetic Energy

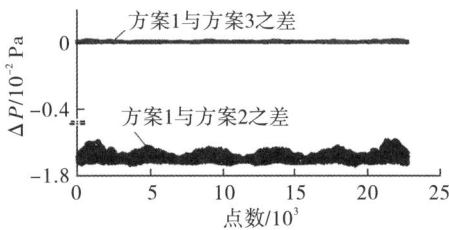

图 7　压力之差

Fig. 7　Differences of Pressure

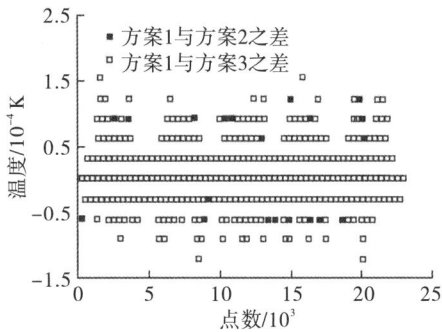

图 8　温度之差

Fig. 8　Differences of Temperature

方案 3 与方案 1 比较：速度差异在 ±0.04% 以内；紊流动能集中在 ±0.08% 范围内；压力在 −0.005%～0.015%；温度差异很小。

由此可知，方案 2 网格太粗，导致计算结果不够准确；方案 3 的结果与方案 1 比较接近，网格数量只有方案 1 的 2/3。因此，方案 3 的网格尺寸设置是比较合理的。

2.2　出口段网格

出口段与入口段类似，都采用结构化网格。其 O 形网格栅元的设置与入口段相同。差别在于 25 根棒划分成两部分，中间 9 根棒命名为 HEAT1，周围 16 根棒命名为 HEAT2，以满足计算中不同的功率分布要求。

同样，出口段的网格敏感性分析也是针对轴向方向进行的(表 3)。

表 3　出口段网格敏感性分析方案

Table 3　Plan of Mesh Sensitivity Analysis of Exit Part

方案	轴向段数	总网格数	总节点数	输出文件大小/MB
1	100	684000	639936	35.8
2	50	348000	323136	18.0

图 9 至图 12 分别为两种网格尺寸方案中速度、紊流动能、压力和温度的差异。经比较分析，两种方案网格尺寸设置对计算结果影响不大，差异都在可接受的范围内，于是选用方案 2。

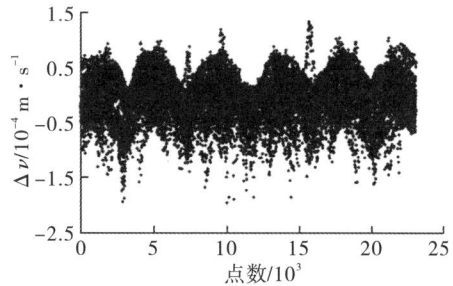

图 9　方案 1 与方案 2 的速度之差

Fig. 9　Differences of Velocity between Plan 1 and 2

2.3　格架段网格

格架段网格类型采用四面体网格和附面层网

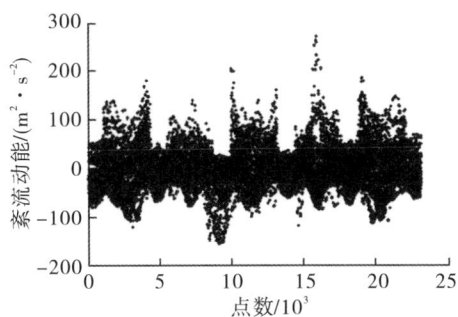

图 10　方案 1 与方案 2 的紊流动能之差

Fig. 10　Differences of Turbulence Kinetic Energy
between Plan 1 and 2

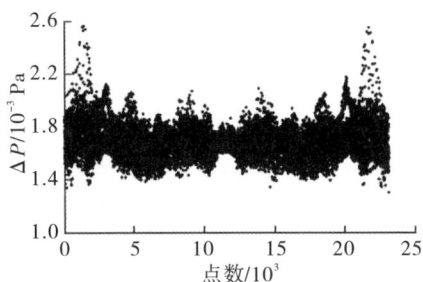

图 11　方案 1 与方案 2 的压力之差

Fig. 11　Differences of Pressure between Plan 1 and 2

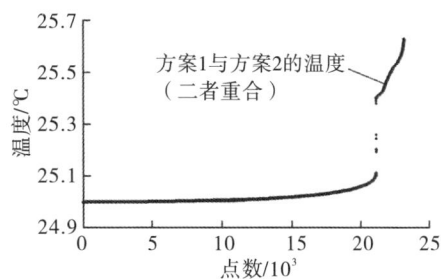

图 12　方案 1 与方案 2 的温度之差

Fig. 12　Differences of Temperature between
Plan 1 and 2

以接受的范围。

3　结　论

（1）在几何模型方面，燃料组件定位格架简化为无刚凸、无弹簧，只有条带和搅混翼结构；出口段和入口段的模拟长度分别为 250 mm 和 230 mm；两道格架之间相互干涉较弱，模拟格架的数量为一道。

（2）网格划分分段完成。为控制网格数量和质量，入口段和出口段采用结构化网格，格架段采用非结构化网格；整个研究对象总节点数为 1032258，总栅元数为 2601614，其中格架段网格数占 75.8%。

后续采用 CFD 方法研究燃料组件格架的搅混性能，将在本文确定的几何模型及网格尺寸基础上进行。

格，总栅元数为 1972814，总节点数为 449346。由于容器边界与格架之间的间隙以及叶片尺寸很小，在生成网格时要特别注意控制网格的最小尺寸。对于燃料棒周围的附面层网格，要确保所加的三层附面层网格的总高度小于燃料棒与格架条带之间的距离，否则将无法生成。格架段的网格质量属于可

Geometry Model and Mesh Division Technology of Fuel Assembly Spacer Grids

Chen Jie，Chen Bingde，Zhang Hong

National Key Laboratory of Reactor System Design Technology，Nuclear Power Institute of China，Chengdu，610041，China

Abstract：In order to analyze the mixing performance of spacer grids with computational fluid dynamics（CFD）method，the geometry model and mesh division of fuel assembly spacer grids are investigated systemically. Compared with the results of different geometry models，the spacer grids can be simplified as the structures of ribbon and mixing vanes only，without dimple or spring. And the exit length and entrance length are set as 250 mm and 230 mm，respectively. And the fuel assembly with only one pacer grid is to be researched. Through the effect of mesh on the calculation results，the method of mesh division and mesh quantity are confirmed. The entrance part and exit part are for the structured mesh，while the part of space grids is for the unstructured mesh. The total nodes number of whole research object is 1032258，and total cells number is 2601614，of which the spacer grids part is 75.8%. The following research of mixing performance of fuel assembly spacer grids with CFD method，will be performed on the base of geometry model and mesh size，which are confirmed in the research of this paper.

Key words：Computational fluid dynamics，Fuel assembly，Mixing

作者简介：

陈　杰(1984—)，男，硕士研究生。2007 年毕业于清华大学工程物理系核工程与核技术专业，获学士学位。主要从事反应堆热工水力和安全分析研究。

热管技术在先进反应堆中的应用现状

刘　叶,周　磊,昝元峰,黄彦平

中国核动力研究设计院,成都,610213

摘要:日本福岛核事故以后,核反应堆系统非能动安全特性越来越受到重视,促使热管技术在国内外先进反应堆概念设计中得到运用。本文对热管技术在核能系统设计中的应用现状进行了阐述。

关键词:热管;非能动;反应堆安全

中图分类号:TL333　　　　　　**文献标志码**:A

0　引　言

热管是依靠内部工质相变和连续循环实现热量传递的非能动换热元件。热管换热器具有很多突出优点[1],如传热效率高、压力损失小、工作可靠等。但在核电厂和核动力技术中尚未得到实际应用[2]。

2011 年日本福岛核事故以后,国内外对核反应堆系统固有安全性能提出更高要求,热管以其独特的优势在国外先进核电概念设计和非能动安全系统优化方案中受到重视。本文对热管技术在国内外核能系统设计中的应用现状进行介绍。

1　国外先进核反应堆系统设计中的应用

近年来,国外纷纷将热管技术运用到新型反应堆概念设计中,或者采用热管技术来提升已有安全系统的可靠性。

1.1　HP-ENHS

美国伯克利大学的 Mullet 等通过引入热管技术,改进了胶囊型热源反应堆的设计[3],称为 HP-ENHS。其堆芯燃料组件和热管按照 3∶1 的数量混合布置,为固态堆芯,可实现 20 a 连续运行不换料。热管采用液态金属热管,水平布置,其蒸发段位于堆芯活性区,二次侧冷却剂选用熔盐。熔盐依

靠自然循环,从热管冷凝段吸收热量,并将热量通过位于高位的换热器传递给三回路的超临界二氧化碳($S-CO_2$)。三回路为布雷顿热力循环,可实现热能向电能的转换。其中系统自然循环流程如图 1所示。

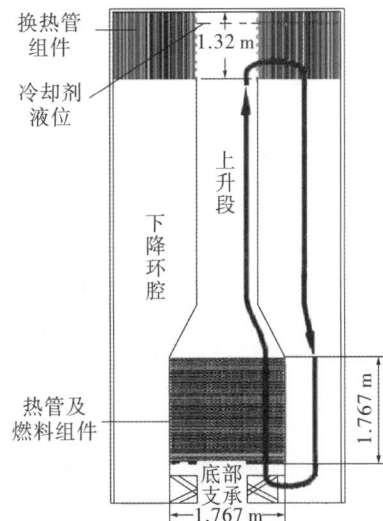

图 1　HP-ENHS 冷却剂系统示意图

Fig. 1　Diagram for Coolant System of HP-ENHS

采用热管以后具有的优点:①显著增强了非能动余热排出能力;②无正的空泡反应性;③固态堆芯结构紧凑,鲁棒性更好;④冷却剂出口温度提高,从而提升热效率,可抵偿比功率密度降低的不利影响。

1.2 海水淡化应用

利用核能进行海水淡化是未来提高淡水供应的可靠措施。但传统的核能海水淡化系统面临着部件失效风险大、淡水二次污染、环境热污染严重等现实问题。Jouhara 等在原有系统设计的基础上,引入热管换热器和中间隔离回路,设计了新型的海水淡化系统[4]。Jouhara 等认为,基于热管换热器的海水淡化系统具有以下优点:

(1)热管换热器一、二次侧通过管板隔开,大大降低了两侧流体彼此混合污染的风险;

(2)单根热管失效不影响热管换热器的整体性能,无需停产,大大降低了部件检修成本;

(3)热管换热效率极高,通过海水的预热过程,可充分利用低品质余热,大大降低废水对环境造成的热污染;

(4)由于热管换热器换热效率极高,相关回路实现了非能动自然循环,无需主泵驱动。

1.3 ITER 应用

在国际热核反应堆(ITER)中,面向等离子体的第一壁要承受极高的温度和热流密度,对其进行有效冷却是实现持续聚变反应的关键。Kovalenko 等将钠热管换热器应用到聚变堆第一壁的冷却中,以充分利用其适用温度范围广、导热系数和极限热流密度极高的优点;同时,采用热管换热器可以避免单管失效,从而提高了第一壁的可靠性[5]。聚变环境下的强磁场可能对金属热管的回流特性产生一定的影响。相应的热管实验证实,可通过合理设置热管换热器的倾斜角度保证其有效性。

1.4 日本 LHP

日本福岛核事故再次表明,应急堆芯冷却系统(ECCS)应该具备完全非能动运行的能力,以便在极端情况下仍然能够保持堆芯的冷却。在这样的背景下,日本的 Mochizuki 等提出了基于回路热管(LHP)的 ECCS 和乏燃料水池非能动冷却系统的设计方案[6],并进行了相应的系统模拟计算,证实了该设计方案的有效性。其中 ECCS 的原理如图 2 所示,共包含两个子系统,即重力辅助堆芯注水系统和基于回路热管的堆芯非能动余热排出系统。当反应堆紧急停堆以后,重力辅助注水系统通过应

急冷却水箱向堆芯注入冷却水,水箱可容纳冷却水 32.2 t,可完成第一阶段共计 600 s 的堆芯冷却。接着基于热管的堆芯非能动余热排出系统,热管蒸发段吸收堆芯余热而汽化,经蒸汽管道后进入冷凝段凝结成过冷水,并经液体回流管道重新进入蒸发段。非能动余热排出系统设计能力为 2%FP(FP 为满功率)。计算表明系统可以确保对堆芯的有效冷却,约 6 h 后堆芯水温降至 100 ℃以下。

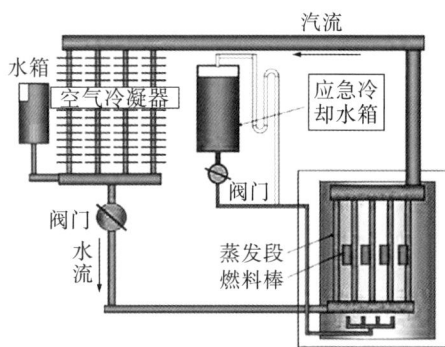

图 2 日本基于 LHP 的应急堆芯冷却系统

Fig. 2 Emergency Core Cooling System Design Based on LHP in Japan

Mochizuki 等还基于回路热管设计了乏燃料水池非能动冷却系统[6]。该系统设计的最大排热能力为 4 MW,采用空气自然对流冷凝。通过计算初步证实了设计的有效性;目前日本正在开展小规模的工程验证试验。

1.5 乌克兰压水堆应用

乌克兰压水堆 WWER-640/1000 设置了二次侧非能动余热排出(PRHR)系统。蒸汽发生器传热管破裂将使一次侧放射性流体进入二次侧,增大放射性污染风险,对系统运行不利。为此 Sviridenko 等人[7]基于低温热管提出了图 3 所示的辅助堆芯应急冷却系统(PRS)。事故工况下蒸汽发生器被旁通,来自堆芯的热流体经上升段进入热管换热器,经过热管蒸发段后自身被冷却,回流到堆芯形成自然循环。系统设计的排热能力是 1.4%FP。热管换热器工作介质和二次侧流体都采用去离子水。

Sviridenko 认为美国 AP1000 采用的 IRWST 系统存在固有的风险,一次侧高压流体有可能引起传热管破裂,使放射性流体进入换料水箱,并使流

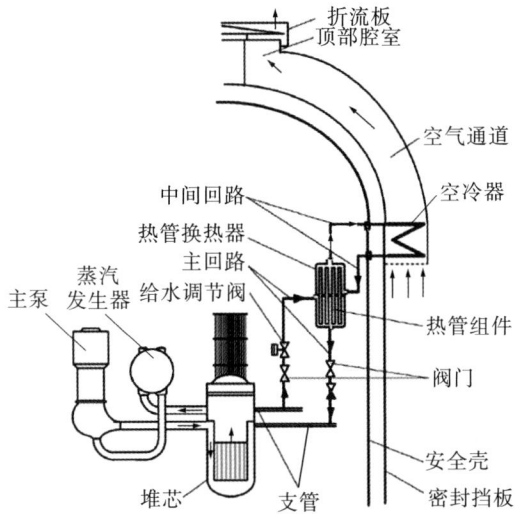

图 3 WWER 基于热管换热器的 PRS 设计

Fig. 3 PRS Design Based on Heat Pipe Heat Exchanger for WWER

动复杂化。为此,Sviridenko 基于热管换热器设计了应急维护冷却系统,如图 4 所示[8]。系统将乏燃料水池作为冷源,热管换热器使用隔板对一、二次侧之间进行有效隔离,大大降低了一次侧冷却剂进入乏燃料水池的风险,同时可以保证在压力容器打开的状态下形成自然循环,对堆芯进行有效冷却。

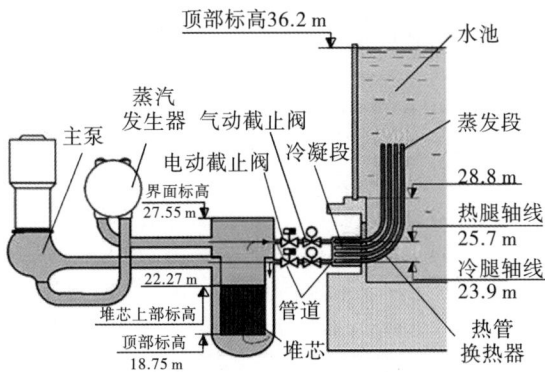

图 4 基于热管换热器的 WWER 应急维护冷却系统

Fig. 4 Emergency Repair Cooling System of WWER Based on Heat Pipe Heat Exchanger

2 国内先进核反应堆系统设计中的应用

我国于 1970 年应航天技术发展的需要开始热管的研制工作,1976 年在卫星上首次应用热管取得成功。目前热管已经在制冷工程、化学反应控制、低品质余热回收、电子元器件冷却等多个工业领域得到广泛应用,取得了很好的经济效果。我国的碳钢-水热管及液态金属热管技术应用规模处于世界领先地位,主要体现在热管设备的数量、质量,应用的领域范围和取得的经济效果几个方面[1],但在反应堆工程中应用十分有限。

海军工程学院的蔡章生等提出了一种全新的一体化反应堆概念,将热管换热器直接置于压力容器内部,换热器的挡板起到隔离作用,上部为二次侧,下部为一次侧[9]。热管换热器代替了分散布置的压水堆动力装置中的冷却剂主泵、主管道和蒸汽发生器。但作者亦指出,这种设计使压力容器过大过高,堆芯功率密度较低,很难实际使用。

2011 年中国科学院启动实施了"未来先进核裂变能——钍基熔盐堆核能系统(TMSR)"战略性先导科技专项。上海应用物理研究所将高温钠热管应用于其正在研发的熔盐堆非能动余热排出系统之中。图 5 为新概念熔盐堆非能动余热排出系统设计示意图[10]。系统主要由反应堆容器、冷冻阀、卸料箱、高温钠热管和排热烟囱组成。当熔盐堆发生事故时,反应堆容器中的燃料盐温度迅速上升使冷冻阀熔断,燃料盐依靠重力快速下泄到卸料箱中。高温钠热管受热后自动迅速启动,将燃料盐的余热释放到排热烟囱内,最终通过空气自然循环将热量释放到环境中。

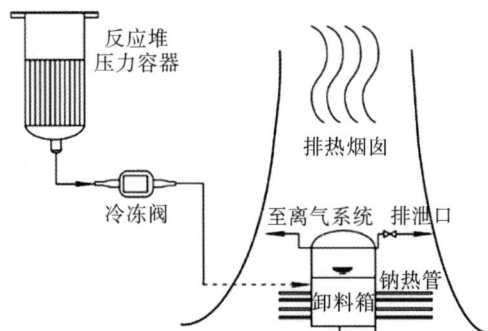

图 5 10 MW 熔盐堆非能动余热排出系统概念设计

Fig. 5 Conceptual Dedign of Passive Residual Heat Removal System for 10 MW Molten Salt Reactor

西安交通大学王成龙等[10]基于上述设计,通过数值方法研究了高温钠热管在熔盐堆事故工况下的瞬态运行特性。结果表明,在熔盐堆事故状态下,钠热管从启动到稳态过程中运行特性良好且有很高的传热效率,具有较高的安全性和经济性。

我国的"嫦娥计划"进展顺利,将来有可能在月球上建立基地。中国原子能科学研究院基于热管技术设计了模块化快堆,热效率7%,可连续10年提供100 kW的电功率[11]。由于采用了热管,堆芯紧凑且总质量较小,便于发射;部分热管损坏不影响系统能量传输结果,避免了单点失效,可保证反应堆长期运行而无需检修。

3　结束语

(1)热管是一种典型的非能动换热元件;热管换热器具有传热效率高、压力损失小、工作稳定可靠、结构紧凑和有效隔离一、二次侧流体等优点,在许多工业领域已得到广泛应用,技术成熟性高。

(2)国外先进核反应堆概念设计中采用了热管换热器以实现完全的非能动;在三代核电中,采用热管换热器可提高非能动安全系统的可靠性;其中日本已着手开展系统缩比验证试验。

(3)我国已经完成了具有自主知识产权的三代先进压水堆"华龙一号"的研发工作,其中就采用了二次侧非能动余热排出系统等专设安全设施。但对核电安全性的追求永无止境,应该密切关注国际上安全技术的发展动向,尽快开展热管在相关安全系统的应用方案研究,从而确保"华龙一号"的技术领先地位,有力地支撑我国核电走出去战略。

参考文献:

[1] 李永赞,胡明辅,李勇. 热管技术的研究进展及其工程应用[J]. 应用能源技术,2008,6:45-48.

[2] MOCHIZUKI M, NGUYEN T, SINGH R, et al. Nuclear reactor must need heat pipe for cooling[J]. Frontiers in Heat Pipes, 2011,2(3).

[3] HONG S G, GREENSPAN E, KIM Y I. The encapsulated nuclear heat source reactor[J]. Nuclear Technology, 2005, 149:99-106.

[4] JOUHARA H, ANASTASOV V, KHAMIS I. Potential of heat pipe technology in nuclear seawater desalination[J]. Desalination, 2009, 249:1055-1061.

[5] KOVALENKO V, KHRIPUNOV V, ANTIPENKOV A, et al. Heat-pipes-based first wall[J]. Fusion Engineering & Design, 1995, 27:544-549.

[6] MOCHIZUKI M, SINGH R, NGUYEN T, et al. Application of heat pipe to JSPR safety: proceedings of design feasibility for JSPR[R]. [S. l. :s. n.], 1988.

[7] SVIRIDENKO I I. Heat exchangers based on low temperature heat pipes for autonomous emergency WWER cooldown systems[J]. Applied Thermal Engineering, 2008, 28:327-334.

[8] SVIRIDENKO I I. Modernization of the system of an emergency repair cooling of WWER-1000 with help of heat exchange equipment on basis of low temperature heat pipes[Z]. Kiev, Ukraine:International Conference Control of NPP Resource, 2002.

[9] 蔡章生,德楚. 一种新的一体化压水型反应堆[J]. 海军工程学院学报, 1997, 2:46-50.

[10] 王成龙,田文喜,苏光辉,等. 新概念熔盐堆非能动余热排出系统中钠热管的特性研究[J]. 原子能科学技术,2011, 32(3):47-50.

[11] HU G, ZHAO S Z, SUN Z Y, et al. A heat pipe cooled modular reactor concept for manned lunar base application[J]. Nuclear and Emerging Technologies for Space, 2012, 13(3):3015-3016.

Review of Heat Pipe Application in Advanced Nuclear Reactors

Liu Ye，Zhou Lei，Zan Yuanfeng，Huang Yanpin

Nuclear Power Institute of China，Chengdu，610213，China

Abstract：After the Fukushima disaster，the passive safety for nuclear power system has received more and more attentions，leading to a broad application of heat pipes. This paper summarizes the overall application status of the heat pipe technology in nuclear power system design.

Key words：Heat pipe，Passive，Nuclear safety

作者简介：

刘　叶(1979—)，男，高级工程师。现从事核电与核动力技术管理工作。

蒸汽发生器最优化设计

王　盟,王建军,孙中宁,贺士晶,阎昌琪

哈尔滨工程大学核科学与技术学院,哈尔滨,150001

摘要:以立式 U 形管自然循环蒸汽发生器为例,提出一种自主开发的蒸汽发生器评价模型和改进复合形优化算法。在考虑多种热力性能和几何结构约束的条件下,对 U 形管自然循环蒸汽发生器结构进行最优化设计。结果显示,优化方案与原型相比重量减小了 16.4%,体积减小了 16.3%,优化效果显著。

关键词:蒸汽发生器;优化设计;改进复合形算法

中图分类号:TL353　　　　**文献标志码**:A

0　引　言

核能利用的主要形式之一是核能发电,为了追求经济性,核电一直向大型化和大容量的方向发展。蒸汽发生器是核动力系统的主要设备之一,单堆功率的提高必然导致其重量、体积的增加,不仅增加了设备的初始投资,也为动力装置的布置带来一定的困难。因此,选择一种合理的优化方法对核动力装置参数进行优化设计以减小装置的重量和体积,对电站及船用核动力装置的发展都具有重要的理论和现实意义。

由于传统复合形算法不能很好地解决非线性约束最优化的局部最优问题,本文以立式 U 形管自然循环蒸汽发生器为例,提出一种可行的蒸汽发生器评价模型和改进复合形优化算法,在考虑多种热力性能和几何结构约束的条件下对其结构进行最优化设计。

1　蒸汽发生器评价模型的建立

1.1　数学模型

蒸汽发生器在稳态运行情况下,一次侧为单相对流换热工况,二次侧为单相、两相并存的复杂流动换热工况。根据工质的流动和传热特性,可将蒸汽发生器二次侧划分为四个区域:①下降通道非加热区;②单相对流换热区;③沸腾换热区(由于蒸汽发生器具有较高的热流密度,在该区段忽略欠热沸腾的影响,仅考虑饱和沸腾);④吸力腔通道非传热区。蒸汽发生器的热力区(即②、③区)划分如图 1 所示。其中,在二次侧 A、B 区为单相区,C 区为饱和沸腾。图中虚线为饱和沸腾起始点。

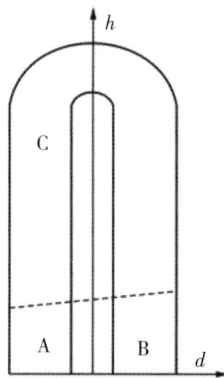

图 1　蒸汽发生器热计算分区模型

Fig. 1　Divisional Thermal Calculation Model of Steam Generator

按照蒸汽发生器二次侧的分区将其一次侧分成三区。不考虑流动与传热在径向上的分布,每区取相同的管内强迫对流换热系数,分别计算各区段的热负荷、平均对数换热温差及换热系数,从而建立蒸汽发生器一维平均管分区计算模型,以确定蒸汽发生器的总体结构参数。

1.1.1 管束结构计算模型

$$N = \frac{G_1}{\rho_1 u_f A} \tag{1}$$

式中,N 为传热管根数;G_1 为冷却剂质量流量(kg/s);ρ_1 为入口冷却剂密度(kg/m³);u_f 为管内冷却剂流速(m/s);A 为单根传热管流通面积(m²)。

$$D_s = s(1.1\sqrt{2N} - 1) \tag{2}$$

式中,D_s 为管束直径(m);s 为管节距(m)。

在传热管总根数和管束结构确定的条件下,可以计算出管束弯段总长:

$$L_{spy} = \frac{\pi N (D_{smax} + D_{smin})}{4} \tag{3}$$

式中,D_{smax}、D_{smin} 分别为管束最大、最小直径(m)。

根据实际安装要求获得相应的装配间隙和下降空间的流道设计,可以确定衬筒内外径及下筒体内径;通过强度校核可以计算下筒体壁厚,进而得到下筒体外径,为下封头和上筒体外形尺寸计算提供数据。

1.1.2 传热及水动力计算模型

(1)一次侧传热计算。在计算一回路冷却剂在管内的强迫对流放热系数时,Ditus-Boelter 公式不能满足全部适用条件[1]。为此,引入带黏度修正系数的 Sider-Tate 公式[2]:

$$\alpha_1 = 0.027 Re^{0.8} Pr^{0.33} \frac{\lambda}{d_i} \left(\frac{\mu_f}{\mu_w}\right)^{0.14} \tag{4}$$

式中,α_1 为蒸汽发生器一次侧管内强迫对流换热系数[W/(m²·K)];λ 为冷却剂的导热系数[W/(m·K)];μ_f 为冷却剂动力黏度(Pa·s);μ_w 为按壁面温度确定的冷却剂动力黏度(Pa·s)。

以上物性参数均为平均值,采用各区段进出口冷却剂的平均温度为定性温度,传热管内径为定性尺寸。

(2)二次侧传热计算。通过式(5)可以分别计算 A、B 区段的单相对流换热系数[3]:

$$\alpha_{2AB} = C_1 Re^{C_2} Pr^{C_3} \frac{\lambda_s}{d_e} \tag{5}$$

式中,C_1、C_2、C_3 为系数;λ_s 为蒸汽发生器二次侧预热区工质的导热系数[W/(m·K)];d_e 为二次侧上升空间的当量直径(m)。

对大容积饱和沸腾换热系数的计算,目前还没有一个公认的通用公式,蒸汽发生器 C 区段的饱和沸腾换热系数按式(6)进行求解[4]:

$$\alpha_{2C} = 0.557 P^{0.15} q^{0.7} \tag{6}$$

式中,P 为绝对压力(Pa);q 为热流密度(W/m²)。

(3)导热及污垢热阻计算。

$$R_w = \frac{d_o}{2\lambda_w} \ln \frac{d_o}{d_i} \tag{7}$$

式中,R_w 为导热热阻(m²·K/W);λ_w 为传热管导热系数[W/(m·K)];d_i 为传热管内径(m);d_o 为传热管外径(m)。污垢热阻(R_F)的计算非常复杂,这里按经验参数进行选取。

(4)水动力计算。关于蒸汽发生器一、二次侧的水动力计算,文献[4]已进行了较为详细的说明,在此不再赘述。

1.1.3 蒸汽发生器总体结构计算

$$A_{total} = \frac{Q_A}{K_A \Delta T_{lnA}} + \frac{Q_B}{K_B \Delta T_{lnB}} + \frac{Q_C}{K_C \Delta T_{lnC}} \tag{8}$$

式中,A_{total} 为总传热面积(m²);Q_A、Q_B、Q_C 分别为 A、B、C 区段热负荷(W);K_A、K_B、K_C 分别为 A、B、C 区段换热系数[W/(m²·K)];T_{lnA}、T_{lnB}、T_{lnC} 分别为 A、B、C 区段平均对数换热温差(K)。

由总换热面积(A_{total})和管束弯段总长(L_{spy})可得到传热管总长(L_{total})和管束直段高度(H_{stg}):

$$L_{total} = \frac{A_{total}}{\pi d_o} \tag{9}$$

$$H_{stg} = \frac{L_{total} - L_{spy}}{N} \tag{10}$$

通过下筒体外径和过渡区锥体的结构设计可以确定上筒体的外径,并根据原型来设计分离器的级数和主要轴向尺寸,得到上筒体高度和汽水分离器的重量;通过强度计算可以获得各承压部件的壁厚和承压部件的重量。忽略支撑板、支撑拉杆、盖板等参数不敏感部件,则蒸汽发生器的重量主要由七部分组成:

$$M = M_1 + M_2 + M_3 + M_4 + M_5 + M_6 + M_7 \tag{11}$$

式中,M_1 至 M_7 分别为管束、管板、下封头、上封头、下筒体、上筒体和汽水分离器的重量(t)。上筒体部分的重量包含了锥形过渡区的重量。

根据立式 U 形管自然循环蒸汽发生器的结构,其总体积由五部分组成:

$$V = V_1 + V_2 + V_3 + V_4 + V_5 \qquad (12)$$

式中，V_1至V_5分别为下封头、下筒体、过渡区、上筒体、上封头体积(m^3)。

1.2　模型可靠性验证

本文以我国自主研发设计的秦山核电站蒸汽发生器为母型,进行评价模型的可靠性校验。从评价模型的计算结果(表1)可以看出,与参考母型数据相比,计算尺寸误差在2%左右,满足工程设计要求。这表明,应用一维平均管分区计算模型可以进行立式U形管自然循环蒸汽发生器的结构分析和性能评价。

表1　设计参数[5]及模型计算结果

Table 1　Design Parameters and Model Calculation Results

项目	归一化设计参数	模型计算参数	相对误差/%
总换热面积	1	0.988	−1.20
传热管根数	1	0.999	0.10
管束直段高度	1	1.031	3.10
传热管平均长度	1	0.9877	−1.23
下筒体内径	1	0.981	−1.9
下筒体壁厚	1	1.0264	2.64
上筒体内径	1	0.9895	−1.05
上筒体壁厚	1	1.0149	1.49
传热管重量	1	0.988	−1.20

1.3　参数敏感性分析

在确定的一、二回路运行参数,流动参数和性能要求条件下,蒸汽发生器的结构尺寸可由传热管内外径和管节距唯一确定,有必要对蒸汽发生器的重量进行参数敏感性分析。

由图2可以看出,传热管外径对蒸汽发生器重量影响显著;在图示变化区间,蒸汽发生器重量随传热管外径的增大近似呈二次增长。在保证其他参数不变的条件下,当传热管外径从25 mm减小到12 mm,蒸汽发生器重量减少达26.3%。

节径比的大小是衡量传热管排布稀疏程度的

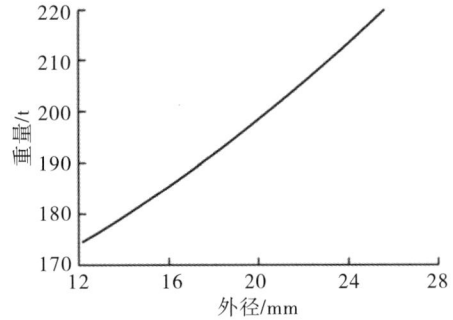

图2　蒸汽发生器重量随传热管外径变化规律

Fig. 2　Change of Steam Generator Weight with outside Diameter of Heat Transfer Tube

一个重要指标。节径比的大小不仅影响换热,而且对二次侧循环阻力和蒸汽发生器结构产生很大影响。由图3可以看出,在节径比的允许变化范围内,蒸汽发生器重量产生显著变化;在图示区间内蒸汽发生器重量的变化幅度超过20%。由此可见,在保证流动、换热、清洗和维修的约束条件下,合理选择节径比对减小蒸汽发生器的重量具有很重要的意义。

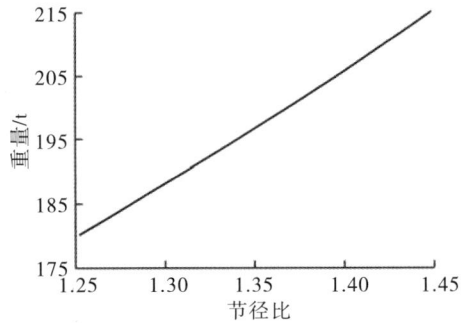

图3　蒸汽发生器重量随传热管节径比变化规律

Fig. 3　Change of Steam Generator Weight with Lay Ratio of Heat Transfer Tube

2　优化计算

2.1　目标函数及约束条件

根据蒸汽发生器换热和结构设计规律,目标函数可以写为

$$\min M(d_i, d_o, s) \qquad (13)$$

$$\min V(d_i, d_o, s) \qquad (14)$$

考虑到热力性能、生产和施工等实际因素，引入了以下约束条件：

$$d_i > 0.012 \text{ m} \tag{15}$$

$$d_o < 0.025 \text{ m} \tag{16}$$

$$1.25 \leqslant \frac{s}{d_o} \leqslant 1.45 \tag{17}$$

$$7 \text{ m} < L < 30 \text{ m} \tag{18}$$

$$\sum_{i=1}^{3} K_i F_i \Delta T_{1in} \geqslant G_1 (h_{1in} - h_{1out}) \tag{19}$$

式中，h_{1in}、h_{1out} 为蒸汽发生器一次侧进出口焓值(kJ/kg)。

$$\frac{H}{D} \approx 3 \tag{20}$$

式中，H 为管束高度(m)；D 为管束直径(m)。

$$2 \leqslant C_R \leqslant 5 \tag{21}$$

式中，C_R 为循环倍率。

为了确保一回路正常运行，蒸汽发生器一次侧循环阻力在主泵扬程允许变化范围内。

2.2 优化计算逻辑

依据复合形算法、遗传算法的优化思想，结合蒸汽发生器的具体情况，编制了一套蒸汽发生器优化设计软件，其程序框图如图4所示。该程序以复合形算法为基础，针对复合形算法容易陷入局部最优的问题，引入随机变异器和步进柔性系数控制器，对传统算法进行改进。运行时只需输入一、二回路运行参数和约束条件，通过计算机优化计算即可得到一组满足给定约束的结构设计参数。

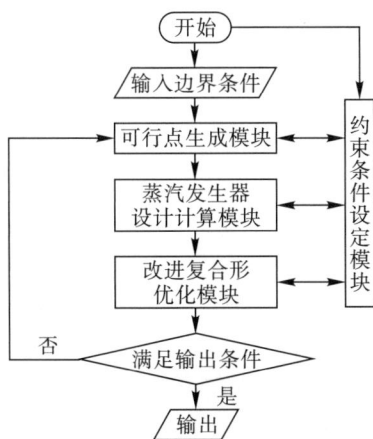

图 4 蒸汽发生器优化设计程序逻辑框图

Fig. 4 Logic Diagram for Steam Generator Optimal Design

2.3 优化设计结果

表2、表3分别给出了以蒸汽发生器重量和体积最小为目标函数的优化设计结果。计算结果显示，在满足功能要求和约束条件的前提下，合理选择传热管内外径和节距的组合，可以有效地减小蒸汽发生器的重量和体积。计算结果符合蒸汽发生器传热和结构设计规律，同时证明了文中所设计的改进复合形优化算法的可靠性。在一定精度范围内，可以找到结构优化设计的方向，给出较优的设计参数。

表 2 蒸汽发生器重量优化结果

Table 2 Optimization Results of Steam Generator Weight

项目	归一化设计参数	优化计算参数	优化量/%
传热管外径	1	0.895	−10.5
传热管内径	1	0.888	−11.2
节距	1	0.844	−15.6
换热面积	1	0.917	−8.3
下筒体内径	1	0.895	−10.5
蒸汽发生器总重量	1	0.836	−16.4

表 3 蒸汽发生器体积优化结果

Table 3 Optimization Results of Steam Generator Volume

项目	归一化设计参数	优化计算参数	优化量/%
传热管外径	1	0.891	−10.9
传热管内径	1	0.885	−11.5
节距	1	0.847	−15.3
换热面积	1	0.92	−8.0
下筒体内径	1	0.888	−11.2
蒸汽发生器总体积	1	0.837	−16.3

3 结 论

(1)采用一维平均管分区计算模型可以准确地建立蒸汽发生器结构设计评价程序，相关结果满足工程设计要求。

（2）目前,蒸汽发生器设计所选择的结构参数并不是解空间内的最优值。蒸汽发生器的体积和重量还存在较大的优化空间。

（3）蒸汽发生器重量和体积最小目标具有一致性。

（4）在不考虑其他因素的前提下,合理选择传热管外径和节距可以有效地减小蒸汽发生器的重量和体积。

（5）自主开发的改进复合形算法可以很好地解决对蒸汽发生器体积或重量进行最优化设计所遇到的非线性约束最优化问题。

（6）优化计算结果可以作为工程设计的参考,为蒸汽发生器的优化设计指出了方向。

参考文献：

[1] 杨世铭,陶文铨. 传热学[M]. 北京:高等教育出版社,2006.

[2] 阎昌琪. 核动力工程[M]. 哈尔滨:哈尔滨工程大学出版社,2004.

[3] 彭敏俊. 核动力装置热力分析[M]. 哈尔滨:哈尔滨工程大学出版社,2003.

[4] 孙中宁. 核动力设备[M]. 哈尔滨:哈尔滨工程大学出版社,2003.

[5] 欧阳予. 秦山核电工程[M]. 北京:原子能出版社,2000.

Optimum Design of Steam Generator

Wang Meng, Wang Jianjun, Sun Zhongning, He Shijing, Yan Changqi

College of Nuclear Science and Technology, Harbin Engineering University, 150001, China

Abstract: Taking the vertical U-tube natural circulation steam generator as an example, this paper puts forward the evaluation model of steam generator as well as the improved complex algorithm. The optimization design under the constraint conditions of various thermal performance and geometry construction is carried out. The results show that the optimal weight is 16.4% less than the original, and the volume is 16.3%. The optimization effect is very obvious.

Key words: Steam generator, Optimization design, Improved complex algorithm

作者简介：

王　盟(1986—),男,硕士研究生。2009 年毕业于哈尔滨工程大学核科学与核技术专业,获学士学位。现主要从事反应堆热工水力及核动力装置性能方面的研究工作。

压水堆核电厂负荷跟踪系统设计与特性研究

施　希[1],吴　萍[1],赵　洁[2],刘涤尘[2]

1. 中国电力科学研究院,北京,100192;

2. 武汉大学电气工程学院,武汉,430072

摘要:压水堆核电厂通过功率控制系统调节反应堆的反应性,以达到负荷跟踪的目的。本文设计的功率控制系统利用模糊控制器对棒速和硼浓度的联合控制作出最优选择,并利用功率补偿通道加快响应速度。MATLAB 的仿真结果证明该系统具有优良的负荷跟踪特性。利用电力系统分析综合程序(PSASP)的自定义模型功能,将该控制系统模块接入核电厂全系统模型,仿真结果表明压水堆核电厂的负荷跟踪能力可达到行业技术标准,并能满足电网的日负荷调峰要求。

关键词:压水堆;核电厂;功率控制系统;负荷跟踪

中图分类号:TM76　　　　**文献标志码**:A

0　引　言

美、法、德、日等国家,已经将核电机组负荷跟踪运行进行了实际的运用[1]。

压水堆核电厂根据负荷的需求,通过功率控制系统来调节控制棒位移、硼溶液浓度和堆芯冷却水入口温度等物理量,使核电厂输出功率发生变化,还要考虑堆芯功率分布,避免功率畸变、局部过热、堆芯融化等危险情况发生。由于调节功率和调节功率形状之间存在耦合,加之调节过程中对功率形状有严格的限制,因而调节过程复杂,难以实现自动控制[2]。目前已有的谐波综合法[3]、硼浓度控制法、最优控制理论等在负荷跟踪的自动控制方面具有一定的参考价值,但由于计算量庞大、响应速度慢等原因,在工程应用中还面临一定的困难。

本文在已有控制策略的基础上,提出一种适用于电力系统暂稳态分析计算的控制方法。该控制方法在 MATLAB 仿真中取得了良好的负荷跟踪效果,进而利用电力系统分析综合程序(PSASP)建立反应堆功率控制系统模型,结合已开发的核反应堆堆芯模型[4]对核电厂在实际电网中的负荷跟踪情况进行了模拟仿真。仿真结果表明,该控制策略下的压水堆核电厂能满足 $5\%P_n$/min 的速率跟踪要求(P_n 为额定功率)。

1　控制系统模块

控制系统的设计必须满足:①在负荷跟踪的过程中,堆芯功率始终能够跟踪指令;②轴向偏差接近目标值。

为了在负荷跟踪[5,6]过程中保证反应堆的安全,必须对堆芯内功率分布情况进行监控。径向功率分布主要由核反应堆设计决定,在整个燃料循环期内基本上是常量,所以,对轴向功率分布的控制最为重要。轴向功率分布受功率水平、燃耗、氙毒、控制棒位置等因素的影响,在负荷跟踪过程中不断变化,主要由核设计决定。由于满功率、平衡氙、棒全提情况下的轴向功率分布最稳定,即使发生氙振荡,功率也在这一分布附近移动,因此将这种情况下的轴向偏移值称为目标轴向偏移值。本文采用常轴向偏移控制,维持轴向偏差一定,采用模糊逻辑控制器和常规比例—积分—微分(PID)控制器相结合的控制策略,将反应负荷要求的冷却剂平均温度(T_{load})与冷却剂平均温度测量值(T_{av})相比较,产生的误差信号通过一定规则的逻辑判断后选择驱动控制棒动作或改变硼浓度。控制器反馈信号T_{err0}和T_{req0}由下式得到:

$$\begin{cases} T_{err0}(t) = T_{av}(t) - T_{load}(t) \\ T_{req0}(t) = T_{load}(t+1) - T_{av}(t) \end{cases} \quad (1)$$

堆芯产生的核能转换为电能的过程要经过一回路、蒸汽发生器、二回路和汽轮机等大的惯性环节。当负荷突变或者设备出现扰动时,调节系统的

过渡过程长,调节品质比较差。因此,在控制回路中引进适当的功率补偿通道,加快调节系统的响应速度和提高系统的稳定性。引入功率补偿通道之后的控制系统结构如图1所示。

模糊逻辑控制规则如表1所示。模糊逻辑控制中,通过模糊化之后得到的T_{err0}和T_{req0}得到T_{err}和T_{req},则有T_{err}的语言值为{NL,NM,NS,ZE,PS,PM,PL};T_{req}的语言值为{NS,ZE,PS}。设置如图2(a)所示;输入T_{req}如图2(b)所示。

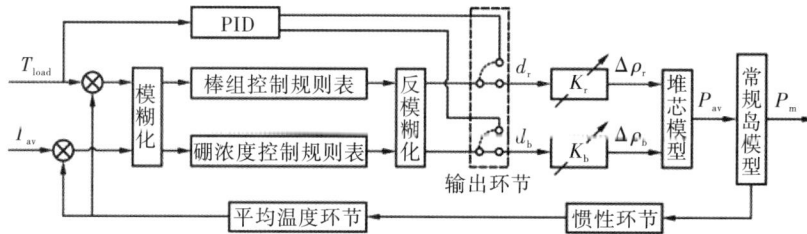

K_r—控制棒输出增益;K_b—硼溶液输出增益;P_{av}—堆芯功率;d_r—复合模糊控制器输出的控制棒棒位信号;
d_b—硼溶液浓度信号[7-9];$\Delta\rho_r$、$\Delta\rho_b$—棒位和硼溶液控制信号导致的反应性价值增量。

图 1　功率控制系统原理框图

Fig. 1　Power Control System Functional Block Diagram

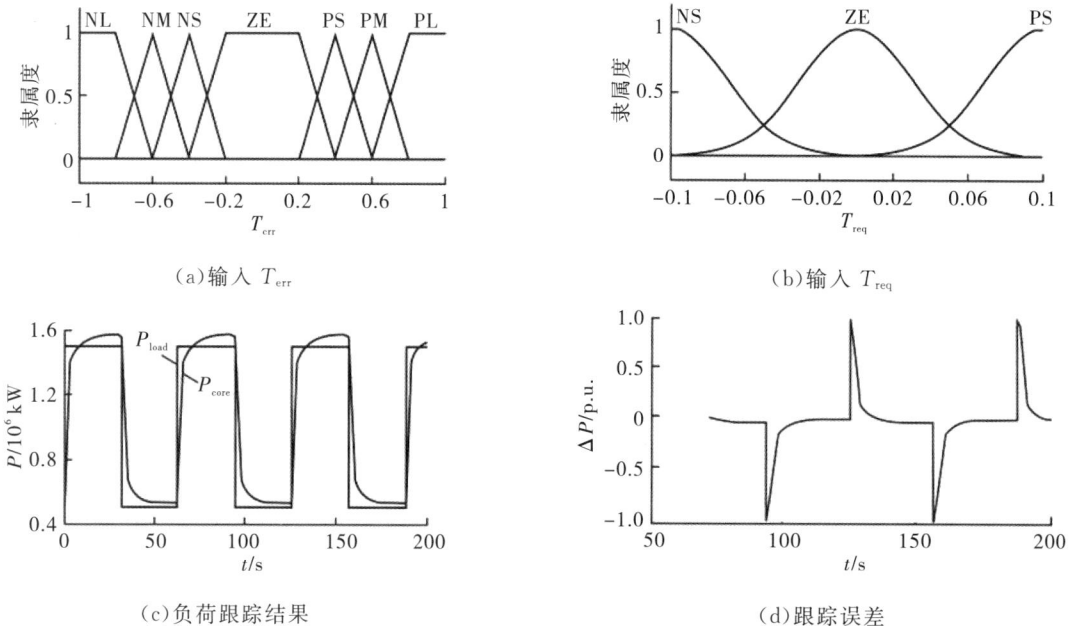

(a)输入 T_{err}

(b)输入 T_{req}

(c)负荷跟踪结果

(d)跟踪误差

P_{load}—所需跟踪的负荷变化曲线;P_{core}—堆芯实际功率变化曲线。

图 2　功率控制系统在 MATLAB 中的实现与仿真(纵坐标基准值为最大功率)

Fig. 2　Implementation and Simulation of Power Control System through MATLAB

表1 FLC控制规则表

Table 1　FLC Control Rule

控制信号	T_{err}							T_{req}
	NL	NM	NS	ZE	PS	PM	PL	
棒束控制	NM	NS	ZE	PS	PM	PL	PL	NS
	NL	NM	NS	ZE	PS	PM	PL	ZE
	NL	NL	NM	NS	ZE	PS	PM	PS
硼浓度控制	NM	NS	ZE	PS	PM	PL	PL	NS
	NL	NM	NS	ZE	PS	PM	PL	ZE
	NL	NL	NM	NS	ZE	PS	PM	PS

在所建立的模型基础上,加入需要跟踪的方波信号,得到负荷跟踪的结果如图2(c)所示;图2(d)所示为跟踪误差。

2　控制系统与核岛全系统互联

利用PSASP的自定义模型功能,建立控制系统模块,并将其接入核电厂全系统模型中。控制系统包含以下两个模块。

2.1　堆芯模块

堆芯模块包含中子动力学模块和堆芯热力学模块。中子动力学模块采用6组缓发中子组,用1组等效缓发中子组近似表示。

2.2　常规岛模型

常规岛模型包含以下几部分。

(1)蒸汽发生器模块,又分为三个子模块:①一回路冷却剂温度模块;②U形金属导热管的温度模块;③二回路系统蒸汽压力模块。

(2)汽轮机及调速器模块。现代大型压水堆核电厂所使用的汽轮机典型结构为四缸双流中间再热凝汽式饱和蒸汽汽轮机,有1个高压缸、3个低压缸,采用功频电液式调速器,可以响应频率和功率的变化。

(3)发电机及其相关调节装置模块。

3　压水堆负荷跟踪能力仿真

在MATLAB-Simulink中建立负荷跟踪仿真模型。考虑单机系统的情况,核电机组参数采用某核电厂实际参数。核电机组满载运行情况下,机组负荷以5%P_n/min(P_n为额定功率)的速率增加出力10%。核电机组负荷跟踪仿真结果如图3所示。

由图3可看出,当负荷以一定的速率增加时,调速系统输入信号大于零,调速系统动作,增大汽门开度,汽轮机功率增加,在620 s左右汽轮机功率与功率整定值偏差小到使调节器进入死区时[图3(b)],汽轮机功率不再变化。汽门开度增大,主蒸汽流量增大;汽轮机功率整定值增大,堆芯燃料温度、冷却剂平均温度增大,控制棒(G棒)上拔,反应堆功率缓慢增加。在120 s内,汽轮机功率增加10%,而反应堆功率增加小于10%。这是因为未考虑频率变化影响,汽轮机调速器有一定死区,而且调速器未加入校正环节。反应堆功率先缓慢变化,0~90 s内功率增加了2%,后加速至一定速率,90~150 s内增加功率8%[图3(b)]。

纵观整个负荷跟踪过程,汽轮机功率能平滑地跟随功率整定值的变化,而反应堆也能平滑地跟随负荷功率的变化。虽然负荷跟踪过程中有一定的超调现象,但在允许范围之内。反应堆可以在120 s之内增加功率10%,在约600 s内恢复稳定状态(图3)。

当负荷线性减小时,核电厂内部各变量的变化趋势与负荷线性增加时的情况正好相反,反应堆也能平滑地跟踪负荷功率的变化。反应堆可以在120 s之内降低功率5%,在约150 s内降低功率10%,在约600 s内恢复稳定状态,反应堆最大降负荷速率为8%P_n/min。在负荷阶跃变化±10%P_n时,机组能以1%~3%P_n/min的速度跟踪负荷,峰值速度甚至达到5%P_n/min。

4　结　论

本文建立了压水堆核电厂的负荷跟踪系统,对压水堆核电厂在功率控制系统调节下的负荷跟踪能力进行了仿真研究。功率控制系统利用模糊控制器根据实际负荷需要调节控制棒速度和硼浓度的改变,以实现堆芯功率随负荷需要平稳均匀变化。结合核电厂全系统模型在PSASP中进行整体封装和负荷跟踪仿真,仿真结果表明:

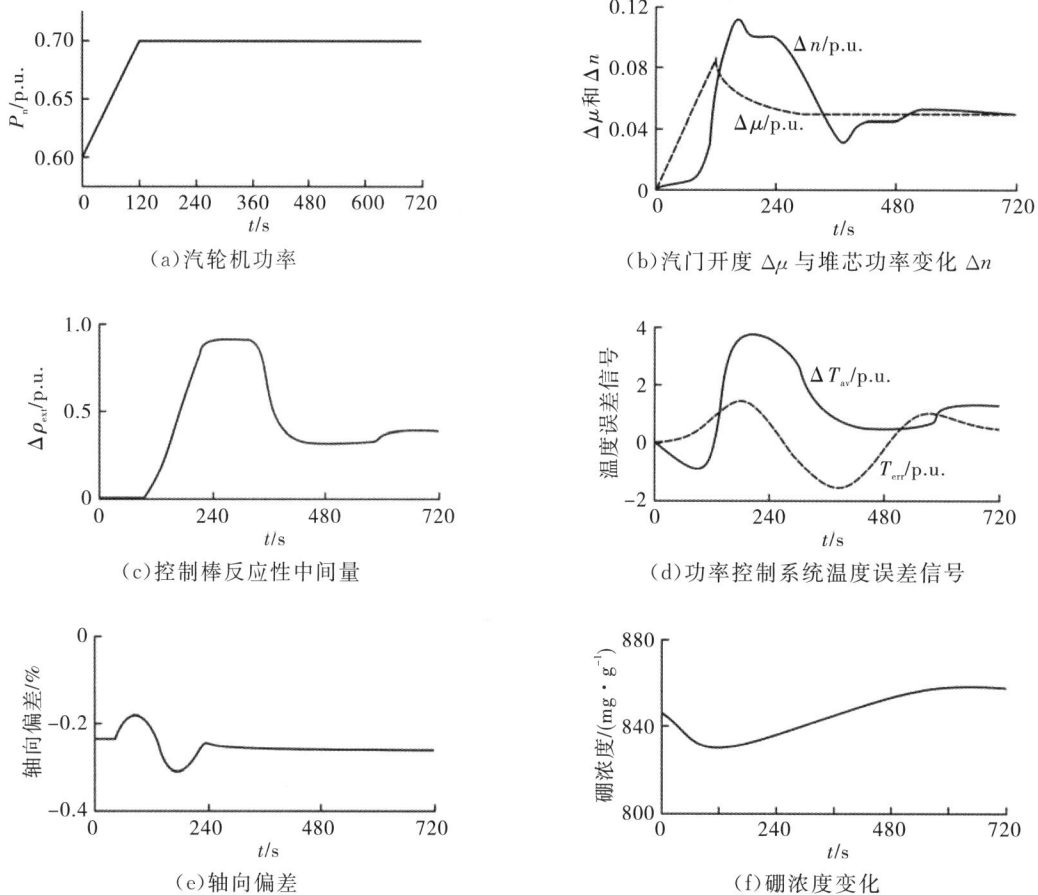

（a）汽轮机功率

（b）汽门开度 $\Delta\mu$ 与堆芯功率变化 Δn

（c）控制棒反应性中间量

（d）功率控制系统温度误差信号

（e）轴向偏差

（f）硼浓度变化

图 3　压水堆核电厂负荷跟踪仿真结果

Fig. 3　Simulation of Load-Following Capability with PWR

（1）当负荷阶跃变化$\pm10\%P_n$或线性变化$\pm5\%P_n/\text{min}$时,大型压水堆核电机组在控制系统的调节下能以$1\%\sim3\%P_n/\text{min}$的速度平滑地跟踪负荷变化,同时保证了机组的稳定运行,一、二回路各安全保护设施无需动作;

（2）利用该功率控制系统,核电厂能满足"12-3-6-3"基本日负荷跟踪模式的中间负荷调峰要求,即晚间负荷下降时用 3 h 线性减功率,早间用 3 h线性加功率至满出力;

（3）使用模糊控制后,在相同的功率调节要求下,功率控制系统调节动作减少,同时反应堆的负荷跟踪能力更强,堆芯反应性稳定度增加,而负荷跟踪过程中控制棒动作的减少也提高了硬件的使用寿命。

参考文献:

[1] MAN-SUNG Y, CHRISTENSON J M. Application of optimal control theory to a load-following pressurized water reactor[J]. Nuclear Technology, 1992, 100(3): 361 -371.

[2] 赵福宇,钱承耀. 压水堆负荷跟踪运行的新模式[J]. 核动力工程,1998,19(1): 73 - 77.

[3] 程和平,章宗耀,于俊崇. 反应堆轴向功率分布控制和功率能力分析[J]. 中国核科技报告,1995(1): 810 - 823.

[4] 施希,吴萍,赵洁. 基于 PSASP 的压水堆核电站堆芯建模及仿真研究[J]. 核动力工程,2009, 30(3): 126 - 130.

[5] NASER J A, CHAMBRE P L. An efficient solution method for optimal control of nuclear system[J]. Nuclear Science and Engineering, 1981, 79(1): 99 - 109.

[6] 赵福宇,周大为. 压水反应堆负荷跟踪的最优控制[J]. 核科学与工程,2000,20(3): 282 - 288.

[7] 段新会,姜萍,佟振声. 用于压水堆负荷跟踪运行的硼浓度

模糊控制系统[J]. 核动力工程, 2002, 23(1): 20 - 23.

[8] 赵强. 核电厂反应堆堆芯物理在线仿真系统研究[D]. 哈尔滨:哈尔滨工程大学, 2006.

[9] LIN C, LIN H W. Application of fuzzy logic controller to load follow operation in pressurized water reactors[J]. Journal of Nuclear Science and Technology, 1994, 31(5): 407 - 419.

Research on Load-Following Characteristics of Pressurized Water Reactor Nuclear Power Plants

Shi Xi[1], Wu Ping[2], Zhao Jie[2], Liu Dichen[2]

1. Chinese Electric Power Research Institute, Beijing, 100192, China;

2. School of Electrical Engineering, Wuhan University, Wuhan, 430072, China

Abstract: Pressurized water reactor (PWR) nuclear power plants (NPPs) realize the load following through the power control system (PCS). In this paper, the fuzzy controller was introduced into PCS to make the optimal rod control and boron concentration adjustment. A power compensation channel was proposed to accelerate the response speed. The simulation results in MATLAB illustrated the excellent load-following capability of NPP with PCS. Through the user-defined program of PSASP, PCS module was embedded with the whole NPP model. The simulation results in PSASP showed that the load-following capability of NPP meets the industrial technical requirements, and demonstrated the capability of NPP for power system daily peak load regulation.

Key words: PWR, Nuclear power plant, Power control system, Load following

作者简介:

施　希(1983—), 女, 2009 年毕业于武汉大学电力系统及其自动化专业, 获博士学位。现主要从事核电厂建模、仿真计算、稳定控制等研究。

基于 GO 法的核电厂电气主接线系统可靠性分析

李　哲[1],鲁宗相[2],刘井泉[1]

1. 清华大学工程物理系,北京,100084;
2. 清华大学电机系,北京,100084

摘要:将 GO 法用于核电厂电气主接线的可靠性分析,建立了核电厂典型 3/2 断路器主接线结构考虑有无检修状态(工作/失效/检修)的系统 GO 图,并进行定性分析和定量计算。最后通过与故障树法所得结果的对比,验证了 GO 法在电气主接线可靠性分析领域的正确性和优势。

关键词:可靠性;电气主接线;GO 法;故障率

中图分类号:TM623　　　　**文献标志码:**A

0　引　言

电气主接线是电力系统接线的主要部分,与电力系统的安全、经济运行,以及发电厂和变电所的电气设备选择、配电装置布置、继电保护和控制方式的拟定等都有密切的关系[1]。目前,国内外电厂主接线可靠性评估方法大致可分为蒙特卡洛模拟法和解析法两大类。蒙特卡洛模拟法计算量大,且计算精度与仿真次数的平方根成反比,在工程中的实际应用并不多;而解析法通过对系统中各元件状态的搜索,列出全部可能的系统状态,采用组合法求解最小割集[2]。但随着现代核电站规模的日趋庞大和主接线系统元件的增多,状态组合及模型复杂度以指数形式增加,应用常规可靠性分析方法存在困难。

一种新的系统可靠性分析方法(GO 法)目前已在核电、设备性能分析、电网配电等领域得到成功应用[3]。本文将 GO 法应用于核电厂电气主接线的分析,以核电厂电气主接线中最典型的 3/2 断路器接线方式为例建立"设备有无检修状态"的主接线系统设备的 2 状态和 3 状态 GO 法模型,并进行了定性分析和定量计算。

1　GO 法对 3/2 断路器电气主接线可靠性分析概述

典型的"二进二出"的 3/2 主接线连接图[4]如图 1 所示,假定架空线 L1 或 L2 至少有一条能成功送电则判定系统工作正常。本文将针对此算例系统,建立主接线的 GO 图模型并推导其可靠性指标计算公式。

GO 法分析电气主接线系统可靠性的优点有[5]:①适用于电气主接线这种多状态、有时序、有信号反馈系统的可靠性分析;②GO 图模型紧凑,易于检查与更改;③GO 法以成功为导向,可直接进行系统正常工作或故障概率定性和定量分析。难点有:①电气主接线设备连接导通关系复杂,在不同支路中可能存在同一个设备中有不同流向电流流过的情况(图 1 断路器 D2、D5),按照传统 GO 图单方向一一对应的方法建模无法将主接线工程图转换成 GO 模型;②电气主接线系统中设备正常工作与否除受自身性能影响外,还受到与之相连的其他设备是否正常工作的影响,因此需要在建立 GO 图模型时引入条件信号表示对设备之间正常工作的相互影响,这里的影响包括设备故障与设备检修等多种设备状态。

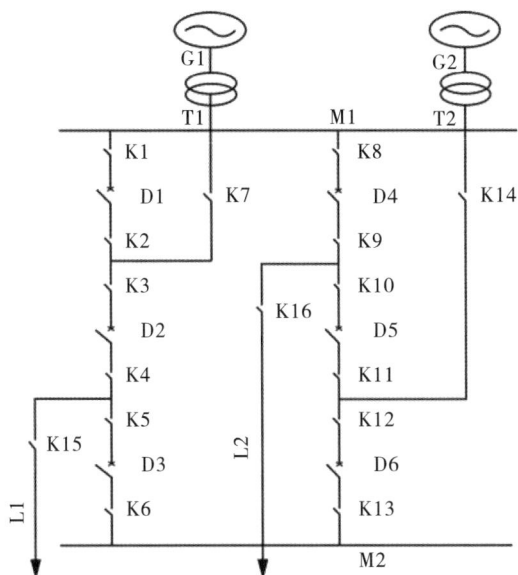

G—发电机；T—主变压器；M—母线；L—架空线
（负责向外送电）；D—断路器；K—隔离开关。

图 1　3/2 断路器电气主接线图

Fig. 1　Chart of One and a Half Breakers Bus System

2　主接线系统可靠性分析

2.1　系统 GO 图建立

2.1.1　系统的 GO 图主图模型

以断路器 D2 为例，介绍建立 GO 图主图（图 2）模型的方法。从 G1 发出的电流有两条支路经过 D2，一条经 D2、D3、M2、D6、D5 从 L2 送出，一条只经 D2 从 L1 送出；从 G2 发出的电流有一条支路经过 D5、D4、M1、D1、D2 从 L1 送出。同理可做出经过断路器 D5 的三条支路。但是，由 G1 和 G2 发出的电流流经 D2 时方向不同，其中方向相同的两个支路可以共用一个 D2，另一方向支路需要再次引入操作符来代表 D2。因此，画出的 GO 图中有一个元件出现在多处并用多个操作符表示的情况，以解决部分元件中信号流有不同流向的系统建模问题。D2 在 GO 模型中的逻辑关系确定后，依照 GO 法模型与工程图一一对应的原则，按信号流流向画出多条支路上的其他设备操作符，最终送向 L1、L2 的电流经过一个或门逻辑操作符表示两条路径中有一条成功即可实现 L1、L2 成功向外送电。信号流

"21"代表电厂向外送电事件的成功。

根据上面 GO 图完整模型，对不考虑检修的 2 状态系统进行系统成功概率的分析。经计算，有或无发电机两种情况存在时，经四台断路器、一条母线向外送电的，得到的系统成功概率均为 0.999787。因此，可知通过 G1 发电机经过 D2、D3、M2、D6、D5 向 L2 送电，以及通过 G2 发电机经过 D5、D4、M1、D1、D2 向 L1 送电这两条路径对系统可靠性分析结果的影响很小，故完整 GO 图可作如图 3 所示的简化。

2.1.2　系统的 GO 图条件信号模型

无论设备是 2 状态还是多状态，所对应的 GO 图主图都相同。原因在于主图反映的是实际工程图中设备的连接关系，而不受设备自身状态数量的影响。采用 GO 法分析主接线系统可靠性时，主图中设备能否正常工作，还取决于与之相连的其他设备是否正常工作。因此需要引入条件信号表示对设备之间正常工作的相互影响。对应 GO 图简化主图，建立考虑检修因素条件信号 GO 图（图 4）。

图 4 与 GO 图中等效输入信号存在一一对应关系。10-001 操作符对应图 3 中设备 D2 正常工作的条件信号；10-002 操作符对应图 3 中设备 D1 正常工作的条件信号。对任一操作符，前面的数字代表操作符类型，后面的数字代表操作符编号[5]。

以考虑检修状态下 D2 为例介绍建模过程：在分析 D2 断路器处在正常工作条件时，同时要求与 D2 相连的设备 G1、T1、L1、D1、D3 处于不失效状态（正常工作或检修状态），否则 D2 断路器动作，这 5 个设备的不失效状态作为 D2 处于正常工作状态的条件信号；只有当 5 个触发条件同时符合要求时，经过与门运算后 D2 才可能正常工作，设备代码加 * 表示条件信号（如 G1*）。这 6 个设备构成的系统可用 GO 法中条件输入操作符 10（与门）等效表示；其中 5 个条件信号也可用 GO 法信号输入操作符 5（单条件输出）等效表示，其余设备分析同上。

若不考虑设备检修状态，则在分析 D2 断路器处在正常工作条件时，与之相连接的设备 G1、T1、

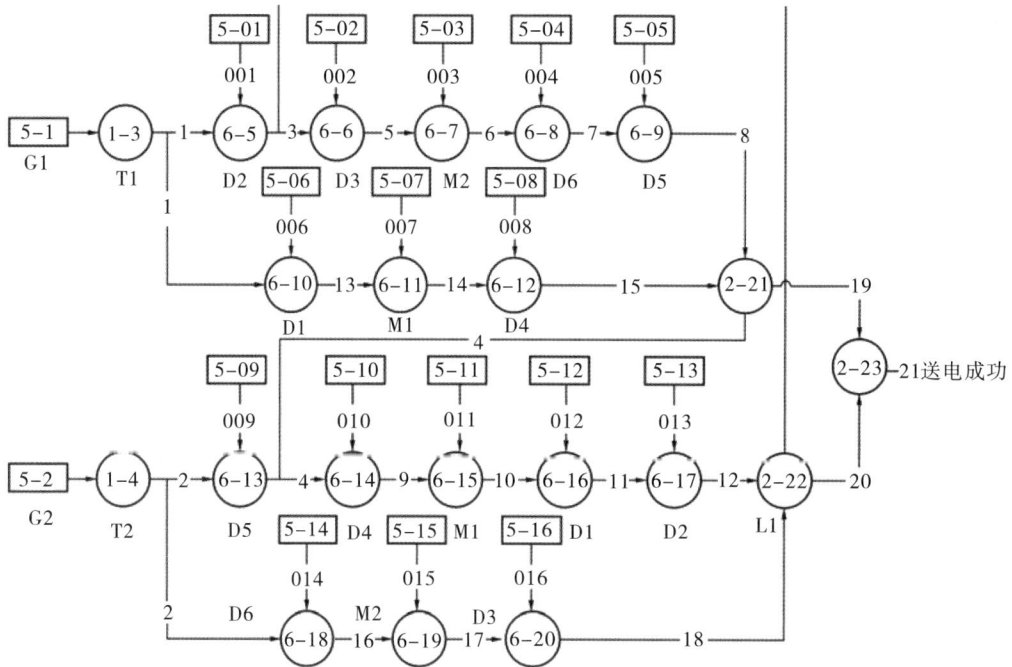

图 2　3/2 断路器电气主接线的系统 GO 图主图

Fig. 2　Main GO Chart of One and a Half Breakers Bus System

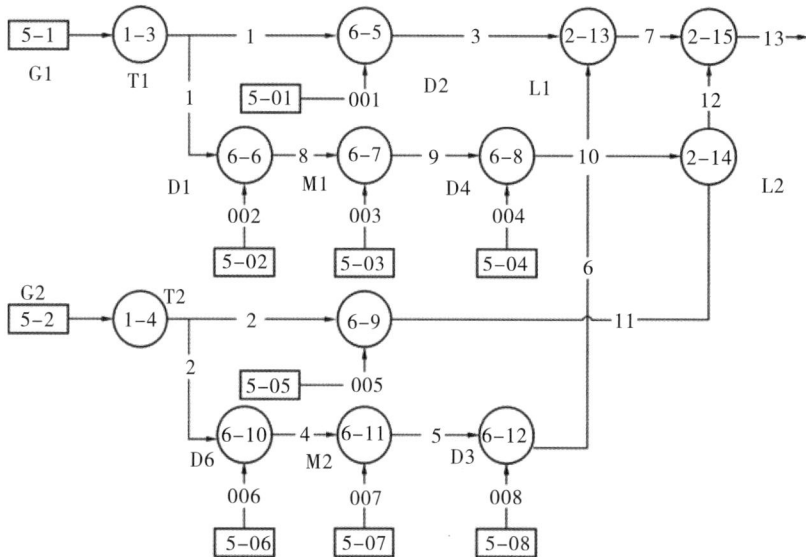

图 3　3/2 断路器电气主接线的系统 GO 图简化主图

Fig. 3　Simplified Main GO Chart of One and a Half Breakers Bus System

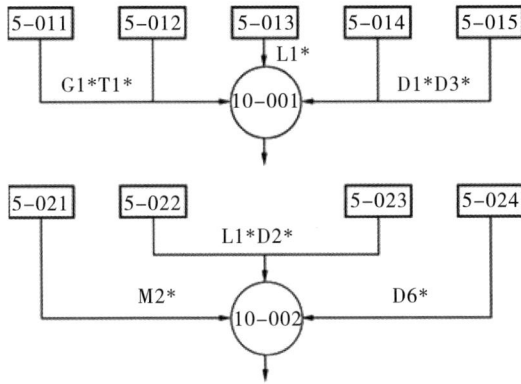

图 4 考虑检修因素的 3 状态元件模型的
部分条件信号 GO 图

Fig. 4 Branch GO Chart of Bus System Based on Three
State Component Model Considering Maintenance

L1、D1、D3 必须处于正常工作状态。这 5 个设备的正常工作作为 D2 处于正常工作状态的条件信号，仍用操作符 10（与门）加以连接。

由图 4 可知，GO 图可以很好地反映出系统工程图的原貌，系统状态的增加并不导致 GO 图的继续扩大。在进行系统可靠性分析时，假设以上操作符所代表的设备单元发生故障是独立的，则采用信号流和单元独立计算公式进行分析。

2.2 设备单元可靠性数据

根据表 1 所提供的设备通用运行统计数据，分别计算得出不考虑设备检修状态存在（表 2）以及考虑设备检修状态存在（表 3）的设备单元可靠性数据。

表 1 设备可靠性数据

Table 1 Reliability Data of Equipment

设备	故障率 /(次·年$^{-1}$)	修复时间 /h	修复率 /(次·年$^{-1}$)	计检率 /(次·年$^{-1}$)	计检时间 /h	计检修复率 /(次·年$^{-1}$)
GIS 母线	0.015	20	438	0.2	12	730
架空线	0.25	16	547.5	0.5	24	365
500 kV 断路器	0.04	160	54.75	0.2	400	21.9
变压器	0.021	300	29.2	0.2	160	54.75
发电机	1.5	73	120	1.0	280	31.2857

表 2 2 状态元件模型的系统设备正常工作
概率和故障概率

Table 2 Normal Operation and Failure Rates of System
Equipment for Two State Component Model

设备	正常工作概率	故障概率
GIS 母线	0.999966	3.42454×10^{-5}
架空线	0.999544	4.56413×10^{-4}
500 kV 断路器	0.999270	7.30060×10^{-4}
变压器	0.999281	7.18661×10^{-4}
发电机	0.987654	0.012346

若只考虑元件处于正常工作和故障两种状态，则可分别计算出设备处于正常工作和故障状态的概率。计算公式为[6]

表 3 3 状态元件模型的系统设备正常工作概率、
故障概率和检修概率

Table 3 Normal Operation, Failure and Maintenance Rates
of System Equipment for Three State Component Model

设备	正常工作概率	故障概率	检修概率
GIS 母线	0.999692	3.42360×10^{-5}	2.73888×10^{-4}
架空线	0.998177	4.55789×10^{-4}	0.001367
500 kV 断路器	0.990233	7.23458×10^{-4}	0.009043
变压器	0.995647	7.16047×10^{-4}	0.003637
发电机	0.957429	0.011968	0.030603

$$P_0 = \frac{\mu}{\lambda + \mu} \tag{1}$$

$$P_1 = \frac{\lambda}{\lambda + \mu} \tag{2}$$

式中,P_0 代表正常工作状态的概率;P_1 代表故障状态的概率。

若计入检修状态的影响,则设备处于正常工作、故障或检修状态概率的计算公式为[6]

$$P_0 = \frac{\mu_1 \mu_2}{\mu_1 \mu_2 + \lambda_1 \mu_2 + \lambda_2 \mu_1} \tag{3}$$

$$P_1 = \frac{\lambda_1 \mu_2}{\mu_1 \mu_2 + \lambda_1 \mu_2 + \lambda_2 \mu_1} \tag{4}$$

$$P_2 = \frac{\lambda_2 \mu_1}{\mu_1 \mu_2 + \lambda_1 \mu_2 + \lambda_2 \mu_1} \tag{5}$$

式中,P_2 代表检修状态的概率。

2.3 考虑检修状态系统可靠性分析

2.3.1 定量分析结果

对主接线 GO 图主图中的设备采用其成功概率进行计算;对主接线 GO 图条件信号图中的设备则采用成功状态概率与检修状态概率值之和。由于同一设备可能出现在不同 GO 图支路中,因此计算公式中会存在同一操作符对应概率出现在同一计算结果中的情况。此时,在定量分析中可根据布尔代数理论,借鉴共有信号处理方法进行合并化简。在 GO 法计算中,若不存在同一操作符概率出现多次的现象,则直接应用公式进行计算的结果是准确的。若存在同一操作符概率出现多次的现象,需要进行如下修正:在逻辑门的计算中,当计算多个包含同一操作符的输入信号同时成功的概率时,计算表达式中会出现成功概率的多次项,应修正为一次项;在分析考虑设备检修状态存在的 3 状态乃至考虑更多状态存在的系统设备时,最终结果表达式中可能会出现同一设备不同状态概率相乘的形式,其实际意义表示同一设备同时出现两种不同状态,这在现实中是不可能发生的,此时要消除包含类似这种乘积的因式。表达式如下[7,8]:

$$\begin{cases} P_i P_j = 0 & i \neq j \\ P_i P_j = P_i & i = j \end{cases} \tag{6}$$

式中,P_i、P_j 分别为设备处于 i、j 状态时的概率。

在完成同一操作符概率的修正处理后,得到的正常工作状态概率的表达式是正确的。根据上述定量计算方法,采用 GO 法中的组合方法可进行定性分析。GO 法与故障树法分析结果的比较如表 4

所示。

表 4　3 状态元件模型和 2 状态元件模型的正常工作概率计算结果

Table 4　Calculation Results of Normal Operation Rate for Three and Two State Component Models

分析方法	3 状态	2 状态
GO 法(完整主图)	0.997794	0.999787
故障树法(图略,2 阶割集近似)	0.997637	0.999786

对于 2 状态和 3 状态系统,虽然 GO 法和故障树法所得结果近似相等,但两者的计算方法有本质不同。本系统中故障树法求得的失败概率主要为 2 阶割集的贡献,至于 3 阶割集或以上的事件,由于其发生概率很小且组合较多难以计算,故忽略不计;而采用最小割集近似独立计算的方法同样忽略了最小割集同时出现时对系统故障的影响,导致最终结果实际上是两方面近似的结果。对于 GO 法计算,其正常工作事件的对立事件是所有故障事件的集合,仍包括更高阶的事件。因此,在 GO 法计算中,避免上述故障树法所包含的两种近似计算,使定量计算结果更为接近真实结果。

2.3.2 最小割集推导

GO 法最小割集推导方法不受设备状态增加影响。推导结果为:GO 法求系统 1 阶最小割集不存在;一台设备检修,另一台设备故障导致全厂断电的最小二重割集有 24 个;两台设备检修导致全厂断电的最小割集有 5 个;两台设备故障导致全厂断电的最小割集有 24 个。

分析可知,在由两台设备故障导致全厂断电的 24 种组合中不包含因设备检修导致系统故障的情况,其结果也与无检修 2 状态系统分析所得到的最小二重割集完全一样。虽然从 2 状态系统到 3 状态系统的状态数量增加,但 GO 法模型与无检修状态系统相同,因此原有的故障割集得以保存,新的二重割集仅需加入新状态引入的割集即可。经检验,GO 法分析结果与故障树法相同。对于故障树法最小割集分析而言,设备状态增加一个,就会相应增加 N(系统设备数量)个底事件。随状态数量的增多,故障树出现爆炸式增加,不利于后续的定性分析。而 GO 法以成功为导向的分析方式能够避免这个问题的出现,从而更具有实用价值。

3　结　论

(1)采用 GO 法对电气主接线系统进行了分析,扩展了 GO 法的应用,建立了考虑检修状态存在下系统的 GO 图模型,实现了对多状态系统的可靠性分析,从而验证了 GO 法的有效性和简洁性。其中状态增加后的分析结果更加贴近于 3/2 断路器电气主接线实际运行情况,具有很高的应用价值。

(2)解决了 GO 法中同一节点信号双向流动建模及条件信号处理的问题,完善和发展了现有的 GO 法理论,使 GO 法在电气主接线分析应用方面得到进一步的扩展。

(3)通过建模发现,随着系统状态的增加,对应的 GO 法主图并没有无限制扩大,从而使多状态系统的分析得以实现。

(4)GO 法定量计算结果较故障树法更为精确,对于电气主接线系统的分析更有优势。故障树法只能采用最小割集独立近似和高阶割集截断

的办法才能实现定量分析,误差随设备状态增加而增大。

参考文献:

[1] 秦波. 发电厂电气主接线可靠性研究与实践[D]. 南宁:广西大学, 2002.

[2] 徐荆州,李扬. 基于 GO 法的复杂配电系统可靠性评估[J]. 电工技术学报,2007(1):149-153.

[3] 沈祖培,黄卫刚,李晓东,等. 大亚湾核电站外电源系统可靠性分析中 GO 法的应用[J]. 核动力工程, 2003(2):68-72.

[4] 西北电力设计院. 发电厂变电所电气接线和布置:上册[M]. 西安:水利电力出版社, 1982.

[5] 沈祖培,黄祥瑞. GO 法原理及应用[M]. 北京:清华大学出版社, 2004.

[6] 沈祖培,黄祥瑞,高佳. 可修系统可靠性分析中 GO 法的应用[J]. 核动力工程,2000, 21(5):456-461.

[7] SHEN Z P, GAO J, HUANG X R. A new quantification algorithm for the GO methodology [J]. Reliability Engineering and System Safety, 2000, 67(3):241-247.

[8] 沈祖培,郑涛. 复杂系统可靠性的 GO 法精确算法[J]. 清华大学学报,2002(5):569-572.

Reliability Analysis of Nuclear Power Plant Bus Systems Arrangement Based on GO Methodology

Li Zhe[1], Lu Zongxiang[2], Liu Jingquan[1]

1. Department of Engineering Physics, Tsinghua University, Beijing, 100084, China;

2. Department of Electrical Engineering, Tsinghua University, Beijing, 100084, China

Abstract: In this paper the GO method is used for analyzing the reliability of nuclear power plant bus system arrangement. Focusing on the typical one and a half breakers bus system, the detailed GO chart of typical work/failure (maintenance) two or three state component system is given, and the qualitative and quantitative analysis is conducted. Compared with the fault tree analysis results, the correctness and advantage of the GO methodology is verified.

Key words: Reliability, Bus systems arrangements, GO methodology, Failure rate

作者简介:

李　哲(1986—),男,在读硕士研究生。2008 年毕业于清华大学电气工程专业,获学士学位。现从事核能安全及系统可靠性分析研究工作。

喷射泵内部流动模拟与其扩散角优化

龙新平[1]，王丰景[2,1]，俞志君[3]

1. 武汉大学动力与机械学院，武汉，430072；
2. 大亚湾核电运营管理有限责任公司，广东深圳，518124；
3. 江苏振华泵业制造有限公司，江苏姜堰，225500

摘要：扩散管的扩散角是喷射泵的重要结构参数之一。采用 SIMPLE 算法和 Realizable k-ε 湍流模型，应用 FLUENT 软件计算了不同扩散角下某型喷射泵的性能，对轴线速度、沿程压力及扩散管进出口的动能与动量修正系数进行了计算与分析。结果表明：扩散角的变化对扩散管上游部分的流场几乎不产生影响，只对下游产生影响；扩散角对喷射泵性能和效率的影响是通过扩散管的阻力和流动损失来施加的；最优扩散角的取值范围应从经济和效率两方面综合考虑，以 9.2° 扩散角所对应的喷射泵为基准，以最高效率相对变化 2.5% 为原则，结合泵的外形尺寸和制造成本，认为最优扩散角的取值范围为 8°～11°。

关键词：喷射泵；扩散角；数值模拟；优化

中图分类号：TH38　　　　**文献标志码：**A

0 引 言

喷射泵又称射流泵，是一种利用高速流体作为工作动力的流体机械及混合反应设备，具有结构简单、可靠性高、密封性好、便于综合利用等优点，在核电站等核工程领域有着广泛的应用。

目前，针对喷射泵结构尺寸的优化成果较多，而专门针对泵的扩散管及扩散角的研究并不多见，以往的研究也很少关注扩散角的变化是否对上游的流场产生影响，有必要对最优扩散角的取值范围进行深入研究。在喷射泵的设计和性能计算中，一般有以下三种方法，即理论计算、试验研究与数值模拟。其中，数值模拟以其高效、低成本、能适应多种可变因素等优势，在工程实际中作为一种有效的解决方法得到了广泛的应用。本文应用 FLUENT 软件，对某型喷射泵不同扩散角下泵的内部流场及性能进行了数值模拟，从轴线速度、沿程压力、性能、制造成本等方面进行了对比分析，确定了最优扩散角的取值范围，为同类型泵的设计提供指导和参考。

1 计算模型

喷射泵主要由喷嘴、喉管、扩散管、吸入室等部件组成，扩散管是其中重要的组成部分。扩散管的长度对喷射泵的性能和特性有着重要的影响，过长的扩散管会增加沿程阻力损失和制造成本，过短则流动分离，造成大的扩散损失。因此，应综合考虑经济、效率等因素决定扩散角（扩散角的大小决定了扩散管的长度）的取值范围。

计算所采用的喷射泵结构如图 1 所示。该泵的设计扩散角 β=9.2°，面积比为 3.93。在扩散断面直径比（扩散管出口直径与进口直径之比）一定的情况下，保证泵的其他结构参数不变，只改变扩散管扩散角 β 的大小，对应的扩散管长度也发生变化。本文分别计算了 6°、8°、10°、11°、12°、14°、16° 和 18° 等扩散角下喷射泵的内部流场及性能，并进行了对比分析。

基金项目：国家自然科学基金(50579060)、武汉大学自主项目(5081011)。

在确定计算区域时,作了以下假设:

(1)喷射泵的吸入管位置对泵内流动的对称性有一定的影响,但对泵性能的影响可以忽略[1],因此在保证喉管流量和喷嘴出口断面处截面积不变的前提下,可认为被抽吸流体方向与工作来流方向一致;

(2)由于泵的内部流场呈轴对称结构,因此,为节省计算资源可采用轴对称模型;

(3)为保证来流稳定,可假设距喷嘴出口上游300 mm处为无穷远来流,并定义为工作流体和被抽流体的进口,为了保证流场出口的稳定,在扩散管后增加了300 mm的直管段。

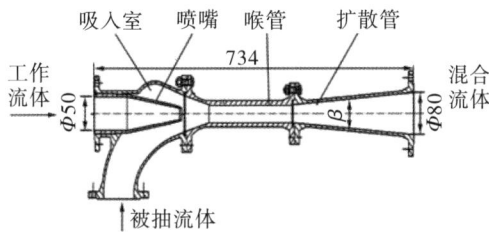

图 1　喷射泵结构示意图

Fig. 1　Illustration of Jet Pump Structure

喷射泵内部流场属于不规则区域的有限空间射流,整个网格不宜采用统一的网格,应根据速度梯度的大小来调整网格的疏密,以保证各部分的节点距离相对稳定。由于在喷嘴出口到喉管这一区域,工作流体和被抽流体开始混合,发生能量的交换,存在较大的紊流剪切力和压力脉动,因此,这一区域的网格划分比较密。另外,在靠近壁面的边界层内存在较大的速度梯度,因此,在靠近壁面的地方也应加密网格。

控制方程为 RANS 方程组,选用 Realizable k-ε 紊流模型封闭该方程组。计算中压力和速度的耦合采用 SIMPLE 算法。在边界条件的设定中,进口设为速度进口,出口设为压力出口,壁面按无滑移壁面处理,对称轴采用轴对称边界。离散项中动量方程设置为二阶迎风格式。

2　喷射泵性能模拟与试验验证

喷射泵性能方程由一组无因次参数表示[2]:

$$h = f(m, q) \qquad (1)$$

$$m = \left(\frac{d_o}{d}\right)^2, \quad q = \frac{Q_s}{Q_o}$$

$$h = \frac{\Delta p_c}{\Delta p_o} = \frac{\left(\dfrac{p_c}{\rho \boldsymbol{g}} + \dfrac{v_c^2}{2\boldsymbol{g}} + z_c\right) - \left(\dfrac{p_s}{\rho \boldsymbol{g}} + \dfrac{v_s^2}{2\boldsymbol{g}} + z_s\right)}{\left(\dfrac{p_o}{\rho \boldsymbol{g}} + \dfrac{v_o^2}{2\boldsymbol{g}} + z_o\right) - \left(\dfrac{p_s}{\rho \boldsymbol{g}} + \dfrac{v_s^2}{2\boldsymbol{g}} + z_s\right)}$$

式中,m 为面积比;q 为流量比;h 为压力比;d 与 d_o 分别为喷嘴直径和喉管直径(mm);Q_s 与 Q_o 分别为吸入口流量和工作流量(m^3/s);p_s、p_c 与 p_o 分别为吸入口、出口和工作压力(Pa);v_s、v_c 与 v_o 分别为吸入口、出口和工作流体速度(m/s);z 为位置高程(m);$\boldsymbol{g}$ 为重力加速度(m/s^2);ρ 为流体密度(kg/m^3)。

喷射泵效率定义为

$$\eta = \frac{qh}{1-h} \qquad (2)$$

为了验证数值模拟的有效性,本文将计算结果与试验数据进行了对比(图 2)。可以看出,二者数据吻合较好。由此表明,利用 FLUENT 软件进行数值模拟计算来分析喷射泵内部流场并对扩散角进行优化是可靠的。

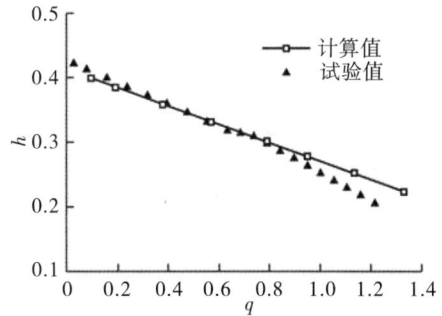

图 2　模拟与试验的喷射泵性能曲线对比

Fig. 2　Comparison of Performance Curves of Jet Pump between Simulation and Test

3　结果分析

3.1　轴线速度和沿程压力

图 3 为两种流量比下,各扩散角所对应的轴线速度分布。其中,断面位置 $Z=0$ 为喷嘴出口断面。高压工作流体在喷嘴内将压能转化为动能;高速流体从喷嘴喷射后在吸入室内开始和被抽流体进行混合;工作流体速度降低,被抽流体速度增加,在喉

管内二者进一步混合,流速渐趋均匀,并在扩散管内把动能转化为压能传输出去。从喷嘴喷射的高速射流不是渐次衰减的,而是有一个明显的加速段,然后再衰减(这已被试验所证实)。从图3中可以看出,在扩散管之前部分,几条曲线重合在一起,只是在扩散管内速度变化快慢不同而已。说明扩散角的变化只对扩散管内的轴线速度产生影响,而对扩散管上游流动几乎无影响。

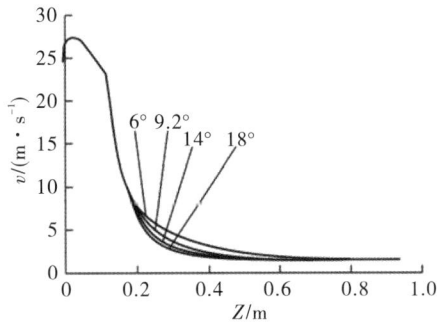

(a)$q=0.19$

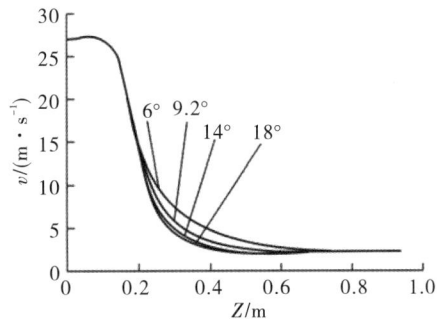

(b)$q=0.79$

图 3 不同流量比下轴线速度分布

Fig. 3 Centerline Velocity Distribution under Various Diffuser Divergence Angles

图 4 为两种流量比下,各扩散角所对应的沿程压力分布。喷射泵内有限空间射流不同于混合管径均匀不变的有限空间射流。由于喉管入口处收缩,此处的壁面压力有一个明显的下降过程(图4)。在喉管内,两股流体发生能量交换,壁面压力随之升高。混合均匀的流体进入扩散管,经扩散管增压后排出。从图4可以看出,扩散角只对扩散管内的压力变化有较大影响,而对上游部分的压力变化影

响不大。扩散角对扩散管及扩散管后管道压力的影响主要是由于扩散管的阻力损失造成的。

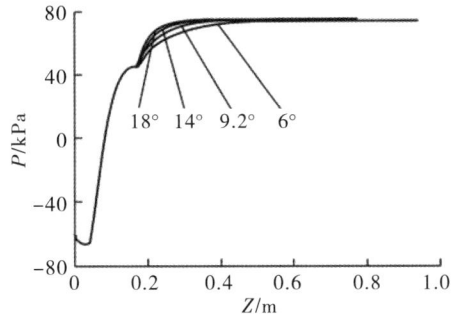

(a)$q=0.19$

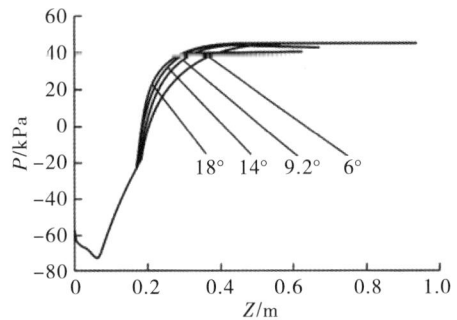

(b)$q=0.79$

图 4 不同流量比下壁面沿程压力分布

Fig. 4 Wall Pressure Distributions under Various Diffuser Divergence Angles

通过对轴线速度和壁面沿程压力的分析可见,扩散角的变化对扩散管上游部分的流场几乎不产生影响,而只对下游流动产生影响。扩散角对喷射泵性能和效率的影响通过扩散管的阻力和流动损失来施加。

3.2 动能、动量修正系数及内部流场

在喷射泵性能的理论研究中,国内外学者一般都采用一元流和准二维理论进行简化分析;总体上假定流速沿过流断面均匀分布,然后根据假定和经验,在主要控制断面如喉管入口和出口等处,引入修正系数进行修正。其中,常用的动能修正系数 α 和动量修正系数 α' 定义化简后的表达式如下:

$$\alpha = \frac{1}{v^3 A} \int_A u^3 dA \qquad (1)$$

$$\alpha' = \frac{1}{v^2 A} \int_A u^2 \, \mathrm{d}A \qquad (2)$$

式中，u 为有效截面上各点的点流速（m/s）；v 为有效截面上的平均流速（m/s）；A 为断面面积（m²）。

动能修正系数 α 和动量修正系数 α' 表征了某一截面流速分布均匀性的特征。α 和 α' 都是大于 1.0 的数，其大小取决于有效截面上点流速 u 的分布；α 和 α' 越大，表示该截面流速分布越不均匀。表 1 和表 2 显示了在流量比 $q=0.19$ 和 $q=0.79$ 时，不同扩散角下喉管出口处与扩散管出口处 α 与 α' 的变化。

从表 1 可以看出，不同的扩散角对喉管出口处的 α、α' 影响不大，说明扩散角的变化对上游流体的流动影响很小。由于 α 与 α' 的值都很小，也说明两种流体在喉管内已经充分混合，在喉管出口处速度分布已渐趋均匀。随着流量比的增大，工作流体的卷吸能力逐渐增强，两股流体的掺混更加剧烈，在喉管出口处流速分布也更不均匀，α 和 α' 也就有所增大。

从表 2 可以看出，扩散角与扩散管出口处的 α、α' 之间存在着直接的联系，扩散角 β 越大，α 与 α' 也越大。扩散角的大小决定了扩散管的长度，扩散角越大，扩散管也就越短。混合后的流体在扩散管内不能充分地把动能转化为压能，则扩散管出口处的流速分布也越不均匀，从而 α 与 α' 也会越大。

表 1　两种流量比在不同扩散角下喉管出口处的 α 和 α'

Table 1　Dynamic Energy Correction Coefficient α and Momentum Correction Coefficient α' at the Outlet of Throat Pipe with Different Flow Rate Ratio under Various Diffuser Divergence Angels

β	α ($q=0.19$)	α' ($q=0.19$)	α ($q=0.79$)	α' ($q=0.79$)
6°	1.06	1.04	1.20	1.08
8°	1.06	1.04	1.19	1.08
9.2°	1.06	1.04	1.19	1.08
10°	1.06	1.04	1.19	1.08
11°	1.05	1.04	1.18	1.08
12°	1.05	1.03	1.18	1.08
14°	1.05	1.03	1.18	1.07
16°	1.05	1.03	1.18	1.07
18°	1.04	1.03	1.17	1.07

表 2　两种流量比在不同扩散角下扩散管出口处的 α 和 α'

Table 2　Dynamic Energy Correction Coefficient α and Momentum Correction Coefficient α' at the Outlet of Diffuser with Different Flow Rate Ratio under Various Diffuser Divergence Angels

β	α ($q=0.19$)	α' ($q=0.19$)	α ($q=0.79$)	α' ($q=0.79$)
6°	1.25	1.11	1.18	1.08
8°	1.27	1.12	1.18	1.09
9.2°	1.33	1.14	1.22	1.10
10°	1.34	1.14	1.24	1.11
11°	1.36	1.15	1.26	1.11
12°	1.37	1.15	1.28	1.12
14°	1.44	1.17	1.37	1.15
16°	1.53	1.20	1.52	1.19
18°	1.67	1.24	1.75	1.26

3.3　喷射泵的性能和效率

为了研究扩散角对喷射泵内部流场和性能的影响，固定喷射泵其他几何尺寸不变，通过改变扩散角大小来改变扩散管的长度，以此分析扩散角对喷射泵性能和效率的影响；并分别取 6°～18° 不同的扩散角来进行计算分析。在计算中，设定工作流体速度不变，通过改变被抽流体的速度来改变流量比 q。计算收敛后，输出各压力和速度值，利用式（1）和式（2）即可得到喷射泵的性能曲线 $q-h$ 和效率曲线 $q-\eta$（图 5、图 6）。图 6 中实线 A 表示 9.2° 扩散角所对应的最高效率，虚线 B、C 表示相对于 9.2° 扩散角所对应的最高效率降低和提高 2.5% 所对应的效率。

从图 5、图 6 中可以看出，扩散角对喷射泵的性能和效率有直接影响。在小流量比时，扩散角对泵的性能影响不大，几种扩散角所对应的性能和效率曲线基本重合；在大流量比时，扩散角越小，所对应泵的性能越好，工作效率也越高。而且从效率曲线可以看出，随着扩散角的增大，最高效率点随之左移，高效区的宽度也随之变窄。以 9.2° 扩散角所对应的喷射泵为基准，以最高效率相对变化 2.5% 为

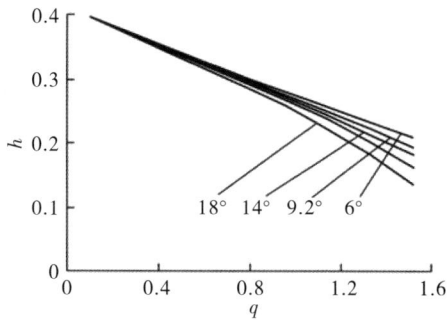

图 5　喷射泵的 q-h 性能曲线

Fig. 5　q-h Performance Curves of Jet Pump

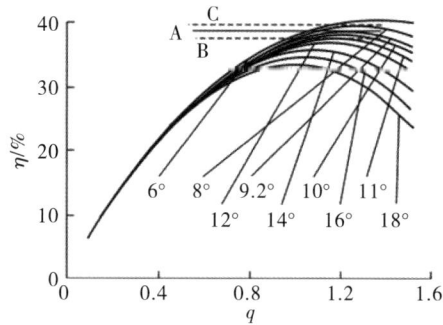

图 6　喷射泵的 q-η 效率曲线

Fig. 6　q-η Efficiency Curves of Jet Pump

原则,可认为扩散角在 8°~11° 范围内,喷射泵的效率相对最高。

两种流体在喉管内混合均匀后,在扩散管内将动能转化为压能传输出去。扩散角的大小决定了扩散管的长度,而扩散管的长度又与沿程阻力、流动损失密切相关。如果扩散角过大,则在过短的扩散管内混合流体就不能充分地把动能转化为压能,且会产生较大的扩散损失,直接影响到泵的性能和效率。

3.4　制造成本

在扩散断面直径比一定的情况下,扩散角的大小决定了扩散管的长度。扩散管是喷射泵主要的组成部分,其长度对喷射泵的外形尺寸以及制造成本有很大的影响。表 3 列出了 β 与扩散管长度的关系。其中,变化率定义为该扩散角所对应的扩散管长度与 9.2° 扩散角所对应扩散管长度的相对值。

表 3　扩散角与扩散管长度的关系

Table 3　Correlation between Divergence Angel and Diffuser Length

β	扩散管长度/mm	变化率/%
6°	463	54.3
8°	347	15.7
9.2°	300	0
10°	277	−7.6
11°	252	−16.0
12°	231	−23.1
14°	198	−34.1
16°	173	42.5
18°	153	−48.9

从表 3 中可以看出,扩散角对扩散管的长度有着至关重要的影响。过小的扩散角会使扩散管长度过长,因而增加了喷射泵的外形尺寸和制造成本。当 $\beta=6°$ 时,扩散管长度超过 9.2° 扩散角长度的 1.5 倍。从经济性以及设备管理方面考虑,过小的扩散角是不合适的。

虽然扩散角越大,越有利于节省制造成本,并缩短泵的外形尺寸,便于维护管理;但从泵的性能和效率方面分析,在适当范围内,扩散角越小,泵对应的效率也相对越高。因此,最优扩散角的取值范围应从经济和效率两方面综合考虑。以 9.2° 扩散角所对应的喷射泵为基准,并以最高效率相对变化 2.5% 为原则,结合泵的外形尺寸和制造成本,可认为扩散角在 8°~11° 范围内,喷射泵的效率是相对最高的。因此,最优扩散角的取值范围应为 8°~11°。

4　结　论

本文应用 FLUENT 软件,采用 SIMPLE 算法和 Realizable k-ε 湍流模型,模拟了不同扩散角下喷射泵内部的流场与性能。主要结论如下:

(1)轴线流速、沿程压力以及动能修正系数 α 和动量修正系数 α' 的对比分析表明,扩散角的变化对扩散管上游部分的流场几乎不产生影响,而对下游流动影响较大。

(2)扩散角对喷射泵性能和效率的影响是通过扩散管的阻力和流动损失来施加的。在小流量比时,各扩散角所对应的性能和效率差别不大;在大流量比时,扩散角越大,泵的性能越差。

(3)扩散角的大小直接影响到喷射泵的外形尺寸和制造成本,扩散角越小,制造成本越高。因此,最优扩散角的取值范围应从经济和效率两方面综合考虑。以 9.2°扩散角所对应的喷射泵为基准和以最高效率相对变化 2.5% 为原则,结合泵的外形

尺寸和制造成本,可认为最优扩散角的取值范围为 8°~11°。

参考文献:

[1] ZHU J M, HAN N, LONG X P. Three-dimensional numerical simulation on flow field within a jet pump[C]// XUE S X, SHU P L. Asian fluid machinery. Hefei: Hefei University of Technology Press, 2005: 427-435.

[2] 陆宏圻. 喷射技术理论及应用[M]. 武汉:武汉大学出版社, 2004.

Optimization of Divergence Angle of Jet Pump Based on Numerical Simulation of Interior Flow Field

Long Xinping[1], Wang Fengjing[1, 2], Yu Zhijun[3]

1. School of Power and Mechanical Engineering, Wuhan University, Wuhan, 430072, China;

2. Daya Bay Nuclear Power Operations and Management CO., LTD, Shenzhen, Guangdong, 518124, China;

3. Jiangsu Zhenhua Pump Industry CO. LTD., Jiangyan, Jiangsu, 225500, China

Abstract: The divergence angle of a diffuser is one of the important structure parameters of the jet pumps, which has effect on the performance, interior flow field distribution and manufacture cost of the jet pump. In this paper, SIMPLE arithmetic and Realizable $k-\varepsilon$ turbulence model is adopted to simulate the flow field and performance of jet pump of various divergence angles. The analysis on the centerline velocity, wall pressure distributions as well as the momentum correction coefficient and dynamic energy correction coefficient in the inlet and outlet of diffuser indicate that the divergence angle has less effect on the flow upstream the diffuser. It influences greatly the flow in the diffuser and downstream pipe. The effect of divergence angle on the performance and efficiency of jet pump is imposed by the resistance loss in the diffuser. Both the manufacture cost and pump efficiency should be considered together in the optimization of the divergence angle. Under a guideline of relatively changing 2.5% from the maximum efficiency point, the optimal divergence angle is proposed as 8°~11° considering the overall dimension and manufacture cost.

Key words: Jet pump, Divergence angle, Numerical simulation, Optimization

作者简介:

龙新平(1967—),男,教授,博士生导师。1995 年毕业于武汉水利电力大学流体机械及工程专业,获博士学位。1997 年获第三届湖北省青年科技奖。先后获省部级科技进步一等奖一项、二等奖一项,国家级新产品一项,发明专利三项。现从事流体机械及工程、喷射技术等方面的教学与科研工作。

典型超临界二氧化碳强迫对流传热关联式评价分析

黄彦平,刘生晖,刘光旭,王俊峰,昝元峰,郎雪梅

中国核动力研究设计院中核核反应堆热工水力技术重点实验室,成都,610041

摘要:对不同类型的超临界二氧化碳($S-CO_2$)强迫对流传热关联式进行分类整理,并基于公开发表的实验数据,对典型 $S-CO_2$ 强迫对流传热关联进行评价。结果表明:传热关联式在拟临界区域的预测结果与实验结果存在较大偏差,在传热退化恢复阶段预测能力较差;Dong Eok Kim 和 Moo Hwan Kim 关联式预测结果与实验数据吻合相对较好,84.53%的预测值与实验值偏差在±30%以内。结合评价结果对典型传热关联式的结构特点进行了分析讨论。

关键词:超临界二氧化碳($S-CO_2$);传热关联式;强迫对流传热;核反应堆工程

中图分类号:TK124　　　　**文献标志码**:A

0　引　言

超临界二氧化碳($S-CO_2$)强迫对流传热是 $S-CO_2$ 核能系统热工水力学重点研究内容之一。拟临界区内 CO_2 热物理性质剧烈变化为其主要物性特征,质量、动量和能量方程高度非线性化,导致其流动过程和传热过程强烈耦合,传热现象复杂。目前,就 $S-CO_2$ 拟临界区内物性畸变对流动传热的影响尚未形成完善的理论分析方法或体系,基于实验数据的传热关联式成为 $S-CO_2$ 工程应用中预测其传热性能的有效方法之一。本文对典型工况下 $S-CO_2$ 传热关联式进行综合分析和整理归类,并基于公开发表的实验数据对典型 $S-CO_2$ 强迫对流传热关联式进行评价分析。

1　典型关联式综述

目前,$S-CO_2$ 强迫对流传热关联式多通过对 $D-B$ 型或 $P-K$ 型传热关联式修正而来。修正方法包括物性修正、无量纲数修正和分段函数修正,即通过引入物性项、表征某些流动特性的无量纲数及表征温度等物理量分布的分段函数等方法,将原有传热关联式拓展到超临界流体传热领域。

超临界流体传热关联式演化图如图 1 所示。

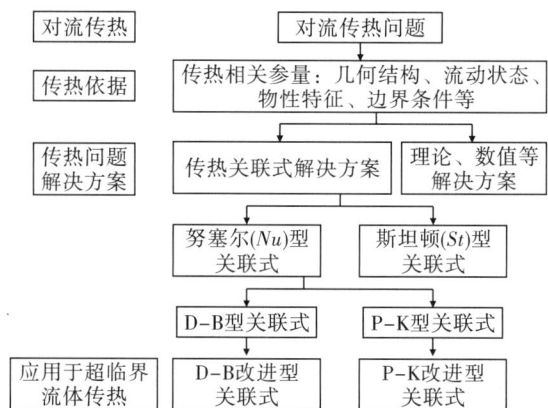

图 1　超临界流体传热关联式特征关系图

Fig. 1　Diagram of Supercritical Fluids Convective Heat Transfer Correlation

在超临界流体强迫对流传热状态下,流体密

基金项目:国家杰出青年科学基金(No. 11325526)。

度、动力黏度、比热容等物性通常伴随有径向和轴向变化，径向和轴向物性变化会直接或间接影响超临界流体强迫对流传热。例如在某些工况下，局部比热容增大会直接强化传热，径向和轴向密度变化会通过改变流场间接影响传热；以往研究者已将后者归结为浮升力效应和流动加速效应。本文将变物性对传热的直接影响称为 $S-CO_2$ 强迫对流传热一级影响因素，变物性通过浮升力效应和流动加速效应对 $S-CO_2$ 强迫对流传热的间接影响称为 $S-CO_2$ 强迫对流传热二级影响因素。

1.1　物性修正

物性修正基本思想是将密度、动力黏度、比热容等一级传热影响因素纳入传热关联式中，常以主流区域与壁面区域比值的形式出现。

Sahil Gupta 等人[1] 分析实验数据得到了三个新的 $S-CO_2$ 传热关联式，其目标为建立新的正常传热和强化传热区传热关联式，因此处理数据时剔除了传热退化区数据。基于 D-B 传热关联式，并结合传热影响因素，Gupta 等人建立了如下传热模型公式（S-G-2013-b/f/w 关联式）：

$$Nu_x = CRe_x^{n_1} Pr_x^{n_2} \left(\frac{k_w}{k_b}\right)^{n_3} \left(\frac{\mu_w}{\mu_b}\right)^{n_4} \left(\frac{\rho_w}{\rho_b}\right)^{n_5} \quad (1)$$

式中，下标 x 代表不同的定性温度。Gupta 等人采取了三种定性温度，即主流区温度（T_b）、壁面温度（T_w）和膜温度[$T_f = (T_b + T_w)/2$]，并利用数据拟合技术得到如下三个传热关联式：

$$Nu_b = 0.01 Re_b^{0.89} \overline{Pr}_b^{-0.14} \left(\frac{k_w}{k_b}\right)^{0.22} \left(\frac{\mu_w}{\mu_b}\right)^{-1.13} \left(\frac{\rho_w}{\rho_b}\right)^{0.93}$$
$$(2)$$

$$Nu_f = 0.0043 Re_f^{0.94} \left(\frac{k_w}{k_b}\right)^{-0.52} \left(\frac{\rho_w}{\rho_b}\right)^{0.57} \quad (3)$$

$$Nu_w = 0.0038 Re_w^{0.96} \overline{Pr}_w^{-0.14} \left(\frac{k_w}{k_b}\right)^{-0.75} \left(\frac{\mu_w}{\mu_b}\right)^{-0.22} \left(\frac{\rho_w}{\rho_b}\right)^{0.84}$$
$$(4)$$

1.2　无量纲数修正

无量纲数修正的本质是将超临界流体强迫对流传热的二级影响因素纳入传热关联式，以期使传热关联式更合理、预测结果更准确。

Kurganov 等人[2]（1985）研究了拟临界点附近 CO_2 正常传热和传热退化的情况，基于 P-K 型传热关联式，考虑了管道入口效应、浮升力效应，提出了如下 $S-CO_2$ 强迫对流传热关联式（K-1985 关系式）：

$$\frac{Nu_b}{Nu_n} = \begin{cases} 1 & \widetilde{K} \leqslant 1 \\ \widetilde{K}^{-m} & \widetilde{K} > 1 \end{cases} \quad (5)$$

$$Nu_n = \frac{f_n/8 Re_b \overline{Pr}_b}{1 + 900/Re_b + 12.7\sqrt{f_n/8}\,(Pr_b^{2/3} - 1)}$$

$$f_n = f_0 \left(\frac{\rho_w}{\rho_b}\right)^{0.4}$$

$$f_0 = [0.55/\lg(Re_b/8)]^2$$

$$\overline{Pr}_b = \frac{\overline{c_p}\mu_b}{k_b}$$

$$\widetilde{K} = \left(\frac{f_n^0}{F} + g_d \frac{Gr_n}{Re_b^2}\right) \frac{1}{f_n[1 - \exp(-Re_f/30000)]}$$

Dong Eok Kim 和 Moo Hwan Kim[3] 基于 D-B 型传热关联式，考虑了流动加速效应和浮升力效应后，提出如下 $S-CO_2$ 强迫对流传热关联式（D-M-2010 关系式）：

$$Nu_b = 0.226 Re_b^{1.174} Pr_b^{1.057} \left(\frac{\rho_w}{\rho_b}\right)^{0.571}$$
$$\times \left(\frac{\overline{c_p}}{c_{p,b}}\right)^{1.032} Ac^{0.489} Bu^{0.0021} \quad (6)$$

$$q^+ = \frac{q_w \beta_b}{Gc_{p,b}}, \quad Ac = \frac{q^+}{Re_b^{0.625}} \left(\frac{\mu_w}{\mu_b}\right) \left(\frac{\rho_b}{\rho_w}\right)^{0.5}$$

$$Bu = \frac{Gr_q}{Re_b^{3.425} Pr_b^{0.8}} \left(\frac{\mu_w}{\mu_b}\right) \left(\frac{\rho_b}{\rho_w}\right)^{0.5}$$

Dong Eok Kim 和 Moo Hwan Kim[4] 基于湍流边界层内切应力分布和物性变化，进一步提出如下 $S-CO_2$ 强迫对流传热关联式（D-M-2011 关系式）：

$$Nu_b = 2.0514 Re_b^{0.928} Pr_b^{0.742} \left(\frac{\rho_w}{\rho_b}\right)^{1.305}$$
$$\times \left(\frac{\mu_w}{\mu_b}\right)^{-0.669} \left(\frac{\overline{c_p}}{c_{p,b}}\right)^{0.888} (q^+)^{0.792} \quad (7)$$

1.3　分段函数修正

综合研究表明，超临界流体速度、温度等物理场分布随工况变化复杂。传热关联式中各项比重应该随物理场不同分布有不同表现。目前，物理场不同分布对传热的影响通过在传热关联式中引入分段函数实现，常见分段标准为壁面温度 T_w、主流

区温度 T_b、拟临界温度 T_{pc} 三者的某种大小关系。

Bringer 和 Smith[5] 根据不同的温度场分布,分别采用流体主流区域温度、壁面区域温度和拟临界温度作为定性温度,提出了如下适用于加热工况下 S-CO₂ 强迫对流传热的关联式(B-S-1957 关系式):

$$Nu_b = 0.0375Re_x^{0.77}Pr_w^{0.55} \tag{8}$$

式中,Re_x 的定性温度为 T_x,其取值如下:

$$T_x = T_b \quad (T_{pc} - T_b)/(T_w - T_b) < 0$$
$$T_x = T_{pc} \quad 0 \leqslant (T_{pc} - T_b)/(T_w - T_b) \leqslant 1$$
$$T_x = T_w \quad (T_{pc} - T_b)/(T_w - T_b) > 1$$

Krasnoshchekov[6] 在实验研究的基础上对 P-K 传热关联式进行修正,考虑到不同温度场下传热性能不同,提出如下传热关联式(K-1966):

$$Nu_b = Nu_{P-K}\left(\frac{\rho_w}{\rho_b}\right)^{0.3}\left(\frac{\overline{c_p}}{c_{p,b}}\right)^n \tag{9}$$

$$n = 0.4 \quad T_b < T_w < T_{pc} \text{ 或 } T_w > T_b > 1.2T_{pc}$$
$$n = 0.4 + \frac{0.2(T_w/T_{pc}-1)}{1-0.5(T_b/T_{pc}-1)} \quad T_{pc} < T_b < 1.2T$$
$$n = 0.4 + 0.2(T_w/T_{pc}-1) \quad T_b < T_{pc} < T_w$$

Yamagata[7] 等人通过实验研究了超临界水流动传热特性,并根据实验数据建立了如下可较好预测传热强化区域的传热关联式(Y-1972 关系式):

$$Nu_b = 0.0135Re_b^{0.85}Pr_b^{0.8}F_c \tag{10}$$

$$F_c = \begin{cases} 1.0 & E \geqslant 1 \\ 0.67Pr_{pc}^{-0.05}(\overline{c_p}/c_{p,b})^{n_1} & 0 \leqslant E \leqslant 1 \\ (\overline{c_p}/c_{p,b})^{n_1} & E \leqslant 0 \end{cases}$$

$$E = (T_{pc} - T_b)/(T_w - T_b)$$
$$n_1 = -0.77(1+1/Pr_{pc}) + 1.49$$
$$n_2 = 1.44(1+1/Pr_{pc}) - 0.53$$

2 典型关联式评价

本文基于公开发表的 CO₂ 强迫对流传热实验数据[8-11] 对以上传热关联式(1)至式(9)进行评价分析。剔除存在较大误差的数据后,共选择了 782 个数据点用于关联式评价。这些数据点涉及的参数范围为:管道直径 2~9 mm,压力 8~8.8 MPa,质量流速 197~1200 kg/(m²·s),主流区 $Re = 5\times10^3 \sim 3.4\times10^5$,主流区 $Pr = 0.92 \sim 13.4$,CO₂ 竖直向上流动。

Nu 的计算值相对实验值偏差程度评估表明 D-M-2010 关联式和 D-M-2011 关联式精度最高,73.27% 和 84.63% 的计算值与实验值偏差在 ±30% 以内(表 1)。实测 Nu 与各关联式预测结果对比如图 2 至图 4 所示。

表 1 基于不同关联式的努塞尔数计算值误差范围评估表

Table 1 Evaluation of Error Range of Nusselt Numbers Calculated Value Based on Different Correlations

关联式	不同实验值偏差范围内预测值所占比例/%				备注
	±20% 以内	±30% 以内	±40% 以内	±50% 以内	
S-G-2013-b	45.14	56.27	65.09	78.52	物性修正
S-G-2013-w	30.82	46.80	63.81	78.13	物性修正
S-G-2013-f	45.14	61.89	75.96	84.14	物性修正
K-1985	14.45	21.61	30.43	42.33	无量纲修正
D-M-2010	56.14	73.27	87.98	95.52	无量纲修正
D-M-2011	64.58	84.53	93.86	94.63	无量纲修正
B-S-1957	15.86	20.46	23.53	28.64	分段函数修正
K-1966	30.69	40.41	47.31	54.48	分段函数修正
Y-1972	13.43	21.48	30.05	39.39	分段函数修正

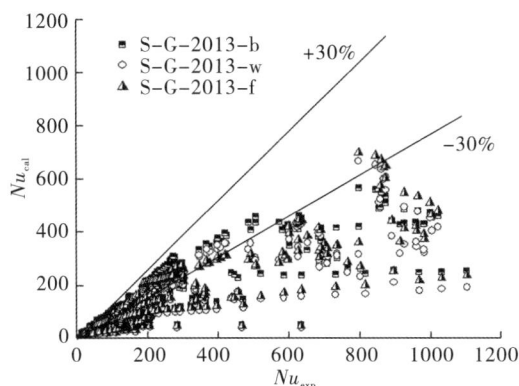

图 2 物性修正关联式预测值与实验测量值比较

Fig. 2 Comparison between the Predicted Value of Physical Property Correction Correlation and the Experimental Measured Value

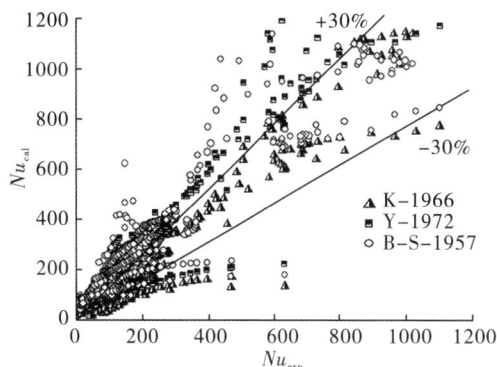

图 4 分段函数修正关联式预测值与实验测量值比较

Fig. 4 Comparison between the Predicted Value of Piecewise Function Modified Correlation and the Experimental Measured Value

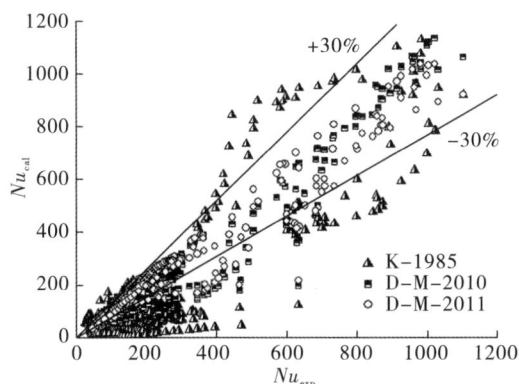

图 3 无量纲修正关联式预测值与实验测量值比较

Fig. 3 Comparison between the Predicted Value of Dimensionless Modified Correlation and the Experimental Measured Value

结合表 1 并对比图 2 至图 4 可以发现,S-G-2013-b/w/f 等三个关联式在低 Nu 区域表现较好,在高 Nu 区域表现较差,与实验值整体趋势偏差最大。可能原因为低 Nu 工况下主流区温度、壁面区域温度与平均温度接近,此时关联式与经典 D-B 关联式未发生本质改变,计算结果与实验值符合较好;高 Nu 情况下主流区温度、壁面区域温度与平均温度有较大差异,此时关联式与经典 D-B 关联式发生本质改变,导致预测结果偏差较大。可以初步判断在修正经典传热关联式以适应超临界流体传热时,需慎重考虑修改程度的深浅。由于根据三

种修正方法对经典传热关联式进行了适当完善,除 S-G-2013-b/w/f 等三个关联式外的其他传热关联式可以在一定程度上再现努塞尔数变化趋势,但方差较大。为了进一步分析具体工况下不同关联式的表现,选取高 Nu、低 Nu 两类工况与 S-G-2013-b 关联式和 D-M-2011 关联式进行分析,如图 5、图 6 所示。可以看出,低 Nu 时关联式预测值普遍偏高,高 Nu 时关联式预测值普遍偏低。S-CO_2 拟临界区域物性变化明显,流动过程和传热过程相互耦合,质量、动量和能量方程表现为非线性,温度、速度等物理场发生畸变,传热现象较亚临界工况复杂,具体工况下可能发生传热强化或退化,目前传热关联式预测值与实际值偏差较大;S-CO_2 强化或退化传热恢复阶段由于流动传热状态稳定性差、随机性大,新的传热模式难以判断,目前该区域传热关联式预测能力亦不太理想(图 6)。

实验研究中,通常只能测量壁面温度、主流区温度等参量。然而,相比亚临界传热,S-CO_2 传热与流场温度场分布关系更加密切,如何从壁面温度、主流区温度等少量已知量中充分挖掘如温度梯度等信息需要深入研究,但难度较大。另外,内部场结构与边界条件之间的联系和规律方面的研究成果还很有限。目前已提出的物性修正、无量纲数修正和分段函数修正等方法的出发点是将超临界流体的不同角度、不同层面的特性引入关联式中。

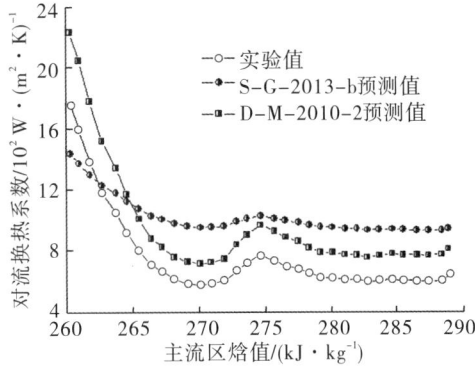

$P=8.8$ MPa;$G=315.9$ kg·m^{-2}·s^{-1};$q=31.9$ kW·m^{-2};

$d_{in}=2$ mm;$T_{in}=25$ ℃;$\overline{Nu}=18.46$。

图 5　低 Nu 情况下,对流换热系数实验值和
预测值随主流焓值变化比较

Fig. 5　Comparison of Heat Transfer Coefficient Calculated
by Correlations with Experimental Data along the
Enthalpy at Bulk Fluid in the Case of Low Nu

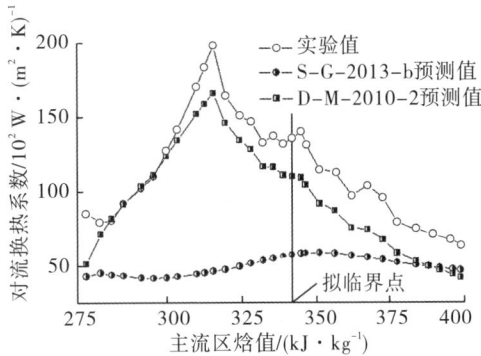

$P=8.12$ MPa;$G=1200$ kg·m^{-2}·s^{-1};$q=50$ kW·m^{-2};

$d_{in}=4.4$ mm;$T_{in}=27.7$ ℃;$\overline{Nu}=1337.3$。

图 6　高 Nu 情况下,对流换热系数实验值和预测值随
主流焓值变化比较

Fig. 6　Comparison of Heat Transfer Coefficient Calculated
by Correlations with Experimental Data along the
Enthalpy at Bulk Fluid in the Case of High Nu

3　结论与讨论

　　通过整理分析加热工况下圆管内 S-CO$_2$ 典型
强迫对流传热关联式,并利用公开发表的实验数据
对其多方位比较评价,得到如下结论:

　　(1)现有 S-CO$_2$ 强迫对流传热关联式主要通过
物性修正、无量纲修正和分段函数修正三种方法由
经典亚临界传热关联式演变而来。关联式中,Dong
Eok Kim 和 Moo Hwan Kim 关联式预测结果与实
验数据吻合最好,84.53% 的预测值与实验值偏差
在 ±30% 以内。

　　(2)现有关联式对 S-CO$_2$ 拟临界区强化和退化
传热以及强化和退化传热恢复阶段的预测偏差
较大。

　　(3)多方面原因导致拟临界区传热关联式预
测能力较差,对拟临界区流动传热机制认识不透
彻,未找到有效的数学物理模型来描述;较低的临
界温度和压力以及拟临界区热物性对温度、压力
的敏感导致实验精确测量以及准确表述存在较大
困难等。

符号表:

Nu:努塞尔数

Re:雷诺数

Pr:普朗特数

$\overline{Pr}_b$:主流区域平均普朗特数

$\overline{Pr}_w$:壁面区域平均普朗特数

$\overline{Gr}_b$:平均格拉肖夫数

Ac:流动加速因子

Bu:浮升力因子

f_n^0:加速压降系数

$\widetilde{K}$:相对加速效应

T:温度,K

P:压力,MPa

ρ:密度,kg/m^3

μ:动力黏度,Pa·s

κ:导热率,W/(m·K)

c_p:定压比热容,kJ/kg

$\overline{c}_p$:平均定压比热容,kJ/kg

β:膨胀系数,1/K

i:焓值,kJ/(kg·K)

f:摩擦系数

G:质量流速,kg/(m^2·s)

q:热流密度,kW/m^2

上、下标：

B：主流区域

w：壁面附近区域

f：算术平均

d：流动方向

pc：拟临界点

cal：预测值

exp：实测值

n：指数项

参考文献：

[1] GUPTA S, SALTANOV E, MOKRY S J, et al. Developing empirical heat transfer correlations for supercritical CO_2 flowing in vertical bare tubes[J]. Nuclear Engineering and Design, 2013, 261:116-131.

[2] KURGANOV V A, ANKUDINOV V B. Calculation of normal and deteriorated heat transfer in tubes with turbulent flow of liquids in the near-critical and vapour region of state [J]. Thermal Engineering, 1985, 32:332-336.

[3] KIM D E, KIM M H. Experimental study of the effects of flow acceleration and buoyancy on heat transfer in a supercritical fluid flow in a circular tube [J]. Nuclear Engineering and Design, 2010, 240:3336-3349.

[4] KIM D E, KIM M H. Experimental investigation of heat transfer in vertical upward and downward supercritical CO_2 flow in a circular tube[J]. International Journal of Heat and Fluid Flow, 2011, 32:176-191.

[5] 黄彦平，刘光旭，王俊峰，等. 加热工况下圆管内超临界二氧化碳传热关联式分析评价[J].核动力工程，2014，35(3)：1-5.

[6] KRASNOSHEKOV E A, PROTOPOPOV V S. Experimental study of heat exchange in carbon dioxide in the supercritical range at high temperature drops[J]. Teplofizika Vysokikh Tempeatur, 1966, 4:389-398.

[7] YAMAGATA K, NISHIKAWA K. Forced convective heat transfer to supercritical water flowing in tubes [J]. International Journal of Heat and Mass Transfer, 1972, 15: 2575-2593.

[8] KIM D E, KIM M H. Two layer heat transfer model for supercritical fluid flow in a vertical tube[J]. Journal of Supercritical Fluids, 2011, 58:15-25.

[9] KIM H, KIM H Y, SONG J H, et al. Heat transfer to supercritical pressure carbon dioxide flowing upward through tubes and a narrow annulus passage[J]. Progress in Nuclear Energy, 2008, 50:518-525.

[10] KIM J K, JEON H K, LEE J S. Wall temperature measurement and heat transfer correlation of turbulent supercritical carbon dioxide flow in vertical circular/non-circular tubes[J]. Nuclear Engineering and Design, 2007, 237:1795-1802.

[11] 李志辉，姜培学. 高雷诺数条件下超临界压力二氧化碳在垂直圆管内换热特性的实验研究[J].核动力工程，2008，29(4)：41-45.

Evaluation and Analysis of Forced Convection Heat Transfer Correlations for Supercritical Carbon Dioxide in Tubes

Huang Yanping, Liu Shenghui, Liu Guangxu, Wang Junfeng,
Zan Yuanfeng, Lang Xuemei

CNNC Key Laboratory on Nuclear Reactor Thermal Hydraulics Technology, Nuclear Power Institute ofChina, Chengdu, 610041, China

Abstract: This paper presents a review of typical heat transfer correlations for $S-CO_2$, and all of these reviewed correlations were preliminarily evaluated based on amounts of experimental data in published literatures. The results show that there exists superior difference between the predicted and experimental Nusselt numbers in the near critical region, and the predicting ability of these correlations are limited in the stage of deteriorated heat transfer recovery. The correlation of Dong Eok Kim and Moo Hwan Kim gives the best agreement with the test data used, with 84.53% of the predicted Nusselt numbers within a margin of error of $\pm 30\%$. We also carried out an analysis on the structure of the correlations based on the former evaluation.

Key words: Supercritical carbon dioxide, Heat transfer correlations, Forced convection, Nuclear reactor engineering

作者简介:

黄彦平(1968—),男,研究员。现从事反应堆热工水力及新概念反应堆的相关研究。

圆球及椭球颗粒有序堆积多孔介质内
强制对流换热实验研究

杨　剑[1]，闫　晓[2]，曾　敏[1]，王秋旺[1]

1. 西安交通大学热流科学与工程教育部重点实验室，西安，710049；
2. 中国核动力研究设计院中核核反应堆热工水力技术重点实验室，成都，610041

摘要：采用"瞬态单吹反问题研究方法"实验测定圆球及椭球颗粒有序堆积多孔介质内的流动阻力系数及颗粒与流体之间的表面对流换热系数。详细研究不同颗粒形状及堆积方式下多孔介质内的对流换热规律，结果表明，通过合理选择颗粒形状和堆积方式，多孔介质内的综合换热效率显著提高，传统经验公式对颗粒有序堆积多孔介质内的对流换热不再适用。

关键词：颗粒有序堆积；多孔介质；强制对流；实验研究

中图分类号：TL33　　　　**文献标志码：**A

0　前　言

颗粒堆积多孔介质内的流动在实际工程中有着广泛的应用背景，如球床气冷堆堆芯元件的设计与安全运行、球床燃烧炉及化学接触式反应器的性能优化等。在实际工程中，颗粒无序堆积模型因其构造简单且成本低廉得到了广泛的应用[1-3]。由于颗粒无序堆积多孔介质内的流动性能并不理想，其流动阻力较大，近年来已有学者开始对颗粒有序堆积多孔介质内的流动阻力特性展开了相关研究[4,5]。研究表明，通过对颗粒进行合理有序的堆积，可以显著降低其流动阻力，这对改善和优化颗粒堆积多孔介质内的流动性能具有重要意义。然而，目前对颗粒有序堆积多孔介质内流动性能的研究还很欠缺，尚未见到有关椭球颗粒有序堆积多孔介质内对流换热的实验研究报道，有必要对其开展更为深入的研究。

本课题对三维圆球及椭球颗粒有序堆积多孔介质内的强制对流进行实验研究，详细分析雷诺数

（Re）变化及不同颗粒堆积方式对多孔介质内流动阻力特性的影响，为深入理解和优化颗粒有序堆积多孔介质内的流动性能提供一定的实验基础。

1　实验系统及本体

采用"瞬态单吹反问题研究方法"进行研究。整个实验系统由空气回路、实验本体和测试仪器组成（图 1）。空气由离心式吸风机引入实验系统；空气进入实验测试本体之前，首先由电加热器（0～6 kW）进行预热；然后，热空气（温度小于 85 ℃）进入实验段对颗粒进行加热，直到颗粒温度上升至70 ℃；此时开启旁通通道并关闭主流通道，同时关闭电加热器并将其移开，待颗粒堆积床温度稳定至65 ℃时，关闭旁通通道并开启主流通道，引入冷空气对实验本体进行冷却，直至颗粒温度下降至环境温度（25～28 ℃）；在冷却过程中对相应的实验数据进行测量和记录。空气体积流量由安装在实验段下游的转子流量计系统进行测量，该系统由三台不同型号的流量计并联组成（LZB－25；量程为 1～

基金项目：中核核反应堆热工水力技术重点实验室基金资助项目（9140C7102010804）、国家自然基金资助项目
（51025623、51106126）。

10 m³·h⁻¹;LZB‐40:量程为 6～60 m³·h⁻¹;
LZB‐80:量程为50～250 m³·h⁻¹),其测量精度分
别为±5%、±2.5%和±4%。实验段压差由微压
计(Dywer‐Ms‐111‐LCD:0～1000 Pa)和 U 形
水柱差压计(0～11760 Pa)进行测量,其测量精度均
为±1%。另外,在测试过程中,实验段进出口空气
温度及内部颗粒温度均由铜‐康铜热电偶进行测
量,测量精度为±0.1 ℃;温度信号通过数据采集器
(Keithley‐2700:40 通道)进行实时记录,采样频率

为100 Hz。

颗粒有序堆积实验本体如图 2 所示,其尺寸为
$L_p \times H_p \times W_p$,$L_p$、$H_p$ 和 W_p 分别为实验本体通道的
长、宽和高。本体通道由有机玻璃板构成,其厚度
为 10 mm;颗粒在通道内有序排列堆积。为与数值
研究保持一致,依据数值计算模型比例构建了四套
不同颗粒有序堆积的实验本体,包括简单立方体均
匀圆球颗粒堆积(SC)、简单立方体均匀椭球颗粒堆
积(SC‐1)、体中心立方体均匀圆球颗粒堆积(BCC)

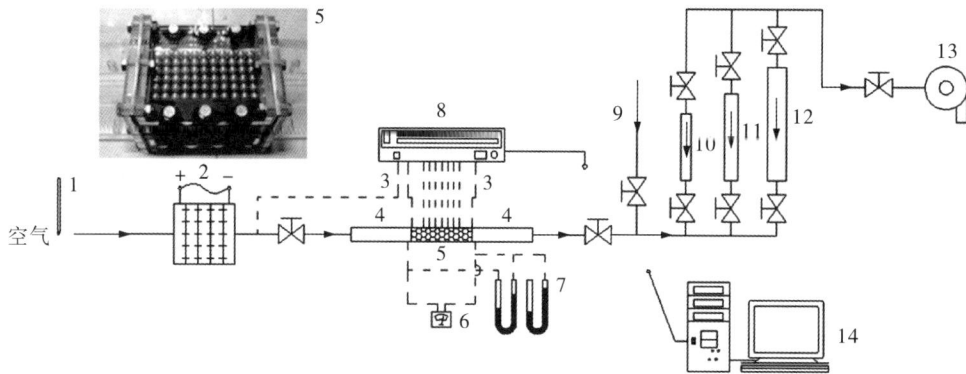

1—温度计;2—可移动电加热器;3—热电偶;4—稳定通道;5—颗粒堆积实验本体;6—微压计(Dwyer:MS‐
111‐LCD);7—U 形水柱差压计;8—数据采集器(Keithley‐2700);9—旁通;10—LZB‐25 型转子流量计;
11—LZB‐40 型转子流量计;12—LZB‐80 型转子流量计;13—风机;14—计算机。

图 1　实验系统示意图

Fig. 1　Schematic Diagram of Experiment System

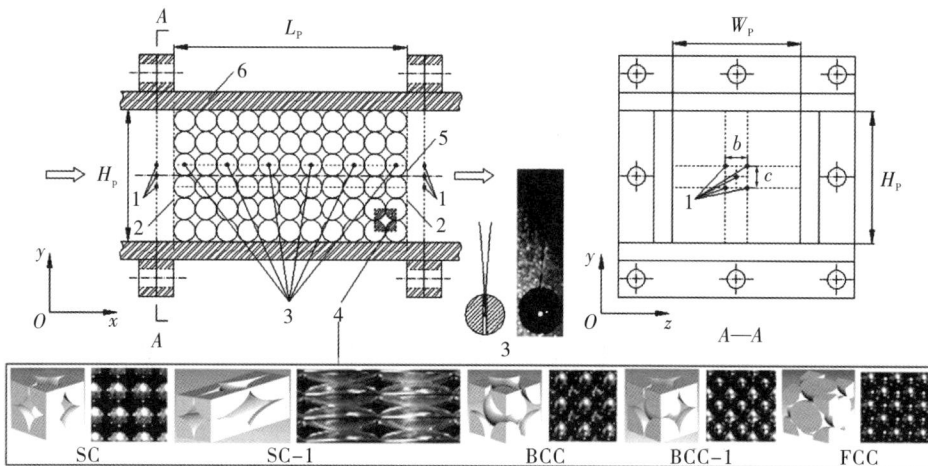

1—热电堆;2—铁丝网;3—带热电偶颗粒;4—颗粒堆积单元;5—中心颗粒堆积通道;6—有机玻璃板。

图 2　颗粒有序堆积实验本体

Fig. 2　Experimental Body of Structured Packing of Particle

和面中心立方体均匀圆球颗粒堆积本体(FCC)。所有实验本体内均包含$10(x) \times 5(y) \times 5(z)$个颗粒堆积单元。其中,圆球颗粒由轴承钢材料(GCr15)加工而成,椭球颗粒由普通无机玻璃材料加工而成,其几何尺寸及特征参数如表1所示。

实验测试中最终得到的颗粒表面对流换热系数(h_{sf})、颗粒壁面$Nu(Nu_{sf})$和阻力系数(f)的不确定度分别为10.6%、10.6%和5.2%。

表1 颗粒有序堆积实验本体几何尺寸及特征参数①

Table 1 Geometry Dimensions and Characteristic Parameters of Experimental Body of Structured Packing of Particle

堆积模型	a/mm	b/mm	c/mm	L_p/mm	W_p/mm	H_p/mm	ϕ	d_p/mm	d_h/mm
SC(均匀圆球)	12.00	12.00	12.00	132.00	72.00	72.00	0.477	12.0	7.30
SC-1(均匀椭球)	39.10	11.7	11.72	430.10	70.32	70.32	0.477	17.51	8.78
BCC(均匀圆球)	13.86	13.86	13.86	150.60	83.16	71.6	0.321	12.00	3.78
FCC(均匀圆球)	16.97	16.97	16.97	181.70	96.5	84.85	0.260	12.00	2.81

①a、b和c分别为颗粒堆积单元的长、宽和高;ϕ为颗粒堆积多孔介质孔隙率;d_p和d_h分别为颗粒等效直径和孔隙水力直径。

2 实验结果及分析

2.1 堆积方式对换热的影响

首先对不同堆积方式下多孔介质内的对流换热实验结果进行分析,包括SC、BCC和FCC堆积模型。不同堆积方式下多孔介质内压降($\Delta p / \Delta x$)和f的变化如图3所示。从图3(a)中可以看到,随着Re增大,不同堆积模型压降增大,其中FCC模型压降最大,而SC模型压降最小。当Re较小时($Re <$ 100),颗粒有序堆积多孔介质内压降与传统的Ergun公式(适用于无序堆积模型)计算结果较为接近,而当Re较大时($Re > 100$),Ergun公式[6]计算值明显大于实验测量值。这表明颗粒有序堆积多孔介质内的流动特性与颗粒无序堆积多孔介质存在较大差异,有序堆积多孔介质内流动曲迂度远低于无序堆积多孔介质,其压损大大降低。从图3(b)可以看到,随着Re增大,不同堆积模型阻力系数先增大,然后逐渐趋于常数,这与传统研究结论相一致。当$Re < 100$时,不同堆积模型阻力系数比较接近;而当$Re > 100$时,其差异逐渐增大。其中,SC堆积模型阻力系数最大,而BCC模型阻力系数最小。

不同堆积方式下多孔介质内Nu_{sf}及综合换热效率(γ)变化如图4所示。从图4(a)可以看到,随

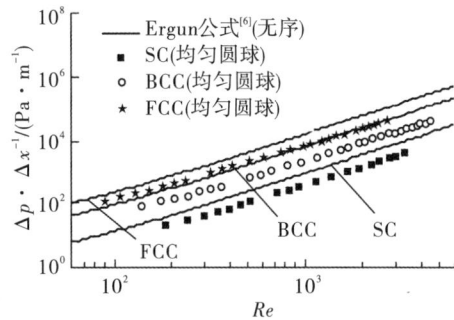

(a)压降

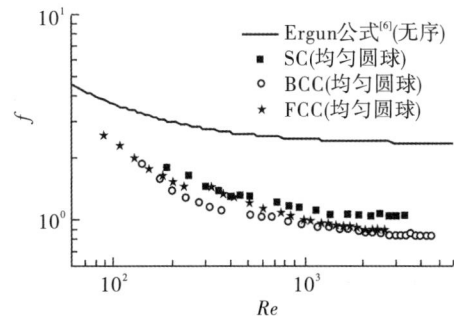

(b)阻力系数

图3 均匀圆球不同堆积模型多孔介质内压降和阻力系数随Re的变化

Fig. 3 Variations of Pressure Drops and Drag Coefficient with Re in Porous Media with Different Packing Models of Uniform Sphere

着 Re 增大,不同堆积模型的 Nu_{sf} 增大,其中 FCC 堆积模型 Nu_{sf} 值最大,而 SC 堆积模型 Nu_{sf} 值最小。在不同堆积方式下,适用于无序堆积的 Wakao 公式[7]计算得到的 Nu_{sf} 值明显高于实验测量值。另外,从图4(b)可以看到,随着 Re 增大,各堆积模型综合换热效率降低,其中 SC 模型综合换热效率最高,而 FCC 模型综合换热效率最低。在相同物理参数下,当 $Re>200$ 时,BCC 模型和 FCC 模型的综合换热效率明显高于无序堆积模型。这表明通过对颗粒进行合理有序堆积,相应多孔介质内的综合换热性能可以得到显著改善。

同颗粒模型的 $\Delta p/\Delta x$ 和 f 变化如图 5 所示。从图 5(a)可以看到,SC-1 模型多孔介质内压降明显低于 SC 模型。这表明,在相同堆积方式下,采用椭球形颗粒可以使多孔介质内的压降进一步降低。从图 5(b)可以看到,当 $Re<200$ 时,不同颗粒模型阻力系数比较接近;而当 $Re>200$ 时,SC-1 模型阻力系数明显低于 SC 模型。这表明当 Re 较大时,采用椭球形颗粒可以使多孔介质内的宏观阻力系数进一步降低。

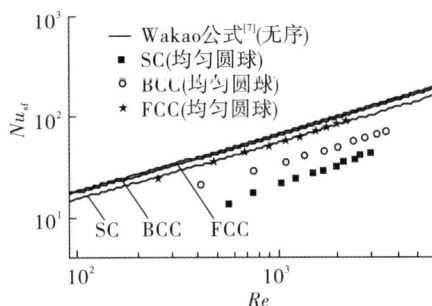

(a)Nu_{sf}

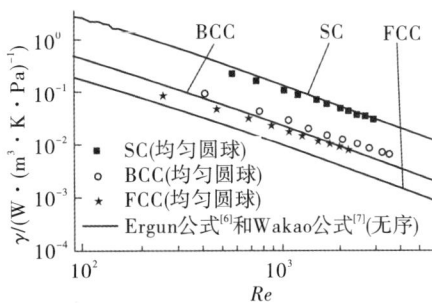

(b)综合换热效率

图 4　不同堆积模型多孔介质内 Nu_{sf} 和
综合换热效率随 Re 的变化

Fig. 4　Variations of Nusselt Numbers and Overall
Heat Transfer Efficiencies with Re in Porous
Media with Different Packing Models

2.2　不同颗粒模型对换热的影响

对不同颗粒模型下多孔介质内的对流换热实验结果进行分析,包括 SC 模型和 SC-1 模型。不

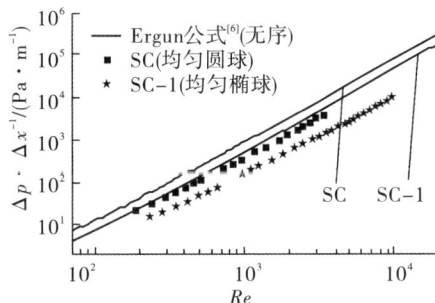

(a)压降

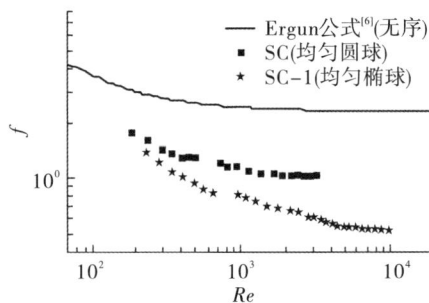

(b)阻力系数

图 5　不同颗粒模型多孔介质内压降和
阻力系数随 Re 的变化

Fig. 5　Variations of Pressure Drops and
Drag Coefficient with Re in Porous
Media with Different Particle Models

不同颗粒模型多孔介质内的 Nu_{sf} 及 γ 变化如图 6 所示。从图 6(a)可以看到,不同颗粒模型 Nu_{sf} 值比较接近,传统的 Wakao 公式[7](适用于无充堆积模型)计算得到的 Nu_{sf} 值明显高于实验测量值。另外从图 6(b)可以看到,当 $Re>600$ 时,SC-1 模型多孔介质内的综合换热效率明显高于无序堆积

多孔介质内的综合换热效率，且 SC–1 模型的综合换热效率也明显高于 SC 模型。这表明，在相同堆积方式下，通过合理选取相应的颗粒形状（如椭球颗粒），可以使多孔介质内综合换热效率进一步提高。

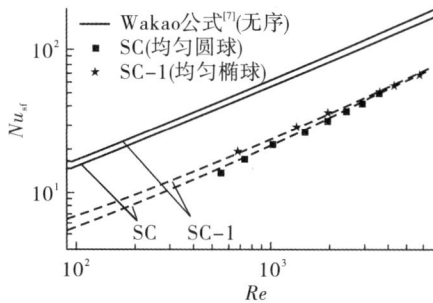

（a）Nu_{sf}

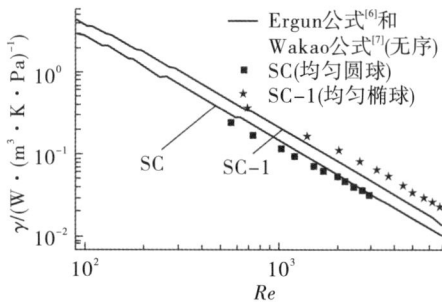

（b）综合换热效率

图 6　不同颗粒模型多孔介质内 Nu_{sf} 和

综合换热效率随 Re 的变化

Fig. 6　Variations of Nusselt Numbers and Overall Heat Transfer Efficiencies with Re in Porous Media with Different Particle Models

3　结　论

本文构建了颗粒有序堆积多孔介质对流换热

实验台，采用"瞬态单吹法"对圆球及椭球颗粒有序堆积多孔介质内的强制对流换热进行实验研究，详细研究了不同颗粒形状及堆积方式下多孔介质内的对流换热规律，主要结论如下：

（1）颗粒有序堆积多孔介质内流动换热性能与颗粒无序堆积多孔介质存在很大差异，通过选择合理的颗粒形状和堆积方式，可以使相应多孔介质内的压降大大降低，其综合换热效率显著提高；

（2）传统经验公式（Ergun 公式[6] 及 Wakao 公式[7]）对颗粒有序堆积多孔介质内的对流换热不再适用。

参考文献：

[1] NIJEMEISLAND M，DIXON A G. CFD study of fluid flow and wall heat transfer in a fixed bed of spheres[J]. AIChE Journal，2004，50：906 – 921.

[2] FREUND H，ZEISER T，HUBER F，et al. Numerical simulations of single phase reacting flows in randomly[J]. Packed Fixed-Bed Reactors and Experimental Validation Chemical Engineering Science，2003，58（3 – 6）：903 – 910.

[3] GUARDO A，COUSSIRAT M，LARRAYOZ M A，et al. Influence of the turbulence model in CFD modeling of wall-to-fluid heat transfer in packed beds[J]. Chemical Engineering Science，2005，60（6）：1733 – 1742.

[4] CALIS H P A，NIJENHUIS J，PAIKERT B C，et al. CFD modelling and experimental validation of pressure drop and flow profile in a novel structured catalytic reactor packing[J]. Chemical Engineering Science，2001，56（4）：1713 – 1720.

[5] LEE J J，PARK G C，KIM K Y，et al. Numerical treatment of pebble contact in the flow and heat transfer analysis of a pebble bed reactor core[J]. Nuclear Engineering and Design，2007，237（22）：2183 – 2196.

[6] ERGUN S. Fluid flow through packed columns[J]. Chemical Engineering Progress，1952，48（2）：89 – 94.

[7] WAKAO N，KAGUEI S. Heat and mass transfer in packed-beds[M]. New York：McGraw-Hill，1982.

Experimental Study on Forced Convective Heat Transfer in Structured Packed Porous Media with Spherical or Ellipsoidal Particles

Yang Jian[1], Yan Xiao[2], Zeng Min[1], Wang Qiuwang[1]

1. Key Laboratory of Thermo-Fluid Science and Engineering, Ministry of Education, Xi'an Jiaotong University, Xi'an, 710049, China;

2. CNNC Key Laboratory on Nuclear Reactor Thermal Hydraulics Technology, Nuclear Power Institute of China, Chengdu 610041, China

Abstract: In this paper, the fraction factors and interstitial heat transfer coefficients in the packed porous media of spherical or ellipsoidal particles are experimentally investigated with an inverse method of transient single-blow technique. The effects of packing form and particle shape are carefully investigated. It was found that, with proper selection of particle shape and packing model, the overall heat transfer performance of porous media will be improved significantly. Furthermore, the traditional correlations for flow and heat transfer from randomly packed porous media would not be suitable for structured packed porous media.

Key words: Structured packing of particle, Porous media, Forced convection, Experimental study

作者简介:

杨　剑(1981—),男,讲师。2010 年毕业于西安交通大学动力工程及工程热物理专业,获博士学位。现主要从事强化传热及多孔介质内的流动传热机理研究。

基于 ANSYS 的蒸汽发生器传热管
流致振动分析程序

朱　勇,秦加明,任红兵,左超平,韩同行

深圳中广核工程设计有限公司,广东深圳,518124

摘要:基于通用有限元软件 ANSYS 的 APDL 语言编写蒸汽发生器传热管流致振动分析程序。采用三维梁单元建立传热管有限元模型,对传热管进行模态分析,计算传热管的流弹不稳定率和湍流激励响应,并与专用流致振动计算软件分析结果进行对比。结果表明,模态分析以及流弹不稳定率计算结果与流致振动专用计算软件分析结果一致,湍流激励响应更偏于保守。计算程序基于通用有限元软件,较专用软件建模方便、可读性强、适用范围广泛,可大大提高实际工程分析效率。

关键词:蒸汽发生器;传热管;流致振动;ANSYS - APDL

中图分类号:TL364　　　　**文献标志码:**A

0 引 言

蒸汽发生器传热管作为一回路边界的重要组成部分,其完整性对蒸汽发生器乃至整个核电厂的安全、经济运行至关重要;由二次侧横向流作用引起的传热管振动是导致管壁磨损、破裂、疲劳失效的主要原因之一。传热管的流致振动与管束的排列形式、传热管的节径比、二次侧流体介质等因素密切相关[1];流弹失稳和湍流激励是诱发传热管流致振动的重要机理[2]。目前国内大部分蒸汽发生器都采用专用软件进行传热管流致振动计算,但大多数专用软件的建模可视性差,输入格式不灵活,编程语言不易掌握,且适用范围不广泛,有必要开发一种基于通用软件进行传热管流致振动分析的计算方法。

本文基于通用有限元软件 ANSYS 的 APDL 语言进行参数化建模,编写传热管流致振动计算程序。假设传热管和支撑板以及防振条之间不存在间隙,即所有支撑均为有效支撑,计算某型在役蒸汽发生器传热管的流弹不稳定率和湍流响应值,并与专用流致振动计算软件分析结果进行了对比。

1 传热管有限元模型

研究的蒸汽发生器管束采用四边形排列,选取管束入口区且具有最大弯管半径的传热管进行分析,此处传热管所受二次侧横向流作用最为明显且支撑跨度最大,因而最易发生流致振动和流弹失稳。传热管直段由 9 块支撑板支撑,弯管段由 3 组防振条支撑。管子的几何模型和尺寸如图 1(a)所示。

基于 ANSYS 的 APDL 语言进行参数化建模,选用 BEAM188 梁单元,建模时支撑板间距、管束包壳开口高度、弯管半径、直段增量等作为关键输入

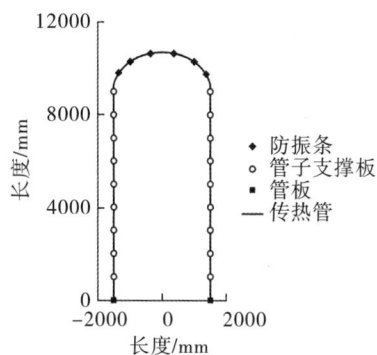

(a)几何模型

核动力工程优秀论文集(2010—2020)

（b）有限元模型

图 1　传热管几何模型和有限元模型

Fig. 1　Geometric and Finite Element Model for Heat Transfer Tube

参数。网格长度小于或者等于一倍的管子外径。在支撑板和防振条的位置施加简支，最下端管板处为固定支撑。图 1(b)为所选管子的有限元模型。

2　传热管模态分析

在传热管流致振动分析前，须进行模态分析。模态分析时，传热管单位长度的等效质量 $m(x)$ 等于一次侧冷却剂质量、传热管质量和二次侧附加质量之和[3]：

$$m(x) = \rho_m(x) \frac{\pi}{4} \left[D^2 - (D-2e)^2 \right]$$
$$+ \rho_p(x) \frac{\pi}{4} (D-2e)^2 + \rho(x) \frac{\pi}{4} CD^2$$

（1）

式中，$\rho_m(x)$、$\rho_p(x)$ 和 $\rho(x)$ 分别为管子密度、一次侧流体密度和二次侧流体密度；D 为管子外径；e 为管子壁厚；C 为附加质量系数，对于正方形排列的管束，依据《ASME 锅炉及压力容器规范》第Ⅲ卷（N-1311-1），C 的计算公式为

$$C = (D_e^2 + 1)/(D_e^2 - 1)$$

（2）

$$D_e = (1.07 + 0.56P/D)P/D$$

（3）

式中，D_e 为管子等效直径[1]；P 为管节距。

在 ANSYS 中选用 Lanczos 方法进行分析；为便于简化动力学分析计算，求解过程中将质量矩阵进行归一化处理，频率范围取 0～250 Hz。

图 2 为传热管的前 2 阶模态分析结果。由图 2 可知，基于 ANSYS 计算的传热管频率和模态振型

与专用软件的计算结果一致，其模态具有面外和面内交替成对出现的特点。

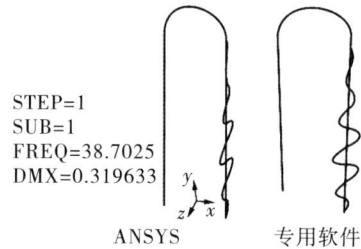

STEP=1
SUB=1
FREQ=38.7025
DMX=0.319633

ANSYS　　专用软件

（a）1 阶模态

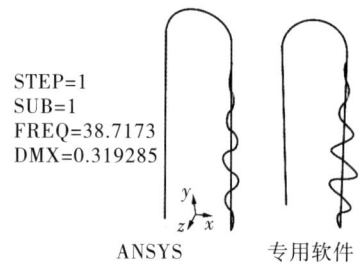

STEP=1
SUB=1
FREQ=38.7173
DMX=0.319285

ANSYS　　专用软件

（b）2 阶模态

图 2　传热管前 2 阶模态分析结果

Fig. 2　First Two Mode Analysis Results of Heat Transfer Tube

3　流弹不稳定性分析

3.1　机理和模型

管束在横向流作用下，管子和流体之间、相邻管子之间会出现相互作用。随着流速的增大，这种相互作用产生的能量不断增大；当输入的能量大于管子自身所耗散的能量时，传热管会出现大幅振动，被称为流弹失稳。因此，管束的流弹不稳定现象可用引起流弹失稳的临界流速 U_{cn} 来描述。

本文采用 CONNORS 准静态模型[4]来计算传热管流弹不稳定临界速度：

$$U_{cn} = \beta f_n D \sqrt{\frac{m_o 2\pi \xi_n}{\rho_o D^2}}$$

（4）

式中，β 为流弹不稳定系数，在直管段取 2.9，弯管段取 4.0[4]；f_n 为固有频率；ξ_n 为阻尼比，此处所有模态 ξ_n 取 2%[5]；m_o 和 ρ_o 为参考质量和密度。

对于各阶模态，计算出传热管的管间有效激励

流体速度 U_n :

$$U_n = \sqrt{\dfrac{\displaystyle\int_0^L \dfrac{\rho(x)}{\rho_o} V^2(x)\varphi_n^2(x)\,\mathrm{d}x}{\displaystyle\int_0^L \dfrac{m(x)}{m_o}\varphi_n^2(x)\,\mathrm{d}x}} \qquad (5)$$

式中,每阶频率和模态 $\varphi_n(x)$ 由第 2 节中的模态分析得到,质量矩阵为单位矩阵;$\rho(x)$ 和管间横向速度 $V(x)$ 沿传热管长度的分布通过三维热工水力分析得到。

将式(5)与式(4)相比,得到流弹不稳定率,且须满足稳定判据:$U_n/U_{cn} < 0.75$。

3.2　流弹不稳定性计算结果与分析

传热管在前 30 阶模态范围内的流弹不稳定率和频率计算结果如图 3 所示。图 3 中同时给出了专用软件的计算结果。不稳定率较大的区域主要集中在 100 Hz 以下的中低频;如果一个或多个支撑失效,会导致传热管不稳定区域的频率向低频移动,易导致传热管发生流弹失稳,这也是传热管支撑的间距和数量须合理设置的重要原因。

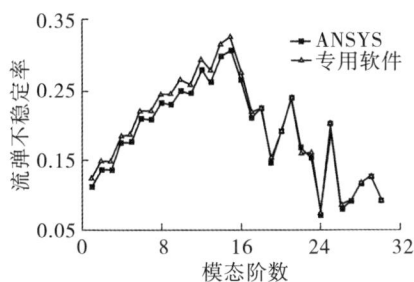

（a）流弹不稳定率

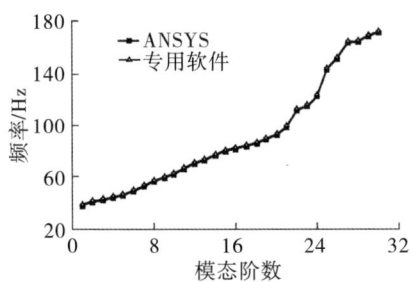

（b）频率

图 3　传热管的流弹不稳定率和频率

Fig. 3　Fluid-Elastic Instability Ratio and Nature Frequency of Heat Transfer Tube

传热管频率计算结果与专用软件计算结果相同,最大差异仅为 0.554%,各阶振形也相吻合,证明了 APDL 计算程序进行模态分析的有效性。

ANSYS 计算的传热管不稳定率与专用软件计算结果基本一致,两者最大不稳定率发生频率相同,且该最大值均出现在第 15 阶频率点;专用软件和 ANSYS 计算的最大不稳定率分别为 0.328 和 0.308,最大不稳定率差异为 6.17%,在可接受范围内,且满足评定要求。

4　传热管湍流响应计算

4.1　机理与模型

采用文献[6]中的湍流激励响应半经验公式计算位移响应值:

$$\sigma_n^k(x) = \frac{1}{2}\bar{\rho}\,\overline{V}^2 D\,\frac{\varphi_n^k(x)L}{8\pi^{3/2} m_n\,f_n^2\,\xi_n^{1/2}}$$

$$\times \left[a_n f_r \frac{D}{D_o}\frac{L_o}{L}\widetilde{\phi}_F^e(f_r) \right]^{1/2} \qquad (6)$$

式中,$\sigma_n^k(x)$ 为第 n 阶模态的均方根位移响应值,k 为自由度;$\bar{\rho}$ 和 $\overline{V}$ 为二次侧平均密度和平均管间速度;L 为传热管长度;L_o 和 D_o 分别为传热管参考长度和参考外径;a_n 为模态相关因子;$\widetilde{\phi}_F^e(f_r)$ 为湍流力的简化谱。

沿着管子长度方向的均方根位移通过模态叠加法得到:

$$\sigma^k(x) = \sqrt{\sum_{n=1}^N (\sigma_n^k(x))^2} \qquad (7)$$

4.2　湍流响应计算结果与分析

将简化激励谱作为计算输入,计算得到沿传热管长度方向的位移均方根值(图 4)。

从图 4 可见,ANSYS 计算得到管子的最大均方根位移为 0.01963 mm,专用软件计算得到管子的最大均方根位移为 0.01681 mm,ANSYS 计算结果和专用软件的计算结果趋势一致;在传热管弯管段,由于防振条的存在,振动响应值整体较小,在支撑板和防振条约束处位移为零。两种计算过程采用同样的输入和参数设置,出现这种差异主要是由于计算模态时采用的方法不同,以及热工水力数据

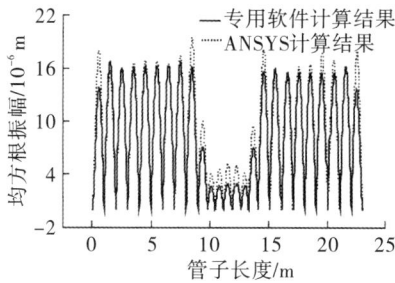

图 4 传热管的均方根位移计算结果

Fig. 4 Mean Square Displacement Result of Heat Transfer Tube

插值到管子有限元模型节点上的误差造成的。ANSYS计算值与专用软件相比较大,ANSYS计算结果可以有效包括专用软件计算响应值,也证明了ANSYS计算程序的保守性。

5 结 论

基于ANSYS的APDL语言编写了传热管流致振动计算程序,并以管束入口区具有最大弯管半径的传热管作为分析对象,对其进行流致振动分析,得到如下结论:

(1)对传热管进行模态分析,计算频率、模态振型与专用软件计算结果一致,模态振型具有面内、面外成对出现的特点。

(2)基于模态分析结果计算了传热管的流弹不稳定率,较大的不稳定率主要分布在中、低频区域;最大不稳定率与专用软件计算结果差异在可接受范围内,两种方法计算得到的最大不稳定率出现的频率相同,且满足评定要求。

(3)计算得到的传热管湍流激励均方根响应值在弯管段由于防振条的设置,得到了较大的抑制,且其可以包括专用软件计算响应值,进而证明ANSYS计算程序的保守性。

(4)通过与专用软件对比分析,证明了基于通用软件ANSYS的APDL语言编写的计算程序进行蒸汽发生器传热管流致振动分析是有效且保守的,可替代专用流致振动分析软件的部分计算功能。

参考文献:

[1] KHUSHNOOD S, KHAN Z M, MALIK M A, et al. A review of heat exchanger tube bundle vibrations in two-phase cross-flow[J]. Nuclear Engineering and Design, 2004, 230: 233 – 251.

[2] AU-YANG M K. Flow-induced vibration of power and process plant components[M]. New York: AMSE Press, 2001.

[3] PETTIGREW M J, TAYLOR C E. Vibration analysis of shell-and-tube heat exchanger: an overview Part 1: flow, damping, fluid-elastic instability[J]. Journal of Fluid and Structure, 2003, 18: 469 – 483.

[4] CONNORS H J. Fluid-elastic vibration of heat exchanger tube arrays[J]. Journal of Mechanical Design, 1978, 100: 347.

[5] 美国机械工程师协会. ASME锅炉及压力容器规范:第Ⅲ卷核设施部件建造规则[S]. [S. l.:s. n.], 2004.

[6] AXISA F, ANTUNES J, VILLARD B. Random excitation of heat exchanger tubes by cross-flows[J]. Journal of Fluid and Structure, 1990, 4: 321 – 341.

Flow-Induced Vibration Analysis of Steam Generator Heat Transfer Tube Based on ANSYS

Zhu Yong，Qin Jiaming，Ren Hongbing，Zuo Chaoping，Han Tonghang

China Nuclear Power Design Company，Ltd.，Shenzhen，Guangdong，518124，China

Abstract：Based on general finite element software ANSYS using APDL language，steam generator heat transfer tube linear flow induced vibration analysis program is developed. The paper established tube finite element model with 3D beam element，complete tube mode analysis，and the fluid-elastic instability ratio and turbulence response of the tube is calculated. Comparison of mode analysis result and fluid-elastic ratio calculated by ANSYS – APDL and program-specific shows that the two results are consistent，and the turbulence response calculated by ANSYS – APDL is more conservative. The computation program is based on the general finite element program ANSYS，it can greatly improve the efficiency of the practice engineering analysis with modeling convenience，strong readability and wide application range.

Key words：Steam generator，Heat transfer tube，Flow induced vibration，ANSYS – APDL

作者简介：

朱　勇(1985—)，男，工程师。2011 年毕业于西安交通大学工程力学专业，获硕士学位。现主要从事蒸汽发生器热流致振动分析及力学分析工作。

超临界水堆反应堆物理–热工水力耦合程序系统 MCATHAS 的开发

安　萍,姚　栋

中国核动力研究设计院核反应堆系统设计技术国家级重点实验室,成都,610041

摘要:针对超临界水冷反应堆(SCWR)开发了物理–热工水力耦合计算程序系统(MCATHAS)。该程序充分考虑 SCWR 轴向材料温度、密度的剧烈变化及与功率分布的相互影响。程序系统采用外耦合的方式;中子学计算采用连续截面库并行版 MCNP 程序;热工水力计算采用子通道 ATHAS 程序;燃耗计算采用 ORIGEN 程序。HPLWR 燃料组件计算结果表明,程序计算结果是可靠的。

关键词:超临界水冷堆,燃料组件,物理热工耦合

中图分类号:TL32　　　　　**文献标志码**:A

0　前　言

在 2002 年第四代核能系统国际研讨会上,超临界水冷堆(SCWR)被选定为第四代核能系统的六种堆型之一。美国、欧盟、日本、韩国等相继提出了不同的堆芯设计理念[1]。SCWR 的冷却剂系统工作在 25 MPa 压力下,超过水的临界点(22.1 MPa、374 ℃)。由于高于临界压力的水不存在相变,因此 SCWR 可设计成一次通过的直接循环系统。系统的热效率至少比目前轻水堆高出大约 30%,并且大大简化系统装置,具有良好的经济性。

SCWR 压力取 25 MPa,冷却剂进出口温度分别为 280 ℃和 500 ℃的条件下,冷却剂的密度沿轴向变化非常剧烈,在堆芯研究中必须考虑物理和热工水力的反馈效应,传统压水堆计算程序已无法满足要求。

目前,对于 SCWR 的概念研究,各国相继提出了不同的耦合程序系统。意大利的 Mori 提出了MCNP – MXN 耦合系统[2]。日本的 Yamaji 等人将 SARC 中子物理学计算程序系统中的多维堆芯燃耗计算模块 COREBN 与热工程序 SPROD 耦合,进

行 SCLWR 的堆芯设计研究[3]。德国的 Waata 将 MCNP – STAFAS 耦合程序用于燃料组件的概念分析设计[4]。

本文针对 SCWR 的特点,提出了物理–热工水力耦合程序 MCATHAS 系统。该系统的中子学计算程序采用可以描述任意几何形状的蒙特卡罗粒子输运计算程序 MCNP[5],并使用其连续截面库并行版本,大大提高了计算效率。热工–水力计算采用子通道程序 ATHAS[6],可以模拟各种不同几何形状的燃料组件(如压水堆、沸水堆和重水堆)和流动方向的情况(垂直流动、水平流动);燃耗计算采用 ORIGEN 程序[7]。该系统适用于压力壳式和压力管式等多类型燃料组件的 SCWR 分析,为进一步研究 SCWR 提供了工具。

1　MCATHAS 程序系统介绍

MCATHAS 是由三个程序耦合而成的。

(1)中子输运计算程序采用 MCNP。本文采用服务器并行版的 MCNP 以提高计算效率。根据 SCWR 的材料温度沿轴向变化很大的特点,采用多温度点的核数据库,裂变材料温度间隔 50 ℃,冷却

剂温度间隔 25 ℃。同时采用 F6 计数卡计算组件或堆芯的轴向、径向功率归一化分布。

（2）热工水力计算采用 ATHAS 程序。该程序以 COBRA-IV 和 ASSERT 程序为基础，模拟反应堆堆芯组件/棒束内子通道流量和温度场、流体密度场分布。在超临界水物性模块中采用了公式和查表相结合的方法，具有较高的计算精度和效率，可以用于冷却剂垂直流动和水平流动的各种堆型。

（3）燃耗计算采用 ORIGEN 程序。该程序是美国橡树岭国家实验室开发的核素点燃耗程序。本文采用 ORIGEN 2 版本，其中 MCNP 与 ORIGEN 的数据传递通过 MCBurn[8]程序实现。

MCATHAS 程序首先将并行版连续能量 MCNP 与 ATHAS 在服务器上进行耦合。根据 MCNP 计算的功率分布，ATHAS 计算出堆芯温度场和密度场；再根据温度场，选择 MCNP 计算中各材料的相应温度的连续截面，同时利用密度场修改 MCNP 的相应输入量，通过迭代直到收敛；收敛后，用 TCP/IP 协议方式将核素单群截面和中子通量数据传输到计算机上；ORIGEN 程序利用传输来的参数完成各材料区的燃耗计算。最后根据计算得到的各同位素的核密度修改 MCNP 的输入参数，并传输到服务器，进行下一时间步的计算分析（图 1）。MCNP 和 ATHAS 程序的耦合采用松弛赛德尔迭代法，迭代格式为

$$P_i^n = (1-\omega)P_i^{n-1} + \omega\overline{P}_i^n \quad (i = x,y,z) \quad (1)$$

$$T_i^n = (1-\omega)T_i^{n-1} + \omega\overline{T}_i^n \quad (i = m,c,f) \quad (2)$$

$$\rho_i^n = (1-\omega)\rho_i^{n-1} + \omega\overline{\rho}_i^n \quad (i = m,c) \quad (3)$$

式中，n 代表迭代次数，$n>1$；ω 为超松弛因子，$0<\omega<1$，合理选取 ω 的值可以加快收敛速度；x、y、z 为直角坐标系下的坐标；m、c、f 分别表示慢化剂、冷却剂、燃料；P、T、ρ 分别代表功率、温度和密度。收敛准则为

$$\max_i |(P_i^n - P_i^{n-1})/P_i^n| < \varepsilon \quad (i = x,y,z) \quad (4)$$

$$\max_i |(T_i^n - T_i^{n-1})/T_i^n| < \varepsilon \quad (i = m,c,f) \quad (5)$$

$$\max_i |(\rho_i^n - \rho_i^{n-1})/\rho_i^n| < \varepsilon \quad (i = m,c) \quad (6)$$

式中，上标 n 代表迭代次数，$n>1$；ε 为允许最大误差。

2 例题验证

2.1 例题描述

Hofmeister 等人提出的欧洲高性能轻水堆（HPLWR）[9]燃料组件是一个 7×7 的燃料棒矩阵，中心是一个慢化剂通道（图 2）。具体尺寸及材料参数如表 1 所示。冷却剂从堆芯上部流入压力容器，进口温度为 280 ℃，之后分为两部分：一部分从上至下经过慢化剂通道和组件间隙至底部；另一部分直接流到下腔室。两部分汇合后从下至上流经子通道，经堆芯出口温度达到 507 ℃。

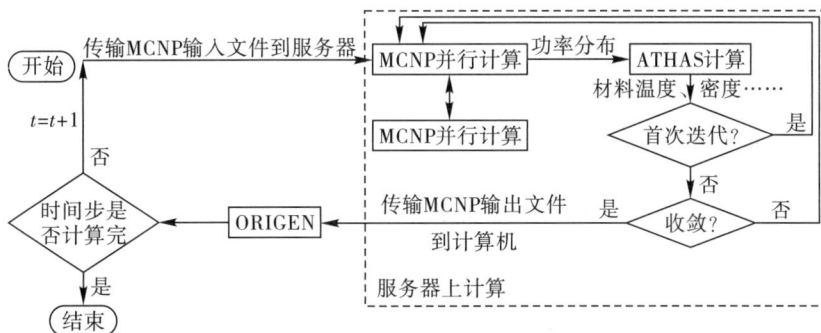

图 1　MCATHAS 程序系统流程图

Fig. 1　Flow Chart of MCATHAS System Code

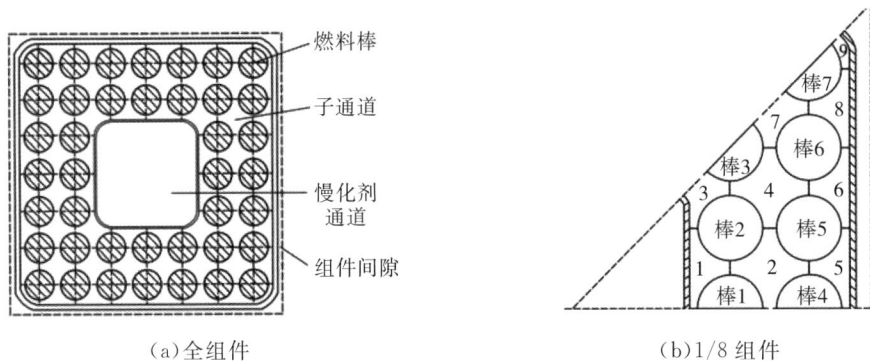

(a)全组件　　　　　　　　　(b)1/8 组件

图 2　HPLWR 组件和 1/8 组件几何示意图

Fig. 2　Schematic Diagram of Full and 1/8 Assembly of HPLWR

表 1　HPLWR 主要参数

Table 1　Main Parameters of HPLWR

参数名	参数值	参数名	参数值
燃料芯体半径/cm	0.335	包壳外半径/cm	0.4
燃料密度/(g·cm^{-3})	10.6	包壳密度/(g·cm^{-3})	7.45
燃料富集度	四角 4%,其他 5%	包壳材料	316 合金
燃料温度/℃	1227	包壳温度/℃	527
慢化剂通道宽度/cm	2.6	圆心距/直径	1.15
燃料棒和慢化剂通道间隙/cm	0.1	1/8 组件总功率/kW	327.5
堆芯活性段高度/cm	420	平均棒线功率密度/(kW·m^{-1})	15.6
堆芯总高度/cm	471	压力容器出口压力/MPa	25
冷却剂平均质量流量/(mg·(m^2·s)$^{-1}$)	0.8902	冷却剂进口温度/℃	280

选择 1/8 组件临界计算与 Waata 用 MCNP 和 STAFAS(M-S)耦合程序的计算结果[4]进行比较,其中 7 根燃料棒、9 个子通道的编号如图 2(b)所示。组件边界均为全反射边界;输入条件对比如表 2 所示。

2.2　计算结果分析比较

燃料组件无限介质增殖因数 k_{inf} 对比如表 3 所示。堆芯轴向功率分布如图 3 所示,功率峰值出现在轴向高度 88.31 cm 处,归一值为 1.63299,比 M-S 程序平缓些。径向功率分布如表 4 所示。

表 2　MCATHAS 和 M-S 的主要输入参数对比

Table 2　Comparison of Input Parameters for MCATHAS and M-S

耦合程序	MCATHAS	M-S
超松弛因子	0.35	0.2
允许最大误差	0.05	0.07
MCNP 采用粒子数	10000	100000
MCNP 采用粒子代数	300	700

表3 MCATHAS 和 M-S 计算 k_{inf} 对比

Table 3 Contrast of k_{inf} Calculated by MCATHAS and M-S

参数名	MCATHAS	M-S	相对误差/%
k_{inf}	1.17560	1.17112	0.38
标准偏差	0.00038	0.00023	—

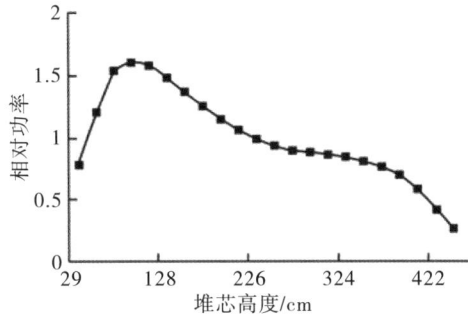

图3 轴向相对功率分布

Fig. 3 Axial Relative Power Distribution

表4 7根燃料棒的相对功率分布

Table 4 Relative Power Distribution in 7 Rods

燃料棒	归一化功率分布
棒1	1.03221
棒2	1.00014
棒3	0.96317
棒4	1.00797
棒5	1.01054
棒6	1.03761
棒7	0.94835

子通道温度和密度的轴向分布如图4、图5所示。子通道9在轴向中下部温度最高，并在出口前由于冷却剂和慢化剂的热交换有微小的回落；子通道2、4、7出口温度最高，分别达到535.26 ℃、536.54 ℃、

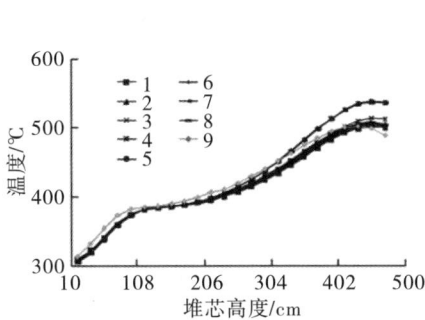

(a)MCATHAS 计算结果　　　(b)M-S 计算结果

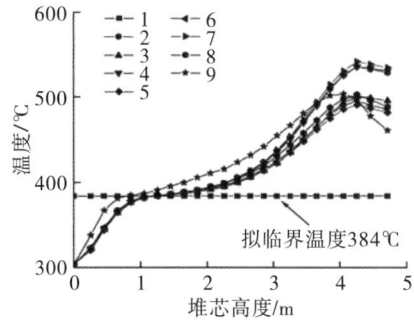

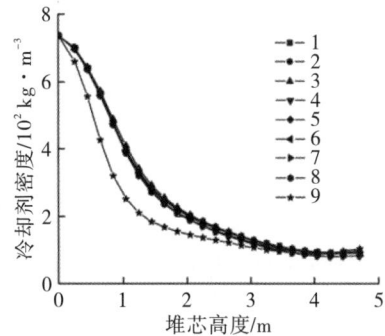

图4 由 MCATHAS 和 M-S 计算获得的子通道内冷却剂温度轴向分布对比

Fig. 4 Contrast of Axial Coolant Temperature Distribution in Subchannels Calculated by MCATHAS and M-S

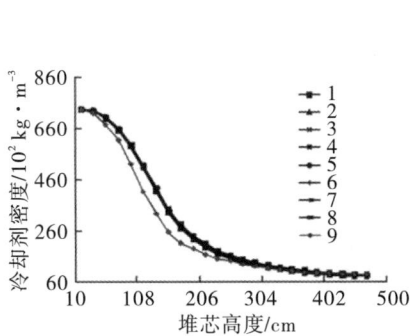

(a)MCATHAS 计算结果　　　(b)M-S 计算结果

图5 由 MCATHAS 和 M-S 计算获得的子通道内冷却剂密度轴向分布对比

Fig. 5 Contrast of Axial Coolant Density Distributionin Subchannels Calculated by MCATHAS and M-S

535.52 ℃。各子通道中出口密度最小为81.1 kg/m³, 与 M－S 的计算值符合得较好。

各个子通道内的包壳外表面平均温度轴向分布如图 6 所示,MCATHAS 计算包壳表面温度最高 588 ℃,而 M－S 计算超过了 600 ℃,主要原因是 MCATHAS 计算的轴向功率峰值比 M－S 小。

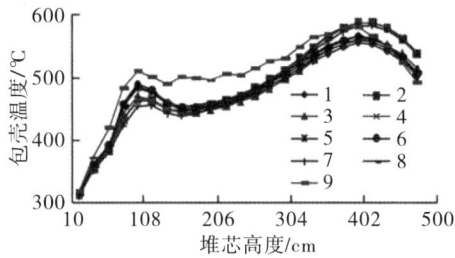

(a)MCATHAS 计算结果　　　　　(b)M－S 计算结果

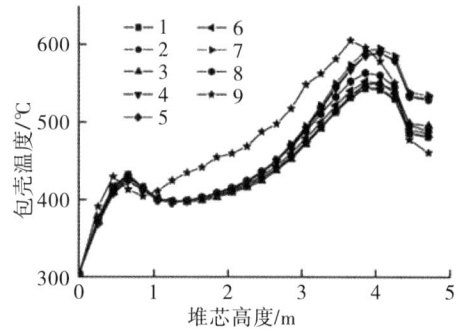

图 6　由 MCATHAS 和 M－S 计算获得的子通道包壳表面平均温度轴向分布对比

Fig. 6　Contrast of Axial Temperature Distribution of Cladding Surface in Subchannels Calculated by MCATHAS and M－S

3　结　论

SCWR 是第四代堆型中唯一的水冷堆,其独特的热工-水力特性决定了在堆芯、组件计算时热工-水力反馈的必要性。MCATHAS 程序实现了中子物理程序 MCNP 和热工程序 ATHAS 的耦合,能够针对 SCWR 冷却剂轴向热工-水力特性变化剧烈的情况,有效地考虑热工-水力反馈效应和燃耗计算。HPLWR 燃料组件计算结果表明,MCATHAS 程序计算结果是可靠的。该系统适用于压力壳式和压力管式等多种类型燃料组件的 SCWR 分析,为进一步研究 SCWR 提供了手段。

参考文献:

[1] 李满昌,王明利. 超临界水冷堆开发现状与前景展望[J]. 核动力工程,2006,27(2):1－4.

[2] MORI M. Core design analysis of the supercritical water fast reactor[D]. Stuttgart: Stuttgart University, 2005.

[3] YAMAJI A, OKA Y. Three-dimension core design of SCLWR-H with neutronics and thermal-hydraulic coupling [J]. Journal of Nuclear Science and Technology, 2005,42 (1):8－19.

[4] WAATA C L. Coupled neutronics/thermal-hydraulics analysis of a high-performance light-water reactor fuel assembly[D]. Stuttgart: Stuttgart University, 2005:66－77.

[5] BRIESMEISTER J F. MCNP-A general Monte Carlo N particle transport code[R]. Los Alamos, New Mexico: Los Alamos National Laboratory, 2000.

[6] 李昌莹. 超临界水堆子通道分析[D]. 西安:西安交通大学, 2008.

[7] CROFF A G. A user's manual for ORIGEN 2 computer code [R]. Oak Ridge, TN: Oak Ridge National Laboratory, 1980.

[8] 余纲林. MCNP 和 ORIGEN 2 耦合系统(MCBurn)的研究 [D]. 北京:清华大学,2002.

[9] HOFMEISTER J, SCHULENBERG T, STARFLINGER J. Optimisation of a fuel assembly for a HPLWR[Z]. Seoul: ICAPP, 2005.

Development of MCATHAS System of Coupled Neutronics/Thermal-Hydraulics in Supercritical Water Reactor

An Ping，Yao Dong

National Key Laboratory of Nuclear Reactor System Design Technology，Nuclear Power Institute of China，Chengdu，610041，China

Abstract：The MCATHAS system of coupled neutronics/thermal-hydraulics in the supercritical water reactor is described，which considers the interaction between the obvious axial evolution of material temperature and density and the power distribution. This code is coupled externally. The MCNP code with the library of continuous cross section is used for neutronics analysis. The subchannel code ATHAS is for thermal-hydraulics analysis and the ORIGEN code for burn-up analysis. The calculation results for the assembly of HPLWR show that the results from this code is reliable.

Key words：Supercritical water reactor，Fuel assembly，Coupled neutronics/thermal-hydraulics

作者简介：

安　萍(1981—)，女，2007 年毕业于南开大学应用数学专业，获理学硕士学位。现从事反应堆物理计算与程序开发工作。

核电厂汽轮机详细数值建模研究及其瞬态分析

苏　耿,林　萌,杨燕华,侯　东

上海交通大学核科学与工程学院,上海,200240

摘要:以岭澳一期核电厂汽轮机部件为原型,利用系统程序 RELAP5 对其进行详细数值建模研究。在 100％功率稳态工况下的计算证明,详细的汽轮机数值建模弥补了简化建模中焓值计算误差较大的缺陷。将详细的汽轮机数值建模整合到全范围核电厂热力系统模型中进行瞬态分析,并与岭澳一期核电厂原始实验报告中汽轮机负荷从 97％功率水平阶跃变化至 87％功率水平瞬态运行工况的数据曲线进行对比。结果表明,稳态模型的焓计算值与电厂实际值误差在 2％以内,瞬态模型的分析参数趋势符合电厂实际情况。

关键词:汽轮机,详细建模,瞬态分析,RELAP5

中图分类号:TL333　　　　**文献标志码**:A

0　引　言

传统的核电厂热工水力系统分析模型存在一定的局限性。为了全范围模拟核电厂的热工水力系统,文献[1]采用简化汽轮机部件进行建模,并用该模型对二回路系统进行了初步模拟和稳态调试。但是,简化的汽轮机数值模拟结果存在以下缺陷:①建立的模型对排汽焓的计算值偏差较大;②建立的模型难以对汽轮机升降负荷的运行工况进行计算分析。本文利用最佳估算程序 RELAP5,以岭澳一期核电厂汽轮机为原型,对汽轮机部件进行了详细的建模研究。

1　汽轮机建模

1.1　汽轮机工作原理

岭澳一期核电厂汽轮机是多级冲动式汽轮机,由多列周向布置的静叶栅和与之相配的动叶栅构成多级。蒸汽进入汽缸后,在第一级静叶栅中发生膨胀,压力降低,汽流速度增加,然后进入第一级动叶栅中做功,做功后流出动叶栅的汽流速度继续降低。由于蒸汽在动叶栅中不发生膨胀,动叶栅后的

压力即等于喷嘴后的压力。从第一级流出的蒸汽,再依次进入其后的几级,并重复上述做功过程,最后从排汽管排出[2]。

来自蒸汽发生器的高温高压蒸汽经过截止阀与调节阀进入汽轮机高压缸(图1)。由于汽轮机排汽口的压力大大低于进汽压力,蒸汽在该压差作用下向排汽口流动,其焓值逐级降低,部分热能转化为汽轮机转子转动的机械能。做完功的蒸汽从排汽口排入冷凝器。为了减少热源损失,提高循环热效率,汽轮机都配置有回热加热设备。

1.2　理论研究与计算

根据汽轮机的工作原理,多级抽汽的汽轮机需要有多级的 Turbine 模型对其进行模拟,以确保每级抽汽的计算参数与核电厂实际参数接近。系统程序 RELAP5 中的 Turbine 模型分为冲动级、冲-反动级和常效率三种类型。常效率类型代表该汽轮机的效率恒定不变。冲动级类型及冲-反动级类型的汽轮机效率由式(1)计算,其 Turbine 模型的名义半径(R)由式(2)计算:

$$\frac{1}{2}V_2^2 - \frac{1}{2}V_1^2 = \frac{1-\eta}{\rho}(p_2 - p_1) \tag{1}$$

$$R = \frac{V_1}{2\omega(1-r)} \tag{2}$$

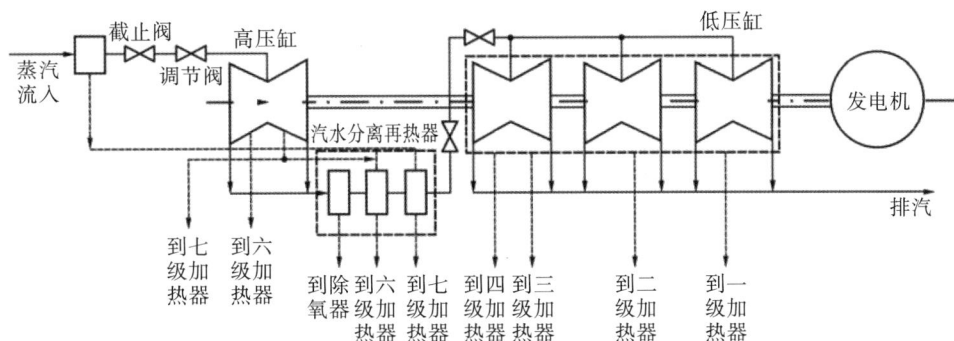

图 1　汽轮机系统流程图

Fig. 1　Flow Chart of Turbine System

式中,V_1、V_2 分别为汽轮机的每级入口、出口速度(m/s);p_1、p_2 分别为汽轮机每级的入口、出口压力(Pa);ρ 为每级内流体密度(kg/m³);η 为汽轮机效率;ω 为汽轮机转速(rad/s);r 为汽轮机的冲反份额[3]。

汽轮机效率及名义半径都会在 Turbine 模型中体现,并影响汽轮机各个计算参数。因此,采用不同类型 Turbine 模型模拟的汽轮机的仿真度有非常大的差别。常效率模型比较简单,适合用来计算稳态模型;冲动级类型及冲-反动级类型比较复杂,可分别用来模拟冲动式汽轮机与冲-反动式汽轮机的瞬态模型。

蒸汽从入口压力到出口压力有一定的压降,在此过程中蒸汽带动汽轮机转动。蒸汽带给汽轮机的转动力矩方程满足下式:

$$\tau_i = (\rho V_1 A) \frac{\eta_1}{\rho} \frac{(p_2 - p_1)}{\omega} \tag{3}$$

式中,A 为流通面积(m²);η_1 为转化为汽轮机做功的份额,即效率因子。

汽轮机需要克服发电机所带来的阻力矩以及自身的摩擦力矩,带动发电机发电,满足下式:

$$\sum_i I_i \frac{\mathrm{d}\omega}{\mathrm{d}t} = \sum_i \tau_i - \sum_i f_i \omega + \tau_c \tag{4}$$

式中,I_i 为汽轮机的转动惯量(kg・m²);f_i 为汽轮机的摩擦因子;τ_c 为控制部件的附加扭矩,可用来模拟发电机克服阻力所需的扭矩[3]。

1.3　汽轮机建模

1.3.1　已有的汽轮机建模方法

已有的汽轮机部件建模方法有以下两种。

(1)传统的建模方法。该方法是在二次侧蒸汽发生器出来的蒸汽联箱附近设置出口边界条件(定压力、定流量),并且在给水联箱附近设置同样的边界条件,相当于直接用边界来表示汽轮机部件。

(2)简化的建模方法。该方法是使用 4 级和 5 级 Turbine 模型分别模拟汽轮机高压缸与低压缸。以高压缸模型为例,第一级 Turbine 模型(编号为 1,图 2)代表效率因子为 0 的不做功的虚拟汽轮机部件,放置于 3 个正常抽汽的 Turbine 模型之前。其中,Turbine 模型使用常效率类型;蒸汽产生的转动力矩和汽轮机的摩擦力矩在 Turbine 模型的控制字中简单地根据经验选取恒定值。该建模方法可初步进行稳态计算,由于涉及参数少,调试过程简单。

1.3.2　汽轮机详细数值建模方法

该方法是使用 5 级和 7 级 Turbine 模型分别模拟汽轮机高压缸与低压缸。以低压缸模型为例,5～7 级 Turbine 模型(编号分别为 5、6 和 7,图 3)作为增加的 Turbine 级,放置于 4 个正常抽汽的 Turbine 模型之后。其中,Turbine 模型使用冲动级类型;效率因子与 Turbine 名义半径由稳态调试时的计算结果分别带入式(1)与式(2)计算得到;由 Turbine 模型 shaft 控制字根据式(3)与式(4)以及

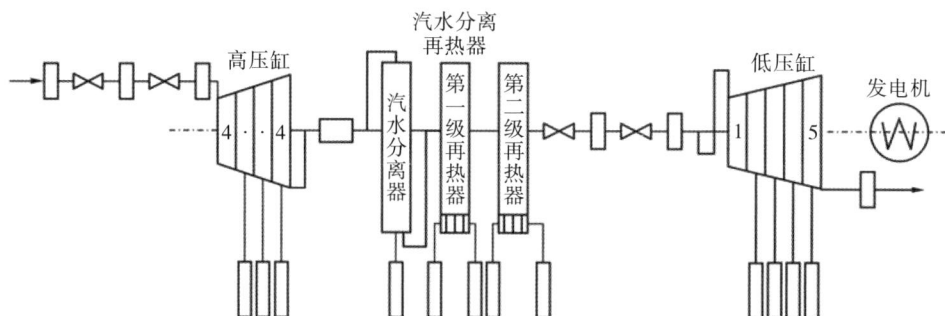

图 2　简化汽轮机建模系统节点划分图

Fig. 2　Nodalization for Simplified Turbine Modeling System

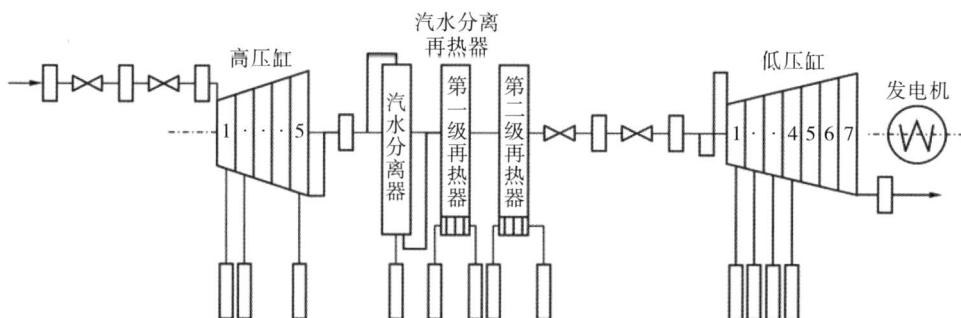

图 3　详细汽轮机建模系统节点划分图

Fig. 3　Nodalization for Detailed Turbine Modeling System

相关控制系统编写输入卡中的控制关系式,使负荷、发电机附加扭矩、蒸汽赋予汽轮机的转动力矩和摩擦力矩相互影响。详细建模方法中抽汽节点Turbine模型的选取以及增加Turbine模型的数量是通过多次调试后,考虑模型的可靠性以及繁冗性而确定的。

由于传统的建模方法直接将汽轮机以定压力、定流量边界表示,本文未给出其模型节点图。而给定条件的汽轮机没有内部节点的划分,导致其内部高压缸及低压缸各个抽汽节点的参数无法区分(例如,汽轮机高压缸及低压缸各个抽汽节点的焓值全部等于汽轮机入口焓值),显然与其他两种建模方法的仿真精度相差较远。

1.3.3　汽轮机简单与详细数值建模方法的区别

汽轮机简单与详细建模的节点划分比较相似(图2和图3),主要区别如下:①模拟汽轮机的

Turbine类型;②Turbine模型级数和抽汽节点的位置选择;③Turbine模型的效率因子;④Turbine模型中汽轮机摩擦力矩和所获得转动力矩的控制字的填写方式。

由于模拟汽轮机的Turbine模型类型的不同,会导致基于系统程序RELAP5输入卡的编写复杂程度、计算量以及调试困难程度有非常大的差异。简单建模方法Turbine模型中蒸汽冲击带给汽轮机的转动力矩始终为恒定值,这与实际情况不符。因而,在使用简单的汽轮机模型模拟瞬态工况时,系统程序RELAP5无法进行计算。

1.4　汽轮机模型稳态验证

在稳态调试时,首先将汽轮机的进出口压力和抽汽压力调节到核电厂实际运行值,然后将三种汽轮机部件建模方法的焓计算值与核电厂的实际值[3]相比较(图4和图5)。

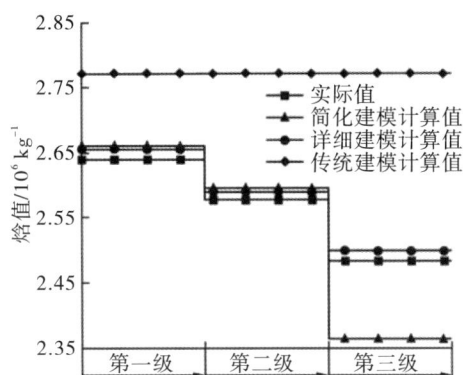

图 4 高压缸焓值对比曲线

Fig. 4 Enthalpy Comparison for High Pressure Cylinder

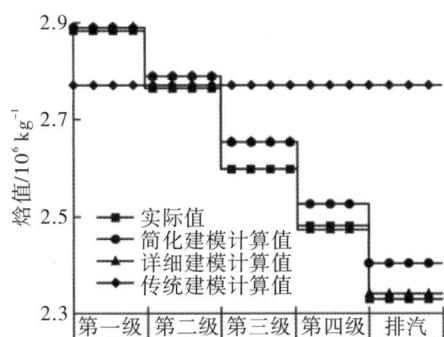

图 5 低压缸焓值对比曲线

Fig. 5 Enthalpy Comparison for Low Pressure Cylinder

由图 4 与图 5 的焓值对比曲线可知,因为传统建模方法直接把汽轮机定义为给定条件的边界,汽轮机内部节点焓值的计算结果与核电厂实际值偏离最大。在汽轮机排汽节点焓的计算值与核电厂实际值的比较中,详细的汽轮机建模的误差明显小于简化的建模。这是由于在简化的建模中,汽轮机使用常效率 Turbine 模型,并且未考虑汽轮机转动摩擦系数,而且存在效率因子为 0 的虚拟汽轮机部件,因此导致汽轮机损失的能量较多,故最后一级排汽的焓降要大于实际焓降。而详细的汽轮机模型不存在效率因子为 0 的汽轮机部件,且增加的 Turbine 模型都与其他几级类型相同,因而不会存在与简化建模类似的缺陷,故最后一级排汽的焓将比实际焓降的误差小很多。综上所述,传统的建模方法对汽轮机参数的仿真计算效果最差,而详细的建模方法在稳态计算中仿真精度最高。

2 瞬态分析

2.1 97%与87%功率水平下的焓值分析

本文整合详细建立的汽轮机模型到全范围热力系统模型中,对汽轮机负荷从 97%功率水平阶跃变化至 87%功率水平的运行工况进行计算,并将与汽轮机有关的瞬态计算结果与岭澳一期核电厂原始实验报告中该工况的实际参数曲线作对比。

采用详细建模方法获得的汽轮机瞬态分析模型的焓值计算结果与电厂设计值的对比如表 1 所示。通过比较发现,大部分节点的计算结果与设计值的误差在 1%以内,只有低压缸的第三级节点误

表 1 详细建模计算结果

Table 1 Calculation Result for Detailed Modeling

参数名称		97%满功率/87%满功率的焓值		
		实际值 /(kJ · kg^{-1})	计算值 /(kJ · kg^{-1})	误差/%
高压缸	第一级节点	2640.29/ 2639.96	2657.09/ 2655.13	0.64/0.57
	第二级节点	2578.34/ 2578.37	2589.889/ 2587.36	0.45/0.35
	排汽节点	2486.57/ 2487.28	2499.267/ 2496.51	0.51/0.37
低压缸	第一级节点	2884.20/ 2889.61	2890.286/ 2892.47	0.21/0.09
	第二级节点	2766.21/ 2770.98	2790.857/ 2785.68	0.89/0.53
	第三级节点	2599.12/ 2603.35	2650.293/ 2653.59	1.97/1.93
	第四级节点	2482.22/ 2484.43	2473.919/ 2475.41	−0.33/−0.36
	排汽节点	2330.96/ 2334.92	2341.567/ 2340.74	0.455/0.25

差稍大(约 2%)。这是由于在实际核电厂中,从低压缸第二级节点出来的主蒸汽仍然是过热蒸汽,当它进入第三级节点膨胀做功后会成为湿蒸汽,即其间存在着相变。RELAP5 程序在相变计算的初期,计算时间步长变得非常短,而导致误差增加[3]。但是,计算结果参数的分析误差达到了分析精度的要求。

2.2　瞬态计算结果分析

当汽轮机进行阶跃降负荷时,由于旁排阀的开启使汽轮机入口蒸汽流量突然下降,而且因为控制系统的延迟导致蒸汽流量过度下降,控制系统投入后,蒸汽流量又逐渐回复到 87% 满功率功率水平下的值。汽轮机入口蒸汽流量的瞬态计算曲线如图 6 所示,在 480～620 s,计算值比核电厂该工况下的实际值小,这是由于本文所建立的控制系统动作延迟大于核电厂的控制系统。但是,汽轮机入口蒸汽流量的瞬态计算曲线在总体上与核电厂该工况下的实际瞬态曲线基本一致。

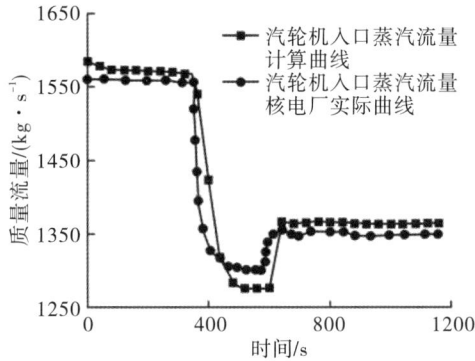

图 6　汽轮机入口蒸汽流量变化曲线

Fig. 6　Turbine Entrance Steam Flowrate Versus Time

汽轮机负荷由 97% 满功率的功率水平下降至 87% 满功率功率水平,说明汽轮机做功随之减小,即核电厂的电功率也将减小,而功率计算值与实际曲线的不同是由于汽轮机负荷的误差所造成的。如图 7 所示,核电厂电功率的瞬态计算曲线与实际变化曲线非常吻合。

核电厂的汽轮机入口蒸汽压力变化曲线如图 8 所示,在 300～400 s 压力值突然增加。为验证详细建立的汽轮机模型对全范围热力系统中反应堆核功率是否有不良影响,在对比汽轮机的有关参数

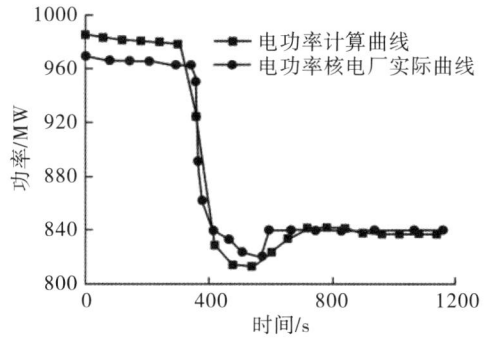

图 7　电功率变化曲线

Fig. 7　Electrical Power Versus Time

后,本文将反应堆核功率的瞬态计算曲线与核电厂实际变化曲线进行比较。对比结果如图 9 所示,发现两者的变化趋势基本一致。

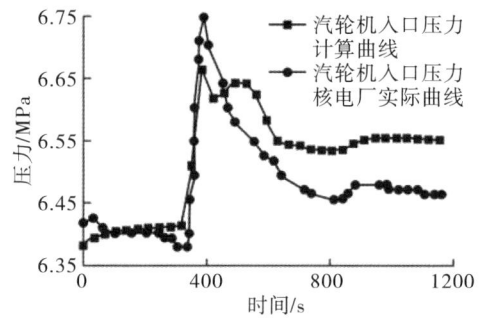

图 8　汽轮机入口蒸汽压力变化曲线

Fig. 8　Turbine Entrance Steam Pressure Versus Time

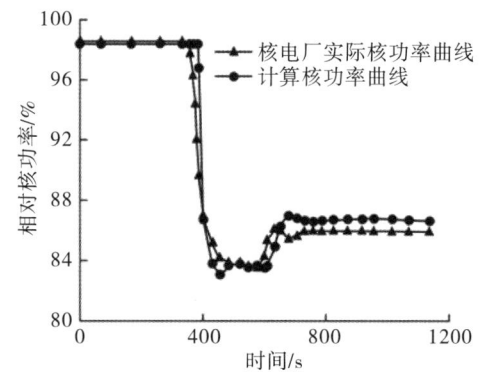

图 9　反应堆功率变化曲线

Fig. 9　Reactor Power Versus Time

从上述结果可知,汽轮机负荷从 97% 功率水平

阶跃降至 87％功率水平的瞬态计算结果曲线与核电厂实际参数曲线基本一致,从而证明了本文详细建立的汽轮机模型可进行核电厂汽轮机瞬态运行工况的计算分析。

前的测试提供了有效的手段。测试获取的重要反馈信息为进一步研究分析以及降低实际电厂升降负荷期间可能带来的风险,提供了一定的指导意义。

3　结束语

本文采用最佳估算程序 RELAP5 对汽轮机进行了详细的建模,并通过对该模型的稳态分析,发现汽轮机排汽焓的计算值与电厂实际参数值基本吻合。整合详细的汽轮机模型到全范围热力系统中进行瞬态计算,分析表明,阶跃降负荷计算结果的变化曲线与岭澳一期核电厂原始实验报告中的曲线基本一致,从而验证了该模型的可靠性。汽轮机详细模型为基于该仿真模型进行汽轮机甩负荷

参考文献:

[1] 高蕊,杨燕华,林萌. 基于系统程序的压水堆核电厂热力系统建模[J]. 核动力工程,2007, 28(2):115 - 118.

[2] SAITO K, SAWAHATA H, HOMMA F, et al. Instrumentation and control system design[J]. Nuclear Engineering and Design, 2004, 233: 125 - 133.

[3] The RELAP5 Code Development Team. RELAP5 /MOD3 code manual [R]. Scoville, Idaho: Idaho National Engineering Laboratory, 1995.

Detailed Modeling and Transient Analysis for Nuclear Power Plant Turbine

Su Geng, Lin Meng, Yang Yanhua, Hou Dong

School of Nuclear Science and Engineering, Shanghai Jiao Tong University, Shanghai, 200240, China

Abstract: This paper takes the turbine in Ling'ao phase Ⅰ nuclear power plant as a prototype, and details the numerical model of the turbine based on RELAP5. The calculation under the stable operation condition at 100％ power indicates that the detailed turbine numerical modeling remedies the larger calculation error for the enthalpy values by simplified modeling. The detailed turbine numerical modeling is incorporated in the thermodynamic system model for the whole nuclear power plant to conduct the transient analysis, and comparison with the data curves under the step power change from 97％ to 87％ of the turbine load in the original test report is carried out. The results showed that the error between the enthalpy calculation value for the steady-state model and the actual value of the plant is within 2％, and the analysis parameters for the transient model are in line with the actual situation of the nuclear power plant.

Key words: Turbine, Detailed modeling, Transient analysis, RELAP5

作者简介:

苏　耿(1983—),男,2009 年毕业于上海交通大学核能科学与工程专业,获硕士学位。现主要从事核电厂热力系统建模与仿真研究。

基于 RELAP5 的船用核动力装置二回路数字模型

王少武,彭敏俊,代守宝,成守宇,孙英杰

哈尔滨工程大学核科学与技术学院,哈尔滨,150001

摘要:根据核动力装置二回路系统一种新的结构设计方案,结合 RELAP5/MOD3.4 程序,建立了二回路汽轮机、冷凝器、给水泵及预热器等主要部件的物理模型。对二回路主要部件进行了单一部件模型适应性验证分析,并探讨了系统分析程序的局部计算能力。结果表明,RELAP5/MOD3.4 程序模型的稳态计算结果与设计值基本吻合,动态计算也能够满足二回路主要部件的计算精度要求。

关键词:二回路;汽轮机;冷凝器;RELAP5 程序

中图分类号:TL333　　　　**文献标志码**:A

0　前　言

在研究核动力装置运行特性(特别是一回路的运行特性)时,往往将整个二回路的给水进口和蒸汽出口都简单地模拟为时间相关控制体的边界条件,该边界条件以给定的方程随时间变化。这不能准确反映二回路的负荷变化对反应堆冷却剂系统的影响,故有必要建立二回路主要系统、设备的分析模型。

在采用 RELAP5 程序完成了对整个冷却剂系统的仿真后,本文以单缸双机方案为研究对象,使用 RELAP5 程序对二回路系统的主要部件进行了瞬态建模和负荷变化特性分析。

1　二回路系统简介

二回路系统主体部分由单缸汽轮机、冷凝器、凝结水泵、汽动给水泵、预热器、减温减压装置、贮水箱以及阀门等组成(图 1)。蒸汽发生器产生的蒸汽通过隔离阀后,大部分进入汽轮机,推动螺旋桨旋转;部分供给汽动给水泵,必要时还利用新蒸汽维持废气管压力恒定;部分进入汽轮发电机发电,提供船用电能。船舶在出现紧急情况,耗汽设备不

能正常运行时,蒸汽可通过阀门直接排向大气。通过汽轮机做功后的排汽进入冷凝器被冷凝为水,从热阱出来的给水在通过给水泵升压和预热器加热后再进入蒸汽发生器,产生的蒸汽再供给耗汽设备,如此不断循环。

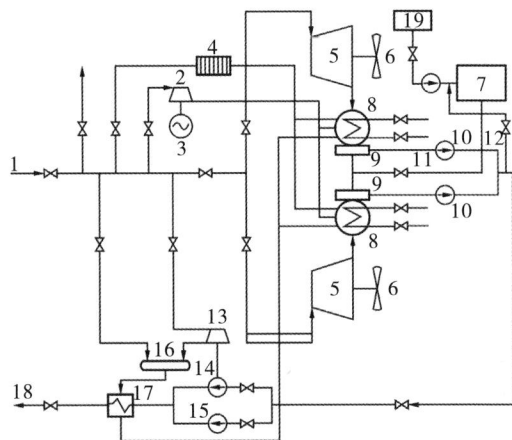

1—蒸汽入口;2,3—汽轮发电机;4—减温减压装置;
5—主汽轮机;6—螺旋桨;7—贮水箱;8—冷凝器;
9—热阱;10—凝结水泵;11—补水阀;12—过剩水排放阀;
13,14—汽轮给水泵;15—电动给水泵;16—废汽管;
17—预热器;18—给水出口;19—补水箱。

图 1　二回路系统简图

Fig. 1　Sketch of Secondary Circuit System

由于主汽轮机蒸汽流量的变化和系统反应不灵敏,在稳态工况和过渡工况下水量不一致,故设有均衡水柜(热阱)。热阱中的水靠补水系统补给;补水系统在船舶核动力装置处于某些紧急情况或故障时才投入使用[1]。图 1 是简化了的二回路系统,两台汽轮机并联或独立运行,一台出现故障时,系统仍能运转,这就大大提高了系统的可靠性。

2 主要系统设备建模

本文使用 RELAP5/MOD3.4 程序分别建立了单缸汽轮机、冷凝器、汽动给水泵及预热器等主要部件的模型,并分析了其稳态和瞬态特性。

2.1 汽轮机

图 2 为汽轮机模型示意图。根据单缸汽轮机特点,本文采用在系统仿真中具有广泛适用性[2]的集总参数汽轮机模型。

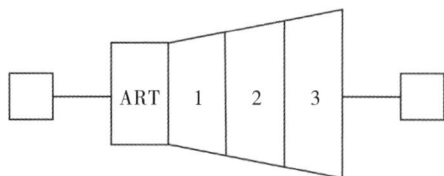

图 2 汽轮机模型

Fig. 2 Turbine Model

(进出口方框皆为时间相关控制体)

RELAP5 程序不能直接对多级组的汽轮机进行模拟,必须对每一个级组进行参数设置,每一个 RELAP5 汽轮机模型仅代表一个汽轮机级组。为了满足系统仿真的需要,系统整个汽轮机有 4 个级组;由 SCDAP/RELAP5/MOD3.4 程序手册可知,其中第一个级组为程序所需要的人造透平级。数据输入卡输入惯量和摩擦因子,但其值比正常透平时小;人造透平级的效率为零。RELAP5 程序中有三种可供选择的汽轮机类型,其程序效率计算公式也各不相同,分别为单级汽轮机、冲动汽轮机和常效率汽轮机。本文使用冲动汽轮机模型,它的各级效率相同,且与级平均半径、反动度和流体速度等无关。

汽轮机稳态能量方程:

$$[\rho v A(0.5v^2 + h)]_1 = [\rho v A(0.5v^2 + h)]_2 + (\rho v A)_1 W \tag{1}$$

式中,ρ 为平均密度(kg/m³);v 为流速(m/s);h 为焓值(J/kg);A 为通流面积(m^2);W 为连接级组的轴的功率(W);下标 1、2 分别为汽轮机进出口。

流体通过旋转叶片时,等熵过程中的实际做功为

$$W = -\eta \int dh = -\eta \int \frac{1}{\rho} dp \tag{2}$$

式中,η 为常效率;p 为压力(Pa)。

汽轮机输出功率与转矩的关系为

$$P = \tau \cdot \omega \tag{3}$$

式中,τ 为转矩(N·m);ω 为汽轮机旋转速度(rad/s)。

以上模拟的汽轮机都连在同一根轴部件上,因此,汽轮机和轴部件的转速、负荷以及转动惯量都相同,转动轴部件的旋转速度方程如下:

$$\sum_i I_i \frac{d\omega}{dt} = \sum_i \tau_i - \sum_i f_i \omega + \tau_c \tag{4}$$

式中,I_i 为部件 i 的转动惯量(kg·m^2);τ_i 为部件 i 的转矩(N·m);f_i 为部件 i 的摩擦系数;τ_c 为从一个控制部件(包括传动轴及与传动轴相连的泵、透平、电机部件)中所选定的转矩(N·m)。

2.2 冷凝器

在 RELAP5 程序中,没有专门的冷凝器模型,只有传热方面的基本数学模型和热构件输入卡。基于此,本文根据冷凝器的结构特点,结合程序编写的要求对冷凝器建模(图 3)。汽轮机排汽从上至下在冷凝器内通过,循环冷却水在管侧水平流动,蒸汽被冷凝成水。根据冷凝器内流体流动特性,结合程序建模特点,将冷凝器壳侧从上至下分为 4 个单一控制体,而把所有的管束平均等效分为 4 个管型控制体,每个单一控制体与管型控制体对应进行传热,每个管型控制体的管体作为热构件进行热量

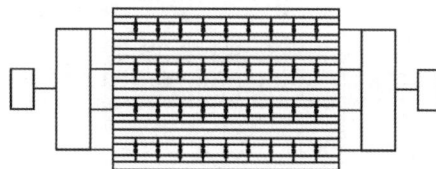

图 3 冷凝器模型

Fig. 3 Condenser Model

的传递。

2.3　汽动给水泵

　　RELAP5 程序中没有单独的汽动给水泵模型,但有泵和汽轮机的独立模型,所以可以用程序中的 SHAFT 控制部件将泵和汽轮机连接起来(图 4)。汽动给水泵由驱动汽机驱动,由 SHAFT 控制部件把 TURBINE 水力部件与给水泵部件相连形成一个整体,通过控制轴部件的参数来控制转矩和转数等参数。

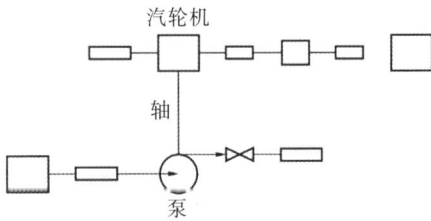

图 4　汽动给水泵模型

Fig. 4　Steam Turbin-Driven Feedwater Pump Model

　　在 RELAP 程序中,泵模型采用无量纲的内嵌相似泵模型计算压头,从而确定流体流速和泵转速。泵压头计算如式(5)。力矩的计算如式(6)。

$$\Delta P = \rho_{m} H \qquad (5)$$

式中,ΔP 为泵进出口压差(Pa);ρ_{m} 为泵控制体混合物平均密度(kg/m³);H 为泵总压头(m)。

$$\tau = \beta \tau_{R} \left(\frac{\rho_{m}}{\rho_{R}} \right) \qquad (6)$$

式中,τ 为力矩(N·m);β 为内嵌无量纲相似曲线力矩(N·m);τ_{R} 为泵额定力矩(N·m);ρ_{R} 为泵额定密度(kg/m³)。

2.4　预热器

　　预热器使用来自废汽管的蒸汽加热给水,模型如图 5 所示。壳侧为 PIPE 部件,给水侧为 ANNULUS 部件,蒸汽在壳侧由左至右水平流动,给水在管道

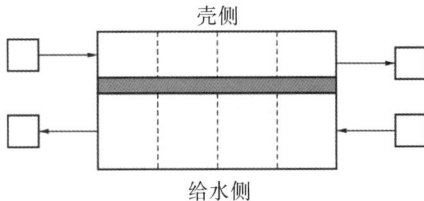

图 5　预热器模型

Fig. 5　Heater Model

里由右至左流动,通过热构件进行传热,使给水达到蒸汽发生器所要求的温度,加热给水的蒸汽和水最终被排入冷凝器。

　　冷凝器和预热器都涉及热构件的传热。传热方程:

$$\iiint_{V} \theta(T, x) \frac{\partial T}{\partial t}(x, t) \mathrm{d}V$$
$$= \iint_{S} k(T, x) \nabla T(x, t) \mathrm{d}s + \iiint_{V} S(x, t) \mathrm{d}V \qquad (7)$$

式中,k 为导热系数[W/(m·K)];s 为表面积(m²);S 为内热源(J);t 为时间(s);T 为温度(K);V 为体积(m³);x 为间隔坐标;θ 为体积热流量(kJ/m³)。

3　程序计算

　　在满功率工况稳态运行时,流过汽轮机的蒸汽质量流量为 38.1 kg/s,如图 6 所示。对于汽动给水泵而言,从泵的进口到出口,压力升高。在 RELAP 程序数据卡的编写中,用控制变量给定一个流量固定值,以转速为变量,在 0~1200 r/min 的范围内,当比例积分值达到 0 时,即转速达到 425 r/min 时,泵的质量流量达到 86.2 kg/s,流量符合二回路的给水流量。稳态过程中,进入冷凝器的饱和蒸汽在经过冷凝后变为水;与此相对应,海水侧的进出口温差达到 10 ℃。给水进入预热器进行加热时,给水的温度升高,达到蒸汽发生器所要求的温度,来自废汽管的加热蒸汽从预热器出来后,含汽率下降,被排入冷凝器。

　　计算结果和设计值的比较如表 1 所示。由于

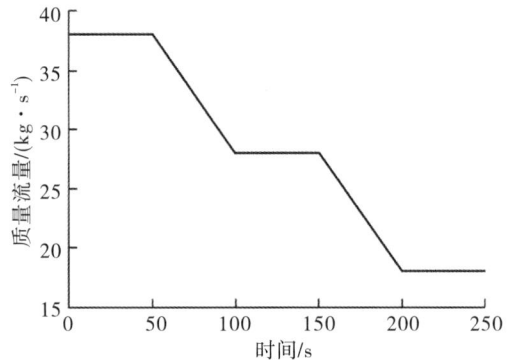

图 6　汽轮机蒸汽量

Fig. 6　Steam Mass Flow of Turbine

各部件的进出口都是通过时间相关控制体规定边界条件的,所以有些计算参数和设计参数的误差很小;有些部件的出口就是另一部件的入口,所以表中有的参数相同,误差最大的部件为冷凝器。因为冷凝器的工作条件非常特殊,在真空压力下工作,轻微的参数波动都会导致最后结果的波动,而且冷凝器进出口的压力大小会影响其冷凝的效果,很难维持一定的压力。在调节泵的过程中,要不断地调节转速比例积分因子,以达到泵所能提供的压头。模拟预热器时,给水管道的流速和传热系数是关键因素,设置不合适则很难达到满足要求的加热效果。需要说明的是,表 1 给出的是稳态的计算结果,不能说明所建模型的动态过程。

表 1 计算结果与设计数据的比较

Table 1 Comparison of Calculated Results and Designed Data

设备	参数	计算值	设计值	误差/%
汽轮机	进汽量/(kg · s^{-1})	38.1	38.1	0
	入口压力/MPa	3	3	0
	出口压力/MPa	0.016	0.015	6.78
	入口温度/K	560	560	0
	出口温度/K	329.74	327.15	0.56
冷凝器	进汽量/(kg · s^{-1})	43.1	43.1	0
	入口压力/MPa	0.016	0.015	6.78
	出口压力/MPa	0.014	0.015	6.78
	入口温度/K	329.74	327.15	0.56
	出口温度/K	326	326.65	0.20
给水泵	入口压力/MPa	1	1	0
	出口压力/MPa	3.7	3.7	0
预热器	入口温度/K	326	326	0
	出口温度/K	342.5	345.15	0.77

在进行瞬态计算过程中,当通过汽轮机所做功在 100 s 和 200 s 分别为稳态时的 75% 和 50%,进入汽轮机的蒸汽量相应减少。图 7 和图 8 给出了各个级组在对应蒸汽质量流量下的压力和温度。从图 8 可见,第三级组的温度在不同蒸汽流量下有所升高。这是因为在入口压力和温度不变的前提下,改变汽轮机的进汽量,出口参数会有所改变。当汽轮机进汽量减少时,其功率降低,因而出口蒸汽焓值升高,所以压力降低。程序事先已经规定了汽轮机模型的进出口边界,为了匹配最后出口的工质要求,故而温度有所升高。

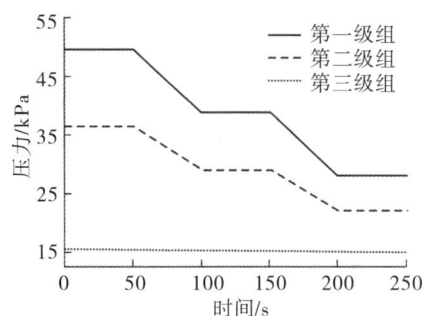

图 7 汽轮机级组所对应的压力

Fig. 7 Pressure of Each Turbine Stage

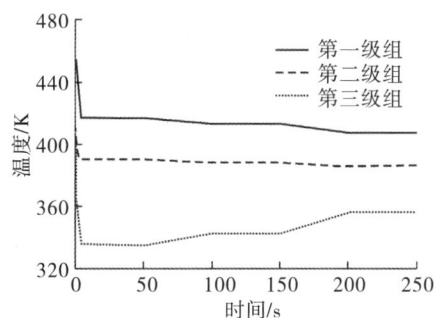

图 8 汽轮机级组所对应的温度

Fig. 8 Temperature of Each Turbine Stage

对每个部件进行单独计算时,在任何功率状态下,冷凝器的功率基本相同。如果蒸汽有所损失,可以通过控制系统调节循环水泵的流量。泵的模型给定的是进出口压力,给水泵的扬程不变,故进出口参数在变工况下没有变化。当给水流量变化时,为满足给水的温度要求,可通过预热器的控制系统调节进入预热器的进汽量,如图 9 所示。

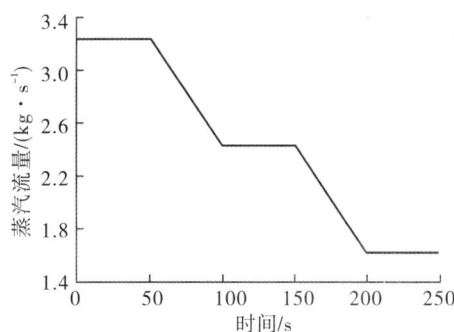

图 9　加热给水的蒸汽量

Fig. 9　Steam Mass Flow of Heater

4　结　论

建立了船用的单缸双机系统二回路模型,对二回路主要部件如汽轮机、冷凝器、给水泵以及预热器等进行了计算,结果表明:

(1)对于汽轮机模型,要注意进出口参数和级组效率的设定;

(2)在泵的程序调试中,积分比例的上下限值、转速的范围以及初始速度与额定速度的比值参数是模拟泵程序成功运行的关键因素;

(3)RELAP5/MOD3.4程序模型满足二回路主要部件的计算精度,为整个二回路系统的进一步模拟计算奠定了基础。

参考文献:

[1]　庞凤阁,彭敏俊. 船舶核动力装置[M]. 哈尔滨:哈尔滨工程大学出版社, 2003.

[2]　ALLISON C M, HOHORST J K. Role of RELAP/SCDAPSIM in nuclear safety [J]. Science and Technology of Nuclear Installations, 2010(1).

Numerical Model of Secondary Circuit of Marine Nuclear Power Plant Based on RELAP5 Code

Wang Shaowu, Peng Minjun, Dai Shoubao, Cheng Shouyu, Sun Yinjie

College of Nuclear Science and Technology, Harbin Engineering University, Harbin, 150001, China

Abstract: This paper presents a new secondary circuit of nuclear power plant system, including the main components of turbine, condenser, feed pump, and heater, based on RELAP5/MOD3.4 code. The research of the single component model adaptive authentication analysis and the local computing ability of the code have been studied. The results show that the steady-state calculation results of the RELAP5/MOD3.4 code are basically consistent with the design value, and the dynamic calculations can also meet the calculation accuracy requirement of the main components in secondary circuit.

Key words: Secondary circuit, Turbine, Condenser, RELAP5 code

作者简介:

王少武(1984—),男,硕士研究生。2007 年毕业于哈尔滨工程大学核能科学与工程专业,获学士学位。现主要从事核动力装置运行与仿真研究。

碳纤维复合材料缠绕修复的压力管道断裂分析

柳　　军[1]，严　　波[1]，卢岳川[2]，孙英学[2]，姜乃斌[2]，常学平[3]

1. 重庆大学工程力学系，重庆，400044；
2. 中国核动力研究设计院核反应堆系统设计技术重点实验室，成都，610041；
3. 西南石油大学工程力学系，成都，610500

摘要： 采用耦合的有限元-无网格 Galerkin 数值算法，计算了碳纤维增强型复合材料缠绕修复的压力管道横向贯穿裂纹以及横向椭圆形表面裂纹前沿应力强度因子，据此分析了碳纤维增强型复合材料套袖长度对压力管道裂纹应力强度因子的影响。结果表明：本文所提算法能有效计算三维问题应力强度因子；含裂纹压力管道采用碳纤维增强型复合材料缠绕修复后，裂纹前沿的应力强度因子显著降低；修复套袖越长，修复效果越显著，但套袖长度超过一定范围后，应力强度因子的降低趋于缓慢，对修复效能的进一步提高贡献甚微。

关键词： 有限元-无网格耦合算法；裂纹压力管道；碳纤维复合材料；缠绕修复；应力强度因子

中图分类号： O346.1　　　　　**文献标志码：** A

0　引　言

碳纤维增强型复合材料在各种航天结构、船舶结构和建筑结构的修复中显示了明显的优势[1-3]。使用该型材料修复压力管道是一种较新的技术，目前对这一技术的研究还很有限。Wilson 等对碳纤维/环氧树脂复合材料修复压力容器缺陷进行了断裂分析实验；结果表明这种修复方法效果很好，修复后的压力容器强度接近无缺陷的压力容器[4]。Cereone 等给出了不同工作环境下管道修复用复合材料的选择方法[5]；Liu 等提出了一种碳纤维缠绕修复管道方法[6]；Duell 等针对压力管道的腐蚀性缺陷提出了另一种碳纤维缠绕修复管道方法，并分别采用有限元方法和实验方法分析了这种修复方法的效果[7]；Ha 等提出采用玻璃纤维缠绕方法修复地下管道[8]；Houssam 等对各种纤维增强型复合材料缠绕修复压力管道进行了研究，分析了不同套袖下损伤管壁的环向应力分布，指出碳纤维修复压力管道的效果要优于其他纤维增强型复合材料[9]。

本文采用一种耦合的有限元-无网格 Galerkin 数值算法（FEM－EFG）对碳纤维缠绕修复压力管道裂纹前沿应力强度因子进行计算，研究了压力管道横向贯穿裂纹和横向表面椭圆形裂纹应力强度因子分布规律，并比较了修复前后的裂纹前沿应力强度因子，最后分析了碳纤维增强型复合材料套袖长度对修复效果的影响。

1　应力强度因子的数值计算方法

1.1　耦合的有限元-无网格 Galerkin 数值算法

使用转换矩阵法耦合 FEM 子域和 EFG 子域[10,11]的系统平衡方程可写为

$$Kq = f \tag{1}$$

$$K = \begin{bmatrix} K_F & C_1 \\ C_2 & K_M \end{bmatrix}, q = \begin{bmatrix} q_F \\ q_M \end{bmatrix}, f = \begin{bmatrix} f_F \\ f_M \end{bmatrix}$$

式中，K 为系统刚度矩阵；q 为位移矢量；f 为载荷

基金项目： 核反应堆系统设计技术国家级重点实验室基金资助（ZDS－A－0908）和四川省青年基金资助（09ZB101）。

矢量;子矩阵 $\boldsymbol{C}_1$ 和 $\boldsymbol{C}_2$ 由交界面上位移连续性要求及转换矩阵而得;下标 F 和 M 分别表示 FEM 子域和 EFG 子域。相应的矩阵和向量计算见有限元和无网格方法相关文献。

FEM 子域节点的真实位移和 EFG 子域节点的名义位移分别表示为

$$\boldsymbol{q}_{\mathrm{F}} = \begin{bmatrix} u_1 & v_1 & w_1 & \cdots & u_i & v_i & w_i & \cdots \\ & u_n & v_n & w_n \end{bmatrix}^{\mathrm{T}} \quad (2)$$

$$\boldsymbol{q}_{\mathrm{M}} = \begin{bmatrix} \hat{u}_1 & \hat{v}_1 & \hat{w}_1 & \cdots & \hat{u}_i & \hat{v}_i & \hat{w}_i & \cdots \\ & \hat{u}_m & \hat{v}_m & \hat{w}_m \end{bmatrix}^{\mathrm{T}} \quad (3)$$

式中,u、v、w 分别为 x、y、z 方向的位移;下标 n 和 m 分别为 FEM 和 EFG 节点数。

为了满足两个子域交界面上位移连续性要求,如果一个节点 i 处于交界面上且属于 FEM 子域的某个单元中的一个节点,则该节点的位移由 EFG 子域中节点位移通过插值的形式得到。该单元节点位移矢量可以表示如下:

$$\tilde{\boldsymbol{q}}_{\mathrm{F,e}} = \begin{bmatrix} u_1 & v_1 & w_1 & \cdots & \hat{u}_{i1} & \hat{v}_{i1} & \hat{w}_{i1} & \cdots \\ \hat{u}_{ij} & \hat{v}_{ij} & \hat{w}_{ij} & \cdots & \hat{u}_k & \hat{v}_k & \hat{w}_k \end{bmatrix}^{\mathrm{T}} \quad (4)$$

式中,下标 k 为 FEM 单元节点数;j 为 EFG 子域中节点 i 影响域内的 EFG 节点数。该单元节点位移矢量可通过转换矩阵表示为

$$\boldsymbol{q}_{\mathrm{F,e}} = \boldsymbol{T} \tilde{\boldsymbol{q}}_{\mathrm{F,e}} \quad (5)$$

式中,$\boldsymbol{q}_{\mathrm{F,e}}$ 为未考虑耦合作用的 FEM 子域的单元位移矢量;$\boldsymbol{T}$ 为由插值函数组成的转换矩阵。

将式(5)代入 FEM 子域的单元平衡方程中,可得转换后的单元刚度矩阵和载荷列向量:

$$\boldsymbol{K}_{\mathrm{F,e}} = \boldsymbol{T}^{\mathrm{T}} \tilde{\boldsymbol{K}}_{\mathrm{F,e}} \boldsymbol{T} \quad (6)$$

$$\boldsymbol{f}_{\mathrm{F,e}} = \boldsymbol{T}^{\mathrm{T}} \tilde{\boldsymbol{f}}_{\mathrm{F,e}} \tilde{\boldsymbol{f}}_{\mathrm{e}}^{\mathrm{F}} \quad (7)$$

式中,$\boldsymbol{K}_{\mathrm{F,e}}$ 和 $\boldsymbol{f}_{\mathrm{F,e}}$ 分别为考虑耦合前的 FEM 单元刚度矩阵和单元载荷向量

FEM 子域的平衡方程为

$$\tilde{\boldsymbol{K}}_{\mathrm{F}} \tilde{\boldsymbol{q}}_{\mathrm{F}} = \tilde{\boldsymbol{f}}_{\mathrm{F}} \quad (8)$$

式中,$\tilde{\boldsymbol{K}}_{\mathrm{F}}$、$\tilde{\boldsymbol{q}}_{\mathrm{F}}$ 和 $\tilde{\boldsymbol{f}}_{\mathrm{F}}$ 分别为 FEM 子域单元组集后的刚度矩阵、位移向量和载荷向量。

1.2　应力强度因子的计算

在如图 1 所示的裂尖局部坐标系下,裂纹尖端附近位移 u、v 可以描述如下[12]:

$$u = \frac{1+v}{4E} \sqrt{\frac{2r}{\pi}} \left\{ K_{\mathrm{I}} \left[(5-8v)\cos\frac{1}{2}\theta - \cos\frac{3}{2}\theta \right] + K_{\mathrm{II}} \left[(9-8v)\sin\frac{1}{2}\theta + \sin\frac{3}{2}\theta \right] \right\} \quad (9)$$

$$v = \frac{1+v}{4E} \sqrt{\frac{2r}{\pi}} \left\{ K_{\mathrm{I}} \left[(7-8v)\cos\frac{1}{2}\theta - \sin\frac{3}{2}\theta \right] + K_{\mathrm{II}} \left[(3-8v)\cos\frac{1}{2}\theta + \cos\frac{3}{2}\theta \right] \right\} \quad (10)$$

式中,E 为材料弹性模量;v 为泊松比;K_{I}、K_{II} 为裂纹应力强度因子。

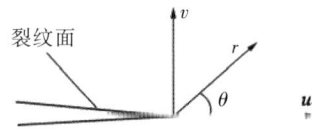

图 1　裂纹尖端局部坐标系

Fig. 1　Local Co-Ordinate in Vicinity of Crack Tip

利用耦合的 FEM/EFG 方法计算得到位移场后,可用直接位移法计算应力强度因子[13]。对于 I 型裂纹,只需计算 K_{I}。令 $\theta=\pi$,由式(10)可以得到裂尖附近的节点位移:

$$v_{2l} = \frac{K_{\mathrm{I}l}(1-v^2)}{E} \sqrt{\frac{\pi}{8r_l}} \quad (l=1,2,\cdots,n) \quad (11)$$

式中,l 为处于裂纹面上且与裂纹前沿垂直的直线上的一系列节点。由上式可得

$$K_{\mathrm{I}l} = \frac{v_{2l}E}{1-v^2} \sqrt{\frac{8r_l}{\pi}} \quad (l=1,2,\cdots,n) \quad (12)$$

由此可以计算得到这些节点相应的应力强度因子,再利用线性插值即可得到相应裂尖处的应力强度因子。

为了模拟裂纹尖端附近的应力 $1/\sqrt{r}$ 奇异性,在无网格 Galerkin 方法中采用如下形式的增强型基函数:

$$\boldsymbol{P} = \{1 \quad x \quad y \quad z \quad \sqrt{r}\} \quad (13)$$

式中,$\boldsymbol{P}$ 为基函数向量;x、y、z 为笛卡尔坐标;r 为当前位置与裂尖的距离。

1.3　数值算例

中心裂纹板的几何尺寸为 70 mm×50 mm×

10 mm,中心裂纹长度为 $2a = 14$ mm,板的两端承受均匀拉力 $\sigma = 50$ MPa。考虑到结构和载荷的对称性,取其 1/4 模型进行计算(图 2)。裂纹尖端附近区域划分为 EFG 子区域,其余区域划分为 FEM 子区域。其中,FEM 子区域离散为 66 个 20 节点 2 次单元;EFG 子区域则离散为 1056 个节点,使用 750 个 8 节点六面体有限元背景网格。在计算得到位移后,可采用直接位移法计算裂纹尖端的应力强度因子。带贯穿中心裂纹的有限宽板的应力强度因子可由下式计算[14]:

$$K_I = F \cdot \sigma \sqrt{\pi a} \tag{14}$$

$$F = 1 + 0.128\left(\frac{a}{b}\right) - 0.288\left(\frac{a}{b}\right)^2 + 1.525\left(\frac{a}{b}\right)^3 \tag{15}$$

式中,$2a$ 为裂纹长度;$2b$ 为有限宽板宽度。由上述公式计算得到的应力强度因子的理论值为 245.4 MPa·mm$^{-1/2}$。耦合的 FEM/EFG 方法计算得到的应力强度因子与该计算值的比较如图 3 所示。由图 3 可知,两种方法的计算结果一致,除上

下表面 2 点的应力强度因子外,两者间的最大相对误差不超过 0.6%。由于理论公式没有考虑表面效应,所以上下表面处的应力强度因子不便比较。

2 含裂纹压力管道碳纤维复合材料缠绕修复技术

压力管道中的裂纹分为表面裂纹和贯穿裂纹;表面裂纹又分为内表面裂纹和外表面裂纹。目前普遍采用破前漏技术(LBB)对压力管道裂纹进行安全性评估,将压力管道中的表面裂纹简化为椭圆形裂纹[图 4(a)]。贯穿裂纹的简化如图 4(b)所示,裂纹前沿与管径方向一致。

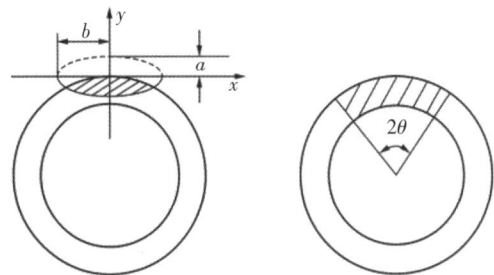

(a)横向表面裂纹　　(b)横向贯穿裂纹

图 4　裂纹形状

Fig. 4　Crack Shape

碳纤维复合材料缠绕修复压力管道技术是利用碳纤维复合材料在管道外形成复合材料修补层,分担管道承受的载荷,降低管壁的应力并且限制管道裂纹处的应力集中,从而达到对管道补强的目的,恢复管道的正常承压能力(图 5)。该技术的优点是不用在服役管道上进行焊接,避免了焊穿和发

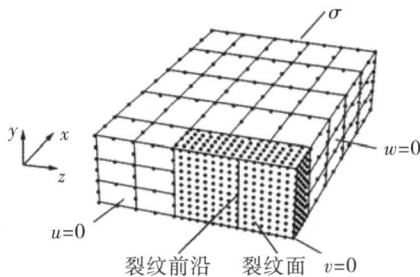

图 2　中心裂纹板 FEM/EFG 1/4 数值模型

Fig. 2　FEM/EFG 1/4 Numerical Model of Center Cracked Panel

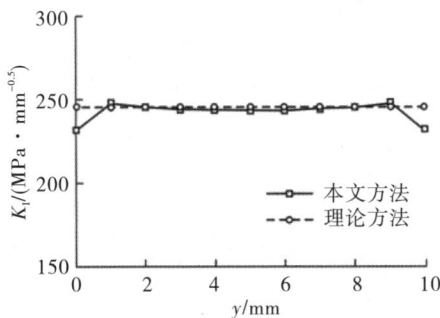

图 3　中心裂纹板应力强度因子

Fig. 3　Stress Intensity Factors of Center Cracked Panel

图 5　碳纤维复合材料缠绕修复压力管道

Fig. 5　Repair Pressure Pipe with Carbon Fiber Reinforced Composites Wind-up

生氢脆、冷脆的可能性,极大地降低了操作的风险性,且可以对管道进行带压修复,从而保障管道运行的连续性。

3　碳纤维复合材料缠绕修复压力管道数值分析

分析的典型含裂纹压力管道外直径为323.9 mm,壁厚为12.7 mm,$E=2.07×10^5$ MPa,$v=0.3$,工作内压均匀分布在管内壁,$p=4.0$ MPa,远端横截面上作用有由内压引起的等效反力。采用碳纤维增强型复合材料对裂纹区域进行缠绕修复。在缠绕区域涂上油灰(图5)。油灰厚1 mm;油灰材料$E=1.74×10^3$ MPa,$v=0.45$;碳纤维增强型复合材料修复层厚7 mm。材料性能参数如表1所示。

表1　碳纤维增强型复合材料性能参数①

Table 1　Property Parameters for Carbon Fiber Reinforce Composite Material

参数名	参数值	参数名	参数值	参数名	参数值
E_x/GPa	5.5	v_{xy}	0.43	G_{xy}/GPa	0.69
E_y/GPa	23.4	v_{xz}	0.196	G_{xz}/GPa	29.6
E_z/GPa	49.0	v_{yz}	0.43	G_{yz}/GPa	0.69

①x、y、z分别对应管道径向、轴向和环向方向;G为切变模量。

采用耦合的FEM/EFG数值计算方法对碳纤维缠绕修复压力管道进行数值分析。为了减少计算量,考虑到含裂纹压力管道结构的对称性,取1/4部分作为计算模型。在裂纹前沿附近区域采用EFG节点离散,其余区域采用FEM单元离散,充分利用了有限元方法的计算高效率和无网格方法的高精度性的特点(图6、图7)。在远离裂纹前沿的区域可以设置较为稀疏的网格或节点,在裂纹前沿附近区域可以设置密集节点,不存在常规有限元中单元畸变问题。计算中,位于管道纵向切开截面上的节点x方向的位移被约束,位于横向切开截面上的节点(裂纹面上节点除外)z方向的位移被约束。为了限制管道刚体位移,横向切开截面最下端节点y方向位移被约束。

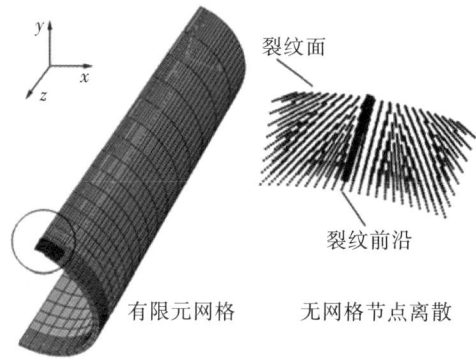

图6　修复前FEM/EFG数值模型

Fig. 6　FEM/EFG Numerical Model before Repair

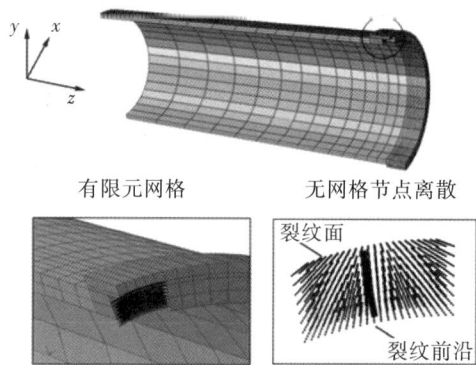

图7　修复后FEM/EFG数值模型

Fig. 7　FEM/EFG Numerical Model after Repair

刚度矩阵采用2×2×2阶高斯积分,为了模拟裂尖附近的$1/\sqrt{r}$奇异性,采用增强型基函数。应力强度因子的计算采用如1.2节所述的直接位移法。

图8为碳纤维增强型复合材料不同修复套袖长度的横向贯穿裂纹应力强度因子。由图8可知,采用碳纤维增强型复合材料修复后,压力管道裂纹尖端处应力强度因子显著降低;修复前应力强度因子的最大值出现在靠近管道内壁区域,修复后裂纹前沿中部应力强度因子较大,两端较低;随着修复套袖长度的增加,应力强度因子逐渐降低。

图9为碳纤维增强型复合材料不同修复套袖长度的横向外表面椭圆形裂纹应力强度因子。由图9可知,应力强度因子的最大值靠近管道外壁,并随着深度的增加逐渐降低;采用碳纤维增强型复合材料修复后,压力管道椭圆形表面裂纹前沿的应

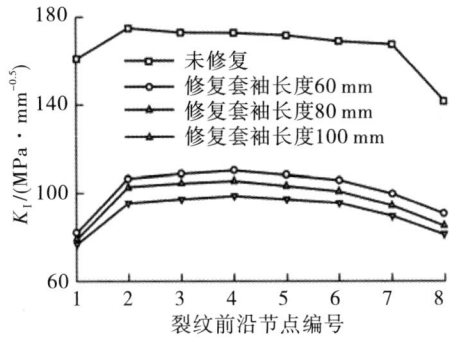

图 8　压力管道横向贯穿裂纹应力强度因子

Fig. 8　Stress Intensity Factors of Traverse Through-Wall Crack in Pressure Pipe

（贯穿裂纹横向长度 $2\theta=10°$；横坐标为裂纹前沿沿管道内表面到管道外表面依次设置的节点编号）

力强度因子明显降低；对于横向外表面椭圆形裂纹，修复后，处于中部深度附近区域的裂纹前沿处应力强度因子降低最显著，最深点处和靠近外径处应力强度因子降低较少；改变套袖长度，应力强度因子降低并不十分明显，可见当长度超过一定范围后，应力强度因子的降低趋于缓慢，套袖长度对应力强度因子的影响相对较小。

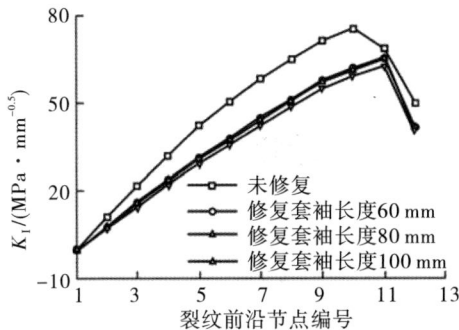

图 9　压力管道横向外表面椭圆形裂纹应力强度因子

Fig. 9　Stress Intensity Factors of Traverse Outer Surface Ellipse-Shape Crack in Pressure Pipe

（椭圆形裂纹的短、长轴分别为 $2a=16$ mm, $2b=30$ mm）

4　结　论

（1）采用碳纤维增强型复合材料缠绕修复含裂纹压力管道，无论是横向贯穿裂纹还是横向表面裂纹都能得到很好的修复效果。

（2）修复套袖长度愈大，修复效果愈好。但套袖长度超过一定范围后，修复套袖长度的增加对应力强度因子降低的贡献甚微。

（3）对于横向贯穿裂纹，修复后裂纹前沿所有部位的应力强度因子显著降低。对于横向表面裂纹，除了靠近最深点和外表面点外，其余区域裂纹前沿应力强度因子明显降低。

（4）修复套袖长度对横向贯穿裂纹影响较大，对横向表面裂纹影响较小。

采用碳纤维增强型复合材料修复含裂纹压力管道技术具有很大的发展潜力和广阔的应用前景，目前该技术的实施尚有很多方面的问题值得深入研究。

参考文献：

[1] LIU J, YAN B. Numerical investigation on fatigue crack growth behavior of cracked aluminum panels repaired with piezoelectric patches using MLPG/FEM[C]//Anon. The second international conference on heterogeneous material mechanics. [S. l. ; s. n.], 2008: 1473 - 1476.

[2] LIU C, YAN B, LIU J, et al. Repair efficiency of cracked panel repaired by a piezoelectric patch[J]. Journal of Chongqing University, 2009, 32(8): 950 - 954.

[3] SEKINE H, YAN B, YASUHO T. Numerical simulation study of fatigue crack growth behavior of cracked aluminum panels repaired with a FRP composite patch using combined BEM/FEM[J]. Engineering Fracture Mechanics, 2005, 72(16): 2549 - 2563.

[4] WILSON J M, KESSLER M R, DUELL J M. Rupture testing of A - 106, grade B steel pipes repaired with carbon/epoxy composites[C]//ASME. ASME/JSME pressure vessels and piping conference. [S. l. ; s. n.], 2004: 175 - 179.

[5] CEREONE L, LOCKWOOD J D. Review of FRP composite materials for pipeline repair[C]//Anon. ASCE pipeline division specialty conference. [S. l. ; s. n.], 2005: 1001 - 1013.

[6] LIU G, WANG X Y, LU M X, et al. A new pipeline repair system and its application in China[C]//IPC. ASME international pipeline conference. [S. l. ; s. n.], 2008: 281 - 284.

[7] DUELL J M, WILSON J M, KESSLER M R. Analysis of a

carbon composite overwrap pipeline repair system [J]. International Journal of Pressure Vessels and Piping, 2008, 85：782 – 788.

[8] HA N Y，KIM S S，HWANG I U，et al. Application of natural fiber reinforced composites to trenchless rehabilitation of underground pipes [J]. Composite Structures，2008，86：285 – 290.

[9] HOUSSAM T，SEAN D. Stress modeling of pipelines strengthened with advanced composites materials[J]. Thin-Walled Structures，2001，39：153 – 165.

[10] XIAO Q Z, HANASEKAR M D. Coupling of FE and EFG using collocation approach[J]. Advances in Engineering Software，2002，33(7)：507 – 515.

[11] 柳军,严波,赵莉,等. 基于转换矩阵的 FEM/MLPG 耦合算法[J].计算力学学报,2010, 27(4)：596 – 600.

[12] 范天佑. 断裂理论基础[M]. 北京:科学出版社,2003.

[13] 梁尚清,黄其青. 无网格方法在断裂分析中的应用[D]. 西安:西北工业大学,2005.

[14] 丁遂栋,孙利民. 断裂力学[M]. 北京:机械工业出版社,1997.

Fracture Analysis for Pressure Pipe Wrapped with Carbon Fiber Reinforced Composites

Liu Jun[1]，Yan Bo[1]，Lu Yuechuan[2]，Sun Yinxue[2]，Jiang Naibing[2]，Chang Xueping[3]

1. Department of Engineering Mechanics, Chongqing University, 400044, China；

2. Science and Technology on Reactor System Design Technology Laboratory，Nuclear Power Institute of China, Chengdu, 610041,China；

3. Department of Engineering Mechanics, Southwest Petroleum University, Chengdu, 610500, China

Abstract：A coupled FEM/EFG numerical method is introduced to calculate the stress intensity factors along the crack front of a cracked pressure pipe line wrapped with carbon fiber reinforced composites. Two types of crack shape，traverse through-wall crack and surface ellipse crack are considered respectively，based on which the effect of the carbon fiber reinforced composites sleeve length to the stress intensity factors is numerically investigated. It shows that using the algorithm presented in this paper，the stress intensity factrs of 3D component can be calculated effectively，and the stress intensity factors of the cracked pressure pipe line repaired with carbon fiber reinforced composites decrease obviously，compared to the original cracked pipe without any repair. Better repair efficiency is obtained with the increase of the sleeve length，but when the length is increased to a certain value，the length increasing of the sleeve contributes little to the decrease of the stress intensity factors，therefore to the repair efficiency.

Key words：FEM/EFG coupled method，Cracked pressure pipe，Carbon fiber reinforced composites，Wind-up repair，Stress intensity factors

作者简介：

柳　军(1980—),男,2010 年毕业于重庆大学工程力学专业,获博士学位。现从事计算力学及其在工程中的应用等方面的研究工作。

超临界水流动传热特性影响因素数值模拟研究

刘　蕾,肖泽军,闫　晓,曾小康,黄彦平

中国核动力研究设计院中核核反应堆热工水力技术重点实验室,成都,610041

摘要:以计算流体力学(CFD)商业软件 FLUENT 为计算平台,通过进行网格敏感性分析和湍流模型比较,选取最优化的网格和最佳湍流模型,对圆管和圆环通道内超临界水流动传热特性进行数值模拟,研究通道的几何结构、特征距离 l_T 以及水物性对超临界水流动传热特性的影响。结果表明:热力学当量直径对流动传热特性影响不大,可以忽略;水力学当量直径、特征距离 l_T 以及水的物性都对超临界水流动传热特性有很大的影响。

关键词:超临界水;流动传热;几何结构;特征距离;水物性

中图分类号:TL421;TL334　　　　**文献标志码**:A

0　引　言

超临界水冷堆以超临界水作为冷却剂和慢化剂,其堆芯出口温度可高达 500 ℃,热效率可达 45%;并且堆芯出口的热流体可直接进入汽轮机,简化了系统结构。因此超临界水冷堆极具发展前景。而超临界水流动传热特性研究对超临界水冷堆的实现有重要意义[1]。

超临界水冷堆冷却剂温度较高,对中子的慢化能力不足,因此目前堆芯设计中引入水棒来慢化中子,燃料棒在水棒之间紧密排列。冷却剂进入堆芯后先从上至下流过水棒,继而从下至上流过燃料棒与水棒之间的流道,带出热量。在这种堆芯结构条件下,冷却剂在加热面(燃料棒表面)与非加热面(水棒表面)之间的窄间隙圆环通道内流动,其几何结构和加热条件与在圆管中不同,因此圆管条件下得到的流动传热关系式不一定适用于窄间隙圆环通道。

基于上述背景,超临界水流动传热特性研究对超临界水冷堆的实现有重要意义[1]。本文将超临界水冷堆中的冷却剂通道抽象为窄间隙圆环通道,以 FLUENT 为计算平台,通过数值模拟方法来研究圆环通道内超临界水流动传热特性的影响因素。

1　计算模型及方法

1.1　几何模型

由于圆管和圆环通道为中心旋转对称结构,无周向不均匀性,因此可简化为图 1 和图 2 所示的二维结构。

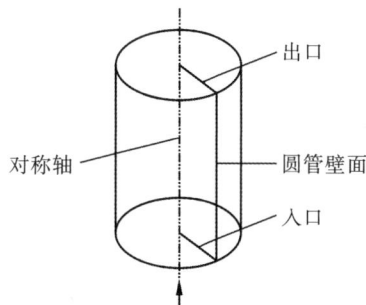

图 1　圆管二维几何模型

Fig. 1　Two Dimensional Geometrical Model of Circular Tube

FLUENT 提供了二维求解器,可对二维几何模型进行求解,提高运算效率。计算中选取的圆管与圆环通道尺寸如表 1 所示。

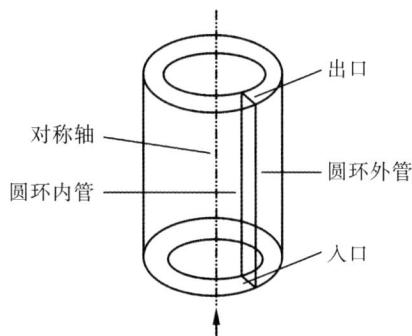

图 2　圆环通道二维几何模型

Fig. 2　Two Dimensional Geometrical Model of
Annular Channel

1.2　网格划分

计算网格在 Gambit 中生成。为了对通道内边界层温度场和速度场进行详细求解,对近壁面网格实行局部加密处理。网格划分之前首先进行网格敏感性分析。

图 3 为圆环通道(内管直径 8 mm,外管直径 10 mm)内,径向网格节点数分别为 50、200 和 800 时数值计算所得的加热面壁温 T_w 与 Glushchenko 和 Gandzyuk 实验数据[2]的比较结果(计算中取壁面到法向第一个节点的无量纲距离 $y^+ = 0.1$,湍流模型为 SST 模型),H_b 为流体平均焓值。计算时给定与实验中相同的工况:压力 $p = 23.5$ MPa,质量流速

表 1　圆管和圆环通道尺寸

Table 1　Dimension of Circular Tube and Annular Channel

序号	通道类型	加热方式	水力当量直径/mm	热力当量直径/mm	通道长度/mm	特征距离 l_T/mm
1	圆管	均匀加热	2	2	3000	1
2	圆环通道	内管加热	2	4.5	3000	1
3	圆环通道	外管加热	2	3.6	3000	1
4	圆环通道	双边加热	2	2	3000	0.5

$G = 2200$ kg/(m² · s),热流密度 $q = 2.41$ MW/m²。可以看出,当径向网格节点数为 50 时,加热面壁温与实验数据偏差相对较大;当径向网格节点数增加到 200 时,加热面壁温与实验数据吻合得相对较好;继续增加径向网格节点数至 800 时,对计算结果几乎没有影响。因此选取 200 为无关的径向网格节点数。

图 4 为 y^+ 分别为 0.1、1 和 7 时数值计算所得的加热面壁温与 Glushchenko 和 Gandzyuk 实验数据的比较结果(计算中取径向网格节点为 200,湍流模型为 SST 模型)。由比较结果可以看出,当 y^+ 为 7 时,计算得到的加热面壁温与实验数据偏差非常大,定性上也与实验数据变化趋势不一致;当 y^+ 减

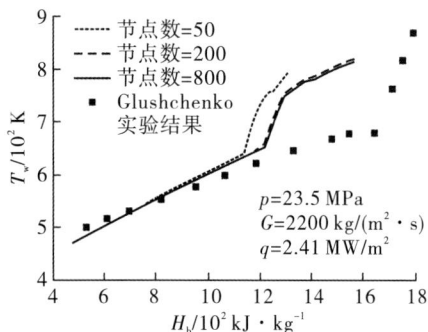

图 3　不同径向网格节点数的壁温比较

Fig. 3　Comparison of Wall Temperature with
Different Radial Node Numbers

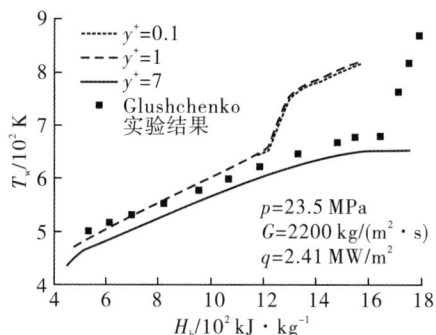

图 4　y^+ 不同时的壁温比较

Fig. 4　Comparison of Wall Temperature
with Different y^+

小到 1 时,计算得到的加热面壁温与实验数据吻合得相对较好,特别是能够预测出传热恶化这一趋势;继续减小 y^+ 至 0.1 时计算结果几乎没有影响。因此数值计算中保证 y^+ 小于 1 即可。

1.3 湍流模型的选取

根据 FLUENT 所提供的各模型的特点及使用条件,初步选定 SST 模型、V2F 模型和六种低雷诺数 (Re) 模型。数值模拟之前首先对这八种模型进行评估,选出适用性最好的一种湍流模型进行后续计算。

图 5 为圆环通道中采用各种湍流模型的数值计算结果与 Glushechenko 和 Gandzyuk 实验数据的比较结果。采用 Lam - Bremhorst 模型和 Yang - Shih 模型计算会出现非常强烈的数值波动,因此这两种模型的计算结果并未在图中给出。

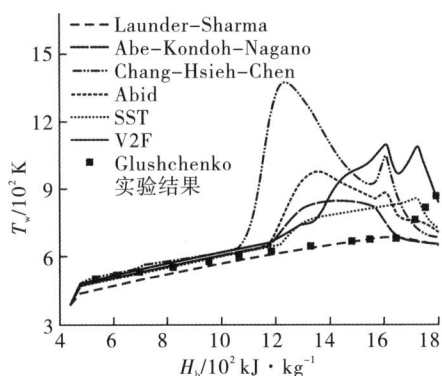

图 5　数值结果与实验结果比较

Fig. 5　Comparison of Numerical and Experimental Results

可以看出,各种模型在拟临界区之外都与实验数据吻合得较好,但在拟临界区都出现了较大的偏差。除了 Launder - Sharma 模型之外,大部分模型都能预测出 Glushechenko 实验中出现的传热恶化现象,但是各模型计算出的传热恶化起始点都比实验数据要提前。由图可知,相比其他模型来说,SST 模型与实验数据吻合得相对较好。因此后续的数值计算中都采用 SST 模型。

1.4 边界条件与求解控制

对于圆环通道简化模型,FLUENT 中的边界条件设置方式为:水平方向设为 x 轴;竖直方向设为 y 轴。FLUENT 自动默认 x 轴为对称轴,x 轴方向的壁面设置为壁面边界,y 轴对应圆环通道的径向 r 方向,y 轴方向的入口设为入口速度边界,出口为出流边界。计算中给定 $p = 25$ MPa,$G = 1000$ kg/($m^2 \cdot s$),$q = 600$ kW/m^2。

数值求解时压力采用二阶离散格式,其他方程都采用二阶迎风格式,压力速度耦合采用 SIMPLEC 算法。计算时对出口流体温度进行实时监控。计算结束条件:最大迭代次数为 8000 或能量方程的收敛精度达到 1.0×10^{-6},其他方程的收敛精度达到 1.0×10^{-5}。

2　计算结果分析

2.1　几何结构的影响

2.1.1　热力当量直径的影响

首先选取表 1 中的热力当量直径不同、水力当量直径和特征距离 l_T(l_T 为加热面到零热通量线的距离,零热通量线与零切应力线的概念类似,在零热通量线上,流体径向温度梯度为零)相同的 1～3 号通道进行计算,考察通道的热力当量直径对超临界水流动传热特性的影响。

图 6 为在给定工况下 1～3 号通道的加热面壁温变化曲线。可以看出,尽管 1～3 号圆管与圆环通道的热力当量直径各不相同,然而三者的加热面壁温变化曲线几乎完全重合,即热力学当量直径对加热面壁温影响非常小。

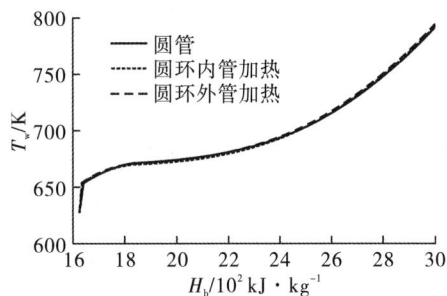

图 6　1～3 号通道加热面壁温变化

Fig. 6　Wall Temperature Change of Heating Surface of Channels No. 1 to No. 3

图 7 为 $H_b = 2583.89$ kJ/kg 处 1～3 号通道边界层速度分布。可以看出,随着壁面法向距离 y 的

不断增加,流道内流体径向速度渐近地过渡为主流速度。尽管1～3号圆管与圆环通道的热力当量直径不同,但流道内相同焓值处边界层速度分布差异非常小,即通道的热力当量直径对边界层速度分布几乎没有影响。

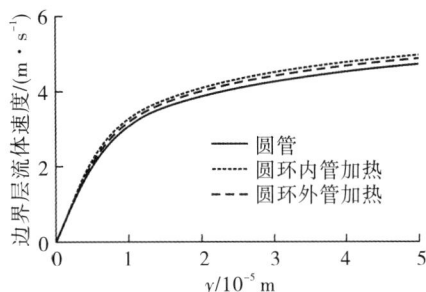

图7　1～3号通道边界层速度分布

Fig. 7　Velocity Distribution of Boundary
Layer in Channels No. 1 to No. 3

图8为$H_b=2583.89$ kJ/kg处1～3号通道边界层温度分布。可以看出,随着壁面法向距离y的不断增加,流道内流体径向温度T渐近过渡为主流温度。尽管1～3号圆管与圆环通道的热力当量直径不同,但流道内相同焓值处边界层温度分布差异非常小,即热力当量直径对边界层温度分布几乎没有影响。

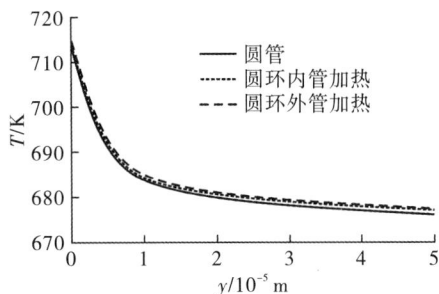

图8　1～3号通道边界层温度分布

Fig. 8　Temperature Distribution of Boundary
Layer in Channels No. 1 to No. 3

2.1.2　水力当量直径的影响

选取表1中水力当量直径相同、特征距离l_T不同的1号和4号通道(圆管和圆环双边加热通道)进行计算。图9为$H_b=2583.89$ kJ/kg处1号和4号通道边界层速度分布。

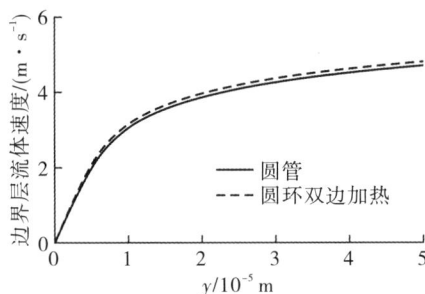

图9　1号和4号通道边界层速度分布

Fig. 9　Velocity Distribution of Bounday Layer
in Channels No. 1 and No. 4

由二者的边界层速度分布可以看出,尽管1号和4号通道的特征距离l_T不同,但由于水力当量直径相同,因此流道内边界层速度分布基本相同,即水力当量直径对流动特性有很大影响。

水力当量直径对超临界水流动特性的影响可以进行如下解释。

通道水力当量直径D_h定义为[3]

$$D_h = \frac{4A}{P_h} \qquad (1)$$

式中,A为通道过流断面面积;P_h为过流断面上流体与固体边界接触部分的周长,称为湿周。

将式(1)中的分子、分母同时乘以通道长度L,则有

$$D_h = \frac{4A}{P_h} = \frac{4AL}{P_h L} = \frac{4V}{S_h} \qquad (2)$$

式中,V为整个通道流通的流体体积;S_h为整个通道范围内流体与固体边界接触部分的面积。

由式(2)可以看出,水力当量直径D_h表征了单位壁面面积所对应的流通的流体体积。当通道的水力当量直径相同时,意味着单位壁面面积所对应的流通的流体体积相同,因此单位面积的壁面作用在流体上的切应力相同,从而通道内边界层速度分布相同,流体的流动特性也相同,即水力当量直径对超临界水流动特性起主要作用。

湍流脉动热交换$\overline{\rho u' h'}$是影响流体传热特性的重要因素[4]。由上面分析可知,水力当量直径对边界层速度分布起主要作用,从而影响通道内的湍流脉动热交换。因此水力当量直径对流体传热特性有很大的影响。

2.2 特征距离 l_T 的影响

由表 1 可以看出,在相同工况下,圆管与圆环通道加热方式不同时,除了当量直径的差异,l_T 也不相同。为了研究特征距离 l_T 对流动传热特性的影响,选取表 1 中的 1 号和 4 号通道(水力当量直径相同,特征距离 l_T 分别为 1 mm 和 0.5 mm)进行计算。由 2.1 节中对 1 号和 4 号通道边界层速度的分析可知,水力当量直径对流动特性起主要作用,而 l_T 对流动特性影响不大。下面研究 l_T 对传热特性的影响。

图 10 为 1 号通道和 4 号通道的加热面壁温变化。可以看出,尽管圆管与圆环通道水力当量直径相同,但由于 l_T 不相同,导致加热面壁温有差异,壁温偏差大约为 5 ℃,表现出通道内传热特性不同。

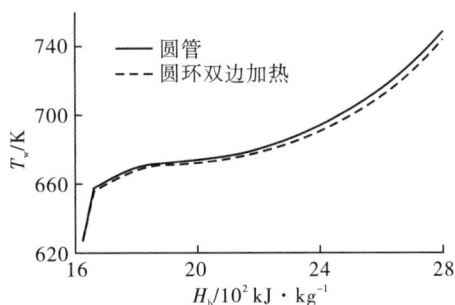

图 10 1 号和 4 号通道加热面壁温变化

Fig. 10 Wall Temperature Change of Heating
Surface of Channels No. 1 and No. 4

图 11 为 H_b = 2583.89 kJ/kg 处 1 号和 4 号通道内边界层温度分布。可以看出,尽管圆管与圆环通道的水力当量直径相同,但由于 l_T 不同,使得边界层温度分布有明显差异。

l_T 不同时,圆管与圆环通道内超临界水传热特性的差异可解释如下:在给定 q 下,当 D_h 相同时,流体热阻 R_n 沿壁面法向分布是确定的。由热阻的定义有如下关系式:

$$T_w - T_b = \int_0^{l_T} R_n \cdot q \tag{3}$$

当通道的特征距离 l_T 不同时,上式右边积分结果不同,使得 $T_w - T_b$ 不同。对应于同一焓值 H_b 处,流体平均温度 T_b 相同,因此 l_T 越大,加热面壁温 T_w 也越大。

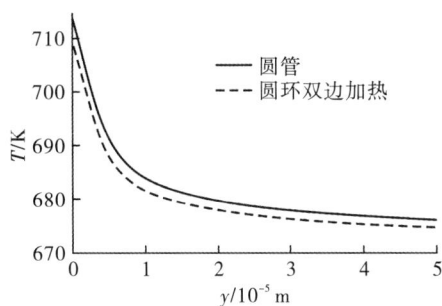

图 11 1 号和 4 号通道边界层温度分布

Fig. 11 Temperature Distribution of Boundary
Layer in Channels No. 1 and No. 4

与此同时,l_T 不同时,通道内径向平均温度梯度不同,影响了湍流脉动热交换,导致温度边界层结构不同,从而边界层温度分布也存在差异。因此除 D_h 外,特征距离 l_T 也是影响超临界水传热特性的主要因素。

2.3 水物性的影响

水的物性变化对通道内流动传热特性有很大影响。图 12 和图 13 分别为拟临界点附近(H_b = 2103.89 kJ/kg)和远离拟临界点处(H_b = 2583.89 kJ/kg),圆环内管加热时加热面与非加热面附近的边界层速度分布比较。

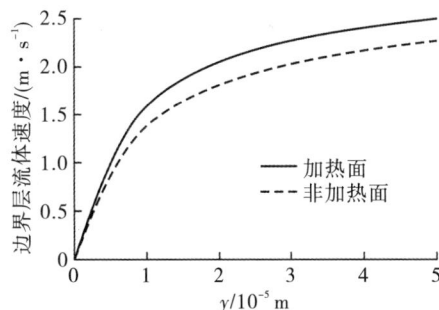

图 12 圆环加热面与非加热面边界层速度分布
(拟临界点附近)

Fig. 12 Velocity Distribution of Boundary Layer near
Ring Heated Wall and Unheated Wall
(near Pseudo-Critical Point)

可以看出,圆环加热面与非加热面边界层速度分布有差异,并且拟临界点附近这种差异更大。这是因为圆环加热面与非加热面的温度不同,边界层温度分布也不同,从而流体物性(如密度、比热容以

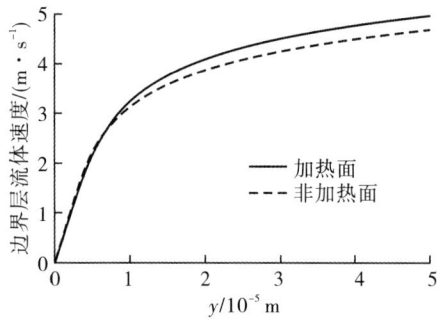

图 13　圆环加热面与非加热面边界层速度分布
（远离临界点处）

Fig. 13　Velocity Distribution of Boundary Layer near

Ring Heated Wall and Unheated Wall

(away from Pseudo-Critical Point)

及热导率等)在边界层的分布差别较大,使得加热面与非加热面附近流体的流动传热特性有差异。由于超临界水在拟临界区域物性会发生剧烈变化,在拟临界点附近,加热面与非加热面边界层速度差异更大。因此水的物性变化也是影响超临界水流动传热特性的主要因素。

3　结　论

（1）通道的热力当量直径对超临界水流动传热

特性影响不大,可以忽略。而 D_h、l_T 以及水的物性变化对超临界水流动传热特性有非常重要的影响,在关系式拟合中应着重考虑。

（2）圆环通道内超临界水流动传热关系式的建立,可在圆管关系式的基础上进行修正得到。除以上三种需要考虑的因素外,仍要探索是否还有其他因素的影响。进一步的结论还需通过更深入的数值模拟和实验研究得到。

参考文献：

[1] 程旭,刘晓晶. 超临界水冷堆国内外研发现状与趋势[J]. 原子能科学技术,2008,42(2):167-172.

[2] PIORO I L, DUFFEY R B. Heat transfer and hydraulic resistance at supercritical pressures in power-engineering applications[M]. [S. l.]: American Society of Mechanical Engineers, 2007.

[3] 张兆顺,崔桂香. 流体力学[M]. 2 版. 北京:清华大学出版社,2006.

[4] KAYS W M, CRAWFORD M E, WEIGAND B. Convective heat and mass transfer[M]. London: McGraw-Hill, 2004.

Numerical Analysis of Effect Factors on Heat Transfer and Flow Characteristics of Supercritical Water

Liu Lei, Xiao Zejun, Yan Xiao, Zeng Xiaokang, Huang Yanping

CNNC Key Laboratory on Nuclear Reactor Thermal Hydraulics Technology, Nuclear Power Institute of China, Chengdu, 610041, China

Abstract: The effect of hydraulic equivalent diameter, thermal equivalent diameter, characteristic distance, and water properties on heat transfer and flow characteristics were numerically analyzed for supercritical water in circular tube and annular channel. The calculation was performed using FLUENT in r-z two dimensions. The appropriate mesh layout was determined based on mesh sensitivity analysis and SST model was taken as the best turbulence model for supercritical water in this work. The results show that the effect of thermal equivalent diameter can be neglected, while hydraulic equivalent diameter, characteristic distance and water properties are very important for heat transfer and flow characteristics of supercritical water.

Key words: Supercritical water, Heat transfer and flow, Geometry, Characteristic distance, Water Properties

作者简介:

刘　蕾(1987—),女,硕士研究生。2009 年毕业于清华大学核工程与核技术专业,获学士学位。现从事反应堆热工水力方面的研究。

TA16 钛合金微动磨损特性

张亚非[1],任平弟[1,2],张晓宇[1],李长香[3],朱旻昊[1]

1. 西南交通大学牵引动力国家重点实验室,成都,610031;
2. 西南交通大学生命科学与工程学院,成都,610031;
3. 中国核动力研究设计院,成都,610041

摘要: 采用 PLINT 微动磨损试验机,进行 TA16 钛合金传热管与 0Cr18Ni9 不锈钢实心圆柱体配副件的微动磨损特性试验。试验条件为常温,法向载荷为 50 N 和 80 N,位移幅值为 80~200 μm,频率为 2 Hz。结果表明,法向载荷和位移幅值对材料损伤程度和损伤机制产生显著影响。材料损伤程度随位移幅值、载荷的增加显著增加,而微动摩擦系数则随之有所降低。由塑性变形层与磨屑层叠加组成的第三体层,对微动磨损过程发挥控制与约束作用。塑变层出现明显的微裂纹和剥层现象;磨屑以钛及其合金的氧化物为主要成分,呈现颗粒状聚集,附着于磨损区域。黏着磨损与磨粒磨损的共同作用,以及磨屑的摩擦氧化、聚集与转移是微动磨损过程的主要特征。

关键词: 钛合金;微动磨损;黏着磨损;磨粒磨损;摩擦氧化

中图分类号: TL329;TL353$^+$.13　　　　　　**文献标志码:** A

0 引 言

核电蒸汽发生器的传热管材料主要采用 I-690 和 I-800。传热管常在高温、高压和腐蚀介质环境下使用,流体运动与能量传递引发管与管支撑之间的小幅振动,引起传热管材料的微动磨损与微动腐蚀,并进一步导致材料表层裂纹的萌生和扩展,出现微动疲劳现象,可能引起传热管管壁减薄和爆管事故,影响设备使用寿命。TA16 合金强度适中、塑性好,具有优良的加工工艺性能,以及良好的耐腐蚀和抗氧化性能,综合技术性能优于工业纯钛。TA16 合金主要以管材形式在航空、舰船、核反应堆等领域用作管路系统,是可能取代现在使用的 I-690 和 I-800 合金的核电传热管新材料。对 TA16 合金的微动损伤机理进行研究具有重要意义。

本文在常温,法向载荷为 50 N 和 80 N,位移幅值为 80~200 μm 条件下,研究 TA16 合金以交叉圆柱接触微动磨损时合金组织的切向运行规律,使用扫描电镜、电子能谱和 X 射线光电子能谱等仪器分析了磨痕形貌和磨屑成分,并结合有限元模型辅助分析,研究了微动磨损的基本特征和损伤机制。本文研究工作对核反应堆的关键部件抗微动损伤提供了理论和实验依据,对于核电设备设计制造与安全运行具有实际应用价值。

1 试验材料与方法

试验材料为 Φ13 mm×1.5 mm 的 TA16(Ti-2Al-2.5Zr)合金管,其成分如表 1 所示,表面粗糙度 Ra 为 0.02 μm。对偶件为 0Cr18Ni9 不锈钢实心圆柱体(Φ = 10 mm,Ra = 0.02 μm)。微动试验在 PLINT 微动磨损试验机上进行。采用圆管/圆柱水平"十"字交叉接触方式(图 1)。

基金项目: 国家自然科学基金(50625515、51075342)、国家重点基础研究发展计划项目(2007CB714704)。

表 1　TA16 合金化学成分

Table 1　Chemical Composition of TA16 Alloy

组成	元素	质量分数/%
主成分	Al	1.8～2.5
	Zr	2.0～3.0
杂质	Fe	≤0.25
	Si	≤0.12
	C	≤0.10
	N	≤0.04
	H	≤0.006
	O	≤0.15
其他杂质总和		≤0.30

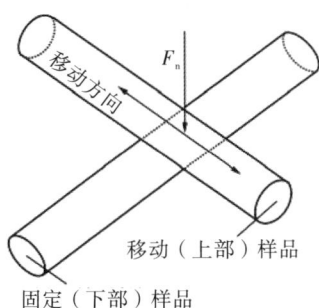

图 1　交叉圆柱接触方式示意图

Fig. 1　Schematic Diagram for Cross Contact of Cylinders

试验参数:法向载荷(F_n)为 50 N、80 N;循环次数(N)为 2×10^4 次;位移幅值(D)为 80 μm、120 μm、150 μm、200 μm;频率为 2 Hz;试验环境为大气;环境温度为 20～25 ℃;相对湿度为 50%～60%。试验结束后用光学显微镜、扫描电镜、电子能谱、X 射线光电子能谱、台阶仪和三维激光扫描显微镜等进行形貌和微观分析。

2　试验结果及讨论

2.1　静态受力分析

为了分析试件受力及应力分布情况,建立有限元模型(图 2)进行辅助分析。由图 3 可知,加

载后,样品整体在 Y 方向发生形变和接触点纵向位移,以接触区位移量最为显著;量化计算结果表明,纵向位移最大值达到 12.37 μm。计算分析显示,接触中心区应力集中,超过了材料弹性极限和塑性抗力极限,中心节点上的残留应力最高,试件材料局部具备了发生塑性变形、剪切转移及加工硬化的条件。在微动过程中,由于径向力和切向力的共同作用,塑性形变及加工硬化层产生微裂纹,出现剥落和磨粒磨损的转变,引起浅层剥落。疲劳裂纹主要起源于亚表层显微孔洞或高密度位错区。合金缺陷引起的磨面上局部深坑底部也可能会成为裂纹源,会表现出更多的剥层磨损特征。

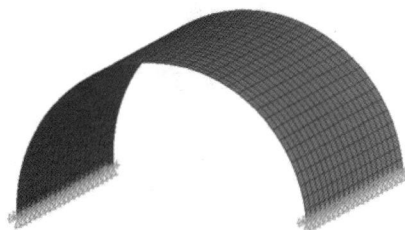

图 2　有限元模型

Fig. 2　Finite Element Model

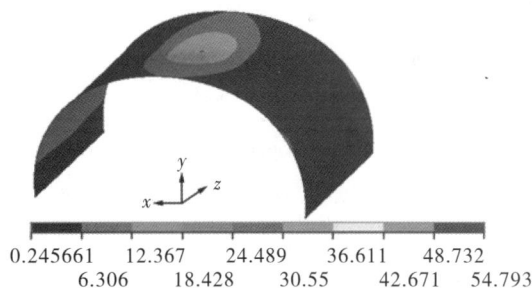

| 0.245661 | 12.367 | 24.489 | 36.611 | 48.732 |
| 6.306 | 18.428 | 30.55 | 42.671 | 54.793 |

图 3　加载后 TA16 样品应力场分布情况(F_n＝50 N)

Fig. 3　Stress Distribution in TA16 Sample under Loading

2.2　微动运行规律

F_n 分别为 50 N、80 N 时,接触表面的摩擦力、位移幅值 D 及循环次数 N 的三维曲线(图 4)描述了微动动态变化过程[1]。根据三维摩擦特性图的曲线形状特征可以将微动运行分为三个区域:部分滑移区(直线闭合)、混合区(椭圆)和滑移区(平行

四边形)。图 4 中所有曲线均呈现平行四边形,微动运行于滑移区,接触表面发生较大的相对运动。

随 D 和 F_n 增加,微动磨损区域增加,微动运行受磨损机制转变的控制与约束。

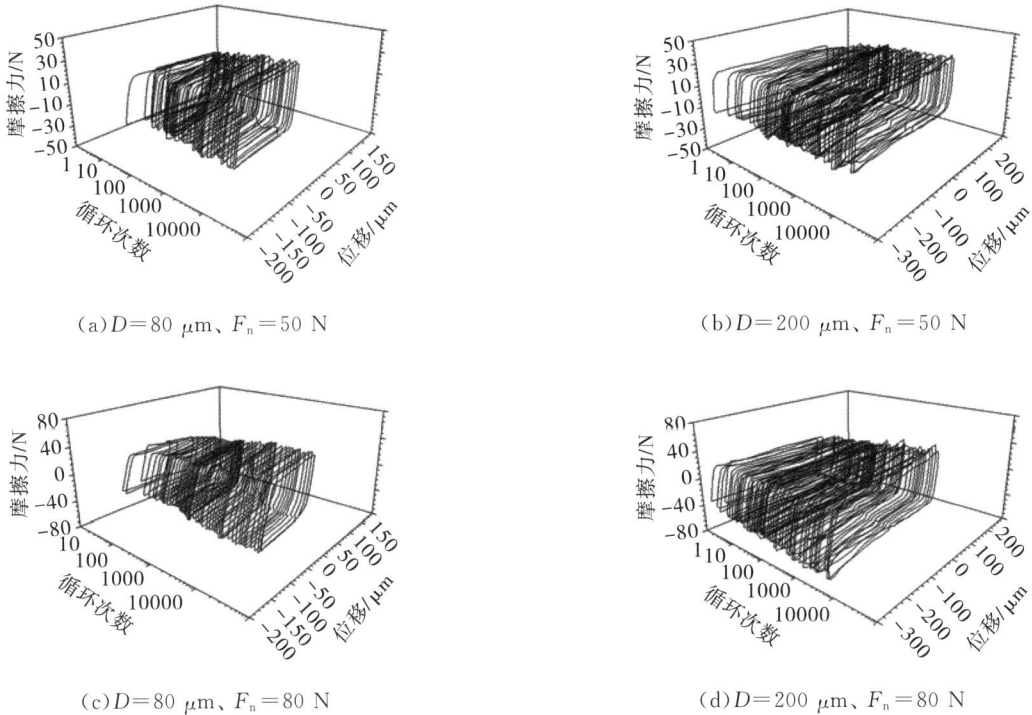

(a)$D=80~\mu m$、$F_n=50~N$

(b)$D=200~\mu m$、$F_n=50~N$

(c)$D=80~\mu m$、$F_n=80~N$

(d)$D=200~\mu m$、$F_n=80~N$

图 4　不同位移幅值和正常载荷下的微动磨损特性

Fig. 4　Fretting Wear Bahavior at Different Displacement Amplitudes and Normal Loads

2.3　摩擦系数

F_n 分别为 50 N、80 N 时,摩擦系数与循环次数随位移幅值的变化曲线如图 5 所示。可以看出,在微动磨损过程中,摩擦系数呈现出阶段性变化特征,可以分为三个阶段:①摩擦副二体接触期,初始表面膜被迅速破坏,二体作用逐渐增加,黏着磨损逐渐加剧,摩擦系数明显上升;②二体向三体过渡期,接触表面逐渐形成第三体,二体向三体逐渐过渡,由于磨屑形成并起固体润滑作用,摩擦系数在峰值出现以后发生转折,经历了一段下降过程;③稳定期,磨屑连续不断地形成和溢出,形成动态平衡,摩擦系数进入相对稳定的阶段。对比图 5(a)、(b)可知,在相等的 F_n 下,随着位移值的增加,摩擦系数有所降低;同位移、不同载荷的情况下,载荷增大,摩擦系数则略有下降。

2.4　磨痕形貌分析

TA16 合金在不同 F_n 和 D 下磨痕的截面轮廓如图 6(a)、(b)所示。可以看出,F_n 一定时,随着 D 的增加,损伤面积较大,磨痕较深,磨损量剧增,呈现明显的材料流失。对比图 6(a)与图 6(b),D 相同时,F_n 增加,磨痕面积与磨痕深度增加,损伤程度加大。

$F_n=80~N$,$D=200~\mu m$ 和 $D=80~\mu m$ 条件下的微动磨痕形貌如图 7(a)至(c)和图 7(d)至(f)所示。前已述及,在本试验中,微动均处于滑移区。图 7(a)、(d)是微动磨痕的低倍扫描电镜概貌图片。由于 TA16 合金塑性较大,有限元计算分析表明,接触区局部应力超过了材料的塑性抗力极限,磨损区塑性变形明显;微动磨损的第三体层由与基体紧密结合的塑性变形层和覆盖于塑变层表面的磨屑附着层共同叠加组成。磨痕表面绝大多数区域被磨

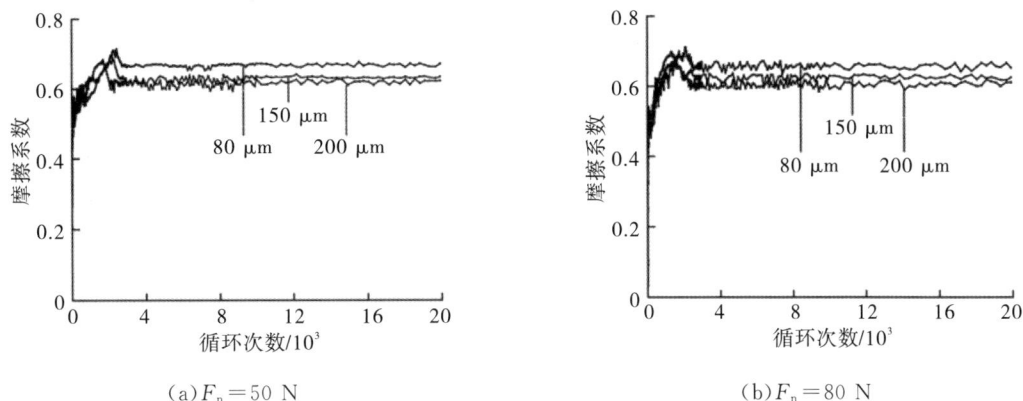

(a)$F_n=50$ N   (b)$F_n=80$ N

图 5　不同载荷下摩擦系数与循环次数的关系

Fig. 5　Variations of Friction Coefficient v. s. Cycle Numbers at Different Normal Loads

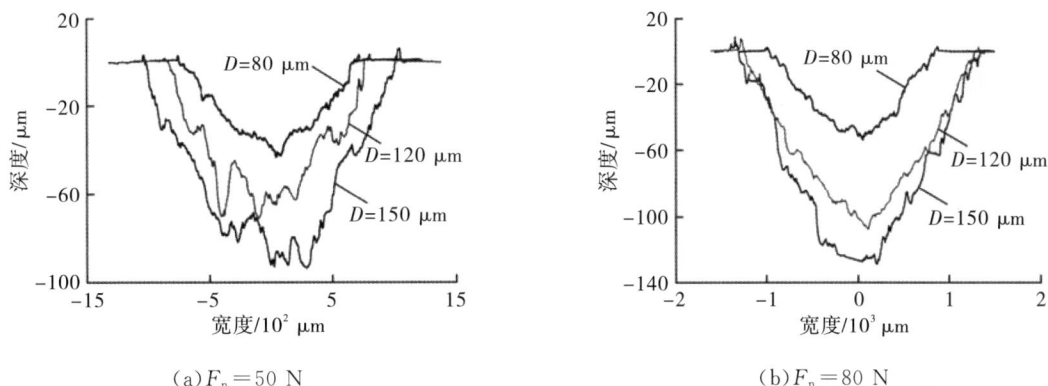

(a)$F_n=50$ N   (b)$F_n=80$ N

图 6　不同位移幅值和正常载荷下的磨痕截面轮廓

Fig. 6　Wear Surface Profiles at Different Displacement Amplitudes and Normal Loads

屑层覆盖,局部裸露出塑变层的表面。图 7(b)是塑变层放大的扫描电镜图片,可观察到表面横向微裂纹以及塑性变形层材料剥落形成的大片磨屑和经过反复碾压形成的细碎磨屑。图 7(e)是颗粒状磨屑聚集覆盖形成的均匀黏附在损伤表面的磨屑层。图 7(c)、(f)是 D 为 200 μm 和 80 μm 时,微动磨痕区域边缘的扫描电镜形貌。可观察到,基体合金、塑性变形层和磨屑呈现细小的颗粒状覆盖层的清晰边界和三层结构特征。对比图 7 可知,$F_n=$ 80 N、$D=$200 μm 条件下,因 D 较大,表面的磨屑被碾压成了较为细小的颗粒,并比较容易转移排出接触面,磨屑层较薄,损伤较为严重。$F_n=$80 N、$D=$80 μm 条件下,磨屑转移排出缓慢,聚集形成较为密集的覆盖,磨屑层较厚,磨损相对较轻。图 7 可以观察到黏着磨损、磨粒磨损、磨粒剥落与碾压和磨屑的聚集与转移的过程与特征。

从微动损伤区域成分分析电子能谱图谱[图 8(a)、(b)]发现,塑变层几乎未发生氧化,而磨屑层出现明显的氧峰,同时发现了 Fe、Cr、Ni 元素的存在。其中 Fe、Cr、Ni 为配对副材料成分。这表明在微动过程中,发生材料的黏着转移;而氧峰则表明在微动过程中发生了摩擦氧化。在剪切应力和法向应力综合作用下,损伤表面发生塑性变形、加工硬化,局部剥离后出现块状和片状磨屑,在碾压过程中发生氧化,形成磨屑层覆盖,并逐渐演变为塑性变形层与磨屑层二元结构的相对稳定的第三体层。

在二元结构的第三体层中,磨屑层的成分和结构是微动磨损过程发展、控制和约束的重要因素。从磨屑层的 X 射线光电子能谱宽程扫描图谱[图 8(c)]可以看到显著的 Ti 和 O 峰[2]。TA16 合金的主要成分 Ti 处于多价态的氧化状态。对 Ti_{2p} 峰分解发现 $Ti_{2P3/2}$ 和 $Ti_{2P1/2}$ 峰,后者均可以分解成 3 个峰,分别对应 TiO_2、Ti_2O_3 和 TiO。从 $Ti_{2P3/2}$ 图谱的面积分析,磨屑的主要成分是 TiO_2。磨屑中也发现了 TA16 合金成分 Al 和 Zr 的氧化物,以及黏着磨损对磨副材料转移成分的氧化物。氧化物磨屑对微动磨损过程发挥了减磨和承载作用,调节和控制了磨损的过程和机制,直接参与微动磨损机制的形成。

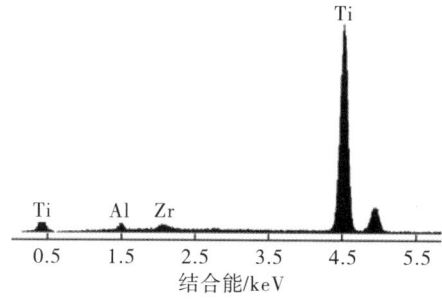

（a）塑变层

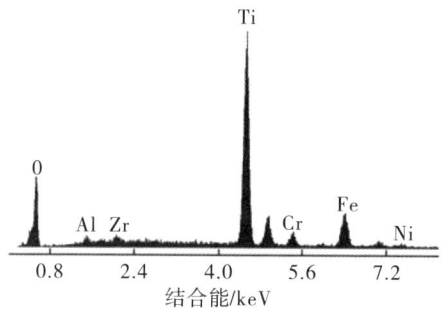

（b）磨屑层 1

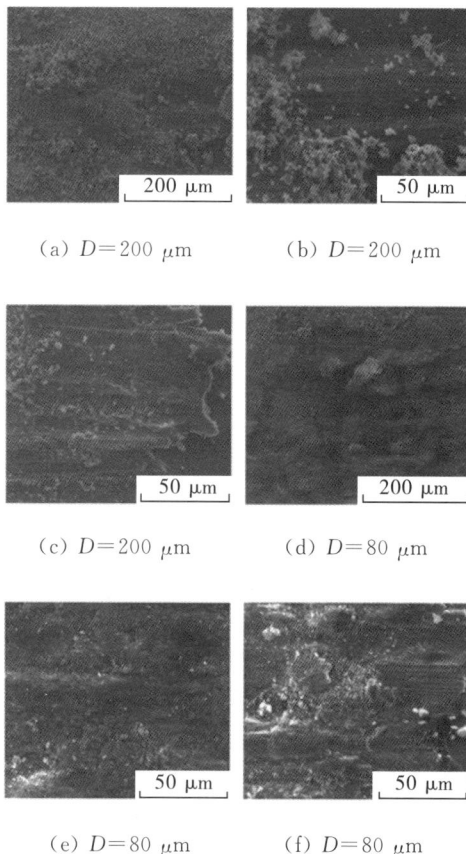

（a）$D=200\ \mu m$　　（b）$D=200\ \mu m$

（c）$D=200\ \mu m$　　（d）$D=80\ \mu m$

（e）$D=80\ \mu m$　　（f）$D=80\ \mu m$

图 7　不同位移幅值下微动磨痕扫描电镜照片

Fig. 7　SEM Image of Fretting Wear Scars at Different Displacement Amplitudes

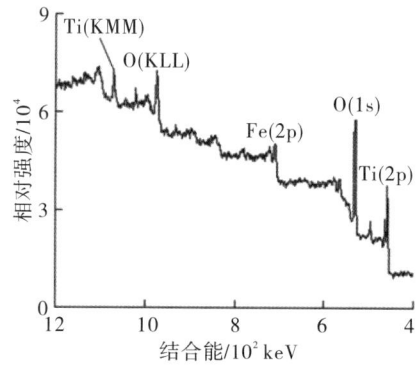

（c）磨屑层 2

图 8　微动损伤区电子能谱和 X 射线光电子能谱图谱

Fig. 8　EDX and XPS Patterns Fretting Wear Damage Area

3　结　论

（1）随 D 和 F_n 的增加,TA16 合金的微动损伤面积和深度增加,损伤程度加剧,而摩擦系数则呈现降低趋势。

（2）第三体层由塑性变形层和以氧化物为主要成分的磨屑层复合叠加组成，反映了损伤机制形成的主要特点。黏着磨损、磨粒磨损、磨粒剥落与碾压，以及伴生的摩擦氧化作用和磨屑的聚集与转移是微动磨损过程的主要特征。

（3）磨屑的主要成分是 Ti 及其合金元素的氧化物，Ti 表现为多价氧化状态，形成了 TiO_2、Ti_2O_3 和 TiO 等氧化物，其中 TiO_2 是其主要成分。

参考文献：

[1] ZHOU Z R, VINCENT L. Effect of external loading on wear maps of aluminium alloys [J]. Wear, 1993：162 - 164, 619 -623.

[2] 封向东,祖小涛,王治国,等. Ti－2Al－2.5Zr 合金在 300 ℃碱性水中氧化的表面分析[J]. 材料工程,2003 (1)：17 -18.

Fretting Wear Behavior of TA16 Alloy Materials

Zhang Yafei[1], Ren Pingdi[1,2], Zhang Xiaoyu[1], Li Changxiang[3], Zhu Minhao[1]

1. National Key Laboratory of Traction Power, Southwest Jiaotong University, Chengdu, 610031, China;

2. School of Life Science and Engineering, Southwest Jiaotong University, Chengdu, 610031, China;

3. Nuclear Power Institute of China, Chengdu, 610041, China

Abstract：The fretting wear behavior tests on cylinder contacts of TA16/0Cr18Ni9 have been carried out under the normal load(50 N and 80 N), frequency(2 Hz) and displacement amplitude(from 80 μm to 200 μm) using the hydraulic fretting test machine with a high precision. Experimental results showed that the normal loads and displacement amplitudes may have remarkable influence on the damage degree and injury mechanism of materials. Degree of injury of material increases with the increasing displacement amplitude and normal loads, however, the friction coefficients decrease. Three-body layer consists of two parts：plastic deformation layer and debris layer that has effect on the restriction and control in the fretting wear. The analysis found that there are some micro-crack and delamination in the plastic deformation layer, and the abrasive dust have based mainly on the oxide of titanium and titanium alloys, and attached on the surface of wear. Adhesive wear, abrasive wear and friction oxidation are the main fretting wear mechanism.

Key words：Titanium alloy, Fretting wear, Adhesive wear, Abrasive wear, Friction oxidation

作者简介：

张亚非(1984—)，男，2007 年毕业于西南交通大学材料科学与工程学院材料科学与工程专业，获学士学位。现为西南交通大学材料科学与工程学院硕士研究生。

304L 奥氏体不锈钢搅拌摩擦焊与
TIG 焊接头的微观组织与性能

徐蒋明[1],徐春容[2],樊保全[2],王世忠[2]

1. 中国核动力研究设计院,成都,610213;
2. 中国核动力研究设计院反应堆燃料及材料重点实验室,成都,610213

摘要:采用搅拌摩擦焊和钨极惰性气体保护电弧焊(TIG)分别对 3 mm 厚 304L 奥氏体不锈钢进行焊接,对比分析两种焊接方法下接头的微观组织和抗拉强度。304L 不锈钢的搅拌摩擦焊焊接接头由焊核区、热力影响区、热影响区及轴肩变形区组成;焊核区组织为均匀细小的动态再结晶组织,热力影响区组织发生明显的塑性变形,而热影响区仅受到热的作用,晶粒有所长大,TIG 焊接头组织由胞状树枝晶奥氏体和呈蠕虫状或板条状铁素体组成。结果表明,两种焊接方法获得的接头强度相似,都略高于母材强度。

关键词:304L 奥氏体不锈钢;搅拌摩擦焊;TIG 焊;微观组织;性能

中图分类号:TL374+.5   **文献标志码**:A

0 引 言

搅拌摩擦焊是一种固态焊接方法,焊接过程中待焊金属不发生熔化,避免了熔化焊焊缝中可能出现的裂纹、气孔等缺陷,且焊后接头机械性能好。该焊接方法已成功运用到航空航天、造船、高速列车及汽车等工业领域。随着对搅拌摩擦焊技术研究的不断深入,现已有关于钛合金、不锈钢、碳钢、铜等高熔点材料搅拌摩擦焊的相关报道[1]。

基于搅拌摩擦焊固态连接特点及目前对该方法机理研究的深入,搅拌摩擦焊技术对解决核工业领域的材料焊接难题提供了一个可行的方法,因此国际上一些机构针对核工业领域的焊接部件开展了相关研究[2-6]:美国阿贡国家实验室采用搅拌摩擦焊技术进行单片式燃料元件的封焊;瑞典核燃料及废料管理公司采用搅拌摩擦焊技术进行核废料铜容器的封装;英国焊接研究所将搅拌摩擦焊技术用于反应堆不锈钢部件裂纹的修补;法国原子能委员会和美国能源部西北太平洋国家实验室都尝试将该方法用于第四代核电用弥散强化铁素体钢的焊接。目前国内核工业领域还未见相关报道。

本文采用搅拌摩擦焊技术进行 304L 奥氏体不锈钢的焊接,分析其接头微观组织和性能,并与钨极惰性气体保护电弧焊(TIG)焊接头的组织和性能进行对比。

1 试 验

研究材料选用 304L(00Cr19Ni10)超低碳型奥氏体不锈钢,材料厚度 3 mm。工件尺寸设计为 300 mm×100 mm。表 1 为 304L 奥氏体不锈钢的化学成分及主要力学性能。搅拌摩擦焊焊接搅拌头采用分体式结构;其中搅拌针材料为 W - Re 合金,长度设计为 2.9 mm,轴间直径 12 mm,结构为斜面锥形。

焊接结构设计为对接。在搅拌摩擦焊焊机 FSW - 3LM - 020 上进行 304L 奥氏体不锈钢的焊

基金项目:中国核动力研究设计院探索基金资助(ZK091)。

接。搅拌头倾角 2.5°,轴肩下压量 0.1 mm,焊接速度 100 mm/min,旋转速度 1000 r/min。采用 Tig 3000I AC/DC 焊机进行 304L 奥氏体不锈钢的熔焊焊接,脉冲峰值电流 170 A,基值电流 150 A,焊接速度 250 mm/min,脉冲频率 5 Hz。焊接时未对试样开坡口和添加焊丝,为保证焊透进行了双面焊接。

沿垂直于焊缝方向的横截面切取金相试样,采用 10% 的草酸溶液进行试样的电解腐蚀,用 Leica DMI5000M 金相显微镜微观组织分析。在 MTS810 电子万能试验机上进行接头拉伸试验,取 3 次试验平均值作为试验结果。

表 1 304L 奥氏体不锈钢的化学成分及主要力学性能

Table 1 Chemical Composition and Mechanical Properties of 304L Austenitic Stainless

化学成分(质量百分数)/%							力学性能		
C	Si	Mn	P	S	Ni	Cr	抗拉强度 σ_b/MPa	屈服强度 $\sigma_{0.2}$/ MPa	延伸率 δ/%
≤0.03	≤1.00	≤2.00	≤0.035	≤0.03	8.00~12.00	18.00~20.00	655	402	65

2 结果与分析

2.1 搅拌摩擦焊焊缝组织

304L 奥氏体不锈钢的组织主要为等轴奥氏体晶粒,并有少量黑色的铁素体组织(图 1)。焊接接头横截面宏观形貌如图 2 所示。根据焊缝的组织特征,可将接头划分为四个区域,即焊核区(Nugget)、热力影响区(TMAZ)、热影响区(HAZ)、轴肩变形区(SAZ)。由图 2 可见,轴肩变形区呈盆状,焊接过程中一定的下压量使其表面比母材略低;焊缝表面最大距离 12 mm 左右,与搅拌针轴肩直径 12 mm 对应,表明搅拌摩擦焊焊缝表面宽度大小与搅拌针轴肩直径对应。焊核区形状呈勺状,大部分区域呈现出明显的层状花纹组织;前进侧(AS)热力影响区与焊核区分界线明显,而在返回侧(RS)

图 1 母材微观组织

Fig. 1 Microstructure of Base Materials

焊核区与热力影响区之间无明显的界线。

A、B、C、D—焊核区上、下、左、右四个不同位置。

图 2 焊缝横截面宏观形貌

Fig. 2 Macroscopic Overview of Cross-Section in Welded Joint

图 3(a)至(d)分别为焊核区 A、B、C、D 区域的显微组织。由图 3 可见,整个焊核区组织均呈晶粒尺寸比母材小的等轴晶。在搅拌摩擦焊焊接过程中,搅拌头高速旋转并向前运动,加热速度快,同时伴有强烈的搅拌作用。在热与力的共同作用下,焊缝金属发生强烈的塑性变形和流动,同时发生动态再结晶,形成的晶粒在搅拌针作用下被打碎,来不及长大,形成等轴、细小的晶粒,远远小于母材晶粒尺寸。

由图 3 还可看出,焊缝底部的组织明显较焊缝中部或上部组织细小。一般认为搅拌摩擦焊焊接过程中焊接输入能量与焊核区晶粒尺寸有很大的关系。Zhu 等对 3.18 mm 厚 304L 不锈钢搅拌摩擦焊的温度计算结果显示,由于焊接材料薄,焊接过程中从焊缝上部到底部的温度差别很小[7]。因此认为本文中 304L 奥氏体不锈钢焊缝中不同部位不存在较大的温差。焊缝冷却过程中不同部位冷却

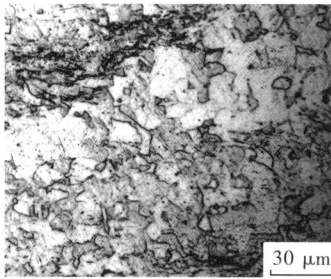

(a)A 区

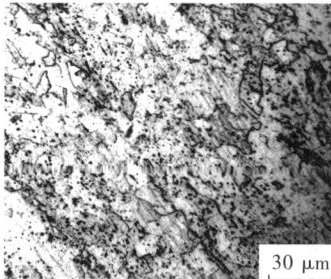

(b)B 区

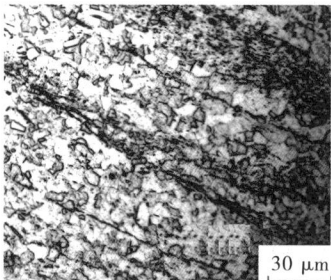

(c)C 区

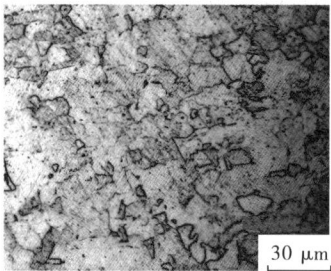

(d)D 区

图 3　焊核区域显微组织

Fig. 3　Microstructures of Nugget

速率的不同可能是造成不同部位晶粒尺寸差别的主要原因。焊接时焊缝底部直接与金属垫板接触,使该部位金属比其他部位金属冷却得快,温度相对

较低。

图 4 为焊接接头 AS 和 RS 中焊核与热力影响区交界处的显微组织照片。在 AS,焊核与热力影响区界限明显,两区存在很大的相对变形差,热力影响区晶粒被扭曲拉长,并与水平方向成一定角度;在 RS,热力影响区与焊核区无明显界限,热力影响区晶粒同样被拉长。热力影响区在焊接过程中同时受到搅拌针的机械搅拌和焊接热循环作用,但是由于该区域离搅拌针距离较远,因此受到的搅拌作用远小于焊核部位,且焊接热输入也远小于焊核部位。因此,热力影响区的组织可能没有足够的塑性变形量或是温度没有达到动态再结晶温度,使该区组织仅发生了塑性变形,没有发生动态再结晶。邢丽等认为 AS 与 RS 组织不同可能与焊接过程中两侧金属塑性流动状态的差别有关[8]。在 AS,焊缝金属塑性流动方向与母材金属塑性流动方向相反;在 RS,焊缝金属塑性流动方向与母材金属塑性流动方向一致,因而造成了焊缝与热力影响区的分界线在 AS 和 RS 不同。

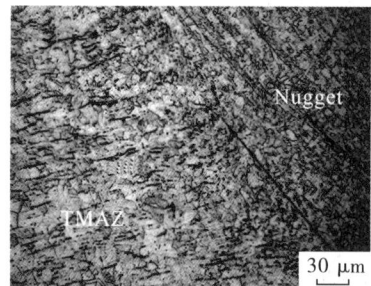

(a)AS

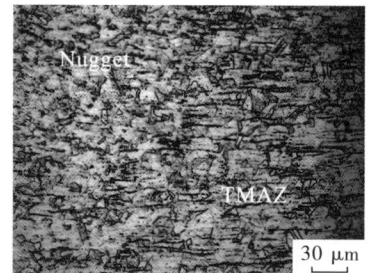

(b)RS

图 4　热力影响区显微组织

Fig. 4　Microstructures of TMAZ

图 5(a)、(b)分别为轴肩变形区、热影响区组

织。可见轴肩区组织仍是等轴晶。轴肩变形区是指焊核上方轴肩直接作用的区域,该区一般离搅拌针较远,受搅拌作用较弱,主要是在搅拌头的热作用和轴肩锻造力作用下产生较大的塑性挤压变形,并随之发生动态再结晶形成细小的晶粒。热影响区组织没有发生明显的塑性变形,且晶粒组织与母材相似。由于受到热的作用,晶粒尺寸比母材略微增大。

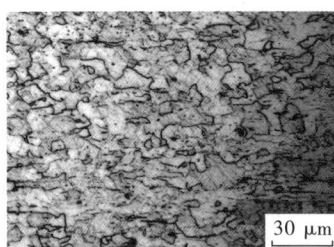

(a)轴肩变形区

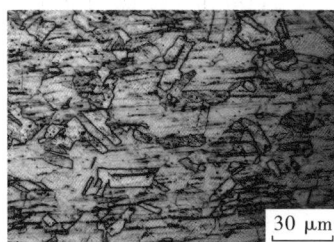

(b)热影响区

图 5 轴肩变形区和热影响区显微组织

Fig. 5 Microstructures of SAZ and HAZ

2.2 TIG 焊缝组织

TIG 焊缝具有典型的熔焊焊核形貌(图 6),由焊核区、熔合线及热影响区组成。图 7 为图 6 中焊缝中心矩形框区域显微组织,白色为胞状树枝晶奥氏体,黑色为蠕虫状或板条状的铁素体。

2.3 接头抗拉强度

表 2 为搅拌摩擦焊、TIG 焊接头以及母材的抗拉强度对比,两种焊接方法获得的接头强度相当,比母材略高。搅拌摩擦焊断裂试样沿焊缝热影响区或热力影响区断裂,TIG 焊接头都在热影响区断裂。从断口扫描电子显微镜照片(图 8)看,两种焊接方法下接头的断口形貌都为韧窝,为典型的韧性断裂。

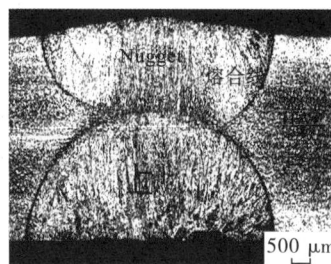

图 6 TIG 焊横截面宏观形貌

Fig. 6 Macroscopic Overview of Cross-Section in TIG Welded Joint

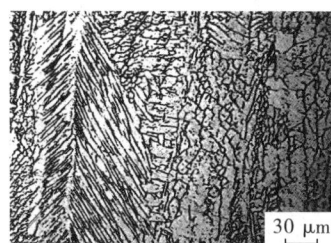

图 7 TIG 焊缝中心显微组织

Fig. 7 Microstructure of Center Zone in TIG Welded Joint

表 2 搅拌摩擦焊、TIG 焊接头及母材抗拉强度

Table 2 UTS of Base Materials and Joints Welded by FSW and TIG Welding

试样	抗拉强度/MPa
搅拌摩擦焊接头	683
TIG 焊接头	680
母材	655

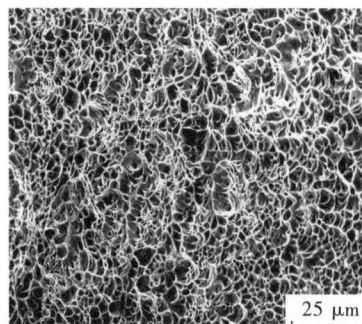

(a)搅拌摩擦焊断口

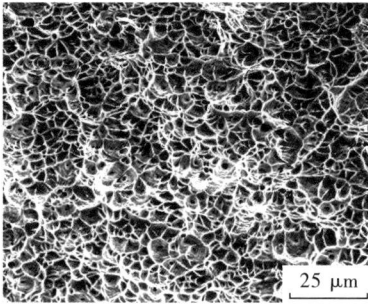

（b）TIG 焊断口

图 8　断口扫描电子显微镜照片

Fig. 8　SEM Image of Fracture

3　结　论

（1）304L 奥氏体不锈钢的搅拌摩擦焊接头由轴肩区、焊核区、热力影响区、热影响区组成。焊核区组织为等轴晶粒，热力影响区组织发生了严重的塑性变形，热影响区组织与母材组织相似；焊接过程中不同的热输入和塑性变形使不同部位晶粒呈现不同的组织。

（2）304L 奥氏体不锈钢 TIG 焊接头组织有胞状树枝晶奥氏体和呈蠕虫状或板条状的铁素体。

（3）采用搅拌头倾角 2.5°、轴肩下压量 0.1 mm、焊接速度 100 mm/min、旋转速度 1000 r/min 焊接参数获得的搅拌摩擦焊接头与 TIG 焊接头的抗拉强度相当，略高于母材。

参考文献：

[1] MISHRA R S, MA Z Y. Friction stir welding and processing [J]. Materials Science and Engineering, 2005, 50: 1 - 78.

[2] CLACK C R, WIGHT J M, KNIGHTON G C, et al. Update on momolithic fuel fabrication development [Z]. Cape Town, South Africa: The 2006 International Reduced Enrichment for Research and Test Reactors Meeting, 2006.

[3] CEDERQVIST L, OBERG T. Reliability study of friction stir welded copper canisters containing Sweden's nuclear waste [J]. Reliability Engineering and System Safety, 2008, 93: 1491 - 1499.

[4] KYFFIN W J, RUSSELL M J. Friction stir welding for nuclear reactor repair [J]. Stainless Steel Industry, 2007 (4): 17 - 20.

[5] LEGENDRE F, POISSONNET S, BONNAILLIE P, et al. Some microstructural characterisations in a friction stir welded oxide dispersion strengthened ferritic steel alloy [J]. Journal of Nuclear Materials, 2009(386 - 388): 537 - 539.

[6] JASTHI B K. Friction stir welding of MA957 oxide dispersion strengthened ferritic steel [C]//JATA K V. Friction stir welding and processing Ⅲ. Warrendale, Pa.: TMS, 2005: 75 - 79.

[7] ZHU X K, CHAO Y J. Numerical simulation of transient temperature and residual stresses in friction stir welding of 304L stainless steel [J]. Journal of Materials Processing Technology, 2004, 146: 263 - 272.

[8] 邢丽，黎明，鸽平. 铝合金 LD10 的搅拌摩擦焊组织及性能分析 [J]. 焊接学报，2002, 3(6): 55 - 58.

Microstructure and Tensile Properties of 304L Austenitic Stainless Joints Produced by Friction Stir Welding and Tungsten Inert-Gas Welding

Xu Jiangming[1] , Xu Chunrong[2] , Fan Baoquan[2] , Wang Shizhong[2]

1. Nuclear Power Institute of China, Chengdu, 610213, China;

2. Science and Technology on Reactor Fuel and Materials Laboratory, Nuclear Power Institute of China, Chengdu, 610213, China

Abstract: 3 mm thick 304L austenitic stainless steel plates were welded by friction stir welding (FSW) and tungsten inert-gas welding(TIG) respectively, then the microstructure and tensile properties of the welding joints of the two different types of welding were compared and analyzed. The results of the comparison and the analysis show that the FSW welding joint microstructures is composed of four regions, welded nugget zone, thermal-mechanically affected zone (TMAZ), heat affected zone (HAZ), and shoulder affected zone(SAZ). And the microstructure in the nugget is uniform fine-scale equiaxed recrystallisation grain, and the materials in TMAZ underwent plastic deformation, but the materials in HAZ just underwent heat effect. The TIG nugget includes cellular dendrite austenitic, lath ferrite or vermicular ferrite. The tensile properties of FSW joints is the same as those of the TIG joints, and both of the tensile properties of the two types of welding joints are slightly higher than those of the base materials of the welding joints.

Key words: 304L austenitic stainless steel, Friction stir welding, Tungsten inert-gas welding (TIG), Microstructure, Tensile properties

作者简介:

徐蒋明(1981—），男，工程师，硕士。现从事核燃料和材料检测及检验研究工作。

通讯作者:

徐春容，E-mail：tomato204@163.com

小通道内两相流摩擦压降计算方法评价

孙立成,阎昌琪,孙中宁

哈尔滨工程大学核科学与技术学院,哈尔滨,150001

摘要:从文献中收集了 2902 个小通道内的两相流摩擦压降实验数据,实验工质包括 R123、R134a、R22、R236ea、R245fa、R404a、R407C、R410a、R507、CO_2、水和空气,流道当量直径范围 0.506～12 mm,液相雷诺数范围 $10 < Re_l < 37000$,气相雷诺数范围 $3 < Re_g < 4 \times 10^5$。基于这些实验数据,对 11 个小通道内的两相流摩擦压降计算模型和方法进行了评价。结果表明,在层流区域,Lockhart‐Martinelli、Mishima‐Hibiki、Zhang‐Mishima 以及 Lee‐Mudawar 方法相近,而 Muller‐Steinhagen‐Heck 方法在紊流区精度最高,平均误差为 34.8%。基于 Chisholm 方法给出了小通道内的两相流摩擦压降修正计算关系式,计算表明,该关系式在层流和紊流范围内优于其他公式。

关键词:小通道;两相流动;摩擦压降;Muller‐Steinhagen‐Heck 方法

中图分类号:TL334　　　　**文献标志码:**A

0 前 言

近年来,采用微小型通道的紧凑型换热器被广泛地应用到制冷和过程工业中。但是研究表明,小通道内的流动特性与常规通道相比有所不同。因此,一些针对微小通道的计算方法不断被提出。本文通过建立一个独立的数据库,对目前较为常用的一些经典方法和针对小通道两相流摩擦压降的计算方法进行评价。

1 常规通道两相流摩擦压降计算方法

(1)Lockhart‐Martinelli Correlation 方法[1]。基于分相模型,Lockhart 和 Martinelli 采用下面的方法计算两相流摩擦压降:

$$\left(\frac{\mathrm{d}p}{\mathrm{d}L}\right)_{\mathrm{TP}} = \phi_l^2 \left(\frac{\mathrm{d}p}{\mathrm{d}L}\right)_l \tag{1}$$

式中,$(\mathrm{d}p/\mathrm{d}L)_{\mathrm{TP}}$ 和 $(\mathrm{d}p/\mathrm{d}L)_l$ 分别为两相摩擦压降梯度和分液相摩擦压降梯度(Pa/m);ϕ_l^2 为分液相

摩擦因子。

Chisholm 将式(1)进行转化,得到了两相流摩擦因子的计算公式[2]:

$$\phi_l^2 = 1 + \frac{C}{X} + \frac{1}{X^2} \tag{2}$$

$$X^2 = \frac{(\mathrm{d}p/\mathrm{d}L)_g}{(\mathrm{d}p/\mathrm{d}L)_l} \tag{3}$$

式中,C 为常数;$(\mathrm{d}p/\mathrm{d}L)_g$ 为分气相摩擦压降梯度(Pa/m)。

(2)Chisholm 方法[3]。Chisholm 将式(2)转变成下面的形式:

$$\frac{\Delta P_{\mathrm{TP}}}{\Delta P_l} = 1 + (X^2 - 1)\left[Bx^{0.875}(1-x)^{0.875} + x^{1.75}\right] \tag{4}$$

式中,x 为质量含气率;系数 B 由 X 和质量流速确定;ΔP_{TP}、ΔP_l 分别为两相摩擦压降和分液相摩擦压降(Pa)。

(3)Friedel 方法[4]。

$$\left(\frac{\mathrm{d}p}{\mathrm{d}L}\right)_{\mathrm{TP}} = \left(\frac{\mathrm{d}p}{\mathrm{d}L}\right)_{\mathrm{lo}} \phi_{\mathrm{lo}}^2 \tag{5}$$

$$\phi_{\mathrm{lo}}^2 = E + \frac{3.24 FX}{F_r^{0.045} We^{0.035}} \tag{6}$$

基金项目:哈尔滨工程大学校内基金项目(HEUF0126)。

$$F_r = \frac{G^2}{gD\rho_{TP}^2} \qquad (7)$$

式中，E 和 F 是由实验关系式确定的参数；$(\mathrm{d}p/\mathrm{d}L)_{lo}$ 为全液相摩擦压降梯度（Pa/m）；ϕ_{lo}^2 为全液相摩擦因子；We 为韦伯数；g 为重力加速度（m/s^2）；G 为质量流速（kg/m^2）；D 为直径（m）；ρ 为密度（kg/m^3）。

（4）Muller - Steinhagen - Heck 方法[5]。

$$\left(\frac{\mathrm{d}p}{\mathrm{d}L}\right)_{TP} = F(1-x)^{1/3} + \left(\frac{\mathrm{d}p}{\mathrm{d}L}\right)_{lo} x^3 \qquad (8)$$

$$F = \left(\frac{\mathrm{d}p}{\mathrm{d}L}\right)_{lo} + 2\left[\left(\frac{\mathrm{d}p}{\mathrm{d}L}\right)_{go} - \left(\frac{\mathrm{d}p}{\mathrm{d}L}\right)_{lo}\right]x \qquad (9)$$

式中，$(\mathrm{d}p/\mathrm{d}L)_{go}$ 为全气相摩擦压降梯度（Pa/m）。

2 微小通道两相流摩擦压降计算方法

微小通道的两相流摩擦压降有很多计算方法，下面几个方法最为常用。

（1）Mishima - Hibiki 方法[6]。基于 Lockhart - Martinelli 方法，Mishima 和 Hibiki 对式（2）中的常数 C 提出下面的新的计算公式：

$$C = 21(1 - e^{-319D}) \qquad (10)$$

式中，D 为管道直径。

（2）Zhang - Mishima 方法[7]。考虑表面张力的影响，Zhang 和 Mishima 提出了关于 C 的修正计算公式：

$$C = 21\left[1 - \exp\left(\frac{-0.358}{La}\right)\right] \qquad (11)$$

式中，La 为拉普拉斯常数。

（3）Lee - Lee 方法[8]。Lee 等对式（2）中的 C 提出以下计算公式：

$$C = A\lambda^q \Psi^r Re_{lo}^s \qquad (12)$$

$$\lambda = \frac{\mu_l^2}{\rho_l \sigma D}$$

$$\Psi = \frac{\mu_l j}{\sigma}$$

式中，A，q，r 和 s 是依赖于流型的常数；μ_l 为液相动力黏度（N·s/m^2）；j 为折算速度（m/s）；σ 为表面张力（N/m）。

（4）Lee - Mudawar 方法[9]。对于式（2）中的常数 C，Lee 和 Mudawar 提出下面的计算公式。

当气-液相都处于层流区时：

$$C = 2.16 Re_l^{0.047} We_l^{0.23} \qquad (13)$$

当液相处于层流区而气相处于紊流区时：

$$C = 1.45 Re_l^{0.25} We_l^{0.23} \qquad (14)$$

式中，Re_l 和 We_l 分别为分液相雷诺数和分液相韦伯数。

（5）Tran 等的方法[10]。

$$\left(\frac{\mathrm{d}p}{\mathrm{d}L}\right)_{TP} = \left(\frac{\mathrm{d}p}{\mathrm{d}L}\right)_l \phi_l^2 \qquad (15)$$

$$\phi_l^2 = 1 + (4.3X^2 - 1)[La(1-x)^{0.875} + x^{1.75}] \qquad (16)$$

（6）Zhang - Webb 公式[11]。

$$\phi_l^2 = (1-x)^2 + 2.87x^2\left(\frac{p}{p_{crit}}\right)^{-1}$$
$$+ 1.68x^{0.25}(1-x)^2\left(\frac{p}{p_{crit}}\right)^{-1.64} \qquad (17)$$

式中，p，p_{crit} 分别为工作压力和临界压力（Pa）。

3 两相流摩擦压降实验数据库

本文从 18 篇公开发表的文献中搜集了 2092 个两相流摩擦压降实验数据，并建立了两相流摩擦压降实验数据库（表1）。其中数据点 2092 个；工质为 R123、R134a、R22、R236ea、R245fa、R404a、R407C、R410a、R507、CO$_2$、空气和水；当量直径 0.506～12 mm；Re_l 为 10～37000；Re_g 为 3～4×10^5。

4 两相摩擦压降计算模型评价结果

基于本文所建数据库，给出了以上计算方法的结果比较（表2、表3）。表中给出了计算模型相对误差在 ±30% 和 ±50% 范围内实验数据所占的比例和平均相对误差。由比较可知，使用 Muller - Steinhagen - Heck 方法计算两相摩擦压降的精度最高；其次是均相模型、Mishima - Hibiki 和 Zhang - Mishima 方法；Zhang - Webb 方法、Friedel 方法及 Tran 等方法的精度较差。在层流范围内，Lockhart - Martinelli、Mishima - Hibiki、Zhang - Mishima 和 Lee - Mudawar 方法计算精度相近，优于其他方法。

表 1　摩擦压降实验数据库

Table 1　Database for Experiment of Frictional Pressure Drop

计算方法	流道尺寸和形状	工质	参数范围	实验数据点
Adriana Greco 和 Giuseppe Peter Vanoli[12]	单管直径:6 mm 长度:6 m	R22	质量流速:250～286 kg/(m²·s) 热流密度:10.6～17.0 kW/m²	29
Ming Zhang 和 Ralph L. Webb[13]	单管直径:3.25 mm 长度:0.56 m	R22、R134a	质量流速:400 kg/(m²·s)、 600 kg/(m²·s)、1000 kg/(m²·s)	23
Triplett 等[14]	单管直径:1.1 mm、1.45 mm 三角形管当量直径:1.09 mm	水和空气	气体流速:0.02～80 m/s 液体流速:0.02～8 m/s	127
Lee 等[8]	矩形当量直径:3.64 mm	水和空气	$Re_1 = 175～17700$	33
Cavallini 等[15]	多通道管直径:1.4 mm	R134a、R236ea	质量流速:200～400 kg/(m²·s)	21
Agostini 和 Bontemps[16]	多通道管直径:2.01mm	R134a	质量流速:90～295 kg/(m²·s)	61
Revellin 和 Thome[17]	单管直径:0.509 mm、0.79 mm	R134a、R245fa	质量流速:350～2000 kg/(m²·s)	219
Yi Yie Yan 和 Tsing Fa Lin[18]	单管直径:2.0 mm	R134a	质量流速:50～100 kg/(m²·s)	113
Greco 和 Vanoli[19]	单管直径:6 mm	R22、R134a、R404a、 R410a、R407c、R507、R22	质量流速:280～1080 kg/(m²·s)	266
Ekberg 等[20]	当量直径:2.03 mm、2.03 mm	空气和水	气相折算速度:0.2～57 m/s 液相折算速度:0.1～6.1 m/s	139
Jassim 和 Newell[21]	6 个微通道当量直径:1.54 mm	R410a、R134a、 空气和水	质量流速:50～300 kg/(m²·s)	253
Ould Didi 等[22]	单管直径:10.92 mm、12 mm	R134a、R123、R404a	质量流速:100～500 kg/(m²·s)	48
Wang 和 Chiang[23]	单管直径:6.5 mm	R407C、R22	质量流速:100～700 kg/(m²·s)	54
Park 和 Hrnjak[24]	单管直径:6.1 mm	CO₂、R410a、R22	质量流速:100～400 kg/(m²·s)	54
Srinivas Garimella 等[25]	当量直径:0.506 mm、0.761 mm、 0.52 mm、3.05 mm、4.93 mm	R134a	质量流速:150～750 kg/(m²·s)	291
Rin Yun 等[26]	当量直径:1.44 mm、5 mm	R410a	质量流速:200～500 kg/(m²·s)	43
Sobierska 等[27]	当量直径:1.2 mm	水	质量流速:50～700 kg/(m²·s)	45
Wongwises 和 Pipathattakul[28]	当量直径:4.5 mm	空气和水	气相折算速度:0.022～65.4 m/s 液相折算速度:0.07～6.02 m/s	160
Wambsganss 等[29]	当量直径:5.45 mm	空气和水	质量流速:50～500 kg/(m²·s)	113

5　修正后的计算方法

对实验数据的分析表明,式(2)中的 C 值受很

多因素影响,并不是一个常数。在两相流都处于层流时,小通道内液体表面张力对摩擦压降影响很大。在紊流区域,由于两相流速较快,表面张力的影响减弱,而 C/X 和分气相雷诺数与液相雷诺数之比

表 2　基于所有数据的评价结果

Table 2　Statistics of Evaluated Correlations for All Data

计算方法	相对误差在 ±30% 以内所占的比例/%	相对误差在 ±50% 以内所占的比例/%	平均相对误差/%
Lockhart - Martinelli	31.9	53.6	78.0
Mishima - Hibiki	41.9	64.5	59.0
Zhang - Mishima	34.8	64.5	64.5
Homogeneous Model	45.5	79.3	41.4
Friedel	24.7	34.7	418.8
Chisholm	35.2	53.0	88.1
Muller - Steinhagen - Heck	59.8	81.1	38.6
Lee - Lee	23.0	40.4	122.0
Lee - Mudawar	29.5	45.7	85.9
Zhang - Webb	41.2	49.1	1863.5
Tran 等	17.1	25.4	201.7
New Correlation	62.2	83.9	30.6

表 3　数据统计分析结果

($Re_l < 2000$ 且 $Re_g < 2000$，309 个数据)

Table 3　Results for Statistical Analysis of Data

($Re_l < 2000$ & $Re_g < 2000$，309 data)

计算方法	相对误差在 ±30% 以内所占的比例/%	相对误差在 ±50% 以内所占的比例/%	平均相对误差/%
Lockhart - Martinelli	37.2	63.8	42.7
Mishima - Hibiki	43.7	68.3	45.9
Zhang - Mishima	38.5	68.3	42.8
Homogeneous Model	43.4	65.0	62.2
Muller - Steinhagen - Heck	36.8	66.0	60.1
Lee - Lee	16.5	40.1	65.8
Lee - Mudawar	41.1	60.5	44.8
New Correlation	50.5	71.8	37.9

Re_g/Re_l 有很大的关联。基于这一点，考虑到含气率的影响，结合实验数据库，针对层流和紊流分别得到下面的计算关系式[式(18)针对层流，式(19)和式(20)针对紊流]：

$$C = 26 \left(1 + \frac{Re_l}{1000}\right) \left[1 - \exp\left(\frac{-0.153}{0.27 \times La + 0.8}\right)\right] \quad (18)$$

$$\phi_l^2 = 1 + \frac{C}{X^{1.19}} + \frac{1}{X^2} \quad (19)$$

其中

$$C = 1.79 \left(\frac{Re_g}{Re_l}\right)^{0.4} \left(\frac{1-x}{x}\right)^{0.5} \quad (20)$$

表 2 和表 3 给出了新的修正计算公式的比较结果。对于整个数据库，新的计算方法得到的摩擦压降的平均相对误差为 30.6%，而其他方法中最好的 Muller - Steinhagen - Heck 方法的相对误差也达到了 38.6%。在层流范围内，新的公式也优于其他公式，平均相对误差为 37.9%。

6　结　论

本文建立了包含 2092 个小通道的两相流摩擦压降的实验数据库。基于这个数据库，对 11 种计算方法进行了评价，结果表明：Muller - Steinhagen - Heck 精度最高；在层流范围内，Lockhart - Martinelli、Mishima - Hibiki、Zhang - Mishima 和 Lee - Mudawar 方法比较相近，优于其他方法。基于 Chisholm 方法给出了新的修正计算公式，在层流和紊流范围内新公式都好于其他方法。

参考文献：

[1] LOCKHART R W, MARTINELLI R C. Proposed correlation of data for isothermal two-phase, two component flow in pipes [J]. Chemical Engineering Progress, 1949, 45(1): 39 – 48.

[2] CHISHOLM D A. Theoretical basis for the Lockhart-Martinelli correlation for two-phase flow[J]. International Journal of Heat Mass Transfer, 1967, 10(12): 1767 – 1778.

[3] CHISHOLM D. Pressure gradients due to friction during the flow of evaporating two-phase mixtures in smooth tubes and channels [J]. International Journal of Heat and Mass Transfer, 1972, 16(2): 347 – 348.

[4] FRIEDEL L. Improved friction pressure drop correlations for horizontal and vertical two-phase pipe flow[Z]. Ispra: European Two-Phase Flow Group Meeting, 1979.

[5] MULLER-STEINHAGEN H, HECK K. A simple friction pressure drop correlation for two-phase flow pipes [J]. Chemical Engineering Progress, 1986, 20(6): 297 – 308.

[6] MISHIMA K, HIBIKI T. Some characteristics of air-water flow in small diameter vertical tubes [J]. International Journal of Multiphase Flow, 1996, 22 (4): 703 – 712.

[7] ZHANG W. Study on constitutive equations for flow boiling in mini-channels[D]. Kyoto: Kyoto University, 2006.

[8] LEE H J, LEE S Y. Pressure drop correlations for two-phase flow within horizontal rectangular channels with small heights [J]. International Journal of Multiphase Flow, 2001, 27(5): 783 – 796.

[9] LEE J, MUDAWAR I. Two-phase flow in high heat flux microchannel heat sink for refrigeration cooling applications: Part Ⅰ pressure drop characteristics[J]. International Journal of Heat and Mass Transfer, 2005,48 (5): 928 – 940.

[10] TRAN T N, CHYU M C, WAMBSGANSS M W, et al. Two-phase pressure drop of refrigerants during flow boiling in small channels: an experimental investigation and correlation development [J]. International Journal of Multiphase Flow, 2000, 26(11): 1739 – 1754.

[11] ZHANG M, WEBB R L. Correlation of two-phase friction for refrigerants in small-diameter tubes[J]. Experimental Thermal Fluid Science, 2001, 25 (3 – 4): 131 – 139.

[12] GRECO A, VANOLI G P. Evaporation of refrigerants in a smooth horizontal tube: prediction of R22 and R507 heat transfer coefficients and pressure drop [J]. Applied Thermal Engineering, 2004 (14 – 15): 2189 – 2206.

[13] MING Z, WEBB R L. Correlation of two-phase friction for refrigerants in small-diameter tubes [J]. Experimental Thermal and Fluid Science, 2001, 25 (3 – 4): 131 – 139.

[14] TRIPLETT K A, GHIAASIAAN S M, ABDEL-KHALIK S I, et al. Gas-liquid two-phase flow in microchannels: Part Ⅱ void fraction and pressure drop[J]. International Journal of Multiphase Flow, 1999, 25 (3): 395 – 410.

[15] CAVALLINI A, COL D D, DORETTI L, et al. Two-phase frictional pressure gradient of R236ea, R134a and R410a inside multi-port mini-channels[J]. Experimental Thermal and Fluid Science, 2005, 29 (7): 861 – 870.

[16] AGOSTINI B, BONTEMPS A. Vertical flow boiling of refrigerant R134a in small channels [J]. International Journal of Heat and Fluid Flow, 2005, 26 (2): 296 – 306.

[17] REVELLIN R, THOME J R. Adiabatic two-phase frictional pressure drops in microchannels[J]. Experimental Thermal and Fluid Science, 2007, 31(7): 673 – 685.

[18] YAN Y Y, LIN T F. Evaporation heat transfer and pressure drop of refrigerant R134a in a small pipe[J]. International Journal of Heat and Mass Transfer, 1998, 41 (24): 4183 – 4194.

[19] GRECO A, VANOLI G P. Experimental two-phase pressure gradients during evaporation of pure and mixed refrigerants in a smooth horizontal tube comparison with correlations [J]. Heat Mass Transfer, 2006, 42 (8): 709 – 725.

[20] EKBERG N P, GHIAASIAAN S M, ABDEL-KHALIK S I, et al. Gas-liquid two-phase flow in narrow horizontal annuli[J]. Nuclear Engineering and Design, 1999, 192 (1 – 2): 59 – 80.

[21] JASSIM E W, NEWELL T A. Prediction of two-phase pressure drop and void fraction in microchannels using probabilistic flow regime mapping[J]. International Journal of Heat and Mass Transfer, 2006, 49 (14 – 15): 2446 – 2457.

[22] OULD DIDI M B, KATTAN N, THOME J R. Prediction of two-phase pressure gradients refrigerants in horizontal tubes[J]. International Journal of Refrigeration, 2002, 25 (7): 935 – 947.

[23] WANG C C, CHIANG C S. Two-phase heat transfer characteristics for R – 22/R – 407C in a 6.5 mm smooth tube[J]. International Journal of Heat and Fluid Flow, 1997, 18(6): 550 – 558.

[24] PARK C Y, HRNJAK P S. CO_2 and R410A flow boiling heat transfer, pressure drop and flow pattern at low temperatures in a horizontal smooth tube[J]. International Journal of Refrigeration, 2007, 30 (1): 166 – 178.

[25] GARIMELLA S, AGARWAL A, KILLION J D, et al. Condensation pressure drop in circular micro-channels[J]. Heat Transfer Engineering, 2005,26(3):28 – 35.

[26] YUN R, HEO J H, KIM Y. Evaporative heat transfer and pressure drop of R410a in micro-channels[J]. International Journal of Refrigeration, 2006, 29 (1): 92 – 100.

[27] SOBIERSKA E, KULENOVIC R, MERTZ R, et al. Experimental results of flow boiling of water in a vertical micro-channel [J]. Experimental Thermal and Fluid Science, 2006, 31 (1): 111 – 119.

[28] WONGWISES S, PIPATHATTAKUL M. Flow pattern, pressure drop and void fraction of two-phase gas-liquid flow in an inclined narrow annular channel [J]. Experimental Thermal and Fluid Science, 2006, 30 (4): 345 – 354.

[29] WAMBSGANSS M W, JENDRZEJCZYK J A, FRANCE D M. Frictional pressure gradients in two-phase flow in a small horizontal rectangular channel [J]. Experimental Thermal and Fluid Science, 1992, 5(1): 40 – 56.

An Evaluation of Prediction Methods for Frictional Pressure Drop of Two-Phase Flow in Mini-Channels

Sun Licheng, Yan Changqi, Sun Zhongning

College of Nuclear Science and Technology, Harbin Engineering University, Harbin, 150001, China

Abstract: 2092 pieces of data for frictional pressure drop of two-phase flow were collected from 18 published papers of which the working fluids include R123, R134a, R22, R236ea, R245fa, R404a, R407C, R410a, R507, CO_2, water and air. The hydraulic diameter ranges from 0.506 to 12 mm; Re_l from 10 to 37000, and Re_g from 3 to 4×10^5. 11 correlations and models for calculating the frictional pressure drop of two-phase flow were evaluated based on these data. The results show that the accuracy of the Lockhart-Martinelli method, Mishima and Hibiki correlation, Zhang and Mishima correlation and Lee and Mudawar correlation in the laminar region is very close to each other, while the Muller-Steinhagen and Heck correlation is the best among the evaluated correlations in the turbulent region. New correlation based on Chishom method was proposed, which is better than other methods in both laminar region and turbulent region.

Key words: Small channel, Two-phase flow, Frictional pressure drop, Muller-Steinhagen-Heck correlation

作者简介:

孙立成(1973—),男,2005 年毕业于哈尔滨工程大学核能科学与工程专业,获博士学位。现从事两相流动与沸腾传热研究工作。

自然循环蒸汽发生器倒 U 形管内单相流体倒流特性研究

王 川,于 雷

海军工程大学,武汉,430033

摘要:利用 RELAP5/MOD3.3 程序对某压水堆单相流体自然循环工况进行建模计算,给出了典型自然循环工况下蒸汽发生器倒 U 形传热管内正流和倒流的流量分布,分析了产生倒流现象的原因以及发生倒流的条件及判断依据。结果表明:蒸汽发生器倒 U 形管发生倒流的条件是蒸汽发生器出口腔压力高于入口腔压力;传热管内流体的提升压头不足以克服流动阻力压降。对于本文描述的核动力装置,在强迫循环转自然循环过程中,如果蒸汽发生器水位保持正常,则较短的倒 U 形传热管流量下滑更快且最终发生倒流。倒 U 形管内倒流流体温度分布均匀,与蒸汽发生器二次侧温度基本相同。

关键词:蒸汽发生器;自然循环;倒流;RELAP5/MOD3.3

中图分类号:TL33   **文献标志码**:A

0 前 言

目前,国内外学者针对核动力装置自然循环工况,通常采用 RELAP5 等系统分析程序进行建模计算,而利用系统分析程序模拟蒸汽发生器倒流现象的公开报道较少[1,2]。主要原因在于采用系统分析程序进行自然循环计算时,蒸汽发生器的倒 U 形传热管均采用了集总参数控制体划分法(即将不同长度的 U 形管等效为同一长度的 U 形管),这种方法不能准确模拟蒸汽发生器倒 U 形传热管内的正流与倒流流量分布。本文利用 RELAP5/MOD3.3 程序对某核动力装置进行建模计算时,将倒 U 形管按不同的长度分类并划分为不同的控制体与流线,研究了典型自然循环工况下蒸汽发生器倒 U 形管内正流和倒流的流量分布,分析了产生倒流现象的原因以及发生倒流的条件及判断依据。

1 系统简介

1.1 蒸汽发生器倒 U 形传热管的划分

某压水型核动力装置为典型的双环路结构,

具有一定的自然循环能力。蒸汽发生器的基本结构如图 1 所示。蒸汽发生器倒 U 形传热管直管段长度、内外径尺寸、成分材料均相同。根据不同弯管段长度可将倒 U 形传热管划分为 16 类,最长倒 U 形管与最短倒 U 形管长度比值约为 1.42;最短倒 U 形管与最长倒 U 形管数目的比值约为 3.43。

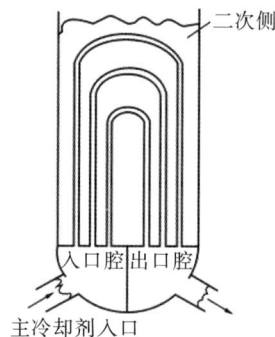

图 1 倒 U 形管蒸汽发生器结构示意图

Fig. 1 Structure of Inverted U-Tubes of SG

1.2 自然循环的建立过程

强迫循环转自然循环过程中,左右环路主泵依次停止运行,环路流量迅速下降;反应堆功率在反应性反馈作用下先下降,然后随功率自动调节棒的不断提升而回升,环路进出口温差增加且流量逐渐增加;当系统冷却剂平均温度到达额定运行温度后,调节棒停止动作,系统功率和自然循环流量基本稳定,系统进入自然循环工况。此过程二回路负荷基本保持不变。

2 计算与验证

2.1 控制体划分

利用 RELAP5/MOD3.3 程序对蒸汽发生器倒 U 形管进行建模时,传统的控制体划分方式如图 2 所示,将所有倒 U 形管进行集总参数处理,并确保集总后的倒 U 形管内外总传热面积和进出口流动压降基本不变。这种控制体划分方法(以下称传统方法)模拟强迫循环冷却时能得到满意的结果,但不能准确模拟自然循环工况下倒 U 形管正流与倒流的流量分布。本文将倒 U 形管按不同的长度分为 16 类,每一类倒 U 形管沿流动方向各划分成 10 个控制体,并以流线连接(以下称新方法)。每一台蒸汽发生器一次侧共划分为 162 个控制体(图 3)。堆芯、管路及蒸汽发生器二次侧控制体划分与传统的建模方法[3,4]基本相同。自然循环工况下主泵等设备流动阻力计算模型见文献[4]。

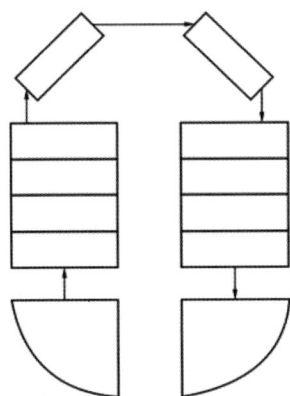

图 2 传统倒 U 形管控制体划分示意图
Fig. 2 Nodalization of Inverted U-Tubes with Traditional Method

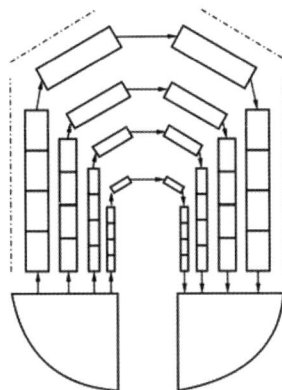

图 3 新的倒 U 形管控制体划分示意图
Fig. 3 Nodalization of Inverted U-Tubes with New Method

2.2 计算工况与计算结果

对某压水型核动力装置四种典型自然循环工况进行了模拟计算。其中工况 1 为额定自然循环工况。为便于分析比较,主要参数均进行了归一化处理。工况 1 下,反应堆功率、反应堆出口温度、蒸汽发生器二次侧压力、单环路自然循环流量(双环路对称)等参数的实际测量值均作为基准值,定义为 1.0,其他工况参数计算值与实验值均为与工况 1 相应参数的比值。工况 1 至工况 4 下,反应堆功率计算设定值与实验值完全相同。定义倒 U 形管的正流量(与强迫循环流量方向相同)为管内正流流量之和;倒 U 形管的负流量(与强迫循环流量相反)为管内倒流流量之和;主管道净流量为主管道内的冷却剂总流量,其数值为蒸汽发生器倒 U 形管的正流流量与倒流流量的代数和。

采用传统方法和新方法对四种典型自然循环工况进行模拟计算,计算结果如表 1 所示。采用新方法,四种自然循环工况下 16 类倒 U 形管内正流或倒流流量与主管道净流量之比的计算结果如表 2 所示。

在强迫循环转自然循环过程中,采用新方法对工况 3 进行计算,结果如图 4 至图 7 所示。

2.3 计算结果分析

以上计算结果表明:

(1)如果将蒸汽发生器的倒 U 形传热管采用传统的集总参数控制体划分法,将无法准确模拟蒸汽发生器倒 U 形管内的正流与倒流流量分布(表 1),

环路自然循环流量的计算值均明显高于实测值，最大可高于实测值8.7%(表1)。而采用新方法，蒸汽发生器的部分倒U形传热管内将出现倒流，环路的自然循环净流量的计算值更接近于实验值(表1)。

表1　工况1至工况4主要参数的计算值与实验值比较

Table 1　Comparison of Calculated Results and Experimental Data under Condition 1 to 4

方法	反应堆功率/W				反应堆出口温度/℃			
	工况1	工况2	工况3	工况4	工况1	工况2	工况3	工况4
新方法	1.000	0.887	0.827	0.667	0.999	0.978	0.980	0.944
传统方法	1.000	0.887	0.827	0.667	0.999	0.966	0.973	0.934
实验值	1.000	0.887	0.827	0.667	1.000	0.983	0.983	0.966
方法	单环路自然循环流量/(kg·s⁻¹)				蒸汽发生器压力/MPa			
	工况1	工况2	工况3	工况4	工况1	工况2	工况3	工况4
新方法	1.001	0.958	0.907	0.815	1.025	1.014	1.000	0.988
传统方法	1.073	1.026	0.947	0.872	1.025	1.013	1.060	0.988
实验值	1.000	0.939	0.907	0.802	1.000	1.000	1.056	0.985

表2　四种自然循环工况下，不同管长的倒U形管内正流或倒流流量与主管道净流量的比值

Table 2　Ratio of Mass Flux in Different Length Inverted U-Tubes and Flux Net in

Main Pipeline under Natural Circulation Condition 1 to 4

倒U形管管长与最短倒U形管管长的比值	不同长度的倒U形管内流量与主管道净流量的比值/%			
	工况1	工况2	工况3	工况4
1.000	−20.33	−20.23	−20.13	−21.89
1.028	−20.08	−19.98	−19.88	−21.62
1.056	11.99	12.03	12.03	11.44
1.084	12.30	12.30	12.29	12.30
1.112	12.16	12.15	12.14	12.44
1.140	12.32	12.31	12.29	12.70
1.168	11.90	11.88	11.87	12.28
1.196	11.80	11.78	11.76	12.18
1.224	11.31	11.29	11.27	11.68
1.252	10.78	10.76	10.74	11.14
1.280	10.25	10.23	10.21	10.59
1.308	9.37	9.30	9.28	9.63
1.336	8.58	8.56	8.54	8.86
1.364	7.46	7.44	7.42	7.71
1.392	6.33	6.31	6.29	6.53
1.420	3.90	3.88	3.87	4.02

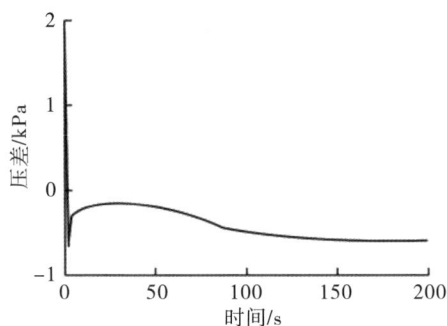

图 4 蒸汽发生器一次侧进出口压差响应

Fig. 4 Response of Primary Side of SG Pressure Difference

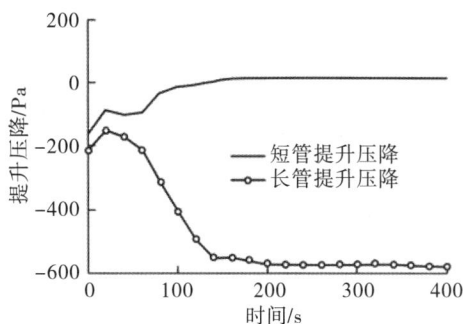

图 5 倒 U 形管流量响应

Fig. 5 Response of Flow Rate in Inverted U-Tubes

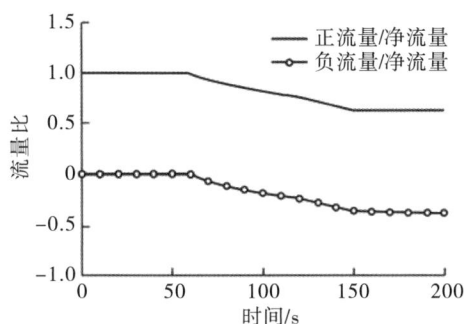

图 6 堆芯出口温度与蒸汽发生器一次侧入口温度响应

Fig. 6 Response of Reactor Core Outlet Temperature and SG Primary Side Inlet Temperature

（2）对于本文描述的核动力装置,在强迫循环转自然循环过程中,蒸汽发生器一次侧进口压力与出口压力的差值逐渐减少,直至出口压力高于入口压力（图 4）;较短的倒 U 形传热管流量下滑更快且最终发生倒流,四种典型工况下所有倒

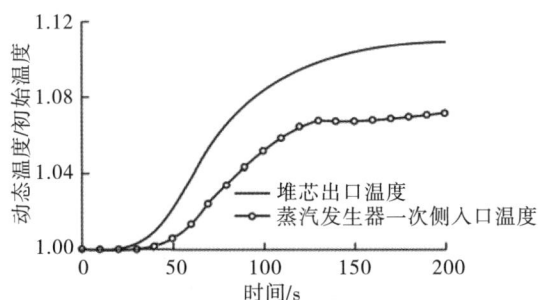

图 7 倒 U 形管提升压降响应

Fig. 7 Response of Gravitational Pressure Drop in Inverted U-Tubes

流倒 U 形管内流量均占主管道净流量的 40％ 左右（图 5）。

（3）在倒流发生前,堆芯出口温度与蒸汽发生器一次侧入口温度的差异由自然循环输热的延迟性造成;一旦发生倒流,倒 U 形管内流体温度呈均匀分布,其大小与蒸汽发生器二次侧温度基本相同,提升压降近似为零。受倒流流体的影响,蒸汽发生器入口腔温度明显低于反应堆出口温度（图 6）,稳定自然循环工况时二者温差最大可达反应堆出口温度初始值的 10％。

3 倒流发生条件及判断依据

自然循环工况蒸汽发生器部分倒 U 形管能发生倒流需同时满足两个条件:①蒸汽发生器出口腔压力必须高于入口腔压力;②传热管内流体的提升压头不足以克服流动阻力压降。

对于本装置,在强迫循环转自然循环过程中,由于主泵转动惯量较小,环路流量下滑较快,与较长的倒 U 形管相比,较短的倒 U 形管内冷却剂流量下滑更快,产生该现象的原因主要在于短管道几何惯性相对较小,且其弯管产生的提升压头明显小于长管（图 7）;在较长的传热管中,U 形管（含弯管）下降段与上升段产生较大的密度差,提升压头快速增加,并能克服倒 U 形管内的沿程摩擦压降与局部阻力压降,冷却剂流量很快回升并建立起较稳定的自然循环流量。

由于倒 U 形管下降段密度较高,蒸汽发生器出口压力会高于入口压力,这给某些倒U形管发生倒流提供了必要条件。一旦某些倒U形管内的提升压头不足以克服沿程摩擦压降,根据并联管进出口压降相等的原理,这些倒U形管内冷却剂必将发生倒流。倒U形管内温度分布均匀且与蒸汽发生器二次侧温度基本相同,提升压降几乎完全消失,倒流时倒U形管内的压差完全用于克服沿程摩擦压降与局部阻力压降。本装置的倒U形管直管段均相同,虽然长管的流动阻力大一些,但长管弯管换热面积大,能够产生温降,并且弯管等效垂直高度远大于短管。因此,在上升弯头和下降弯头产生的提升压头明显高于短管,在二回路给水与蒸汽发生器水位正常条件下,蒸汽发生器二次侧内短管发生倒流;但如果蒸汽发生器水位过低,较长的倒U形管暴露在饱和蒸汽中,导致换热效果较差,提升压头会明显减少,加上长管阻力较大,长管则可能会发生倒流。总之,是长管还是短管发生倒流完全由冷却剂流动的阻力压降与提升压头共同决定,与传热管的长度、高度、单管换热面积、一二次侧的换热系数及阻力系数等参数密切相关。

蒸汽发生器出口腔压力高于入口腔压力是U形管发生倒流的必要条件,不是允分条件。图4表明,在强迫循环转自然循环初期,尽管蒸汽发生器出口腔压力已高于入口腔压力,但是倒U形管内的冷却剂并未立即发生倒流。只有在传热管内流体的提升压头不足以克服沿程摩擦压降的条件下,传热管内的冷却剂才会发生倒流。

判断蒸汽发生器倒U形管已发生倒流的依据是蒸汽发生器入口腔温度明显低于反应堆出口温度。由于并联倒U形管内发生倒流,温度很低的工质从蒸汽发生器出口腔室倒流回入口腔室,造成入口腔室内的工质温度发生陡降。

蒸汽发生器倒U形管发生倒流降低了系统自然循环能力。一方面,由于一部分倒U形管内发生倒流,只有一部分倒U形管可供工质作正流流动,正流流动面积减少、流动阻力增加,降低了整个一回路系统的自然循环能力;另一方面,蒸汽发生器入口腔温度发生陡降,大大降低了蒸汽发生器倒U

形管进出口温度差,使提升压头明显下降。

4 结 论

通过对某核动力装置自然循环工况下蒸汽发生器倒U形管内流体倒流特性的计算分析,得到以下结论。

(1)蒸汽发生器倒U形管发生倒流的条件是:①蒸汽发生器出口腔压力高于入口腔压力;②传热管内流体的提升压头不足以克服流动阻力压降。

(2)判断蒸汽发生器倒U形管已发生倒流的依据是,蒸汽发生器入口腔温度明显低于反应堆出口温度。

(3)对于本文描述的核动力装置,在强迫循环转自然循环过程中,如果蒸汽发生器水位保持正常,则较短的倒U形传热管流量下滑更快且最终发生倒流。倒U形管内流体温度分布均匀,与蒸汽发生器二次侧温度基本相同。

(4)采用传统的集总参数控制体划分法,将无法准确模拟蒸汽发生器倒U形管内的正流与倒流流量分布,并且环路自然循环流量的计算值明显高于实测值;而新方法能够较好地模拟蒸汽发生器倒U形传热管内的倒流特性,同时环路自然循环净流量的计算值与实测值基本吻合,由此验证了新方法的正确性。

参考文献:

[1] 杨瑞昌,覃世伟,刘若雷,等.自然循环蒸汽发生器倒U形管内单相水流动及传热特性分析[J].北京:工程热物理学报,2006,27(1):130-132.

[2] 杨瑞昌,刘京官,刘若雷,等.自然循环蒸汽发生器U形管内倒流特性研究[J].北京:工程热物理学报,2008,29(5):807-810.

[3] 郝亚雷,于雷,蔡章生,等.核动力装置强迫循环与自然循环过渡过程特性研究[J].核科学与工程,2007,27(1):20-26.

[4] YAN B H, YU L. Theoretical research for natural circulation operational characteristic of ship nuclear machinery under ocean conditions[J]. Annals of Nuclear Energy, 2009, 36(6): 733-741.

Investigation on Single Phase Water Reverse Flow in Inverted U-Tubes of Steam Generator under Condition of Natural Circulation

Wang Chuan, Yu Lei

Naval University of Engineering, Wuhan, 430033, China

Abstract: Using the code RELAP5/MOD3. 3 to model and calculate the natural circulation of single-phase flow for the PWR, this paper provides the distribution of forward flow and reverse flow in the inverted U-tubes of the steam generator(SG) under some typical operating conditions in the natural circulation case, and analyzes the cause, occurrence condition and judgment principle of reverse flow phenomenon. The calculation results show that the occurrence conditions for reverse flow phenomenon are that the steam generator outlet pressure is higher than the inlet pressure and gravitational pressure drop is lower than the total of frictional pressure drop and area change pressure drop. As to the nuclear power plant described in this paper, if the water level of steam generator keeps normal, the mass flux of the shorter U-tubes will drop more quickly and reverse flow will occur. The temperature distributes uniformly in U-tubes with reverse flow and it is almost identical with that of SG in secondary side.

Key words: Steam generator, Natural circulation, Reverse flow, RELAP5/MOD3. 3

作者简介：

王　川(1985—), 男, 在读硕士研究生。现从事核反应堆安全分析。

"华龙一号"反应堆堆芯与安全设计研究

余红星,周金满,冷贵君,邓　　坚,刘　　余,吴　　清,刘　　伟

中国核动力研究设计院核反应堆系统设计技术重点实验室,成都,610213

摘要:"华龙一号"是我国自主设计研发的具有完整知识产权的第三代百万千瓦级压水堆核电技术。本文介绍了"华龙一号"的产生历程,系统论述了"华龙一号"反应堆堆芯与安全设计特点,包括"华龙一号"研发过程中开展的堆芯核设计、热工水力设计、安全设计、设计验证及"华龙一号"持续开展的设计改进与优化等内容,通过采用新的设计理念和设计技术,全面提高了"华龙一号"作为第三代核电技术的经济性、灵活性和安全性。

关键词:华龙一号,压水堆,核电站,设计特点

中图分类号:TL371　　　**文献标志码:**A

0　背　景

我国大陆核电从 20 世纪 70 年代初开始起步,40 多年来核电事业得到了长足的发展,实现了自主设计、建造、运行 3×10^5 kW、6×10^5 kW 到百万千瓦压水堆核电站的跨越式发展,其技术发展历程大体可分为三个阶段。

第一阶段:以我为主,中外合作

1984 年我国第一座自主设计和建造的秦山核电厂破土动工,1991 年 12 月 15 日成功并网发电[1]。秦山核电厂的建成发电,结束了中国大陆无核电的历史,实现了零的突破,标志着"中国核电从这里起步",同时被誉为"国之光荣"。

1987 年 8 月 7 日,引进法国 M310 核电技术的大亚湾核电站正式开工建设,1994 年 5 月 6 日全面建成投入商业运行[2]。大亚湾核电站的建设和运行,成功实现了我国大陆大型商用核电站的起步和后发追赶国际先进水平的目标。

第二阶段:立足自主,以核养核

秦山核电二期工程是我国自主设计、自主建造、自主管理、自主运营的首座 6×10^5 kW 商用压水堆核电站,1996 年 6 月 2 日开工,第一台机组于 2002 年 4 月 15 日比计划提前 47 d 投入商业运行[3]。秦山二期国产化核电站全面建成投产,标志着中国核工业的发展技术水平向自主设计百万千瓦级核电站迈进,实现了我国自主设计和建造商用核电站的重大跨越。

岭澳核电站一期工程于 1997 年 5 月开工建设,2003 年 1 月全面建成投入商业运行[3]。岭澳一期核电站的建成和运行,标志着我国能够自主设计、建造、运行百万千瓦级核电站,我国核电迈入批量化、规模化的积极发展阶段,为核电事业的后续发展奠定了基础。

第三阶段:持续创新,技术融合

中国核工业集团有限公司(以下简称"中核集团")于 1996 年启动了 CNP1000 概念设计,率先采用 177 堆芯布置,2005 年 6 月完成初步安全分析报告。2007 年 4 月,在前期研发的基础上,通过开展多项重大改进,中核集团将 CNP1000 型号更名为 CP1000。2010 年 4 月底,CP1000 技术方案完成试验验证、论证分析和联合研究工作,通过中国核能行业协会组织的国内同行专家审查[4]。2011 年福岛核事故发生之后,为满足《先进轻水堆用户要求》(URD)[5]和《轻水堆核电厂欧洲用户要求》(EUR)[6]2 个文件对第三代核电站的要求,中核集

团在 CP1000 的基础上启动 ACP1000 重点科技研发专项。2011 年 8 月,完成 ACP1000 顶层方案设计,通过集团专家审查会审查。

中国广核集团有限公司(以下简称"中广核集团")也在福岛核事故之后考虑研发满足第三代要求的压水堆技术 ACPR1000+,2012 年 6 月完成方案设计,2012 年 11 月通过中国核能行业协会组织的国内同行专家审查[4]。

2013 年 4 月 25 日,国家能源局主持召开了自主创新三代核电技术合作协调会,确定中核、中广核两集团在 ACP1000 和 ACPR1000+ 的基础上,联合开发"华龙一号"技术[4]。到 2013 年 8 月底,经过多轮技术交流,两集团形成了"华龙一号"总体技术方案,实现了技术融合、优势互补。

2014 年 8 月 22 日,"华龙一号"总体技术方案通过国家能源局和国家核安全局联合组织的专家评审[4]。专家组一致认为,"华龙一号"的成熟性、安全性和经济性满足第三代核电技术要求,融合取得了很好的成果,体现了方案的总体技术特征,并为后续发展保留了空间。

2014 年 11 月 3 日,国家能源局正式批复同意福清核电 5/6 号机组采用"华龙一号"技术方案。2015 年 5 月 7 日,中核集团"华龙一号"示范工程福清核电 5/6 号机组浇筑第一罐混凝土(FCD)[4]。

本文将依次介绍"华龙一号"研发过程中开展的堆芯核设计、热工水力设计、安全设计、设计验证及"华龙一号"持续开展的设计改进与优化等内容,以全方位展示"华龙一号"的经济性、灵活性和安全性。

1 反应堆设计

"华龙一号"是我国在 40 多年核电站设计、建造、运行的基础上,自主研发的安全、可靠、经济的第三代先进压水堆核电站。表 1 给出了"华龙一号"(福清核电 5/6 号机组)的堆芯主参数[7]。图 1 简要给出了"华龙一号"的能动与非能动系统[8]示意图。

表 1 "华龙一号"堆芯主参数

Table 1 General Reactor Core Parameters of HPR1000

参数名	参数值
堆芯热功率/MW	3050(中核),3150(中广核)
设计寿命/a	60
换料周期/月	18
热工裕量/%	≥15
电厂运行方式	负荷跟踪模式(Mode-G)
极限地震 SL-2/g	0.3
堆芯损坏概率 /(堆·年)$^{-1}$	$<1\times10^{-6}$
大量放射性释放概率 /(堆·年)$^{-1}$	$<1\times10^{-7}$

1.1 核设计

1.1.1 经济性

(1)低泄漏装载策略。"华龙一号"燃料管理采用了低泄漏装载策略。低泄漏装载策略是将反应性较高的已使用的燃料组件与新燃料组件放置在堆芯内部,将反应性较低的已使用的燃料组件放置在堆芯外围。

为保证反应堆安全裕量,在堆芯装载设计时,通过搜索成千上万的装载方案,使堆芯功率分布尽可能得到展平,以满足核焓升因子 $F_{\Delta H}\leqslant1.60$ 和热点因子 $F_{q}\leqslant2.40$ 设计限值,这使得"华龙一号"可以保持较低的一回路冷却剂流量和较高的反应堆冷却剂平均温度。较低的一回路冷却剂流量可以减少反应堆本体系统和一回路系统的成本,较高的反应堆冷却剂平均温度可以提高汽轮机的效率。图 2 给出了"华龙一号"平衡循环的堆芯装载图,该装载采用了低泄漏策略。

(2)高燃耗。"华龙一号"采用 AFA-3G 燃料组件,其燃耗限值为 52000 MW·d/t(U)。国内二代加核电站也采用相同燃耗限值的 AFA-3G 燃料组件,其平均卸料燃耗约为 33000 MW·d/t(U)。采用低泄漏装载策略后,"华龙一号"将平均卸料燃耗提高到 46000 MW·d/t(U),平衡循环长度从二

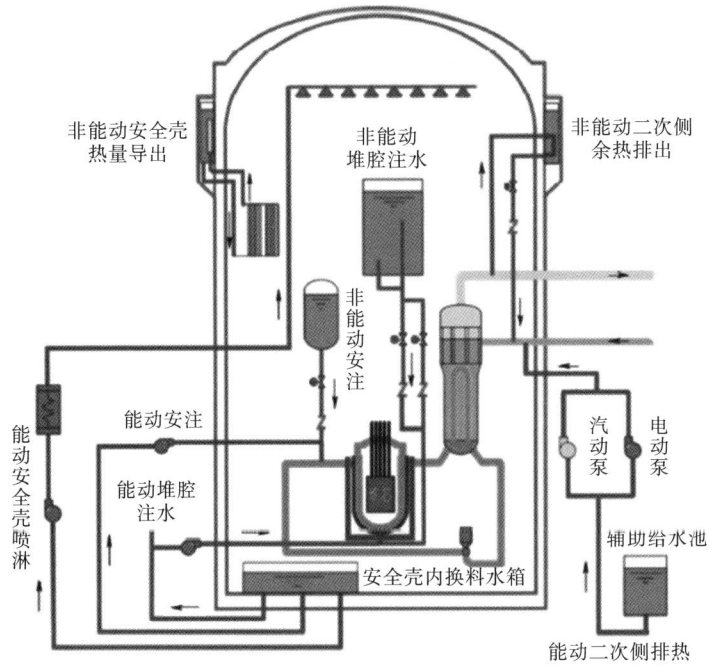

图 1 "华龙一号"的能动与非能动系统示意图

Fig. 1 Sketch Map of Active and Passive Systems of HPR1000

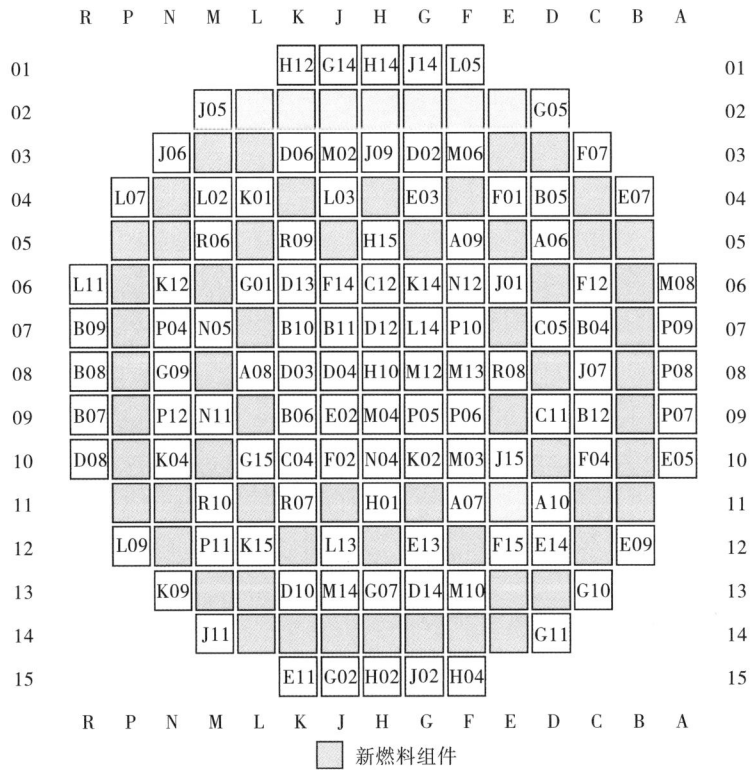

	R	P	N	M	L	K	J	H	G	F	E	D	C	B	A	
01						H12	G14	H14	J14	L05						01
02				J05								G05				02
03			J06		D06	M02	J09	D02	M06			F07				03
04	L07			L02	K01		L03		E03		F01	B05		E07		04
05				R06		R09		H15		A09		A06				05
06	L11		K12		G01	D13	F14	C12	K14	N12	J01		F12		M08	06
07	B09		P04	N05		B10	B11	D12	L14	P10		C05	B04		P09	07
08	B08		G09	A08		D03	D04	H10	M12	M13	R08		J07		P08	08
09	B07		P12	N11		B06	E02	M04	P05	P06		C11	B12		P07	09
10	D08		K04	G15		C04	F02	N04	K02	M03	J15		F04		E05	10
11				R10		R07		H01		A07		A10				11
12		L09	P11	K15			L13		E13		F15	E14		E09		12
13			K09		D10	M14	G07	D14	M10			G10				13
14				J11								G11				14
15						E11	G02	H02	J02	H04						15

R P N M L K J H G F E D C B A

☐ 新燃料组件

图 2 平衡循环堆芯装载图

Fig. 2 Equilibrium Cycle Fuel Loading Arrangement of Reactor Core

代加核电站的 273 EFPD(等效满功率天)提高到 475 EFPD,每千克铀的发电量从二代加核电站的约 270000 kW·h 提高到 420000 kW·h,显著地提高了"华龙一号"的经济性。

(3)18 个月换料策略。电厂可利用率[9]是指机组在给定时间内(通常为 1 a)能运行的时间与总时间的比值,是衡量核电机组运行业绩的一个非常重要的指标。提高电厂可利用率就是增加核电厂寿命内发电时间所占的比例,也必然会提高核电厂的经济性。

为提高"华龙一号"的可利用率,采用了 18 个月换料策略。由于临界安全将燃料组件富集度限制为 5%,18 个月换料必须采取低泄漏装载策略,同时 18 个月换料策略也提高了燃料组件平均卸料燃耗。二代加核电站由于采用 12 个月换料策略,其可利用率为 75%;"华龙一号"采用 18 个月换料策略,其可利用率高达 90%。因此,"华龙一号"的经济性得到较大提升。

(4)反应堆压力容器设计寿命 60 a。反应堆压力容器的设计寿命是整个核电厂设计寿命的决定性因素,因此,必须采用各种方法提高其设计寿命。"华龙一号"采用以下方法提高反应堆压力容器设计寿命:①反应堆压力容器尺寸增大,使堆芯活性区与反应堆压力容器之间的水隙增加,减少泄漏到反应堆压力容器上的快中子;②通过优化机械设计的方法提高反应堆压力容器性能,使反应堆压力容器设计寿命得到延长;③燃料管理采用低泄漏装载策略,减少泄漏到反应堆压力容器上的快中子("华龙一号"反应堆运行 60 a 后,反应堆压力容器内表面的快中子注量峰值将为 2.921×10^{19} cm^{-2},远小于 CPR1000 反应堆运行 40 a 后对应的快中子注量峰值 7.399×10^{19} cm^{-2}),提高反应堆压力容器设计寿命。

1.1.2 灵活性

(1)Mode-G 运行模式。Mode-G 运行模式在确保堆芯安全的基础上具有较强的负荷跟踪能力,允许根据电网负荷变化快速降低和提高反应堆功率水平。

"华龙一号"的运行模式是根据多种运行模式的优缺点及用户需求、经济性综合评价来确定的。由于 Mode-A 运行模式是基负荷运行,无法满足负荷跟踪的需求,因此在"华龙一号"中不予采纳。

AP1000 采用的机械补偿运行模式[10]在基负荷和负荷跟踪期间,控制棒插入堆芯较深,对堆芯功率分布的扰动较大。为了保证安全,通常降低反应堆冷却剂平均温度,这导致二回路汽轮机效率降低;同时采用较大的一回路冷却剂流量,这增加了反应堆本体系统及一回路系统的成本。而 Mode-G 运行模式在基负荷和负荷跟踪期间,控制棒插入堆芯较浅,对堆芯功率分布的扰动较小,安全裕量较大。通过综合评价以上因素后,"华龙一号"采用了 Mode-G 运行模式。

(2)运行带变宽。"华龙一号"采用的 Mode-G 运行模式使其堆芯功率能力分析可采用松弛轴向偏移控制策略(RAOC 策略)。与常轴向偏移控制策略(CAOC 策略)必须将轴向功率偏移(ΔI)控制在 $\Delta I_{ref} \pm 5\%$(ΔI_{ref} 为 ΔI 参考值)的运行带中相比,RAOC 策略使"华龙一号"在正常运行工况(工况 I)下运行区域扩大,提高了核电厂运行的灵活性。图 3 给出了"华龙一号"的运行图,图中 ΔI 没有包括 3% 的不确定性,P_r 为功率水平。

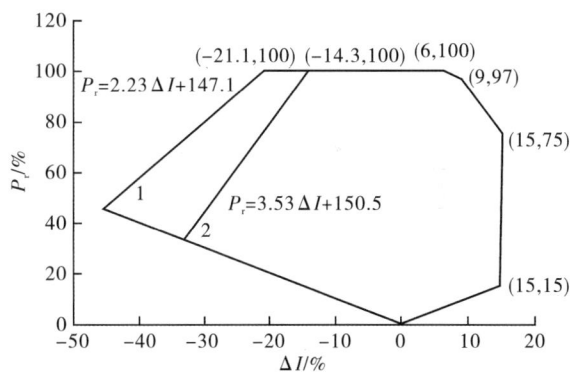

图 3 所有循环正常工况运行图

Fig. 3 Normal Operation Diagram of All Cycles

1—第一循环;2—第二循环及后续循环。

1.1.3 安全性

为保证"华龙一号"具有 15% 的热工裕量,堆芯核设计采用了以下措施提高安全裕量:①将堆芯燃料组件数量从 157 组增加到 177 组,在提高堆芯额定功率的同时降低平均线功率密度,"华龙一号"的线功率密度为 173.8 W/cm,小于二代加核电站的 186.0 W/cm,也小于 AP1000 的 187.7 W/cm;②负的反应性反馈系数、"华龙一号"的慢化剂温度系数及多普勒温度系数均为负值,这增加了反应堆的固有安全性;③较高的停堆裕量,"华龙一号"的停堆裕量为 2300 pcm(1 pcm=10⁻⁵),高于二代加核电站的 2000 pcm,也高于 AP1000 的 1600 pcm;④较平坦的堆芯功率分布,表 2 给出了"华龙一号"、AP1000、EPR 核电站的核焓升因子 $F_{\Delta H}$ 和热点因子 F_Q 的设计限值[11-13]。

表 2　不同机组 $F_{\Delta H}$ 和 F_Q 的设计限值

Table 2　Design Limits of $F_{\Delta H}$ and F_Q of Different Units

参数	华龙一号	AP1000	EPR
$F_{\Delta H}$ 设计限值	≤1.60	≤1.72	≤1.74
F_Q 设计限值	≤2.40	≤2.60	≤2.77

1.2　热工水力设计

1.2.1　热工设计

在"华龙一号"的堆芯热工设计中,采用统计学分析方法对核电厂运行参数(一回路冷却剂温度、反应堆功率、稳压器压力和反应堆冷却剂系统流量等)、临界热流密度(CHF)关系式和计算程序等的不确定性进行了统计综合,再进一步考虑燃料棒弯曲带来的亏损,获得统计法偏离泡核沸腾比(DNBR)设计限值,用于统计法事故分析,论证堆芯设计满足 15%热工裕量的要求[14]。

表 3 给出了功率运行提棒组事故和落棒事故等典型事故的分析结果。

1.2.2　水力学设计

在"华龙一号"的水力学设计中,应用了新的设计手段和设计方法。在反应堆下封头流量分配结构优化中,采用计算流体力学(CFD)方法对堆芯入口流量分配进行了计算,流量分配因子为 0.899～1.101(图 4),流量分配和温度分布更加合理。由于"华龙一号"采用了线功率密度(LPD)和 DNBR 在线监测技术,固定式的自给能中子探测器从反应堆顶部插入仪表管,采用相关组件旁流分析软件评价了不同的仪表管设计方案,计算得到了合理的仪表管旁流量,在确保中子探测器有效冷却的同时流速不超过 3 m/s。

表 3　典型事故的 15%热工裕量分析结果

Table 3　15% Thermal Margin of Typical Accident Analysis

工况	分析方法	最小 DNBR	DNBR 设计限值	热工裕量 /%
功率运行提棒组事故	确定论	1.30	1.20	8.3
	统计法	1.48	1.28	15.6
落棒事故	确定论	1.28	1.20	6.6
	统计法	1.52	1.28	18.7

1.2.3　设计瞬态分析

设计瞬态主要研究核电厂在不同的运行状态、特定的初因事件下(包括各种正常运行瞬态和事故瞬态),其主要系统(如反应堆冷却剂系统、主给水和主蒸汽系统等)或设备(如稳压器、蒸汽发生器等),以及波动管、安注接管等重要的部件)的热工水力学响应。与二代加核电站相比,"华龙一号"反应堆压力容器尺寸变大,增加了一回路的水装量,同时稳压器总容积增加约 30%,这使得在系统升降温、负荷阶跃变化、甩负荷等瞬态工况下,一回路冷却剂热工参数变化的频率和幅度有所降低,作用在相关设备和管道的疲劳应力相应减小,进一步提高了设备使用寿命。

1.3　安全设计

在"华龙一号"的安全设计中,充分借鉴了国际上其他三代核电厂的先进设计经验,严格遵循和贯彻"纵深防御"设计要求,充分保证了"华龙一号"核电厂的安全性、先进性和成熟性,主要体现在以下几个方面。

1.3.1　全堆芯 LPD 和 DNBR 连续在线监测

全堆芯 LPD 和 DNBR 连续在线监测可实时给出堆内 LPD 和 DNBR 信息,直接监测与燃料芯块和包壳屏障相关的安全参数。在线监测系统采用上下层系统的架构设计,包括精细计算和快速计算两个层次的计算框架。精细计算给出全堆芯的 LPD 和 DNBR 分布,用于向操纵员提供反应堆运行状态信息;快速计算给出最恶劣组件的 LPD 和 DNBR 分布,用于安全报警,并可根据核电站的整体需求提升为保护功能。

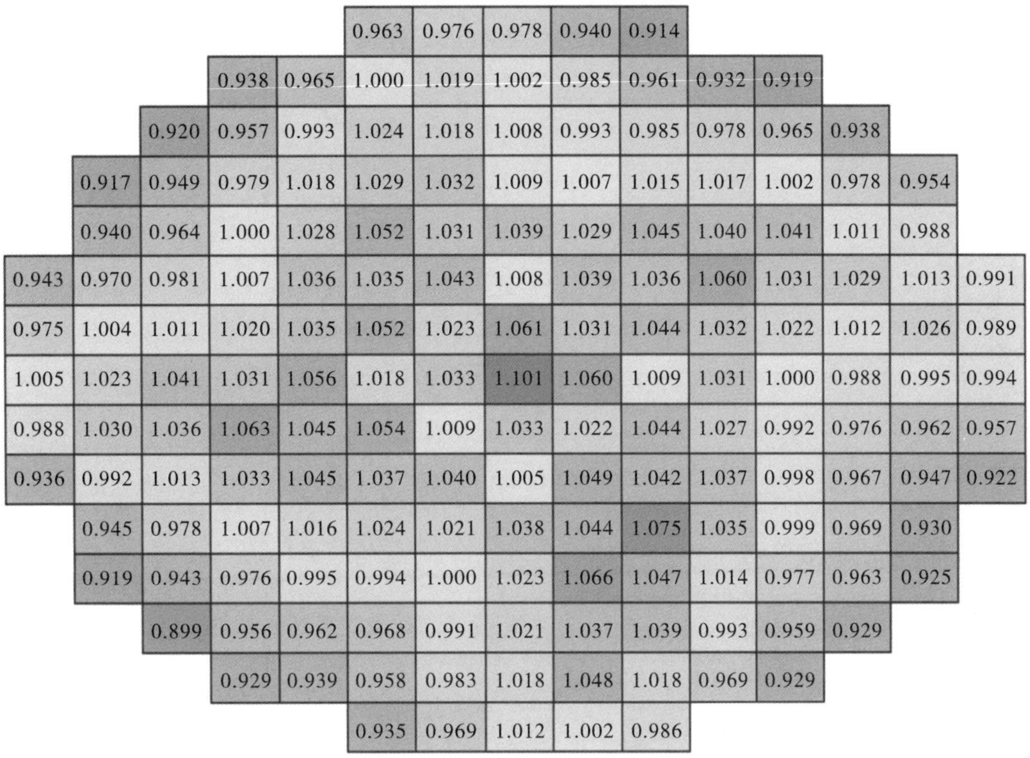

			0.963	0.976	0.978	0.940	0.914					
		0.938	0.965	1.000	1.019	1.002	0.985	0.961	0.932	0.919		
	0.920	0.957	0.993	1.024	1.018	1.008	0.993	0.985	0.978	0.965	0.938	
0.917	0.949	0.979	1.018	1.029	1.032	1.009	1.007	1.015	1.017	1.002	0.978	0.954
0.940	0.964	1.000	1.028	1.052	1.031	1.039	1.029	1.045	1.040	1.041	1.011	0.988
0.943	0.970	0.981	1.007	1.036	1.035	1.043	1.008	1.039	1.036	1.060	1.031	1.029	1.013	0.991
0.975	1.004	1.011	1.020	1.035	1.052	1.023	1.061	1.031	1.044	1.032	1.022	1.012	1.026	0.989
1.005	1.023	1.041	1.031	1.056	1.018	1.033	1.101	1.060	1.009	1.031	1.000	0.988	0.995	0.994
0.988	1.030	1.036	1.063	1.045	1.054	1.009	1.033	1.022	1.044	1.027	0.992	0.976	0.962	0.957
0.936	0.992	1.013	1.033	1.045	1.037	1.040	1.005	1.049	1.042	1.027	0.998	0.967	0.947	0.922
0.945	0.978	1.007	1.016	1.024	1.021	1.038	1.044	1.075	1.035	0.999	0.969	0.930
0.919	0.943	0.976	0.995	0.994	1.000	1.023	1.066	1.047	1.014	0.977	0.963	0.925
	0.899	0.956	0.962	0.968	0.991	1.021	1.037	1.039	0.993	0.959	0.929	
		0.929	0.939	0.958	0.983	1.018	1.048	1.018	0.969	0.929		
			0.935	0.969	1.012	1.002	0.986					

图 4　入口流量分配计算结果

Fig. 4　Simulation Result of Inlet Flow Distribution

1.3.2　事故应对策略

（1）应对冷却剂丧失事故（LOCA）时，革新了安注系统配置，主要体现在：①上充和安注功能分离，上充泵不再执行安注功能；②降低高压安注泵压头，由高压注入改为中压注入，中压泵不需要低压泵增压；③中压安注子系统设置两个完全独立的系统，大大降低安注失效的潜在风险；④取消安注管线上浓硼注入箱、硼酸再循环回路，简化系统，提高系统可靠性。

（2）应对设计扩展工况时，在保留传统的余热排出系统和辅助给水系统的同时，采用能动与非能动相结合的设计理念，增设二次侧非能动余热排出系统，使得堆芯余热导出手段多样化。增设应急硼注入系统，提供多样化的手段，在事故工况下向堆芯引入足够的负反应性，保证反应堆安全停闭。在发生任何要求停堆事件且其他硼化水源（内置换料水箱、化容系统）不可用时，应急硼注入系统可用来实现堆芯补水和硼化。

（3）应对严重事故时，增设稳压器快速卸压系统，可有效避免高压熔堆的发生以及安全壳的直接加热，降低对安全壳完整性的威胁；增设反应堆压力容器高位排气系统，事故下可以迅速排出反应堆压力容器上封头可能出现的蒸汽或不可凝气体，从而防止这些非凝结性气体对反应堆堆芯传热的影响，有利于事故管理；增设能动与非能动堆腔注水冷却系统，通过冷却反应堆压力容器外表面，带走堆芯熔融物释放出的热量，降低反应堆压力容器的温度，以维持其完整性。

1.3.3　确定论与概率安全分析相结合

通过采用确定论与概率安全分析相结合的设计方法，在保证满足确定论分析要求的同时，全面采用概率安全分析技术来指引设计改进、支持设计决策，充分发挥该技术在识别电厂薄弱环节、优化设计和平衡设计中的作用。表 4 给出了"华龙一号"和 AP1000、EPR 核电站的堆芯损坏概率和大量放射性释放概率[11-13]。

表 4 不同机组的堆芯损坏概率和大量放射性释放概率
Table 4 CDF and LRF of HPR1000，AP1000 and EPR

参数	华龙一号	AP1000	EPR
堆芯损坏概率 /(堆·年)$^{-1}$	1.28×10^{-7}	2.41×10^{-7}	1.48×10^{-6}
大量放射性释放概率 /(堆·年)$^{-1}$	1.22×10^{-8}	1.95×10^{-8}	1.38×10^{-7}

2 设计验证

在"华龙一号"的设计过程中,针对反应堆堆内构件、能动与非能动相结合的设计理念、抗震能力、严重事故下降低放射性物质向外释放等方面开展了大量有针对性的验证试验[15],部分验证项目如表 5 所示。

表 5 "华龙一号"验证项目清单
Table 5 Verification List of HPR1000

序号	试验项目名称
1	控制棒驱动线抗震试验
2	堆内构件流致振动试验
3	堆腔注水冷却系统验证试验
4	二次侧非能动余热排出系统试验
5	非能动安全壳热量导出系统试验
6	蒸汽发生器试验

"华龙一号"在成熟设计的基础上引入了新的先进设计特征,通过这些试验有效地验证了"华龙一号"采用的新系统功能的实现,并验证了新技术的可靠性和先进性,从而确保了"华龙一号"的安全性和运行性能。

3 持续改进

为进一步优化完善"华龙一号"设计,持续提

高"华龙一号"的经济性和安全性,从而提高"华龙一号"在国际市场上的竞争力,需要开展一系列的设计优化改进和创新科研,主要包括以下几方面:

(1)在尽量不改变现有设备规模和系统布置的前提下,将堆芯热功率提高 4% 以上,输出电功率在 1200 MW 以上,进一步提高"华龙一号"的经济性;

(2)根据当地电网和用户的不同需求,研究不同的燃料管理策略(12/18/24 个月换料),优化安全系统配置,进一步提高"华龙一号"的灵活性;

(3)增加控制棒组件并优化堆芯控制策略,通过更广、更深的事故分析,论证核电厂安全设计的有效性,进一步提高"华龙一号"的安全性;

(4)开展耐事故燃料(ATF)研究,降低堆芯融化的风险,缓解或消除锆水反应导致的氢爆风险,提高事故下裂变产物在燃料组件内包容的能力。

4 结束语

本文梳理了我国核电的发展阶段,论述了"华龙一号"反应堆堆芯与安全设计特点。在"华龙一号"的设计中,通过采用低泄漏装载、18 个月换料等策略提高了"华龙一号"的经济性;通过采用 Mode - G 运行模式,增大反应堆压力容器尺寸,配置不同的安全系统选项等提高了"华龙一号"的灵活性;通过采用负的反应性反馈、较高的停堆裕量、LPD 和 DNBR 在线监测、能动和非能动相结合的事故应对策略、确定论与概率安全分析相结合的设计方法等手段提高了"华龙一号"的安全性。与此同时,全方位的试验有效地验证了"华龙一号"设计的实现性和可靠性。此外,持续开展的设计优化改进和创新科研将进一步提高"华龙一号"的经济性、灵活性和安全性。

"华龙一号"是具有完整自主知识产权的第三代百万千瓦级压水堆核电技术,是中国核电自主创新的产物。"华龙一号"的研发对改善我国能源结构、提升我国综合经济实力和国际竞争力、落实国家"一带一路"倡仪、推动核工业的军民融合发展等都具有重要的意义。

参考文献：

[1] 欧阳予. 秦山核电站[J]. 科技导报,1992,2：29－32.

[2] 沈俊雄. 大亚湾核电站经验[M]. 北京:原子能出版社,1996.

[3] 欧阳予. 国际核能应用及其前景展望与我国核电的发展[J]. 华北电力大学学报,2007,34(5)：1－10.

[4] 邢继. "华龙一号":能动与非能动相结合的先进压水堆核电厂[M]. 北京:中国原子能出版社,2016.

[5] Electric Power Research Institute. Advanced light water reactor utility requirement document[Z]. Palo Alto, CA: EPRI, 1990.

[6] EUR Organization. European utility requirements for LWR nuclear power plants[Z]. [S. l. ;s. n.],2001.

[7] 刘昌文,李庆,李兰,等. "华龙一号"反应堆及一回路系统研发与设计[J]. 中国核电,2017,10(4)：472－477.

[8] 宋代勇,赵斌,袁霞,等. "华龙一号"能动与非能动相结合的安全系统设计[J]. 中国核电,2017,10(4)：468－471.

[9] 陈雯,杨小虎,江虹. 核电机组设计可用率因子模型研究[J]. 核动力工程,2017,38(4)：103－106.

[10] 司峰伟. AP1000机组灰棒设计在MSHIM控制策略中的应用[J]. 中国核电,2014,7(3)：18－21.

[11] 中国核工业集团有限公司. 福建福清核电厂5、6号机组(ACP1000)初步安全分析报告:1188PSARCAC01[R]. [S. l. ;s. n.],2012.

[12] 佚名.三门核电一期工程1、2号机组最终安全分析报告:SMG－FSAR－GL－700[R]. [S. l. ;s. n.],2012.

[13] 佚名.台山核电厂1、2号机组最终安全分析报告:TS－X－GTST－TPD－SAR－002[R]. [S. l. ;s. n.],2012.

[14] 国家核安全局. "十二五"期间新建核电厂安全要求(报批稿)[R]. [S. l. ;s. n.],2013.

[15] 荆春宁,赵科,张力友,等."华龙一号"的设计理念与总体技术特征[J]. 中国核电,2017,10(4)：463－467.

General Technology Features of Reactor Core and Safety Systems Design of HPR1000

Yu Hongxing, Zhou Jinman, Leng Guijun, Deng Jian, Liu Yu, Wu Qing, Liu Wei

Science and Technology on Reactor System Design Technology Laboratory, Nuclear Power Institute of China, Chengdu, 610213, China

Abstract：HPR1000 is an advanced pressurized water reactor developed by China National Nuclear Corporation (CNNC) with fully independent intellectual property rights. In this paper, the production process of HPR1000 are firstly introduced, and then the general technology features of reactor core and safety systems design are discussed, including reactor core neutronics design, thermal-hydraulics design, safety systems design, experiment verification and the continuously design improvement and optimization of HPR1000, etc. With the brand new advanced design philosophy and technology, the economy, flexibility and safety of HPR1000 nuclear power plant regarded as a third generation nuclear power technology are enhanced.

Key words：HPR1000, PWR, Nuclear power plant, Design features

作者简介：

余红星(1969—),男,研究员级高级工程师,博士,博士研究生导师。现任中国核动力研究设计院核动力设计研究所副所长、核反应堆系统设计技术重点实验室主任,从事反应堆热工水力与安全分析研究。

核电厂楼层谱抗震计算的场地模型及其影响分析

李建波[1],林　皋[1],朱秀云[1],钟　红[1],闫东明[2]

1. 大连理工大学海岸与近海国家重点实验室,辽宁大连,116024;
2. 郑州大学水利与环境学院,郑州,450001

摘要:结合结构-地基动力相互作用数值分析的最新发展,在集总参数场地动力简化模型的框架内,提出了一种便于非均质场地条件采用的核电站厂房时频域动力分析的新模式。该模式利用谐响应法求解场地真实频域动阻抗曲线,利用混合变量模型保证频域动刚度的时域无损转换,实现楼层谱的全时域计算。最后,以某百万千瓦级核电站反应堆厂房的抗震分析为例,开展均质与非均质场地条件下动刚度及上部结构楼层谱计算的对比研究,验证了该分析方法的精度与应用效果。计算结果表明,比较均质场地条件,水平成层非均质场地条件下竖直方向楼层谱峰值有较大幅度改变,必须在核电抗震安全评价中加以重视。

关键词:楼层反应谱;无限地基;场地动刚度;辐射阻尼;土-结构相互作用

中图分类号:TU271　　　　**文献标志码**:A

0　引　言

考虑结构-地基动力相互作用(SSI),开展核电厂楼层反应谱的抗震计算与场地适应性分析是各国规范的一致要求[1-3]。从技术角度讲,决定标准设计是否可用的首要因素就是从结构静动力响应的角度出发,评价厂址的场地适宜性条件。

与水工大坝领域方面蓬勃开展的坝-地基动力相互作用复杂数值模型的研究相比[4],国际上主要的核电规范仍基于集中质量模型来模拟上部厂房结构,而模拟真实场地的动刚度与辐射阻尼所采用的场地模型也主要关注于弹簧-阻尼器系统表征的简便形式[2,3]。如何在保证模型便于工程采用的前提下,研究并提高其对场地真实动力特征的模拟精度,是本文要解决的主要内容之一;本文从谐响应法出发,提出了一种适于分析非均质场地条件较为精确的时频域集总参数法,最后以算例的形式对新方法的保守性进行了分析。

1　场地简化动力模型的现状与问题

随着计算机模拟技术,尤其是有限元方法的发展,关于场地无限域动刚度、辐射阻尼等动力性质的数值分析日益走向复杂与精细,如无穷元、透射人工边界等[4]。但是,即使采用这些较复杂的数值模型也无法得到完全精确的场地无限域动力解。在核电领域以弹簧-阻尼器系统为特征的场地简化动力模型[2,3],虽然仍发挥着重要作用,但往往仅适于均质场地条件;建立适用于实际工程中非均质场地采用的数值模型是亟待解决的热点问题之一。解决这一问题行之有效的途径是建立求解地基动阻抗的某种简化力学模型[5-8],使其既能反映动力阻抗的频率相关性,又能满足时域动力计算的需要。

基金项目:国家自然科学基金资助项目(90510018、50809013)、教育部高校博士点新教师基金(200801411099)、辽宁省工程防灾减灾重点实验室研究基金(DPMKL2008004)。

2 典型场地简化模型理论及适用性

2.1 美国 ASCE 4-98 规范的场地动力模型[3]

ASCE 4-98 作为 ASCE 4-86 的升级版,保持了场地动力模型的一致性,以 6 个独立的单一弹簧-阻尼器的并联体系来模拟场地在平动、摇摆及扭转方向上的力与变形关系。在数值关系上,该模型反映出一种不随频率改变的场地常系数动阻抗形式,即单一参数的集总模型,比较容易求解。模型的具体公式见文献[3]。然而,从场地动阻抗随激振频率变化的动力性质看,常系数形式的场地动阻抗假定及其过多受上部结构转动惯量等参数的影响即不够合理。

我国现行核电厂抗震设计规范采用的场地模型与美国 ASCE 规范基本一致[2]。

2.2 法国 RCC-G 规范的场地动力模型[4]

采用与美国 ASCE 规范相类似的模拟形式,法国 RCC-G 规范也建议以单一弹簧-阻尼器的并联体系来独立反映场地在各个方向上动加载与变位间的频域关系,只是计算公式有所差异。为体现场地动阻抗是激振频率的函数,法国 RCC-G 规范建议采用与结构动力系统一阶固有频率相对应的弹簧-阻尼实常数系数作场地的实际计算参数。

为了与 ASCE 4-98 进行对比,采用本文算例所示的某百万千瓦级核反应堆厂房(RX)的相关参数,分别按照 ASCE 4-98 和 RCC-G 的相关公式[3],求解水平方向结构-地基动力系统的一阶频率,结果如图 1 所示。由图 1 看出,两者结果相当,只是按 RCC-G 规范确定的场地刚度较 ASCE 规范略偏柔。

2.3 集总多参数场地动力模型

为反映场地动阻抗是激振频率的函数,建立集总多参数场地模型(如文献[8]中 10 参数场地模型)成为必要。在均质场地条件下,该数值模型对场地动刚度解析解的拟合效果很好。然而受其客观描述能力的限制,非均质场地条件下,多参数集总数值模型对存在多峰的场地动刚度的拟合效果差强人意(图 2)。

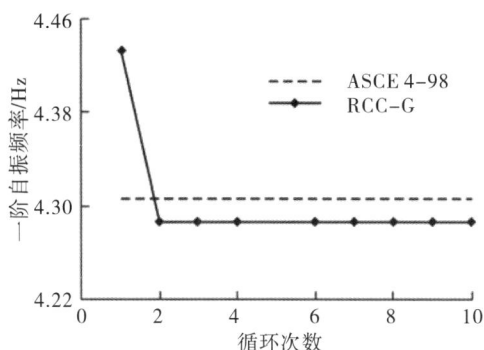

图 1 RX 动力系统一阶频率对比图

Fig. 1 First-Order Frequencies for RX Plant Dynamic System

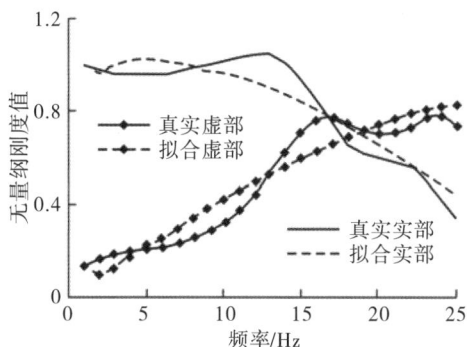

图 2 非均质场地动阻抗 10 参数模型拟合图

Fig. 2 Numerical Fitting for Dynamic Impedance of Inhomogeneous Soil Base Based on 10-Parameter Model

值得肯定的是,集总多参数场地动力模型以多个具体的物理元件组合来表达,反映动阻抗随激励频率的变化,宜于在 ANSYS 等工程软件中实现,在核电抗震安全评价中也取得了较好的效果。

2.4 基于谐响应的场地动阻抗求解

前述以有限个物理元件组合为代表形式的单参数集总场地模型,在描述非均质场地动力特性时存在明显缺陷,主要体现在非均质场地复杂的动阻抗无精确的解析解答,很难找到一种统一的物理元件组合形式来加以反映,一般需要以数值方法来近似给出。从动阻抗的物理意义出发,且便于工程采用,本文建议基于 ANSYS 商业软件进行二次开发,采用谐响应分析法进行场地动阻抗的数值求解。

首先可采用有限元模拟地基的实际不均匀状

态,然后以谐响应分析方法求解无质量刚性基础板位置的场地出口频域动阻抗。也可采用无穷元、比例边界有限元、阻尼溶剂抽取法等复杂数值手段直接求解出场地在结构基础位置的出口动阻抗矩阵,再通过无质量刚性基础板运动特点,动凝聚得到所关注解耦的 6 个运动方向上的随激振频率变化的阻抗值。

3 频域场地模型在 SSI 时域分析中的应用

为进一步精确地将频域场地动阻抗应用于时域 SSI 数值分析,笔者建议引入混合变量方法[9]。一般场地无限域的地基动刚度 $S^{\infty}(\omega_i)$ 可表达为实部 S_R 与虚部 S_I 之和的形式,即

$$[S(\omega)]_{N \times N} = [S_R(\omega)]_{N \times N} + i[S_I(\omega)]_{N \times N} \quad (1)$$

文献[9]研究表明,场地无限域动刚度也可拟合为 $M+1$ 阶矩阵多项式相除的形式:

$$
\begin{aligned}
&[S^{\infty}(\omega)] \\
&= \frac{[P_0] + (i\omega)[P_1] + (i\omega)^2[P_2] + \cdots + (i\omega)^{M+1}[P_{M+1}]}{1 + (i\omega)[q_1] + \cdots + (i\omega)^M[q_M]}
\end{aligned}
$$
$$(2)$$

式中,$[P_0]$,$[P_1]$,$[P_2]$,$\cdots$,$[P_{M+1}]$ 以及 $[q_1]$,$\cdots$,$[q_M]$ 为与地基动力刚度阵同维数的待定实系数矩阵,是不随激励频率(ω_i)变化的常数阵。

基于数值优化算法,可确定上述待定的系数矩阵。图 3 给出了某一复杂场地动阻抗的拟合曲线,可以看出,拟合效果非常好。

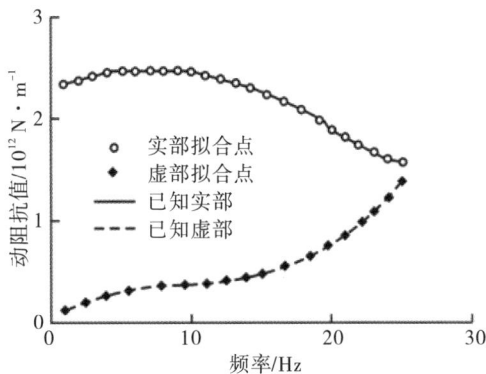

图 3 非均匀场地动刚度的连分式拟合
Fig. 3 Numerical Fitting for Dynamic Impedance of Inhomogeneous Soil Base Based on Continued Fraction Expansion

在获得式(2)表征的频域场地动刚度表达式后,利用混合变量思想建立连分格式,可获得等价的力与变位的时域关系:

$$A z(t) + B \dot{z}(t) = F(t) \quad (3)$$

$$
A = \begin{bmatrix}
S_0^{(0)} & 1 & 0 & \cdots & 0 & 0 \\
-1 & S_0^{(1)} & 1 & \cdots & 0 & 0 \\
\vdots & \vdots & \vdots & \vdots & \vdots & \vdots \\
0 & 0 & \cdots & -1 & S_0^{(M-1)} & 1 \\
0 & 0 & \cdots & 0 & -1 & S_0^{(M)}
\end{bmatrix}
$$

$$
B = \begin{bmatrix}
S_1^{(0)} & 0 & 0 & \cdots & 0 & 0 \\
0 & S_1^{(1)} & 0 & \cdots & 0 & 0 \\
\vdots & \vdots & \vdots & \vdots & \vdots & \vdots \\
0 & 0 & \cdots & 0 & S_1^{(M-1)} & 0 \\
0 & 0 & \cdots & 0 & 0 & S_1^{(M)}
\end{bmatrix}
$$

式中,A 和 B 参数矩阵为 $(M+1) \times N$ 阶方阵,其中,各未知系数矩阵 $S_0^{(i)}$ 和 $S_1^{(i)}$ 是 $[P_k]$ 和 $[q_k]$ 系数矩阵的函数,可由多项式相除的地基动刚度表达式经过简单推导获得[9]。

结合前面章节给出的非均质场地动阻抗求解方法,可实现均质-非均质任意场地条件下,场地无限域力与变位的时域数值求解,实现核电厂房楼层谱的较精确计算。

4 算例分析

以文献[1]所述某百万千瓦级压水堆核电站反应堆厂房为背景,采用相同的模型尺寸与参数,并考虑均质与分层非均质两种地基状况。

(1)在均质条件下,场地材料参数:密度 $\rho = 2500$ kg/m³;动剪切模量 $G = 3600$ MPa;泊松比 $\nu = 0.30$;剪切波速 $v_s = 1200$ m/s。

(2)在分层场地条件下,距地表深度 0~30 m 以内采用前述均质场地参数。深度大于 30 m 的场地材料参数如下:密度 $\rho = 2600$ kg/m³;动剪切模量 $G = 10400$ MPa;泊松比 $\nu = 0.25$;剪切波速 $v_s = 2000$ m/s。

4.1 场地动阻抗数值结果分析

以获取沿不同加载方向的场地频域动阻抗曲线为目的,分别采用美国 ASCE 4-98、法国 RCC-G、

10参数集总模型、黏弹场地外边界-谐响应法等不同场地数值模型进行了对比分析。在均质场地条件下，水平方向和竖直方向动阻抗计算结果如图4和图5所示，并给出了均质场地条件下动阻抗Luco解析解答。此外，基于黏弹场地外边界-谐响应法辅助给出了分层场地条件下的场地动阻抗曲线。

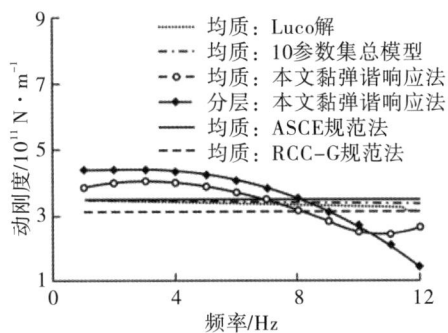

（a）动阻抗实部曲线

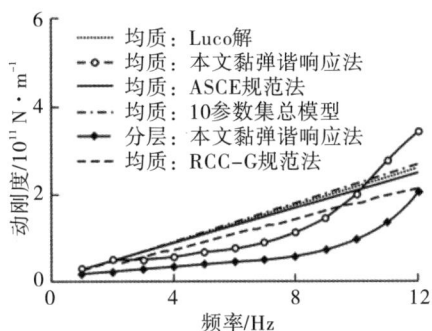

（b）动阻抗虚部曲线

图4　场地水平方向振动动阻抗实、虚部对比图

Fig. 4　Comparison of Real and Imaginary Parts of Soil Dynamic Impedances for Horizontal Vibration

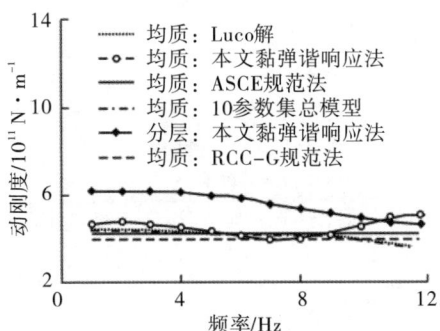

（a）动阻抗实部曲线

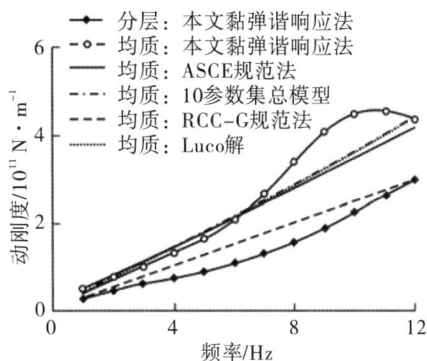

（b）动阻抗虚部曲线

图5　场地竖直方向振动动阻抗实、虚部对比图

Fig. 5　Comparison of Real and Imaginary Parts of Soil Dynamic Impedances for Vertical Vibration

直观看，在均质场地条件下，采用ASCE规范方法、10参数场地模型计算的水平方向及竖直方向动阻抗实、虚部均与Luco解析解较为接近；采用法国RCCG规范法计算值相对略小。采用文中推荐的黏弹外边界场地有限元模型与谐响应组合分析法计算的场地动阻抗实部和虚部，摆动较为明显，但从地震动主要激励频率段1～12 Hz的平均值看，则与Luco解析解等相当，说明精度尚满足工程需要。相比较而言，只有基于谐响应的场地阻抗求解算法适用于非均质场地条件。

从图4和图5计算结果的对比可看出，当场地在深度大于30 m的材料参数强化后，水平和竖直方向的动阻抗实部有明显增大的趋势，而虚部则有所降低，这与动力相互作用分析中的常识性结论相一致。由此说明，本文推荐的场地动力性质分析的谐响应组合法在处理非均质场地状况时是有效的，对地基参数状态是敏感的。

4.2　楼层谱计算结果分析

场地动力数值模型研究的目的是为了获得更为精准的核电厂房楼层谱计算值。1/2 SSE（核电站安全停堆地震）水准下，水平方向加速度峰值为0.095g（g为重力加速度），竖直方向峰值为0.055g；以RG 1.60标准地震反应谱为依据生成线性无关的三向地震加速度人工波，作为输入求解相应的楼层谱。由于篇幅所限，仅取核反应堆厂房结构顶部 12 点作为参考点,给出 5% 阻尼比条件下楼层谱计算值的对比。

从水平方向楼层谱计算结果看,几种方法所获得的反应谱曲线形状相似,数值上也比较接近(曲线几乎完全重叠)。从峰值段的分布状态看,RCC‑G 谱值相对较小,分层不均匀场地条件下采用本文推荐方法所获得的谱值相对最大。

从竖直方向楼层谱计算结果(图 6)看,采用ASCE 规范法、RCC‑G 规范法、10 参数集总模型所获得的竖直方向楼层谱曲线形状类似,数值上也比较接近。在峰值段,10 参数集总模型对应结果相对较大,而 ASCE 和 RCC‑G 规范法数值接近,相对较小。此外,十分明显的是,本文用推荐方法所获得的竖直方向楼层谱反映出明显的双峰特征,除4～10 Hz 的马鞍部外,基本包括前三种简便场地数值结果曲线。而双峰也从侧面说明本文方法对竖直方向地震参数较为敏感。同时,分层场地条件下竖直方向楼层谱峰值较均质场地条件下峰值明显增大,也大于前三者简化模型结果,说明考虑地基的不均匀特性是十分必要的。

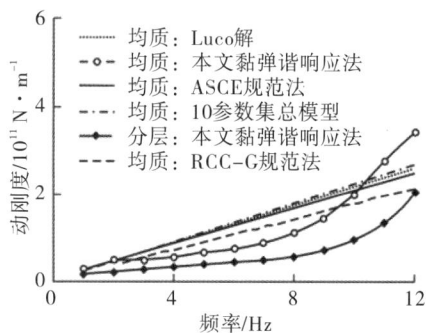

图 6　节点 12 处竖直向楼层反应谱比较

Fig. 6　Comparison of Floor Response Spectra at 12th Node in Vertical Direction

5　结　论

(1)美国 ASCE 和法国 RCC‑G 参考标准在国际范围内对核电厂 SSI 抗震分析方法的影响较为

深远;然而,如何在规范建议的简化集总参数场地模型的框架内,模拟非均质场地条件的动力性质,是核电站抗震分析需要解决的问题之一。

(2)与均质场地条件下规范简化模型所取得的结果相比较,本文建议的场地频域模型及楼层谱时域计算方法较易反映非均质场地条件的影响,精度能满足工程需要。

(3)相对于文中算例较粗略的黏弹外边界场地有限元模型,应结合动力相互作用数值分析的最新发展,引入更为精确的非均质场地模型,在提高精度方面进一步开展研究。

参考文献:

[1] 李忠献,李忠诚,沈望霞. 核反应堆厂房结构楼层反应谱的敏感性分析[J].核动力工程,2005,26(1):44-50.

[2] 国家地震局. 核电厂抗震设计规范:GB 50267—1997[S]. [S. l.:s. n.],1997.

[3] American Society of Civil Engineers. Seismic analysis of safety-related nuclear structures:ASCE 4-98[S]. [S. l.: s. n.],2000.

[4] 林皋. 混凝土大坝抗震安全评价的发展趋向[J]. 防灾减灾工程学报,2006,26(1):1-11.

[5] WOLF J P, SOMAINI D R. Approximate dynamic model of embeded foundation in time domain [J]. Earthquake Engineering & Structural Dynamics, 1986, 14 (5): 683-703.

[6] DE BARROS F C P, LUCO J E. Discrete models for vertical vibrations of surface and embedded foundation [J]. Earthquake Engineering & Structural Dynamics, 1990, 19 (2): 289-303.

[7] JEAN W Y, LIN T W, PENZIEN J. System parameters of soil foundations for time domain dynamic analysis [J]. Earthquake Engineering & Structural Dynamics, 1990, 194 (19): 541-553.

[8] 栾茂田,林皋. 地基动力阻抗的双自由度集总参数模型[J]. 大连理工大学学报,1996,36(4):477-482.

[9] RUGE P, TRINKS C, WITTE S. Time-domain analysis of unbounded media using mixed-variable formulations [J]. Earthquake Engineering & Structural Dynamics, 2001, 30 (6): 899-925.

Study on Ground Numerical Models for Floor Response Spectra Analysis of Nuclear Power Plant and Their Influences

Li Jianbo[1], Lin Gao[1], Zhu Xiuyun[1], Zhong Hong[1], Yan Dongming[2]

1. State Key Laboratory of Coast and Offshore Engineering, Dalian University of Technology, Dalian, Liaoning, 116024, China;

2. School of Hydraulic and Environmental Engineering, Zhengzhou University, Zhengzhou, Henan, 450001, China

Abstract: In the framework of numerical model of lumped parameters, a time-frequency domain coupled model of ground is presented and recommended in this paper to analyze the dynamic interaction, which solves the soil dynamic impedance based on the harmonic response analysis and maintains the necessary accuracy in the numerical transformation between time and frequency domains by using continued fraction expansion. The proposed dynamic analysis method can be easily utilized in practical engineering with inhomogeneous soil layers, and can play a positive role in enhancing the associated seismic analysis of nuclear power plants in China. Finally, by taking the analysis of dynamic stiffness of soil and the floor response spectra for a certain 1000 MW nuclear power plant as an example, specific numerical comparison analyses are carried out to study the impact influences for various soil models, in which the numerical precision for the new proposed method is well validated.

Key words: Floor response spectra, Infinite soil region, Dynamic stiffness of soil, Radiation damping, Soil-structure interaction

作者简介:

李建波(1977—),男,讲师。2005 年毕业于大连理工大学水工结构专业,获博士学位。现主要从事结构动力分析与抗震评价研究。

基于 ANSYS 程序的反应堆压力容器疲劳裂纹扩展分析方法研究

郑连纲,谢　海,苏东川,邵雪娇

中国核动力研究设计院核反应堆系统设计技术重点实验室,成都,610041

摘要:进行断裂力学分析时,《压水堆核岛机械设备设计和建造规则》(RCC‐M,法国核电厂设计和建造规则)中的附录 ZG 规定了两种方法。其中第一种方法比较简便,易于实现,但结果过于保守,经常不满足限值要求;这时可采用第二种方法进行分析,即进行疲劳裂纹扩展计算分析,但该方法过程繁琐,计算量庞大。本文应用 ANSYS 程序中的 APDL 语言编制疲劳裂纹扩展计算程序,并对反应堆压力容器进行疲劳裂纹扩展计算。

关键词:断裂力学;疲劳裂纹扩展;APDL 语言

中图分类号:TL351^{+}.6　　　　　**文献标志码:**A

0　引　言

《压水堆核岛机械设备设计和建造规则》(RCC‐M,法国核电厂设计和建造规则)中的附录 ZG 给出了两种断裂力学分析方法。第一种方法一般假设裂纹深度为结构的 1/4 壁厚,然后进行断裂力学计算及评定。该方法计算分析简单,但过于保守,主要用于有足够安全裕度的设备。第二种方法是进行疲劳裂纹扩展计算。假设一深度为 15 mm 的初始裂纹,对其进行裂纹扩展计算,得到寿期末的裂纹深度,然后再进行断裂力学评定。该方法较第一种方法更接近实际,但不足之处在于计算过程中涉及大量数据的迭代组合计算,同时中间又存在许多参数修正以及选择判断的过程。因此,若单纯靠手工操作从有限元程序中提取应力结果,再根据规范相关公式进行计算,过程繁琐,计算量庞大。

目前核电设计方面应用的主要力学有限元软件均不具备疲劳裂纹扩展计算功能。虽然国内外已经开发了一些专用疲劳裂纹扩展计算软件,但均未列入目前核电项目适用软件清单中。同时,专用疲劳裂纹扩展计算软件一般不具备应力计算功能,因此存在着与应力计算所用有限元程序的接口问题。

本文采用 ANSYS 程序中的 APDL 语言编制疲劳裂纹扩展计算程序,皆在避免断裂力学分析中第二种方法的不足,使其能广泛地应用于工程计算分析,并应用于反应堆压力容器疲劳裂纹扩展分析中。

1　疲劳裂纹扩展计算方法

1.1　初始裂纹的假设

RCC‐M ZG3321.1 中假设初始裂纹深度值为 15 mm,疲劳裂纹扩展计算以该初始裂纹尺寸为基础进行扩展计算。

1.2　应力强度因子 K_{I} 计算

根据 RCC‐M ZG6100 的方法,应力强度因子 K_{I} 按下式计算:

$$K_1 = \sqrt{\pi a}\left[\sigma_0 i_0 + \sigma_1\left(\frac{a}{t}\right)i_1 + \sigma_2\left(\frac{a}{t}\right)^2 i_2\right.$$
$$\left. + \sigma_3\left(\frac{a}{t}\right)^3 i_3 + \sigma_4\left(\frac{a}{t}\right)^4 i_4\right] \tag{1}$$

式中,i_i 为影响系数,可根据裂纹几何形状,裂纹深

度 a 和壁厚 t 之比值在 RCC - M 表 ZG6211 中查得；系数 σ_i 通过拟合沿厚度方向分布的应力得到

$$\sigma(x) = \sigma_0 + \sigma_1\left(\frac{x}{t}\right) + \sigma_2\left(\frac{x}{t}\right)^2$$
$$+ \sigma_3\left(\frac{x}{t}\right)^3 + \sigma_4\left(\frac{x}{t}\right)^4 \qquad (2)$$

式中，x 为数据点距内表面的距离，应力则通过有限元软件计算得出。

1.3　应力强度因子变化幅值 ΔK_I 的计算

计算各设计瞬态重要时刻的应力强度因子 K_I，并选取其中的极大和极小值。所有设计瞬态计算所得的应力强度因子 K_I 的极大和极小值形成一个集合，并且每个 K_I 值均对应其相应瞬态发生的次数。选取集合中应力强度因子的极大和极小值 $K_\mathrm{I}(k)$ 和 $K_\mathrm{I}(l)$，相应的发生次数分别为 n_k 和 n_l；二者之差为应力强度因子的变化幅值 $\Delta K_\mathrm{I}(k,l)$；该幅值发生的次数 n_{kl} 取 $K_\mathrm{I}(k)$ 和 $K_\mathrm{I}(l)$ 二者对应发生次数较小的值。

考虑到裂纹尖端的塑性区，需对应力强度因子变化幅值 $\Delta K_\mathrm{I}(k,l)$ 进行塑性修正。修正步骤如下。

用式（3）确定塑性区半径 r_y：

$$r_y = \frac{1}{6\pi}\left[\frac{\Delta K_\mathrm{I}(k,l)}{S_y(k) + S_y(l)}\right]^2 \qquad (3)$$

式中，$S_y(k)$ 和 $S_y(l)$ 分别为 k 和 l 时刻，在所考虑的裂纹尖端，材料在所承受温度下的屈服强度。

计算修正后的应力强度因子变化幅值

$$\Delta K_\mathrm{cp}(k,l) = \Delta K_\mathrm{I}(k,l)\sqrt{\frac{a + r_y}{a}} \qquad (4)$$

此修正仅在满足下列不等式的情况下有效：

$$r_y \leqslant 0.05(t - a)$$

1.4　疲劳裂纹扩展计算

疲劳裂纹扩展速率：

$$da/dN = C_0\ (\Delta K_\mathrm{I})^n \qquad (5)$$

式中，da/dN 为裂纹扩展速率（mm/循环）；N 为循环次数；ΔK_I 为应力强度因子变化幅值（MPa$\sqrt{m}$）；C_0 和 n 为材料常数。

上式积分后可得到经过 N 次循环后的裂纹深度

$$a_N = \left[a_0^{(1-n/2)} + C_0\left(1 - \frac{n}{2}\right)\left(\frac{\Delta K_\mathrm{I}}{\sqrt{a_0}}\right)^n \cdot N\right]^{1/(1-n/2)}$$
$$\qquad (6)$$

式中，a_0 为初始裂纹深度（mm）。

整个疲劳裂纹扩展计算过程就是上述从应力强度因子计算到变化幅值计算再到裂纹扩展尺寸计算的循环重复过程，直至所有应力强度因子的次数用尽为止。

2　疲劳裂纹扩展 APDL 语言程序的计算流程

（1）压力、温度瞬态下的应力计算。首先对所分析结构进行参数化有限元建模，根据不同的应力计算方式选取不同的单元进行网格划分。在有限元模型上施加第二类工况压力和温度瞬态、水压试验压力，计算各设计瞬态和水压试验压力下的应力。

（2）应力强度因子计算。基于步骤（1）所计算的应力结果，根据 RCC - M ZG6100 的方法计算各设计瞬态重要时刻的应力强度因子，选取并存储最大和最小应力强度因子值。所有瞬态的最大和最小应力强度因子值存储在一数组中，其中每个应力强度因子值都对应其相应瞬态发生的次数。

（3）应力强度幅值计算。选取步骤（2）数组中应力强度因子的极大和极小值 $K_\mathrm{I}(k)$ 和 $K_\mathrm{I}(l)$，相应的发生次数分别为 n_k 和 n_l，二者之差为应力强度因子的变化范围 $\Delta K_\mathrm{I}(k,l)$，即 $\Delta K_\mathrm{I}(k,l) = [K_\mathrm{I}(k) - K_\mathrm{I}(l)]$，该值发生的次数 $n_{kl} = \min(n_k,\ n_l)$。

（4）根据规范 ZG3322，对 $\Delta K_\mathrm{I}(k,l)$ 进行塑性修正。

（5）计算裂纹扩展后的尺寸。基于步骤（4）的计算结果，根据 RCC - M 规范表 ZG3322 选取不同的疲劳裂纹扩展速率。确定疲劳裂纹扩展速率后，可根据前文所述计算公式得到扩展后的裂纹尺寸。

（6）修正瞬态次数。更新应力强度因子值的次数：$n_k = n_k - n_{kl}$，$n_l = n_l - n_{kl}$，去掉次数用尽的应力强度因子值，更新存储应力强度因子值的数组。基于新的裂纹尺寸，应用 APDL 循环语句，重复步骤（3）至步骤（6）的过程，直到数组中所有应力强度因子所对应的次数全部用尽。

（7）输出寿期末裂纹尺寸。

计算流程如图 1 所示。

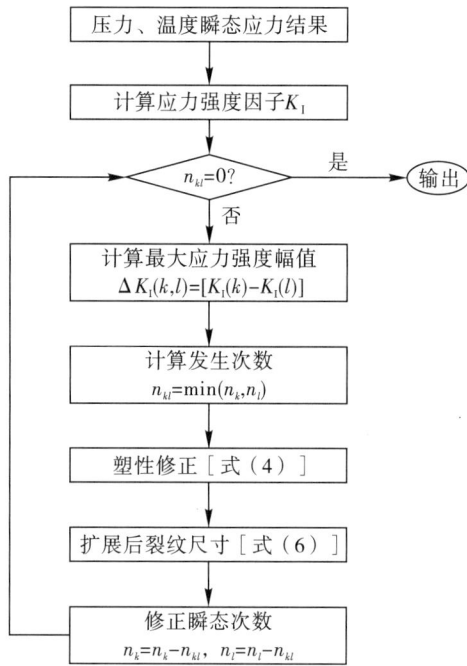

图 1　计算流程图

Fig. 1　Calculation Process

3　反应堆压力容器疲劳裂纹扩展计算

应用上述程序对反应堆压力容器堆芯筒体段进行疲劳裂纹扩展计算。基于结构的轴对称性建立二维轴对称有限元模型。计算模型包括堆焊层及筒体母材。

材料性能输入数据包括瞬态温度范围内各温度下的弹性模量、热导率、比热及线胀系数。

载荷为第二类工况压力和温度瞬态、水压试验压力,应用 ANSYS 程序计算压力-温度耦合场应力值。

初始裂纹深度取 15 mm,应用编制的 APDL 语言疲劳裂纹扩展程序对其进行计算,最终得到寿期末裂纹尺寸为 21.4 mm。

采用人工提取应力结果数据,并按规范中相应公式验算各个计算模块,如应力强度因子计算、某一组应力强度因子组合产生的裂纹扩展量的计算等,公式计算结果与程序计算结果相同,验证了分析流程的正确性。

4　结　论

本文根据 RCC-M 规范疲劳裂纹扩展计算方法,应用 ANSYS 程序 APDL 语言编制了疲劳裂纹扩展计算程序,并应用该程序对反应堆压力容器进行了疲劳裂纹扩展计算,得到了寿期末裂纹尺寸。该程序可用于依据 RCC-M 规范进行疲劳裂纹扩展计算的各项任务,降低了人工出错率,节省了大量计算人员的工作量,提高了计算效率。

Study of Reactor Pressure Vessel Fatigue Crack Growth Analysis Based on ANSYS

Zheng Liangang, Xie Hai, Sun Dongchuan, Shao Xuejiao

Science andTechnology on Reactor System Design Technology Laboratory, Chengdu, 610041, China

Abstract：There are two possible methods proposed in RCC – M paragraph ZG to perform the fracture analysis. The first method is easy to carry out. But the calculation result is too conservative and difficult to satisfy the criterion of RCC –M. The second method is to perform the fatigue crack growth analysis. This method is very complex. And there is too much calculation using this method. This paper provide a fatigue crack growth program writing with ANSYS code APDL commands. Calculation of reactor pressure vessel fatigue crack growth is performed using this program.

Key words：Fracture, Fatigue crack growth, APDL commands

作者简介：

郑连纲(1979—)，男，高级工程师。现从事反应堆结构力学工作。

纳米零价铁去除溶液中 U(Ⅵ)的研究

李小燕[1,2],刘义保[2],花　明[2],高　柏[2]

1. 中国原子能科学研究院,北京,102413;
2. 东华理工大学核资源与环境省部共建国家重点实验室培育基地,南昌,330013

摘要:采用 KBH_4 还原 Fe^{3+} 制备纳米级零价铁,去除溶液中以铀酰离子形式(UO_2^{2+})存在的六价铀 [U(Ⅵ)],考察纳米零价铁投加量、溶液 pH 值、U(Ⅵ)初始质量浓度以及时间等因素对铀去除效果的影响。实验结果表明,纳米零价铁对 U(Ⅵ)有很好的去除效果,当溶液 pH=5.5,投加量为 1.0 g/L,U(Ⅵ)初始质量浓度为 45 mg/L、吸附时间为 2.5 h 时,对 U(Ⅵ)的去除率为 98.98%,吸附量为 27.22 mg/g。

关键词:纳米零价铁;铀;去除率

中图分类号:X591　　　　**文献标志码**:A

0　前　言

在铀矿石采冶过程和核设施运行过程中会产生带有天然放射性核素如铀、镭等的放射性废水,世界各国高度重视放射性废水处理技术的发展和应用。吸附法是一种很有潜力的方法,常用于吸附铀的吸附剂主要有真菌、藻类、壳聚糖、无机吸附材料及目前研究者比较关注的农林废弃物等,这些吸附剂吸附处理含铀废水的研究,国内外已有许多报道。零价铁是近年来在国际上受到较多关注的水污染修复方法之一。零价铁廉价易得,环境友好,可以通过吸附、还原、沉淀等机理去除水中多种重金属。近几年的研究表明,纳米零价铁颗粒不仅具有零价铁的特性,而且比普通零价铁有更大的比表面积、更高的反应活性及更强的吸附性。利用纳米零价铁颗粒特有的表面效应和小尺寸效应,可以提高零价铁颗粒的反应活性和处理效率。近年来,国内外一些研究者利用纳米零价铁对水中各种氯代有机物、重金属[1,2]及铀[3-6]等进行处理,取得了较好的效果。纳米零价铁作为一种新型材料是当今研究的前沿领域,有着广阔的应用前景,而用纳米零价铁来处理含铀废水在国内还未见报道。本文用纳米零价铁来去除溶液中的铀,研究其对以铀酰离子形式(UO_2^{2+})存在的六价铀[U(Ⅵ)]的去除效果,为纳米零价铁的实际应用提供科学依据。

1　实验材料和方法

1.1　试剂与材料

HNO_3、$NaOH$、KBH_4(硼氢化钾)、$FeCl_3 \cdot 6H_2O$(三氯化铁)、CH_3CH_2OH(无水乙醇)、$C_{22}H_{18}As_2N_4O_{14}S_2$(偶氮胂Ⅲ)、$C_6H_4N_2O_5$(2-4-二硝基酚)等均为分析纯试剂。

U(Ⅵ)储备液配制:用化学纯 U_3O_8 配制浓度为 1 g/L 的 U(Ⅵ)标准溶液,将该溶液稀释后进行实验。

纳米零价铁制备:将 0.045 mol/L 的 $FeCl_3 \cdot 6H_2O$ 溶液和 0.25 mol/L KBH_4 溶液以 1∶1 的体积比混合,经磁力搅拌器搅拌 0.5 h 后,用磁选法选出,将得到的纳米零价铁依次用去离子水和无水乙醇分别洗涤 3 次后,在 65 ℃真空干燥箱中烘干备用。

基金项目:国家自然基金(41162007)、核资源与环境省部共建国家重点实验室项目(101111)。

1.2 分析测试仪器

722 型分光光度计、THZ82A 型恒温水浴振荡器、pHS3C 型酸度计、JA1003 电子天平。

1.3 吸附实验

准确称取 0.1 g 纳米零价铁置于 250 mL 锥形瓶中，加入 100 mL 质量浓度为 45 mg/L 的 U（Ⅵ）溶液，用 0.5 mol/L HNO₃ 或 NaOH 调节溶液 pH 值至 5.5，置于恒温水浴振荡器中，在 30 ℃下以 150 r/min 速率振荡 2.0 h 后静置沉淀，取上清液用分光光度法测水相中铀的残留浓度，并按下式计算铀的吸附量 Q 及铀的去除率 R：

$$Q = (C_0 - C_e)V/m \tag{1}$$

$$R = (C_0 - C_e)/C_0 \times 100\% \tag{2}$$

式中，Q 为单位质量的纳米零价铁吸附铀的质量（吸附量）（mg/g）；C_0 为 U（Ⅵ）的初始质量浓度（mg/L）；C_e 为 U（Ⅵ）的平衡质量浓度（mg/L）；V 为溶液体积（L）；m 为纳米零价铁质量（g）。

2 结果与讨论

2.1 pH 值对去除效果的影响

在实验条件下，pH 值对吸附效果的影响如图 1 所示。从图 1 可以看出，pH 值对 U（Ⅵ）的去除影响较大，在 pH 值为 3.5～5.5 范围内，随着 pH 值的增大，U（Ⅵ）的去除率和吸附量也在增大。当 pH 值为 5.5 时，纳米零价铁对 U（Ⅵ）的去除率和吸附容量均达到最大值，随后随着 pH 值的增加，U（Ⅵ）去除率和吸附量开始下降。这主要由于在酸性或者弱酸性的条件下，铀主要是以更适合被零价铁粉还原的 UO_2^{2+} 形式存在，UO_2^{2+} 被零价铁还原为难溶的沥青铀矿 UO_2，反应式如下：

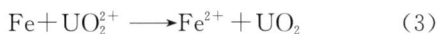

$$Fe + UO_2^{2+} \longrightarrow Fe^{2+} + UO_2 \tag{3}$$

国外所作的研究中，对最后的沉淀物进行 X 射线分析，证明铀的去除是还原沉淀和吸附沉淀的结合[1]。在接近中性或者呈碱性的条件下，铀主要以 $UO_2(CO_3)_2^{2-}$ 和 $UO_2(CO_3)_3^{4-}$ 络合离子形式存在，而这些络合离子的存在抑制了铀的还原沉淀和吸附，因此去除率和吸附量随着 pH 值升高而下降，说明在弱酸性条件下 U（Ⅵ）去除效果较好[2]。

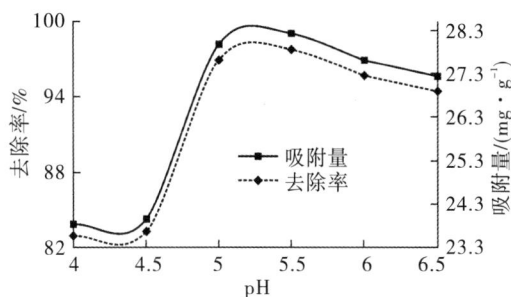

图 1 pH 值对 U（Ⅵ）去除效果的影响
Fig. 1 Effect of pH Value on U（Ⅵ）Adsorption

2.2 纳米零价铁投加量对去除效果的影响

在实验条件下，纳米零价铁投加量对去除效果的影响如图 2 所示。

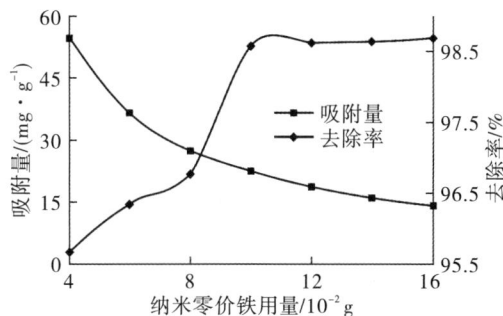

图 2 纳米零价铁投加量对 U（Ⅵ）去除效果的影响
Fig. 2 Effect of NZVI Dosage on U（Ⅵ）Adsorption

从图 2 可以看出，随着纳米零价铁投加量的增加，U（Ⅵ）的去除率在增加，而吸附量一直在下降。由于纳米零价铁还原去除 U（Ⅵ）的反应是发生在铁表面的氧化还原反应，所以改变纳米零价铁量相当于改变纳米零价铁的表面积浓度，纳米零价铁用量越大，铁表面积浓度越大，反应速率越快，去除率越高。当纳米零价铁投加量为 0.1 g（1.0 g/L）时，U（Ⅵ）的去除率达到 98.58%，吸附量为 2.248 × 10⁻² mg/g；再增加纳米零价铁的投加量，去除率不再明显增加，而吸附量却急剧下降。说明再增加纳米零价铁的投加量对吸附作用不大，而使底物浓度增大，故吸附量下降。赵素芬[3]等人用零价铁去除废水中的铀时，当 pH 值为 5.0，零价铁用量为 30 g/L，反应时间为 30 min 时，U（Ⅵ）的去除率为

99.1%。由此可知,纳米零价铁具有比零价铁更好的去除效果,其投加量是零价铁的1/15。

2.3　U(Ⅵ)初始质量浓度对去除效果的影响

在实验条件下,初始浓度对去除效果的影响如图3所示。

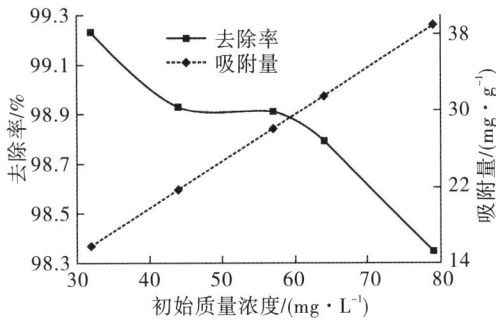

图3　U(Ⅵ)初始浓度对去除效果的影响
Fig. 3　Effect of Initial Concentration of U(Ⅵ) on Adsorption

从图3可以看出,随着U(Ⅵ)质量浓度的提高,U(Ⅵ)的去除率一直在下降,而吸附量却一直在增加。这是因为随着溶液中U(Ⅵ)浓度的增大,纳米零价铁吸附剂表面的U(Ⅵ)相对增多,而这使吸附剂表面的活性点与之撞击的概率增大,导致最终吸附量增加[7]。此外,U(Ⅵ)初始浓度较低时,溶液中纳米零价铁相对过量,其表面积也较大,吸附反应活性位点数多,因而反应速率快;当U(Ⅵ)初始浓度较高时,纳米零价铁的吸附反应活性位点数相对减少,导致去除率下降[8]。

2.4　反应时间对去除的影响

在实验条件下,反应时间对去除效果的影响如图4所示。

从图4可以看出,在反应初始阶段,纳米零价铁对U(Ⅵ)的去除速率较快,在2.5 h时U(Ⅵ)的去除率和吸附量均达到最大值。之后U(Ⅵ)的去除速率变缓,去除率和吸附量增加不明显。这主要由于在初始阶段,溶液中U(Ⅵ)浓度相对较大,纳米零价铁表面附着的沉淀物也相对较少,使该时间段U(Ⅵ)的还原沉淀反应去除比较快。随着反应继续进行,溶液pH值也会相应提高,腐蚀产物铁氧化物会附着在零价铁表面,阻碍反应进行,反应速率变慢[4]。

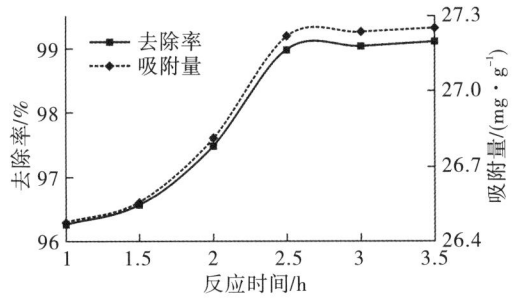

图4　反应时间对U(Ⅵ)去除效果的影响
Fig. 4　Effect of Contact Time on U(Ⅵ) Adsorption

3　结　论

(1)纳米零价铁对溶液中U(Ⅵ)有较好的去除作用。当溶液pH值为5.5,纳米零价铁投加量为1.0 g/L,U(Ⅵ)初始质量浓度为45 mg/L,吸附时间为2.5 h时,纳米零价铁对铀的去除率为98.98%,吸附容量为27.22 mg/g。

(2)纳米零价铁具有特殊晶体形状和点阵排列等微观结构,由于其颗粒尺度小,比表面积急剧增加,具有较大的表面活性,从而产生特殊的物理化学性质,可以更加有效地去除水体污染物。应用纳米零价铁去除水中铀,不仅效率高,而且不会造成二次污染,因此是值得推广的处理含铀废水的新技术之一。但目前对于纳米零价铁去除铀的机理尚不是很清楚,还需进一步深入研究,为其实际应用提供科学依据。

参考文献:

[1] SINGH R, MISRA V, SINGH R P. Removal of Cr(Ⅵ) by nanoscale zero-valent iron (NZVI) from soil contaminated with tannery wastes [J]. Bulletin of Environmental Contamination and Toxicology, 2012, 88: 210-214.

[2] MUELLER N C, BRAUN J, BRUNS J. Application of nanoscale zero-valent iron (NZVI) for groundwater remediation in Europe [J]. Environmental Science and Pollution Research, 2012, 19: 550-558.

[3] 赵素芬,史梦洁,安小刚,等. 零价铁处理含铀废水的实验研究[J]. 工业水处理, 2011, 31(7): 71-74.

[4] 张纯,张伟,周星火. 零价铁粉在含 U(Ⅵ)废水处理中的应用研究[J]. 铀矿冶,2009,28(3):155-157.

[5] 张纯,谢水波,周星火,等. 用零价铁渗滤墙技术修复我国铀尾矿地下水探讨[J]. 铀矿冶,2007,26(1):44-47.

[6] 易正戟,曹新星,谢叶归. 零价铁固定 U(Ⅵ)的反应动力学及反应机理研究[J]. 采矿技术,2009,9(2):56-61.

[7] 冯婧微,梁成华,王黎,等. 零价纳米铁对水中 Cr(Ⅵ)的吸附动力学研究[J]. 科技导报,2011,29(24):37-41.

[8] 冯婧微,梁成华,王黎. 零价纳米铁处理水中 Cr(Ⅵ)的实验研究[J]. 环境科学与技术,2011,34(10):164-367.

Removal of U(Ⅵ) from Aqueous Solution by Nanoscale Zero-Valent Iron

Li Xiaoyan[1,2], Liu Yibao[2], Hua Ming[2], Gao Bai[2]

1. China Institute of Atomic Energy, Beijing, 102413, China;

2. State Key Laboratory Breeding Base of Nuclear Resources and Environment, East China Institute of Technology, Nanchang, 330013, China

Abstract: Nanoscale zero-valent iron (NZVI) was synthesized in aqueous solutions by reduction of Fe^{3+} with KBH_4. Removal of U(Ⅵ) by NZVI was investigated to understand the effect of dosages of NZVI, pH value of solution, initial concentrations of U(Ⅵ) and contact time. The results showed that NZVI has very good removal effect on U(Ⅵ), and when pH value of solution is 5.5, the initial concentration of U(Ⅵ) is 45 mg/L, the dosage of NZVI is 1.0 g/L, the contact time is 2.5 h, the removal rate and adsorption capacity reached 98.98% and 27.22 mg/g respectively.

Key words: Nanoscale zero-valent iron (NZVI), Uranium, Removal rate

作者简介:

李小燕(1974—),女,讲师,博士研究生。现主要从事辐射防护及环境保护、放射性废物处理与处置研究。

超临界水冷堆 CSR1000 堆芯初步概念设计

夏榜样,杨　平,王连杰,马永强,李　庆,李　翔,刘静波

中国核动力研究设计院核反应堆系统设计技术重点实验室,成都,610041

摘要:在借鉴先进沸水堆、压水堆以及现有超临界水冷堆(SCWR)设计技术基础上,提出百万千瓦级超临界水冷堆设计概念 CSR1000。采用单水棒、组合式方形燃料组件,在保证燃料棒均匀慢化的同时简化组件结构;堆芯冷却剂流动方案为双流程,以提高堆芯流动稳定性及平均出口温度;堆芯采用157盒燃料组件、高泄漏换料模式。通过堆芯概念设计方案评价,给出了循环长度、卸料燃耗、冷却剂出口温度、最大燃料包壳温度及最大线功率密度等关键参数。

关键词:超临界水冷堆;概念设计;冷却剂流动方案

中图分类号:TL329.2　　　　**文献标志码:**A

0　引　言

超临界水冷堆(SCWR)是最具发展前景的第四代核能系统之一,具有机组热效率高、系统简化等突出优点。目前,各核电大国都将 SCWR 作为水冷堆的后续发展方向,提出了多种设计概念,并进行了大量基础研究。开展 SCWR 技术研究,可以更好地掌握先进核电技术,最终形成我国具有自主知识产权的 SCWR 核电厂,这对我国核电长远发展具有重要意义。

本课题通过开展 SCWR 堆芯概念设计研究,提出 SCWR 设计概念 CSR1000,给出了其燃料组件设计方案、堆芯装载方案、冷却剂流动方案以及相关分析结果。

1　总体设计思路

我国核电技术以压水堆为主,SCWR 是一种特殊高参数(温度和压力)的压水堆。在现有压水堆基础上,开展 SCWR 技术研究与开发是对我国压水堆核电技术的传承,可以充分借鉴成熟压水堆以及超临界火电机组技术,加快 SCWR 技术的研究与开发。因此,发展压力容器式、热中子谱 SCWR 技术是对我国现有压水堆技术和超临界火电技术相结

合的自然延伸。表1给出了 CSR1000 堆芯概念设计方案的主要总体技术要求。

表1　CSR1000 堆芯总体技术要求

Table 1　General Technical Requirement on CSR1000 Core

参数名	参数值
电功率/MW	1000
热功率/MW	～2300
热效率/%	～43.5
中子能谱	热中子谱
冷却剂流程	双流程
系统压力/MPa	25
反应堆入口温度/℃	280
反应堆出口温度/℃	～500
燃料组件型式	方形
体平均功率密度/(kW·cm⁻³)	～60.0
换料周期/月	～12
平均卸料燃耗/(MW·d·t⁻¹)(U)	＞30000
燃料类型	UO₂
堆芯活性区高度/m	4.2
最大燃料包壳温度/℃	＜650
最大线功率密度/(kW·m⁻¹)	＜39.0

2 组件设计

由于 SCWR 出口温度高、出入口温差大、冷却剂质量流量低,导致:①燃料芯块及包壳温度比较高;②冷却剂平均密度较小,中子慢化严重不足,反应性剧烈下降。现阶段主要采取以下措施解决:①在流致振动允许条件下,尽可能地提高冷却剂流速、强化传热;②引入"水棒"设计概念,以增强中子慢化能力,提高反应性。这些措施可使堆芯最大燃料包壳温度显著降低,采用不锈钢作为包壳材料成为可能。

2.1 燃料元件

在 CSR1000 概念设计方案中,选用了压水堆中应用较为广泛的 Φ9.5 mm 燃料棒。为了容纳更多裂变气体、缩短燃料棒两端气腔长度,降低了芯块中心设计温度,并采用成熟的环状芯块(图 1),外径为 8.19 mm,中心气腔直径为 1.5 mm。

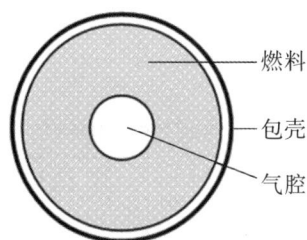

图 1 环状燃料芯块

Fig. 1 Annular Fuel Pellet

在正常运行工况下,燃料包壳最高温度可能会达到 700 ℃左右,在文献[1]、[2]的 SCWR 设计方案中,分别采用了 Ni718 和 316L 作为包壳材料。综合考虑经济性及安全性要求,本设计选用 310S 作为 SCWR 包壳及相关结构材料。

2.2 燃料组件

燃料组件的设计难点在于:①为每根燃料棒提供充分而且均匀的中子慢化,尽量展平组件功率分布;②在满足冷却剂和慢化剂有效分流的条件下,结构设计应简单,且有利于制造。

SCWR 燃料组件通常采用稠密栅格布置方式,燃料棒利用绕丝进行自定位,再利用水棒盒和组件盒维持组件整体形状。目前,最为典型的设计方案有大组件设计方案[1](图 2)以及小组件组合式设计方案[2](图 3)。

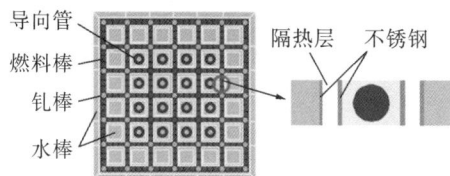

图 2 SCLWR-H 燃料组件横截面

Fig. 2 Cross-Section of SCLWR-H Fuel Assembly

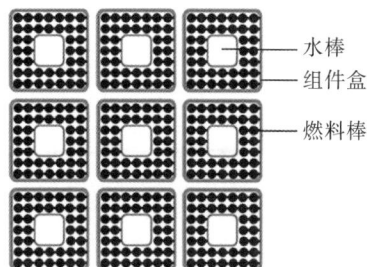

图 3 HPLWR 燃料组件横截面

Fig. 3 Cross-Section of HPLWR Fuel Assembly

大组件设计方案的优点是:①组件内燃料棒受到慢化均匀,功率不均匀系数小;②可以减少堆芯组件数量。缺点是组件内水棒数量多,对水棒隔热以及冷却剂和慢化剂的分流造成较大困难,同时影响组件结构的稳定性。

小组件设计方案的优点是结构设计简单,有利于制造,结构稳定,但需要的小组件数量过多,对燃料组件的结构设计不利。

在国内外各种 SCWR 及沸水堆组件设计基础上,综合考虑设计制造可行性,提出图 4 所示 CSR1000 组件设计方案。该组件由 4 个子组件构成,利用格架进行子组件径向、轴向定位和支撑。子组件水棒及子组件间通道均为慢化剂,流向为自上而下。子组件燃料棒呈 9×9 方形排列,棒间距为 1.0 mm,利用绕丝定位,中心水棒占用 5×5 栅元位置。水棒盒壁厚度为 0.8 mm,组件盒壁厚度为 2.0 mm。子组件对边距为 98.5 mm,中心距为 119.5 mm,燃料组件中心距为 239.0 mm。采用十字型控制棒。

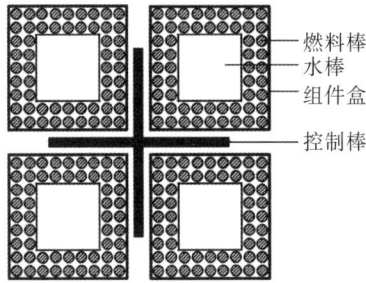

图 4　CSR1000 燃料组件横截面

Fig. 4　Cross-Section of CSR1000 Fuel Assembly

为了减少燃料组件结构材料,提高堆芯中子经济性,组件盒壁采用"夹心饼干"结构形式。中心隔热材料为 ZrO_2,厚度为 1.0 mm,两边 310S 的厚度均为 0.5 mm。

组件中 ^{235}U 的富集度有 5.7% 和 4.3% 两种,位于子组件 4 个角点处燃料棒中 ^{235}U 的富集度为 4.3%,其余为 5.7%,平均富集度为 5.6%。

3　堆芯设计

3.1　平衡循环堆芯设计过程

平衡循环堆芯是指第 n 循环和第 $n+1$ 循环的堆芯装载方案基本一致,图 5 给出了平衡循环堆芯设计流程[1]。首先,确定堆芯主设计参数,再设定堆芯在寿期初的最佳燃耗分布并进行堆芯燃耗计算,寿期末根据装载模式进行换料,获得新的寿期初燃耗分布。重复上述过程,直至寿期初燃耗分布收敛。

3.2　堆芯布置方案

CSR1000 堆芯共包含 157 盒(图 4)燃料组件,堆芯布置如图 6 所示。堆芯的活性区高度为 4200 mm,等效直径为 3379 mm,外接圆直径为 3656 mm,平均功率密度为 61.1 MW/m³,线功率密度为 15.6 kW/m。堆芯 UO_2 总装量约为 76.9 t。

3.3　堆芯流动方案

综合考虑堆结构设计可实现性和复杂度的情况下,进行冷却剂流动方案设计,以提高堆芯冷却剂流速,强化传热,降低燃料包壳温度,同时获得均

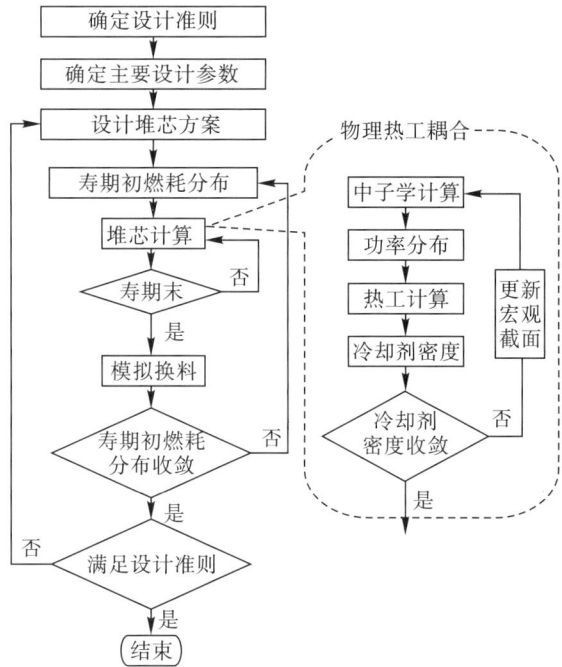

图 5　平衡循环堆芯设计流程图

Fig. 5　Flow Chart for Equilibrium Cycle Core Design

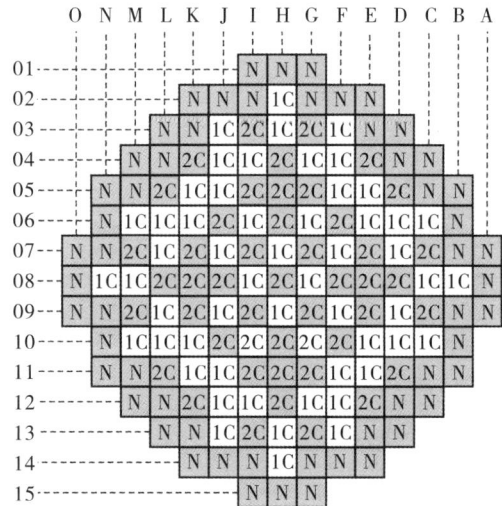

N—新组件;1C—燃烧 1 个循环组件;

2C—燃烧 2 个循环组件。

图 6　堆芯布置示意图

Fig. 6　Schematic Diagram of Core Layout

匀且较高的冷却剂出口温度。

根据图 4 所示组件方案,设计双流程堆芯流动方案。图 7 给出了冷却剂在压力容器内的流动过

程,图 8 给出了第 I 流程和第 II 流程的径向分区布置。冷却剂自压力容器的冷端进入后分为五部分:①约 10% 沿环腔向下流入下腔室;②约 40% 自上而下作为第 I 流程冷却剂;③约 6% 作为第 I 流程燃料组件慢化剂进入其水棒;④约 14% 作为第 II 流程燃料组件慢化剂进入其水棒;⑤剩余 30% 作为慢化剂进入组件之间的通道。在下腔室搅混后,向上作为第 II 流程冷却剂流出堆芯,精确的流程分配在物理热工耦合计算中给出。

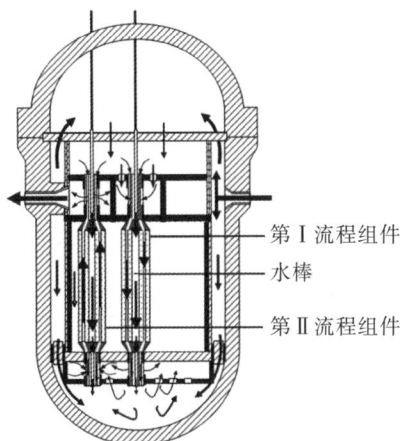

图 7　冷却剂在反应堆压力容器内的流动过程
Fig. 7　Coolant Flow in Reactor Pressure Vessel

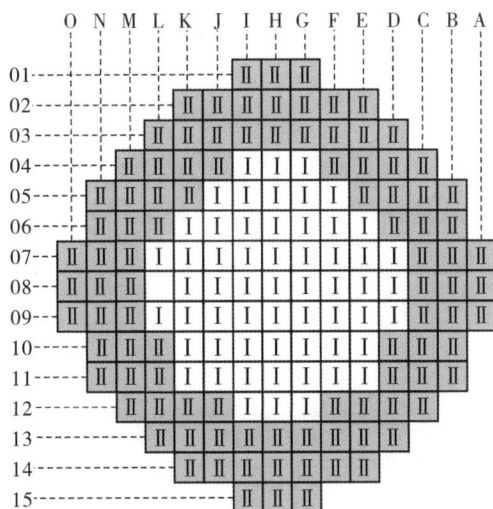

图 8　双流程堆芯径向分区布置
Fig. 8　Radial Zone Distribution of Two-Pass Core

4　物理热工耦合程序系统 CASIR

为了进行 CSR1000 堆芯计算分析,在现有压水堆设计程序基础上,开发了物理-热工耦合程序 CASIR[3]。主要包括:①燃料组件中子输运计算程序 KYLIN;②燃料管理程序 BMFGD;③多通道热工水力计算程序 ATHAS。

4.1　中子学计算

堆芯中子学计算采用"两步法"进行:①首先利用 KYLIN 程序进行组件输运计算,得到各种工况下燃料组件的少群截面参数;②利用 BMFGD 程序进行堆芯扩散计算,即通过插值得到堆芯各个节块实际运行工况下的截面参数,再进行堆芯临界-燃耗计算。

4.2　热工水力计算

利用 ATHAS 程序模拟 CSR1000 燃料组件以及棒束内子通道冷却剂、慢化剂流动。在程序超临界水物性模块中,采用经验公式和查表相结合的方法,具有较高的计算精度和效率,能够满足多流程超临界堆芯热工水力计算分析。

4.3　物理热工耦合计算

堆芯物理-热工耦合计算过程如下:①燃料管理程序 BMFGD 首先根据控制棒初始棒位、慢化剂和冷却剂初始密度分布插值得到每个节块的截面,进行通量计算得到相对功率分布;②热工水力程序 ATHAS 根据堆芯功率分布计算出堆芯新的水密度分布;③BMFGD 根据新的水密度分布重新进行中子学计算;④重复步骤①至③,直至堆芯各区域内慢化剂、冷却剂密度收敛;⑤若此时堆芯不临界,则调整控制棒棒位,进行下一轮耦合计算。当堆芯处于临界状态且各区域水密度分布收敛,ATHAS 程序根据组件功率分布计算最大包壳温度。

5　数值分析

5.1　主要结果

在额定热功率为 2300 MW 条件下,平衡循环堆芯换料周期为 350 EFPD(等效满功率天),冷却剂质量流量为 1183 kg/s,平均出口温度为 502 ℃,最大燃料包壳温度为 647 ℃,最大线功率密度为 27.4 kW/m,平均卸料燃耗为 32709 MW·d·t^{-1}(U)。在全提棒工况下,寿期初和寿期末的 k_{eff} 分别为 1.1370 和 1.0187。

5.2　堆芯装载模式

采用 3 批次、高泄漏装载,每次装入 56 盒新组件,燃烧 1 个循环的组件为 56 盒,燃烧 2 个循环的组件为 45 盒。以展平冷却剂平均出口温度以及降低最大燃料包壳温度为主要约束条件,设计了图 9 所示的平衡循环堆芯换料过程。

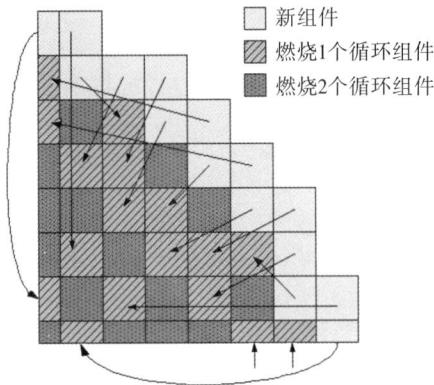

（a）新组件换料过程

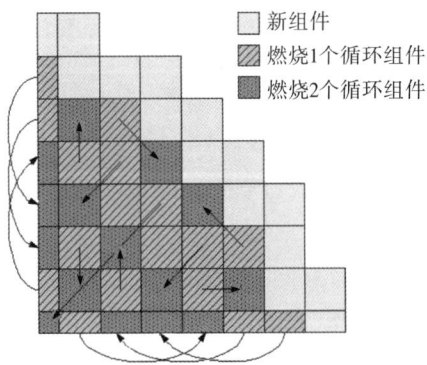

（b）燃烧 1 个循环组件换料过程

图 9　平衡循环堆芯燃料装载方案

Fig. 9　Fuel Loading Patterns for Equilibrium Cycle Core

5.3　堆芯功率分布及最大线功率密度

图 10 给出了平衡循环堆芯轴向功率分布随燃耗的变化。由于堆芯采用双流程以及强烈的物理

热工耦合反馈效应,寿期初轴向功率分布最不均匀,最高功率区域出现在堆芯下部,寿期末轴向功率峰则出现在堆芯上部。

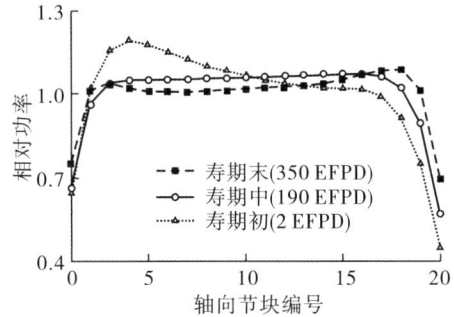

图 10　堆芯平均轴向功率分布

Fig. 10　Distribution of Core Averaged Axial Power

图 11 给出了堆芯局部功率峰因子 F_L、径向功率峰因子 F_R、轴向功率峰因子 F_Z 和总功率峰因子 F_Q 随燃耗的变化曲线。寿期内,堆芯最大功率峰因子为 1.76,出现在寿期初。从图 11 可以看出,F_Z 对 F_Q 的影响最为明显。F_L 是燃料组件功率形状因子与组件局部功率峰因子的乘积,F_Q 是 F_L、F_R 和 F_Z 的乘积。最大线功率密度的定义为堆芯平均线功率密度与最大功率峰因子的乘积,其为 27.4 kW/m。

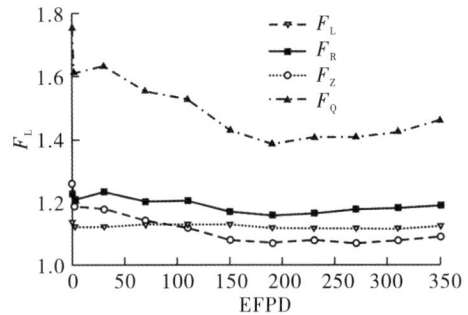

图 11　堆芯功率峰因子随燃耗变化

Fig. 11　Core Power Peaking Factor Versus Burnup

5.4　冷却剂流量分配

为了降低最大燃料包壳温度,提高堆芯冷却剂平均出口温度,需要对第Ⅱ流程冷却剂进行流量分配,第Ⅰ流程不进行流量分配。上述平衡循环堆芯装载的冷却剂精确流动方案为:总质量流量为 1183 kg/s,第Ⅰ流程冷却剂为总流量的 38.0%,第

Ⅰ流程慢化剂为 6.5%,第Ⅱ流程慢化剂为 13.7%,全堆芯组件之间的慢化剂为 35.8%,堆芯与压力容器环腔的冷却剂为 6.0%。第Ⅱ流程各组件的冷却剂相对流量如图 12 所示。

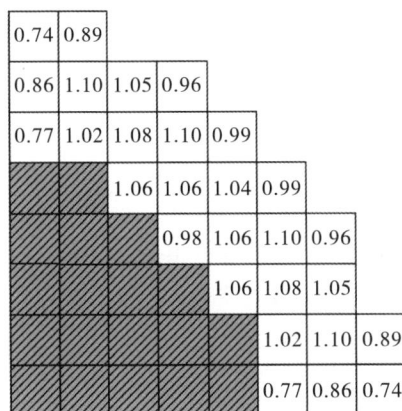

图 12　冷却剂相对流量分布

Fig. 12　Distribution of Relative Coolant Flow Rate

6　结　论

提出 CSR1000 概念设计方案,并给出了燃料组件、堆芯流动等方案设计。

(1)采用结构设计较为简单的单水棒、组合式方形燃料组件,能够为燃料元件提供充分、均匀的慢化,而且慢化剂和冷却剂分流简单。

(2)堆芯采用第Ⅰ流程位于中心区域的双流程设计方案,有效地实现了冷却剂和慢化剂在上腔室的分流。

(3)堆芯采用 157 盒组件,3 批次高泄漏换料模式,新组件富集度 5.6%,平衡循环堆芯寿期 350 EFPD,平均卸料燃耗 32709 MW・d・t^{-1}(U),冷却剂出口温度 502 ℃,满足总体设计要求。

(4)堆芯最大燃料包壳温度为 647 ℃,最大线功率密度为 27.4 kW/m,满足安全性要求。

参考文献:

[1] YAMAJI A, KAMAI K, OKA Y, et al. Improved core design of the high temperature supercritical-pressure light water reactor [J]. Annals of Nuclear Energy, 2005, 32: 651 - 670.

[2] SCHULENBERG T, STARFLINGER J. Core design concepts for high performance light water reactors [J]. Nuclear Engineering and Technology, 2007, 39(40): 249 - 256.

[3] MA Y, CHAI X, WANG Y, et al. Development of the CASIR code system for SCWR core steady state design[C]// Anon. The 3rd China-Canada Joint Workshop on SCWR. Xi'an: [s. n.], 2012.

Core Preliminary Conceptual Design of Supercritical Water-Cooled Reactor CSR1000

Xia Bangyang，Yang Ping，Wang Lianjie，Ma Yongqiang，Li Qing，

Li Xiang，Liu Jingbo

Science and Technology on Reactor System Design Technology Laboratory，Nuclear Power Institute of China，Chengdu，610041，China

Abstract：A 1000 MW supercritical water-cooled reactor（SCWR）design concept CSR1000 with independent intellectual property has been developed based on the existing technologies of ABWR，PWR and SCWR. In order to simplify the structural design and obtain more uniform moderation，the CSR1000 standard fuel assembly cluster is built of 4 small size square fuel assemblies，and each of them has only one water rod. Furthermore，a two-pass coolant flow scheme is adopted to increase the coolant flow stability and core averaged outlet temperature. The core consists of 157 fuel assembly clusters，and the out-in loading pattern is employed. After core conceptual design evaluation，these key parameters of the core such as cycle length，average discharge burnup，core coolant averaged outlet temperature，maximum fuel cladding temperature and maximum linear power density have been presented.

Key words：SCWR，Conceptual design，Coolant flow scheme

作者简介：

夏榜样(1979—)，男，高级工程师。2006 年毕业于西安交通大学能源与动力工程学院核科学与技术专业，获博士学位。现主要从事反应堆物理设计及安全分析工作。

Z3CN20.09M 奥氏体不锈钢热老化冲击性能试验研究

薛　飞[1]，束国刚[1]，逯文新[1]，余伟炜[1]，蒙新明[1]，刘江南[2]，石崇哲[2]

1. 中国广东核电集团苏州热工研究院，江苏苏州，215004；

2. 西安工业大学，西安，710032

摘要：采用 GB/T 19748—2005《钢材 夏比 V 型缺口摆锤冲击试验仪器化试验方法》，对压水堆核电厂用离心铸造 Z3CN20.09M 奥氏体不锈钢主管道样品进行了实验室热老化的冲击性能研究。冲击试验数据的统计分析表明，热老化对 F_{iu}/F_m 比值不产生影响，而对冲击载荷有显著影响，对冲击能量的影响则更为显著。透射电子显微分析表明，热老化导致铁素体中出现沉淀物，并引发了奥氏体中位错组态的改变。与热老化时间 $\lg t$ 之间也满足线性关系。

关键词：核电厂；热老化；铸造不锈钢；冲击性能；预测

中图分类号：TL34　　　　**文献标志码**：A

0 引　言

目前，压水堆一回路系统中，主管道主要采用铸造奥氏体不锈钢制造[1]。铸造奥氏体不锈钢的显微组织中含有约 5%～25% 体积含量的铁素体。相比于铁素体不锈钢，其冲击韧性高，耐晶间腐蚀，焊接性能也显著改善；而与奥氏体不锈钢相比，强度性能特别是屈服强度显著提高，且耐晶间腐蚀、耐应力腐蚀、耐腐蚀疲劳等性能均明显改善。

在役的百万千瓦级压水堆核电厂一回路系统主管道设计寿命为 40 a，运行环境温度为 288～327 ℃，其间承受着热和机械载荷的波动以及一回路冷却介质的腐蚀作用。主管道材料性能在长期服役中存在的老化衰退不容忽视。

本文采用 GB/T 19748—2005《钢材 夏比 V 型缺口摆锤冲击试验仪器化试验方法》研究热老化对主管道材料冲击性能的影响。

1 试验材料与方法

试验用材料为 Z3CN20.09M 铸造奥氏体不锈钢，化学成分如表 1 所示。试样取自某核电厂一回路冷却剂主管道法国产预留件，离心浇铸而成；内、外表面去皮车光；管外径 838 mm；壁厚 70 mm。显微组织为奥氏体 γ＋14.5% 铁素体 δ，铁素体在奥氏体基体上呈岛状分布（图 1）。对于离心铸件而言，管道壁厚的内、外壁附近的显微组织不同，近外壁附近为柱状晶组织，中部和内壁附近为等轴晶组织。

由于离心铸件的切向与纵向具有基本等同的取样效果，因此，取样位置和方向为紧贴内壁表面的纵向样、紧贴外壁表面的纵向样及径向样。

加速热老化试验采用井式风循环均温炉。热老化温度为 400 ℃；热老化时间分别为 100 h、300 h、1000 h、3000 h；未热老化的原始态作为对照。坯料经加速热老化后再加工成标准夏比 V 型缺口冲击试样。冲击试验在 Zwick RKP 450 摆锤冲击试验机上完成；采用夏比 V 型缺口摆锤冲击试验仪器化试验方法[2,3]，全程记录冲击曲线以便后续分析，试验温度为室温。同时，对钢的组织结构进行了金相和透射电镜观察。

表 1　法国产 Z3CN20.09M 钢的化学成分

(质量分数/%)

Table 1　Composition of Z3CN20.09M
Fabricated by France

化学元素	RCC-M 标准	Z3CN 20.09M	化学元素	RCC-M 标准	Z3CN 20.09M
C	≤0.040	0.027	S	≤0.025	0.014
Si	≤1.5	1.27	P	≤0.035	0.023
Mn	≤1.5	1.13	N		0.031
Cr	19.00～21.00	20.19	Co	≤0.20	0.1
Ni	8.00～11.00	8.92	Cu	≤1.0	0.1

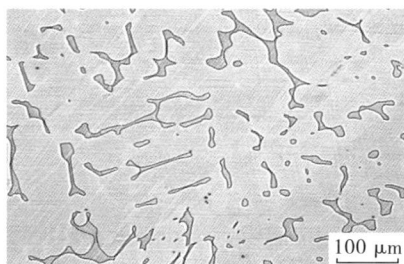

(a)内壁处为等轴晶组织

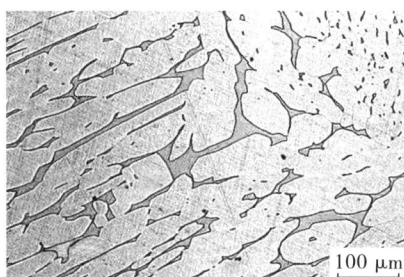

(b)外壁处为柱状晶组织

图 1　法国产 Z3CN20.09M 钢的显微组织

(含 14.5%铁素体)

Fig. 1　Microstructure of Z3CN20.09M Fabricated by France (including 14.5%δ)

2　试验结果及讨论

将冲击试验记录的力-位移数据进行曲线拟合,求得力-位移曲线上的特征点(屈服点、最大力点、裂纹生长至临界尺寸并开始快速不稳定扩展点),同时求取与各特征点相对应的载荷以及能量特征值(屈服力 F_{gy}、最大力 F_m、不稳定裂纹扩展起始力 F_{iu}、最大力时的能量 W_m、不稳定裂纹扩展起始能量 W_{iu}、总冲击能量 W_t)。

2.1　取样位置之间冲击性能差异的判别

不同取样位置的冲击性能统计值如图 2 所示。从图 2 判断,不同取样位置之间冲击性能值的差异较小,对其作 t 检验表明,在置信度 95% 时,取样位置之间的冲击性能值 F_{gy}、F_m、F_{iu}、W_m、W_{iu}、W_t — W_{iu}、W_t 均没有显著差异。也就是说,在整个壁厚各处,主管道材料的冲击性能是基本均匀的。

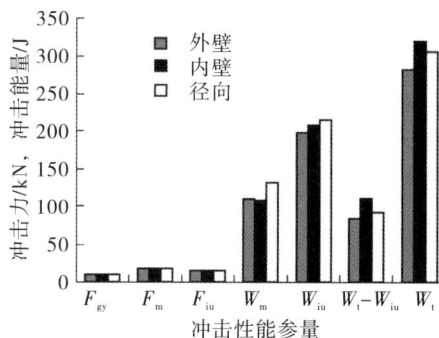

图 2　不同取样位置的冲击性能

Fig. 2　Impact Properties for Different Sampling Positions

2.2　热老化时间对冲击力值的影响

不计取样位置,统计所得冲击力值随热老化时间的变化如图 3 所示。随热老化时间的增长,F_{gy} 先降低而后升高;而 F_m 和 F_{iu} 则先升高,之后有所降低,随后又升高。对这个变化作 t 检验表明,在置信度 95% 时,原始态与热老化态之间在冲击力 F_{gy}、F_m、F_{iu} 上的差异是显著的。

由图 3 还可看到,冲击力 F_m 和 F_{iu} 随热老化时间自 0 h(原始态)至 3000 h 的曲线是平行的。由此说明,比值 F_{iu}/F_m 不受热老化与否及热老化时间长短的影响,而始终保持基本稳定,统计数据也证实了这一结果。这说明,力-位移曲线上不稳定裂纹的起始点(iu)的求取还可以通过 F_{iu}/F_m 比值计算而得(本文称此为比值法)。与曲线拟合法相比,比值法由于是大量试验观测数据和曲线拟合法的统计结

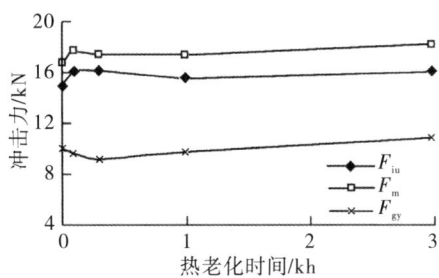

图 3　冲击力随热老化时间的变化

Fig. 3　Variation of Impact Force with Thermal Aging Time

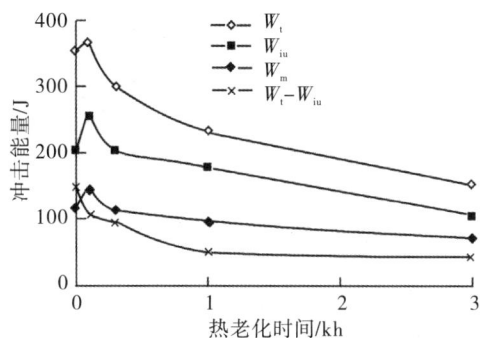

图 4　冲击能量与热老化时间的关系

Fig. 4　Relationship between Impact Energy and Thermal Aging Time

果,因而精确度较高。而如果通过曲线拟合法,对力-位移曲线后半部的下降段作繁杂的数据处理以求取 iu 点,则容易引入曲线拟合质量的人为误差,因而精确度稍差。考虑到 iu 点是裂纹生长与扩展的临界点,属于重要的特征量之一,因此本文推荐在用曲线拟合法确定 iu 点之后,再用比值法予以修正。

2.3　热老化时间对冲击能量的影响

不计取样位置,统计所得冲击能量随热老化时间的变化如图 4 所示。其总体规律是,经历 100 h 的热老化,材料冲击能量 W_m、W_{iu}、W_t 都有了大幅提高,但随热老化时间的延长,它们又呈现出下降趋势,并且热老化时间越长,下降量也越多。以总冲击能量 W_t 为例,热老化 100 h 后 W_t 比原始态增大了 2.6%;随热老化时间的增长,W_t 又开始减小,热老化 300 h 比热老化 100 h 减小 17%,热老化 1000 h 比热老化 100 h 减小 36%,热老化 3000 h 比热老化 100 h 减小 57%。为证实此变化是由热老化时间所引起的,对 W_t 作方差分析,其结果与预期一致。因此,热老化时间是总冲击能量 W_t 变化的重要因素。

2.4　热老化机理

用透射电镜观察热老化的薄膜样,其亚结构如图 5 所示。原始态亚结构的特点是奥氏体-铁素体相界干净清晰,奥氏体中有大量全位错和扩展位错。经 1000 h 热老化后,奥氏体-铁素体相界上出现了析出物,铁素体相内出现薄盘状沉淀物。沉淀物的最大尺寸约为盘长 100 nm,中心厚 10 nm;最小尺寸约为盘长 10 nm,中心厚 1 nm。由于沉淀物甚小,其成分尚难确定。奥氏体中的全位错少见,只有少量扩

展位错存在。显然,热老化后冲击载荷的升高,是由奥氏体-铁素体相界上析出物的出现,铁素体中沉淀物的出现,奥氏体中易滑移的全位错在热老化中发生湮没所致,而冲击能量则显著降低。

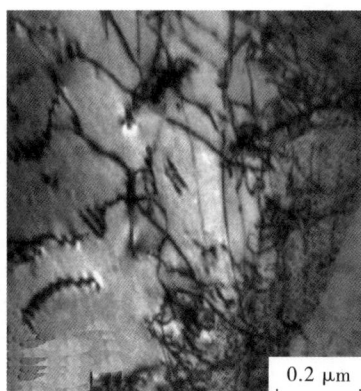

(a)原始态,左上 γ,右下 δ

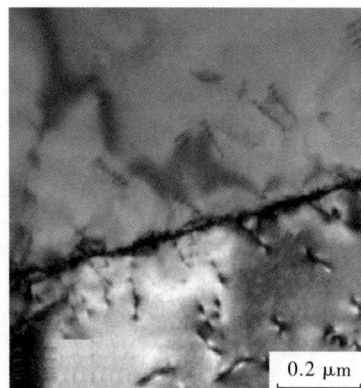

(b)热老化 1000 h,上 γ,下 δ

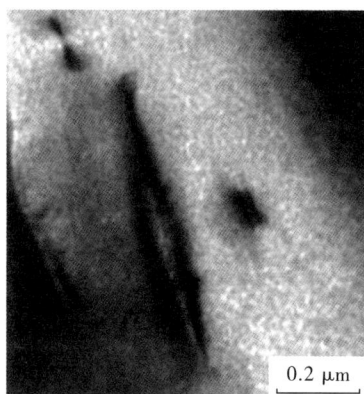

(c)热老化 1000 h,δ 中的沉淀物

图 5　热老化前后亚结构的变化

Fig. 5　Variation of Substructural before and after Thermal Aging

3　热老化预测

不稳定裂纹扩展起始能量 W_{iu} 和总冲击能量 W_t 最受关注,也是最重要的冲击性能指标。W_{iu} 和 W_t-W_{iu} 由于力-位移曲线上 iu 点的求取依赖于人为曲线拟合质量,可能带入较大误差;而总冲击能量 W_t 的误差取决于设备自身,故而数值较为精确。分别作总冲击能量 W_t 和不稳定裂纹扩展起始能量 W_{iu} 与热老化时间 t 的回归分析,得出总冲击能量 W_t 与热老化时间 $\lg t$ 之间有良好的线性关系(图 6)。同样,不稳定裂纹扩展起始能量 W_{iu} 与热老化时间

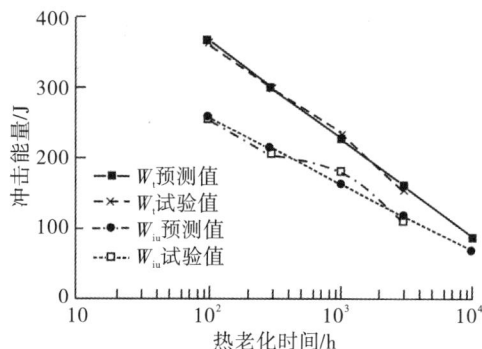

图 6　W_t 和 W_{iu} 的预测

Fig. 6　Prediction of W_t and W_{iu}

$\lg t$ 之间也呈现出较好的线性关系。据此,用外推法对热老化 10000 h 的 W_t 和 W_{iu} 进行了预测,结果为:$W_t = 85.94\ J \pm 12.78\ J$;$W_{iu} = 68.15\ J \pm 29.54\ J$;置信概率为 95.4%。

W_t 和 W_{iu} 二直线相交于 $W_t=W_{iu}=31.91\ J$ 和 $t=24233\ h$ 处。这表明,此时能量 W_t 与 W_{iu} 的差值为 0,力-位移曲线将自 iu 点垂直下落为 0,即断口扩展区将是解理破断。

4　结　论

(1)铸造奥氏体不锈钢 Z3CN20.09M 的不稳定裂纹扩展起始力 F_{iu} 与最大力 F_m 的比值基本不受热老化的影响,据此可确定力-位移曲线上的 iu 点。推荐在用曲线拟合法确定 iu 点之后,再用比值法予以修正。

(2)短时间的热老化(≤100 h)将有助于提高 Z3CN20.09M 钢的冲击能量和冲击力,但随着热老化时间的延长,冲击能量显著降低;而冲击力却随热老化时间的增长有所升高。

(3)热老化使奥氏体-铁素体相界上出现了析出物,铁素体相内出现薄盘状沉淀物,奥氏体中的全位错也显著减少。

(4)Z3CN20.09M 钢的总冲击能量 W_t 与热老化时间 $\lg t$ 之间存在良好的线性关系,不稳定裂纹扩展起始能量 W_{iu} 与热老化时间 $\lg t$ 之间也满足线性关系。据此可对该材料制造的主管道的热老化冲击性能作出外推预测。

参考文献:

[1] CHOPRA O K, SHACK W J. Mechanical properties of thermally aged cast stainless steels from shippingport reactor components [R]. Oak Ridge, TN: Office of Scientific & Technical Information, 1995.

[2] 中国钢铁工业协会. 钢材 夏比 V 型缺口摆锤冲击试验仪器化试验方法:GB/T 19748—2005[S]. 北京:中国标准出版社,2005.

[3] ISO. Steel—Charpy V-notch pendulum impact test—Instrumented test method: ISO 14556—2000[S]. [S. l. :s. n.], 2000.

Experimental Study on Thermal Aging Impact Properties of Austenitic Stainless Steel Z3CN20. 09M

Xue Fei[1] , Shu Guogang[1] , Ti Wenxin[1] , Yu Weiwei[1] , Meng Xinming[1] ,
Liu Jingnan[2] , Shi Chongzhe[2]

1. China Guangdong Nuclear Power Suzhou Research Institute, Suzhou, Jiangshu, 215004, China；

2. Xi'an Technological University, Xi'an, 710032,China

Abstract：The impact property of the centrifugal casting austenite stainless steel Z3CN20. 09M manufactured by France was studied with Charpy impact test, which is used as the primary loop pipe in PWR nuclear power plant. Statistical analysis of the instrumental impact test data indicates that thermal aging has no effect on the ratio value F_{iu}/F_{m} but a significant influence on the impact force and especially on the impact energy. TEM analysis indicates that the shape of dislocations in austenitic has changed, and precipitations have appeared in ferrite. Extrapolation prediction of the impact property is performed by the regression functions established in this study.

Key words：Nuclear power plant, Thermal aging, Casting stainless steel, Impact property, Prediction

作者简介：

　　薛　飞(1975—)，男，高级工程师。2001 年毕业于西安工业大学材料加工工程专业，获硕士学位。现主要从事核电设备用材料的老化与寿命评估分析。

核电厂反应堆保护系统紧急停堆响应时间分析及测试

汪绩宁,周爱平,郄永学,支　源

北京广利核系统工程公司,北京,100094

摘要:本文简要介绍核电厂反应堆保护系统的结构和紧急停堆工况下的数据处理过程,对反应堆保护系统紧急停堆的响应时间进行理论分析。建立响应时间测试原理,并设计相应的测试装置,完成实际测试工作。对测试所得实验数据进行统计学分析的结果表明,反应堆保护系统紧急停堆响应时间的理论最大值为149.1 ms,实验最大值为144.8 ms;实验响应时间符合均值为120.6 ms、方差为90.1 ms的正态分布。

关键词:核电厂;数字化仪表控制系统;停堆响应时间;测试装置

中图分类号:TL362+.1　　　　　**文献标志码**:A

0　前　言

反应堆保护系统是核电厂数字化仪表控制系统(DCS)中重要的安全系统和组成部分。反应堆保护系统监测反应堆的实时工况参数,当反应堆出现异常工况时自动触发紧急停堆信号,使反应堆紧急停堆。

在通常的反应堆设计中,从反应堆达到紧急停堆工况至停堆棒落至底部有一个时间间隔。美国核管理委员会标准评审大纲(NUREG-0800)要求系统的时间指标适当分配到DCS的各个部分,同时要求在DCS的详细设计中考虑系统的响应时间,在DCS的性能确认阶段测试系统的响应时间[1]。HAD 102/16中也有关于响应时间测试的建议性要求[2]。上述标准说明对DCS响应时间的理论分析和实际测试是必要的。本文在某压水堆核电厂DCS的设计和工厂测试阶段,分析其反应堆保护系统紧急停堆 T_1 响应时间。

1　紧急停堆响应时间分析

1.1　系统结构与紧急停堆工况的数据处理路径

典型反应堆保护系统如图1所示[3]。反应堆保护系统采用4通道冗余设计;4个通道在图1中分别以CHⅠ、CHⅡ、CHⅢ、CHⅣ表示,每个通道相对于其他通道独立工作。DCS通过模拟量采集卡采集反应堆现场的工况信号,信号输入CPU处理单元后经阈值比较后参与本通道的表决逻辑处理;同时,阈值比较结果经光纤通信传送到其他通道参与其他通道的表决逻辑处理。各保护通道接收阈值判断结果经"2/4"表决逻辑输出至该通道断路器的失电停堆线圈。在图1中8个断路器用RPA200JA等表示。

1.2　紧急停堆响应时间分析

反应堆保护系统紧急停堆的信号流如图2所示。在图2中,AI卡指DCS的模拟量输入卡,DO卡是DCS的数字量输出卡。这些卡件都插在输入/输出(I/O)卡槽内。

从图2可见,现场传感器信号由AI卡采集后经I/O总线送给总线管理卡,然后送CPU卡运算处理,处理结果通过总线管理卡输出,经I/O总线送DO卡;DO卡输出相应的数字量信号。整个信号处理流包括:①输入信号处理与通信(图2中以 T_1 表示);②CPU运算处理(图2中以 T_2 表示);③输出信号处理与通信(图2中以 T_3 表示)。

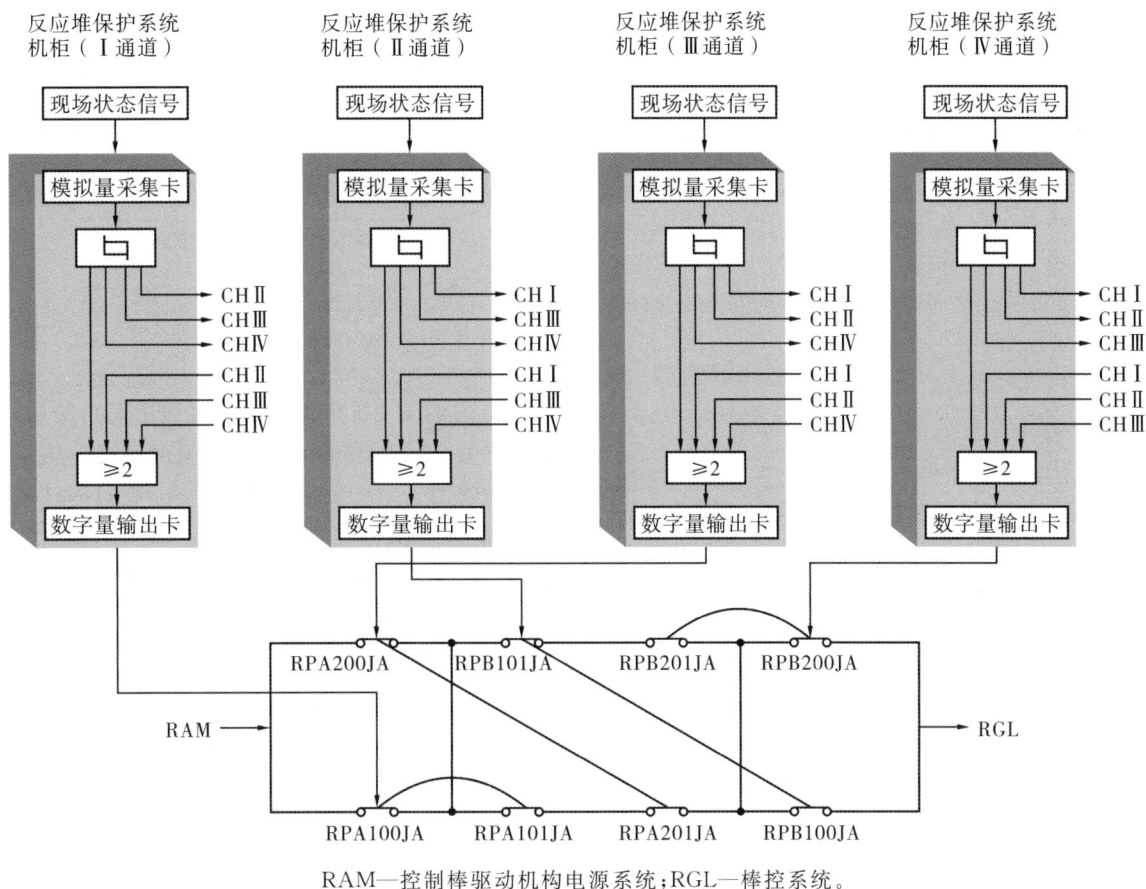

RAM—控制棒驱动机构电源系统；RGL—棒控系统。

图 1　反应堆保护系统示意图

Fig. 1　Schematic Diagram of Reactor Protect System

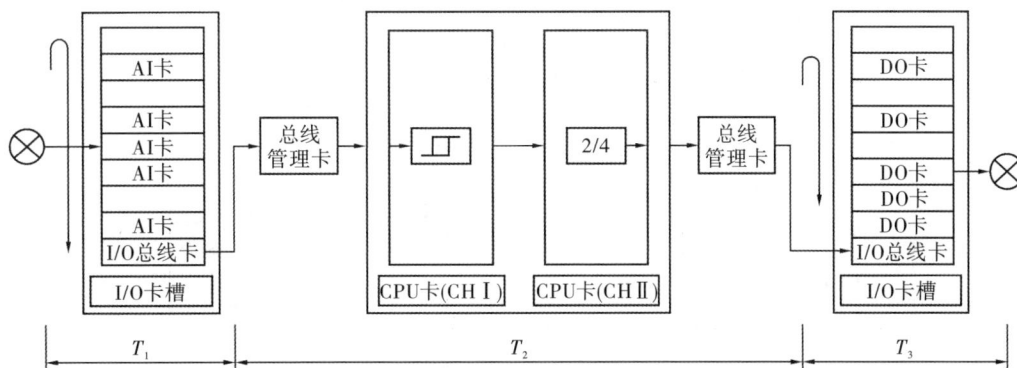

图 2　反应堆保护系统停堆信号流示意图

Fig. 2　Schematic Diagram of Trip Signal Flow of Reactor Protect System

1.2.1　输入信号处理与通信

输入信号处理时间包括 AI 卡的处理时间和 I/O 总线的处理时间。AI 卡的信号处理时间由 DCS 供应商提供，取 53 ms。I/O 总线卡遍历所有 AI 卡（共 16 个 AI 卡），然后将取得的数据送给 CPU。评价一个 AI 信号的 I/O 总线的处理时间需要考虑该 AI 卡刚好错

过一轮遍历的情况。I/O 总线的处理时间为

$$t = nt_1 + t_1 \qquad (1)$$

式中，t 是 I/O 总线的处理时间；t_1 为 I/O 总线卡遍历每个 AI 卡所花费的时间；n 为 I/O 总线卡需要遍历的 AI 卡数量。

t_1 由 DCS 供应商提供，为 0.182 ms；n 由 DCS 设计结构决定，通常情况下最大值为 16。可算得 t 为 3.094 ms，从而得到输入信号处理与通信时间 T_1 为 56.094 ms。

1.2.2　CPU 运算处理

CPU 运算处理过程如图 3 所示。从图 3 中可以看出，CPU 运算处理响应时间主要包括信号输入、计算、自诊断、信号输出四个阶段。这四个阶段构成了 CPU 的带负荷时间，而 CPU 的带负荷时间与 CPU 的运算周期关系如下：

$$P = \frac{t_3}{t_2} \qquad (2)$$

式中，P 为 CPU 的负荷率；t_3 为 CPU 带负荷时间；t_2 为 CPU 的定周期时间。P 的最大值一般为 70%；t_2 由 DCS 供应商提供，取 25 ms，得 t_3 为 17.5 ms。

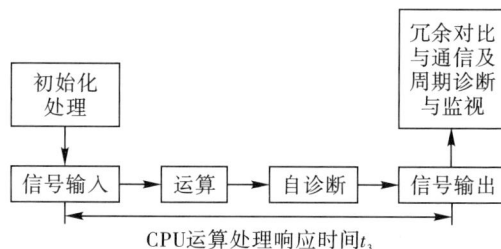

图 3　CPU 运算处理响应时间流程图

Fig. 3　Flow Chart of CPU Calculation Response Time

考虑到反应堆保护系统的多通道冗余结构，图 4 给出了 CPU 响应时间最大延迟的情况。图 4 对应时序条件是，信号输入 CH I 的 CPU 时刚好错过 CPU 的一轮输入处理，而 CH I 的 CPU 将输入的模拟量信号作完阈值比较处理后送给 CH II 时刚好错过 CH II 的 CPU 的一轮输入处理。这样，CH I 的 CPU 响应时间 $(1+P)t_2$ 为 42.5 ms，CH II 的 CPU 响应时间也为 42.5 ms，故 CPU 处理响应时间 T_2 为 85 ms。若能减小 t_2 的值，则可以减少 CPU 的响应时间，从而减少紧急停堆的整体响应时间。

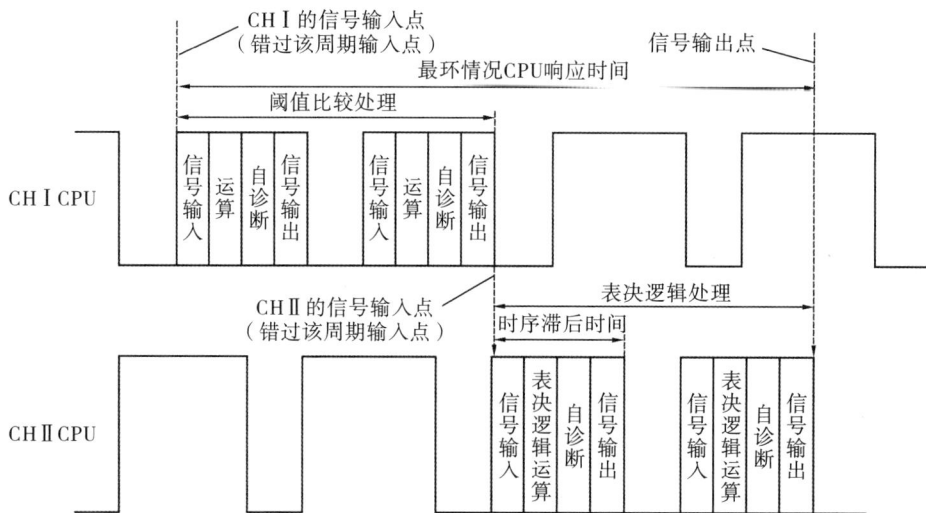

图 4　最坏时序条件下 CPU 计算响应时间示意图

Fig. 4　Schematic Diagram of CPU Calculation Response Time at Worst Situation

据图 4 所示，在 CPU 响应时间最长情况下，对 CH I 的 CPU 和 CH II 的 CPU 的时序要求为，CH II 的 CPU 要相对 CH I 的 CPU 滞后 17.5 ms。所以，每次测试需要重启一次 CPU 以打乱 CPU 的时序，以期得到不同 CPU 时序下的响应时间结果。

1.2.3　输出信号处理与通信

输出信号的处理与通信机制和输入信号的处理与通信机制相同：

$$T_3 = t_4 + nt_5 + t_5 \qquad (3)$$

式中，t_4 为 DO 卡的输出时间，由 DCS 供应商提供，一般为 5 ms；t_5 为 I/O 总线卡遍历每个 DO 卡所用时间，一般为 0.182 ms；n 为 I/O 总线需要遍历最多的 DO 卡数量，由 DCS 设计结构决定，一般其最大值为 16。可得 T_3 为 8.094 ms。

根据以上分析，可以得出反应堆保护系统停堆响应时间理论分析的最大值为[4]

$$T = T_1 + T_2 + T_3 = 149.188 \,(\text{ms}) \qquad (4)$$

2　响应时间测试设计

2.1　测试原理

响应时间测试原理如图 5 所示。测试时需要使用响应时间测试装置向 DCS 注入模拟量信号，触发反应堆保护系统紧急停堆。在模拟量电流信号输出端与保护系统的采集端之间需要连接电阻（图 5 中的 R），以便示波器采集触发信号的波形；同时在反应堆保护系统输出端需设计一套断路器模拟装置接收反应堆保护系统输出的紧急停堆指令；示波器采集保护系统输出的紧急停堆信号波形。用保护系统的输出信号跃变时间点减去输入信号跃变时间点即可测得保护系统的响应时间。

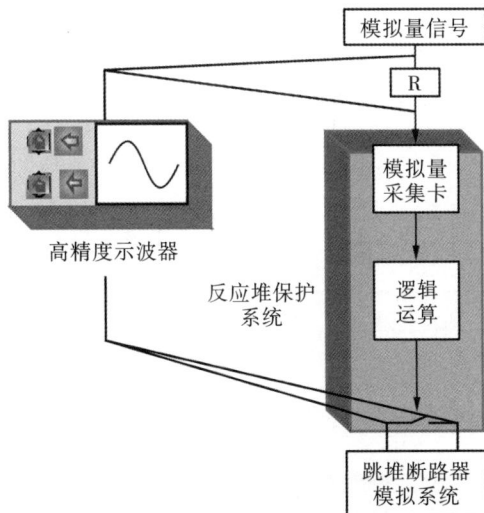

图 5　停堆响应时间测试示意图

Fig. 5　Schematic Diagram of Reactor Trip Response Time Test

2.2　响应时间测试装置设计

测试装置包括两部分：①信号发生装置，能够根据不同工况需要向保护系统注入指定的电流值；②断路器模拟装置，能够接收并显示保护系统的紧急停堆信号。

2.2.1　信号发生装置设计

FLUKE715 电流（电压）信号源仪表在测试中经常作为电流（电压）信号发生装置，但由于响应时间测试需要同时向保护系统注入至少 2 个信号才能引起紧急停堆，为了提高测试质量和测试效率，开发了拥有良好的人机交互界面且功能灵活、自动化程度较高的信号发生装置。

设计的多通道信号发生装置基于 NI 公司虚拟仪器技术，使用 PXI 硬件平台，结合 Labview 软件平台技术，可以自定义注入信号的输出值，向保护系统同时注入 6 个模拟量信号[5]。

操作人员在人机交互界面操作信号发生装置；信号发生装置通过接线与反应堆保护系统连接，将信号注入反应堆保护系统[6]。根据测试需要，将信号发生装置的输出端接入反应堆保护系统的相应输入端，计算出反应堆正常运行时工况的整定值及发生紧急停堆工况时的电流整定值，填入对应框内，选择"跳变前"按钮，信号发生装置开始输出跳变前的电流值；选择"跳变后"按钮，信号发生装置输出跳变后的电流值；选择"复位"按钮，信号发生装置复位，输出跳变前的电流值。

2.2.2　断路器模拟装置设计

在反应堆保护系统接收到信号发生装置的模拟量信号后，经计算处理，输出相应的数字量信号给断路器。在测试阶段没有断路器实物的情况下，需要一套装置来接收反应堆保护系统的输出点，指示输出点的状态，并模拟断路器的逻辑关系。

使用 8 个继电器来完成对断路器的模拟，反应堆保护系统有 4 个通道，每个通道的停堆信号驱动 2 个断路器，共 8 个（表 1）。4 组（8 个）继电器接点通过接线方式实现"2/4"逻辑紧急停堆。当 4 个通道中任何 2 个通道有紧急停堆信号时，对应的继电器线圈通电，导致继电器开关触电闭合，点亮 LAI 灯。此时保护系统动作，发出了紧急停堆信号，实现紧急停堆。

表1 停堆断路器清单

Table 1 List of Reactor Trip Breakers

通道	断路器名称	
CH I	RPA100JA	RPA101JA
CH II	RPB100JA	RPB101JA
CH III	RPA200JA	RPA201JA
CH IV	RPB200JA	RPB201JA

3 响应时间测试及结果分析

3.1 测试工况分析

以1号蒸汽发生器（SG1）水位低导致紧急停堆工况为例，使用装置测试该工况下的反应堆保护系统的响应时间。每个蒸汽发生器装有4个窄量程水位变送器，4个水位变送器的实时值分别送到反应堆保护系统的4个通道中。当4个水位变送器的测量值有2个低于−1.26 m时，即引发反应堆保护系统紧急停堆动作。水位变送器的相关参数设定如表2所示。

表2 水位变送器的参数设定

Table2 Parameter Setting to Water Level Transmitters

参数	工艺信号值/m	电流信号值/mA
量程最小值	−1.8	4
量程最大值	1.8	20
紧急停堆阈值	−1.26	6.4
满功率正常运行水位	0	12
信号发生装置跳变值	0→−1.3①	12→6.23②

①在控制室的水位指示器上，水位用绝对值来标度，额定功率下的水位（50%）定为0 m，0水位定为−1.8 m，100%水位定为1.8 m。当水位达到−1.3 m时，水位已经低于−1.26 m的停堆阈值，故触发紧急停堆信号。"→"代表跳变。

②当水位指示器指示的水位在−1.3 m时，DCS采集到对应的水位变送器电信号为6.23 mA。

3.2 测试准备

（1）调整反应堆保护系统的运行状态，使之在反应堆满功率状态运行，反应堆保护系统无报警信号。

（2）将信号发生装置的信号输出连接至反应堆保护系统的相应端子上。精密示波器从信号发生装置与反应堆保护系统之间的电阻上取输入信号，从反应堆保护系统的输出点上取输出信号。

（3）将断路器模拟装置连接至反应堆保护系统的紧急停堆输出点。

根据表2确认SG1的4个水位变送器跳变前后的电流值。由于在额定功率下，蒸汽发生器的水位工艺测量值应为0 m，当其降至−1.26 m时引发紧急停堆信号。所以，要使其中2个水位变送器的测量值由0 m跳变为−1.3 m（即电信号值由12 mA跳变为6.23 mA），满足紧急停堆要求的2/4逻辑，引发紧急停堆动作。为保证SG1水位低导致紧急停堆响应时间测试覆盖工况的完整性，专门设计了测试表格（表3）。

表3 SG1水位低低导致紧急停堆响应时间测试工况

Table 3 Condition for Response Time Test of Reactor Trip Due to SG1 Low-Low Level

步骤	数值	水位变送器1	水位变送器2	水位变送器3	水位变送器4
1	工艺值/m	0→−1.3	0→−1.3	0	0
	电流值/mA	12→6.23	12→6.23	12	12
2	工艺值/m	0→−1.3	0	0→−1.3	0
	电流值/mA	12→6.23	12	12→6.23	12
3	工艺值/m	0→−1.3	0	0	0→−1.3
	电流值/mA	12→6.23	12	12	12→6.23
4	工艺值/m	0	0→−1.3	0→−1.3	0
	电流值/mA	12	12→6.23	12→6.23	12
5	工艺值/m	0	0→−1.3	0	0→−1.3
	电流值/mA	12	12→6.23	12	12→6.23
6	工艺值/m	0	0	0→−1.3	0→−1.3
	电流值/mA	12	12	12→6.23	12→6.23

3.3 测试执行

(1)按照表 3 所示,执行第一步测试步骤,在信号发生装置的软件相应位置输入跳变前后的电流值。

(2)点击软件界面上的"跳变后"按钮,信号发生装置开始发送跳变后的电流值。此时观察到断路器模拟装置上的继电器闭合,LAI 灯亮,说明反应堆保护系统正确输出了紧急停堆信号。

(3)点击软件界面上的"复位"按钮,信号发生装置开始发送跳变前的电流值。实际断路器接收到保护系统的紧急停堆信号且闭合后,即使紧急停堆工况消失,在未接收到保护系统断路器复位信号之前不会自动复位。但使用继电器模拟的断路器装置不具有这种特性,保护系统不发出紧急停堆信号,继电器则会自动复位,只需将信号发生装置输出的电流值改变到跳变前的值即可执行下一次测试。

3.4 测试结果与数据处理

使用高精度多通道示波器采集的响应时间波形如图 6 所示。

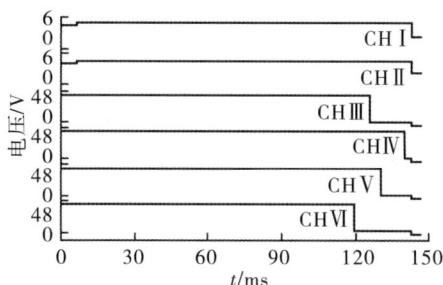

图 6　紧急停堆响应时间测试波形图

Fig. 6　Wave Diagram of Reactor Trip

Response Time Test

波形图的通道 CH I 和 CH II 采集的是信号发生装置的输出信号,CH III 至 CH VI 采集的是反应堆保护系统的停堆信号。波形图上的通道 CH III 至 CH VI 的 4 个跃变值时间坐标减去 CH I 和 CH II 的跃变值时间坐标可得各通道的响应时间。通过理论分析,反应堆保护系统的响应时间有很大的随机性与不确定性,由一系列微小的、独立的随机因素叠加所得。根据统计学理论,该响应时间应该符合

正态分布的规律。针对一种工况连续重复测试响应时间 100 次,得到的测试结果如表 4 所示。在MATLAB 软件中对这些数据进行正态分布拟合处理,得到数据直方图和正态分布拟合曲线。根据正态分布的概率密度标准方程[7],有

$$f(x) = \frac{1}{\sqrt{2\pi}\sigma}\exp\left[-\frac{(x-\mu)^2}{2\sigma^2}\right] \qquad (5)$$

式中,正态分布均值 $\mu = 120.6$;正态分布方差 $\sigma^2 = 90.1$。由式(5)可得置信度为 95% 的 μ 值区间为 [118.7,122.5],从而可得 DCS 紧急停堆响应时间在 118.7~122.5 ms 的可信度为 95%。

表 4　响应时间测试结果

Table4　Results of Response Time Test

响应时间	CH I	CH II	CH III	CH IV
最大值/ms	136.8	139.2	140.0	144.8
最小值/ms	101.2	98.4	94.0	98.0
平均值/ms	120.6	121.6	117.8	119.1

4　结　论

对 DCS 反应堆紧急停堆保护功能的响应时间进行理论分析,得到其理论最大值;设计了一套测试反应堆保护系统的测试装置与测试方法,经过实际测试并分析测试结果,得到以下结论。

(1)DCS 反应堆紧急停堆保护功能的响应时间存在随机性,主要体现在 CPU 接收数据的时机不确定。若数据到达 CPU 时正好错过 CPU 接收数据的节点,则需要等待 CPU 的下一周期再处理,影响响应时间数值。在测试反应堆保护系统的紧急停堆响应时间时,每次测试都需要重启一次 CPU,以打乱 CPU 时序,从而测出不同 CPU 时序情况下的响应时间。

(2)提高 CPU 的性能,在不影响 CPU 负荷率的前提下,减少 CPU 计算周期可以提高反应堆保护系统的响应时间。

(3)反应堆保护系统的紧急停堆响应时间理论计算最大值为 149.2 ms,对反应堆保护系统紧急停堆响应时间进行重复测试测出的响应时间最大值

为 144.8 ms,二者相互吻合较好。

(4)反应堆紧急停堆响应时间符合均值为 120.6 ms、方差为 90.1 的正态分布,置信度为 95% 的响应时间值区间为 118.7～122.5 ms。

参考文献:

[1] U. S. Nuclear Regulatory Commission. Guidance on digital computer real-time performance:NUREG – 0800, BTP7 – 21[S]. Washington, DC:[s. n.], 2007.

[2] 国家核安全局. 核动力厂基于计算机的安全重要系统软件: HAD 102/16[S]. [S. l.:s. n.], 2004.

[3] 张冬冬,蒙海军. 红沿河核电站安全级 DCS 控制系统设计 [J]. 电力建设,2009, 6: 66 – 68.

[4] 郑伟智,李相建,朱毅明. 核电站数字化反应堆保护系统停堆响应时间分析[J]. 自动化博览,2010, 8:74 – 76.

[5] 刘鹏飞,林萌,侯东,等. 核电厂 DCS 系统功能验证工程模拟机研究[J]. 核动力工程,2009,30(5S): 48 – 51.

[6] 程启英. 虚拟装置在核电站 DCS 系统工程测试中的应用 [Z]. 深圳:核能行业核电厂调试启动研讨会,2010: 306 – 307.

[7] 盛骤,谢式千,潘承毅. 概率论与数理统计[M]. 4 版. 北京: 高等教育出版社,2008.

Analysis and Test of Respond Time of Nuclear Power Plant Digital Control System to Reactor Trip

Wang Jining，Zhou Aiping，Qie Yongxue，Zhi Yuan

China Techenergy Co., Ltd, Beijing, 100094, China

Abstract: The paper gives a brief introduction on the structure of nuclear power plant reactor protect system and the data processing link to actuate the reactor trip. Theoretical analysis of the response time of reactor trip processing is conducted. Test philosophy is established and relative test device is designed, and the test work is conducted. The statistical analysis of the experimental data from test work shows that, the experimental maximum data of reactor trip response time is 144.8 ms while the theoretic maximum data is 149.1 ms. The experimental data accords with the normal distribution, of which the average value is 120.6 ms, and the variance is 90.1 ms.

Key word: Nuclear power plant, Digital control system, Reactor trip response time, Test device

作者简介:

汪绩宁(1984—),男,工程师。2008 年毕业于重庆大学机械电子工程专业,获硕士学位。现主要从事核电厂反应堆保护系统设计与测试方面的工作。

海洋运动对自然循环流动影响的理论分析

宫厚军,杨星团,姜胜耀,刘志勇

清华大学核能与新能源技术研究院先进反应堆工程与安全教育部重点实验室,北京,100084

摘要:以一体化全功率自然循环反应堆模拟实验回路为物理原型,建立了非惯性系下自然循环流动理论分析模型。分别计算了稳态、横摇、纵摇、横倾、纵倾、起伏以及复合运动条件下满功率的自然循环流动,分析了附加惯性力对流体作用的机理。结果表明:摇摆附加惯性力引起各段流体波动,但不是导致堆芯流量波动的直接原因;起伏改变驱动压头大小,各段流量波动一致;倾斜工况下,不同空间位置的流道流量变化不同,堆芯流速下降。

关键词:摇摆;自然循环;一体化自然循环反应堆

中图分类号:TL333   **文献标志码**:A

0 引 言

随着船舶核动力技术的发展,一体化全功率自然循环反应堆因具有更高的固有安全性日益受到重视。一体化全功率自然循环反应堆冷却剂流动仅仅依靠由冷、热段密度差形成的热驱动压头,其流动特性更容易受到海洋运动的影响。一方面海洋运动使驱动头发生变化,影响系统的自然循环能力;另一方面,冷却剂受到附加作用力产生附加运动,与系统本身的自然循环流动相叠加,从而形成复杂的运动形式。

清华大学核能与新能源技术研究院以低温供热堆为原型建立了海洋条件下一体化自然循环反应堆实验回路,为进一步研究海洋条件下的自然循环流动特性奠定了基础。本文通过建立理论分析模型,模拟实验回路在海洋条件下的运动特性。

1 实验系统

实验系统包括 3 个回路,分别由模拟自然循环反应堆的实验装置回路(图 1)、二回路和将热量散发给最终热阱的三回路组成。实验装置回路由加热段、上升段、分流段、主换热器、下降段、回流段以及稳压装置等组成。加热段由 3 个对称布置的加热通道组成,分别模拟不同位置的燃料组件,加热元件为模拟反应堆燃料元件的电加热棒束,通道外表面包裹隔热材料。主换热器与实际反应堆所用主换热器在类型、结构、换热管尺寸、换热管排列方式以及换热器有效高度等方面完全相同,但换热管数量则按比例缩小。每个部件都与实际反应堆相对应,并根据相似准则进行模拟。摇摆轴位置在实

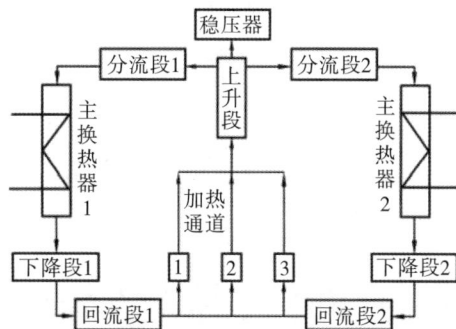

图 1 海洋条件下自然循环实验装置示意图

Fig. 1 Sketch Map of Experiment Device for Natural Circulation under Ocean Condition

基金项目:国家自然科学基金项目(10872111)、国家杰出青年基金项目(50325620)。

验装置几何中心以上约 1.5 m 处。该装置与日本、韩国、哈尔滨工程大学的实验装置在回路、运行参数、摇摆轴位置上均有较大区别[1-4]。

流体在加热段中被加热,在由密度差产生的驱动力的作用下向上流动,流经上升段被分流到 2 个换热器中进行冷却,再经过下降段和回流段回到加热段,从而组成一个循环回路。主换热器二次侧的入口温度通过三回路加以调节,加热段入口温度通过主换热器冷却水流量加以调节,稳压装置使系统压力保持不变,并保证系统内的单相流动状态。

2 物理模型

建立非惯性直角坐标系,坐标原点设定在摇摆轴上,以摇摆轴为 X 轴,中心线为 Z 轴,水平线为 Y 轴。坐标系随实验装置摇摆而运动,根据质点动力学和运动学原理[5],在运动坐标系中质点相对运动的动力学方程应包含惯性力项 $-\boldsymbol{a}$:

$$\boldsymbol{a} = \boldsymbol{a}_0 + \dot{\boldsymbol{\omega}} \times \boldsymbol{r} + \boldsymbol{\omega} \times (\boldsymbol{\omega} \times \boldsymbol{r}) + 2\boldsymbol{\omega} \times \boldsymbol{u} \quad (1)$$

式中,$\boldsymbol{a}_0$ 为运动坐标系原点相对于绝对坐标系的移动加速度(m/s^2);$\boldsymbol{\omega}$ 为运动坐标系相对于绝对坐标系的角速度(rad/s);$\dot{\boldsymbol{\omega}}$ 为运动坐标系相对于绝对坐标系的角加速度(rad/s^2);$\boldsymbol{r}$ 为运动坐标系内质点径矢(m);$\boldsymbol{u}$ 为运动坐标系中流体质点的相对速度(m/s)。

海洋运动对核动力装置的作用可以分解为摇摆、起伏和倾斜等形式。

单自由度摇摆的运动参数方程为

$$\boldsymbol{\Psi} = \boldsymbol{\Psi}_m \sin(\bar{\omega}_d t) \quad (2)$$

$$\boldsymbol{\omega} = \boldsymbol{\Psi}_m \bar{\omega}_d \cos(\bar{\omega}_d t) \quad (3)$$

$$\dot{\boldsymbol{\omega}} = -\boldsymbol{\Psi}_m \bar{\omega}_d^2 \sin(\bar{\omega}_d t) \quad (4)$$

式中,$\boldsymbol{\Psi}$ 为摇摆角度(rad);$\boldsymbol{\Psi}_m$ 为最大摇摆角度(rad);$\boldsymbol{\omega}$ 为摇摆角速率(rad/s);$\bar{\omega}_d$ 为摇摆角正弦变化的角速率(rad/s)。

单自由度横摇时的质量力可分解为

$$f_X = 0 \quad (5)$$

$$f_Y = \boldsymbol{g}\sin\boldsymbol{\Psi} + \dot{\boldsymbol{\omega}}z + \omega^2 y \quad (6)$$

$$f_Z = -\boldsymbol{g}\cos\boldsymbol{\Psi} - \dot{\boldsymbol{\omega}}y + \omega^2 z \quad (7)$$

以上各式中,f_X、f_Y、f_Z 分别为质量力在 X、Y、Z 方向的分量;$\boldsymbol{g}$ 为重力加速度(m/s^2)。

起伏时的质量力表达式为

$$f_Y = f_Z = -\boldsymbol{g} - \boldsymbol{a}_m \sin(\bar{\omega}_d t) \quad (8)$$

式中,$\boldsymbol{a}_m$ 为引入最大起伏加速度(m/s^2)。

倾斜时的质量力表达式为

$$f_Y = \boldsymbol{g}\sin\boldsymbol{\Psi} \quad (9)$$

$$f_Z = -\boldsymbol{g}\cos\boldsymbol{\Psi} \quad (10)$$

将质量力表达式代入流体流动微分方程后进行离散求解,可用于计算摇摆、起伏和倾斜条件下的自然循环流动。本文通过理论方法讨论了静止的陆地坐标系和运动的海洋坐标系下的自然循环流动。

3 计算结果与分析

文献表明自然循环的流速受到摇摆引入的惯性力和热驱动力的影响[1-8]。摇摆引入的惯性力包括法向力、切向力和科氏力;科氏力与流体流动方向垂直。

3.1 竖直静止条件下的稳态自然循环

竖直静止条件下,冷却剂的流动仅依靠冷热段密度差形成的热驱动压头,没有任何附加惯性力。

本文模拟了不同功率水平下的稳态自然循环。模拟工况为:稳压器压力 5 MPa;加热通道入口温度为 220 ℃;加热功率分别为满功率的 25%、50%、75% 和 100%。计算结果与设计值基本相同,仅相差 0.5%。

在加热段入口温度相同的情况下,加热功率越大,加热通道进、出口的温升越大,密度差也越大,从而使回路的自然循环驱动力越大,导致加热通道、换热器通道及堆芯流量均随加热功率的增加而增大(图 2)。堆芯流量为上升段流量。

3.2 摇摆

为了确定摇摆条件下附加惯性力和热驱动力对自然循环流动的作用,模拟了多种实验工况,分别为零加热功率下的横向摇摆和纵向摇摆,以及满加热功率下的横向摇摆和纵向摇摆。

3.2.1 零加热功率下的横向摇摆

实验装置内流体维持常温常压,换热器中没有热交换,竖直静止状态经过 1/4 周期加入摇摆。此

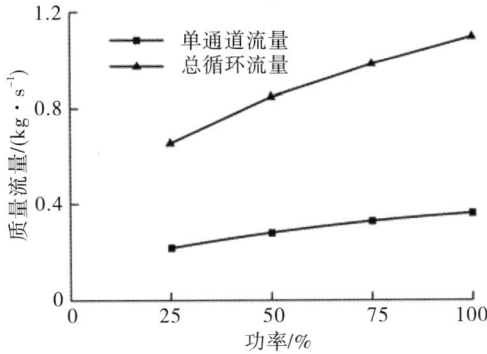

图 2　不同加热功率水平下自然循环流量的变化

Fig. 2　Change of Natural Circulation Ability when Heating with Different Heating Power

工况流体只受到摇摆引入的惯性力的作用,不受热驱动力作用。

从图 3 可知,1 号加热通道和 3 号加热通道的流体由静止变为流动,流量发生明显的波动,波动周期与实验装置摇摆周期相同;两者的波动趋势相反,相位差 180°,波动幅度相等;2 个外通道的流量之和等于 0;2 号加热通道流体始终保持静止。

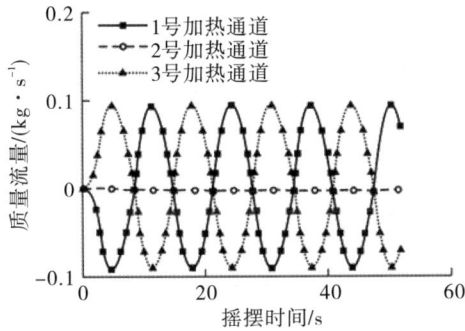

图 3　3 个加热通道内的流量变化

（周期 13 s,幅度 22.5°,无加热）

Fig. 3　Change of Flow Rate of Three Heating Channels (Period 13 s, Angle 22.5°, without Heating)

从图 4 中可知,1 号换热器与 2 号换热器的流量发生明显波动,波动情况与 1 号、3 号加热通道相似,不同的是波动幅度远远大于加热通道的流量波动。其原因是换热器到摇摆轴的距离更远,所受切向力更大。

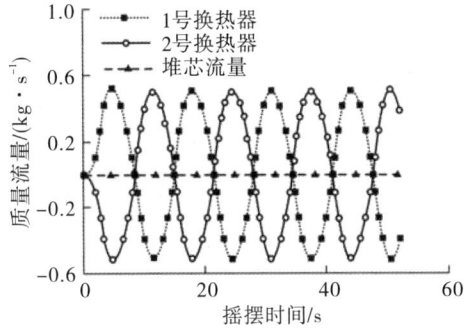

图 4　换热器及堆芯流量变化

（周期 13 s,幅度 22.5°,无加热）

Fig. 4　Change of Flow Rate of Heat Exchanger and Reactor Core (Period 13 s, Angle 22.5°, without Heating)

计算表明,堆芯上升段与 2 号加热通道内的流量始终为 0,即没有流体经过加热通道流向换热器。由此可知,1 号和 2 号换热器通道内的流动来自外环回路,外环回路由 1 号和 3 号换热器、2 个上分流段和 2 个下回流段组成,1 号和 3 号加热通道内的流动来自自身组成的内环回路,而 2 号加热通道内没有流动。

3.2.2　满功率加热横向摇摆

模拟工况:系统压力为 5 MPa;加热通道入口温度为 220 ℃;满功率水平下摇摆周期 13 s,摇摆幅度 10°的自然循环流动。在稳态计算的基础上,在一定时间周期内使摇摆幅度达到最大值,得到在该摇摆幅度和周期下的自然循环动态流动过程（图 5、图 6）。

从图 5 可以看出,3 个加热通道流量经过短暂的振荡后形成近正弦波动,波动周期与摇摆周期相同。1 号、3 号加热通道的波动较大。2 号加热通道在稳态值附近轻微波动,波动幅度不到 2%。与图 3 相比,加热条件下 1 号和 3 号加热通道流量波动小于零功率加热的情况,加热条件下 2 号加热通道流体波动很小。

从图 6 可以看出,换热器的流量波动情况与 1 号、3 号加热通道相似,但波动幅度更大。堆芯总流量在其稳态值附近基本不变。与图 4 相比,加热条件下的换热器流量波动将减小。

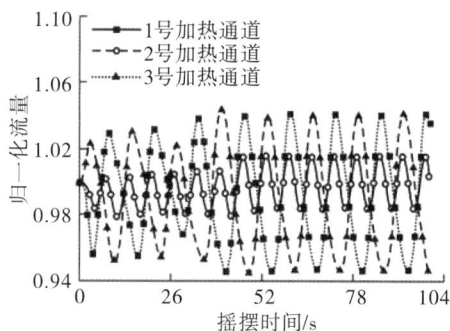

图 5　加热通道内流量变化
（周期 13 s，幅度 10°）

Fig. 5　Change of Flow Rate of Heating Channels
（Period 13 s，Angle 10°）

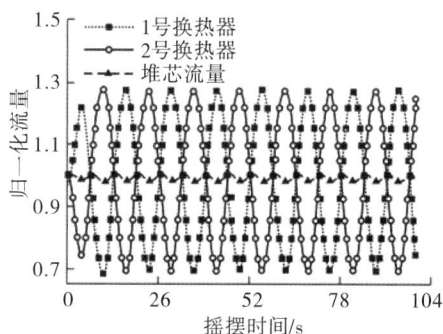

图 6　换热器及堆芯流量的变化
（周期 13 s，幅度 10°）

Fig. 6　Change of Flow Rate of Heat Exchangers and
Reactor Core（Period 13 s，Angle 10°）

3.3　起伏

3.3.1　零加热功率的起伏

起伏引入的附加惯性力与重力场相似，在没有密度差的情况下不会形成驱动压头，不能引起流体流动，只会引起压力场周期性变化。这与计算结果一致，实验回路内各段流体始终保持静止。

3.3.2　满加热功率下的起伏

模拟工况：系统压力 5 MPa；加热通道入口温度 220 ℃；起伏周期 8 s；幅度 0.6g。在稳态基础上，一定时间内完全引入起伏最大值，得到回路内各段流体的流动情况。

从图 7、图 8 可以看出，加热通道、换热器以及

堆芯的流量发生正弦波动，波动周期与起伏周期相同，而且各段波动幅度几乎相同（加热通道出口处局部阻力不同造成微小差别，在图中无法显示）。起伏引入的惯性力与重力场方向相同或相反，对流体的作用表现为增大或减小重力加速度。这一点在质量力表达式中清晰体现，从而造成回路热驱动压头变化，而且这种改变是均匀的，与各段所处位置、密度大小无关，以致加热通道、换热器及堆芯的波动幅度几乎相同。

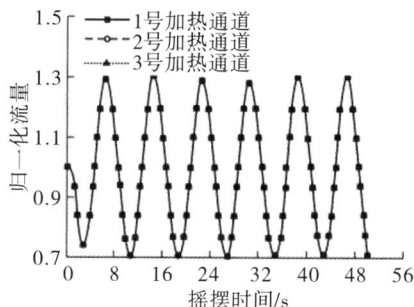

图 7　加热通道流量变化
（周期 8 s，幅度 0.6g）

Fig. 7　Change of Flow Rate of Heating Channels
（Period 8 s，Max 0.6g）

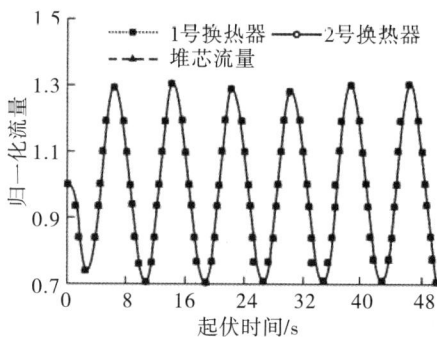

图 8　换热器通道与堆芯流量变化
（周期 8 s，幅度 0.6g）

Fig. 8　Change of Flow Rate of Heat Exchangers
Channels and Reactor Core（Period 8 s，Max 0.6g）

3.4　倾斜

模拟工况：系统压力 5 MPa；加热通道入口温度 220 ℃；满功率加热条件下横向向 2 号换热器倾斜；倾斜角从 15°变化到 45°。

从图9、图10中可以看出,满功率加热条件下,3个加热通道的流量随倾斜角度变化均下降,3号加热通道的流量下降最多,2号加热通道的流量下降最少;1号换热器流量升高,2号反而下降;堆芯流量也下降。这是因为倾斜改变了有效密度差高度,由于实验装置向右倾斜,流经2号换热器至加热通道入口回路的高度差减小,从而使流经1号换热器回路的高度差增加。因此1号换热器流量上升,2号换热器流量反而降低。由于平均有效高度差是降低的,故堆芯流速也降低。

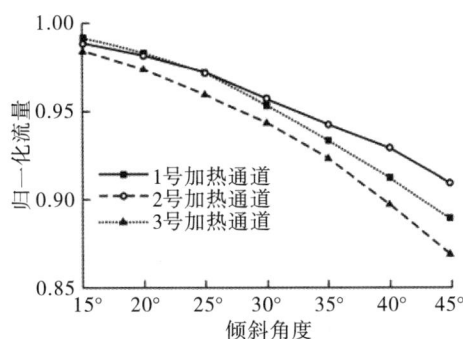

图 9　加热通道流量随倾斜角度的变化

Fig. 9　Change of Flow Rate of Heating Channels Inclined with Different Angels

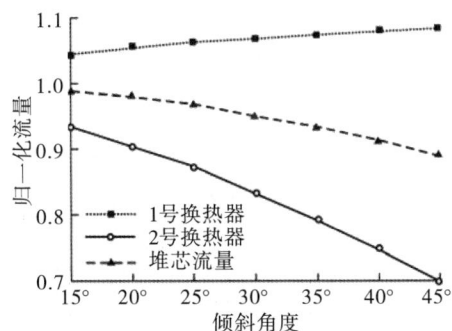

图 10　换热器通道与堆芯流量随倾斜角度的变化

Fig. 10　Change of Flow Rate of Heat Exchanger Channels and Reactor Core Inclined with Different Angels

3.5　分析

摇摆引入的附加作用力中主要是切向惯性力和法向惯性力。对于某个位置的流体微团而言,法向惯性力的方向始终与径矢的方向相同,它的作用等同于一个以摇摆轴为中心向四周辐射的力场,流体质点离摇摆轴越远,所受作用力越大。在没有密度差的情况下,法向作用力不会引起流体的流动,但会引起压力场分布的改变。

切向惯性力与矢径垂直,当流道与矢径方向不一致时,可分解为与流体流道方向平行的力和与矢径方向平行的力,所以切向惯性力对压力场分布的改变是有贡献的。在没有密度差的情况下,这个分力也不会引起流体的流动。

但是,与流道方向平行的切向惯性力分力对流道内流体的流动具有直接的作用。由于切向惯性力的大小和方向交替变化,因此,对流体流动有交替变化的加速或减速作用。当流道与矢径方向一致时,如上升段和2号加热通道,切向惯性力与流道垂直,没有沿流道方向的分力。因此,在零加热摇摆情况下,切向惯性力与流道平行的分量引起了外环和内环回路内的流动。

在有加热的情况下,由于存在密度分布,并且密度梯度和摇摆惯性力造成的有势场力的梯度并不一致,因此,加热情况下摇摆引起的法向惯性力和切向惯性力对流体都会产生作用,再加上重力场的作用,造成了较为复杂的运动形式。

4　结　论

(1)零加热条件下在外环和内环回路中引起了流动,但不能形成正确的自然循环,无法将堆芯热量带出。

(2)在满功率摇摆情况下,加热通道及换热器通道均发生波动,但总流量的波动很小。

(3)零加热摇摆的波动远小于满功率摇摆。

(4)流体波动周期与摇摆周期相同。

参考文献:

[1] MURATA H, IYORI I, KOBAYASHI M. Natural circulation characteristics of a marine reactor in rolling motion[J]. Nuclear Engineering and Design, 1990, 118: 141 - 154.

[2] IYORI I, AYA I, MURATA H, et al. Natural circulation of integrated-type marine reactor at inclined attitude[J].

Nuclear Engineering and Design, 1987, 99: 423-430.

[3] MURATA H, SAWADA K, KOBAYASHI M. Natural circulation characteristics of a marine reactor in rolling motion and heat transfer in the core[J]. Nuclear Engineering and Design, 2002, 215: 69-85.

[4] 谭思超,庞凤阁,高璞珍. 摇摆对自然循环传热特性影响的实验研究[J]. 核动力工程,2006,27(5): 33-36.

[5] 张兆顺,崔桂香. 流体力学[M]. 北京:清华大学出版社,2006.

[6] 谭思超,张红岩,庞凤阁,等. 摇摆运动下单相自然循环流动特点[J]. 核动力工程,2005,26(6): 554-558.

[7] 苏光辉,张金玲,郭玉君,等. 海洋条件对船用核动力堆余热排出系统的影响[J]. 北京:原子能科学技术,1996,30(6): 487-491.

[8] 杨钰,贾宝山,俞冀阳. 海洋条件下冷却剂系统自然循环仿真模型[J]. 核科学与工程,2002,22(2): 125-129.

Theoretical Analysis of Effect of Ocean Condition on Natural Circulation Flow

Gong Houjun, Yang Xingtuan, Jiang Shengyao, Liu Zhiyong

Key Laboratory of Advanced Reactor Engineering and Safety of Ministry of Education in Institute of Nuclear and New Energy Technology, Tsinghua University, Beijing, 100084, China

Abstract: According to the simulation loop of Integrated natural circulation reactor, the mathematical model of natural circulation in non-inertial reference system is established, and the influence mechanism of ocean condition upon natural circulation is analyzed. Software is programmed to investigate the behaviors in the cases of rolling without heating power, static state with different power and rolling with heating power, and calculation results show that, the inertia force added by rolling causes the periodical fluctuating of the flow rate of channels, but it is not the direct reason of core flow fluctuation. The heave changes the driving head, and causes the same flow rate fluctuation of all channels. Inclining makes the core flow rate decrease, but the change of flow rate of different channels is different.

Key words: Rolling, Natural circulation, Integrated natural circulation reactor

作者简介:

宫厚军(1984—),男,在读硕士研究生。2007 年毕业于哈尔滨工程大学核科学与工程专业。

海洋条件下竖直圆管内单相传热特性实验研究

杜思佳[1,2]，张　虹[2]，贾宝山[1]

1. 清华大学工程物理系，北京，100084；
2. 中国核动力研究设计院核反应堆系统设计技术重点实验室，成都，610041

摘要：本研究进行了海洋条件下圆管内的强迫循环传热实验，通过测量竖直圆管周向的温度分布，得到海洋条件下不同位置的传热系数。实验结果表明：倾斜时，靠近上侧管壁附近的传热减弱，而靠近下方的管壁处传热增强；摇摆时，垂直于摇摆轴方向的管壁处传热会发生周期性振荡。采用计算流体力学(CFD)方法对海洋条件下单相传热问题进行了数值模拟，计算结果与实验结果一致。分析结果表明：倾斜时影响传热的主要因素是浮力；摇摆时影响传热的最主要因素是科里奥利力。

关键词：传热系数；倾斜；摇摆；浮力；科里奥利力

中图分类号：TL331　　　　**文献标志码**：A

0　前　言

随着实验技术与数值模拟技术的不断改进，海洋条件下热工水力特性的研究条件逐渐成熟，国内外学者陆续开展了对海洋条件下传热问题的相关研究，以便更准确地进行海洋条件下的热工水力安全分析。

对于海洋条件，特别是摇摆条件下的热工水力特性研究，公开发表的文献很少见到。日本的Hiroyuki等在一个能够进行摇摆运动的两环路系统模型上进行了不同倾斜角度和不同摇摆条件下的自然循环传热实验。实验结果表明：在低流速、摇摆剧烈的条件下，摇摆惯性力支配传热，导致传热增强；在高流速、摇摆幅度小的条件下，自然对流支配传热，传热变化不明显[1]。文献[2]对倾斜管内两相流动的传热特性进行了实验研究。实验显示，对于空气-水两相环状流，靠近管道上部液膜薄的地方传热系数小，而管道下部液膜厚的地方传热系数大。哈尔滨工程大学动力与核能工程学院最早开始对海洋条件进行了较为系统的实验及理论研究；谭思超、高璞珍等在摇摆条件下对自然循环

传热特性进行了实验研究。实验表明：摇摆运动条件下，流量会随摇摆产生波动，引起流动阻力增加，而自然循环的换热能力得到了加强；随着摇摆的频率与振幅的增加，换热系数也相应增加[3-5]。

目前，针对核反应堆系统在海洋条件下的传热研究主要集中于自然循环条件，强迫循环条件下的研究开展较少，对海洋条件的影响机理的研究也不充分。本文对强迫循环条件下的单相传热进行了研究，并利用数值模拟方法对海洋条件的影响机理进行了分析。

1　实验内容

实验装置由海洋条件运动台和台上热工实验回路组成。运动台可以进行横荡、纵荡、升沉、横摇、纵摇及艏摇等6个自由度的模拟，既可以进行单自由度运动，也可以进行多自由度组合运动。台上热工回路系统包括试验段、换热器、氮气稳压器、主泵、调节阀、流量计、预热器等主回路系统。

如图1所示，台架上设备与台架下设备通过高压软管和低压软管连接；回路流量通过主回路和旁路阀门进行调节。去离子水由屏蔽泵送至试验支

路,经文丘里流量计测量后,经高压软管 1 进入摇摆台架上的预热器预热,随后进入试验本体,经换热器冷却后回到屏蔽泵入口,形成闭合回路系统。

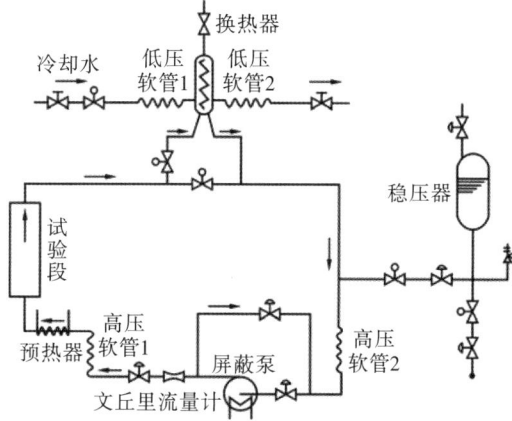

图 1　海洋条件下热工水力实验装置简图

Fig. 1　Sketch of Thermo-Hydraulic Experimental Apparatus under Ocean Condition

试验段为 Φ14 mm×2 mm 不锈钢圆管;加热段长度 1200 mm,两端通过铜排进行直流电加热;本体外表面包裹绝热材料,可近似为绝热表面。距加热段入口 450 mm、750 mm、1050 mm 处为测温截面,每个截面对称布置 4 对热电偶。测温截面上热电偶的布置如图 2 所示。

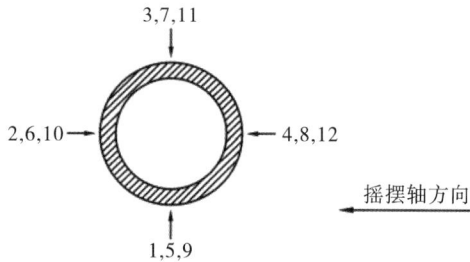

图 2　测温截面上热电偶的布置

Fig. 2　Thermocouple Location at a Temperature Measured Cross Section

2　实验现象及分析

2.1　倾斜情况下的传热特性

在倾斜工况下,沿周向布置的 4 个温度测点呈现了不同的变化规律:靠上侧的壁面温度上升;而靠下侧的壁面温度下降。

图 3 和图 4 中,实验压力为 10 MPa;流速为 1390 kg/(m²·s);倾角为 30°;从下到上 3 个测温截面的流体平均温度分别为 189 ℃、203 ℃、216 ℃;壁面热流密度为 0.703 MW/m²;h_5 为倾斜时靠近上部的局部换热系数;h_7 为倾斜时靠近下部的局部换热系数,其余为两侧的换热系数。

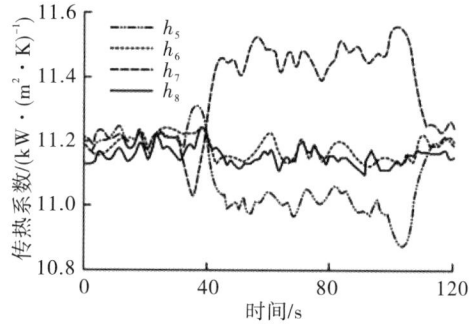

图 3　倾斜条件下传热系数的变化规律

Fig. 3　Variation Law of Heat Transfer Coefficients under Inclined Condition

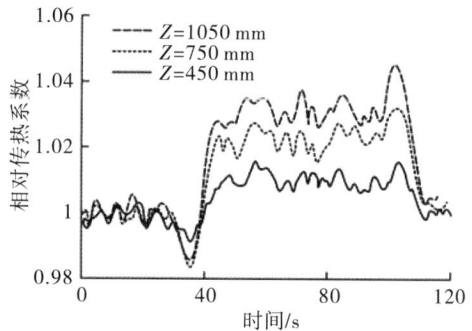

图 4　倾斜条件下不同轴向位置传热相对变化

Fig. 4　Relative Variation of Heat Transfer at Different Axial Place under Inclined Condition

由图 3 可知,在倾斜开始(约 35 s)以及倾斜结束(约 110 s)时,截面上侧和下侧的传热系数呈现反向的变化。这是由于台架由正态向倾斜变化时实际是一个摇摆的过程,此时影响传热的因素发生了变化,浮力的作用相对减弱,而摇摆引入的科里奥利力是主要影响因素。

图 4 给出的传热系数均为倾斜时位于下侧的值。由图 4 可知,在倾斜条件下,不同位置的传热

系数变化规律并不相同:靠近下侧的传热系数变大,而靠近上侧的传热系数减小,两侧的传热变化不明显;在上、中、下 3 个测温截面上,越靠上的截面的流体平均温度越高,传热系数的变化越明显,在平均温度最高的上部测温截面,最大变化幅度约为 3.2%。

不同倾斜条件下的传热系数变化情况如图 5 所示。倾斜角度越大,对传热的影响越明显。传热系数变化的原因主要是由于重力方向的改变,造成了浮力的变化。在浮力的作用下,近壁面附近温度高、流速低的流体有向上侧汇集的趋势,靠近上侧的热边界层变厚,传热减弱;相反,主流区温度低、流速高的流体有向下侧移动的趋势,使靠近下部的壁面附近热边界层变薄,传热增强。流体温度越高、加热功率越大,浮力的作用越明显,因此对传热的影响也越大。

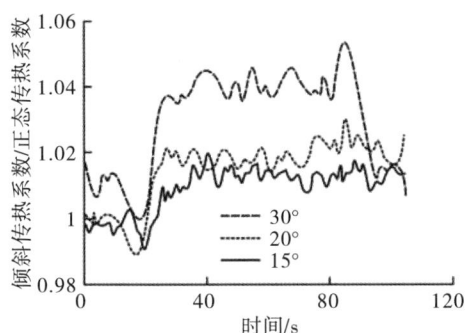

图 5 不同倾角下传热系数的变化情况

Fig. 5 Variation of Heat Transfer Coefficient at Different Inclined Angles

通过计算流体力学(CFD)方法对图 3 工况进行计算模拟。计算结果显示了浮力作用下近壁面的速度梯度分布与传热系数的关系(图 6)。其中,方位角 0.5π 对应倾斜时最靠近上方的位置,而方位角 1.5π 对应最靠近下方的位置。从图 6 可知,在倾斜加热圆管中,由于浮力的影响,管道上部区域的速度梯度减小,边界层变厚,而靠近下部的地方速度梯度增加,边界层变薄,这与传热系数的变化是吻合的。该算例中,传热系数变化幅值约为 $\pm2.8\%$,与同样工况下的实验值($\pm3.2\%$)相比略微偏小。这可能与 CFD 计算中所采取的湍流模型

及网格划分有关,需要进一步研究。

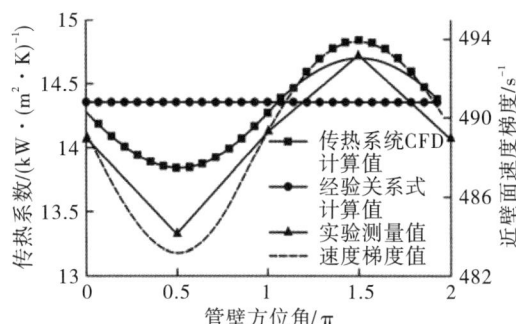

图 6 倾斜情况下的壁面传热系数

Fig. 6 Heat Transfer Coefficient around Wall at Inclined Condition

2.2 摇摆情况下的传热特性

在强迫循环条件下,由于驱动压头很大,因此摇摆条件下,回路流量、系统压力基本不随时间发生变化。在单相强迫流动的传热实验中,壁面温度随着摇摆而发生周期性变化,其周期与摇摆周期相同。

由图 7 可知,垂直于摇摆轴方向布置的 t_{w1}、t_{w3}、t_{w5}、t_{w7}、t_{w9} 和 t_{w11}(图 2)的波动最明显,且位置相对的两组温度相位相差 $180°$,而平行于摇摆轴方向布置的 t_{w2}、t_{w4}、t_{w6}、t_{w8}、t_{w10} 和 t_{w12} 波动幅度较小。从波动幅度看,温度越高的截面波动幅度越大。

表 1 给出了图 8 中不同工况的热工水力参数。由图 8 可知,温度的波动幅度与摇摆幅度呈线性度很高的正比关系。对比工况 Ⅰ 和工况 Ⅱ 发现,加热功率越高,波动幅度越大;对比工况 Ⅱ 和工况 Ⅲ 发现,流速越低波动幅度越大。

由图 9 可知,在最大摇摆角速度相同的情况

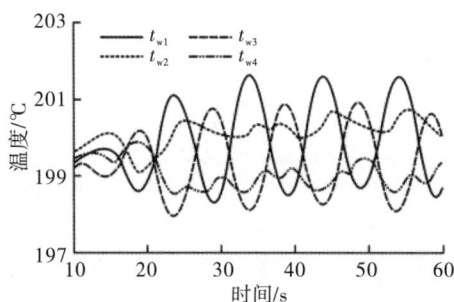

(a)$Z=450$ mm

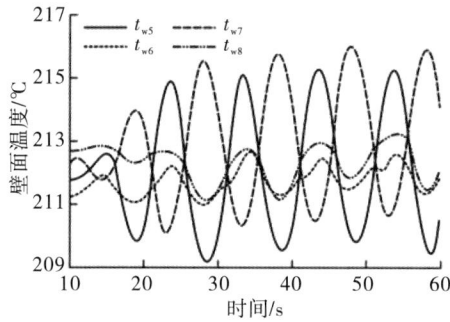

(b)Z=750 mm

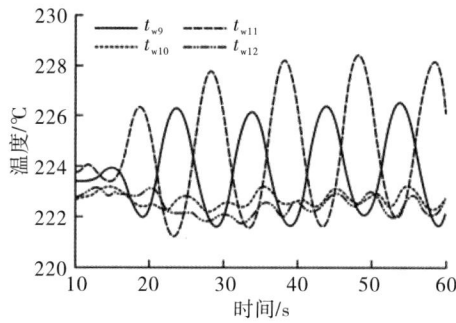

(c)Z=1050 mm

图 7　摇摆条件下不同位置壁温的变化规律

Fig. 7　Variation Law of Wall Temperature at Different Position under Rolling Condition

表 1　热工水力参数

Table 1　Thermo-Hydraulic Parameters

名称	热流密度 /10^5 W · m^{-2}	质量流速 /(kg · (m^2 · s)$^{-1}$)	入口温度 /℃
工况 Ⅰ	2.65	1061.033	60
工况 Ⅱ	5.31	1061.033	59
工况 Ⅲ	5.31	1414.711	57

下,周期的延长使管内二次流发展更为充分,因而对传热的影响更大,壁面温度的波动幅度也越大。摇摆情况下对传热造成影响的主要因素包括重力、切向惯性力、向心力以及科氏惯性力。轴向引入的附加惯性力不会对传热造成影响,重点分析横向引入的附加惯性力。由于实验中角加速度和角速度都很小,所以切向惯性力和向心力也很小(图10)。

由图 10 可知,在摇摆引入的线性惯性力中,重

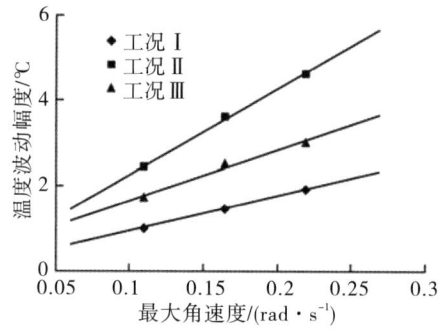

图 8　摇摆最大角速度与壁面温度波动 幅度的关系

Fig. 8　Relationship between Maximum Angular Velocity of Rolling and Fluctuation Amplitude of Wall Temperature

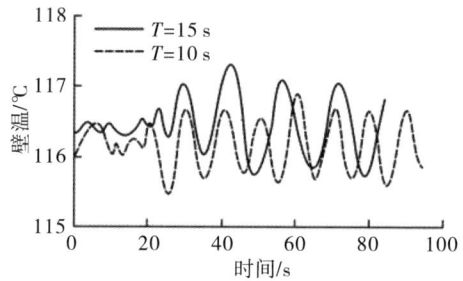

图 9　相同最大角速度情况下周期对壁温 波动的影响

Fig. 9　Effect of Rolling Period on Wall Temperature Fluctuation with Same Maximum Angular Velocity

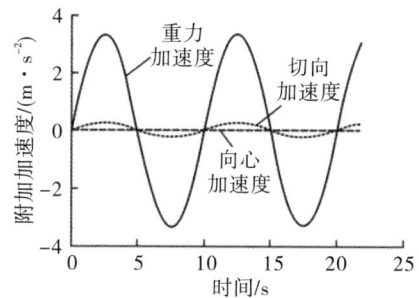

图 10　摇摆引入的附加惯性力的比较

Fig. 10　Comparison of Additional Inertial Forces Caused by Rolling

力的影响是主要的,切向惯性力和向心力与之相比小了 1～2 个数量级,因而可以忽略。

从图 11 可知,壁温的波动与台架角位移的相位基本差了 180°,若只考虑重力的影响,则摇摆可以近似看成一系列倾斜的过程。从倾斜对传热影响的分析中可知,在台架处于角度为正的倾斜情况时,t_{w9} 所对应的局部传热系数减弱,温度会升高,这与图 10 中的现象不吻合。由此可知,除了重力还有更重要的因素影响传热。

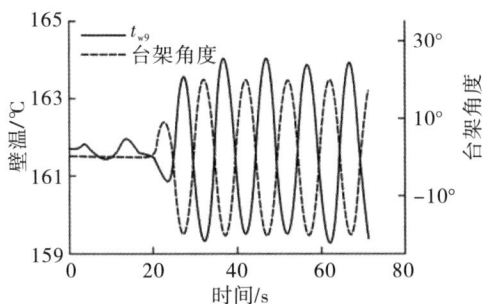

图 11　壁温与台架角度的关系

Fig. 11　Relationship between Wall Temperature and Angular Displacement

在进行海洋条件对单相强迫流动影响的理论研究时发现[6],摇摆引入的科氏惯性力虽然很小,但由于科氏惯性力本身是非线性力,对横向二次流的形成有重要影响。横向二次流动改变了壁面附近的流场,从而影响传热。

在摇摆条件下,管内流体的速度分布会发生变化,近壁面速度梯度也随之发生变化。对于传热而言,近壁区的速度梯度会对传热产生较为明显的影响。

图 12 给出了摇摆条件下某时刻近壁面速度梯

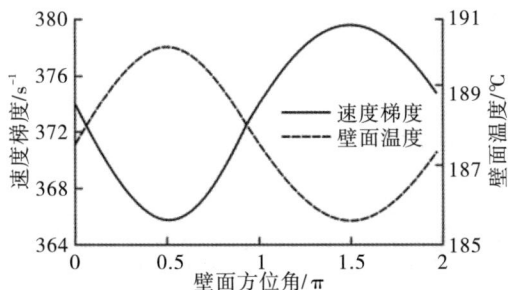

图 12　摇摆条件下速度梯度与壁面温度分布

Fig. 12　Velocity Gradient and Temperature Distribution at Wall under Rolling Condition

度的分布。从图 12 可知,由于摇摆附加惯性力的影响,近壁面处的速度梯度发生了变化。速度梯度变大的位置,边界层变薄,传热能力增强,壁面温度下降;相反速度梯度变小的位置,边界层变厚,传热能力下降,壁面温度升高。

图 13 给出了摇摆条件下 CFX 计算结果与实验结果的对比。在数值模拟的初始,由于计算对象从稳态向瞬态进行过渡,流场与摇摆惯性力还未匹配,因而温度的形状与正弦波形略有出入,经过约半个周期达到稳定的状态。进入稳定摇摆后,实验值比理论计算结果在相位上约落后 0.2 s,这主要是由于铠装热偶的响应时间造成的。

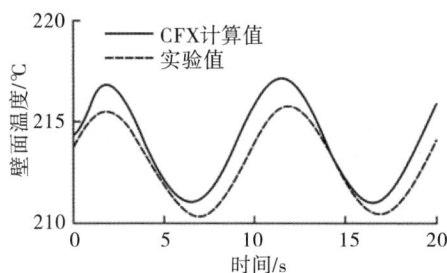

图 13　CFX 计算结果与实验结果比较

Fig. 13　Comparison between CFX Calculation Results and Experimental Results

3　结　论

实验结果及 CFD 计算结果表明,海洋条件对强迫循环条件下的单相流动传热特性会造成一定的影响。影响规律主要有以下几点:

(1)在倾斜条件下,圆管靠近上侧的局部传热系数减弱,靠近下侧的局部传热系数减弱,且倾斜角度越大,传热系数变化越大;

(2)在摇摆条件下,圆管垂直于摇摆轴向位置的传热系数会产生周期性波动,摇摆角速度越大,对传热的影响越大;

(3)海洋条件对流体传热的影响与流体温度、加热功率相关,流体温度越高、加热功率越高,海洋条件的影响越明显;

(4)在倾斜条件下浮力是影响传热的主要因素,而摇摆条件下科里奥利力是影响传热的主要因素。

参考文献：

[1] MURATA H, SAWADA K, KOBAYASHI M. Natural circulation characteristics of a marine reactor in rolling motion and heat transfer in the core[J]. Nuclear Engineering and Design, 2002, 215(1 - 2)：69 - 85.

[2] HETSRONI G, MEWES D, ENKE C, et al. Heat transfer to two-phase flow in inclined tubes[J]. International Journal of Multiphase Flow, 2003, 29(2)：173 - 194.

[3] 谭思超, 庞凤阁, 高璞珍. 摇摆对自然循环传热特性影响的实验研究[J]. 核动力工程, 2006, 27(5)：33 - 36.

[4] TAN S C, SU G H, GAO P Z. Heat transfer model of single-phase natural circulation flow under a rolling motion condition[J]. Nuclear Engineering and Design, 2009, 239 (10)：2212 -2216.

[5] 谭思超, 高璞珍, 苏光辉. 摇摆运动条件下自然循环流动的实验和理论研究[J]. 哈尔滨工程大学学报, 2007, 28(11)：1213 - 1217.

[6] 杜思佳, 张虹. 海洋条件对单相强迫流动影响的理论研究[J]. 核动力工程, 2009, 30(5)：60 - 64.

Experimental Research on Single-Phase Heat Transfer Characteristics in a Vertical Circular Tube under Marine Conditions

Du Sijia[1,2] , Zhang Hong[2] , Jia Baoshan[1]

1. Department of Engineering physics, Tsinghua University, Beijing, 100084, China；

2. Science and Technology on Reactor System Design Technology Laboratory, Nuclear Power Institute of China, Chengdu, 610041, China

Abstract：Experiments have been conducted to study the heat transfer characteristics of single-phase forced circulation when the test tube was under different marine conditions. The experiments measured the wall temperature of test tube to calculate the heat transfer coefficients at different circumferential places. When the test tube was under inclined conditions, the heat transfer coefficient increased at downside and decreased at upside of test tube because of buoyancy effect. When the test tube was under rolling conditions, the heat transfer coefficients fluctuated with the rolling motions, and the Coriolis force dominated the heat transfer fluctuation during the rolling motion. CFD method was used to simulate the heat transfer phenomena under marine conditions, and the results were accord to the experimental phenomena.

Key words：Heat transfer coefficient, Inclination, Rolling, Buoyancy, Coriolis force

作者简介：

杜思佳(1983—)，男，博士研究生。2006 年毕业于清华大学工程物理系核工程与核技术专业，获学士学位。现主要从事反应堆热工水力和安全分析研究。

AP1000 蒸汽发生器 U 形管合金材料国产化研究

卢华兴

国家核电技术公司,北京,100029

摘要:本文简要介绍了 UNSN06690(TT)合金[简称 690(TT)合金]国内外装备制造业现状,分析 690(TT)合金材料的使用环境设计参数、物理性能指标、微观组织技术指标。参照相关技术规范,给出了 690(TT)合金的主要化学成分、有害元素控制、试验用 690(TT)合金钢锭化学成分、样品冷加工工艺参数。我国要实现 690(TT)合金及其 U 形管国产化,需要解决的技术问题有稳定的纯净化冶炼、成分的精准控制、热变形工艺、持续高效的质量保证管理程序等。

关键词:AP1000;UNSN06690(TT)合金;材料特性

中图分类号:TH142. 2   **文献标志码**:A

0 前 言

压水堆核电站中,蒸汽发生器 U 形传热管承担着一、二回路能量交换和保证一回路压力边界完整性的重要功能,其可靠性直接影响到核电厂的安全性与经济性。实际运行经验表明,蒸汽发生器 U 形传热管破裂事故在核电站事故中占重要地位。从 1979 年至 1994 年,世界上已有 55 台蒸汽发生器因 U 形传热管严重损坏而被更换,其设计使用寿命为 30~40 a,实际使用寿命平均仅为 14 a,寿命最短者 8 a。我国引进的 AP1000 核电技术,其蒸汽发生器 U 形管采用 UNSN06690(TT)合金[简称 690(TT)合金]作为原材料,因此对 690(TT)合金进行研究是国产化的关键步骤。

1 690(TT)合金材料应用介绍

压水堆核电站蒸汽发生器传热管的选材经过了三个阶段,第一阶段是在核电发展的初期,主要是选用 18Cr - 8Ni 不锈钢管。第二阶段因不锈钢管氯离子应力腐蚀问题的大量出现,核电材料工程师根据石化工程方面的经验,选用镍基高温合金

UNSN06600 合金管(简称合金 600)或铁镍基合金作为制造蒸汽发生器 U 形管的原材料。合金 600 在压水堆核电站蒸汽发生器中的使用性能总体上不错,但几年后,出现了碱裂、二次侧限流区损耗和凹痕,起源于初次侧高残余应力区的裂纹等问题。实验室的研究表明,合金 600 在有氧外加缝隙和铅污染水中,高温和高应力条件下会产生应力腐蚀裂纹。第三阶段为了解决合金 600 U 形管在蒸汽发生器一、二次侧介质中的应力腐蚀问题,法、美、日等国联合开发了高抗蚀的 690(TT)合金 U 形管材,20 世纪 90 年代初开始正式应用于压水堆核电站。

国际镍公司用很长时间开发了 690(TT)合金材料,在模拟蒸汽发生器环境下,对材料 690(TT)合金的性能进行评估,这一计划开始至今已有 20 多年。目前美国、欧洲和日本对该材料仍在继续进行评估和改进。

2 传热管合金材料制造业现状

2.1 应用前景

目前几乎所有新设计和在建的压水堆核电站的蒸汽发生器传热管都选用 690(TT)合金管材,并且许多原来使用 18Cr - 8Ni 不锈钢管或合金 600 管

材核电站机组的蒸汽发生器也纷纷更换为 690(TT)合金传热管。依据国家核电中长期发展规划,到 2020 年,核电运行装机容量争取达到 4×10^7 kW,并有 1.8×10^7 kW 在建,实际可达到运行 7×10^7 kW,国内核电发展对 690(TT)合金材料的需求预计将达到每年 1000 t 以上。

2.2 690(TT)合金国内外装备制造业的现状

目前世界上只有法国、瑞典和日本的几家公司能够商业化生产 669(TT)合金管,不仅完全垄断了核电站蒸汽发生器用高性能 690(TT)合金管国际供给市场,而且对 690(TT)产品的相关资料严格保密。

国内从 20 世纪 70 年代开始研制核电站蒸汽发生器传热管材料,最初是 18Cr - 8Ni 型不锈钢管,随后又开发了新 13 号合金。以宝钢特钢、长城特钢、北满特钢为代表的国内钢铁企业分别联合国内知名研究院所,在 690(TT)合金国产化方面就化学成分精准控制、纯净化冶炼、合金热态模拟试验、不同变形量退火温度时间对晶粒度和微观组织的影响、抗腐蚀性能等方面进行了研究,取得了阶段性的成果。但目前我国还未能按 AP1000 压水堆核电站蒸汽发生器用 690(TT)合金材料及其 U 形管标准进行系统地研发,也未能形成自主的技术规范。由于在技术、装备、市场需求等方面的不足,690(TT)合金材料及其 U 形管尚未实现国产化。

2.3 690(TT)合金材料国产化的意义

随着我国核电事业的发展,对核电关键设备、材料国产化需求的形势越来越紧迫。690(TT)合金材料已列为国产化攻关的重点产品,以摆脱长期以来对国外的依赖,填补国内空白,提升我国在镍基合金产品方面的装备制造水平,使我国高精度、高要求管材的制造及研发技术水平接近世界水平,增强我国的综合国力,保证国家核电中长期规划的顺利实施。

3 690(TT)合金材料及 U 形管主要特征

3.1 使用环境设计参数

AP1000 是美国西屋公司开发的第三代压水堆,采用非能动设计理念。AP1000 690(TT)合金材料及 U 形管使用环境主要设计参数如表 1 所示[1]。

表 1 690(TT)合金材料及其 U 形管使用环境主要设计参数

Table 1 Main Design Parameters of 690(TT) Alloy and U-Tube in Operational Environment

类 型	参 数
设计寿命/a	60
抗震要求	抗震 I 类
一次侧设计压力/MPa	17.24
一次侧设计温度/℃	343.33
正常运行温度下 pH 值	≥5.0
氧浓度最大值/10^{-6}	0.1
氧化物浓度最大值/10^{-6}	0.15
氟化物浓度最大值/10^{-6}	0.15
固体悬浮物浓度最大值/10^{-6}	0.2
规范等级	ASME Ⅲ 1 类
二次侧设计压力/MPa	8.27
二次侧设计温度/℃	315.56
锌浓度最大值/10^{-6}	0.04
硅浓度最大值/10^{-6}	1.0
铝浓度最大值/10^{-6}	0.05
钙+镁浓度最大值/10^{-6}	0.05
硼酸浓度/10^{-6}	0~4000
镁浓度最大值/10^{-6}	0.025

3.2 690(TT)传热管主要参数

3.2.1 物理性能指标

AP1000 与二代改进型的 U 形管物理性能主要区别如表 2 所示[1,2]。

3.2.2 微观组织等其他主要技术指标的区别

AP1000 与二代改进型机组 U 形管显微组织等技术指标的主要区别如表 3 所示[1,2]。由表 3 可知,在满足 AP1000 用 690(TT)合金化学成分要求的基本前提下,探索 690(TT)合金晶间连续细条状碳化物析出工艺参数是实现国产化的难点之一。

表 2　U 形管物理性能

Table 2　Physical Property of U-Tube

参　数	二代改进型	AP1000
最小屈服强度/MPa	275	276
最大屈服强度/MPa	375	380
最小抗拉强度/MPa	630	586
最小截面收缩率/%	30	30

表 3　U 形管显微组织技术指标

Table 3　Technical Requirements of Microstructure U-Tube

参　数	RCC－M	AP1000
金相组织	晶间碳化物伴随少量低密度穿晶化合物	连续细条状晶间碳化物伴随少量晶内碳化合物析出
晶粒度	5～9	6～8
信噪比	>7	>20
使用寿命/a	40	60

4　690(TT)合金部分工艺实验研究

为加速促进 AP1000 用 690(TT)合金材料及其 U 形管的国产化进程,国家核电公司与澳大利亚 WASA 公司商定在双方共享研究成果的前提下,就 AP1000 用 690(TT)合金材料部分技术条件(如主要化学成分热偏析,碳化物在晶界、晶内不同形状碳化物的析出)对 690(TT)合金材料全截面力学性能的同质性影响等技术问题进行了初步工艺实验研究。

4.1　690(TT)合金材料实验基础

690(TT)合金材料是一种含 Cr 量高的 Ni 基合金,其主要成分由 Ni－Cr－Fe 组成,是面心立方体(FCC)和低堆错能结构,与奥氏体不锈钢具有非常相似的微观结构。690(TT)合金能取代奥氏体不锈钢和合金 600 在核电站领域广泛应用,因为其与奥氏体不锈钢相比拥有更加优异的抗应力腐蚀能力。690(TT)合金的抗应力腐蚀能力与其高 Ni 含量及微观晶界结构密切相关[3]。

690(TT)合金的微观结构通常被划分为三种不同的类型,即小角度晶界、大角度晶界和重位点阵晶界。一般认为小角度晶界的错位角小于 15°,具有较低的界面能;大角度晶界的错位角大于 15°,具有较高的界面能;重位点阵晶界是大角度晶界的一种特殊形态,在某种意义上具备更多的小角度晶界特性。

晶界工程是一门改善微观结构的理论方法,目的是通过抑制其他晶界类型,提高低能晶界在微观结构中的比例。热力机械工程是晶界工程通常所使用的一种物理方法,它可以增加无序晶界中低能晶界在微观结构中的比例。热力机械工程对 690(TT)合金而言,主要是通过调整冷轧过程中每旋转周期 690(TT)合金壁厚变形量和短时间退火温度参数的优化组合来改善合金微观结构。在固定退火温度条件下,每周期较小变形量可以获得更多的重位点阵晶界;同时,晶界工程还可以对无序晶界起钉扎作用,以增强晶界的抗应力腐蚀能力。对这一现象普遍认为是因为合金在释放较小应力过程中不会产生剧烈的再结晶以及晶格重组和漂移。

镍基合金、奥氏体不锈钢、690(TT)合金在退火条件下晶界都存在碳化物析出。在低于固熔温度、高于 500 ℃的工况条件下,其晶界将析出溶解能力非常差的碳化物。当碳化物周围晶格的铬浓度下降到 12% 以下时,其抗应力腐蚀能力明显下降[4]。研究表明,当碳化物在晶界以细小的连续或半连续状态存在时,有益于 690(TT)合金的抗应力腐蚀能力[3,5]。另外,主要化学成分的偏析,会导致晶界不同区域机械性能的差异,进而影响全截面 690(TT)合金力学性能的同质性[6]。该特性将对后续 U 形管制造环节中的无损探伤信噪比值产生重要影响。

4.2　690(TT)合金材料实验简介

对西屋公司提供的 AP1000 用 690(TT)合金材料规范《APP－VL53－Z0－011》进行讨论和研究,制定了相关工艺实验方案:冶炼是 690(TT)合金材料及其 U 形管制造的基础,冶炼过程中实现各主要元素间的平衡和优化,降低非金属夹渣物水平,控制有害低熔点金属及氮、氢、氧等气体含量,最大限度减少化学成分热偏析,是冶炼工艺的难点和要点;探索晶间细小碳化物连续稳定析出的加工工艺,是后续热加工工艺的技术核心。借鉴航空航天领域其他镍基产品成熟的冶炼工艺,决定采用真空感应+电渣+钢锭均质化热处理工艺路线冶炼。

西屋公司在技术规范中,规定了690(TT)合金的主要化学成分(表4)和有害元素控制要求(表5)。实验用690(TT)合金钢锭化学成分检测结果如表6所示,样品冷加工工艺和热处理参数如表7所示。实验结果表明,控制轧制速率、予以较小应变量以及固熔后的速冷热处理工艺是实现690(TT)晶间连续细小碳化物析出的关键工艺。

表4 690(TT)合金的主要化学成分

Table 4 Main Chemical Composition of 690(TT) Alloy

化学元素	质量分数/%	化学元素	质量分数/%
镍	≥58.0	硅	≤0.05
铬	28.5~31.0	硫	≤0.003
铁	9.0~11.0	磷	≤0.015
锰	≤0.50	硼	≤0.002
碳	0.015~0.025	氮	≤0.05
钴	0.014~0.016	钼	≤0.20
铝	≤0.40	铌+钽	≤0.10
钛	≤0.35	铜	≤0.05

表5 690(TT)合金对有害元素控制要求

Table 5 Control of Harmful Elements for 690(TT) Alloy

有害材料	最大浓度
氯化物/10^{-6}	200
氟化物/10^{-6}	200
硫/10^{-6}	200
磷/10^{-6}	250
铅/10^{-6}	1
汞/10^{-6}	1
锑、砷、铋、镉、镓、铟、镁、银、锡、锌/10^{-6}	单项最大200,合计最大500
铜、铝/10^{-6}	250

表6 实验用钢锭化学成分(%)

Table 6 Chemical Composition of Test Ingots(%)

元素	推荐值	试样A	试样B	试样C
C	0.015~0.025	0.018	0.015	0.023
Mn	≤0.50	0.34	0.22	0.23
Si	≤0.50	0.06	0.06	0.07
S	≤0.003	0.002	0.002	0.002
P	≤0.015	0.005	0.005	0.006
Cr	28.5~31.0	29.28	29.51	30.39
Ni	≥58.0	60.64	59.47	59.83
Fe	9.0/11.0	9.10	9.68	10.24
Al	≤0.40	0.27	0.27	0.22
Ti	≤0.35	0.16	0.30	0.26
Cu	≤0.050	0.01	0.01	0.01
Nb+Ta	≤0.10	0.1	0.1	0.1
B	≤0.002	0.002	0.002	0.002
Co	0.014~0.016	0.015	0.015	0.015
N	≤0.05	0.050	0.050	0.050

注:样品在冷加工变形之前经过15 min、1100 ℃条件下固溶退火及淬火处理。

表7 样品冷加工工艺参数

Table 7 Sample Cold Working Process Parameters

工艺实验	试样来源	应变量/%	旋转速率/(r·min^{-1})	退火温度/℃	冷却条件
试样A	WASA	25	6、8、10	1000	水冷却
试样B	WASA	5	2、4、6	1000	水冷却
试样C	WASA	5	1、2	950	炉内氩保护冷却

5 结束语

UNSN06690(TT)合金是压水堆核电站所需关键原材料之一,在航空、航天、石油、化工等领域都有广泛的应用,因此应从战略高度认识和发展我国自主化材料工业体系。根据我国实际国情,要实现

AP1000 蒸汽发生器 690(TT)合金及其 U 形管国产化,还需要解决一系列的技术问题,如稳定的纯净化冶炼、成分的精准控制、热变形工艺、持续高效的质保管理程序等。国家须从政策、财力上加大对 690(TT)合金产业及其研发的支持;从源头上解决制约核电发展的瓶颈,摆脱依赖进口的局面,打破国外厂家对该技术的垄断。

参考文献:

[1] 林诚格. 非能动安全先进压水堆核电技术[M]. 北京:原子能出版社,2010.

[2] 戴佩琨. 压水堆核电站核岛主设备材料和焊接[M]. 上海:上海科学技术文献出版社,2008.

[3] GUPTA G. Role of grain boundary engineering in the SCC behavior of ferric-martensitic alloy HT – 9[J]. Journal of Nuclear Materials, 2007, 361: 160 – 169.

[4] SCULLY J R. Sensitization and intergranular corrosion in Ni –Cr – Fe and Fe – Cr – Ni – Mo alloys[J]. Encyclopedia of Electrochemistry, 2005, 4: 369 – 371.

[5] ALEXANDREANU B, CAPELL B, WAS G S. Combined effect of special grain boundaries and grain boundary carbides on IGSCC of Ni – 16Cr – 9Fe – XC alloys[J]. Materials Science and Engineering, 2001, A300: 96 – 103.

[6] SUTTON A. Interfaces in crystalline materials [M]. Oxford: Oxford University Press, 2006.

Study on Homemade Alloy Used in Steam Generator U-Tubes of AP1000

Lu Huaxing

State Nuclear Power Technology Research, Beijing, 100029, China

Abstract: This paper describes the application of alloy 690 in PWR nuclear power plants, as well as the main technical requirements and characteristics of alloy 690 tubes of AP1000 steam generators. Through different heat treatments and deformation process, this paper also studies the laws between chemical segregation, stable and continuous intergranular carbide precipitation and different process combinations. Test results indicate that the deformation extent and cooling speed after annealing have a great impact on the chemical segregation and the pattern of intergranular carbide precipitation.

Key words: AP1000, UNSN06690(TT) alloy, Materials characteristics

作者简介:

卢华兴(1967—),男,高级经济师。1990 年毕业于华北电力大学水工专业,获学士学位。现主要从事 AP1000 核电关键设备和材料国产化工作。

基于多层流模型的核电厂可靠性分析方法研究

杨　明,张志俭

哈尔滨工程大学核安全与仿真技术国防重点学科实验室,哈尔滨,150001

摘要:多层流模型是一种目标导向的系统建模方法,它可以清晰地描述系统在规定时间内和规定条件下,为实现其设计目标而具有的功能及相互关系。本文提出一种基于多层流模型的系统可靠性定量分析方法(MRA),可在不同抽象层次表示系统知识。模型清晰易懂、容易建立、易于修改和扩充,通过一次分析即可获得系统主目标和子目标的成功概率,便于系统分析和方案比较。

关键词:可靠性分析;层次化分析;功能模型;核电厂

中图分类号:TP202　　　　**文献标志码:**A

0　引　言

核电站等复杂的高技术人工系统,无论组成如何庞大和复杂,功能如何多样,都是为了实现其设计目标。本文采用一种新的符号学分析与建模方法——多层流模型(MFM)[1],从目的性着手进行分析,清晰地描述系统在规定时间内和规定条件下为实现其设计目的而具有的功能及相互关系。此方法可以简化系统建模,已应用于核电厂层次化知识描述、故障诊断、报警分析,以及危险与可操作性研究等领域,但在可靠性分析领域的研究鲜见报道。

1　核电厂多层流模型的建立

现以压水堆核电厂(PWR)安全注入系统(RIS)为例,说明建立系统多层流模型的方法。

简化后的 RIS 组成如图 1 所示。它由高压、低压两条注入回路组成,主要包括高压安注泵、低压安注泵、管道、换料水存储箱、安全壳地坑、电动隔离阀等设备。低压安注泵能从两个地方取水:①换料水存储箱;②在再循环注入阶段从安全壳地坑吸水。低压安注泵输出的水送到高压安注泵入口,或者在一回路压力较低时直接注入一回路。高压安注泵一般以低压安注泵作为增压泵,其输出注入一回路。在直接注入阶段,如果低压安注增压失效,则直接从换料水存储箱吸水。

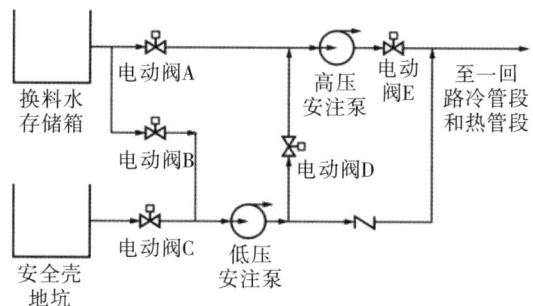

图 1　简化的压水堆核电厂安全注入系统原理图

Fig. 1　Simplified Structure of RIS of PWR NPP

现以一回路小破口失水事故情况下的 RIS"向一回路提供足量冷却剂"为主目标,进行保守假设:①高压和低压安注泵共用同一控制系统和供电系统;②各阀门共用同一控制系统和供电系统。

所建 RIS 的多层流模型如图 2 所示;表 1 给出

基金项目:国家自然科学基金(60604036)、核动力安全与仿真 111 创新引智基地(b08047)。

了模型中相关目标和功能的说明。由图2可见，多层流模型可同时在相互关联的"手段-目的"和"部分-整体"两个方向上组织系统知识。

在"手段-目的"方向上，多层流模型用目标和功能将系统描述为相互作用的物质流、能量流和信息流，不仅描述了系统物质、能量和信息的产生、传输、消耗过程及功能特性，而且突出了系统功能的目的性和相互依存关系。

在"部分-整体"方向上，多层流模型体现了"单元"和"系统"之间的对应关系，既可以将某一"单元"视为"系统"，进而拆分为多个相互关联的"单元"，又可以将多个"单元"合并为"系统"，表示更为

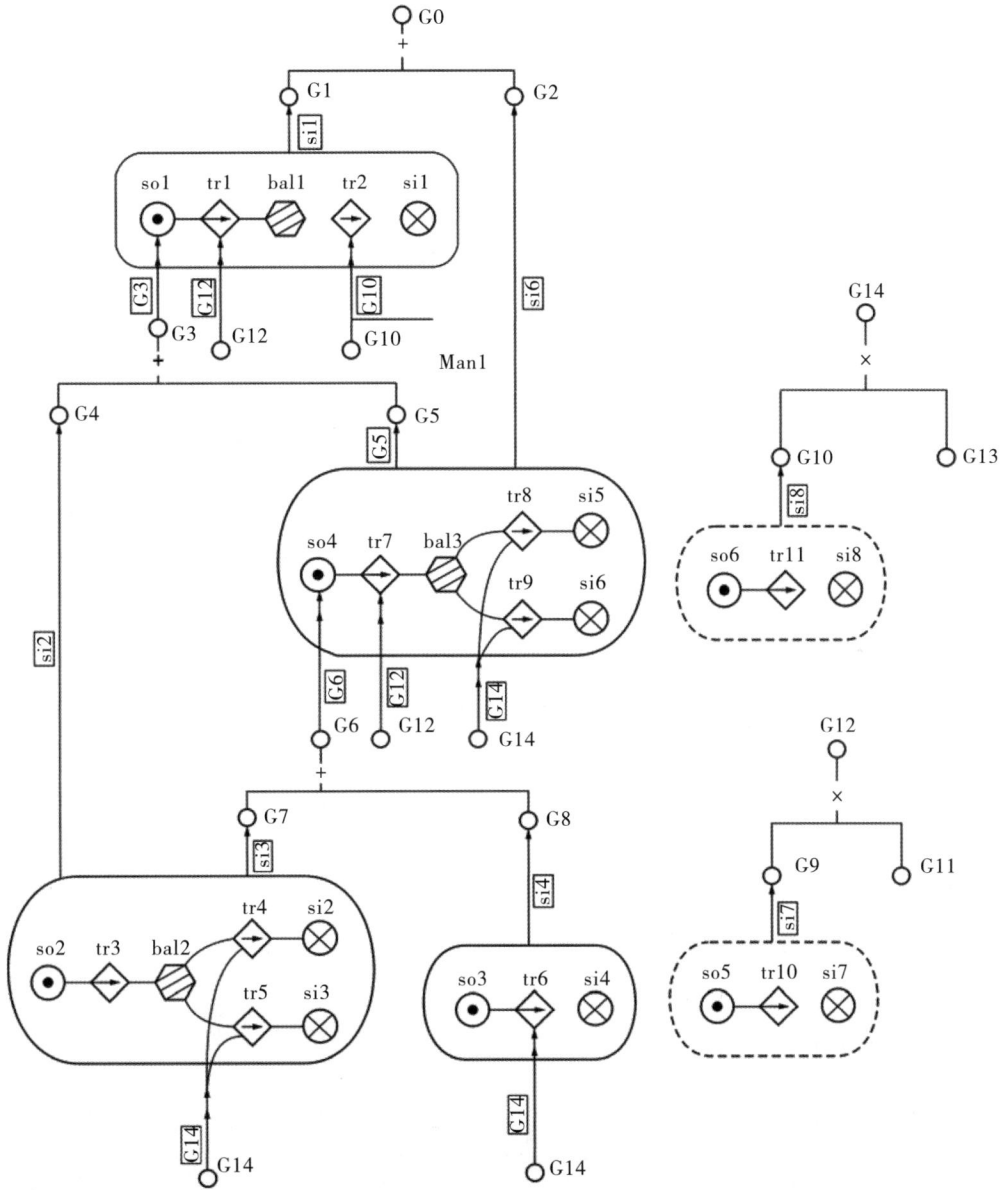

图 2　安全注入系统多层流模型

Fig. 2　MFM of Safety Injection System

（目标旁方框内标注了实现目标的主要功能）

表1　安全注入系统多层流模型目标和功能描述

Table 1　Goal and Function Description of SIS MFM

目标和功能	描述
G0	安全注入系统向一回路提供足量冷却剂
G1	高压安注回路向一回路提供足量冷却剂
G2	低压安注回路向一回路提供足量冷却剂
G3	向高压安注泵提供足量冷却剂
G4	高压安注泵从换料存储箱取水
G5	低压安注泵传送冷却剂至高压安注泵增压
G6	向低压安注泵提供足量冷却剂
G7	低压安注泵从换料存储箱取水
G8	低压安注泵从安全壳地坑取水
G9	高压安注泵和低压安注泵供电
G10	电动阀供电
G11	提供高压安注泵和低压安注泵控制信号
G12	高压安注泵和低压安注泵控制
G13	提供电动阀控制信号
G14	电动阀控制
so1	向高压安注泵提供冷却剂
tr1	高压安注泵传送冷却剂
bal1	传送冷却剂至电动阀E
tr2	冷却剂流量控制
si1	高压安注回路向一回路注入冷却剂
so2	换料存储箱提供冷却剂
tr3	传送来自换料存储箱的冷却剂
bal2	将冷却剂分别传送至电动阀A和B
tr4	冷却剂流量控制
tr5	冷却剂流量控制
si2	将冷却剂传送至高压安注泵入口
si5	将冷却剂传送至低压安注泵入口
so3	安全壳地坑提供冷却剂
tr6	冷却剂流量控制
si4	传送冷却剂至低压安注泵
so4	低压安注泵传送冷却剂

续表

目标和功能	描述
tr7	从低压安注泵传送冷却剂
bal3	传送冷却剂分别至电动阀D和止回阀
tr8	冷却剂流量控制
tr9	传送冷却剂通风止回阀
si5	传送冷却剂至高压安注泵
si6	将冷却剂注入一回路
so5	电力供应
tr10	电力传输至高压安注泵和低压安注泵
si7	高压安注泵和低压安注泵供电
so6	电力供应
tr11	电力传送至各电动阀
si8	各电动阀供电
Man1	操纵员手动开启电动阀E

综合和抽象的功能。在不同抽象层次上表示和处理系统知识,可以更灵活地处理复杂系统问题。

由于多层流模型清晰地描述了系统为完成设计目的而需具有的功能及相互关系,为基于多层流模型的系统可靠性分析(MRA)提供了必要的系统知识。

2　MRA 定量分析方法

MRA中应用了如下基本概念:

(1)物理部件,指具有确定功能的任何元件、设备和系统;

(2)单元,MRA中某一分析层次的最小单位,包括目标、功能、逻辑门和关系;

(3)系统,为完成规定目标而相互关联的单元的组合;

(4)部件成功概率 $P_{comp}(t)$,指产品在规定的时间和规定的条件下,完成规定功能的概率;

(5)功能成功概率 $P_{func}(t)$,指系统在规定的任务剖面内完成特定功能的概率;

(6)输出信号概率 $P_o(t)$,指系统或单元完成特定功能并向其他系统或单元输入信息的概率;

(7)输入信号概率 $P_i(t)$,系统或单元为实现其

规定功能而需具备的输入功能的实现概率;

(8)目标实现概率 $P_{goal}(t)$,指系统在规定的任务剖面内完成特定目标的概率;

(9)条件概率 $P_{cond}(t)$,指系统在规定的任务剖面内,为完成规定的功能所需提供的条件的概率。

系统能否在规定的时间内和规定的条件下实现规定的功能,取决于实现该功能的物理部件、功能的输入以及实现功能的条件能否满足规定的要求,即功能成功概率由部件成功概率、输入信号概率和条件概率决定。

2.1 两种状态系统 MRA 分析方法

若系统和单元只有"正常"和"失效"两种状态,且各单元状态相互独立,则

$$P_{func} = f(\overline{P}_{in}) \cdot P_{comp} \cdot P_{cond} \quad (1)$$

式中,$f(\overline{P}_{in})$ 为理想条件时单元的输入信号和功能成功概率之间的函数关系,默认逻辑"与"。若单元的输入信号间相互独立,则对于常见逻辑可直接进行代数运算。例如,$f(\overline{P}_{in})$ 为逻辑"与"时:

$$f(\overline{P}_{in}) = \prod_{i=1}^{n} P_{in_i} \quad (2)$$

对于 Source 和 Observer 功能,由于没有输入信号,默认 $f(\overline{P}_{in}) = 1$。

若单元实现目标,则

$$P_{goal} = P_{func} \quad (3)$$

若目标作为其他单元的实现条件,则

$$P_{cond} = P_{goal} \quad (4)$$

若单元有输出信号,则

$$P_o = P_{func} \quad (5)$$

若单元输出作为其他单元的输入,则

$$P_{in} = P_o \quad (6)$$

2.2 共有信号问题

共有信号指单元的输出信号连接到两个或多个单元,并作为它们的输入信号。图 3 给出了一个含有共有信号的多层流模型,图中功能 bal1 的输出信号分别连接功能 tr2 和功能 tr3,因此功能 bal1 的输出信号为共有信号。

共有信号的存在使得多输入单元的输入信号间可能不独立。图 3 中功能 bal1 的输出信号分别经功能 tr2 和 tr3 达到功能 bal2,在利用式(2)计算

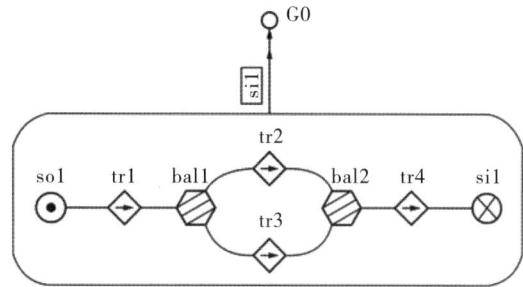

图 3 具有共有信号的多层流模型
Fig. 3 A MFM with Shared Signal

bal2 功能的成功概率时,其输入信号间相互独立的前提假设不能满足,直接进行代数计算将导致错误的分析结果。可采用如下全概率分解法进行修正。

设 $H_i \in F(i=1,2,\cdots)$ 为任意有穷或可计数事件,F 为随机事件,且满足条件:①$H_i \bigcap H_j = \Phi, i \neq j$;②$H_i \bigcup H_j = \Omega$(基本事件空间);③$P(H_i) > 0$。那么,对于任意事件 $A \in F$,有如下公式:

$$P(A) = \sum_i P(A \mid H_i)P(H_i) \quad (7)$$

在 MRA 中运用全概率分解法时,F 为系统状态集合;H_i 为单元状态;Ω 是所有单元状态集合。首先确定产生共有信号的单元,然后考虑该单元的成功状态 G 和故障状态 $\overline{G}$。由于 G 和 $\overline{G}$ 是不相容事件,设变量 $K=0$ 时取故障状态,$K=1$ 时取成功状态,则系统可靠度

$$\begin{aligned} R_s &= P(S \mid G)P(G) + P(S \mid \overline{G})P(\overline{G}) \\ &= \sum_{K=0}^{1} R_{sK}[(1-P_{func})(1-K) + P_{func} \cdot K] \end{aligned}$$

$$(8)$$

式中,$P(S \mid G)$ 为单元正常时系统成功的概率;$P(S \mid \overline{G})$ 为单元失效时系统成功的概率;P_{func} 为单元的功能成功概率;R_{sK} 为单元状态为 K 时系统的可靠度。

以图 3 所示模型为例进行说明。假设所有单元的部件成功概率均为 0.95,根据式(8),分别设置共有信号单元为正常状态和故障状态,经过两次过程相同的计算,即可得出系统可靠度为

$$R_s = R_{s1} \cdot P_{bal1} + R_{s0} \cdot (1 - P_{bal1}) = 0.6634$$

3 算例分析

一回路小破口失水事故下 RIS 的运行包括预备阶段、直接注入阶段和再循环注入阶段。

(1)预备阶段。核电厂正常运行,高压安注泵和低压安注泵处于备用状态。

(2)直接注入阶段。当发生小破口失水事故时,安全注入由稳压器压力低启动,以下动作同时自动进行:①启动高压安注泵;②打开电动隔离阀A;③启动低压安注泵;④打开电动隔离阀D;⑤操纵员手动打开电动阀 E。

低压安注泵从换料水存储箱吸水,送给高压安注泵增压后,注入一回路冷管段。当一回路压力降到低于低压安注泵的出口压力时,低压安注泵的输出可直接注入一回路冷管段。

(3)再循环注入阶段。当换料水存储箱水位低且安注信号仍存在时,电动阀 C 自动打开,电动阀 B 自动关闭。低压安注泵从安全壳地坑吸水,在直接注入一回路的同时,送到高压安注泵入口注入一回路,直至完成堆芯冷却。

图 4 给出了小破口失水事故下 RIS 及设备在各阶段的运行情况。

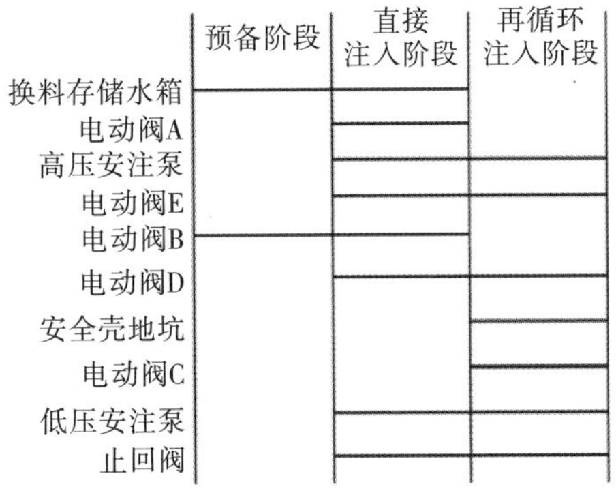

图 4 小破口失水事故后安全注入系统运行状态
Fig. 4 RIS State in Service after Small Break Loss of Coolant Accident

本文采用如下假设:
(1)系统中电动阀的故障概率为 2×10^{-4};
(2)止回阀的故障概率为 1.0×10^{-6};
(3)换料存储水箱的故障概率为 4.0×10^{-5};

(4)高压安注泵和低压安注泵故障概率为 2.5×10^{-5};
(5)所有无源部件的可靠度为 1;
(6)电动阀、高压安注泵和低压安注泵的供电和控制系统始终正常;
(7)忽略操纵员人因失误。

RIS 可靠度如表 2 所示。在直接注入阶段和再循环阶段时,系统的任务可靠度分别为 0.99996 和 0.999549。由于高压安注泵在直接注入阶段存在可从换料水箱直接吸水这一替代模式,因此 RIS 在直接注入阶段时,G3 和 G1 目标的完成概率高于再循环阶段,直接注入阶段时系统任务可靠性也略高于再循环阶段。

表 2 RIS 可靠性分析结果
Table 2 Reliability Analysis Results of RIS

目标	直接注入阶段	再循环阶段
G0	0.999960	0.999549
G1	0.999490	0.899010
G2	0.999501	0.999541
G3	999940	0.899415
G4	0.999760	0
G5	0.899379	0.899415
G6	0.999760	0.999800
G7	0.999760	0
G8	0	0.999800
G9	1	1
G10	1	1
G11	1	1
G12	1	1
G13	1	1
G14	1	1

4 结束语

利用基于多层流模型的 MRA,经过一次分析即可获得系统主目标和各子目标的实现概率,有利于分析人员从系统组成和功能的角度对系统进行总体把握,模型紧凑、清晰易懂,适合于复杂系统分析和运行方案比较。进一步结合基于多层流模型的系统状态监测和故障诊断功能,MRA 可实现在线风险监测功能,具有良好的应用前景和深入研究价值。

参考文献:

[1] LIND M. Modeling goals and functions of complex industrial plants [J]. Applied Artificial Intelligence, 1994, 8: 259 -283.

Study on Quantitative Reliability Analysis by Multilevel Flow Models for Nuclear Power Plants

Yang Ming,Zhang Zhijian

Key Laboratory of Fundamental Science on Nuclear Safety and Simulation Technology,Harbin Engineering University,Harbin,150001,China

Abstract: Multilevel flow models is a goal-oriented system modeling method. It explicitly describes how a system performs the required functions under stated conditions for a stated period of time. This paper presents a novel system reliability analysis method based on multilevel flow models (MRA). The proposed method allows describing the system knowledge at different levels of abstraction which makes the reliability model easy for understanding, establishing, modifying and extending. The success probabilities of all main goals and sub-goals can be available by only one-time quantitative analysis. The proposed method is suitable for the system analysis and scheme comparison for complex industrial systems such as nuclear power plants.

Key words: System reliability analysis, Hierarchical analysis, Functional modeling, Nuclear power plants

作者简介:

杨 明(1971—),男,副教授,在读博士研究生。2004 年毕业于日本京都大学能源科学专业,获硕士学位。现主要研究方向为核动力装置运行与安全。

非能动余热交换器瞬态换热特性
数值模拟及敏感性分析

潘新新

上海核工程研究设计院,上海,200233

摘要:以美国非能动型先进压水堆 AP600 的非能动余热交换器简化试验模型为 FLUENT 的数值计算模型,采用标准 k-ε 湍流模型和自然对流 Boussinesq 模型,对非能动余热交换器和内置换料水箱的自然对流换热特性进行数值模拟。模拟结果与试验结果基本一致,较好地再现了各瞬态工况下非能动余热交换器换热过程中温度、速度分布与加热时间的变化特性。敏感性分析表明,导流板结构及进口形式对自然对流影响很小,升高水箱初始温度或增加换热管数量均能加强换热效果。

关键词:AP600;FLUENT;非能动余热交换器;自然对流;敏感性

中图分类号:TL353[+].13   **文献标志码**:A

0 前 言

非能动余热排出系统(PRHRS)是美国非能动型先进压水堆 AP600 非能动堆芯冷却系统的重要组成部分,主要设备是 C 型非能动余热排出热交换器(PRHR HX)。该热交换器布置在非能动安注系统的内置换料水箱(IRWST)内;水箱的水作为非能动余热排出热交换器的冷却介质。在电厂瞬态、事故工况下,反应堆正常导热失效时,堆芯的衰变热靠内置换料水箱内水的自然循环导出。

由于内置换料水箱实际结构复杂,AP600 PRHRS 已经进行了等高度小比例换热模型的瞬态试验[1],并获得了一定的试验数据。本文以 AP600 PRHR HX 试验为基础,建立 PRHR HX 和内置换料水箱换热模型以及内置换料水箱内自然对流模型,对换热器内外温度、速度分布进行了 FLUENT[2]数值模拟,通过与 AP600 试验结果对比以验证数值分析模型在非能动余热排出热交换系统中应用的可行性,并分析了 PRHR HX 换热管进口位置、换热管数量、导流板位置和水箱初始温度对换热特性的敏感性。

1 数学模型及计算方法

1.1 物理模型

AP600 PRHR HX 瞬态试验采用全高度小比例模型,研究各种工况下 PRHR HX 的性能以及水箱中水的加热情况[1]。试验采用小比例热交换器,共有三根与实际工程相同尺寸的换热管,内置换料水箱的高度与实际相同,直径当量缩小。水箱内设置了导流板,以研究水箱内水的受热混合情况。

AP600 瞬态试验模型与 AP600 实际工程模型具有相似性。在全温度、全压力工况下,不同流量的换热管内水的普朗特数和雷诺数与 AP600 工程值相同,换热管内的水与水箱内水的温差和热阻也与 AP600 工程值相同[1]。因此,本文以 AP600 PRHR HX 试验模型为基础,将布置在内置换料水箱内的 PRHR HX 作为模拟对象,构建几何模型。

构体进行如下假设及简化:忽略管子和导流板的厚度(在数值模拟时定义相应的厚度);忽略水箱底部的换热管出口三通。

模型主要参数包括:水箱内径 610 mm,高 6710 mm;导流板为圆周角 240° 的 C 型圆弧板(图

1），直径 490 mm，高度与水箱一致，壁厚 6.3 mm；三根换热管的内径为 7.8 mm，壁厚 1.7 mm。布置进口弯管时，管道从水箱侧壁进入，中心管入口标高为 6100 mm，在水箱内径 550 mm 处以 10 mm 弯管竖直向下穿出水箱底面。三根换热管入口标高差为 50 mm，水平距离 38 mm。由于进口弯管接近水箱顶部，简化为进口直管模型。计算模型如图 1 所示。

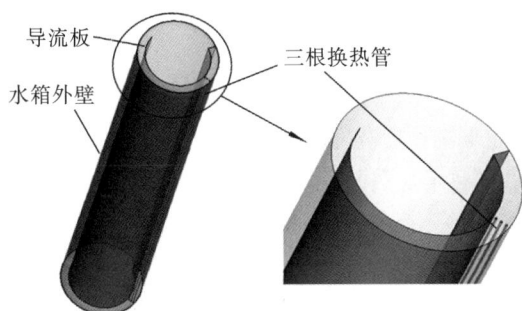

图 1　计算模型

Fig. 1　Simulation Model

数值分析的测点与 AP600 PRHR HX 瞬态试验的测点相同，具体分布如图 2 所示。各测点可记为 X_i（$X=C,D,E,F,G,H,J,K,i=1\sim8$）。$X$ 表示水平位置，i 表示测点的高度，依次为 6528 mm、6070 mm、5156 mm、4242 mm、3328 mm、2413 mm、1499 mm、584 mm。

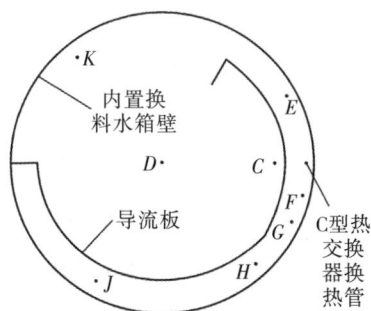

图 2　AP600 试验测点分布

Fig. 2　Test Point Distribution of AP600

1.2　模型假设

应用 FLUENT 模拟时进行了下述假设。

（1）不考虑水箱内水的蒸发及安全壳中水的冷凝，不考虑开放排气口自由界面对换热的影响，假设水箱为封闭的绝热体，封闭水箱在加热后期温度逐渐稳定。

（2）初始水箱内的水为层流流动，是非稳态的纯自然对流，管道内部的水为湍流。可采用标准 $k-\varepsilon$ 湍流黏度模型来模拟管内和箱内水的流动。

（3）为描述温差引起的自然对流，采用比设定密度为温度函数收敛更快的 Boussinesq 假设[2]。Boussinesq 假设适用的条件为 $\beta(T-T_0)\ll1$。本文研究内容由于水箱温升小于 100 K，热膨胀系数 β 小于 0.0003，满足 Boussinesq 假设。

1.3　边界条件

定义各工况的出口流均为自由出流，导流板和换热管为耦合换热壁面，水箱壁面为绝热边界条件。进口条件如表 1 所示。在不进行初始水温敏感性分析时，不考虑不同高度的初始水温差异，水箱初始水温均为 289.09 K。

表 1　各工况的进口参数[1]

Table 1　Inlet Parameters in Each Condition

工况	压力 /MPa	温度 /K	流量 /(kg·s⁻¹)	流速 /(m·s⁻¹)
1	6.80	544.26	0.19	0.98
2	13.83	588.71	0.06	0.33
3	2.02	422.04	0.19	0.98

1.4　物性参数

AP600 瞬态试验不同工况的管内流体物性差异较大，水箱内流体为自然对流，热膨胀系数为 2.57×10^{-4}，管材及导流板材料均为不锈钢，假设水导热系数不变。物性参数如表 2 所示。

1.5　计算方法

水的湍流流动用标准 $k-\varepsilon$ 模型模拟，由前处理软件 GAMBIT 将图 1 所示直管简化模型划分为六面体网格，然后导入 FLUENT，选择分离求解器求解。采用迎风差分离散格式和压力-速度耦合 SIMPLE 算法及非稳态全隐格式，迭代收敛后进行换热特性及敏感性分析。

表 2　各工况的物性参数

Table 2　Material Properties in Each Condition

工质	工况	密度 /(kg·m^{-3})	比热容 /(kJ·(kg·K)$^{-1}$)	动力黏度/10^{-6} Pa·s	导热系数 /10^{-3} W·(m·K)$^{-1}$
换热管内的水	工况 1	743.61	5274	92.32	568.76
	工况 2	624.34	6091	79.66	515.88
	工况 3	864.10	4305	182.7	686
水箱内的水	—	998.2	4184	1003	600
不锈钢	—	8030	502.48	—	16.27

2　换热特性分析

2.1　温度场分布

图 3 为工况 1 时,水箱竖向中心截面随时间变化的温度分布。水箱内部在竖直方向出现温度分层,初始温度上升缓慢,加热一定时间后温度快速上升,在 1810 s 时,温度达到 320 K。随着时间增加,箱内水温趋于一致,竖直方向的最大温差从 1810 s 的 24.93 K 降到 8010 s 的 15.94 K。

图 4 为 1810 s 时工况 1 水箱各水平截面的温度分布。位于 E、F 测点之间靠近三根换热管区域(简称近换热管)的温度较高。由于水箱内部温度差导致各处密度不同,低温水向下流动,高温水向上流动,1499 mm 高度以下水温基本无变化,水箱上部水温明显高于下部;最高温度在水箱顶部换热管和导流板间的狭小区域内。

2.2　速度场分布

加热初期,近换热管水温升高,流速较大,箱壁和导流板间形成多个明显环流区;1810 s 时箱内最大流速在水箱顶部中心处,为 0.231 m/s;与水箱上部高流速相比,中下部流速较低。随着加热时间增加,箱内自然对流加强,顶部环流区加大。近换热管以及封堵导流板内(如 E_1 处)流体由于温度高,产生较大的浮升力,高速向箱顶运动。导流板开口侧近箱体向下的水流速逐渐增大;由于 K_1 处温度略高于附近的 D_1 处温度,近 K_1 处流体向上运动,

近 D_1 处水箱内部流体产生较大的向下速度。

在整个加热过程中,6070 mm 高度以下,除近换热管水流速度有所增大外,其他位置流速变化不明显,水箱内流体最大流速从 0.227 m/s 增加到 0.385 m/s(图 5)。在加热中后期,水箱中心线上的流速较大,上部环流加强,中部逐渐形成微弱的环流,底部流速与加热中期相比无明显变化。

2.3　加热时间

图 6 为上述三种工况下水箱内水的温度随加热时间的变化关系。工况 2 换热管内水饱和温度、压力均高于工况 1,但由于工况 2 的流量仅为工况 1 的 33%,总换热量仍略小于工况 1,因此工况 1 在 8010 s 达到饱和温度 359.60 K,工况 2 在 9800 s 时饱和。工况 3 的进口温度比工况 1、2 分别低 122.22 K、166.67 K,在加热 12600 s 后最大温度仅为 336.51 K。可见,进口温度、压力以及换热管的流量均影响水箱的水达到饱和的时间。

2.4　与试验比较

与 AP600 试验结果[1] 比较发现,加热初期,水箱各水平截面的温度场模拟结果与试验结果具有较好的符合性。随着加热时间的增加,水箱上部($i \leqslant 6$)温度场与试验基本一致;由于热绝缘假设,水箱下部($i > 6$)模拟结果略高于试验值。Fluent 分析模型提供了基本可靠的数值模拟,只要采取合理的假设,可将其应用于非能动余热排出热交换系统的设计和安全分析。

| 150 s | 1810 s | 5210 s | 8010 s |

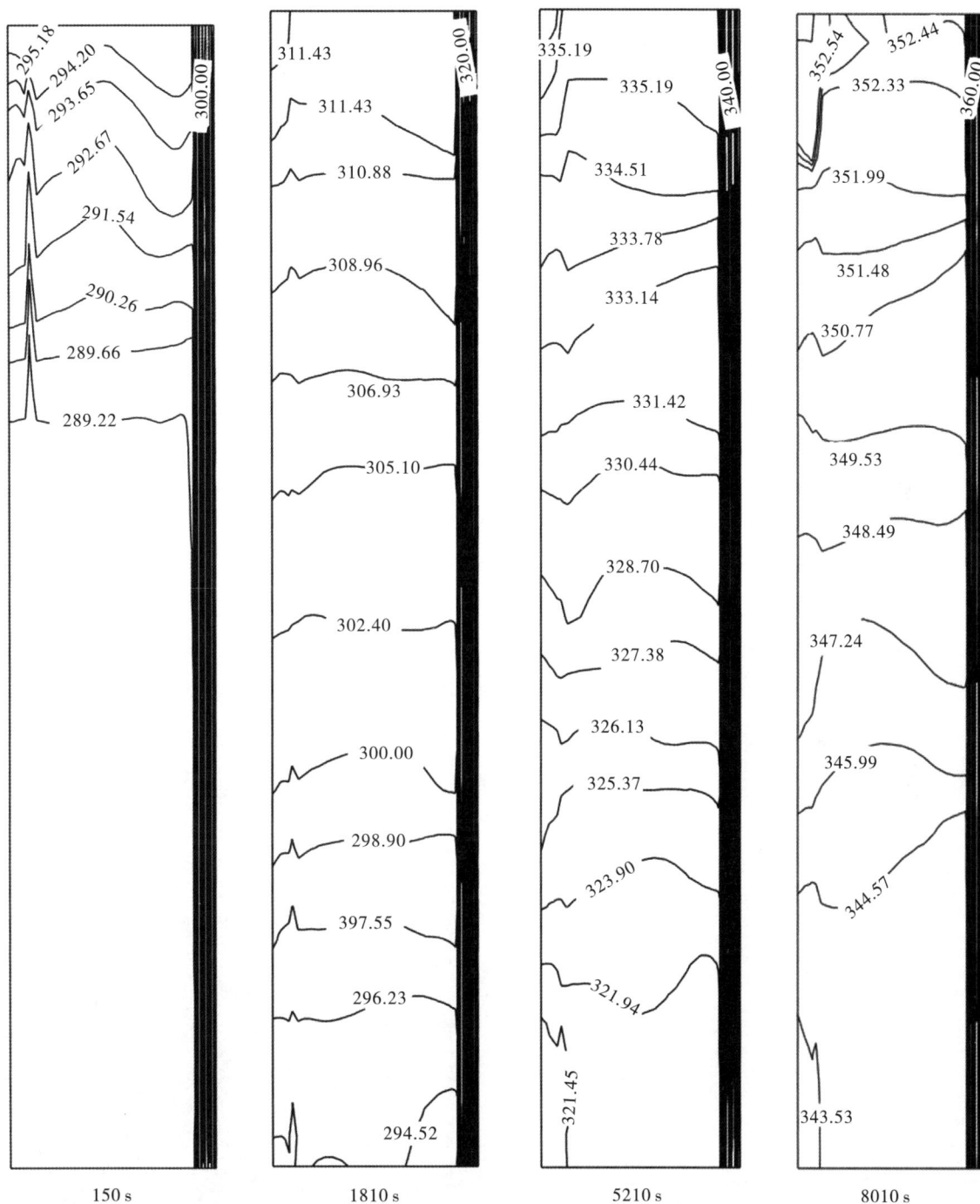

图 3　工况 1 竖向中心截面温度场

Fig. 3　Temperature Distribution on Vertical Central Plane in Condition 1

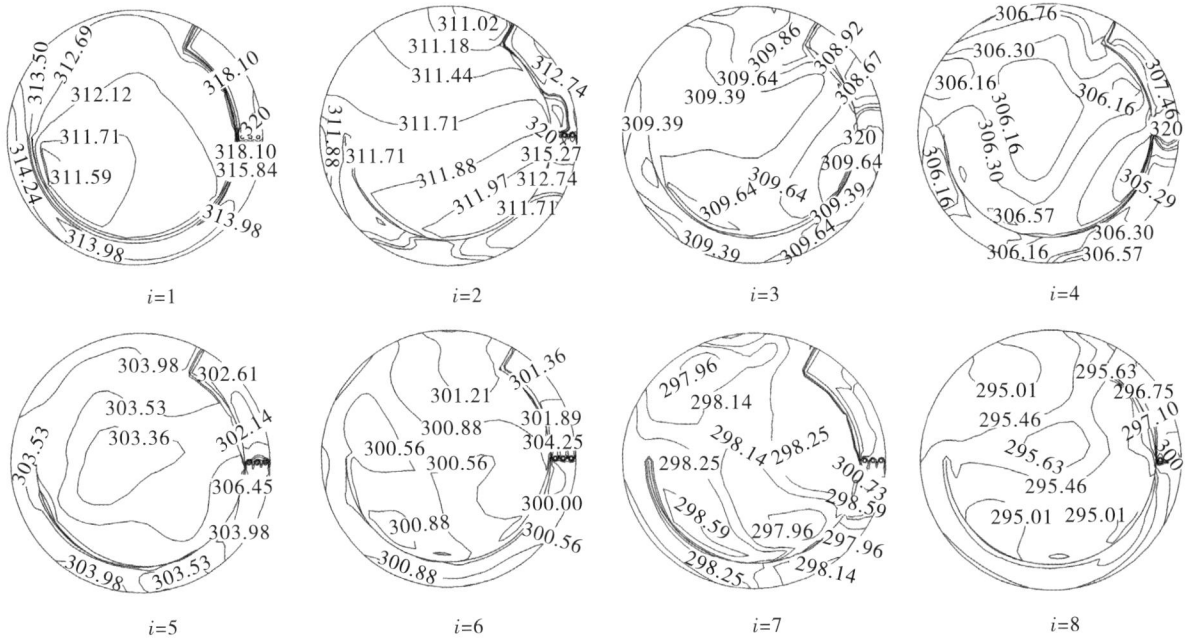

图 4　1810 s 工况 1 各水平截面温度场

Fig. 4　Temperature Distribution on Each Horizontal Plane in Condition 1 at 1810 s

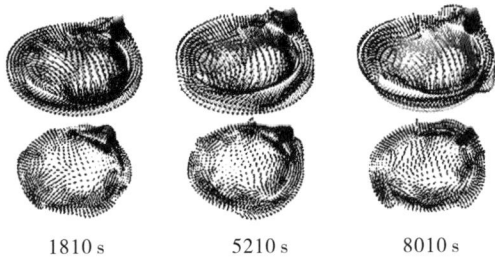

图 5　工况 1 水平截面 1、3 的速度矢量图

Fig. 5　Velocity Vector Field on Horizontal Plane 1 and 3 in Condition 1

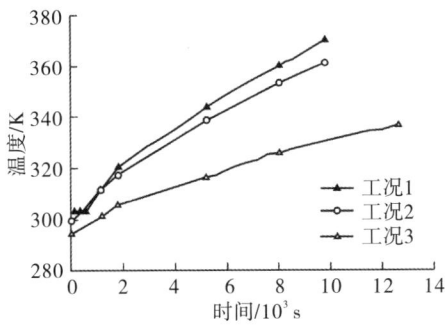

图 6　加热时间与温度的变化关系

Fig. 6　Relationship between Heating Time and Temperature

3　敏感性分析

3.1　换热管进口位置的影响

对换热管进口分别布置在水箱顶部(直管模型)和水箱侧壁(弯管模型)进行分析。两种情况下温度随加热时间的变化如图 7 所示。加热初期,由于弯管的扰动,加大了湍流,增强了换热,弯管模型的升温速率要略高于直管模型。随着加热时间增加(1150 s 后),水箱自然对流速度增大,弯管结构的换热影响可忽略,直管模型对顶部水箱的加热效果越来越明显,水温升高幅度较弯管模型要大一些。

加热中期(5210 s),直管模型在水箱标高为 4242 mm 平面内各测点的温度及水箱中心测点 D_i ($i=1\sim8$)的温度比弯管模型的相应温度高约 1.5%,直管模型与弯管模型的换热管附近测点 (E_i、F_i、G_i,$i=1\sim8$)最大温差为 5.17 K。在直管模型达到饱和温度时,弯管模型最高温度为 351.62 K。

可见,加热初期直管模型的加热温度略低于弯

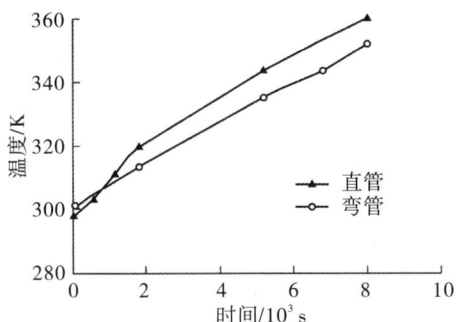

图 7　换热管进口位置对加热时间的影响

Fig. 7　Effect of Inlet Location of Heat Transfer Tubes on Heating Time

管模型,1150 s 后直管模型的加热温度要稍高于弯管模型。由于差值较小,可认为进口位置对换热的敏感性较小。

3.2　导流板位置的影响

有无导流板两种工况下,速度分布和温度分布具有较大的差异。无导流板工况的自然对流最大流速为 0.299 m/s,低于有导流板工况的 0.311 m/s(图 8)。

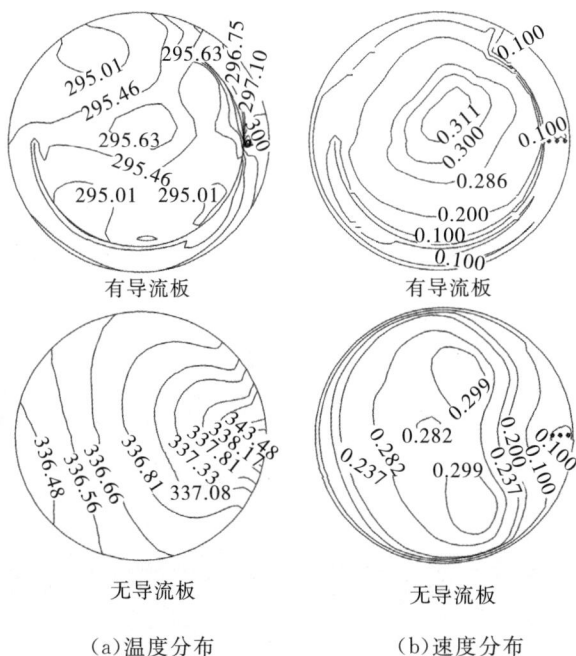

（a）温度分布　　　（b）速度分布

图 8　5210 s 高 6528 mm 有无导流板温度、速度分布

Fig. 8　Temperature and Velocity Distribution with or without Baffle at Elevation of 6528 mm at 5210 s

由于水箱内存在强自然对流换热,最高加热温度基本相同,无导流板工况的最高温度略低于有导流板工况。对于无导流板工况,水箱内的水达到初次饱和的时间为 8849 s,较有导流板工况约延迟 10%。因此,导流板对换热的影响很小(图 9)。

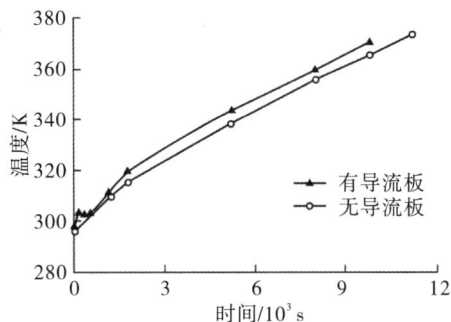

图 9　有无导流板的加热时间

Fig. 9　Heating Time with or without Baffle

3.3　换热管数量的影响

考虑不同数量的换热管分别对水箱加热:中间换热管单独加热(一根换热管工况);近箱体换热管和近导流板换热管共同加热(二根换热管工况);三根换热管同时加热(三根换热管工况)。

研究发现:在三根换热管工况下,水箱内的水在 8010 s 初次达到饱和温度;在二根换热管工况下,15000 s 达到初次饱和;在一根换热管工况下,18470 s 达到最大温度,为 339.46 K,距饱和温度约20 K(图 10)。因此在换热管数量减少的情况下,应适当增加换热管流量及管径等来保证合理的加热时间。

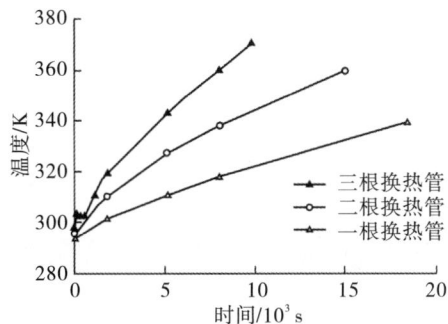

图 10　不同数量换热管的加热时间

Fig. 10　Heating Time with Different Number of Heat Transfer Tubes

3.4 水箱初始温度的影响

水箱初温越高,达到饱和的时间越短。初温 289.09 K、305.50 K、322.04 K 对应的饱和时间分别为 8010 s、6075 s、3862 s(图 11)。

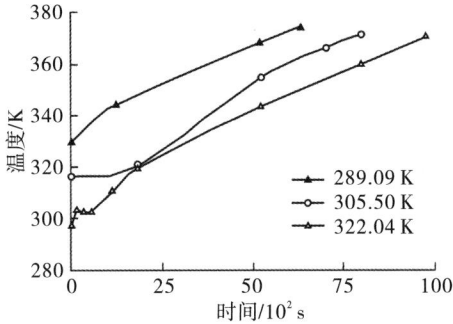

图 11 不同水箱初始温度的加热时间

Fig. 11 Heating Time of Different Initial Temperature of Water Tank

4 结 论

(1)Fluent 模拟结果与 AP600 试验结果基本一致,可较好地再现 PRHR HX 与内置换料水箱的换热过程,得到较准确的达到饱和温度的加热时间,从而为 PRHR HX 的安全分析提供依据。

(2)内置换料水箱内水密度变化小,可采用 Boussinesq 假设模拟箱内自然对流换热。随着加热时间的增加,温度沿水箱高度分层,在浮升力的作用下形成自然对流,顶部速度最大可达 0.385 m/s。

(3)加热初期,弯管升温速率略高于直管,中后期则反之。采用上部直管进口或侧向弯管进口对加热时间的敏感性很小,分析时可将弯管进口简化为直管进口。导流板位置对换热影响很小,无导流板工况温度略低于有导流板工况。同样在换热管条件下,初始温度越高升温速率越快。

(4)三根换热管同时加热时,在 8010 s 水箱内的水初次达到饱和温度,二根换热管工况在 15000 s 达到初次饱和。在实际模型分析中,对于数量巨大的换热管束可在保证加热时间的前提下进行适当的简化以优化模型。

(5)本文采用的无相变假设和绝热壁面假设给模拟带来了误差,有待进一步的研究。

参考文献:

[1] HOCHREITER L E, PETERS F E, PAULSEN D L. AP600 passive residual heat removal heat exchanger test final report [R]. Pittsburgh:Westinghouse Electric Company, 1997.

[2] Fluent Inc. Fluent user's guide[M]. New York:[s. n.], 2006.

Numerical Study and Sensitivity Analysis of PRHR HX Transient Heat Transfer Performance

Pan Xinxin

Shanghai Nuclear Energy Research and Design Institution，Shanghai，200233，China

Abstract：Natural convection in AP600（American passive advanced pressurized water reactor）passive residual heat removal heat exchanger（PRHR HX）is numerically studied with FLUENT. Numerical investigation using standard $k-\varepsilon$ model and Boussinesq model is performed. The transient numerical results show that the heat transfer performance of the PRHR HX and IRWST are consistent with AP600 experimental results. The sensitivity analysis has the following conclusions：the effect of baffle position and inlet construction on heat transfer performance is very small，and with the increase of the number of heat exchanger pipes or the initial temperature of water in IRWST，the heat transfer will be enhanced.

Key words：AP600（American passive advanced pressurized water reactor），FLUENT，PRHR HX，Natural convection，Sensitivity

作者简介：

潘新新(1981—)，男，工程师。2008 年毕业于同济大学热能工程专业，获博士学位。现主要从事核电站工艺系统研究设计工作。

基于 UGF 和 Semi-Markov 方法的反应堆泵机组多状态可靠性分析

尚彦龙,蔡　琦,赵新文,陈　玲

海军工程大学船舶与动力学院,武汉,430033

摘要:将通用发生函数(UGF)与半马尔可夫过程(Semi-Markov Process)相结合,对反应堆泵机组进行多状态可靠性分析。给出多状态系统可靠性分析的 UGF 算法模型,推导多状态设备性能状态的 Semi-Markov 过程概率表达式,定义设备、系统性能值的定量描述方法。以性能参数是否满足需求值作为系统成功与失效的判据,对比分析反应堆泵机组在需求性能条件下的多状态可用度与 2 态可用度结果,并给出系统在任务周期内的平均性能值。结果表明,该方法能够定量分析部分失效对系统可靠性的影响,降低传统的 2 态可靠性分析方法产生的不必要的保守程度。

关键词:UGF;Semi-Markov 过程;设备性能;多状态系统;可靠性

中图分类号:TL387　　　　**文献标志码**:A

0　引　言

核动力装置中大多数流体设备(泵、电动阀和止回阀等)在工作过程中存在部分失效(即功能的部分丧失或降额)的可能。发生部分失效的设备虽能继续发挥其功能,但有可能达不到由装置最终安全分析报告(FSAR)或技术规范所描述的成功临界值[1]。

核电运行协会(INPO)对 35 种类型的核动力系统(包括压水堆和沸水堆)相关设备的失效统计表明,部分失效作为支配型失效大约占总失效数的 76%,而泵和阀类的部分失效更是分别占到总失效数的 90.2% 和 89.1%[2]。基于二元逻辑的传统概率风险分析方法(如事件树、故障树等)认为各功能设备只有成功与失效 2 态,从而未将部分失效纳入失效范畴,忽略了对系统部分丧失功能的考虑。文献[2]的研究表明,考虑设备部分失效后,在系统实际性能需求低于额定性能的条件下,应用传统 2 态可靠性分析方法所得系统状态概率结果趋于保守。

通用发生函数(UGF)法是一种采用 UGF 描述任务、性能随机变量,利用 UGF 的复合运算实现各随机变量的概率组合并最终求解系统(或设备)可靠性指标的方法,其在处理复杂的多状态系统可靠性方面计算复杂度较小[3];半马尔可夫(Semi-Markov)方法则是分析状态转移时间服从任意分布的有效的随机过程方法[3,4],可用于求解多状态设备的性能状态概率。原则上可以将二者相结合对复杂系统进行多状态可靠性分析。文献[5]基于该方法较好地解决了流量传输系统的多状态可靠性分析问题。

本文研究了将 UGF 与 Semi-Markov 相结合的多状态可靠性分析方法,运用该方法对反应堆泵机组进行多状态可靠性分析,可以评估设备的部分失效对系统可靠性的影响。

1　UGF 算法模型

利用 UGF 进行系统可靠性分析时,描述系统性能分布的基本信息是各设备的性能分布参量 g_j、$p_j(t)(j = 1, 2, \cdots, n)$ 以及系统的性能结构函数[3],即 $\Phi(G_1, G_2, \cdots, G_n)$。其中,$n$ 表示系统设备数；任意设备 j 的性能 G_j 都有 m_j 种不同的离散状态，各状态值及相应的状态概率可分别通过有序集合对 $g_j = \{g_{j1}, g_{j2}, \cdots, g_{jm_j}\}$ 和 $p_j(t) = \{p_{j1}(t), p_{j2}(t), \cdots, p_{jm_j}(t)\}$ 表示；t 表示时间；Φ 表示系统性能的结构函数，该函数建立了系统性能与各设备性能之间的关系。

对于多状态流量传输系统，设备及系统性能通常以传输能力为度量指标[6]。n 个独立设备串联构成的子系统，其总传输能力等于瓶颈设备（总传输能力最低的设备）的传输能力。因此，串联子系统的结构函数可表示为

$$\Phi(G_1, G_2, \cdots, G_n) = \Omega_{\phi s}(G_1, G_2, \cdots, G_n)$$
$$= \min(G_1, G_2, \cdots, G_n) \quad (1)$$

式中，$\Omega_{\phi s}$ 为串联子系统的结构函数。如果流体的传输任务被 n 个并联独立设备同时分担，则该并联子系统的总传输能力等于各设备传输能力之和。因此，该并联子系统的结构函数可表示为

$$\Phi(G_1, G_2, \cdots, G_n) = \Omega_{\phi p}(G_1, G_2, \cdots, G_n)$$
$$= \sum_{j=1}^{n} G_j \quad (2)$$

式中，$\Omega_{\phi p}$ 为并联子系统的结构函数。基于 UGF 理论可得设备 $j (j = 1, 2, \cdots, n)$ 的性能分布表达式为

$$u_j(z, t) = \sum_{i_j=1}^{m_j} p_{ji_j}(t) z^{g_{ji_j}} \quad (3)$$

式中，z 为辅助变量；$p_{ji_j}(t)$ 为设备 j 性能值为 g_{ji_j} 的概率。

根据各设备的性能分布向量和系统的性能结构函数，在系统各设备统计独立情况下，对代表不同设备性能分布的 UGF 作复合运算，即得到描述系统性能分布的系统 UGF[3]，用 $U(z, t)$ 表示。其表达式为

$$U(z, t) = \Omega_{\Phi}[u_1(z, t), \cdots, u_n(z, t)]$$
$$= \sum_{i_1}^{m_1} \sum_{i_2}^{m_2} \cdots \sum_{i_n}^{m_n} \left[\left(\prod_{j=1}^{n} p_{ji_j}(t) \right) z^{\phi(g_{1i_1}, \cdots, g_{ni_n})} \right]$$
$$(4)$$

又记

$$U(z, t) = \sum_{i=1}^{M} P_i(t) z^{g_i} \quad (5)$$

式中，Ω_{Φ} 为复合算子符。

运算时，设备 UGF 各项系数相乘，而指数的运算规则由函数 Φ 确定。对于复杂系统，可以采用递进式的层次化分析方法不断缩减系统规模，在运算过程中及时对各次级子系统的 UGF 进行同类项合并，以减小运算量[3]。

根据式(5)可获得系统各类可靠性指标[3]。对 UGF 中 $U(z)$ 的各项系数进行条件求和，可得 t 时刻实际性能需求值为 w 时的系统可用度 $A(t, w)$ 为

$$A(t, w) = Pr[G(t) \geqslant w]$$
$$= \sum_{i=1}^{M} [P_i(t) \times 1(g_i - w \geqslant 0)] \quad (6)$$

式中，$1(g_i - w \geqslant 0)$ 为示性函数，当 $g_i - w \geqslant 0$ 时等于 1，否则等于 0；Pr 为概率函数；$G(t)$ 为 t 时刻系统的性能值。系统平均性能值的瞬时值 $E[G(t)]$ 可通过 UGF 在 $z = 1$ 处求一阶偏导数得到，即

$$E[G(t)] = \left. \frac{\partial U(z, t)}{\partial z} \right|_{z=1} = \sum_{i=1}^{M} P_i(t) g_i \quad (7)$$

2 Semi-Markov 算法模型

由上节可知，确定设备各性能状态的概率是进行系统可靠性分析的关键。基于 2 态的可靠性分析方法关注的是硬件的失效与完好 2 态，通常认为状态转移时间（寿命、维修时间）服从指数分布，采用 Markov 方法处理；而基于部分失效导致设备性能退化或降额的多状态可靠性分析，设备在不同性能状态之间转移的时间可能服从更复杂的概率分布类型，而不是简单的指数分布。以下应用 Semi-Markov 过程理论推导多状态设备性能状态概率的算法模型。

2.1 Semi-Markov 过程状态概率算法模型

在任意时刻($t \geqslant 0$)，设备 $j (j = 1, 2, \cdots, n)$ 的性能状态变化可以用连续时间离散状态随机过程 $G_j(t) \in \{g_{jm_1}, g_{jm_2}, \cdots, g_{jm_j}\}$ 描述。令 T_ϑ 为完成第 ϑ 次状态转移的时刻（共同的时间起点和初状态），如果对所有 ϑ 以及 $i, k \in \{m_1, m_2, \cdots, m_j\}$ 有

$$Q_{ik}(t) = p\{G_j(T_{\vartheta+1}) = g_{jk},$$
$$T_{\vartheta+1} - T_\vartheta \leqslant t \mid G_j(T_\vartheta) = g_{ji}\}$$
$$(8)$$

则随机过程 $\{G_j(t), T_\vartheta\}$ 为 Markov 更新过程，$Q(t)$

为 Semi-Markov 过程定义的核矩阵，$Q(t) = [Q_{ik}(t)]$。各 $Q_{ik}(t)$ 决定了设备 j 在时间段 $[0,t]$ 内由状态 i（性能值为 g_{ji}）转移至状态 k（性能值为 g_{jk}）的概率，其与状态转移时间的概率分布函数存在特定的解析关系。应用 Semi-Markov 过程进行可靠性分析的主要问题是获取各状态的概率。设 $\theta_{ik}(t)$ 代表设备 j 由初始时刻（$t=0$）处于状态 i 开始，至时刻 t（$t>0$）时转移至状态 k 的概率，则概率 $\theta_{ik}(t)$，$i,k \in \{1, \cdots, m_j\}$ 可通过求解以下积分方程得到[3]：

$$\theta_{ik}(t) = \delta_{ik}[1 - F_i(t)] + \sum_{l=1}^{m_j} \int_0^t q_{il}(\tau)\theta_{lk}(t-\tau)\mathrm{d}\tau \tag{9}$$

$$q_{il}(\tau) = \frac{\mathrm{d}Q_{il}(\tau)}{\mathrm{d}\tau}$$

$$F_i(t) = \sum_{l=1}^{m_j} Q_{il}(\tau)$$

$$\delta_{ik} = \begin{cases} 1 & i = k \\ 0 & i \neq k \end{cases}$$

式中，τ（$0 \leqslant \tau \leqslant t$）为时间变量；$q_{il}(\tau)$ 为 $Q_{il}(\tau)$ 的微分，代表转移概率函数 $Q_{il}(\tau)$ 在 τ 时刻的转移速率；δ_{ik} 为指标函数；$F_i(t)$ 为设备 j 在任意状态 i 的非条件停留时间的概率分布函数，表示在 t 时刻设备 j 将要离开状态 i 的概率。

式（9）是 Semi-Markov 理论中的主要方程，在给定核矩阵 $Q(t)$ 和初始状态的条件下，可求得 Semi-Markov 过程的所有状态概率 $\theta_{ik}(t)$。由于在初始时刻（$t=0$）设备 j 处于状态 i，因此 $\theta_{ik}(t)$ 代表设备 j 在 t 时刻（$t>0$）处于性能状态 k 的概率，又记为 $p_{jk}(t)$。

2.2 核矩阵 $Q(t)$ 的求解

为了得到描述设备性能状态变化的 Semi-Markov 过程的核矩阵 $Q(t)$，可以认为设备不同性能状态之间的转移通常按照失效、维修、检测等事件发生的先后顺序进行。对于某类事件，其发生的时间间隔的概率分布函数是已知的，转移的实现依赖于某一事件在竞争中最先发生[3]。

对于图 1 所示的 Semi-Markov 过程状态空间图，其存在由初始状态 0 出发分别至状态 k（$k=1$，$2,\cdots,n$）的 n 种可能转移路径。如果第 k（$k=1, 2,$

$\cdots$, n）类转移事件第一个发生，系统将转移至状态 k。由初始状态 0 转移至状态 k 的时间间隔 $T_{0,k}$ 为随机变量，其概率分布函数为 $F_{0,k}(t)$。假设各类转移事件的发生相互独立，则由式（8）可知，设备性能由初始状态 0（$t=0$）转移至状态 k（$t>0$）的概率 $Q_{0,k}(t)$ 可表示为

$$\begin{aligned} Q_{0,k}(t) &= Pr \times \{(T_{0,1} > t) \& \cdots (T_{0,k} \leqslant t) \cdots \\ &\quad \& (T_{0,n} > t)\} \\ &= \int_0^t \left[\left[\int_t^\infty \mathrm{d}F_{0,1}(t') \cdots \int_t^\infty \mathrm{d}F_{0,k-1}(t')\int_t^\infty \mathrm{d}F_{0,k+1}(t')\right.\right. \\ &\quad \left.\left. \times \cdots \int_t^\infty \mathrm{d}F_{0,n}(t')\right]\mathrm{d}F_{0,k}(t')\right] \\ &= \int_0^t [1 - F_{0,1}(t')] \cdots [1 - F_{0,k-1}(t')] \times [1 \\ &\quad - F_{0,k+1}(t')] \cdots [1 - F_{0,n}(t')]\mathrm{d}F_{0,k}(t') \end{aligned} \tag{10}$$

式中，t'（$t' > t$）代表时间变量。进一步得到核矩阵

$$Q(t) = \begin{bmatrix} 0 & Q_{01}(t) & \cdots & Q_{0k}(t) & \cdots & Q_{0n}(t) \\ 0 & 0 & \cdots & 0 & \cdots & 0 \\ \vdots & \vdots & & \vdots & & \vdots \\ 0 & 0 & \cdots & 0 & \cdots & 0 \end{bmatrix} \tag{11}$$

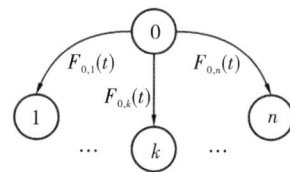

图 1 Semi-Markov 过程状态空间图

Fig. 1 State-Space Diagram of Semi-Markov Process

3 系统、设备性能值的定量描述方法

对于核动力系统流体传输设备（如泵、阀等），可以采用流量作为描述其工作能力的性能参数，而流量值代表实际性能值。如对于泵，可以根据其单独工作时流量输出的变化判别其当前性能状态的优劣；而对于阀，与泵串联后，在流通面积减小时，其在回路造成的阻力压降将会影响上游泵的流量

输出。为方便分析问题,根据文献[2]对泵、阀性能的流量度量方法,本文将阀门的性能(即传输流体的能力)用最大允许流体通过的流量值来表征,称为"名义流量";而称允许流体通过的实际流量值为"等效实际流量"。例如,对于图 2 所示的泵、阀串联单元,泵 P_1 在完好状态下单独工作时,假设其输出流量为额定值 10 t/h,此时,如果阀 Z_1 处在理想状态(忽略其阻力损失),则单元的输出 $Q=10$ t/h。如果阀 Z_1 发生了部分失效(如止回阀因阀瓣部分卡开导致开度减小),则单元的输出 $Q<10$ t/h,不妨令 $Q=9$ t/h。可以认为,阀 Z_1 当前的工作能力为能够最多允许 9 t/h 的流体顺利通过,该流量即为阀 Z_1 的等效实际流量。此时,如果泵 P_1 发生部分失效,其单独工作时输出流量降为 $Q_1 \leqslant 9$ t/h,此时单元的输出等于流量最低的瓶颈设备流量,即泵 P_1 的实际流量 Q_1。在核动力系统中,阀会不同程度地发生部分失效,因此有多个等效流量值,它与系统中的动力设备——泵共同决定了单元的流量输出。

图 2 泵、阀串联单元

Fig. 2 Unit of Pump and Valve Connected in Series

为了更为直观地描述设备的工作能力,本文将设备(或系统)的性能值 g_{ji_j} 定义为 $[0,1]$ 区间上的连续实值,以定量描述设备 j 处于状态 i_j 时的性能。

$$g_{ji_j} = \begin{cases} \left(\dfrac{\alpha_{ji_j} - \alpha_{0j}}{\alpha_{cj} - \alpha_{0j}} \right)^{\varepsilon_j} & \alpha_{ji_j} > \alpha_{0j} \\ 0 & \alpha_{ji_j} \leqslant \alpha_{0j} \end{cases} \quad (12)$$

式中,α_{ji_j} 为设备 j 处于 i_j 状态的性能参数值;α_{cj} 为设备 j 处于完好状态的性能参数临界值;α_{0j} 为设备 j 处于完全失效状态的性能参数临界值;ε_j 为修正指数,与性能参数退化机理有关,$\varepsilon_j > 0$。当 $\varepsilon_j = 1$ 时,表示设备性能值与性能参数的退化呈线性关系,其他情况为非线性关系。$g_{ji_j} = 0$ 表示设备完全丧失工作能力;$g_{ji_j} = 1$ 表示设备处于理想工作状态;当 $0 < g_{ji_j} < 1$ 时,表示设备部分丧失工作能力,达不到理想工作状态。g_{ji_j} 越接近 1,表示设备性能越好。

对于单调关联系统,系统的最大性能值等于各组成设备取最大性能值时系统的性能输出值。

4 实例分析

图 3 所示的反应堆泵机组是核动力装置中重要的功能单元,其功能是为其所在回路提供足够流量的冷却介质。假设泵 P_A、P_B 的额定流量 $Q = 10$ t/h,由于泵 P_A、P_B 和止回阀 Z_A、Z_B 存在部分失效的可能,因此单元的输出并非总能满足设计流量的要求。而在核动力装置的实际运行中,系统功能的实现并非总是要求其组成设备必须发挥其额定功能,而是要求其能够提供不低于实现系统功能所需的最低性能[2]。因此,研究在特定性能水平条件下的系统可靠性能够充分发挥系统潜能,是进行系统概率风险分析的重要目标。

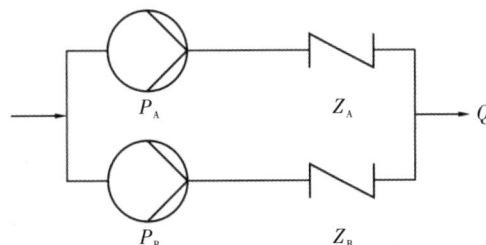

图 3 反应堆泵机组系统

Fig. 3 Pump Group of Nuclear Reactor System

考虑泵和止回阀分别具有三种不同的功能状态,并假定状态转移时间 T 服从威布尔(Weibull)分布,记 $T - W(\alpha, \lambda; t)$,概率分布函数为 $F(t) = 1 - \exp[(-\lambda t)^\alpha]$,其中 α 为形状参数,λ 为尺度参数,t 为时间变量。假设设备的性能值与性能参数退化呈线性关系,即式(12)中 $\varepsilon_j = 1$,此时可知系统的性能值与输出的流量也呈线性关系。设 P_A、P_B、Z_A、Z_B 的设备编号为 1、2、3、4,则对应各设备的状态如下。

(1)泵(P_A、P_B):状态 1 为完全失效状态,对应性能值为 0;状态 2 表示流量降为额定值的 80%,对应性能值为 0.8;状态 3 为功能完好状态,对应性能值为 1。假设状态转移时间的分布参数为

$$T_{32}^{(1)} = T_{32}^{(2)} \sim W(0.5, 1 \times 10^{-4}; t)$$

$$T_{21}^{(1)} = T_{21}^{(2)} \sim W(2, 3 \times 10^{-6}; t)$$

(2)止回阀(Z_A、Z_B):状态 1 为完全失效状态,对应性能值为 0;状态 2 表示等效实际流量降为名义值的 85%,对应性能值为 0.85;状态 3 为功能完好状态,对应性能值为 1。假设状态转移时间的分布参数为

$$T_{32}^{(3)} = T_{32}^{(4)} \sim W(0.8, 1 \times 10^{-5}; t)$$

$$T_{21}^{(3)} = T_{21}^{(4)} \sim W(1.5, 1 \times 10^{-7}; t)$$

假设该多状态系统在工作过程中不可修,且系统功能的实现要求该泵机组能够提供不低于 18 t/h 的流量(对应系统性能值为 1.8)。假设初始时刻投入工作的各组成设备功能完好,系统可靠性分析要求评估系统在运行 1 个月(30 d)的时间内性能输出值不低于 1.8 的概率。

4.1 定量计算

4.1.1 系统性能分布表达式

根据系统组成设备之间的逻辑关系,建立系统的可靠性框图和各设备的 Semi-Markov 过程状态转移图(图 4)。

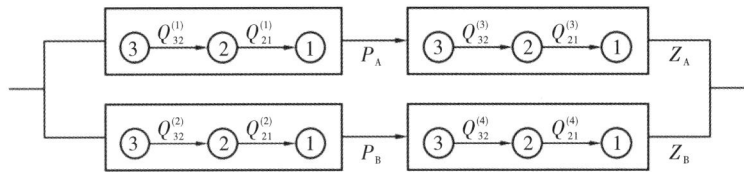

图 4 系统逻辑结构和各设备 Semi-Markov 过程状态转移图

Fig. 4 System Logical Structure and Semi-Markov Process State Transfer Diagram of Each Element

采用递进式层次化分析方法[3],首先根据式(1)、式(3)和式(4)分别计算各串联支路的性能分布 UGF:

$$U_1(z) = \Omega_{\phi s}(u_1, u_3), \quad U_2(z) = \Omega_{\phi s}(u_2, u_4)$$

然后分别将各支路视为单一设备,进而根据式(2)和式(4)计算并联结构系统的性能分布发生函数 $U(z) = \Omega_{\phi p}(U_1, U_2)$。通过合并同类项,最终化简为

$$
\begin{aligned}
U(z) &= \sum_{i=1}^{10} p_i z^{g_i} \\
&= acz^0 + (ad + bc)z^{0.8} + (ap_{23}p_{42} + cp_{13}p_{32})z^{0.85} \\
&\quad + (ap_{23}p_{43} + cp_{13}p_{33})z^1 + bdz^{1.6} \\
&\quad + (bp_{23}p_{42} + dp_{13}p_{32})z^{1.65} + (p_{13}p_{32}p_{23}p_{42})z^{1.7} \\
&\quad + (bp_{23}p_{43} + dp_{13}p_{33})z^{1.8} \\
&\quad + (p_{13}p_{32}p_{23}p_{43} + p_{13}p_{33}p_{23}p_{42})z^{1.85} \\
&\quad + p_{13}p_{33}p_{23}p_{43}z^2
\end{aligned}
\tag{13}
$$

式中,$p_{jm_j}(t)$ 简记为 p_{jm_j}($1 \leqslant j \leqslant 4, 1 \leqslant m_j \leqslant 3$),表示设备 j 处于性能状态 m_j 的概率;$a = p_{11}p_{31} + p_{11}p_{32} + p_{11}p_{33} + p_{12}p_{31} + p_{12}p_{32} + p_{12}p_{33}$;$b = p_{12}p_{32} + p_{12}p_{33}$;$c = p_{21}p_{41} + p_{21}p_{42} + p_{21}p_{43} + p_{22}p_{41} + p_{23}p_{41}$;$d = p_{22}p_{42} + p_{22}p_{43}$。

4.1.2 设备性能状态概率计算

以泵 P_A 为例进行计算。根据式(10),核矩阵 $Q^{(1)}(t)$ 各非零元素分别为

$$Q_{32}^{(1)}(t) = \int_0^t dF_{32}^{(1)}(t) = 1 - \exp[-(\lambda_{32}^{(1)}t)^{a_{32}^{(1)}}] \tag{14}$$

$$Q_{21}^{(1)}(t) = \int_0^t dF_{21}^{(1)}(t) = 1 - \exp[-(\lambda_{21}^{(1)}t)^{a_{21}^{(1)}}] \tag{15}$$

则核矩阵有

$$Q^{(1)}(t) = \begin{bmatrix} 0 & 0 & 0 \\ Q_{21}^{(1)}(t) & 0 & 0 \\ 0 & Q_{32}^{(1)}(t) & 0 \end{bmatrix} \tag{16}$$

根据式(9),可得设备编号为 1 的泵 P_A 的状态 3 的概率

$$
\begin{aligned}
p_{13}(t) &= \theta_{33}^{(1)}(t) \\
&= 1 - F_3^{(1)}(t) \\
&= 1 - \sum_{j=1}^3 Q_{3j}^{(1)}(t) \\
&= 1 - Q_{32}^{(1)}(t)
\end{aligned}
\tag{17}
$$

泵 P_A 状态 2 的概率 $p_{12}(t)$ [即 $\theta_{32}^{(1)}(t)$] 可通过联立以下方程计算：

$$\theta_{32}^{(1)}(t) = \sum_{k=1}^{3} \int_0^t q_{3k}^{(1)}(\tau)\theta_{k2}^{(1)}(t-\tau)\mathrm{d}\tau$$

$$= \int_0^t q_{32}^{(1)}(\tau)\theta_{22}^{(1)}(t-\tau)\mathrm{d}\tau \qquad (18)$$

$$\theta_{22}^{(1)}(t) = 1 - F_2^{(1)}(t) = 1 - \sum_{j=1}^{3} Q_{2j}^{(1)} = 1 - Q_{21}^{(1)}(t) \qquad (19)$$

状态 1 的概率 $p_{11}(t)$ [即 $\theta_{31}^{(1)}(t)$] 可通过联立以下方程计算：

$$\theta_{31}^{(1)}(t) = \sum_{k=1}^{3} \int_0^t q_{3k}^{(1)}(\tau)\theta_{k1}^{(1)}(t-\tau)\mathrm{d}\tau$$

$$= \int_0^t q_{32}^{(1)}(\tau)\theta_{21}^{(1)}(t-\tau)\mathrm{d}\tau \qquad (20)$$

$$\theta_{21}^{(1)}(t) = \sum_{k=1}^{3} \int_0^t q_{2k}^{(1)}(\tau)\theta_{k1}^{(1)}(t-\tau)\mathrm{d}\tau$$

$$= \int_0^t q_{21}^{(1)}(\tau)\theta_{11}^{(1)}(t-\tau)\mathrm{d}\tau \qquad (21)$$

$$\theta_{11}^{(1)}(t) = 1 - F_1^{(1)}(t)$$

$$= 1 - \sum_{j=1}^{3} Q_{1j}^{(1)}(t) = 1 \qquad (22)$$

式中，$Q_{ij}^{(k)}(t)$、$F_{ij}^{(k)}(t)$、$q_{ij}^{(k)}(t)$ 和 $\theta_{ij}^{(k)}(t)$（$k=1,2,3,4; j=1,2,3$）分别为编号为 k 的设备由状态 i 转移至状态 j 的核矩阵元素、概率分布函数、转移速率和概率；$F_l^{(k)}(t)$（$l=1,2,3$）表示编号为 k 的设备处于状态 l 的非条件停留时间的概率分布函数；$\lambda_{ij}^{(k)}$、$\alpha_{ij}^{(k)}$（$k=1,2,3,4; i,j=1,2,3$）分别为对应于编号为 k 的设备由状态 i 转移至状态 j 的威布尔分布的尺度参数和形状参数。可以通过数值求解方程组得到状态 2 和状态 1 的概率。其他设备状态概率的计算方法与泵 P_A 相同。

4.1.3　系统可靠性指标计算

由式(6)、式(7)可得系统可用度和系统平均性能值的瞬时值：

$$A(t,1.8) = p_8(t) + p_9(t) + p_{10}(t) \qquad (23)$$

$$E(G(t)) = \sum_{i=1}^{10} P_i(t)g_i \qquad (24)$$

4.1.4　与 2 态可靠性分析结果的比较

如果采用 2 态可靠性分析方法，即认为设备只

有完好与失效 2 态，系统若能够满足需求性能（即 18 t/h 的需求流量），则必须要求各设备功能完好（系统能提供 20 t/h 的流量）。考虑到由多状态条件下的失效率到 2 态失效率等价的困难，为了方便计算，保守认为系统在多态可靠性框架下对应系统输出性能值为 2 时，所对应的状态概率为系统的 2 态可用度。最终计算得到的系统多状态可用度结果和 2 态可用度结果如图 5 所示；系统平均性能的瞬时值如图 6 所示。

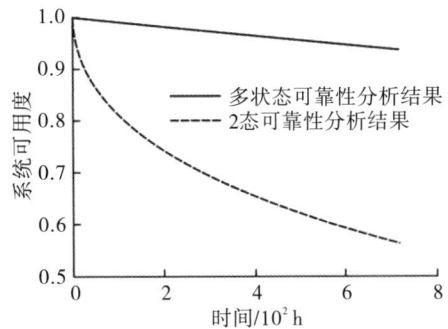

图 5　系统可用度分析结果

Fig. 5　System Availability Analysis Results

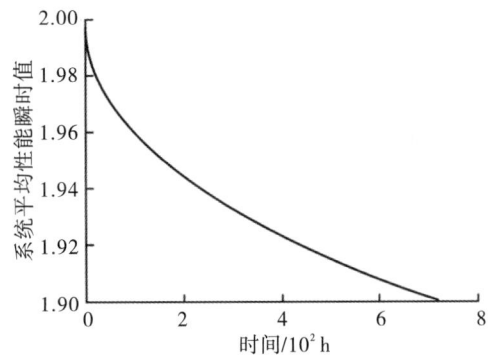

图 6　系统平均性能瞬时值

Fig. 6　Instantaneous Value of System Average Performance

4.2　结果分析

由图 5 和图 6 可知，如果不考虑维修，在需求性能 $w=1.8$ 的条件下，系统在任务周期内的可用度和平均性能瞬时值不断下降。图 5 表明考虑设备部分失效导致系统性能降额后，系统仍能在需求性能 $w=1.8$ 的条件下保持较高的可用度，而采用 2

态可靠性分析方法所得系统可用度结果过于保守。图 6 表明系统在任务周期内,其平均性能的瞬时值能够维持在 1.9 以上,满足装置对系统的最低性能需求。

5　结束语

本文采用 UGF 和 Semi-Markov 相结合的方法对反应堆泵机组进行多状态可靠性分析,可更精确地评估系统在特定性能需求条件下的可靠性,降低了传统 2 态可靠性分析方法产生的不必要的保守。分析结果可以为核动力装置的运行管理和维修决策提供依据。该分析方法具有以下优点。

(1)简化了系统状态转移模型的构建过程。采用可靠性框图描述系统组成设备间的逻辑关系,以 UGF 的组合运算获得系统的状态组合及各状态概率运算表达式,通过构建单个设备状态转移模型代替复杂的系统状态转移模型。

(2)简化了系统状态概率的计算。采用该方法计算多状态设备系统的状态概率时,只需单独求解系统中各设备状态概率的积分方程,而不用整体求解系统状态概率的积分方程。后者由于状态规模庞大,其运算复杂度显然高于前者。

参考文献:

[1] INPO. NPRDS reporting guidance manual:89-001[R]. Rev. 5. Atlanta:The Institute of Nuclear Power Operation, 1994.

[2] NI T. Development of fuzzy logic modeling method in probabilistic risk assessment[D]. Maryland:University of Maryland, 1997.

[3] LISNIANSKI A,LEVITIN G. Multi-state system reliability:assessment, optimization and application[M]. London:World Scientific, 2003.

[4] LIMNIOS N, OPRISAN G. Semi-Markov processes and reliability[M]. Boston:Birkhauser, 2000.

[5] LISNIANSKI A. Extended block diagram method for a multi-state system reliability assessment[J]. Reliability Engineering and System Safety, 2007(92):1061-1067.

[6] RAMIREZ M J, LEVITINB G. Algorithm for estimating reliability confidence bounds of multi-state systems[J]. Reliability Engineering and System Safety, 2008(93):1231-1243.

Multi-State Reliability for Pump Group in Nuclear Power System Based on UGF and Semi-Markov Process

Shang Yanlong，Cai Qi，Zhao Xinwen，Chen Ling

College of Naval Architecture and Power，Naval University of Engineering，Wuhan，430033，China

Abstract：In this paper，multi-state reliability value of pump group in nuclear power system is obtained by the combination method of the universal generating function (UGF) and Semi-Markov process. UGF arithmetic model of multi-state system reliability is studied，and the performance state probability expression of multi-state component is derived using Semi-Markov theory. A quantificational model is defined to express the performance rate of the system and component. Different availability results by multi-state and binary state analysis method are compared under the condition whether the performance rate can satisfy the demanded value，and the mean value of system instantaneous output performance is also obtained. It shows that this combination method is an effective and feasible one which can quantify the effect of the partial failure on the system reliability，and the result of multi-state system reliability by this method deduces the modesty of the reliability value obtained by binary reliability analysis method.

Key words：Universal generating function，Semi-Markov process，Component performance，Multi-state system，Reliability

作者简介：

　　尚彦龙(1984—)，男，博士研究生。2010 年毕业于海军工程大学核科学与技术专业，获硕士学位。现从事核动力系统多状态可靠性分析与性能优化研究。

300 MW 级核电站主泵压力脉动研究

陈向阳,袁丹青,杨敏官,袁寿其

江苏大学,江苏镇江,212013

摘要:以国内某 300 MW 级核电站主泵为对象,利用 Navier-Stokes 方程和标准 $k-\varepsilon$ 湍流模型对其内部流场进行了非定常数值模拟,并根据模拟结果对主泵叶轮进、出口和导叶出口处的压力脉动进行研究分析。结果表明:整个泵段的脉动频率主要受叶轮转动频率影响,对于叶轮段为球型的主泵,最大脉动幅值由叶轮入口前向导叶体不断减小,且沿叶高方向依次增大;在叶轮轮缘附近,由于受到球型泵壳的影响,脉动幅值出现减小。

关键词:反应堆冷却剂泵;安全性;压力脉动;优化设计

中图分类号:TH314　　　**文献标志码**:A

0 引 言

核电站的反应堆主冷却剂泵(主泵)是核Ⅰ级安全泵,其运行状况直接关系着整个反应堆的安全和稳定性能。在反应堆一回路系统中,主泵的噪声主要是由压力脉动引起的[1]。从反应堆的实际运行情况看,主泵乃至整个机组的振动是核电站安全运行的一个重要问题[2,3]。

本文以某 300 MW 级反应堆的轴流式主泵为对象,以商业软件 Ansys – CFX11.0 为主要分析工具,通过整个泵段的非定常数值模拟,对主泵的压力脉动进行研究。

1 数值模拟计算模型

1.1 物理模型

主泵(轴流泵)的主要运行参数为:比转速 $n_s=$ 532;流量 $Q=4.6667$ m³/s;主泵转速 $n=1450$ r/min;叶轮外径 $\phi_外=765$ mm;扬程 $h=60$ m。

根据上述参数和压力波动的研究方法,将整个泵段分为入口段、叶轮段(叶轮段进出口直径为 700 mm)和导叶体三部分。入口段为喇叭型,叶轮

段为球型。在建模软件 PRO/E 下建立三维实体模型(图 1)。

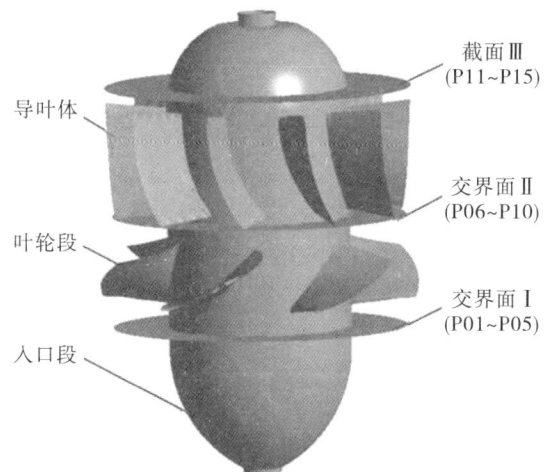

图 1　反应堆冷却剂泵示意图
Fig. 1　Reactor Coolant Pump Schematic

1.2 数值模拟方程

对于三维非定常不可压缩流动,工程上广泛应用的是时均雷诺方程;该方程是通过对瞬时 Navier-Stokes 方程作时均化处理得到的。Ansys – CFX11.0 使用的是全隐式多网格耦合技术和控制体积方法,控制方程组为

$$\frac{\partial \bar{v}_i}{\partial x_i} = 0 \tag{1}$$

$$\frac{\partial \bar{v}_i}{\partial t} + \bar{v}_j \frac{\partial \bar{v}_i}{\partial x_j} = f_i - \frac{1}{\rho} \frac{\partial \bar{P}}{\partial x_i}$$
$$+ \frac{1}{\rho} \frac{\partial}{\partial x_j} \left(\mu \frac{\partial \bar{v}_i}{\partial x_j} - \overline{\rho v_i' v_j'} \right) \tag{2}$$

$$\overline{\rho v_i' v_j'} = \frac{2}{3} \rho k \delta_{ij} - \rho v_t \left(\frac{\partial \bar{v}_i}{\partial x_j} + \frac{\partial \bar{v}_j}{\partial x_i} \right)$$

式中，$\bar{v}_i$ 为速度在各坐标轴方向上的分量（m/s）；x_i 为笛卡儿直角坐标分量（m）；f_i 为单位质量流体力在各坐标轴方向上的分量（N）；ρ 为流体的密度（kg/m³）；$\bar{P}$ 为流场压力（Pa）；μ 为动力黏性系数；$-\overline{\rho v_i' v_j'}$ 为雷诺应力项。

为了得到封闭的计算方程组，需要加入湍流模型。针对本文的研究重点即主泵压力脉动，选择标准 $k-\varepsilon$ 模型：

$$\frac{\partial k}{\partial t} + \bar{v}_j \frac{\partial k}{\partial x_j} = \frac{\partial}{\partial x_j} \left[\left(v + \frac{v_t}{\sigma_k} \right) \frac{\partial k}{\partial x_j} \right]$$
$$+ v_t \left(\frac{\partial \bar{v}_i}{\partial x_j} + \frac{\partial \bar{v}_j}{\partial x_i} \right) \frac{\partial \bar{v}_i}{\partial x_j} - \varepsilon \tag{3}$$

$$\frac{\partial \varepsilon}{\partial t} + \bar{v}_j \frac{\partial \varepsilon}{\partial x_j} = \frac{\partial}{\partial x_j} \left[\left(v + \frac{v_t}{\sigma_\varepsilon} \right) \frac{\partial \varepsilon}{\partial x_j} \right]$$
$$+ \left[C_{1\varepsilon} \frac{v_t}{\varepsilon} \left(\frac{\partial \bar{v}_i}{\partial x_j} + \frac{\partial \bar{v}_j}{\partial x_i} \right) \frac{\partial \bar{v}_i}{\partial x_j} - C_{2\varepsilon} \right] \frac{\varepsilon^2}{k} \tag{4}$$

$$v_t = C_\mu \frac{k^2}{\varepsilon}$$

式中，v 为运动黏性系数；k 为流体的湍动能；ε 为湍动能耗散率；v_t 为 Boussinesq 黏性系数。

以上 4 式为描述非定常湍流的方程组，式中的经验常数分别为 $C_\mu = 0.09$、$\sigma_k = 1.0$、$\sigma_\varepsilon = 1.3$、$C_{1\varepsilon} = 1.44$、$C_{2\varepsilon} = 1.92$。

2　数值模拟方法

2.1　计算过程

在相同条件下，首先对主泵进行定常数值模拟，然后再把定常数值模拟的计算结果作为非定常的初始值，这样可以更好地得到非定常模拟的收敛结果。

考虑到主泵转速 $n = 1450$ r/min，确定每转按 100 个时间步长进行计算，每个时间步长为 $4.138 \times$ 10^{-4} s，即在每个时间步长内叶轮转 $3.6°$，叶轮的转动频率为 24.2 Hz。

2.2　计算网格

由于叶轮的叶片和导叶在空间上是扭曲结构，因此，为了使离散方程更容易得到收敛解，非结构网格在求解压力梯度时更加精确[4]，所有固体壁面和计算体内分别采用三角形网格和非结构四面体网格。整个泵段共有结点 146737 个，单元体 743814 个。

2.3　进、出口边界条件和壁面函数

将整个泵段的入口截面定为进口边界。进口边界上速度的方向与截面垂直；入口的湍动能定为入口平均动能的 1.0%；出口边界为收敛性较好的压力边界。

主泵的所有固壁均假定为无滑移边界；在近壁区采用 Scalable 壁面函数；整个泵段的外壁设为不旋转静墙。

2.4　交界面和混合模型

分别设定叶轮段与入口段、导叶体段间的过渡面为质量守恒的交界面，混合模型设为适用于瞬态计算的瞬态转子[5]。

3　数值模拟结果与分析

为分析整个泵段的压力脉动，取图 1 中有代表性的截面（简称交界面Ⅰ、Ⅱ和截面Ⅲ）：①入口段与叶轮段交界面；②叶轮段与导叶体交界面；③静导叶出口处。依次在上述 3 个截面上各布置 5 个监测点，共 15 个测点，用 P01～P15 表示，从交界面Ⅰ开始。这些点分别位于周向半径比为 0.1、0.3、0.5、0.7、0.9 处。

数值模拟得到上述 15 个监测点在每个时间步长下的压力值，将这些压力值进行快速傅立叶变换（FFT）后得到压力脉动的时域特性和频域特性。利用这种分析方法可得到脉动的主要来源，为解决主泵的振动问题提供依据。

观察监测点的压力、速度曲线发现，压力脉动在叶轮转过 4 周后才呈现出较好的周期性，故对叶轮第 5 周压力脉动的计算结果进行分析。

3.1 主泵叶轮进口处压力脉动

在设计工况下,主泵交界面Ⅰ上监测点 P01 和 P05 压力脉动的时域、频域特性如图 2 所示。由图 2(b)可知,图中 1 次谐波处是 1 个大波峰;峰值处对应的频率为 151 Hz(此值为入口段与叶轮段交界面上压力波动的主频值),大小为叶轮转动频率的 6.24 倍。曲线与 Y 轴交点处为压力脉动恒定分量(傅立叶变换后的常

数项)的绝对值,大小分别为 4.923 kPa 和 9.667 kPa。由图 2(a)可知,在主泵入口段已有压力脉动存在,并分别以各自的恒定分量为中心上下均匀波动,波动周期数刚好等于主泵的叶片数。

由上述分析知,在主泵交界面Ⅰ附近,叶片旋转是压力脉动产生的主要原因,主频值等于叶轮转频和叶片数的乘积。

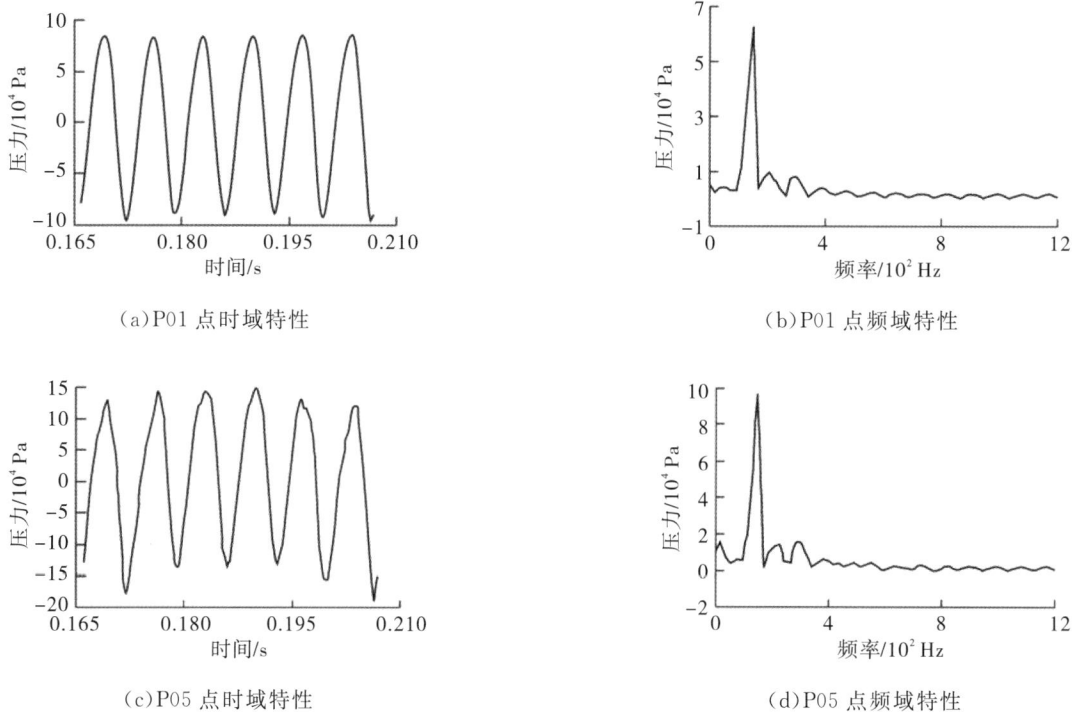

(a)P01 点时域特性

(b)P01 点频域特性

(c)P05 点时域特性

(d)P05 点频域特性

图 2　界面Ⅰ上监测点 P01、P05 的时域和频域特性

Fig. 2　Time and Frequency Domain Characteristics of Monitoring Points P01 and P05 in Interface Ⅰ

3.2 主泵叶轮出口处压力脉动

对于交界面Ⅱ,图 3 给出了其中 3 个监测点的时域、频域特性曲线。从图 3 可以看出,结果与交界面Ⅰ相似,只是压力脉动的主频值稍有减小(为 142 Hz),约为叶轮转动频率的 5.87 倍。由此说明,在交界面Ⅱ附近叶片旋转仍是压力脉动产生的主要原因。脉动恒定分量的绝对值比较大,分别为 0.92 MPa、0.94 MPa 和 1.1 MPa。其值由轮毂向轮缘依次增大,并与扬程的大小有密切关系。

由图 3 可知,监测点 P10 处的时域特性比较复

杂,相对其他点并不具有很好的规律性。这种现象的原因可能是:①主泵叶轮段为了承受较大压力,将其外壳设计为球型,导致轮缘与泵壳附近的速度矢量杂乱无章,影响总压力的变化;②在考虑轮缘与泵壳之间的间隙时,间隙流动也会产生影响。

3.3 主泵导叶出口处压力脉动

由图 4 可知,导叶出口截面Ⅲ上压力脉动的特点和交界面Ⅰ、Ⅱ类似。其中 3 个监测点处的时域特性仍遵照周期个数为 6 的规律。主频值是 132 Hz,恒定分量分别为 0.94 MPa 和 1.0 MPa。

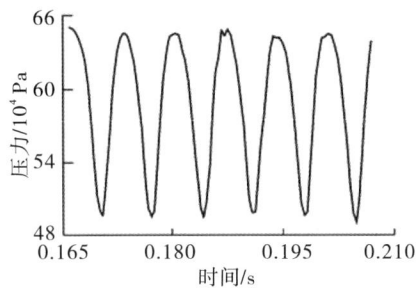

(a)P06 点时域特性

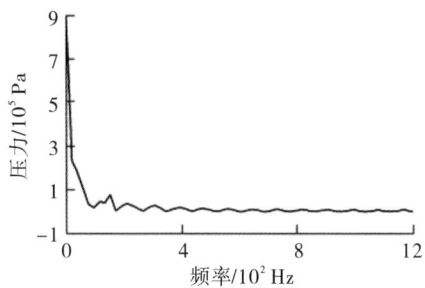

(b)P06 点频域特性

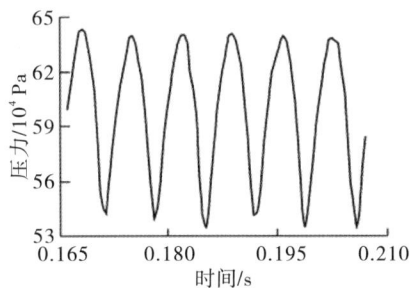

(c)P08 点时域特性

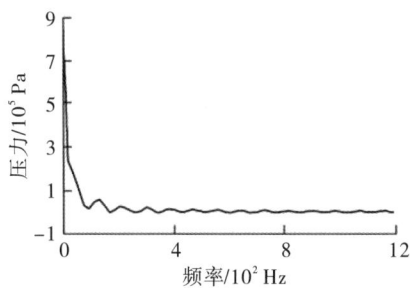

(d)P08 点频域特性

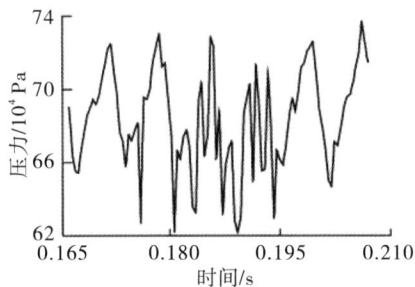

(e)P10 点时域特性

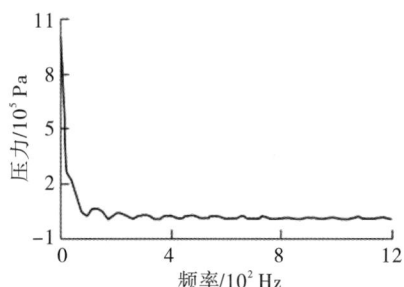

(f)P10 点频域特性

图 3　界面 Ⅱ 上监测点 P06、P08、P10 的时域和频域特性

Fig. 3　Time and Frequency Domain Characteristics of Monitoring Points P06，P08 and P10 in Interface Ⅱ

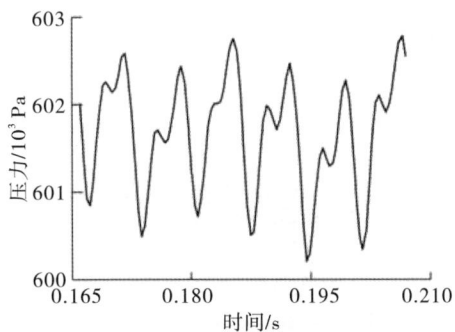

(a)P12 点时域特性

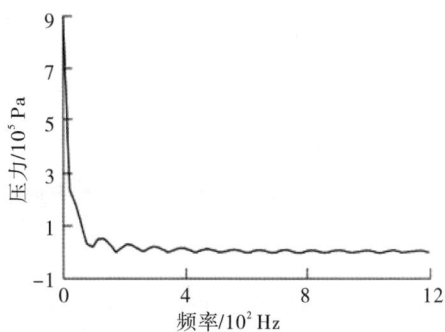

(b)P12 点频域特性

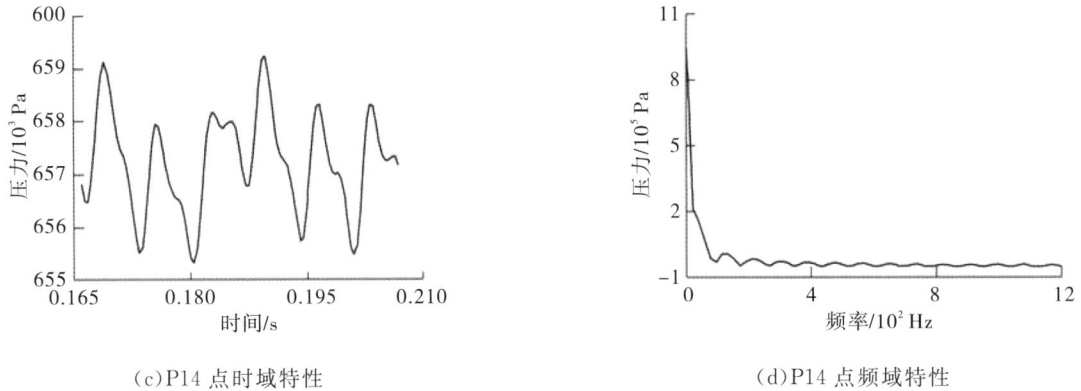

(c)P14 点时域特性　　　　　　　　　　　　　　(d)P14 点频域特性

图 4　截面Ⅲ上监测点 P12、P14 的时域和频域特性

Fig. 4　Time and Frequency Domain Characteristics of Monitoring Points P12 and P14 in Section Ⅲ

3.4　压力脉动最大幅值

　　主泵入口段和导叶体段的脉动幅值由轮毂向轮缘依次增大(图 5),入口段尤为显著,P05 与 P01 处幅值之比达到 1.52。叶轮段由轮毂向轮缘方向先增大后减小,在轮缘附近脉动幅值减小的原因,与监测点 P10 处复杂时域特性的原因相同。

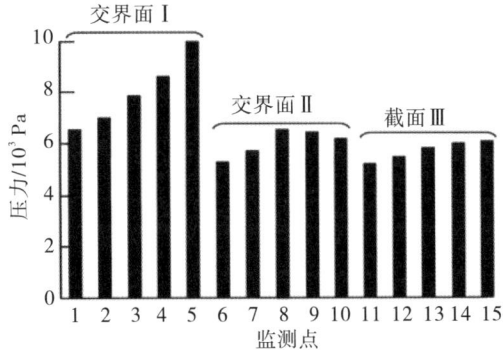

图 5　监测点压力脉动的最大幅值

Fig. 5　Maximum Amplitude of Pressure Fluctuation of Monitoring Points

　　从纵向看,脉动幅值由叶轮入口前向导叶体段逐渐减小,交界面Ⅰ上的压力脉动异常显著,一部分影响可能是因为 $k-\varepsilon$ 模型导致了翼型前缘湍动能水平的增强[6]。入口段和叶轮段的压力脉动,主要由叶轮转动引起。在截面Ⅲ处相对较小,由轮毂到轮缘的横向变化不大:一方面说明叶轮转动的影响已减弱;另一方面说明导叶有抑制压力脉动的作用。

　　综合分析可知,主泵水力部件的设计使压力脉动影响较弱,对整个主泵机组的振动贡献较小。

4　结　论

　　(1)整个泵段,脉动频率主要受叶片通过频率影响,且在入口段和叶轮段尤为明显,静导叶之后相对较弱。

　　(2)对于叶轮段为球型的主泵,脉动幅值由叶轮入口前向导叶体不断减小,且沿叶高方向依次增大,只是在轮缘附近由于受到球型泵壳的影响反而减小。

　　(3)由于实际运行工况下冷却剂水的温度在 300 ℃左右,主泵内存在速度场、温度场的相互影响,尤其在近壁区还存在固壁的热应力问题,给求解主泵内实际的湍流流场带来很大难度,这方面有待进一步研究。

参考文献:

[1] RZENTKOWSKI G, ZBROJA S. Acoustic characterization of a CANDU primary heat transport pump at the blade-passing frequency[J]. Nuclear Engineering Design, 2000, 196: 63 -68.

[2] RUNKEL J, STEGEMANN D, VORTRIEDE A. Operating experience with an on-line vibration control system for PWR main coolant pumps[J]. Nuclear Engineering Design, 1998, 183: 157 - 167.

[3] KOO I S, KIM W W. The development of reactor coolant pump vibration monitoring and a diagnostic system in the nuclear power plant[J]. ISA Transactions, 2000, 39: 309 – 316.

[4] THAKKER A, HOURIGAN F. A comparison of two meshing schemes for CFD analysis of the impulse turbine for wave energy applications[J]. Renewable Energy, 2005, 30: 1404 – 1410.

[5] ANSYS CFX. Release 11.0[M]. Canonsburg, PA: ANSYS Europe, Ltd., 2006.

[6] UZOL O, BRZOZOWSKI D, CHOW Y C, et al. A database of PIV measurements within a turbomachinery stage and sample comparisons with unsteady RANS[J]. Journal of Turbulence, 2007, 8(10): 1 – 20.

Study on Pressure Fluctuation in Main Pump of 300 MW Nuclear Power Plants

Chen Xiangyang, Yuan Danqing, Yang Minguan, Yuan Shouqi

Jiangsu University, Zhenjiang, Jiangsu, 212013, China

Abstract: From the safety of reactor coolant pump, the numerical investigation of internal unsteady flow in reactor coolant pump of one 300 MW nuclear power plant in China that is based on the calculation Navier-Stokes equation and standard $k - \varepsilon$ turbulence model is carried out in this paper. Through the analysis of pressure fluctuation which locates at impeller, guide vane and inlet parts, it is concluded that the frequency of pressure fluctuation in the reactor coolant pump is exclusively governed by the blade-passing frequency. For the spherical shell pump, the maximum amplitude of pressure fluctuation decreases from inlet to guide vane but increases from hub to impeller edge except for the vicinity of impeller edge in the impeller part which follows the former mode. The comprehensive analysis of maximum amplitude of pressure fluctuation shows that the hydraulic parts could reduce the effects of pressure fluctuation, increase only a few vibrations to the whole unit and these are in favor of improving the safety performance of main pump unit.

Key words: Reactor coolant pump, Safety, Pressure fluctuation, Optimum design

作者简介：

陈向阳(1985—)，男，硕士研究生。现主要从事流体机械内部流动理论与水力设计方面的研究。

高整体容器在我国放射性废物管理中的应用分析

裴　勇,潘跃龙

深圳中广核工程设计有限公司,广东深圳,518124

摘要:对三种材料高整体容器进行简述,介绍交联聚乙烯高整体容器处理工艺及规格对传统水泥固化处理工艺的优势与不足。对交联聚乙烯高整体容器在工程应用中的废物装填及吊装环节、运输环节、处置环节等几个方面需要重点关注的问题进行分析,对于设计中需要解决的问题提出解决的方向,并简述了高整体容器应用方面后续需要继续开展的工作。

关键词:高整体容器;交联聚乙烯;包装容器;放射性废物

中图分类号:TL941+.33　　　　**文献标志码**:A

0　前　言

高整体容器(HIC)是一种特殊设计制造的强度高、密封性好、化学稳定性和热稳定性强的容器,可用于装载未经固化或固定处理的放射性废物[1],其包容放射性的预期寿命不低于 300 a。高整体容器按其材料可分为混凝土高整体容器、交联聚乙烯高整体容器和球墨铸铁高整体容器。

混凝土高整体容器主要适用于核电厂运行过程中产生的低、中水平放射性固体废物;交联聚乙烯高整体容器能够承受一定的埋深载荷和堆码载荷;球墨铸铁高整体容器的材料综合性能接近于钢,低、中水平放射性不会对材料的性能产生影响。可将球墨铸铁高整体容器应用于中水平放射性废物的储存和运输,并可以将球墨铸铁高整体容器设计为 B 型货包。

随着国内核电建设规模扩大,放射性废物管理中的废物最小化日益受到重视,我国阳江核电厂、海阳核电厂先后引进了交联聚乙烯高整体容器工艺处理湿固体废物。本文对交联聚乙烯高整体容器进行简述,并着重针对国内已经开始使用的交联聚乙烯高整体容器进行技术经济分析,提出交联聚乙烯高整体容器需要关注和解决的问题。

1　交联聚乙烯高整体容器处理工艺及规格

1.1　处理工艺

交联聚乙烯高整体容器处理工艺主要由交联聚乙烯高整体容器、脱水头、脱水泵、控制机架等组成(图 1)。

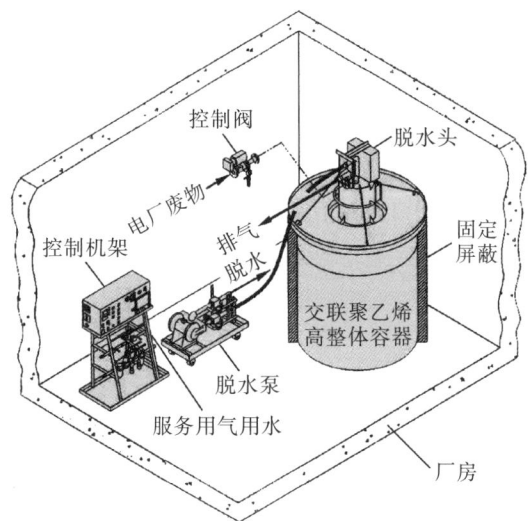

图 1　交联聚乙烯高整体容器工艺示意图
Fig. 1　Processing Diagram for Cross Linked Polyethene High Integrity Container

废树脂或者废活性炭通过电厂水力冲排,经过控制阀进入脱水头,再被注入高整体容器。脱水泵的作用是通过真空抽吸将高整体容器中多余的游离水抽出。废树脂及废活性炭通过脱水头实现进料、排气、脱水,再进料、排气、脱水,高整体容器装满后正式进入脱水循环。通常脱水循环 3 次,每次循环持续 8 h,每个循环间隙也为 8 h。最后一次循环可将脱水产生的废液接到脱水检测罐进行检测。如果脱水循环末收集到的废液体积小于 500 mL,表示脱水可以结束,高整体容器可以封盖并进行暂存;否则,需再次启动脱水循环,直到满足要求为止。废过滤器芯子不进行脱水,当高整体容器不再接收废过滤器芯子时方启动脱水循环,其脱水循环及检测与废树脂操作一致。控制机架用于实现废物装填的远程操作。

1.2 规 格

阳江核电厂交联聚乙烯高整体容器主体结构为圆柱形,规格参数如表 1 所示。针对不同废物类型的高整体容器的内部构件也不同(图 2、图 3)。处理废过滤器芯子的高整体容器底部配有挡板,用于保护容器本身。

表 1 阳江核电厂 3、4 号机组高整体容器规格参数

Table 1 Parameters for High Integrity Container Used in Yangjiang NPP Units 3 & 4

类型	外径 /mm	壁厚 /mm	总高 /mm	最大内部容积 /m³	可用容积 /m³	处置体积 /m³	废物包最大重量 /t
PL8-120	1524	12.7	1854	3.05	2.8	3.4	4.532

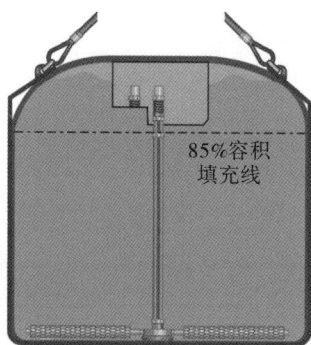

图 2 用于盛装废树脂及废活性碳的高整体容器

Fig. 2 High Integrity Container for Containing Spent Resin and GAC

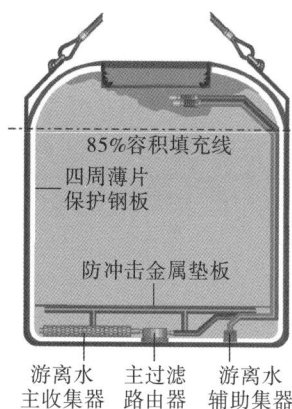

图 3 用于盛装废过滤器芯子的高整体容器

Fig. 3 High Integrity Container for Containing Used Filter Cartridges

2 交联聚乙烯高整体容器处理工艺的特点

处理湿固体废物的传统工艺为水泥固化。与传统水泥固化工艺相比,交联聚乙烯高整体容器处理工艺具有以下优点。

(1)设备配置简单。交联聚乙烯高整体容器所采用的关键设备是脱水头和脱水泵;而水泥固化处理工艺的主要设备有计量装置、搅拌装置、清洗装置、固化桶输送装置、取封盖装置等。

(2)操作方便。交联聚乙烯高整体容器处理工艺的操作主要是废物的装填和脱水两个重要环节;而水泥固化处理工艺的操作主要是根据固化配方,对进料进行精确的配比,然后充分搅拌固化,对操作的精度计量及时间要求都比较高,还需对搅拌桨等关键设备进行清洗、维修等。

(3)运行费用低。从 CPR1000 型核电厂 2 台机组废物产生量考虑,对耗材及处置两方面进行简要分析(表 2)。

完整的经济性对比还需从以下几方面进行综合考虑:①上游系统工艺与固体废物处理系统工艺、包装容器的匹配及对应所需成本;②与包装容器配套的工艺设备成本及辅助设施成本;③运行人员配置所需人工成本;④废物货包运输成本等。

交联聚乙烯高整体容器处理工艺也有其本身存在的不足,如无法处理蒸发工艺产生的浓缩液、焚烧工艺产生的焚烧灰和干燥工艺产生的盐。

表 2　金属桶和高整体容器的经济性对比

Table 2　Economy Comparison for Metallic

Drums and High Integrity Container

项目	400 L 金属桶		高整体容器	
	设计值	预期运行值	设计值	预期运行值
包装容器数量/个	522	259	20	14.12
最终废物量/m³	208.71	102.3	68	48
包装容器单价/元	1500		90000	
包装容器花费/元	783000	388500	1800000	1270800
废物处置单价/元	50000			
废物处置花费/元	10435500	5115000	3400000	2400000
合计/元	11218500	5503500	5200000	3670800

注:固化桶单价以材料总重估算;高整体容器参照美国市场报价估算。

3　工程应用注意事项

本文对交联聚乙烯高整体容器在工程应用中的废物装填、吊装、运输、处置等环节被关注的问题进行分析。

3.1　装填及吊装环节

3.1.1　表面污染问题

废树脂装填操作时,操作流程为,将空的交联聚乙烯高整体容器放在固定屏蔽容器中,打开高整体容器顶盖,用吊车将脱水头吊装在高整体容器开口处,脱水头的自适应装置将其与高整体容器紧固在一起,之后进行废物装填操作。高整体容器装满后需要将脱水头从高整体容器开口处移出,在这一操作过程中脱水头下部与废料接触的部件可能夹带有放射性物质,在起吊过程中滴落并沾污到高整体容器喉部,由此造成高整体容器表面污染。

由于交联聚乙烯高整体容器自身无屏蔽,桶内直接装填废物后导致容器外表面接触剂量率非常高,可达 Sv/h 级,不能采用操作人员擦拭去污,可考虑改进内抓式高整体容器吊具,在高整体容器吊具上装去污头。在高整体容器远程封盖后,通过远程操作吊车控制高整体容器吊具进行擦拭去污。这样可解决高整体容器表面沾污问题。

3.1.2　累计剂量问题

交联聚乙烯高整体容器因固有的材料特性,其装填废物对高整体容器照射的累计剂量在 300 a 寿期内限值为 10^6 Gy。为了避免超出限值,设计、使用该容器时,必须掌握装填废物的源项参数,特别是长寿命核素(如 ^{60}Co、^{137}Cs、^{90}Sr)对累计剂量的贡献比较大。可考虑低、中水平放射性固体废物的混装,一方面解决累计剂量的问题,另一方面可更大程度实现废物最小化。

交联聚乙烯高整体容器的累计剂量限值也可通过材料的改性研究,突破 10^6 Gy 限值,在该容器的国产化上可以考虑将此作为一个研究重点。

3.1.3　裸露吊装问题

高整体容器装满废物封盖后需要从固定的屏蔽容器中吊装到移动的屏蔽容器中,此时高整体容器是裸露源,对周围辐照影响较大。针对此问题,首先可考虑将固定的屏蔽容器和移动的屏蔽容器合二为一。如果无法达到这一要求,则需从两方面采取措施:①墙体屏蔽,远程操作,并尽量缩短裸露吊装的操作时间;②在吊装的过程中限制人员在高剂量范围内活动。

3.2　运输环节

3.2.1　紫外线问题

紫外线对高分子材料有加速老化的作用,进而影响高整体容器的预期寿命。虽然交联聚乙烯高整体容器在制造过程中已经加入抗紫外线添加剂,但实际应用过程中,仍需要注意交联聚乙烯高整体容器在储存和运输过程中不能在紫外线照射条件下超过 1 a,在对该包装容器进行暂存和处置时应构建构筑物,使其暴露时间尽可能短。

3.2.2　货包问题

IAEA NO. TS-R-1[2] 及 GB 11806《放射性物质安全运输规程》[3] 中关于 A、B 型货包有明确的要求,B 型货包要比 A 型货包经受更为严格的考验,特别是 9 m 跌落试验和耐热试验"必须在空气中将试样加热至 800 ℃并在此温度下保持 10 min,然后让其冷却"。

交联聚乙烯高整体容器在运输过程中必须配置运输容器,该组合为 A 型货包还是 B 型货包取决于放射性废物的总活度是否超过标准中的 A1 值。

如果超过 A1 值,则为 B 型货包,相应的运输容器必须满足 B 型货包的试验要求;如果在 A1 值的范围内,则为 A 型货包,相应的运输容器要求可以降低。

在废物源项方面,可考虑厂内暂存 5 a,将短寿命核素进行适当衰变,在厂外运输时从开始的 B 型货包转变为 A 型货包。

3.3 处置环节

目前,国内处置场均以水泥固化体、固定体废物货包为处置对象进行设计,采用覆盖层、单元格、废物桶(箱)三层防御措施。阳江核电厂、海阳核电厂已经采用高整体容器。高整体容器作为一种特殊的容器,急需解决如何进行有效的处置设计。

美国处置高整体容器采用的是浅沟,将装满废物的交联聚乙烯高整体容器放在混凝土容器中,盖上顶盖,可堆码两层,之后进行回填及添加各种覆盖层,主要有结构回填、低渗透性土壤、膨润土、塑料衬里、排水层、植物层和加强型覆盖层等(图 4)。

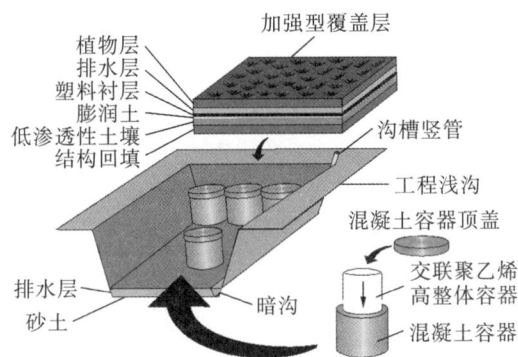

图 4　巴恩韦尔处置场高整体容器处置示意图

Fig. 4　High Integrity Container Disposal Diagram of Barnwell Disposal Site

国内用于接收高整体容器的处置场设计考虑到气候、地质、理念等因素,不能完全照搬美国的处置方案,需重点解决或论证的问题有:工程屏障是否需要简化;处置单元容积利用率的大小;高整体容器辐照分解排气的有效性;高整体容器支撑强度的有效性;渗漏水收集监测的实施等。

(1)工程屏障。用于接收常规包装容器(如金属桶或混凝土桶)的处置场在安全处置方面有多道屏障,如水泥固化体、包装容器、单元格(工程屏障)、自然屏障。对于高整体容器,其本身寿命为预

期不低于 300 a,300 a 之后低、中水平放射性核素的活度已经非常低,此时依靠自然屏障阻滞放射性核素的迁移。从 300 a 安全处置的角度来看,处置场的工程屏障可以简化处理,但是容器本身在处置过程中的安全问题必须得到充分解决。此外交联聚乙烯高整体容器采用地上处置也是一种可以考虑的方式,但需后续工作论证。

(2)辐照分解排气。关于辐照分解气体产生量,美国布鲁克海文国家实验室(Brookhaven National Laboratory)在 NUREG/CR - 3168 中提到,阴树脂在 7.9×10^6 Gy 累计剂量照射下气体产生量为 12.6 mL/g,阳树脂在 2.5×10^7 Gy 累计剂量照射下气体产生量为 6.8 mL/g;国内尚未有相关的论著提及。因此交联聚乙烯高整体容器在处置场填埋或者采用灌浆固定时需考虑此问题,或者进一步论证所处理的废物在寿期内辐照产生的气体不会影响容器本身的安全和对放射性物质的包容。

(3)单元格结构及其容积利用率。单元格的结构需与交联聚乙烯安全处置相匹配。根据目前国内包装容器的使用,高整体容器的处置将会与其他容器一同进行,混和处置可以提高处置单元格的容积利用率。考虑到交联聚乙烯高整体容器的强度以及其较高的外表面剂量率,金属桶或混凝土桶应放置在单元格的底部,底部装满设计的废物量后采用水泥砂浆找平,再在此基础上进行交联聚乙烯高整体容器的堆码。至于交联聚乙烯高整体容器本身是否需要外加一个混凝土容器需进一步探讨。

(4)渗漏水的收集监测及处理。渗漏水的收集和监测是为了验证工程屏障的有效性以及包装容器的有效性,包装容器的有效性主要是考验单元格回填土及覆盖层是否对其造成破坏。对于监测的结果可以采取有针对性的补救措施,同时作为后续设计的经验反馈。含有少量放射性废液的渗漏水需要进行处理,达标后再排放。

4　结束语

高整体容器在我国放射性废物管理中的应用刚刚起步,在选择高整体容器工艺时需要从处理工艺、暂存、运输和处置等各环节考虑,解决好辐射防

护、货包运输以及安全处置等关键问题。此外,需要继续深入研究高整体容器的国产化、国家标准编制,以及开展将高整体容器推广到核电厂及核设施退役过程中大量低、中水平放射性固体废物处理领域等工作。

参考文献:

[1] 国家环境保护总局. 低、中水平放射性固体废物包装安全标准: GB 12711—1991[S]. 北京:中国标准出版社,1991.

[2] IAEA. Regulations for the safe transport of radioactive material: No. TS-R-1. 2005[S]. Vienna: IAEA, 2005.

[3] 全国核能标准化技术委员会. 放射性物质安全运输规程:GB 11806—2004[S]. 北京:中国标准出版社,2004.

Application Analysis of High Integrity Container on Domestic Radioactive Waste Management

Pei Yong, Pan Yuelong

China Nuclear Power Design Co. Ltd., Shenzhen, Guangdong, 518124, China

Abstract: This paper simply described three kinds of material high integrity containers, and accordingly emphasized the cross linked polyethene high integrity container used in the domestic projects under construction, focusing on the waste treatment proposal coupling with high integrity container model and the advantages and disadvantages comparing with the cement solidification proposal. Many aspects are analyzed including waste filling and high integrity container lifting, transportation, and final disposal. The potential solutions are pointed out for the issues and the post actions as well.

Key words: High integrity container, Cross linked polyethene, Package container, Radwaste

作者简介:

裴　勇(1981—),男,工程师。2007年毕业于北京交通大学机械与电子控制工程学院,获工学硕士学位。现从事放射性废物管理工作。

内模控制方法在核电厂蒸汽发生器
水位系统中的应用

米克嵩，谷俊杰，徐培培

华北电力大学，河北保定，071003

摘要：本文提出了 U 形管蒸汽发生器水位控制的内模控制方案，该方案中的内模控制器参数根据数学模型求取得到。利用仿真建立了 U 形管蒸汽发生器水位内模控制系统。结果表明，该方案控制效果优于变参数比例-积分-微分（PID）控制，该方法可减少调节器参数，便于实时控制，增强鲁棒性。

关键词：蒸汽发生器；仿真；内模控制（IMC）

中图分类号：TL353+.13　　　　**文献标志码**：A

0 引 言

压水堆核电厂运行经验表明，蒸汽发生器传热管断裂在核电厂事故中居首要地位。在运行过程中，蒸汽发生器水位低将使管束传热恶化，或引起蒸汽发生器的管板热冲击；水位过高，则影响汽水分离效果，造成蒸汽品质恶化，危害汽轮机的叶片。因此，蒸汽发生器的运行水位必须控制在一定范围内。但是，蒸汽发生器存在着"收缩"与"膨胀"现象引起的逆动力学效应和随运行功率而变化的动力学特性，以及低功率运行工况下流量测量误差等因素，使蒸汽发生器的水位控制变得复杂[1]。目前，大多数蒸汽发生器水位控制采用传统比例-积分-微分（PID）控制方法。为提高蒸汽发生器水位的控制效果，本文将研究新型控制方法，即内模控制（IMC）来实现控制效果的优化。

1 多模型自适应内模控制

1.1 多模型自适应内模控制器的结构研究

多模型自适应控制（MMAC）方法通常采用一组模型集来覆盖整个被控对象的输入输出动态特性，根据各子模型设计相应的一组控制器，并行投入闭环系统中[2]。应用概率加权算法，计算出每个模型的后验概率（分别代表模型与实际对象的匹配程度）。控制作用是每个控制器的控制作用的概率加权平均值，虽然其控制作用是次优的，但它在系统具有较大变化的情况下，处理起来比较灵活，设计的重点是系统的鲁棒性，其次为控制性能[3]。

为了保留多模型方法处理非线性问题，采用带加权模型集的内模控制法（图 1）。首先，将模型较大的不确定性分割为一系列足够小的不确定性分块，针对每个分块设计一个"标称"的预测模型，根据各个数学模型和给定的性能指标与约束条件，独立地设计控制器和相应的滤波器；然后设计一个加权器，通过模型与对象的输出误差来计算控制权值；最后将各个控制器输出和权值乘积之和作为实际的总控制输出。该方法保留了多模型精确逼近对象的非线性特性，也不需要进行在线的系统辨识，系统具有好的鲁棒性，又克服了由于模型切换带来的输出扰动，控制器输出值不至于过大，计算方便。

1.2 基于相对残差的加权算法

He 等利用各子模型输出 $y_i(k)$ 与被控系统输出 $y(k)$（k 为采样时刻）间的相对残差提出了一种收敛的加权系数递推算法[4]。

首先，定义第 k 个周期模型与对象的均方差

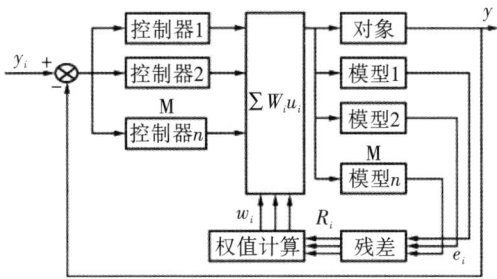

图 1　多模型自适应内模控制系统

Fig. 1　Multiple Internal Adaptive Model Control System

$R_i(k)$ 为

$$R_i(k) = \sum_{j=1}^{N}[y_i(k_j) - y(k_j)]^2, i = 1, 2, \cdots, n$$

$$(1)$$

式中，$y_i(k_j)$ 为模型 y_i 在 k_j 时刻的输出；$y(k_j)$ 为系统在 k_j 时刻的输出，具有最小均方差的模型为匹配模型；下标 j 为 k 周期内的时间变量。

其次，计算

$$W'_i(k) = \frac{\exp[-R_i(k)/V^2] \cdot W_i(k-1)}{\sum_{j=1}^{n}\exp[-R_j(k)/V^2] \cdot W_j(k-1)}$$

$$(2)$$

$$W''_i = \begin{cases} W'_i(k) & W'_i(k) > \delta \\ \delta & W'_i(k) \leqslant \delta \end{cases}$$

$$(3)$$

$$W_i(k) = \frac{[W''_i(k)]^2}{\sum_{j=1}^{n}[W''_j(k)]^2}$$

$$(4)$$

式中，V 为控制加权因子收敛速度的参数 δ 为限制过去信息重要性的阀值。假设初始加权因子是均匀分布，即 $W_j(0) = W'_j(0) = 1/N$。

2　内模控制方法

2.1　内模控制系统简介

内模控制作为一种独立的控制系统结构，最早产生于过程控制并得到了成功应用；其设计思路是将对象模型与实际对象并联，控制器逼近模型的动态逆。对单变量系统，内模控制器取模型最小相位部分的逆，并通过附加低通滤波器以增强系统的鲁棒性。与传统的反馈控制相比，它能够清楚地表明调节参数与闭环响应及鲁棒性的关系，从而兼顾性能和鲁棒性。

内模控制系统(图 2)能将 PID 控制、Smith 预估控制、确定性线性二次最优反馈控制和多种预测控制等归纳在同一构架之下。内模控制器设计简单、跟踪性能好、鲁棒性强，能消除不可测干扰的影响，是一种设计和分析控制系统的有力工具。文献研究表明，此蒸汽发生器系统为一个带有惯性延迟环节的无自平衡的系统[5]，根据给出的模型及负荷变化参数设计等效二阶模型。对于典型的二阶加纯滞后对象：

$$\widetilde{G}_i(s) = \frac{K}{a_2 s^2 + a_1 s + 1}\exp(-\tau s)$$

$$(5)$$

内模控制器设计为

$$G_a(s) = \frac{a_2 s^2 + a_1 s + 1}{K(T_2 s^2 + T_1 s + 1)}$$

$$(6)$$

式中，a_1、a_2 为二阶等效模型对应的各阶系数，是通过计算求解得出的已知量；而 T_1、T_2 是由二阶性能指标决定的设计参数，可以调整时间常数、阻尼系数等。根据模型建立图 2 的内模控制系统。

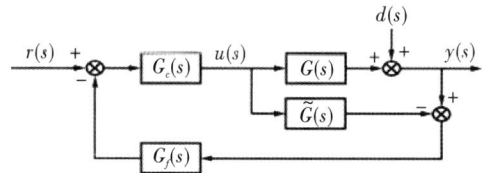

$G(s)$—被控对象；$\widetilde{G}(s)$—内部模型，即被控对象的正向模型；$G_c(s)$—内模控制器，即被控对象的逆向模型；$G_f(s)$—反馈滤波器；$y(s)$、$u(s)$—被控对象的输出量和输入量；$r(s)$—给定输入；$d(s)$—外部不可测干扰量。

图 2　内模控制系统

Fig. 2　Internal Model Control System

2.2　多个子模型的选取

选取文献[1]提供的蒸汽发生器的 5 个典型工况处简化数学模型的传递函数模型作为控制过程的子模型，经次最优降阶及遗传算法拟合后表示成二阶滞后对象，提供给图 2 中的多个内部模型使用。表 1 列出了蒸汽发生器五种额定负荷下的等效二阶滞后模型。

表1 蒸汽发生器在五种额定负荷下的等效
二阶滞后模型①
Table 1 Equivalent Second-Order Lag
Model of Steam Generator under Five Rated Loads

负　荷	等效的二阶滞后模型
5%FP	$\dfrac{2.1}{s(48s+1)}\exp(-0.6s)$
15%FP	$\dfrac{2.1}{s(48s+1)}\exp(-0.6s)$
30%FP	$\dfrac{2.1}{s(48s+1)}\exp(-0.6s)$
50%FP	$\dfrac{2.1}{s(48s+1)}\exp(-0.6s)$
100%FP	$\dfrac{2.1}{s(48s+1)}\exp(-0.6s)$

① s 为标量函数的自变量。

3 仿真研究

本文主要研究基于相对残差加权算法的多模型内模控制。首先，针对各个子模型设计内模控制器和滤波器，使得与控制对象组成的闭环系统具有所期望的动态指标和鲁棒性；其次，置各个模型的初始权重 $W_i=1/N$，由式(4)至式(6)计算模型权值 $W_i(i=1,2,\cdots,N)$。本文采用表1所示的等效二阶滞后模型，在此基础上设计各自独立的内模控制器和滤波器，并整定其参数。控制器的参数设置如下：控制器1(5%)$\lambda=100$；控制器2(15%)$\lambda=110$；控制器3(30%)$\lambda=120$；控制器4(50%)$\lambda=125$；控制器5(100%)$\lambda=130$，采用相对残差法计算权重。初始的加权因子是均匀分布的，即 $W_j(0)=W_j'(0)=1/5$，采样周期 $T_s=100$ s，控制算法的参数值为 $V_2=0.05,\delta=0.001$。

(1)在15%、50%负荷点进行扰动实验，仿真结果如图3至图6所示。

(2)在5%和100%负荷工况下，采用多模型内模加权控制策略(MIMC)与采用传统PID控制策略的比较曲线，如图7至图9所示。

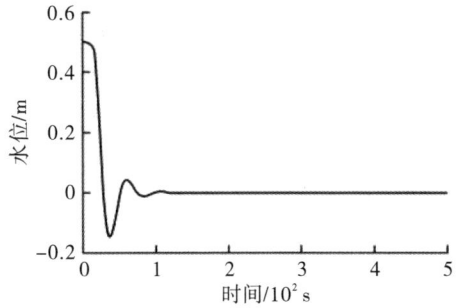

图3 15%FP下系统的输出响应曲线
Fig. 3 Output Response Curve of the System at 15%FP

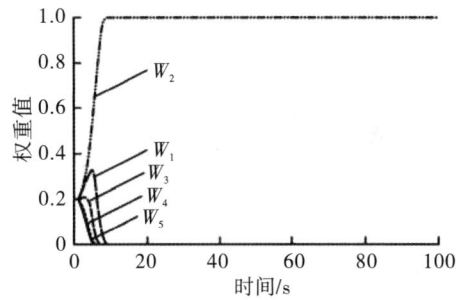

W_1—5%负荷权值曲线；W_2—15%负荷权值曲线；
W_3—30%负荷权值曲线；W_4—50%负荷权值曲线；
W_5—100%负荷权值曲线。

图4 15%FP下系统的输出响应权值曲线
Fig. 4 Output Response Weight Curve of the System at 15%FP

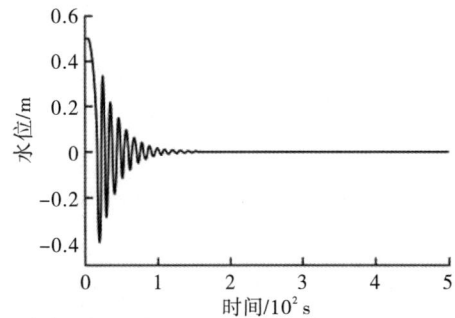

图5 50%FP下系统的输出响应曲线
Fig. 5 Output Response Curve of the System at 50%FP

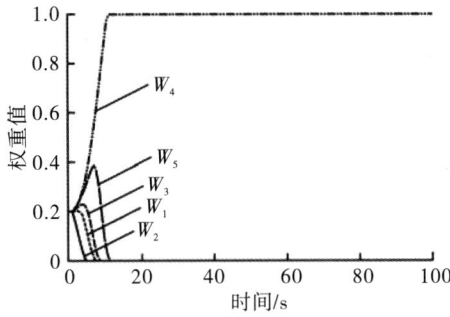

W_1—5%负荷权值曲线;W_2—15%负荷权值曲线;
W_3—30%负荷权值曲线;W_4—50%负荷权值曲线;
W_5—100%负荷权值曲线。

图 6　50%FP 下系统的输出响应权值曲线
Fig. 6　Output Response Weight Curves of
the System at 50%FP

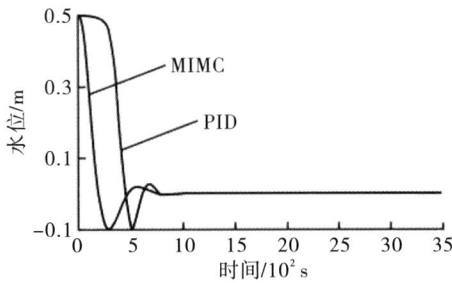

图 7　5%FP 下的 PID 与 MIMC 方法对比
Fig. 7　Contrast of PID and MIMC at 5%FP

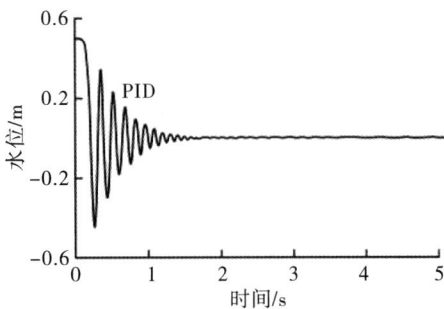

图 8　100%FP 下的 PID 控制曲线
Fig. 8　PID Control Curve at 100%FP

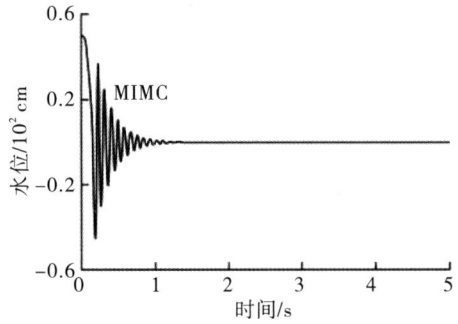

图 9　100%FP 下的 MIMC 控制曲线
Fig. 9　MIMC Control Curve at 100%FP

4　结　论

(1)采用内模控制器时,参数变化平稳,稳定性较高,只需调节 2 个参数变量,调节相对简单;在使用 PID 整定时,由曲线可知系统稳定要求时间相对过长,而且模型等效方程要精确。

(2)采用内模控制在负荷变化不剧烈时,控制器参数不需作太大调整,系统仍然能很快稳定,调节能力相对较强。

(3)对核电非线性系统的内模控制方法进行了仿真验证,对核电的非线性水位系统控制理论分析提供了一定的参考。

参考文献:

[1] 滕树杰,张乃尧,崔震华 . 核动力装置蒸汽发生器水位的分层模糊自适应控制[J]. 控制与决策,2002,17(6):933 -936.

[2] 米翠丽,谷俊杰 . 复杂系统的多内模控制策略[J]. 仪器仪表用户,2006,13(3):88 - 90.

[3] 王伟,李晓理 . 多模型自适应控制[M].北京:科学出版社,2001.

[4] 张智焕 . 非线性多模型控制及仿真研究[J].系统仿真学报,2003,15(7):919 - 921.

Application of Internal Model Adaptive Control In Water System of Nuclear Power Plant Steam Generator

Mi Kesong，Gu Junjie，Xu Peipei

North China Electric Power University，Baoding，Hebei，071003，China

Abstract：The internal model control scheme is proposed for the control of the water level of U-type steam generator. The parameters for the internal model controller are obtained by math model. The internal model control system for U-type steam generator is established by simulation tools. The result shows that the control efficiency of this scheme is better than that of the PID control，which can simplify the parameters for the controller，and is convenient for real-time control and improve the robustness.

Key words：Steam generator，Simulation，Internal model control

作者简介：

米克嵩(1984—)，男，硕士研究生。2010年毕业于华北电力大学热能工程专业，获硕士学位。现主要研究核电厂综合自动化。

混合能源堆包层中子学初步概念设计

师学明[1,2]，彭先觉[2]

1. 中国工程物理研究院北京研究生部，北京，100088；
2. 北京应用物理与计算数学研究所计算物理实验室，北京，100088

摘要：本文提出了以天然铀或压水堆乏燃料的锆合金为燃料，轻水冷却，后处理铀钚不分离，具有良好防核扩散性能的能源堆概念。利用 MCNP 程序与 ORIGENS 程序相耦合的方法设计了包层中子学初步方案，给出了初步换料方案。能源堆对聚变堆芯参数的要求不高于国际热核聚变实验堆(ITER)，可以实现利用 ^{238}U 的目的。

关键词：混合堆；铀锆合金；轻水；MCNP 程序；ORIGENS 程序

中图分类号：TL62　　　**文献标志码**：A

0　前　言

迄今，成熟的商用裂变堆基本上是热中子堆，铀资源利用率只有 1% 左右[1]。如何提高铀资源的利用率是核能可持续发展的重大问题。快中子堆、聚变-裂变混合堆(简称混合堆)及加速器驱动的次临界系统(ADS)都有可能在这方面发挥作用。

混合堆的研究大致经历了增殖堆[2-5]与嬗变堆[6,7]两个阶段。增殖堆包层的燃料采用的是天然铀、贫铀或钍；按照能谱和铀装量不同又可分为快裂变与抑制裂变两种。快裂变能量放大倍数(M)较大，增殖能力强，但燃料平均浓度低，每年的后处理量多达几百吨至上千吨；抑制裂变增殖能力较弱，但燃料平均浓度高，年后处理量则在百吨左右[2]。抑制裂变一次换料可将燃料富集到适合压水堆使用的水平，但由于 M 值太小(1~3)，对聚变功率的要求太高。20 世纪 80 年代后期，美国出于核不扩散的考虑停止了增殖堆的研究。我国开展了 20 多年的增殖堆研究，由于种种原因也于 2000 年终止了。20 世纪 90 年代起，嬗变研究成为国际主流。嬗变堆对次锕系元素的嬗变能力强，同时系统的 M 达几十或更高，可以显著地降低对聚变功率的要求。但是嬗变堆超铀元素的装量高达 40 t 左右[6,7]，很难在我国大规模发展。

本文针对聚变研究规划以及传统混合堆研究面临的主要困难，在增殖堆概念的基础上提出了一个以能源供应为目的，后处理不需铀钚分离的混合堆概念(简称能源堆)。它对聚变功率的要求不高于 500 MW，包层燃料采用 U - Zr 合金形式，轻水作冷却剂。这种堆型可望在国际热核聚变实验反应堆(ITER)[8]试验成功后得到发展。

1　能源堆包层中子学初步概念设计

1.1　设计思路和方法

1.1.1　设计思路

在期望实现氚增殖比(T_{BR})大于 1 的前提下，能有比较大的 M 值，使得能源堆对聚变功率的要求不高于 ITER。设计中保持寿期初燃料增殖比大于 1，这样较长时间内系统各项指标不会下降，有利于延长换料周期。能源堆卸下的乏燃料只需去除裂变碎片便可重新入堆，也可以和贫铀掺混给新堆供料。这种设计无需铀浓缩，也不涉及铀钚分离，简化了后处理。

1.1.2 设计方法

（1）包层采用简化的分层结构。

（2）采用蒙特卡罗三维输运程序（CMCNP）[9]进行能源堆包层方案的定态计算,选用日本评价核数据库（JENDL）制作的点连续截面数据库。

（3）利用 MCNP 程序与燃耗计算程序 ORIGENS[10] 耦合的方式对包层燃耗进行计算。采用 MCNP 程序计算每个时间步的中子通量分布和各种转换截面,通过接口程序将这些数据送入 ORIGENS 进行燃耗计算。

（4）将更新的核素密度数据再返回 MCNP。如此反复进行,直到完成最后一个时间步计算。

经过比较多种燃料与冷却剂的组合方案,提出采用天然铀或压水堆乏燃料的锆合金为燃料的轻水冷却方案。一次换料后也可用能源堆自身的乏燃料与贫化铀。采用 U-Zr 合金主要是考虑到合金燃料的增殖性能好,未来有可能实现合金燃料的干法快速后处理,这有利于提高能源堆的竞争力。轻水冷却主要是考虑到技术成熟,风险较小。^{235}U 的裂变截面和 ^{6}Li 的产氚截面在热能区远大于高能区,因而适当的慢化对提高 M 和 T_{BR} 是有利的。为减少轻水对高能中子慢化的不利影响,采用了欠慢化设计。

1.2 能源堆包层计算模型

能源堆包层计算模型如图 1 所示。聚变堆芯大半径 580 cm,小半径 155 cm,比 ITER 稍小（ITER 大半径 620 cm,小半径 200 cm）,用"D"字形圆环近似模拟托卡马克主体结构。"D"字形圆环由半径为 425 cm 的圆柱与椭圆环相交组成。椭圆截面长半轴为 289 cm,短半轴为 224 cm。"D"字形圆环的中心到托卡马克中心的距离为 580 cm,短半径为 155 cm,长半径为 289 cm,等离子体拉长比为 1.86。

能源堆内/外包层取相同的厚度与成分。从等离子体向外看,可分为第一壁、燃料区、产氚区、屏蔽层。为简化计算,燃料区内 U-10Zr 与水分层间隔布置,铀-水体积比为 2∶1;中间用 0.1 cm 的 Zr4 合金隔开;水的密度取 0.6 g/cm³。U-10Zr 合金的密度取为理论密度的 85%,即 13.5 g/cm³,以此

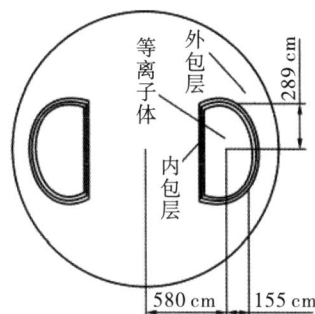

图 1 计算模型简图

Fig. 1 Skeleton of Computation Model

模拟燃料元件内容纳裂变产物的空腔对中子学的影响。产氚区 Li_4SiO_4 小球体积填充率为 0.6,等效密度为 1.34 g/cm³,^{6}Li 丰度为 90%;燃料包壳采用 Zr4 合金,Zr 97.91%,Sn 1.59%,Fe 0.5%。经过若干模型的数值计算与分析,确定了三个典型的包层模型,分别记为 A、B、C;燃料区内对应的燃料层数分别为 4、5、6。模型 B、C 的产氚区相同,但比模型 A 厚。包层的基本结构如表 1 所示。

表 1 包层简介

Table 1 Introduction to Blanket

分区	成分	厚度/cm		
		模型 A	模型 B	模型 C
第一壁	Fe	1	1	1
燃料区	U-Zr	2	2	2
	U-Zr/Zr/ H_2O/Zr	2/0.1/1/ 0.1(2层)	2/0.1/1/ 0.1(3层)	2/0.1/1/ 0.1(4层)
	U-Zr/Zr/ H_2O/Zr	1/0.1/ 1/0.1	1/0.1/ 1/0.1	1/0.1/ 1/0.1
产氚区与屏蔽层	Li_4SiO_4/ Zr/H_2O/Zr/ Li_4SiO_4/ Zr/H_2O/Fe	3/0.5/ 10/0.5/ 3/0.5/ 0.1/15	6/0.5/ 10/0.5/ 6/0.5/ 15/5/15	6/0.5/ 10/0.5/ 6/0.5/ 15/5/15

模型 A、B、C 的天然铀初装量分别为 461 t、570 t、730 t。相同功率压水堆（PWR）典型装料约为 80 t,远小于能源堆。但 PWR 运行 3 a 的天然铀

需要量约 600 t[1]。从这一点来看,能源堆的初装量并不是一个制约因素;相同燃耗深度下,该类系统运行时间更长。

1.3　典型模型计算结果

计算中假定包层热功率在整个运行周期内保持 3000 MW。模型 A、B、C 的有效增殖因子 k_{eff}、氚增殖比 T_{BR}、能量放大倍数 M 在 5 a 内的变化情况如图 2 所示。这三种情况都是深度次临界,各项指标均缓慢上升。

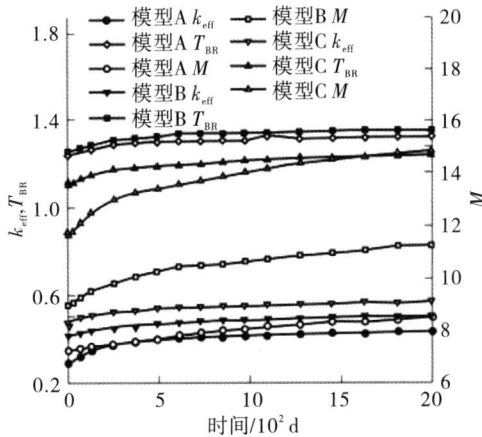

图 2　模型 A、B、C 的 k_{eff}、T_{BR}、M 随时间的变化
Fig. 2　k_{eff}, T_{BR} and M Versus Time for Model A, B and C

(1)模型 A:k_{eff} 从 0.351 增加到 0.441,T_{BR} 从 1.253 增加到 1.332,M 从 6.79 增加到 8.54。

(2)模型 B:k_{eff} 从 0.423 增加到 0.510,T_{BR} 从 1.268 增加到 1.355,M 从 8.98 增加到 11.25。

(3)模型 C:k_{eff} 从 0.491 增加到 0.574,T_{BR} 从 1.125 增加到 1.246,M 从 11.76 增加到 14.85。

上述指标增加是由于易裂变材料的产生量大于消耗量。以模型 C 为例,易裂变核素含量在寿期初为 235U 0.714%;5 a 后变为 235U 0.477%,239Pu 0.792%,241Pu 0.039%。

模型 A、B、C 在 5 a 内燃料层(不包括水层)最大体功率密度分别为 103 W/cm³、87 W/cm³、73 W/cm³;平均功率密度分别为 70 W/cm³、59 W/cm³、46 W/cm³。经过估算,传热不存在问题,以后通过优化设计可进一步展平各区功率密度。

1.4　换料方案研究

图 3 为模型 C 采用几种初装料的 T_{BR}、M 情况比较:方式 1 初装料为天然铀;方式 2 初装料为 5 a 后卸出的乏燃料去除裂变产物;方式 3 初装料为方式 2 的燃料与等量贫化铀(235U 0.2%)掺混;方式 4 初装料为典型压水堆(PWR)的乏燃料(除去裂变产物)。

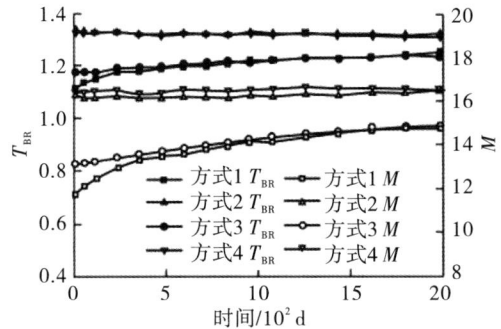

图 3　模型 C 采用四种燃料时 T_{BR}、M 随时间的变化
Fig. 3　T_{BR} and M Versus Time for Model C with 4 Kinds of Fuels

由图 3 可见,方式 2 与方式 4 的曲线基本重合,这是因为二者易裂变元素含量相当。这两种方式各项指标变化比较平稳,M 保持在 16 左右,T_{BR} 大于 1.3。方式 3 的曲线介于方式 1 和方式 2 之间,M 从 13.2 变化到 14.8,T_{BR} 从 1.19 变化到 1.23。考虑到包层内偏滤器等开口区域占的立体角不大,上述方案均可实现氚自持。

上述计算表明:能源堆如用天然铀启动,M 约为 10;如果用压水堆乏燃料启动,M 约为 16。这两种方式均可有效降低聚变中子源强度。能源堆的乏燃料与等量贫化铀掺混,其性能优于天然铀。这样可以实现堆的规模扩大,且没有核扩散风险。原则上也可以将能源堆增殖的燃料提取出来供给 PWR,这和传统增殖堆的概念是一致的。

2　结束语

本文完成了铀锆合金水冷的能源堆包层中子学初步概念设计,对典型方案主要物理量的燃耗性能做了计算,探讨了可能的换料方案。概念模型的中子学指标比较理想,未来需要结合热工水力、材料、结构设计等方面的研究,通过反复迭代进行深入研究。

参考文献:

[1] 连培生. 原子能工业[M]. 北京:原子能出版社,2002.

[2] 冯开明,黄锦华,盛光昭. 托卡马克商用混合堆堆内燃料循环优化设计[J]. 核科学与工程,1995, 15 (2):149 - 157.

[3] MOIR R W. The fusion breeder[J]. Journal of Fusion Energy, 1982, 2 (4):351 - 367.

[4] 刘成安. 聚变-裂变混合堆快裂变包层与抑制裂变包层的比较[J].计算物理, 1993, 10 (1):20 - 24.

[5] MANHEIEMR W. Can fusion and fission breeding help civilization survive[J]. Journal of Fusion Energy, 2006, 25 (3):121 - 139.

[6] 郑善良,吴宜灿,高纯静,等. 聚变驱动次临界堆双冷嬗变包层中子学设计与分析[J]. 核科学与工程, 2004, 24 (2):164 - 170.

[7] STACEY W M, ROOIJEN W V, BATES T, et al. A TRU - Zr metal fuel, sodium cooled, fast subcritical advanced burner reactor [R]. Atlanta, GA:Georgia Institute of Technology, 2007.

[8] 赵君煜. 国际热核聚变实验堆计划[J]. 前沿进展,2004, 33 (4):257 - 260.

[9] JUDITH F. MCNP:a general monte carlo n-particle transport code[R]. Los Alamos, New Mexico:Los Alamos National Laboratory, 1997.

[10] HERMAN O W, WESTFALL R M. ORIGEN - S:SCALE system module to calculate fuel depletion, actinide transmutation, fission product buildup and decay and associated radiation source terms[R]. Oak Ridge, TN:Oak Ridge National Laboratory, 1998.

Preliminary Concept Design on Blanket Neutronics of a Fusion-Fission Hybrid Reactor for Energy Production

Shi Xueming[1,2], Peng Xianjue[2]

1. Beijing Graduate School of China Academy of Engineering Physics, Beijing, 100088, China;

2. Laboratory of Computational Physics, Institute of Applied Physics and Computational Mathematics, Beijing, 100088, China

Abstract:A concept of energy production reactor is given in this paper. It uses the natural uranium or U - Zr alloy of the spent fuel in PWR as its fuel and cooled by water. This concept is proliferation resistant for it needs no separation of plutonium from spent fuel. Preliminary concept design on blanket neutronics is finished by a burnup code coupled by MCNP and ORIGENS. Designs with natural uranium or spent fuel from PWR as fuels are computed and preliminary reload scheme is given. It requires lower fusion power than ITER and makes full use of ^{238}U, which is of great significance for the sustainable development of nuclear energy.

Key words:Hybrid reactor, U - Zr alloy, Light water, MCNP code, ORIGENS code

作者简介:

师学明(1978—),男,博士研究生,助理研究员。2002 年毕业于西安交通大学反应堆物理专业,获硕士学位。现从事反应堆物理研究。

带有定位格架的超临界反应堆堆芯
强制对流换热的数值研究

朱晓静[1]，刘六井[2]，沈胜强[1]

1. 大连理工大学能源与动力学院，辽宁大连，116024；
2. 中国船舶重工集团公司第 719 研究所，武汉，430064

摘要：采用非结构化多面体网格和商业化计算流体力学(CFD)软件对两类带有流动强化特征的定位格架对超临界水在反应堆堆芯子通道内流动及换热特性的影响进行数值研究。研究结果表明：定位格架对子通道内超临界水的换热影响显著；在定位格架内部，流通面积减小，流速增加，换热得以有效强化；阻流片型定位格架对子通道中心流体的阻挡和导流能够中和流动阻塞效应，强化其下游窄缝区的局部换热效果；交错叶片型定位格架能够在其下游产生漩涡流，加强相邻子通道间工质的热量和质量交换，强化局部换热；漩涡流也可能导致轴向速度损失，造成局部换热弱化，不利于反应堆的安全性；入口雷诺数(Re)对交错叶片型定位格架下游局部换热有较大影响。Re 较高时，此类定位格架对子通道内局部换热的强化作用更为明显。

关键词：超临界水；定位格架；流动强化特征；传热特性；子通道

中图分类号：TL333   **文献标志码**：A

0 前 言

超临界水冷反应堆(SCWR)具有结构简单、紧凑，热经济性好等诸多优点。与亚临界压力下的水相比，超临界水无明显的相界面，其在大比热容区所具有的独特物理性质及传热特性是国内外诸多学者研究的重点[1-3]。虽然在超临界压力下不会发生第一类传热恶化(DNB)，因而不存在临界热流密度(CHF)，但是 SCWR 燃料组件包壳温度高却也是不争的事实。如何降低燃料组件包壳温度，确保堆芯的安全性，是 SCWR 设计中的重点和难点。

定位格架的作用是对燃料组件精确定位，确保燃料组件之间的相对位置，并尽可能减小流体运动所造成的燃料组件震动。定位格架的存在必然会对堆芯流场产生干扰，造成局部压力损失和包壳表面换热系数的改变，对堆芯热工水力条件的影响不可忽略。定位格架在亚临界条件下的适用性已得到了充分证实[4,5]，有学者据此提出在 SCWR 堆芯末端的高温区域使用定位格架来强化传热，从而达到降低包壳温度的目的。本文利用商业化计算流体力学(CFD)软件 STARCCM 6.04，对三角形布置的燃料组件中心子通道内高温超临界水与包壳表面之间的强制对流换热进行数值模拟，重点分析两类带有流动强化特征的定位格架对子通道内热工水力特性的影响。

1 计算模型

带有定位格架的 SCWR 燃料组件结构示意图如图 1 所示。两类定位格架的流动强化特征分别为交错型叶片和流阻片，其简单说明如表 1 所示。燃料组件成三角形布置，定位格架距离入口 150 mm 以消除入口效应的影响。流体流动方向为垂直向上，在本文中与坐标轴 Z 轴正方向一致。考虑到燃料组件的中心对称结构，采用图 2(a)所示的

基金项目：国家科技支撑计划项目(2012BAA14B00)、中央高校基本科研业务费专项资金资助[2342013DUT13RC(3)069]。

阴影部分,即子通道的 2/3 为计算区域。该区域有两个典型位置,即子通道的中心区和窄缝区。本文中定义逆时针方向为周向角增大的方向,并分别用 30°(−30°)及 0°周向角代表中心区和窄缝区,如图 2(b)所示。燃料组件的结构参数及相关物理条件由表 2 给出。采用非结构化多面体网格系统,暂不考虑燃料组件包壳的导热问题,故计算区域为单纯的流体区域。子通道入口条件为速度入口,入口雷诺数 Re 分别为 100000、50000,入口温度 400 ℃以匹配燃料组件末端的高温工况。子通道出口条件为压力出口,出口压力为 25 MPa。壁面采用均匀热流密度条件,热流密度为 800 kW/m²。由于子通道内压力损失很小,压力的变化对超临界水的热物理性质影响极小,可认为此条件下超临界水的热物理性质仅是温度的函数。本文利用 STARCCM 具有的函数域(field function)功能自定义了超临界水在 25 MPa 时的热物理性质,所有数据均来源于 IAPWS - IF97。

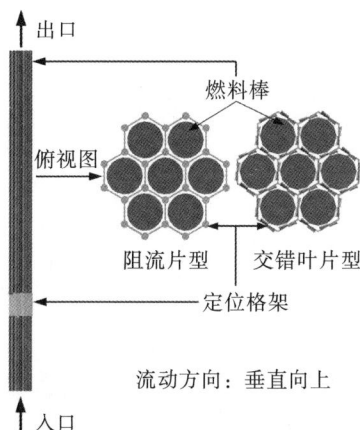

图 1 带有定位格架的三角形燃料组件结构示意图

Fig. 1 Sketch of Structure for Triangular Fuel Rods Assembly with Grid Spacers

表 1 定位格架结构说明

Table 1 Description of Grid Spacers Structure

编号	ε_s	ε	本体长度/mm	结构说明
A	0.23	0.39	25	阻流片直径 1.7 mm,厚度 0.3 mm,位于格架本体下游末端每一格相交处

续表

编号	ε_s	ε	本体长度/mm	结构说明
B	0.23	0.38	25	交错型叶片位于格架本体下游末端,其与流动方向夹角为 30°

注:ε 与 ε_s 分别为定位格架(包含流动强化特征)及定位格架本体(grid strap)在子通道内的流动阻塞率,其值等于定位格架及定位格架本体在垂直于流动方向上的投影面积与子通道流通面积的比值。

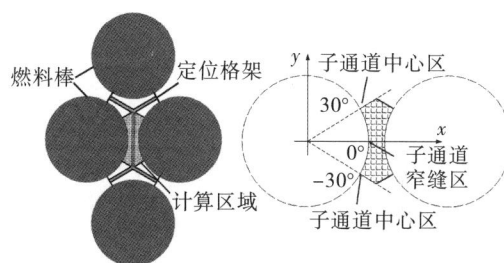

(a)计算区域　　　(b)中心子通道周向位置

图 2 中心子通道 2/3 模型

Fig. 2 Central Subchannel - 2/3 Model

表 2 燃料组件尺寸及物理条件

Table 2 Dimensions of Fuel Rod Bundles and Physical Conditions

参数名称	参数值
燃料组件布置方式	三角形
燃料组件直径/mm	8
棒间距与棒径比值	1.12
入口温度/℃	400(673 K)
质量流速/(kg·(m²·s)⁻¹)	1000,500
出口压力/MPa	25
平均热负荷/(kW·m⁻²)	800
入口雷诺数 Re	100000、50000

采用标准 k-ε 两层模型,配合两层混合 y^+ 壁面处理方式。两层混合 y^+ 壁面处理方式对粗糙的近壁面网格采用高 y^+ 壁面函数处理壁面;而对于较为细分的近壁面网格,该函数采用低 y^+ 壁面函

数处理壁面。

2　计算结果与讨论

通过分析计算发现,与无定位格架子通道相比,定位格架下游的包壳周向温度差异明显增大,最大温差甚至超过 40 K。对于无定位格架子通道以及带有阻流片型定位格架的子通道,最高包壳温度出现在周向角为 0°,即子通道窄缝区。沿着周向角增大的方向(正向或负向),包壳温度逐渐降低;而对于交错叶片型定位格架,其下游包壳温度分布不再对称。较高的包壳温度出现在 0°～-30°区域内,最高包壳温度则出现在周向角约-13°的位置。本文的主要目的是从传热的角度探讨采用定位格架来有效降低燃料组件末端包壳温度的可行性,因此采用最高壁温或者最小换热系数对子通道内的热工水力特性进行分析,更有利于确保反应堆的安全性。

图 3 给出了子通道内换热最差位置的包壳温度及换热系数沿子通道长度的分布趋势。对于阻流片型定位格架,取窄缝区位置;而对于交错叶片型定位格架,则取周向角为-13°位置。图 3 的横坐标为相对于定位格架下游末端的无量纲距离,其值等于相对于定位格架下游末端的距离(Z_r)与子通道水力直径(D_h)的比值。图 3 同时给出了无定位格架子通道窄缝区的包壳温度和换热系数(即HFDVs,为温度和传热系数的水动力学充分发展值)分布,以此作为基准,来判断局部换热是否被强

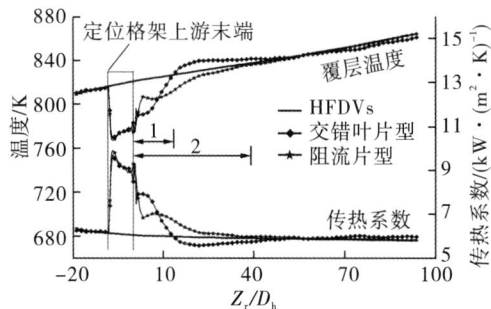

1—交错叶片型定位格架下游传热强化区;
2—阻流片型定位格架下游传热强化区。

图 3　包壳温度及传热系数分布

Fig. 3　Distribution of Cladding Temperature and Heat Transfer Coefficient

化或者弱化。

从图 3 可以看出,在两类定位格架本体内部($-7.9 \leqslant Z_r/D_h \leqslant 0$),包壳温度和传热系数的变化趋势相同,说明流动强化特征对其上游的影响极小。由于定位格架对子通道的阻塞,流动面积减小而导致流体流速增加,格架本体内的局部换热得到有效强化,传热系数提高约 40%。此现象表明,提高流速是一种强化子通道内局部换热的有效方式。流体流经格架本体上游末端时,由于格架本体的阻塞和扰动,湍流强度大幅增加而导致包壳温度迅速降低。随着流动在格架本体内进一步发展,包壳温度开始相对缓慢地上升,直至格架本体下游末端。此现象是由进一步加剧的流动阻塞效应造成的。子通道窄缝区的宽度为 1 mm,而在格架本体内部,窄缝区的宽度进一步减小至 0.35 mm。由于窄缝区流动阻力较大,部分流体被迫流向较宽的子通道中心区。窄缝区冷却工质的缺失导致包壳温度缓慢上升。

在两类定位格架下游,均存在一个明显的换热强化区。与 HFDVs 相比,包壳温度明显降低,而局部换热系数则提高约 20%。在此换热强化区,包壳温度和换热系数的分布趋势并不相同。对于阻流片型定位格架,此换热强化区的范围约为 $0 < Z_r/D_h \leqslant 40$。阻流片位于子通道中心,对中心区流体产生了强烈的堵塞和导流,中和了此前由格架本体的存在而加剧的流动阻塞效应,中心区的部分流体被迫流向窄缝区,此区域的换热得到强化,直至子通道内的流动充分发展。交错叶片型定位格架下游的换热强化区覆盖范围远小于阻流片型定位格架,约为 $0 < Z_r/D_h \leqslant 15$,其换热强化机理也与阻流片型不同。交错型叶片在其下游产生了强烈的漩涡流(图 4)。从图 4 中可以看出,在子通道窄缝区和中心区分别产生了一个明显的漩涡状二次流流场。尽管窄缝区二次流速度小于中心区,此二次流仍然能够有效促进相邻子通道间的热量和质量交换,强化此区域的局部换热效果。这也解释了为什么在交错叶片型定位格架下游窄缝区的包壳温度要远低于HFDVs。交错叶片型定位格架下游的传热强化区并不是漩涡流所带来的唯一影响。从图 3 中可以清楚地观察到一个传热弱化的区域,即包壳温度高

于 HFDVs 的区域,范围约为 $15 < Z_r/D_h < 45$。此区域的产生是由于漩涡流造成了其下游流体的轴向速度损失,从而弱化了换热效果。Holloway[5] 等人在针对压水堆所做的相关实验中也观察到了这类现象,并推测轴向速度损失和子通道内的涡旋偏移是造成传热弱化的可能原因。交错叶片型定位格架的这一特性显然不利于反应堆的安全性,应当避免在堆芯中燃料组件末端高温区使用。

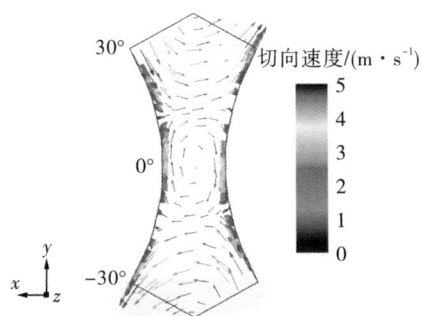

图 4　交错型定位格架下游二次流流场

Fig. 4　Secondary Flow Field Downstream of Grid Spacer with Split-vans

图 5 给出了入口 Re 对换热系数的影响。图 5 中纵坐标为无量纲换热系数,其值等于装配有定位格架子通道的局部换热系数与 HFDVs 的比值,表征了子通道内传热被强化的程度。从图中可以看出,当 Re 从 50000 增大至 100000 时,阻流片型定位格架下游换热系数无明显变化;而交错叶片型定位格架下游则不同。当 $Re = 100000$ 时,定位格架下游无量纲换热系数明显增大,并且传热弱化区域所覆盖的范围也小于 $Re = 50000$ 时的情况。此现象

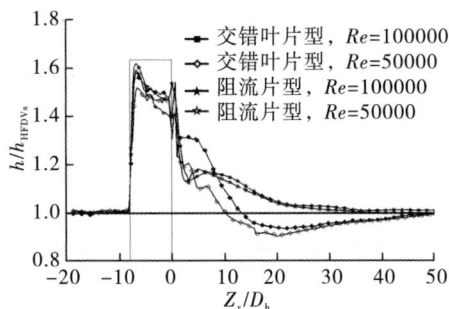

图 5　入口 Re 对传热系数的影响

Fig. 5　Effects of Inlet Re on Heat Transfer Coefficient

说明了交错叶片型定位格架在较高 Re(流速)时,对子通道内局部换热的强化作用更为明显。

3　结　论

(1)阻流片型定位格架能够中和流动阻塞效应,强化格架下窄缝区局部的传热效果。

(2)交错叶片型定位格架在其下游造成漩涡流,加强子通道间的热量及质量交换,强化局部传热特性。

(3)漩涡流会造成轴向速度损失,可能会导致格架下游局部传热弱化,影响堆芯安全性。

(4)Re 对交错叶片型定位格架下游传热影响较大,Re 较高时,此类定位格架对传热的强化效果更为明显。

参考文献:

[1] YAMAGATA K, NISHIKAWA K, HASEGAWA S, et al. Forced convection heat transfer to supercritical water flowing in tubes[J]. International Journal of Heat and Mass Transfer, 1972, 15: 2575 - 2593.

[2] ZHU X J, BI Q C, YANG D, et al. An investigation on heat transfer characteristics of different pressure steam-water in vertical upward tube[J]. Nuclear Engineering and Design, 2009, 239(2): 381 - 388.

[3] WANG J G, LI H X, YU S Q, et al. Comparison of the heat transfer characteristics of supercritical pressure water to that of subcritical pressure water in vertically-upward tubes [J]. International Journal of Multiphase Flow, 2011, 37 (7): 769 - 776.

[4] 田瑞峰,毛晓辉,王小军.5×5 定位格架棒束通道内三维流场研究[J].核动力工程,2008,29(5):48 - 51.

[5] HOLLOWAY M V, MCCLUSKY H L, BEASLEY D E. The effect of support grid features on local, single-phase heat transfer measurements in rod bundles[J]. Journal of Heat Transfer,2004,126(1):43 - 53.

Numerical Study on Forced Convection in Subchannel with Grid Spacer in Supercritical Reactor Core

Zhu Xiaojing[1], Liu Liujing[2], Shen Shengqiang[1]

1. School of Energy and Power Engineering, Dalian University of Technology, Dalian, Liaoning, 116024;

2. Institute of 719, CSIC, Wuhan, 430064

Abstract：Numerical analysis is carried out for the effects of grid spacer on the forced convection of supercritical water in the subchannels in supercritical reactor core with commercial CFD code using unstructured polygonal mesh. The results show that the grid spacer has great effects on the heat transfer characteristics of supercritical water within subchannel. The grid spacer with flow-blockage disc can neutralize the aggravated flow chocking effect by blocking and guiding the flow around the subchannel center and enhance the local heat transfer near the narrow gap region. Obvious swirling flow is created downstream of the grid spacer with split-vans and the heat and mass transfer between adjacent subchannels is thus enhanced. The swirling flow can also induce velocity deficits and adversely affect the local heat transfer inside a subchannel. The Reynolds number has obvious effects on the local heat transfer downstream of the grid spacer with split-vans, and the improved heat transfer performance downstream of the grid spacer with split vanes is more pronounced for the higher Reynolds number case.

Key words：Supercritical water，Grid spacer，Flow enhancing feature，Heat transfer characteristics；Subchannel

作者简介：

朱晓静(1979—)，男，讲师。2010 年毕业于西安交通大学热能工程专业，获博士学位，同年赴日本早稻田大学从事博士后研究。现从事多相流动与传热研究。